CAD/CAM/CAE 工程应用丛书

Mastercam 2019 三维造型与数控加工

第 2 版

钟日铭　编著

机械工业出版社

本书以练习实例或应用范例为主线，以 Mastercam 2019 为操作版本，详细地介绍了 Mastercam 在三维造型与数控加工方面的典型应用。本书结构严谨、内容丰富、条理清晰、实例典型，在每个范例中都注重实际应用和技巧性，是一本很专业的 Mastercam 应用指导教程和参考手册。

本书适合具备一定 Mastercam 应用基础的读者学习使用，也可以用作从事产品设计、模具设计和数控加工的工程技术人员的参考资料。另外，本书还适合作为各职业培训机构、大中专院校相关专业 CAD/CAM 课程的应用实例培训教材。

图书在版编目（CIP）数据

Mastercam 2019 三维造型与数控加工 / 钟日铭编著. —2 版. —北京：机械工业出版社，2019.10

（CAD/CAM/CAE 工程应用丛书）

ISBN 978-7-111-63724-0

Ⅰ. ①M… Ⅱ. ①钟… Ⅲ. ①数控机床－加工－计算机辅助设计－应用软件 Ⅳ. ①TG659-39

中国版本图书馆 CIP 数据核字（2019）第 201016 号

机械工业出版社（北京市百万庄大街 22 号 邮政编码 100037）

策划编辑：张淑谦　　责任编辑：张淑谦

责任校对：张艳霞　　责任印制：孙　炜

保定市中画美凯印刷有限公司印刷

2019 年 10 月第 2 版 • 第 1 次印刷

184mm×260mm • 26.75 印张 • 658 千字

0001－3000 册

标准书号：ISBN 978-7-111-63724-0

定价：109.00 元

电话服务

客服电话：010-88361066

010-88379833

010-68326294

网络服务

机 工 官 网：www.cmpbook.com

机 工 官 博：weibo.com/cmp1952

金 书 网：www.golden-book.com

机工教育服务网：www.cmpedu.com

前　言

Mastercam 是由美国一家从事计算机数控程序设计的公司成功研发的一套计算机辅助制造系统软件，它有效地将 CAD 和 CAM 等功能整合在一起，广泛应用于机械、汽车、航空、造船、模具、电子和家电等领域，尤其在模具行业更具声誉。另外，在教育领域中，全世界许多相关院校使用 Mastercam 软件来进行机械制造及 NC 程序制作教学。

本书以练习实例或应用范例为主线，以 Mastercam 2019 为操作版本，详细地介绍了 Mastercam 在三维造型与数控加工方面的典型应用。本书结构严谨、内容丰富、条理清晰、实例典型，在每个范例中都注重实际应用和技巧性，是一本很好的 Mastercam 应用指导教程和参考手册。本书适合具备一定 Mastercam 应用基础的读者学习使用，可以用作从事产品设计、模具设计和数控加工的工程技术人员的参考资料。另外，本书也适合作为各职业培训机构、大中专院校相关专业 CAD/CAM 课程的应用培训教材。

1．本书内容及知识结构

本书分三篇，第 1 篇为 Mastercam 二维绘图，第 2 篇为 Mastercam 三维造型，第 3 篇为 Mastercam 数控加工。其中，第 1 篇只包含第 1 章，第 2 篇包含第 2 章和第 3 章，而第 3 篇则包含第 4～10 章。各章的主要内容简述如下。

第 1 章：首先介绍本章范例所要应用到的主要知识点，然后分别介绍二维图形绘制范例和典型零件图绘制范例。

第 2 章：首先介绍曲面设计的主要知识点，如常用曲面的创建方法、曲面编辑和空间曲线应用等；接着介绍若干个简单曲面的绘制实例，包括五角星曲面、扭杆曲面和药壶曲面造型；然后介绍若干个复杂曲面的绘制实例，包括叶片曲面、玩具车轮曲面、纯净水瓶子整体曲面和烟灰缸曲面造型。

第 3 章：首先介绍三维实体设计的主要知识，如创建基本实体/基础实体、布尔运算和实体编辑等，然后通过范例的形式介绍三维实体设计的应用知识。

第 4 章：主要通过范例的形式来介绍 Mastercam 2019 系统中的二维加工功能，主要包括外形铣削加工范例、挖槽铣削加工范例、平面铣削加工范例、钻孔铣削加工范例、全圆路径加工范例和雕刻加工范例等。

第 5 章：介绍线架加工的几个典型范例。

第 6 章：首先列出曲面铣削刀具路径的主要知识点，然后通过综合范例的形式来介绍曲面粗加工和曲面精加工方面的应用知识及实战技巧。

第 7 章：先对多轴加工的主要知识进行简单概述，接着通过范例分别介绍旋转四轴加工、曲线五轴加工、钻孔五轴加工、沿面五轴加工、多曲面五轴加工和沿边五轴加工等应用知识和技巧。

第 8 章：首先对车削加工知识进行概述，然后通过 3 个典型的综合范例来介绍相关车削加工的应用，这些范例兼顾了车削基础知识、应用知识和操作技巧等。

第 9 章：主要通过范例的形式来介绍外形线切割加工、无屑线切割加工和四轴线切割加工的应用知识和技巧。

第 10 章：通过典型范例的形式介绍 FBM 铣削（特征铣削）和 FBM 钻孔（特征钻孔）的应用方法及技巧等。

2．本书特点及阅读注意事项

本书结构严谨、实例丰富、重点突出、步骤详尽、应用性强，兼顾设计思路和设计技巧，是一本很专业的 Mastercam 2019 应用指导书。

本书以范例解析为主要特点，让读者通过范例操作来深入学习 Mastercam 三维造型与数控加工方面的实用知识。

在阅读本书时，配合书中实例进行上机操作，学习效果更佳。

3．附赠网盘资料使用说明

本书配有内容丰富的网盘资源，内含各章所需的素材源文件、完成操作的参考模型文件和关于 Mastercam 2019 操作学习的视频文件（MP4 视频格式）以辅助读者学习。对于 Mastercam 2019 软件的操作不太熟悉的读者，则可以通过视频文件来学习和巩固基础操作知识。

书中配套的素材源文件与 MCX、MCX-9 或 mcam 参考文件均放在附赠网盘资料包根目录下的 CH#文件夹（#代表章号）里。如果要使用这些素材源文件与 MCX、MCX-9、mcam 参考文件，则需要在计算机系统中安装 Mastercam 2019 软件或以后更高版本的 Mastercam 兼容软件。

视频教学文件放在"操作视频"文件夹中。视频教学文件采用 MP4 通用视频格式，可以在大多数的播放器中播放，如 Windows Media Player、暴风影音等。

本附赠网盘资源需要用户按照指示进行操作来下载到计算机硬盘中，附赠资料仅供学习之用，请勿擅自将其用于其他商业活动，违者必究。

4．技术支持及答疑等

如果读者在阅读本书时遇到什么问题，可以通过 E-mail 方式与作者联系，作者的电子邮箱为 sunsheep79@163.com。欢迎读者在今日头条平台上关注头条创作号"CAD 钟日铭"，以及在微信上关注作者的公众号"桦意设计"，可以获得更多的图书资讯、学习图文教程以及观看相应的附加在线视频教程。

本书由深圳桦意智创科技有限公司组编，由钟日铭编著。书中如有疏漏之处，请广大读者不吝赐教。

天道酬勤，熟能生巧，以此与读者共勉。

钟日铭

目　录

第 1 篇 Mastercam 二维绘图

Mastercam 是一套领先的 CAD/CAM 通用软件，主要用于机械、电子、家电、汽车、航天航空、玩具、轻工和模具等行业。Mastercam 2019 是目前较新的版本，使用该版本的软件可以轻松快捷地创建各种二维和三维图形，同时该软件提供了丰富的数控加工方式以及相对完整的刀具库、材料库和加工参数资料库，用户可以根据曲面和实体加工要求来创建可靠而精确的刀具路径。

要掌握 Mastercam 2019 三维造型和数控加工应用技能，除了要掌握相关的专业理论知识之外，还必须要熟练掌握 Mastercam 2019 二维绘图的相关知识。因此，本书的第 1 篇专门介绍 Mastercam 2019 二维绘图方面的知识，让读者通过典型范例深入学习 Mastercam 2019 二维绘图的具体方法和技巧等。

第1章 Mastercam 2019 二维图形绘制与编辑

本章导读：

本章介绍 Mastercam 2019 二维图形绘制与编辑方面的实用知识。首先介绍本章范例所要应用到的主要知识点，然后分别介绍二维图形绘制范例和典型零件图绘制范例。

1.1 知识点概述

本章的相关知识主要包括基本二维绘图工具应用、基本图形编辑、图形转换和图形标注等，另外还需要注意相关图素属性的定义。

1.1.1 基本二维绘图工具

Mastercam 2019 为用户提供了实用而强大的二维图形绘制工具，包括绘制点、直线、圆弧、圆、曲线、形状等。绘制基本二维图形的命令主要集中在功能区“线框”选项卡的相应面板上，如图 1-1 所示。

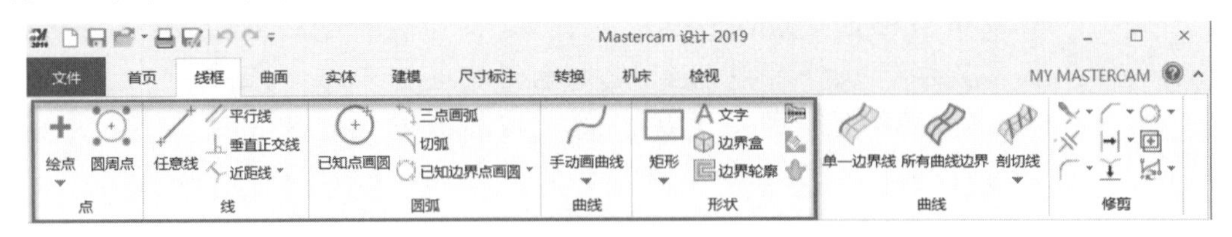

图 1-1 Mastercam 2019 功能区“线框”选项卡

为了使读者对 Mastercam 2019 提供的基本二维绘图工具有个全面的了解，本书用表 1-1 的形式分类一一列举这些基本二维绘图工具，以便于读者查阅。

表 1-1 Mastercam 2019 基本二维绘图工具

面板/类别	工 具 名 称	按 钮	功能含义/备注
点	绘点	+	在某一个指定位置处创建点，该位置处可以是端点、中点、交点、圆心点和最近点等
	动态绘点		在图形的任何位置绘点或沿着垂直线绘点

（续）

面板/类别	工具名称	按钮	功能含义/备注
点	等分绘点		在指定的一图素上，通过设置距离值或等分点个数来绘制一系列的点
	端点		在现有图形中包括所有可见的线、圆弧和曲线的末端绘制点
	节点		在现有的曲线节点处绘制点
	小圆心点		在小于指定直径的圆弧或圆的中心绘制点
	圆周点		创建圆周点
线	任意线		依照选定的两个点绘制直线段
	平行线		在已有直线的基础上，绘制一条与之平行的直线
	垂直正交线		绘制一条与已知线条（包括直线、圆弧、圆、曲线）相垂直正交的线
	近距线		绘制所选的图形之间最短的线
	平分线		选择线按角度划分来绘制一条指定长度的平分线
	通过点相切线		绘制通过点且与图素（圆弧或曲线）相切的切线
	法线		建立直线垂直于现有曲面或面
圆弧	已知点画圆		通过圆心点和半径/直径绘制一个圆，还可以绘制与直线或圆弧相切的圆
	三点画弧		通过选择或指定圆周上的三个点来形成一个圆
	切弧		创建相切于一条或多条直线、圆弧或样条曲线等图素的圆/圆弧，其命令的使用非常灵活，切弧方式有“单一物体切弧”“通过点弧”“中心线”“动态切弧”“三物体切弧”“三物体切圆”“两物体切弧”
	已知边界点画圆		通过已知的两个或三个边界点来绘制圆，方式包括“两点”“两点相切”“三点”“单点相切”
	两点画弧		首先确定圆弧的两端点，再指定半径/直径来绘制圆弧，也可以创建与直线或圆弧/圆相切的圆弧
	极坐标画弧		通过指定一个中心点和两个端点（结束点）来创建一个极坐标弧
	极坐标点画弧		通过自定义起始点、结束点相关参数来绘制圆弧
曲线	手动画曲线		可以按照多种方式来手动绘制样条曲线
	自动生成曲线		依照指定点来自动建立参数化曲线
	转成单一曲线		将一系列首尾相连的图素（如圆弧、直线和曲线等）转换为所设置的单一样条曲线
	曲线熔接		创建一条与指定两曲线在选择位置处光滑相切的样条曲线
	转为NURBS曲线		将选定线、圆弧和参数化曲线转换为NURBS曲线
形状	矩形		使用两点绘制矩形
	圆角矩形		可以使用多种方式从原点和角点位置绘制圆角矩形，或通过选择两点绘制相应矩形
	多边形		通过指定边数、半径、中心点位置、旋转角度等参数绘制正多边形
	椭圆		通过定义基准点位置、X轴半径和Y轴半径等来创建椭圆、椭圆弧或椭圆面
	螺旋		绘制一般螺旋线（间距），如果设置螺旋线的高度值等于零，那么创建的螺旋线为平面螺旋线；如果设置螺旋线的高度大于零，那么创建的螺旋线为空间螺旋线
	螺旋线（锥度）		通过指定螺旋线的半径、高度、螺距和旋转圈数等参数绘制一条绕中心轴往上旋转的螺旋曲线
	文字	A	绘制图形文字

（续）

面板/类别	工具名称	按 钮	功能含义/备注
形状	边界盒		根据图形尺寸及其扩展量来绘制将选定图素包含在内的边界图形，它可以是长方体也可以是圆柱体
	边界轮廓		围绕曲面、实体或实体面建立2D边界曲线
	车削轮廓		选择命令后，根据提示进行操作来创建车削轮廓
	凹槽		建立一个DIN标准的槽，如可以建立一个螺纹槽或标准的轴槽等，需要定义图形形状、方向、尺寸、位置等
	栅格转矢量		栅格图像文件转换为矢量文件

1.1.2 基本图形编辑

绘制好若干基本二维图形后，可以对这些基本图形进行相关的编辑修改操作，包括复制、粘贴、剪切、删除和相关修剪等。

在功能区“首页”选项卡的“剪贴簿”面板中提供有“复制”按钮、“粘贴”按钮、“剪切”按钮和“屏幕截图”按钮，而在功能区“首页”选项卡的“删除”面板中则提供有“删除图形”按钮、“删除非关联图形”按钮、“删除重复图形”按钮、“删除重复图形：进阶设置”按钮和“恢复图形”按钮，如图1-2所示。

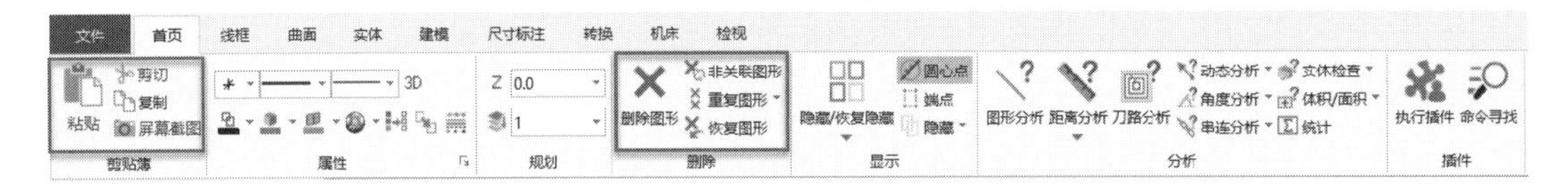

图1-2 Mastercam 2019 功能区“首页”选项卡

有关修剪的功能按钮则位于功能区“线框”选项卡的“修剪”面板中，包括“修剪/打断/延伸”按钮、“两点打断”按钮、“在交点打断”按钮、“打成若干段”按钮、“连接图形”按钮、“多物体修剪”按钮、“打断至点”按钮、“倒圆角”按钮、“串连倒圆角”按钮、“倒角”按钮、“串连倒角”按钮、“封闭全圆”按钮、“打断全圆”按钮、“曲线变弧”按钮和“修改曲线”按钮等。

表1-2列出了Mastercam 2019基本图形编辑工具命令，便于读者查阅。

表1-2 Mastercam 2019 基本图形编辑工具

面板/类别	工具名称	按 钮	功能含义/备注
剪贴簿	复制		复制选择的图形到Windows剪贴簿（即剪贴板），快捷键为〈Ctrl+C〉
	粘贴		粘贴Windows剪贴簿（即剪贴板）上的内容，快捷键为〈Ctrl+V〉
	剪切		将图形剪切到Windows剪贴簿（即剪贴板），快捷键为〈Ctrl+X〉
	屏幕截图		截取指定区域的图形，将其复制到剪切板
删除	删除图形		从零件文件中删除选定的图形，快捷键为〈F5〉
	删除非关联图形		删除不关联的刀路、操作或实体的图形
	删除重复图形		删除具有相同XYZ位置的重复图形，如果在选择此工具之前预先选择了图形，那么Mastercam只搜索匹配的选定的图形类型，否则，针对所有图形删除重复图形

（续）

面板/类别	工 具 名 称	按 钮	功能含义/备注
删除	删除重复图形：进阶设置		用于设置重复删除的相关属性设置
	恢复图形		在当前文档中恢复一个或多个被删除的图形
修剪	修剪/打断/延伸		依照选择的图形去修剪、打断或延伸
	两点打断		在指定点上打断图形
	连接图形		选择图形去连接，例如连接直线为共同线，使圆弧共享相同半径和中心点等
	在交点打断		选择图形以在相交的位置处打断图形对象
	打断成若干段		选择要打断的线、圆弧或曲线以将其打断成若干断
	多物体修剪		选择要修剪（或打断）的多条直线、圆弧或曲线，然后指定要保留的部分
	打断至点		打断线、弧及曲线至点
	交叉修剪		打断、修剪或创建空间曲线与实体面或曲面的相交点
	划分修剪		将直线、圆弧或样条曲线从两个交点分割或单个交点与一个端点修剪，也可以用来删除无交集的图形
	圆角		将圆角应用到现有图形
	串连圆角		将圆角应用到现有串连的图形
	倒角		在现有图形中进行倒角处理
	串连倒角		在现有图形串连倒角
	单体补正		移动、复制、连接或单一槽口平行到原始图形，可依照定义的距离和方向去替换它
	串连补正		移动、复制、连接或单一槽口一个或多个图形串连，可以定义距离和深度去替换它
	投影		移动、复制或连接选择的图形投影到指定的深度、平面或曲面上
	封闭全圆		通过延伸两端来封闭小于 360° 的圆弧转换为一个完整的圆
	打断全圆		可将全圆按照指定段数打断
	合并检视		将所有平行的检视合并为一个单一检视，并将从平行检视中的弧、线移动到单一检视中
	修复曲线		重新定义曲线以修复它，例如处理太多的节点（太多数据）或尖角的曲线
	恢复修剪曲线		恢复修剪全部选定的曲线和 NURBS 曲线到原始状态，返回向前修剪后受影响的操作
	曲线变弧		将曲线变成圆弧，如将圆形的曲线转换为封闭的弧图形（全圆）
	修改曲线		修改 NURBS 或参数曲线
	编辑样条曲线		编辑样条曲线的相关定义

1.1.3 图素转换

在 Mastercam 2019 系统中，图素转换是指改变选择图素的位置、方向、大小等，并可以根据情况对改变的图形（图素）进行保留、删除等操作。转换图形的工具命令位于功能区的“转换”选项卡中，如图 1-3 所示。在实际制图中，要根据设计要求来设定相关图素的转换结果形式，如将转换结果形式设置为“移动”“复制”或“连接”。“单体补正”和“串连补正”也可以看作是图形编辑工具命令。

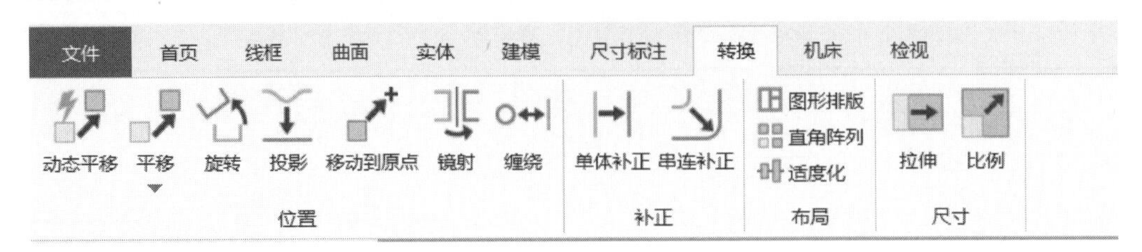

图 1-3　功能区“转换”选项卡

1.1.4 图形标注

在工程制图中，绘制好所需的视图图样后，为了完整地表达图样信息，通常要对所绘制的图样进行标注。图形标注也是本章零件图绘制实例所应用到的知识之一。图形标注包括重建标注、标注尺寸、多重编辑、对齐标注、将标注打断为图形、注解（含注解文字、延伸线、引导线、剖面线）等。其中标注尺寸知识又包括快速标注、水平标注、竖直标注、平行标注、直径标注、角度标注、基线标注、串连标注、相切标注、正交（垂直）标注、点位标注和相关的纵坐标标注等。

在 Mastercam 2019 系统中，图形标注的命令位于功能区的“尺寸标注”选项卡中，如图 1-4 所示。

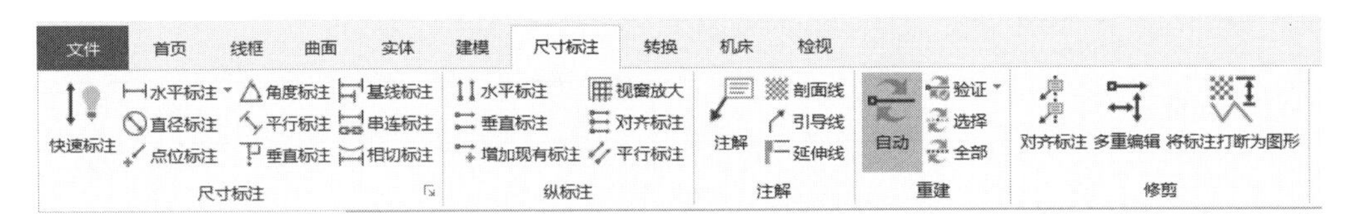

图 1-4　功能区“尺寸标注”选项卡

在进行尺寸标注之前，用户可以根据设计环境要求来设置所需的尺寸标注样式。其设置方法简述如下。

1）在功能区的“尺寸标注”选项卡中单击“尺寸标注”面板右侧的“尺寸标注设置”按钮，或者按〈Alt+D〉快捷键，系统弹出图 1-5 所示的“自定义选项”对话框。

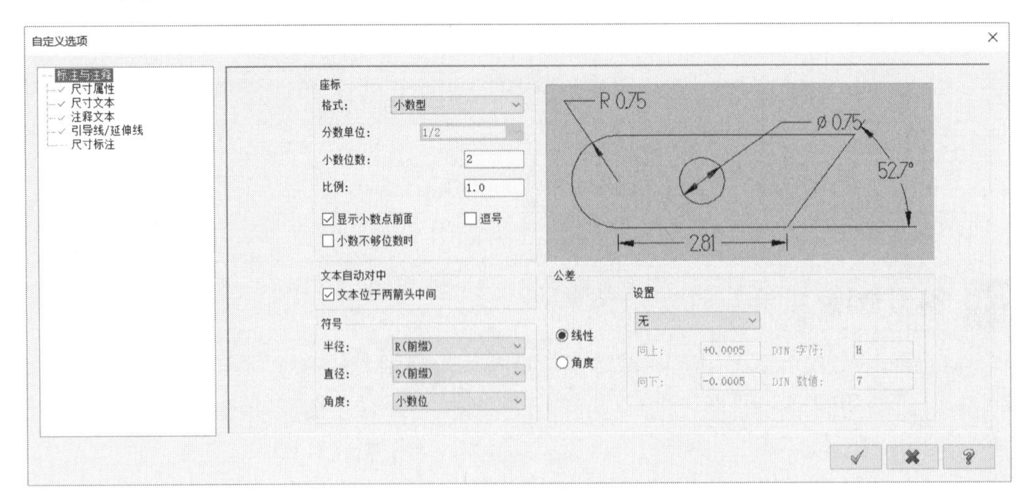

图 1-5　“自定义选项”对话框

2）在“自定义选项”对话框的左侧列表中选择所需的标注项，接着在右侧区域设置相关的选项和参数。可以设置的标注项主要有“尺寸属性”“尺寸文本”“尺寸标注”“注释文本”“引导线/延伸线”。

3）设置好相关的标注样式后，在“自定义选项”对话框中单击“确定”按钮。

1.1.5 图案填充

有时候需要在图形的某个区域中进行图案填充，即在图形的某个区域中绘制一些图案，从而更加清晰地表达该区域的特点。在机械工程中，图案填充常用于表达一个剖切的区域，且不同的图案填充表达不同的零部件或材料。

在功能区“尺寸标注”选项卡的“注解”面板中单击“剖面线”按钮，系统弹出图 1-6 所示的“串连选项”对话框，利用此对话框定义要绘制剖面线的区域后单击“确定”按钮，此时在图形窗口左侧出现“Cross Hatch”（剖面线）对话框，如图 1-7 所示，使用“基础操作”选项卡可以指定剖面线模式（类型），设置剖面线的参数（如间距和角度），还可以重新选取要绘制剖面线的对象。如果用户想自定义新剖面线图样，那么可以在“Cross Hatch”（剖面线）对话框中切换至“进阶选项”选项卡，接着单击“定义（Define）”按钮，然后利用弹出的“自定义剖面线图样”对话框来自定义所需的新剖面线图样。

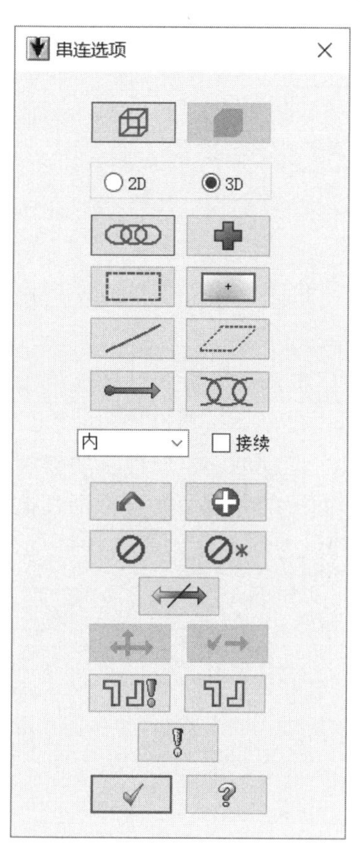

图 1-6 “串连选项”对话框

图 1-7 “Cross Hatch”剖面线对话框

在“Cross Hatch”（剖面线）对话框中指定剖面线图样类型、参数后，单击“确定”按钮或“确定并创建新操作”按钮，从而完成绘制剖面线。

1.2 绘制二维图形范例

本节介绍的简单二维图形范例包括绘制平板平面图、绘制型材截面图、绘制平面商标图、绘制平面螺旋线、绘制虎头钩平面图和花键零件截面图。

1.2.1 绘制平板平面图

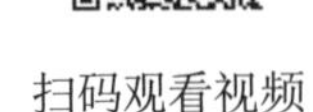

扫码观看视频

本范例要绘制的平板平面图如图 1-8 所示。具体的操作步骤如下。

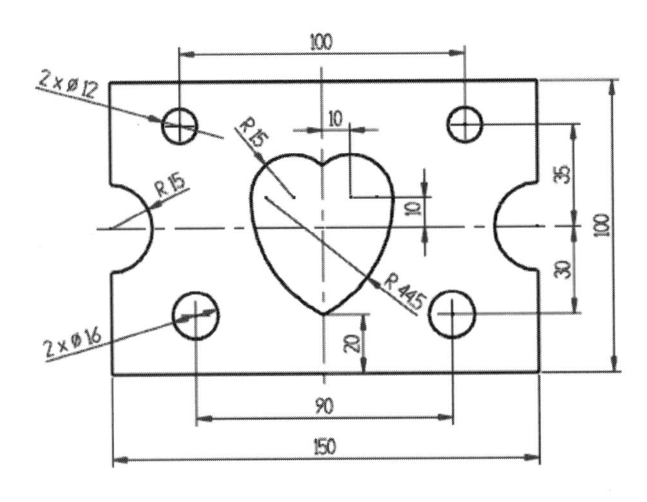

图 1-8 绘制平板平面图

1）新建一个图形文件。在“快速访问”工具栏中单击“新建”按钮，或者从功能区“文件”应用程序菜单中选择“新建”命令，新建一个 Mastercam 文件。

2）设置相关属性状态等。在位于图形窗口下方的状态栏中，可以看到默认的绘图平面为俯视图（俯检视），构图深度 Z 值为 0，在状态栏中单击“层别”按钮，还可以看到图形层别编号（即图层号）为 1。用户也可以利用功能区“首页”选项卡的“属性”面板和“规划”面板来进行属性状态等要素的设置。例如，在“属性”面板的“线型”下拉列表框中选择“中心线”线型，确保线宽为细线，并设置线框颜色为红色，如图 1-9 所示。在“规划”面板可以设置构图深度 Z 为 0，图层号为 1。

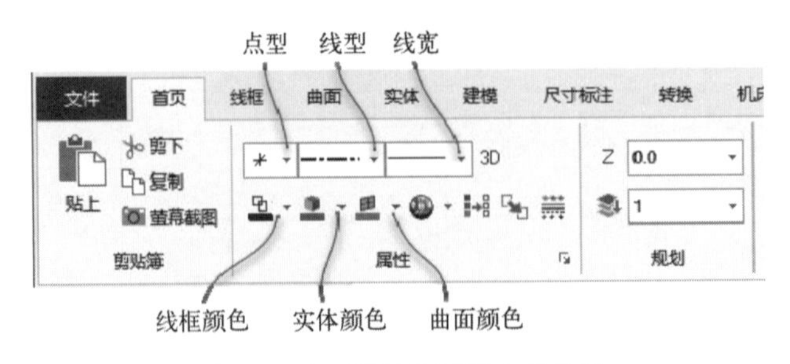

图 1-9 在“属性”面板中的设置

3）绘制中心线。在功能区中打开“线框”选项卡，从“线”面板中单击“任意线”按钮，通过输入坐标点的方式绘制图 1-10 所示的两条中心线，注意各中心线的端点坐标。在指定端点坐标时，可以借助“坐标点”按钮的快速应用。

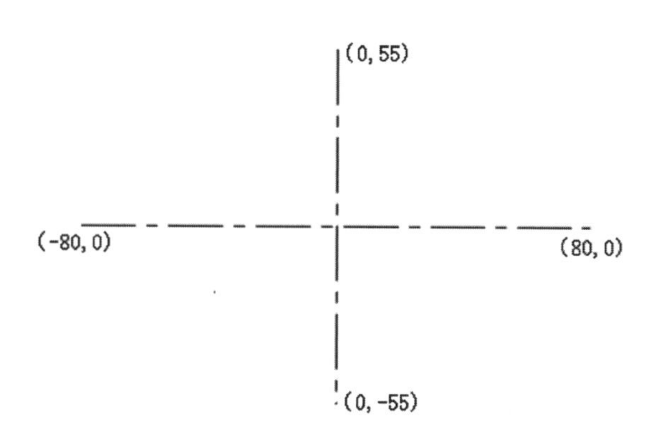

图 1-10 绘制中心线

4）为将要绘制的图形设置属性状态。在功能区切换至“首页”选项卡，从“属性”面板的“线型”下拉列表框中选择“实线”线型，在“线框”下拉列表框中选择粗一号的线宽，并将线框颜色设置为黑色。

5）绘制矩形。在功能区中切换至“线框”选项卡，从“形状”面板中单击“矩形”按钮，打开“矩形”对话框。

在“矩形”对话框的“设定”选项组中勾选“矩形中心点”复选框。直接输入“0,0”，如图 1-11 所示，然后按〈Enter〉键确定，从而将该点（0,0）作为矩形的中心。

图 1-11 指定矩形中心点

在“矩形”对话框的“尺寸”选项组中设置矩形“宽度”为“150”，“高度”为“100”，如图 1-12 所示，在“矩形”对话框中单击“确定”按钮，完成绘制的矩形如图 1-13 所示。

图 1-12　设置矩形宽度和高度尺寸

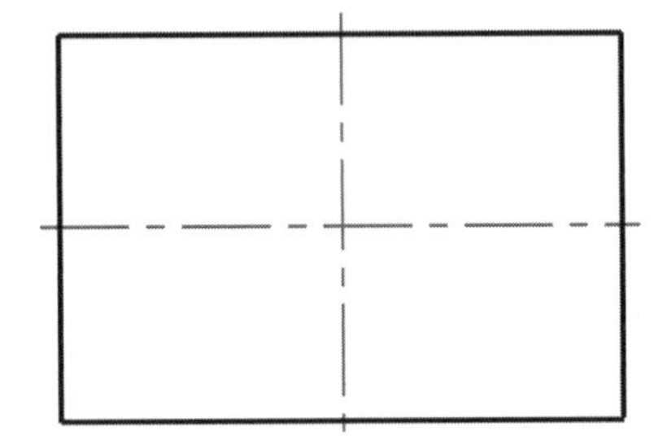

图 1-13　绘制的矩形

6）绘制圆。在功能区“线框”选项卡的“圆弧”面板中单击“已知点画圆”按钮，打开“已知点画圆”对话框。

输入圆心点坐标为（10,10）。接着在“已知点画圆”对话框“大小”选项组的“半径”框中输入“15”，按〈Enter〉键。

在“已知点画圆”对话框中单击“确定”按钮，绘制的该圆如图 1-14 所示。

7）使用“两点画弧”方法绘制相切的圆弧。在“圆弧”面板中单击“两点画弧”按钮，打开“两点画弧”对话框。

在“两点画弧”对话框中选择“相切”单选按钮。输入第一点为（0,-30,0）和第二点为（25,10,0），接着在“选择圆弧或直线”提示下拾取要与之相切的圆，如图 1-15 所示，然后单击“确定”按钮。

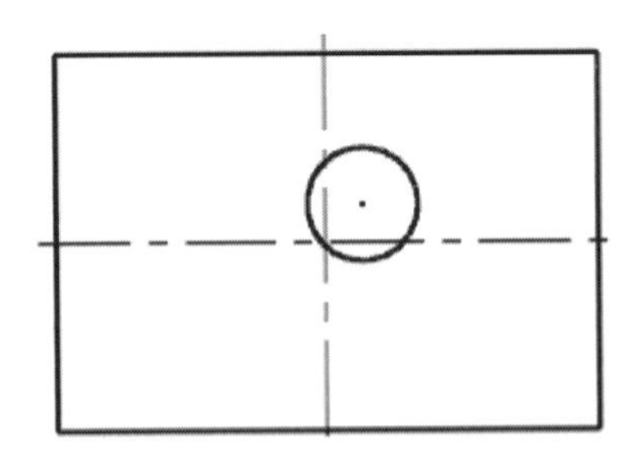

图 1-14　绘制一个圆

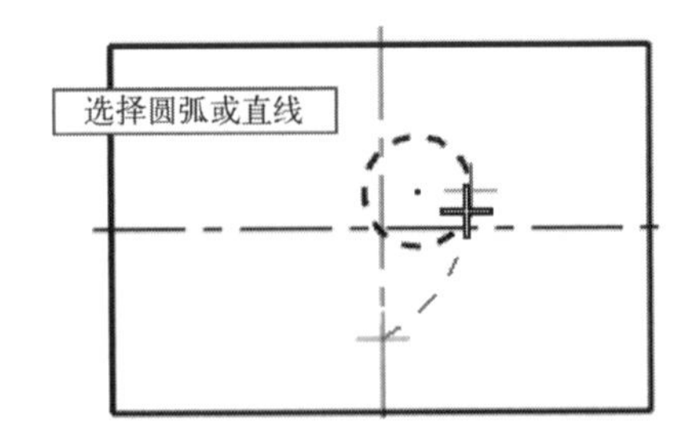

图 1-15　使用“两点画弧”法绘制相切圆弧

8）修剪图形。在功能区“线框”选项卡的“修剪”面板中单击“修剪/打断/延伸”按钮，打开“修剪打断延伸”对话框。在该对话框中确保选中“修剪”单选按钮，并在“方式”选项组中选择“修剪单一物体”单选按钮，接着先在合适的位置处选择圆作为要修剪的对象，再在合适的位置处单击选择中心线，如图 1-16 所示。

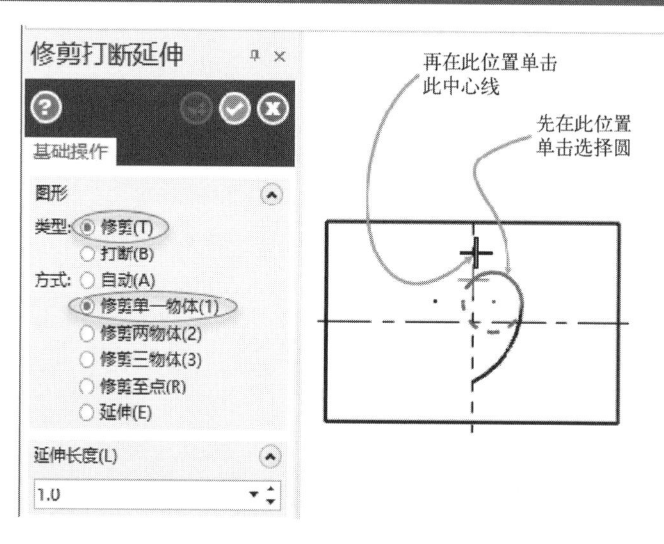

图 1-16 “修剪打断延伸”对话框

单击“确定”按钮，修剪结果如图 1-17 所示。

9）图形镜像。在功能区“转换”选项卡的“位置”面板中单击“镜像”按钮，打开“镜射（镜像）”对话框，在“基础操作”选项卡的“图形”选项组中选择“复制”单选按钮，使用鼠标分别单击的方式选择图 1-18 所示的两段相切的圆弧，单击“结束选取”按钮。

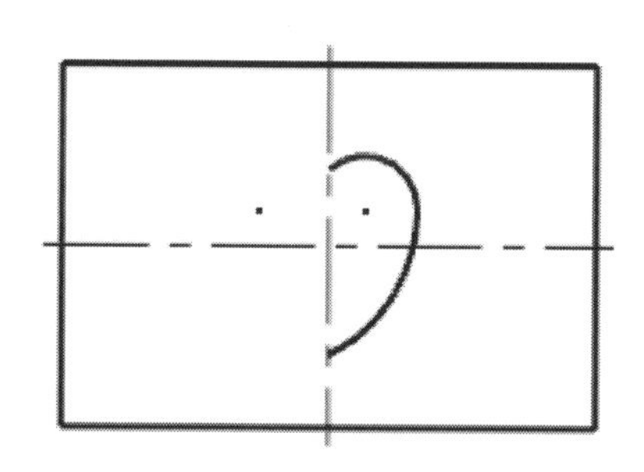

图 1-17 修剪掉的圆弧段

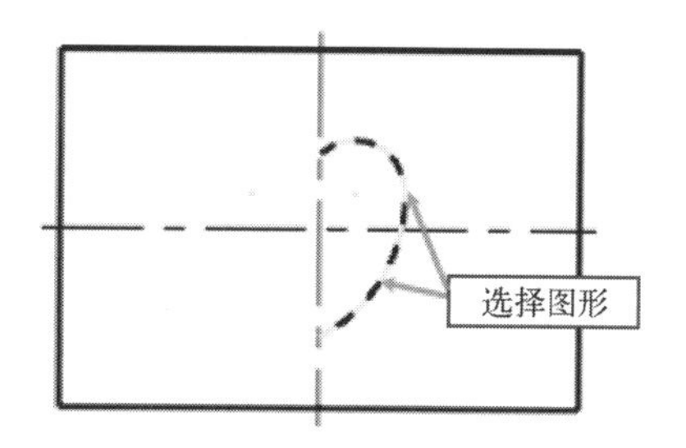

图 1-18 选取图形去镜像

在“镜射（镜像）”对话框“基础操作”选项卡的“轴心”选项组中选择“向量”单选按钮，如图 1-19a 所示。选择竖直的中心线作为镜像参考中心轴，然后在“镜射（镜像）”对话框中单击“确定”按钮，镜像结果如图 1-19b 所示。

10）绘制两个圆。在功能区切换至“线框”选项卡，从“圆弧”面板中单击“已知点画圆”按钮，打开“已知点画圆”对话框。设置半径为 15，分别指定圆心点来完成图 1-20 所示的同半径的两个圆。

知识点拨： 为了能快速而有效地捕捉到相应的点来作为圆心点，用户可以单击“抓点设置”按钮，利用弹出的“自动抓点设置”对话框设置哪些点将被自动捕捉，例如选择“原点”“圆弧中心”“端点”“交点”“中点”“点”“水平/垂直”“临时中点”等。

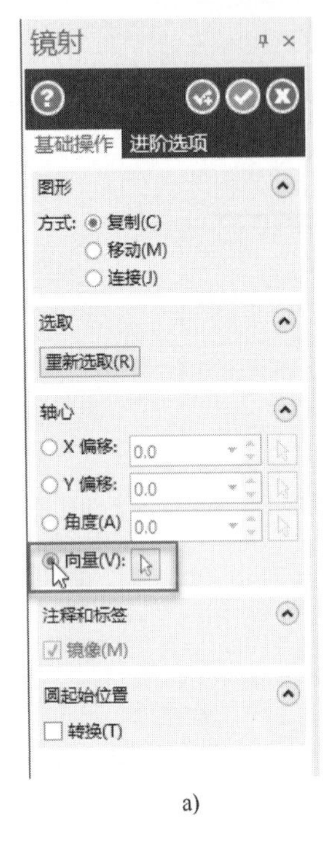

a)

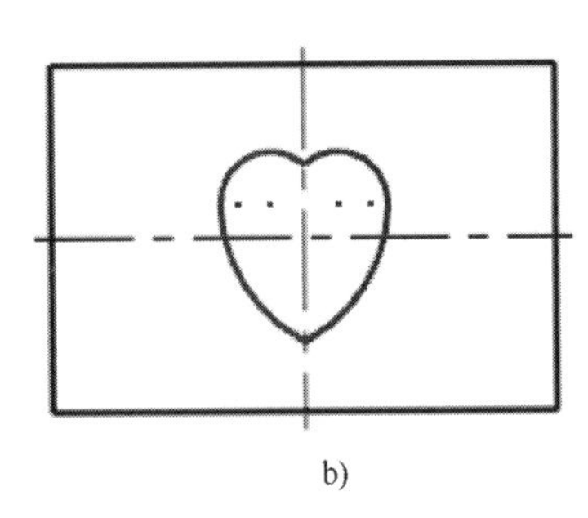

b)

图 1-19 图形之镜像复制操作

a)“镜像”对话框 b) 镜像结果

11）修剪图形。在“修剪”面板中单击“划分修剪”按钮，打开“划分修剪”对话框，对话框中的默认选择类型为“修剪”，接着分别在合适的位置处单击要删除的图形部分，最后得到图 1-21 所示的图形效果。

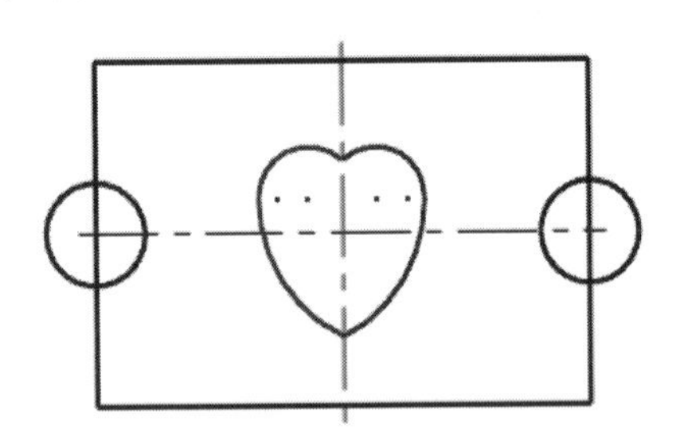

图 1-20 绘制半径相等的两个圆

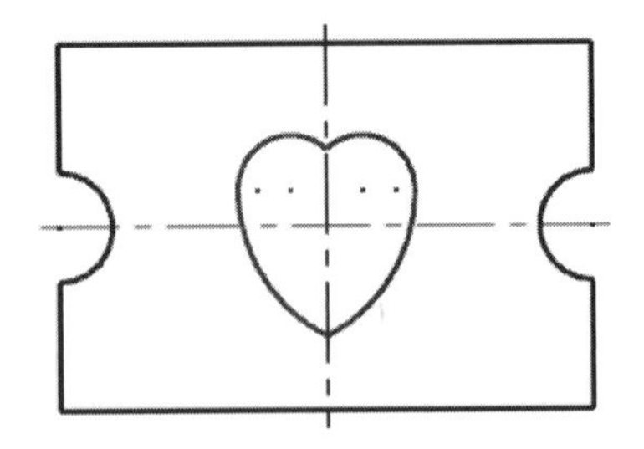

图 1-21 修剪结果

12）绘点。在“点”面板中单击“绘点”按钮，弹出“绘点”对话框，接着利用“坐标点”按钮来分别定位这些点：P1（-50,35）、P2（50,35）、P3（-45,-30）和 P4（45,-30）。单击“确定”按钮，绘制的 4 个点如图 1-22 所示。

13）绘制 4 个小圆。在“圆弧”面板中单击“已知圆心点画图”命令，或者在“绘图”工具栏中单击“已知点画圆”按钮，打开“已知点画圆”对话框。

分别绘制图 1-23 所示的 4 个小圆。其中以 P1 点为圆心的圆和以 P2 点为圆心的圆，其直径均为Φ12，其他两个圆的直径则均为Φ16。

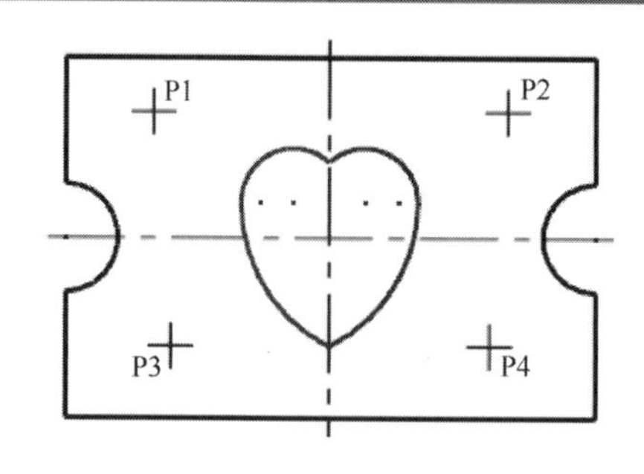

图 1-22　绘制 4 个点

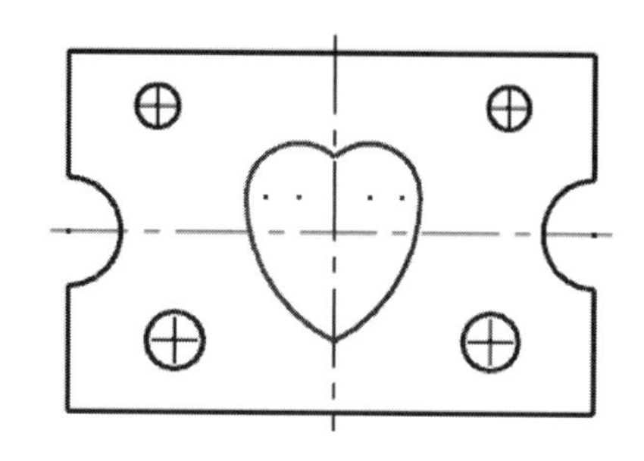

图 1-23　绘制 4 个小圆

14）清除屏幕颜色。在功能区切换至“首页”选项卡，从“属性”面板中单击“清除颜色”按钮。

15）图形标注的准备工作。在“属性”面板的“线型”下拉列表框中选择“实线”线型——，将线宽设置为标准细线，并设置线框颜色为红色，如图 1-24 所示。

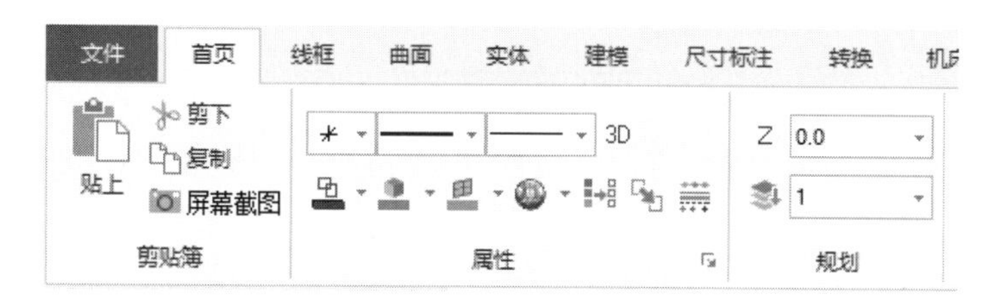

图 1-24　设置图素属性

在功能区切换至“尺寸标注”选项卡，单击“尺寸标注”面板上的“尺寸标注设置”按钮，打开“自定义选项”对话框，分别对标注的“尺寸文本”和“引导线/延伸线”等进行设置，分别如图 1-25 和图 1-26 所示。另外，对“尺寸属性”类别，可以设置其小数位数为 2，并取消勾选“小数不够位数时用‘0’补上”复选框，以及确保勾选“文字位于两箭头中间”复选框，如图 1-27 所示。最后单击“确定”按钮。

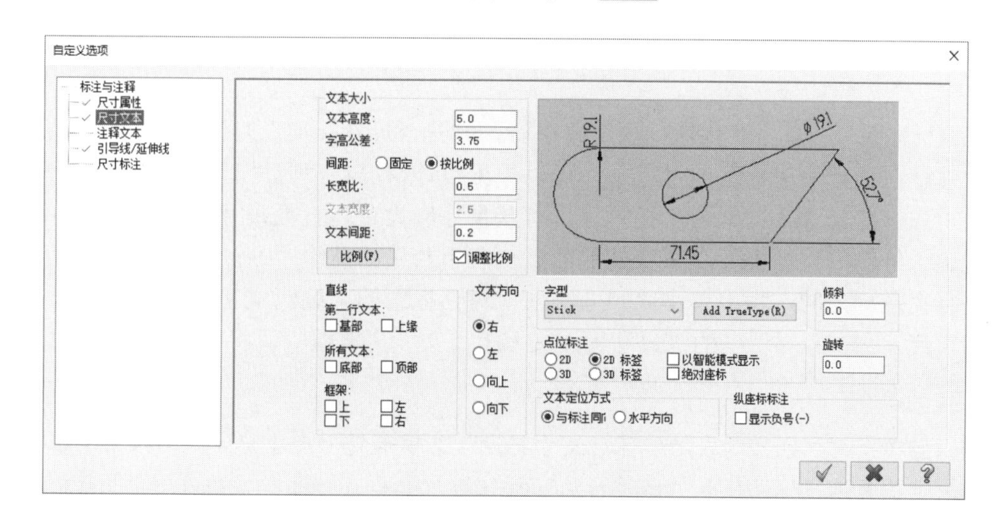

图 1-25　设置尺寸文本样式

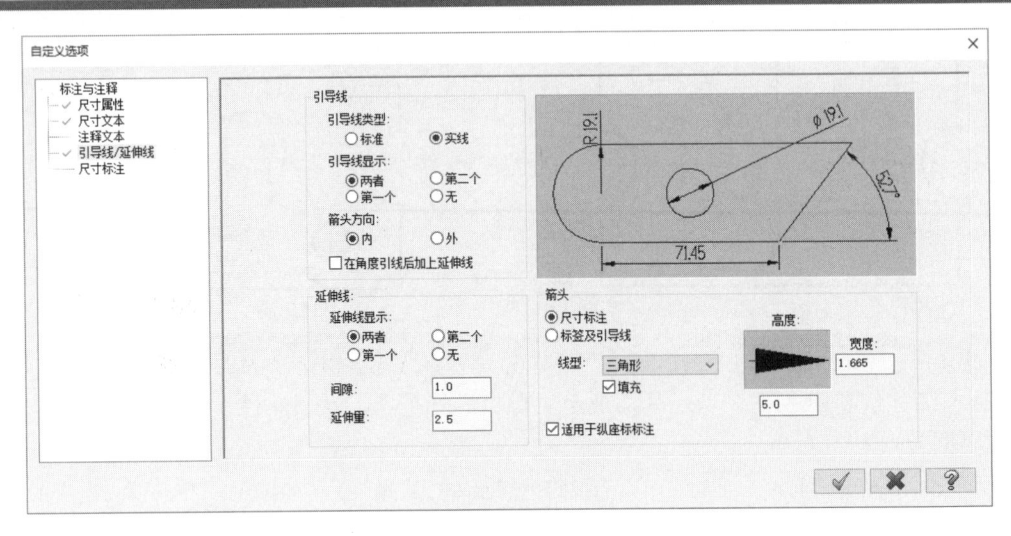

图 1-26 设置引导线/延伸线样式

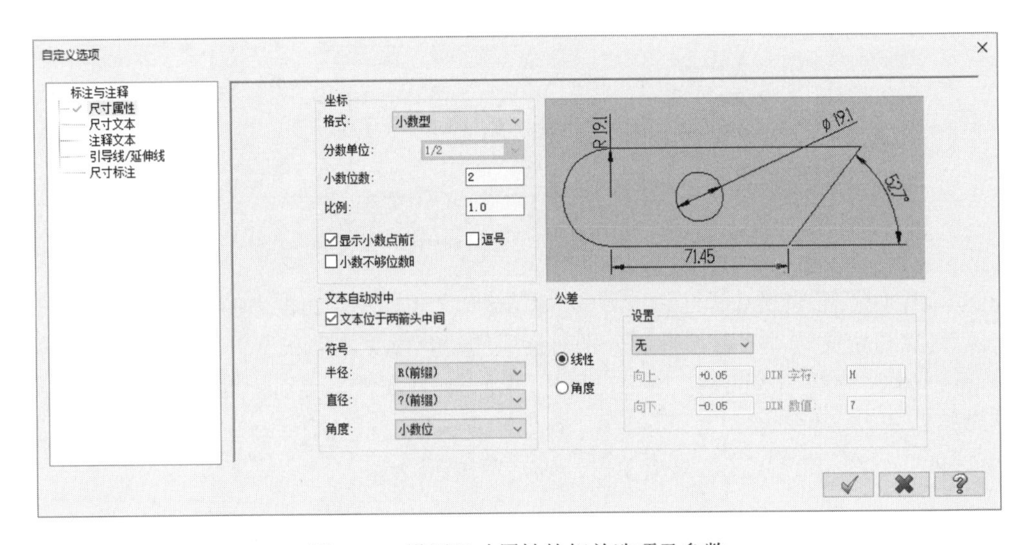

图 1-27 设置尺寸属性的相关选项及参数

16）标注尺寸。单击“快速标注”按钮，打开“尺寸标注”对话框，标注图 1-28 所示的尺寸。在执行快速标注的过程中，可以根据设计情况在“尺寸标注”对话框中进行相关设置，如有些尺寸应设置为半径尺寸，有些尺寸应设置为直径尺寸，有些尺寸的箭头方向应该位于外侧等。如果要在直径的前面添加表示数量的前缀“2 x”，那么可以在选择所需圆进行直径标注的过程中单击“尺寸标注”对话框中的“编辑文字”按钮，接着在弹出的“编辑尺寸文本”对话框的“尺寸标注文本上下文”文本框中，将“2 x”输入到当前直径文本符号之前。

知识点拨： 用户也可以在功能区“尺寸标注”选项卡的“尺寸标注”面板中单击相关标注按钮来对图素进行标注，如“水平标注”按钮、“垂直标注”按钮、“平行标注”按钮和“直径标注”按钮等。

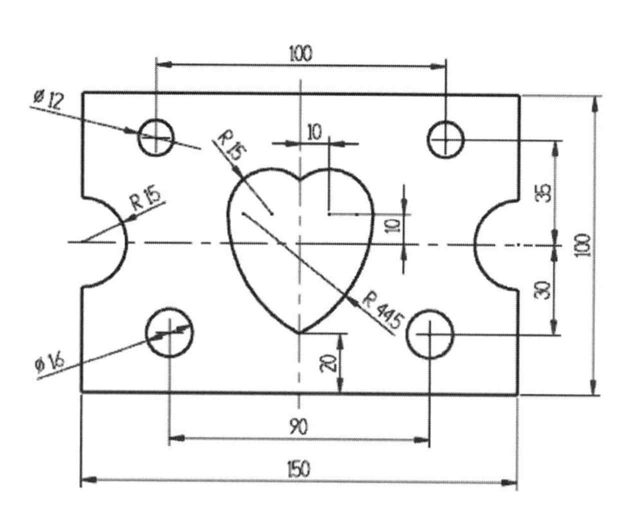

图 1-28　标注尺寸

1.2.2 绘制型材截面图

扫码观看视频

本范例要绘制的型材截面图如图 1-29 所示，图中给出了主要的尺寸。该范例具体的操作步骤如下。

1）新建一个图形文件。在“快速访问”工具栏中“新建”按钮，从而新建一个 Mastercam 2019 文件。

2）相关属性状态设置。在功能区“首页”选项卡“属性”面板的“线型”下拉列表框中选择“实线”线型——，在“线宽”下拉列表框中选择表示粗实线的线宽，线框颜色设置为黑色，切换为 2D 模式，其他默认（如层别为 1，构图面深度 Z 为 0，构图面为俯视图等），如图 1-30 所示。

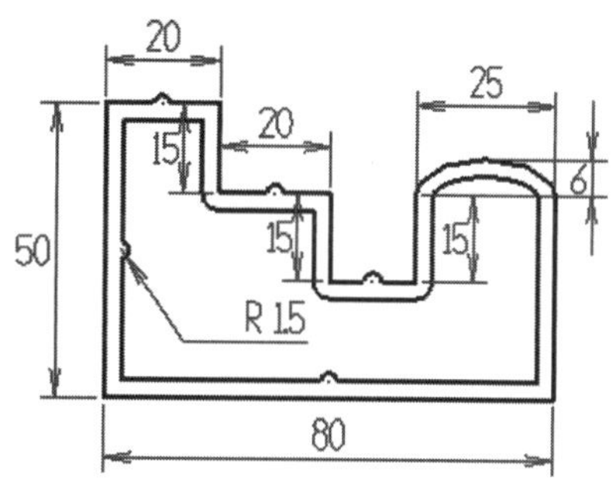

图 1-29　型材截面图

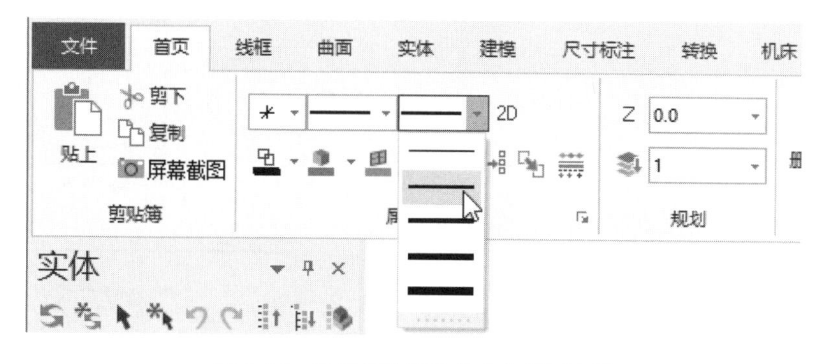

图 1-30　设置相关属性状态和规划参数

3）绘制连续的线段。在功能区“线框”选项卡的“线”面板中单击“任意线”按钮，打开“任意线”对话框。在“任意线”对话框中选择“类型”选项组的“连续”单选按

钮，以及选择“方式”选项组中的“连续线（Multi-line）”单选按钮，接着使用图形窗口上方工具栏中的“原点”按钮自动捕获原点（0,0）作为第一个端点，再分别通过设置相应长度和角度来完成图1-31所示的依次相连的线段。

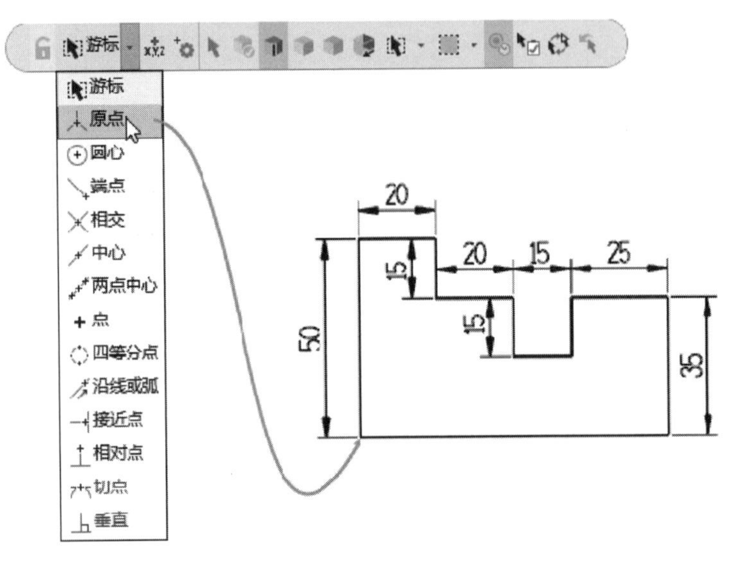

图1-31　绘制连续的线段

4）绘制椭圆。在“形状”面板中单击“椭圆”按钮，系统弹出“椭圆（Ellipse）”对话框。在图1-32所示的工具栏中选择“中点”图标选项，接着使用鼠标选择图1-33所示的直线段，系统捕捉到该直线段的中点作为椭圆中心。

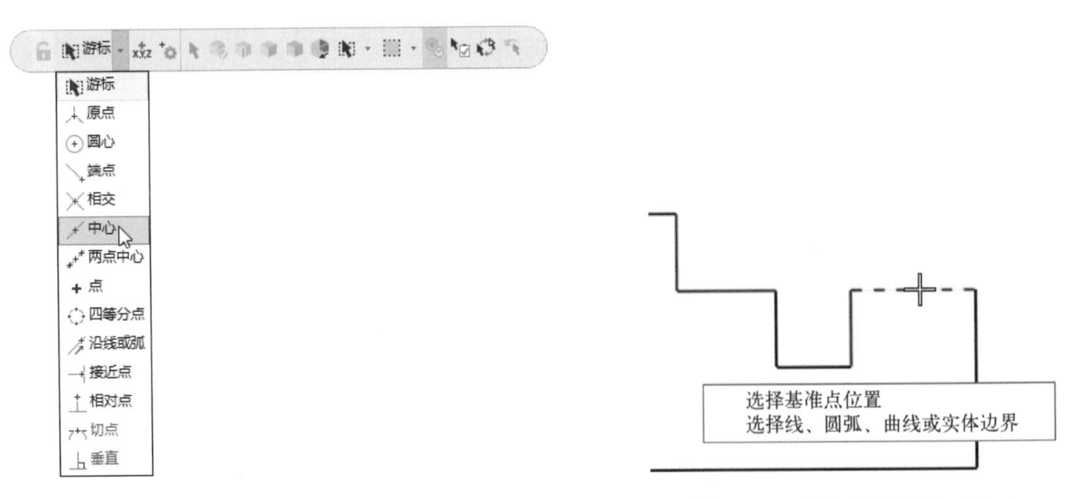

图1-32　选择“中点”图标选项　　图1-33　选择直线以获取其中点

在“椭圆（Ellipse）”对话框中选择“NURBS”单选按钮，设置长轴半径A为12.5，短轴半径B为6，如图1-34所示，然后在“椭圆（Ellipse）”对话框中单击“确定”按钮，绘制的椭圆如图1-35所示。

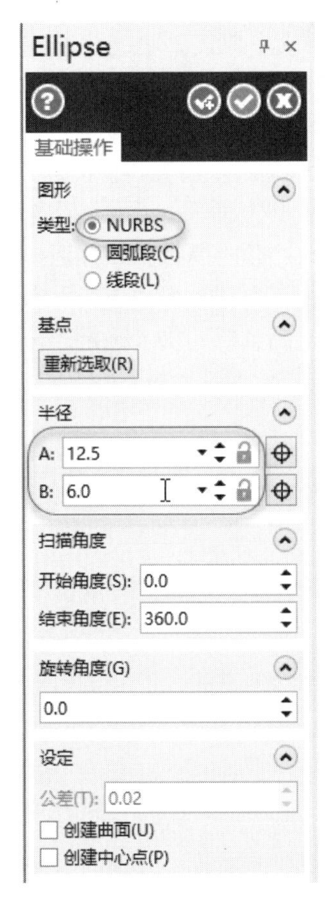

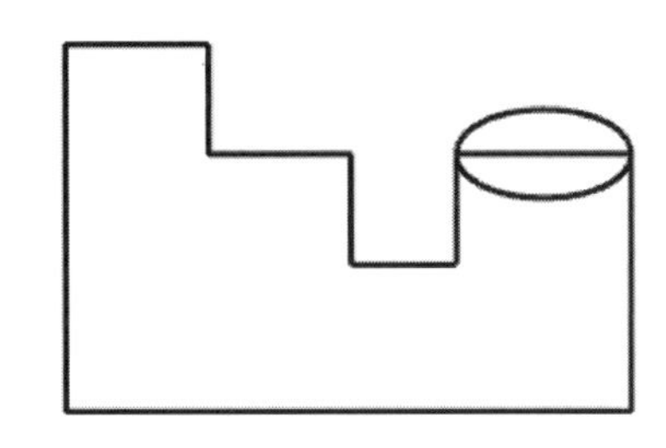

图 1-34　设置椭圆参数　　图 1-35　绘制一个椭圆

5）在交点处打断椭圆。在“修剪”面板中单击“在交点处打断”按钮，接着选择图 1-36 所示的椭圆和直线段，然后按〈Enter〉键确认，从而在交点处打断椭圆。

6）删除不再需要的曲线。在功能区切换至“首页”选项卡，从“删除”面板中单击“删除图形”按钮，系统提示“选择图形”，在该提示下选择要删除的曲线段，按〈Enter〉键确定，删除后得到的图形效果如图 1-37 所示。

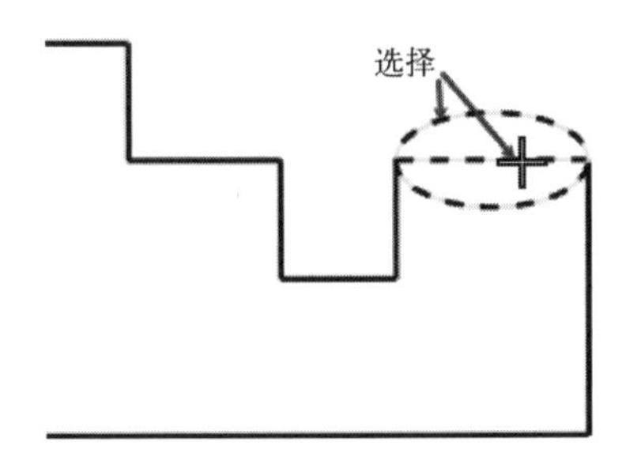

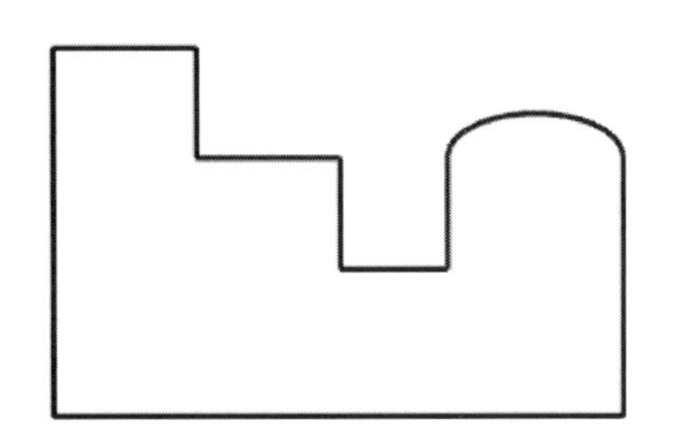

图 1-36　选择椭圆和直线段　　图 1-37　删除后的图形效果

操作技巧： 步骤 5）和步骤 6）也可以合并为一个步骤，即直接在功能区“线框”选项卡的“修剪”面板中单击“划分修剪”按钮，在图形中依次选择要修剪掉的直线线段和椭圆段。

7）串连补正。在功能区“线框”选项卡的“修剪”面板中单击“串连补正”按钮，系统弹出“串连选项”对话框和“串连补正”对话框。

在“串连选项”对话框中选择“串连”按钮，单击图形，然后单击“串连选项”对话框中的“确定”按钮。接着在图形内部区域任意一点单击以设置其补正方向朝内。

在“串连补正”对话框中选择“复制”单选按钮，设置补正阵列的数量（次数）为 1，串连补正的距离为 3，选择“增量”单选按钮，勾选“修改圆角”复选框，并选择“尖锐”单选按钮，如图 1-38 所示。如果需要，可以通过“串连补正”对话框“方向”选项组中的选项来更改串连补正的方向为指向外侧、内侧或双向。预览满意后单击“确定”按钮，完成的串连补正结果如图 1-39 所示。

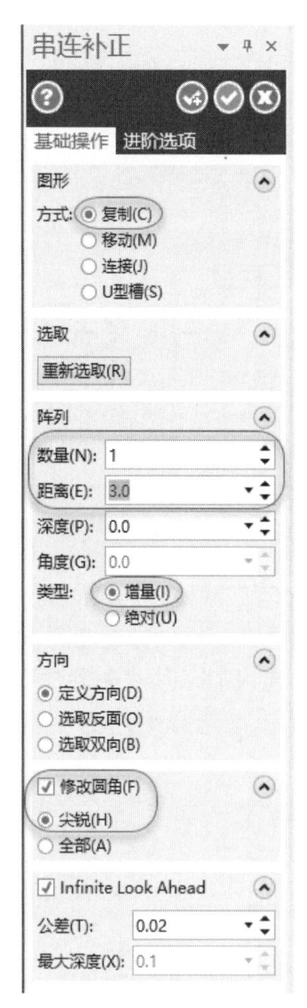

图 1-38 “串连补正选项”对话框

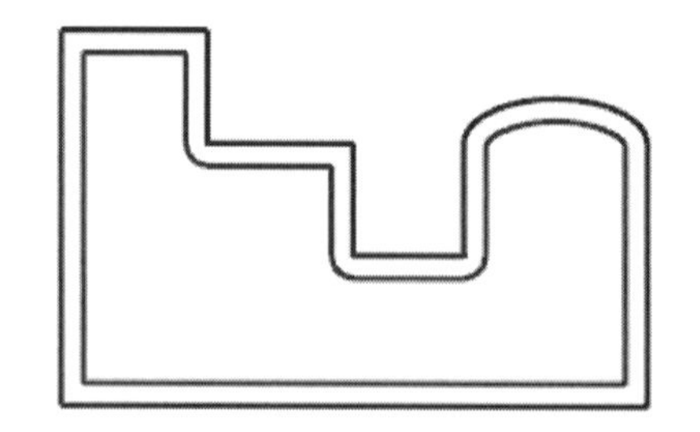
图 1-39 串连补正结果

完成串连补正后，可以在功能区“首页”选项卡的“属性”面板中单击“清除颜色”按钮。

8）绘制圆。在功能区“线框”选项卡的“圆弧”面板中单击“已知点画圆”按钮，打开“已知点画圆”对话框。

在“已知点画圆”对话框的“半径”框中输入半径值为“1.5”，并将该半径值锁定。

在绘图区分别选择相关直线段的中点，以分别以这些中点作为圆心来绘制半径均为 1.5 的小圆，然后单击“确定”按钮，绘制的小圆如图 1-40 所示。

9）修剪。在功能区“线框”选项卡的“修剪”面板中单击“划分修剪”按钮，选择“修剪”单选按钮，接着借助操作技巧选择曲线去删除，最后得到图 1-41 所示的图形效果。

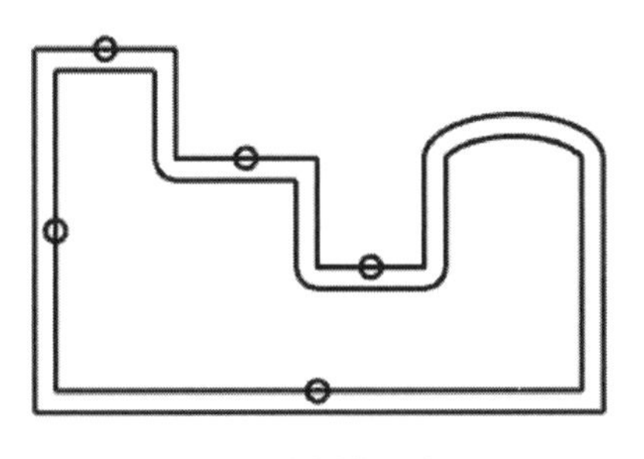

图 1-40　绘制若干小圆

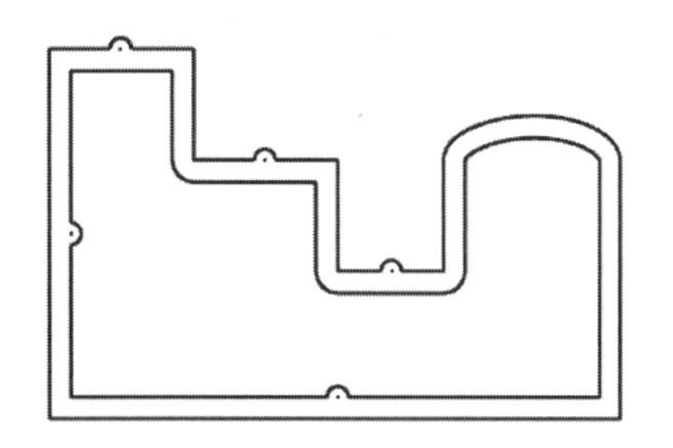

图 1-41　修剪图形

10）保存文件。

1.2.3 绘制平面商标图

扫码观看视频

本范例要绘制的平面商标图如图 1-42 所示，图中给出了主要尺寸。该范例具体的操作步骤如下。

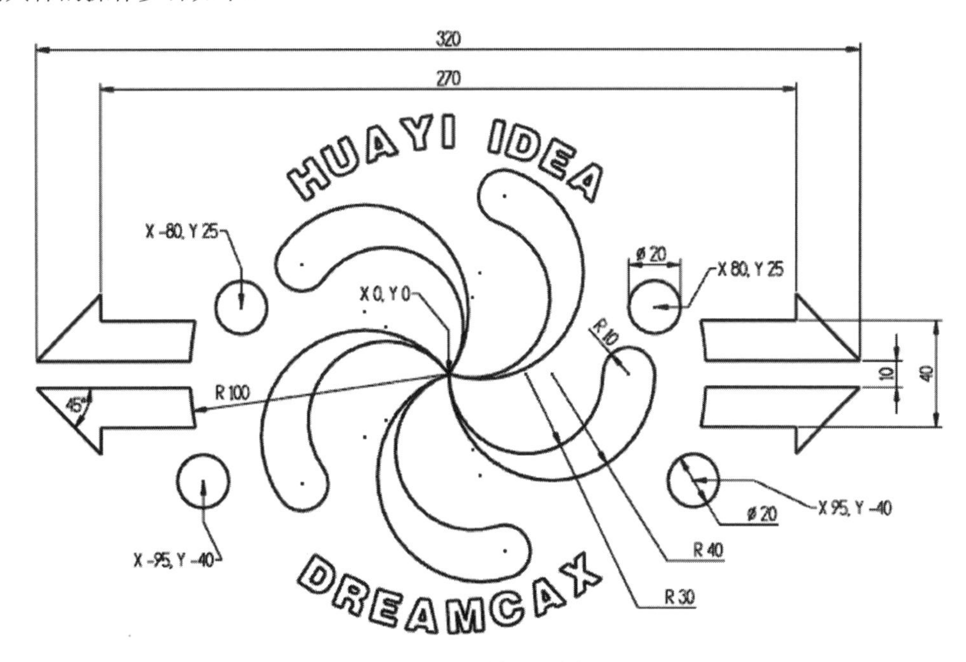

图 1-42　绘制平面商标图

1）新建一个图形文件。在“快速访问”工具栏中单击“新建”按钮，新建一个 Mastercam 2019 文件。

2）相关属性状态设置。在功能区“首页”选项卡的“属性”面板的“线型”下拉列表框中选择“实线”线型——，在“线宽”下拉列表框中选择表示粗实线的线宽，线框颜色设置为黑色，采用2D模式，其他默认，如图1-43所示。

图1-43　设置相关属性状态

3）绘制若干个圆。在功能区中切换至“线框”选项卡，从“圆弧”面板中单击“已知点画圆”按钮，打开“已知点画圆”对话框。

直接输入圆心点坐标为（40,0），按〈Enter〉键确认。在“已知点画圆”对话框的“半径”框中输入“40”，确保取消尺寸锁定状态，接着在“已知点画圆”对话框中单击“确定并创建新操作”按钮，从而绘制一个圆C1。

使用同样的方法，输入圆心点坐标为“（30,0）”，按〈Enter〉键确认。在“已知点画圆”对话框的“半径”框中输入“30”，按〈Enter〉键，接着在“已知点画圆”对话框中单击“确定并创建新操作”按钮，从而绘制第二个圆C2，如图1-44所示。

使用同样的方法，绘制第3个圆C3，C3的圆心点坐标为（70,0），半径为R10，如图1-45所示。在“已知点画圆”对话框中单击“确定”按钮。

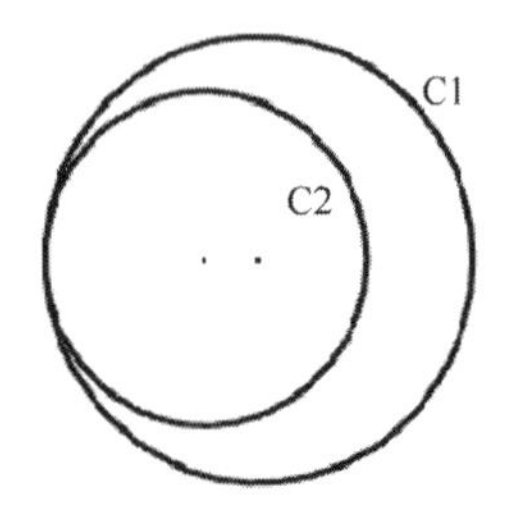

图1-44　绘制好第二个圆

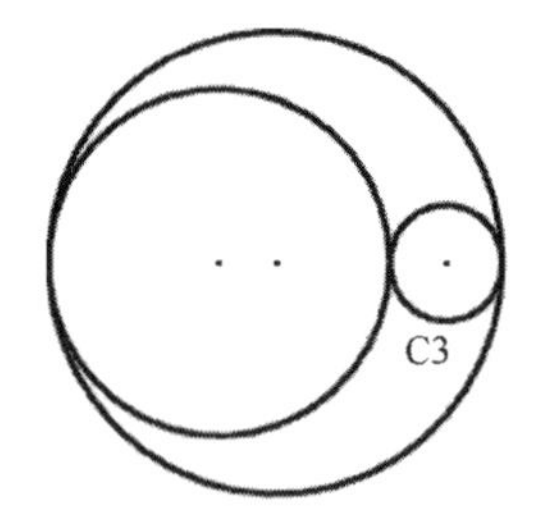

图1-45　绘制圆C3

4）修剪图形。在功能区“线框”选项卡的“修剪”面板中单击“修剪/打断/延伸”按钮，打开“修剪打断延伸”对话框。在“修剪打断延伸”对话框中选择“修剪”单选按钮，并选中“修剪三物体”单选按钮，接着在图形窗口中依次选择小圆、大圆，然后选择中圆，从所选的第三个对象中圆作为修剪线以修剪前两个选取的对象，特别要注意三个对象的选择位置，如图1-46所示。最后单击“确定”按钮。

5）旋转复制转换。在功能区切换至“转换”选项卡，从“位置”面板中单击“旋转”按钮，使用鼠标以窗口选择的方式框选图1-47所示的全部图素，接着单击出现的“结束选取”按钮，或者按〈Enter〉键确定。

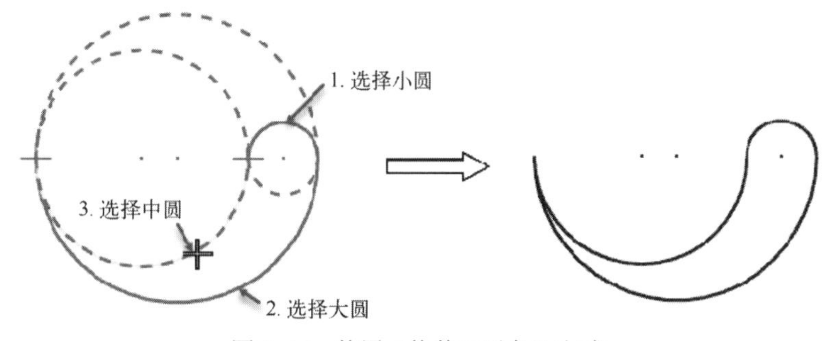

图 1-46 使用“修剪三对象”方式

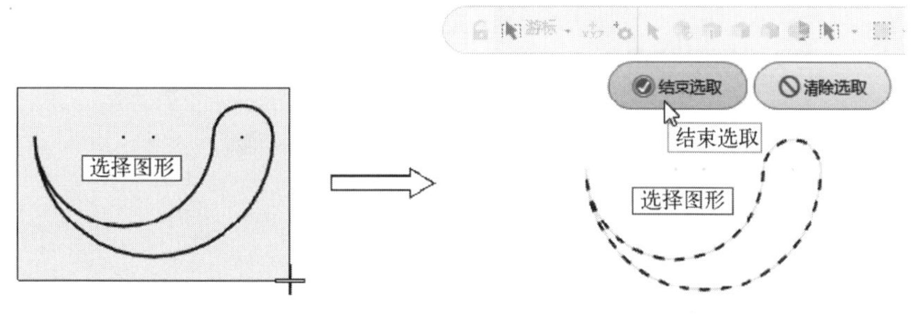

图 1-47 选择图形去旋转

在“旋转”对话框的“基础操作”选项卡上，选择“复制”单选按钮，设置数量（次数）为 4，单次旋转角度为 72.0°，“距离”为“角度之间”，“方式”为“旋转”，如图 1-48 所示。单击“确定”按钮，旋转复制转换的图形结果如图 1-49 所示。

图 1-48 “旋转”对话框

图 1-49 旋转复制转换的图形结果

6）清除屏幕颜色。在功能区“首页”选项卡的“属性”面板中单击“清除颜色”按钮。

7）绘制文字。在功能区中切换至“线框”选项卡，从“形状”面板中单击“文字”按钮A，系统弹出“Create Letters”（创建文字）对话框，在“基础操作”选项卡的“文字”文本框中输入“DREAMCAX”，单击“TrueType Font”按钮，弹出“字体”对话框，选择所需的一个字体（可以选择自己喜欢的一个字体），设置字形为“黑体”，单击“确定”按钮，接着设置“高度”为 12，“间距”为 3，选择“圆弧”单选按钮及其下属的“底部”单选按钮，设置“半径”为“85”，如图 1-50 所示。

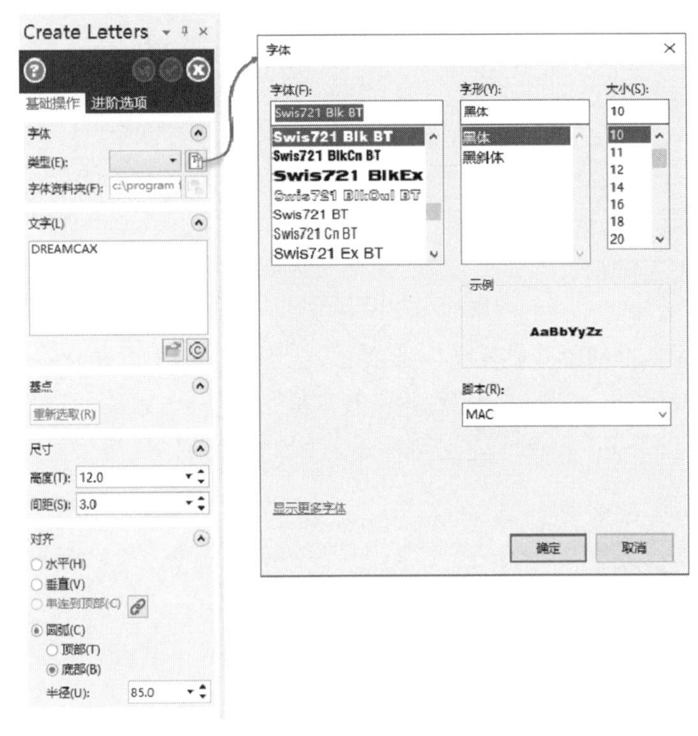

图 1-50 利用对话框设置文字的字体、尺寸、对齐方式等

选择图 1-51 所示的点（原点）作为圆心点，也可以通过图形窗口上方工具栏中的“游标”|“原点”按钮来自动捕获原点（0,0），然后单击“确定并创建新操作”按钮，结果如图 1-52 所示。

图 1-51 指定圆心坐标点

图 1-52 绘制圆弧底部对齐的文字

在“文字”文本框中输入文字内容为“HUAYI IDEA”，在“对齐”选项组中选择“圆弧”单选按钮，以及选择其下属的“顶部”单选按钮，设置圆弧“半径”为85，文字高度默认为12，“间距”为3，接着在图形窗口上方工具栏中单击“游标”|“原点”按钮来自动捕获原点（0,0），此时如图1-53所示。单击“确定”按钮，完成绘制的文字效果如图1-54所示。

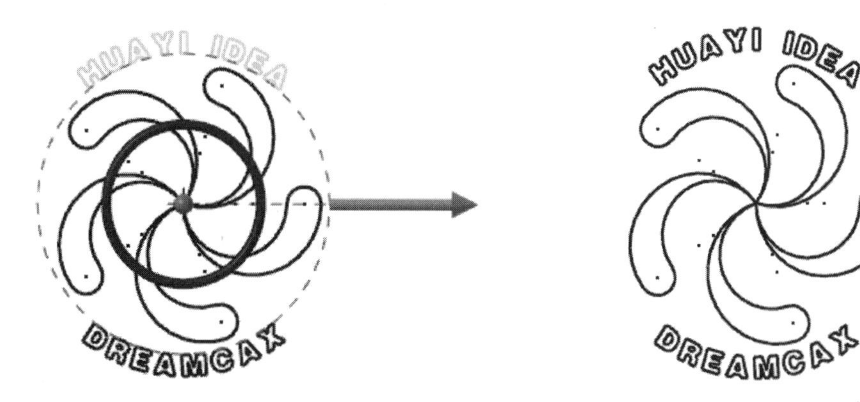

图1-53 获取原点作为圆心　　图1-54 完成文字绘制

8）绘制半径相等的4个圆。在功能区“线框”选项卡的“圆弧”面板中单击“已知点画圆”按钮，打开“已知点画圆”对话框。在“已知点画圆”对话框的“半径”框中输入“10”，按〈Enter〉键确认，并锁定半径值，如图1-55所示。

利用“输入坐标点”按钮的坐标输入功能依次输入圆心点坐标为“(-80,25)”“(80,25)”“(-95,-40)”“(95,-40)”。单击“确定”按钮，绘制的4个等半径的圆如图1-56所示。

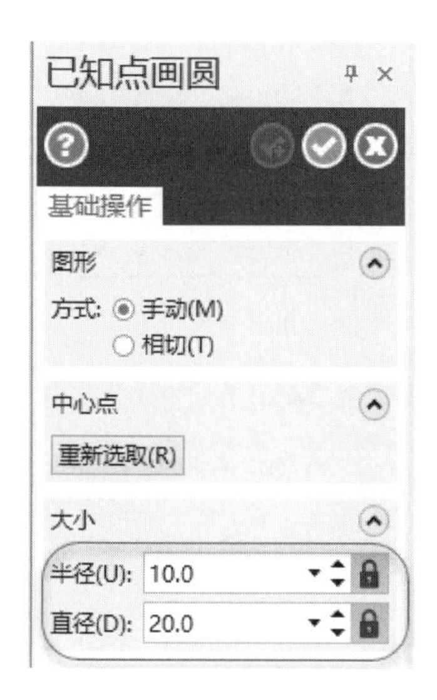

图1-55 设置半径

图1-56 绘制4个圆

9）绘制大圆。“圆弧”面板中单击“已知点画圆”按钮，打开“已知点画圆”对话框，接着在“已知点画圆”对话框中设置半径为 R100，接着以原点（0,0）作为圆心绘制图 1-57 所示的一个圆。

10）绘制直线。在“线”面板中单击“任意线”按钮，打开“任意线”对话框，选择“水平”单选按钮以准备绘制水平线，并在“方式”选项组中选择“两端点”单选按钮，单击“输入坐标点”按钮并在出现的坐标输入文本框中输入“160,5”，按〈Enter〉键确认，在绘图区向左移动鼠标并在大圆的内部任意指定一点，如图 1-58 所示，然后单击“确定并创建新操作”按钮，从而完成绘制一条直线段。

图 1-57　绘制一个圆

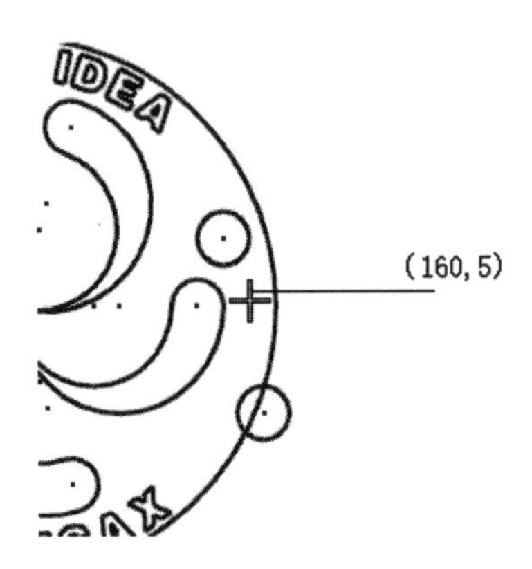

图 1-58　绘制一条直线段

按空格键，在出现的坐标输入文本框中输入另一条水平线段的第一点坐标为“135,20”，按〈Enter〉键确认，在绘图区向左移动鼠标并在大圆的内部适当指定一点，然后单击“确定并创建新操作”按钮，绘制的第二条水平线如图 1-59 所示。

在“任意线”对话框的“图形”选项组中选择“任意线”单选按钮定义类型，并绘制图 1-60 所示的两段直线段。完成所需的这部分直线段后，单击“确定”按钮。

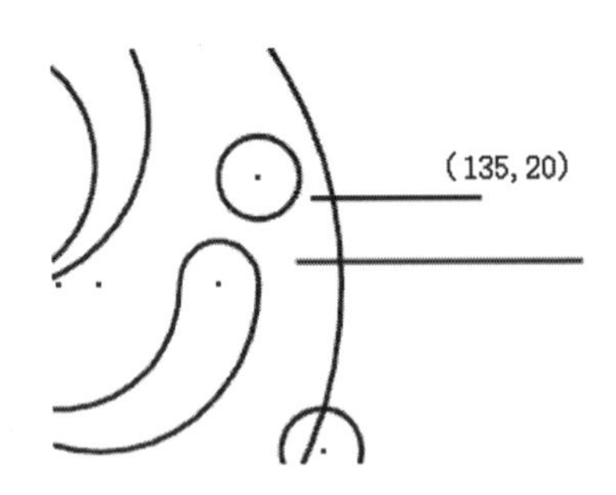

图 1-59　绘制第二条水平线

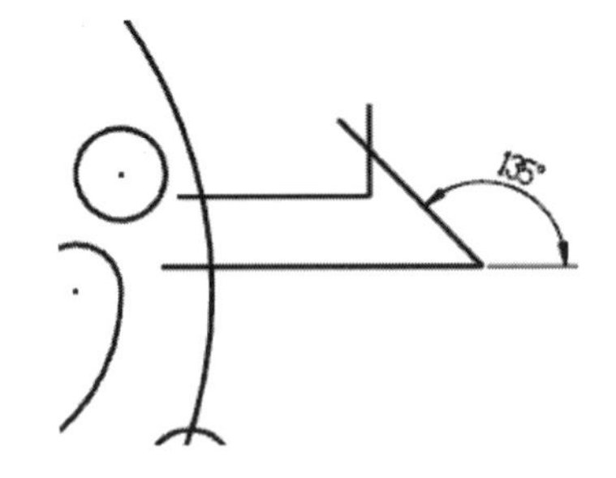

图 1-60　绘制两段直线段

11）修剪图形。在功能区“线框”选项卡的“修剪”面板中单击“划分修剪”按钮，在绘图区单击要修剪的图形段，修剪结果如图 1-61 所示。

12）镜像复制转换。在功能区切换至“转换”选项卡，在“位置”面板中单击“镜像”按钮，打开“镜像（镜射）”对话框，使用鼠标以窗口框选的方式选择图 1-62 所示的图形，按〈Enter〉键确认。

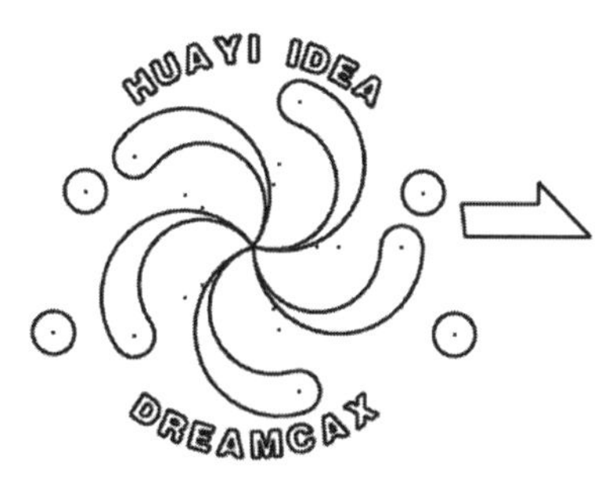

图 1-61 修剪结果

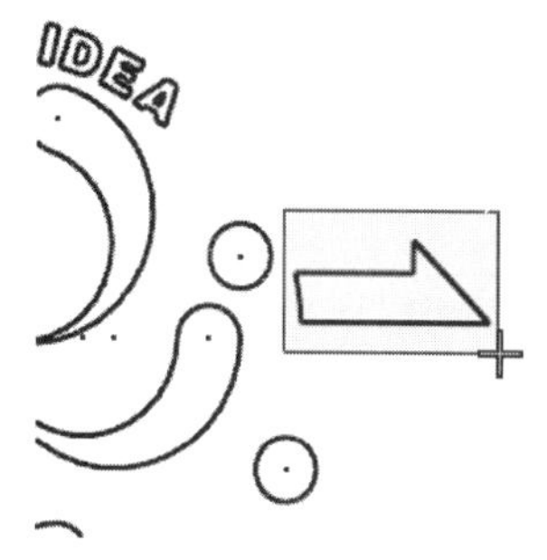

图 1-62 选择图形去镜像

在“镜像（镜射）”对话框中选择“复制”单选按钮，选择镜像轴心选项及参数如图 1-63 所示，单击“确定并创建新操作”按钮，此次镜像（镜像 1）的结果如图 1-64 所示。

以窗口选择方式（视窗内）来框选图 1-65 所示的图形，按〈Enter〉键确认，在“镜像（镜射）”对话框中选择“Y 偏移”单选按钮，并在其相应的文本框中输入 0，实际上是设置以 Y 轴作为镜像轴，单击“确定”按钮，完成镜像 2 操作得到的镜像结果如图 1-66 所示。

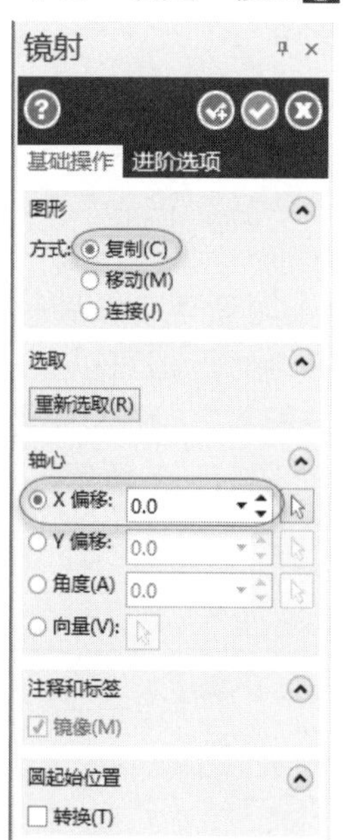

图 1-63 “镜像”（镜射）对话框

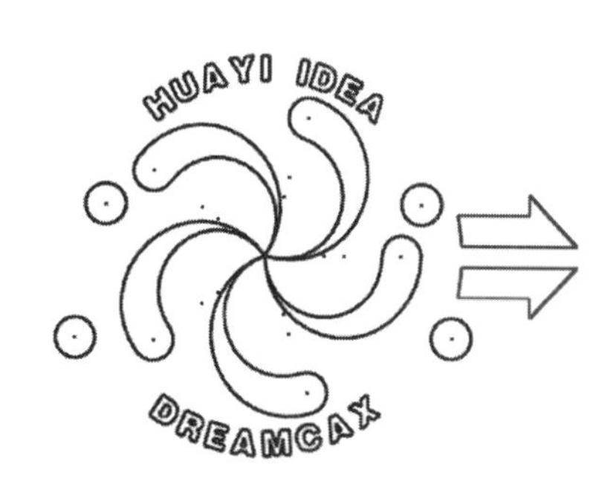

图 1-64 镜像 1

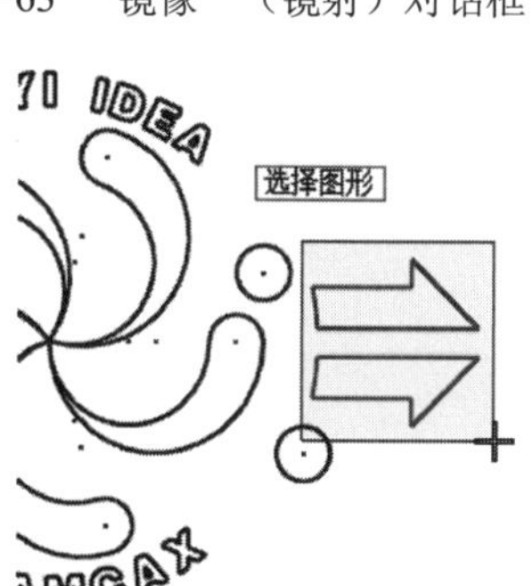

图 1-65 选择要镜像的图形

图 1-66 镜像 2

13）清除屏幕颜色。在功能区中切换至“首页”选项卡，接着在“属性”面板中单击“清除颜色”按钮。

14）保存文件。

1.2.4 绘制平面螺旋线

扫码观看视频

在 Mastercam 2019 软件中，既可以绘制平面螺旋线也可以绘制空间螺旋线。用于绘制螺旋线的命令有“螺旋”和“螺旋线（锥度）”。本小节范例要绘制的两条平面螺旋线如图 1-67 所示，主要使用“螺旋”命令来完成绘制。本范例的具体操作步骤如下。

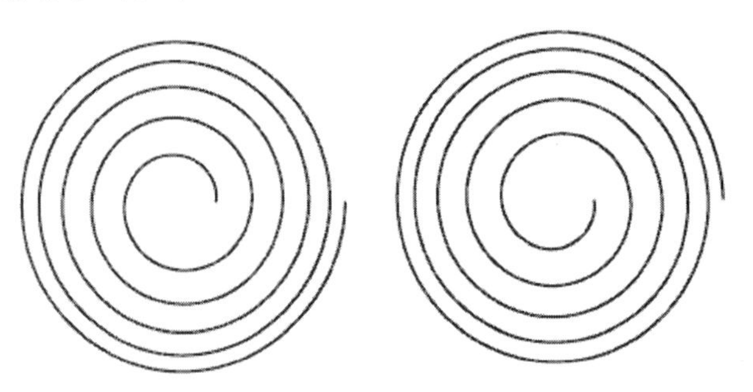

图 1-67　绘制平面螺旋线

1）新建一个图形文件。在“快速访问”工具栏中单击“新建”按钮，新建一个 Mastercam 2019 文件。注意确保启动时使用的配置单位为公制，一般可以在功能区中打开“文件”应用程序菜单并选择“配置”命令，在弹出的“系统配置”对话框中选择“启动/退出”类别，从“当前的”下拉列表框中选择公制的启动项，如图 1-68 所示，然后单击“确定”按钮。

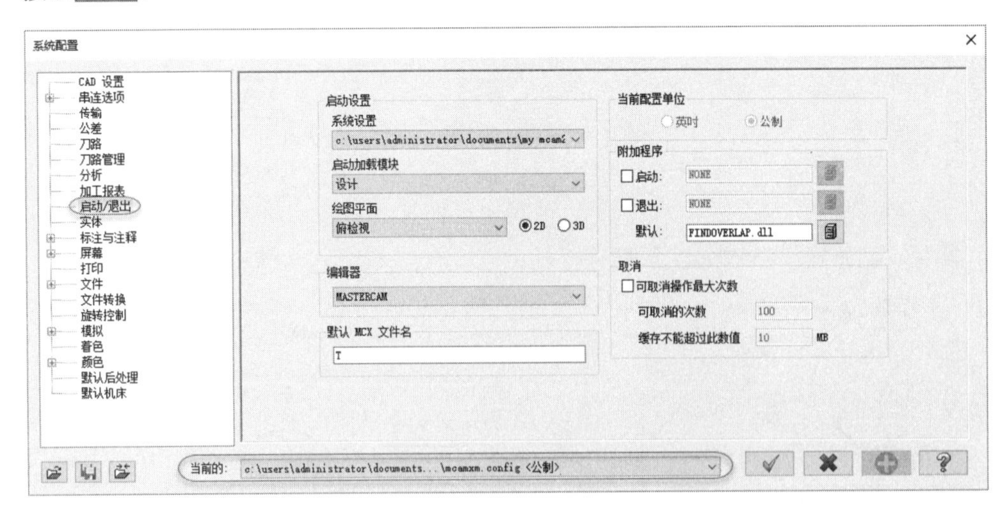

图 1-68　“系统配置”对话框

2）相关属性状态设置。在功能区“首页”选项卡“属性”面板的“线型”下拉列表框中选择“实线”线型，在“线宽”下拉列表框中选择表示粗实线的线宽，线框颜色设置为深蓝色（可接受默认的线框颜色），其他默认。

3）在功能区中切换至“线框”选项卡，从“形状”面板中单击“螺旋”按钮，系统弹出“螺旋（Spiral）”对话框。

4）设置半径为 25，高度为 0，螺旋圈数（Revolutions）为 5，垂直起始间距和垂直结束间距均为 0，水平起始间距为 25，水平结束间距为 10，选择“反向扫描”单选按钮，如图 1-69 所示。

5）按空格键，在出现的文本框中输入原点坐标“0,0”，按〈Enter〉键确认，则原点作为螺旋线的基点位置，然后单击“Spiral”（螺旋）对话框中的“确定并创建新操作”按钮或按〈Enter〉键。绘制的第一条螺旋线如图 1-70 所示。

图 1-69 “螺旋”对话框

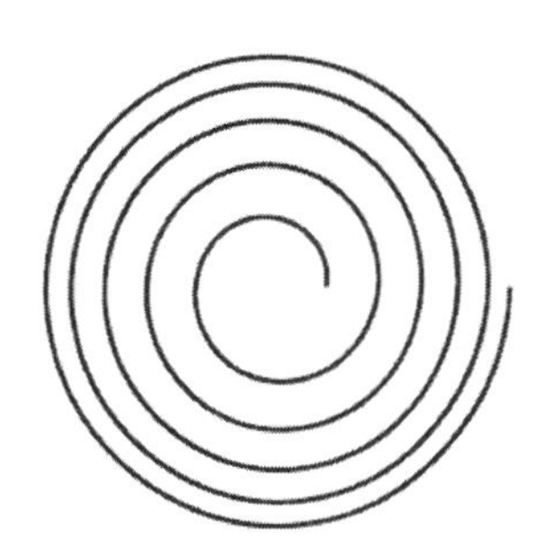

图 1-70 绘制的一条螺旋线

6）在“Spiral”（螺旋）对话框的“方向”选项组中选择“正向扫描”单选按钮，其他参数采用默认值。单击“输入坐标点”按钮，在出现的文本框中输入“255,0”并按〈Enter〉键确认，然后在“Spiral”（螺旋）对话框中单击“确定”按钮，从而绘制第 2 条螺旋线。完成的两条螺旋线如图 1-71 所示。

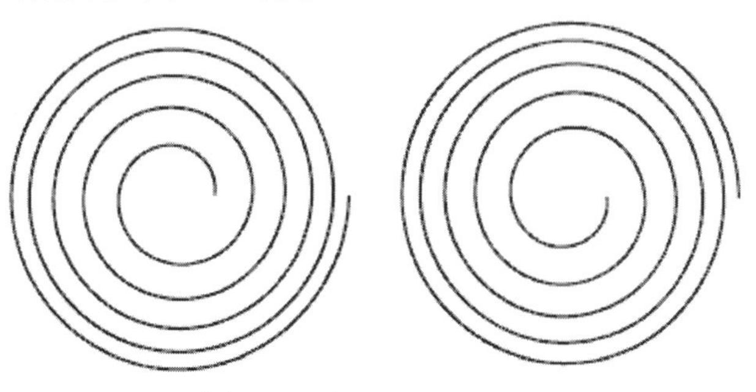

图 1-71 完成的两条螺旋线

1.2.5 绘制虎头钩平面图

扫码观看视频

本范例要绘制的虎头钩平面图如图 1-72 所示，图中特意给出了相关的尺寸要求信息。本范例具体的操作步骤如下。

1）新建一个图形文件。在“快速访问”工具栏中单击“新建”按钮 ，新建一个 Mastercam 2019 文件，注意使用公制模板。

2）相关属性状态设置。默认的绘图面为俯视图，默认 2D 模式，构图深度 Z 值为 0，图层号为 1，接着在功能区“首页”选项卡“属性”面板的“线型”下拉列表框中选择“中心线”线型，确保线宽为细线，并设置线框颜色为红色等。

3）绘制主要的中心线和定位线。在功能区中切换至“线框”选项卡，从“线”面板中单击“任意线”按钮，绘制图 1-73 所示的几条中心线，注意各中心线的端点坐标。

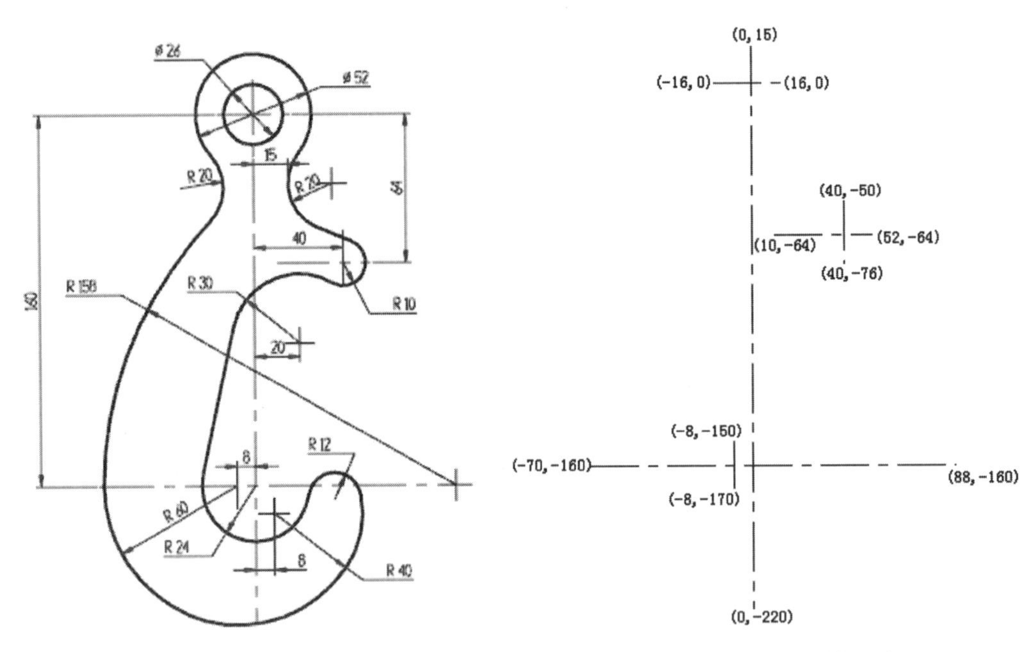

图 1-72 绘制虎头钩平面图　　图 1-73 绘制中心线

4）使用层别号为 2 的图层，并设置相关属性状态。在状态栏左侧单击“层别”标签，打开“层别”对话框。在“编号”文本框中输入“2”，按〈Enter〉键确认，从而将该新层别号码为 2 的图层设置为当前层，如图 1-74 所示。

在功能区“首页”选项卡的“属性”面板中，从“线型”下拉列表框中选择“实线”线型，在“线宽”下拉列表框中选择粗一号的线宽，并将线框颜色设置为黑色。

5）绘制若干个圆。在功能区中切换至“线框”选项卡，从“圆弧”面板中单击“已知点画圆”按钮，打开“已知点画圆”对话框。分别指定圆心点和直径来绘制所需的 5 个圆，这些圆的圆心点均位于相应的中心线交点处，如图 1-75 所示（为了便于读者上机进行练习操作，特意标出了各圆的直径尺寸值）。

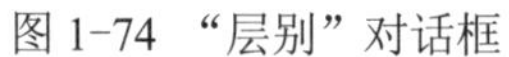

图 1-74 “层别”对话框

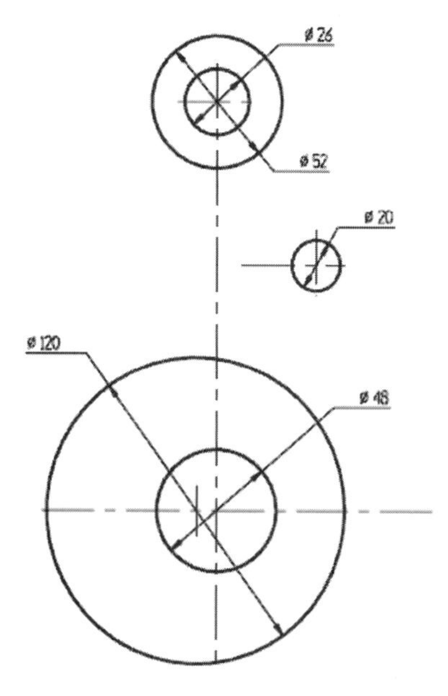

图 1-75 绘制 5 个圆

6）采用单体补正的方式求出若干个将作为圆心的交点。在功能区“线框”选项卡的“修剪”面板中单击“单体补正”按钮 ，系统弹出“单体补正”对话框。在“单体补正”对话框中选择“复制”单选按钮，设置数量（次数）为 1，距离为 20，如图 1-76 所示。

选择图 1-77 所示的圆，此时系统出现“指定补正方向”的提示信息。在圆的外部区域单击，以定义补正方向朝向圆外，然后在“单体补正”对话框中单击“确定并创建新操作”按钮 ，该补正结果如图 1-78 所示。

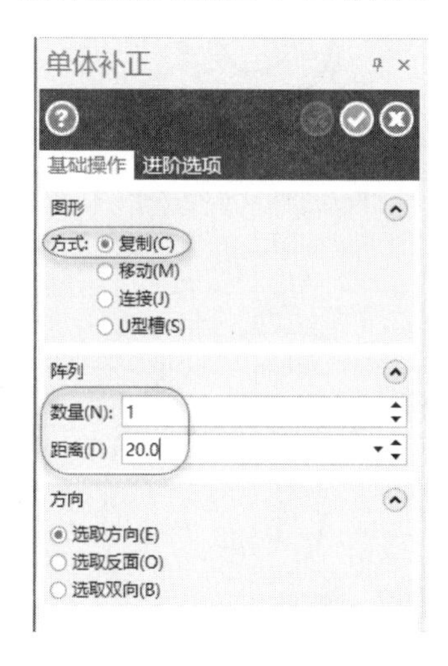

图 1-76 设置补正参数

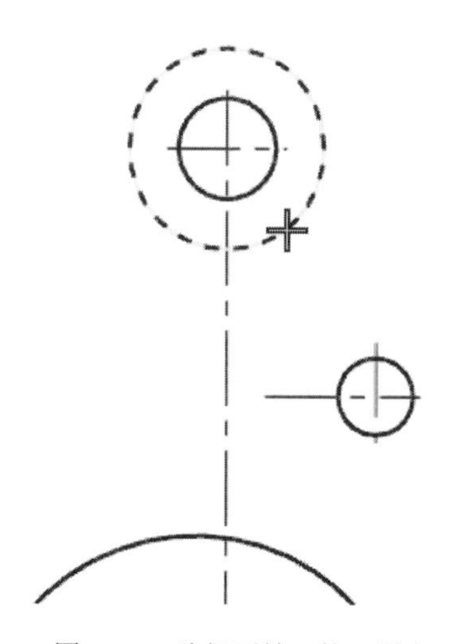

图 1-77 选择要补正的一图素

在“单体补正”对话框中，将新的补正距离设置为 35，选择图 1-79 所示的竖直中心线去补正，在该中心线右侧单击以定义补正侧，即指定补正结果产生在该中心线的右侧区域，然后在“单体补正”对话框中单击“确定并创建新操作”按钮。

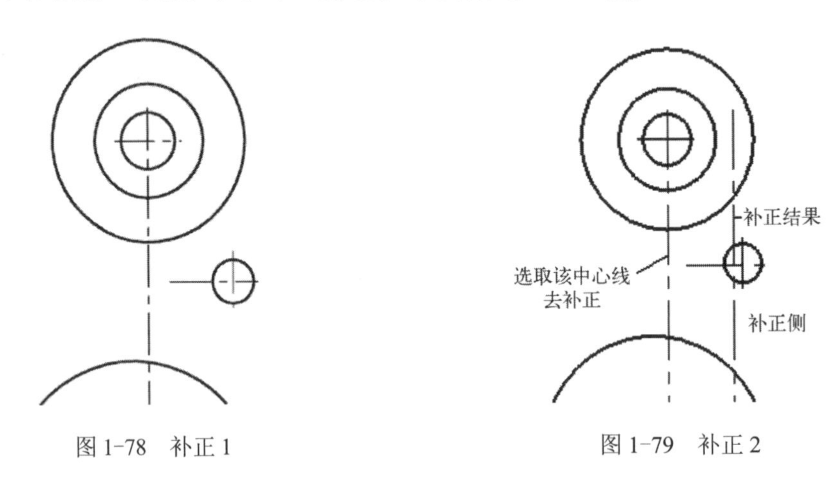

图 1-78　补正 1　　　　图 1-79　补正 2

使用相同的补正方法，分别求出图 1-80 所示的交点 B、C 和 D，其中 D 为补正圆与相应水平中心线（含其延长线）的交点。图中专门给出了补正距离以供读者准确地把握相关图素的几何关系。用户也可以根据已知尺寸来求出这些位置点。最后在“单体补正”对话框中单击“确定”按钮。

7）创建点并删除不再需要的一些图形（图素）。在功能区“线框”选项卡的“点”面板中单击“绘点”按钮，默认的点类型为“点”（可供选择的点类型有“点”“穿线点”和“剪线点”），分别在 A、B、C 和 D 位置处绘制点，单击“确定”按钮。

然后将之前通过单体补正操作来获得的相关辅助图形（图素）删除，结果如图 1-81 所示。

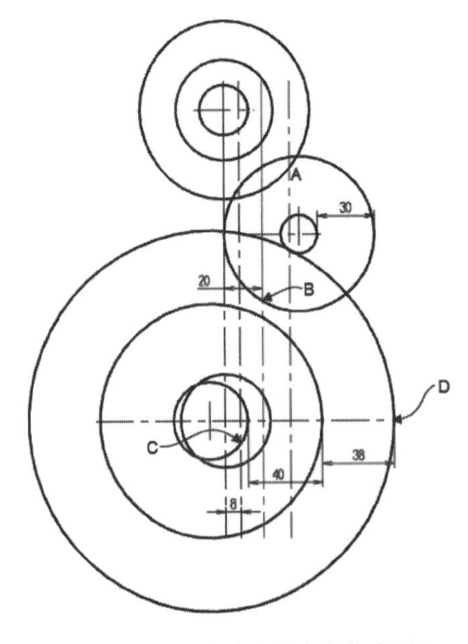

图 1-80　通过补正方式来求交点作为圆心

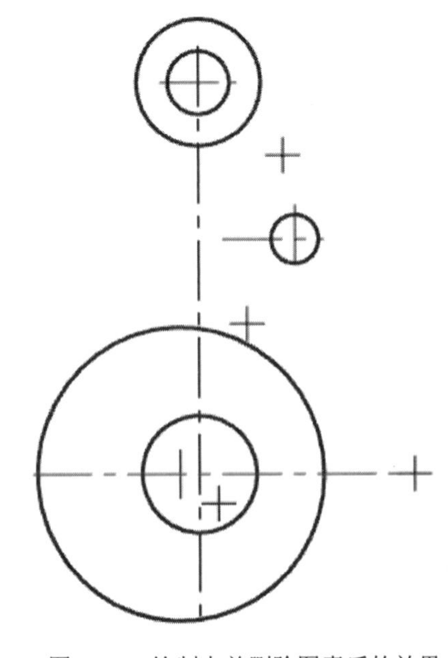

图 1-81　绘制点并删除图素后的效果

8）绘制圆。在功能区“线框”选项卡的“圆弧”面板中单击“已知点画圆”按钮，打开“已知点画圆”对话框。分别指定圆心点和直径（也可指定圆心位置和相切对象）来绘制所需的3个圆，这些圆的圆心点均位于相应的点处，如图1-82所示。

9）使用“极坐标画弧（极坐标圆弧）”功能绘制圆弧。在“圆弧”面板中单击“极坐标画弧”按钮，系统弹出“极坐标画弧”对话框，如图1-83所示。

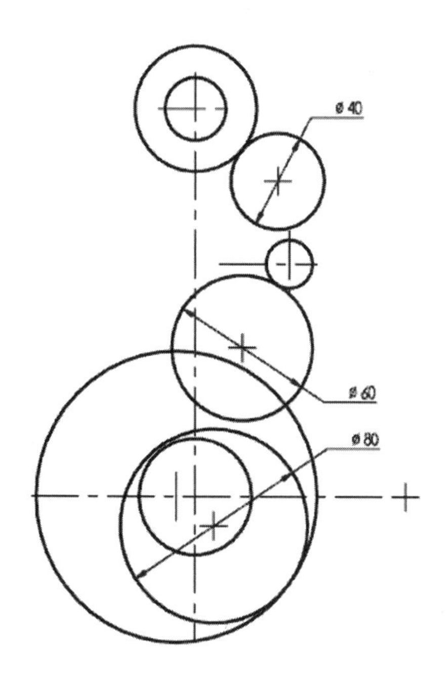

图1-82　绘制3个圆

图1-83　“极坐标画弧”对话框

系统提示“请输入圆心点”，使用鼠标单击图1-84所示的点作为圆心点。接着在“极坐标画弧”对话框中设置半径为R158，使用鼠标在绘图区分别于大概位置处指定圆弧起始角度位置A1和终止角度位置A2，如图1-85所示。

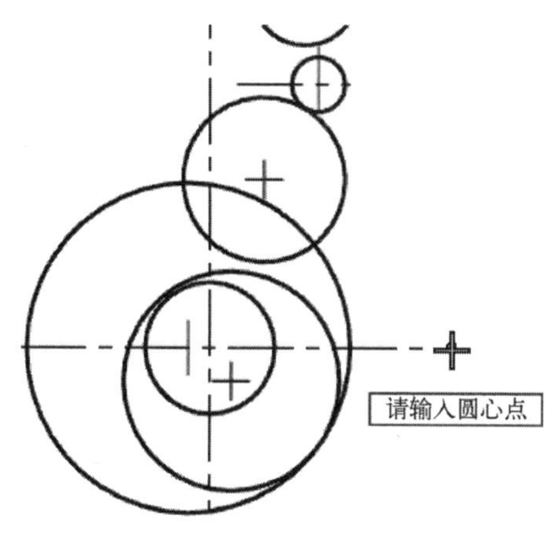

图1-84　输入圆心点

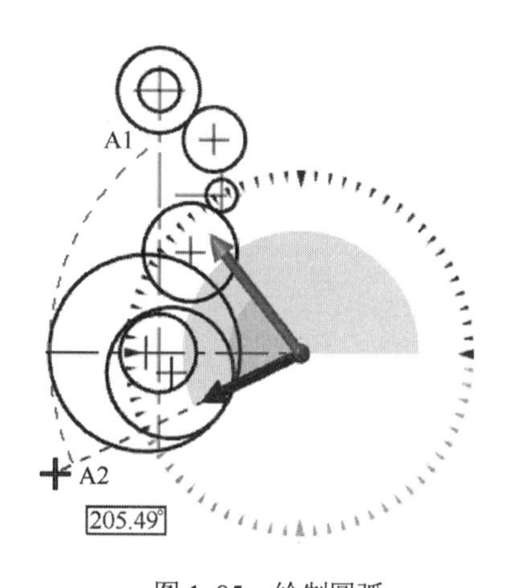

图1-85　绘制圆弧

在“极坐标画弧”对话框中单击“确定”按钮。

10）绘制公切线。在功能区“线框”选项卡的“线”面板中单击“任意线”按钮，接着在出现的“任意线”对话框中确保选择“任意线”单选按钮并勾选“相切”复选框，然后分别选择要相切的两个圆来绘制一条公切线，单击“确定并创建新操作”按钮，绘制的该条公切线如图 1-86 所示。

再分别使用鼠标选择另一组要相切的两个圆来绘制第二条公切线，单击“确定”按钮。绘制的第二条公切线如图 1-87 所示。

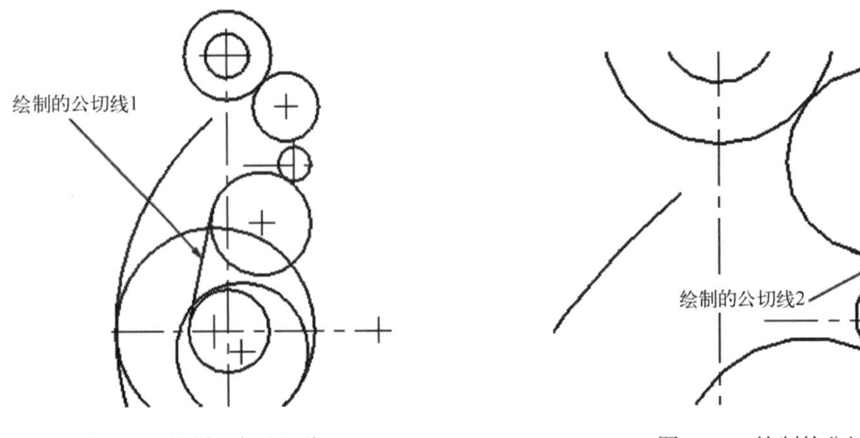

图 1-86　绘制一条公切线　　　图 1-87　绘制的公切线 2

11）绘制切弧。在功能区“线框”选项卡的“圆弧”面板中单击“切弧”按钮，打开“切弧”对话框。在“切弧”对话框的“方式”下拉列表框中选择“两物体切弧”选项，在“半径”框中输入半径值为“20”，如图 1-88 所示，分别选择要相切的圆 1 和圆弧 1，如图 1-89 所示，单击“确定并创建新操作”按钮。

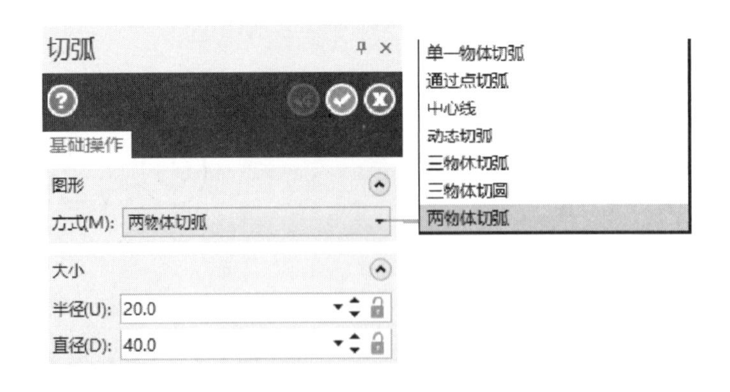

图 1-88　“切弧”对话框

在“半径”框中输入新半径值为“12”。确认该新半径值后，使用鼠标在绘图区分别选择图 1-90 所示的圆 2 和圆 3，然后在“切弧”对话框中单击“确定”按钮，完成切弧绘制。

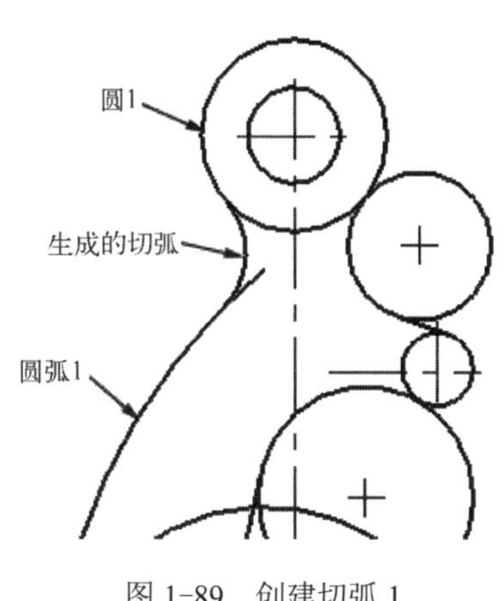

图 1-89　创建切弧 1

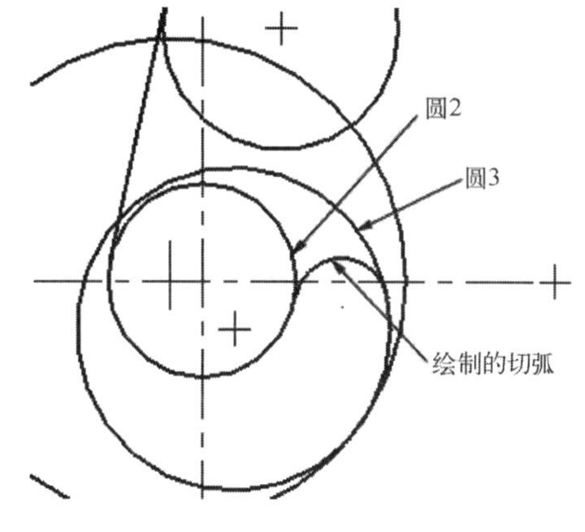

图 1-90　绘制切弧 2

12）修剪图形。在功能区“线框”选项卡的“修剪”面板中单击“划分修剪”按钮，将图形修剪成图 1-91 所示的图形。在修剪图形的过程中，注意相关线段的选择位置。用户也可以使用“修剪/打断/延伸”按钮来进行图形修剪操作。

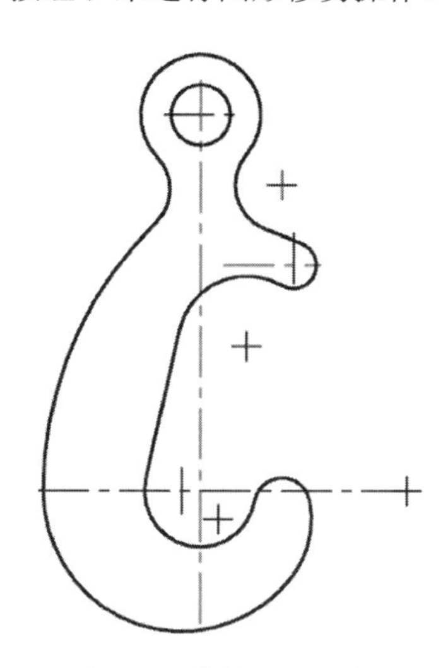

图 1-91　修剪图形的结果

13）图形标注的准备工作。在功能区中切换至“首页”选项卡，从“属性”面板的“线型”下拉列表框中选择“实线”线型——，将线宽设置为标准细线，设置系统线框颜色为红色，层别为新的图层 3，如图 1-92 所示。

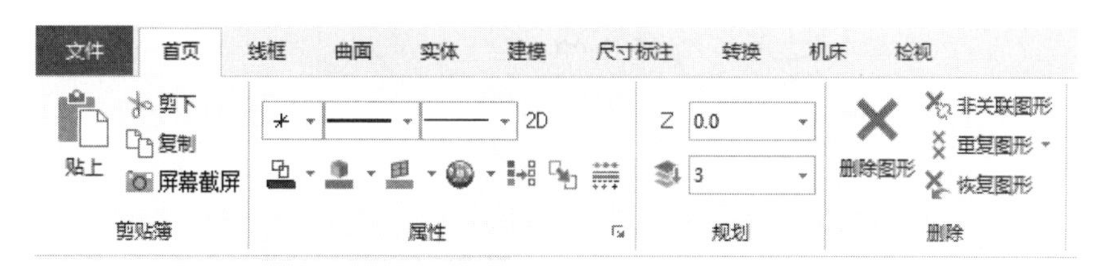

图 1-92　相关属性状态设置

在功能区中切换至“尺寸标注”选项卡，在“尺寸标注”面板中单击“尺寸标注设置”

按钮，打开“自定义选项”对话框，分别对标注的“尺寸文字”和“引导线/延伸线”等进行设置。由读者根据相关制图标准或制图规范自行设置。

14）单击“快速标注”按钮，标注图 1-93 所示的尺寸。在执行快速标注的过程中，可以根据设计情况在“尺寸标注”对话框中进行相关设置，如有些尺寸应设置为半径尺寸，有些尺寸应设置为直径尺寸，有些尺寸的箭头方向应该位于外侧等。

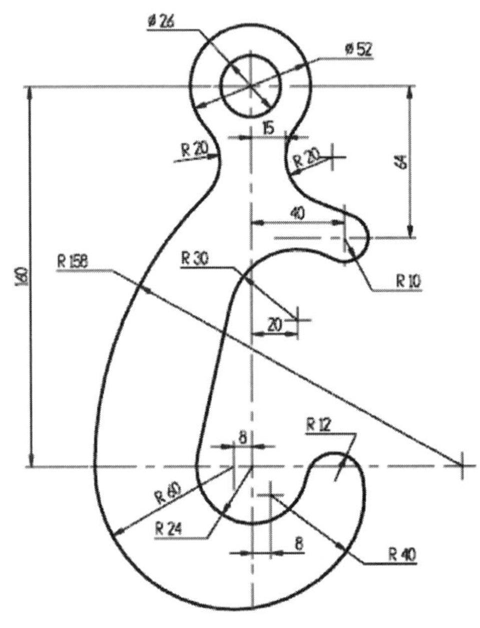

图 1-93 快速标注尺寸

15）保存文件。

1.2.6 绘制花键零件截面图

扫码观看视频

本范例要绘制的花键零件截面图如图 1-94 所示，图中特意给出了主要的尺寸信息。本范例具体的操作步骤如下。

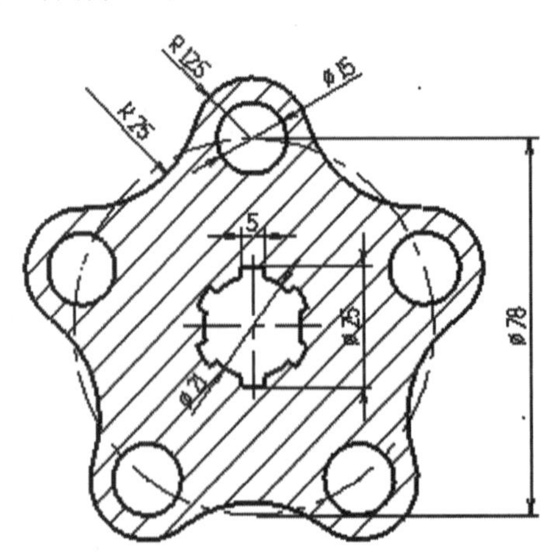

图 1-94 花键零件截面图

1）新建一个图形文件。在“快速访问”工具栏中单击“新建”按钮，新建一个Mastercam 2019文件。使用公制单位。

2）相关属性状态设置。默认的绘图面为俯视图，构图深度Z值为0，图层号为1，接着在功能区“首页”选项卡的“属性”面板中，从“线型”下拉列表框中选择“中心线”线型，确保线宽为细线，并设置系统线框颜色为红色，切换为2D模式等，如图1-95所示。

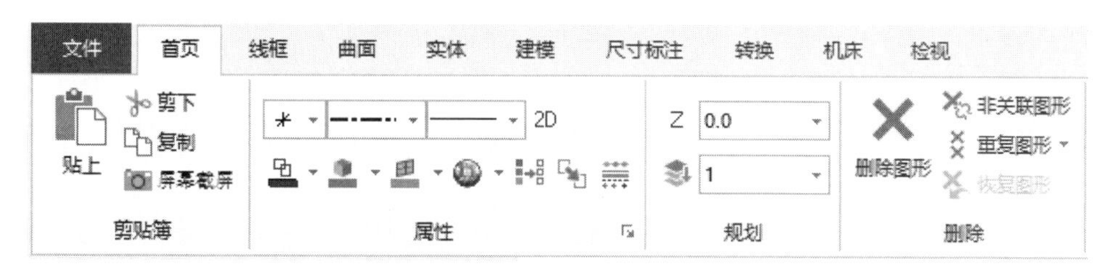

图1-95 相关属性和规划设置

3）绘制中心线/辅助线。在功能区“线框”选项卡的“线”面板中单击“任意线”按钮，绘制图1-96所示的两条中心线，注意各中心线的端点坐标。

在“圆弧”面板中单击“已知点画圆”按钮，打开“已知点画圆”对话框。以坐标原点作为圆心，绘制一个半径为R39的圆，该圆以点画线的形式显示，单击“确定”按钮，如图1-97所示。

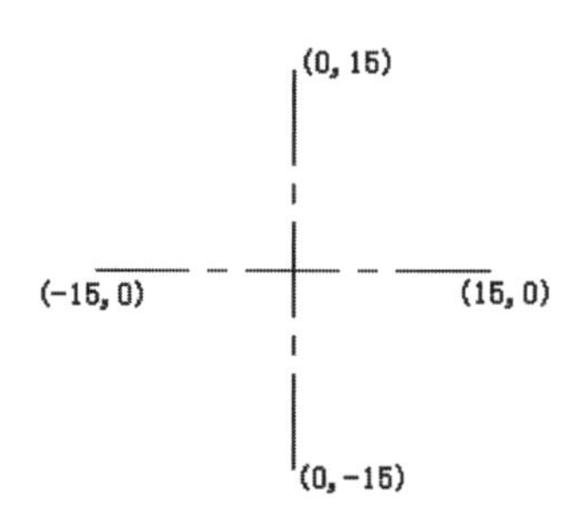

图1-96 绘制两条中心线

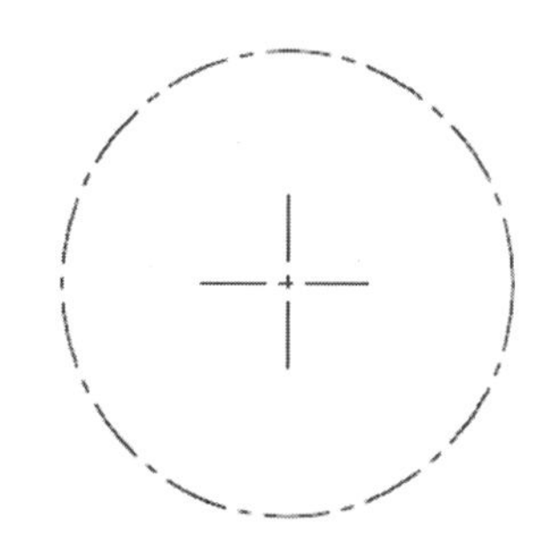

图1-97 绘制中心线/辅助线

4）使用层别号为2的图层，并设置相关属性状态。在功能区“首页”选项卡的“规划”面板的“层别”下拉列表框中输入“2”，按〈Enter〉键确认，从而将该新层别号码为2的图层设置为当前层。

在“属性”面板的“线型”下拉列表框中选择“实线”线型，在“线宽”下拉列表框中选择粗一号的线宽，线框颜色设置为黑色。

5）绘制4个圆。切换至功能区“线框”选项卡，在“圆弧”面板中单击“已知点画圆”按钮，打开“已知点画圆”对话框，分别绘制图1-98所示的4个圆。为了便于捕捉到圆的象限点，可以事先单击“抓点设置”按钮来进行相应的自动抓点设置。

6）绘制补正偏移的辅助线。在“修剪”面板中单击“单体补正”按钮，系统弹出“单体补正”对话框。

在“单体补正”对话框的“图形”选项组中选择“复制”单选按钮，设置补正数量（次数）为 1，并设置距离为 2.5，在“方向”选项组中选择“选取双向”单选按钮，如图 1-99 所示。

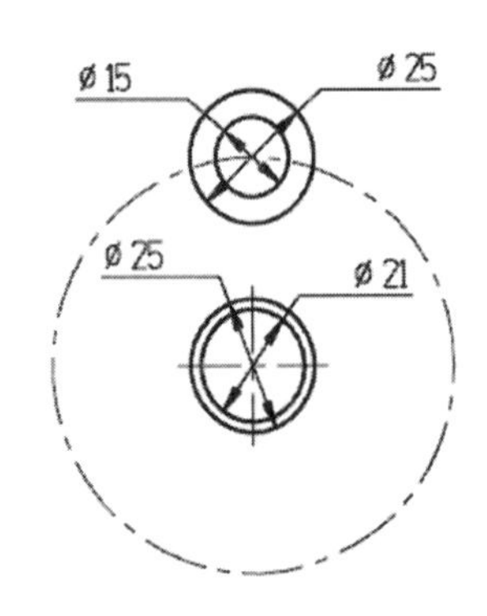

图 1-98　绘制 4 个圆

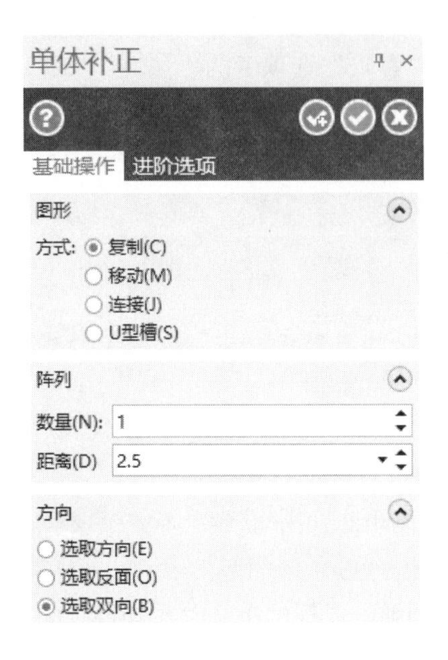

图 1-99 “单体补正”对话框

在绘图区选择竖直的中心线，接着在“单体补正”对话框中单击“确定”按钮。向两侧补正的结果如图 1-100 所示。

7）进行旋转复制转换操作。在功能区中切换至“转换”选项卡，并从“位置”面板中单击“旋转”按钮，打开“旋转”对话框，选择图 1-101 所示的两条线，按〈Enter〉键确认。

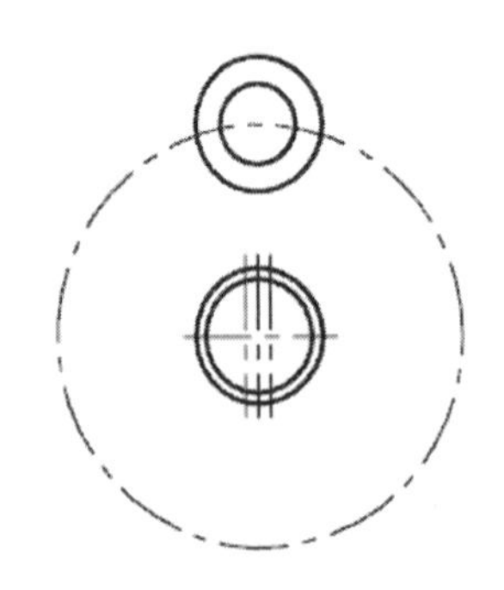

图 1-100　向两侧补正的结果

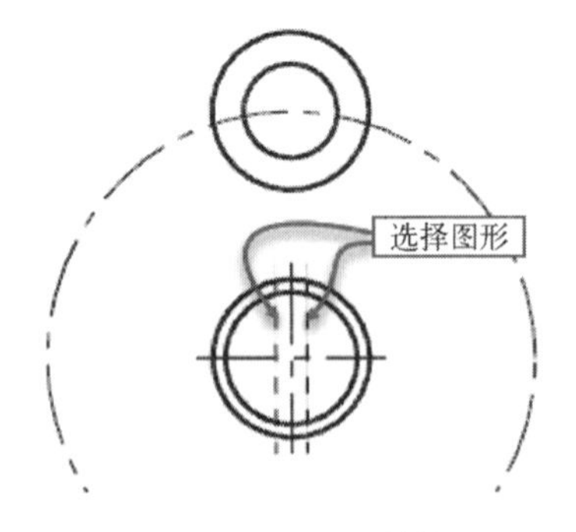

图 1-101　选择要旋转的图形

在“旋转”对话框的“基础操作”选项卡中选择“复制”单选按钮，设置数量（次数）为 2，选择“角度之间”单选按钮，设置单次旋转角度为 60°，并确保选择“旋转”单选按钮，如图 1-102 所示。如果需要，可以在“旋转中心点”选项组中单击“重新拾取”按钮，重新选择原点作为旋转基点。

在“旋转”对话框中单击“确定”按钮，结果如图 1-103 所示。

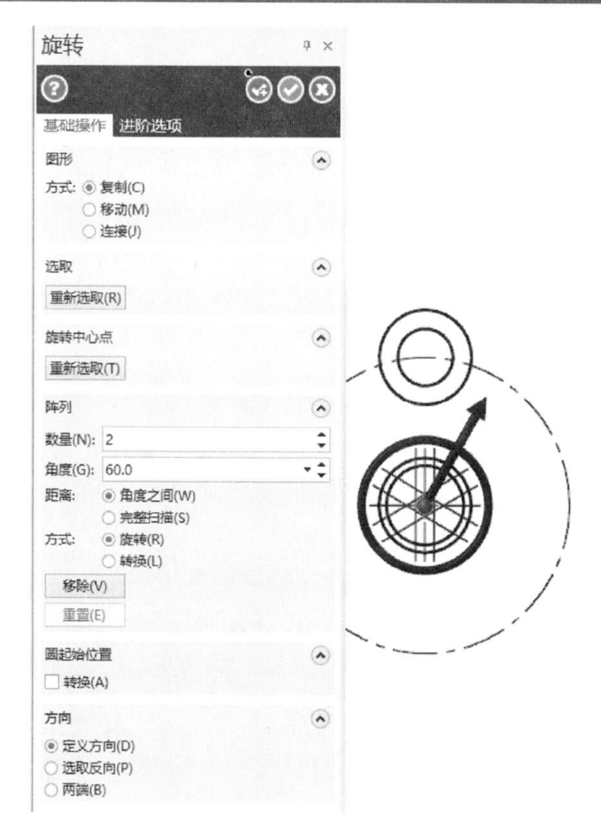

图 1-102 “旋转”对话框

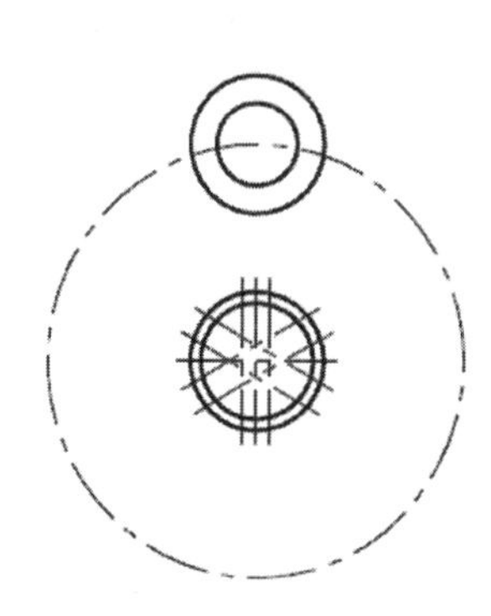

图 1-103 旋转复制转换的结果

8）根据辅助线补全相关的花键轮廓线。在功能区“线框”选项卡的“线”面板中单击“任意线”按钮，通过分别单击相应的交点绘制直线段，结果如图 1-104 所示。

9）删除一些辅助线。选择一些不再需要的辅助线，按〈Delete〉键将它们删除，结果如图 1-105 所示。

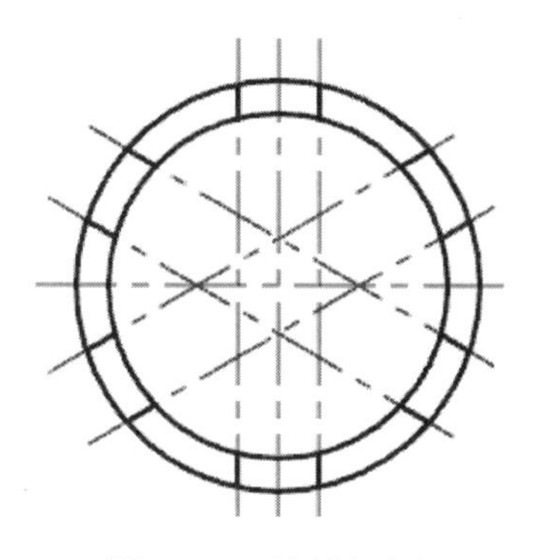

图 1-104 绘制直线段

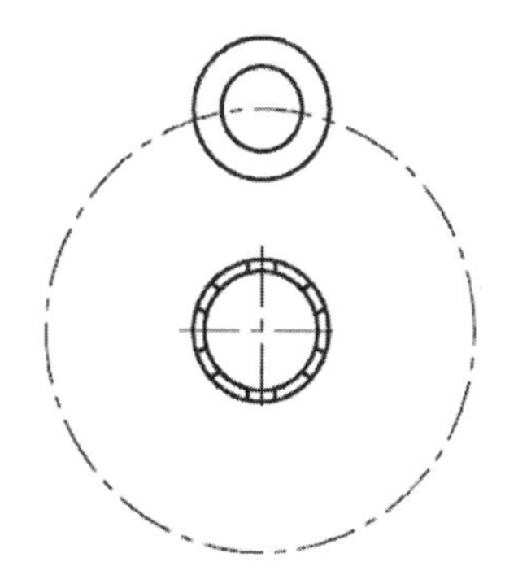

图 1-105 删除一些辅助线

10）修剪图形。在功能区“线框”选项卡的“修剪”面板中单击“划分修剪”按钮。使用鼠标在绘图区有序地选择要分割修剪的曲线段，注意相关的选择位置和选择时机。完成本步骤得到的修剪结果如图 1-106 所示。

11）进行旋转复制转换操作。在功能区中切换至“转换”选项卡并从“位置”面板中单击“旋转”按钮，打开“旋转”对话框，接着在系统提示下选择图 1-107 所示的两个圆，按〈Enter〉键确认。在“旋转”对话框中确保选择“复制”单选按钮，设置数量（次数）为 4，选择“角度之间”单选按钮，在“角度”文本框中输入“72”，并选择“旋转”单选按钮。注意确保原点作为本次旋转复制的基准中心点。

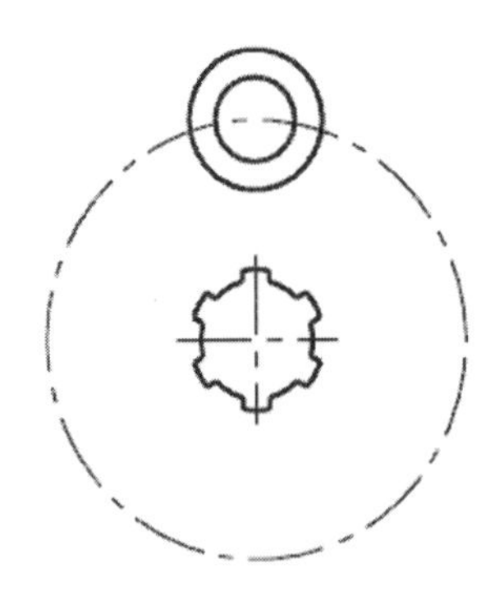

图 1-106　修剪结果

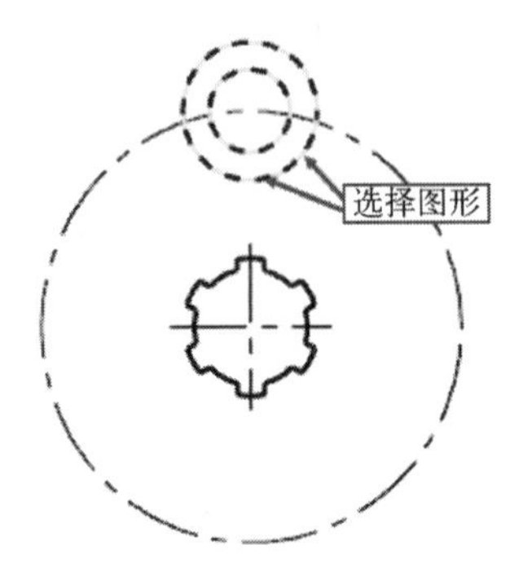

图 1-107　选择要旋转到图形

在“旋转”对话框中单击“确定”按钮，结果如图 1-108 所示。

12）绘制切弧。在功能区中切换到“线框”选项卡，从“圆弧”面板中单击“切弧”按钮，打开“切弧”对话框。

在“切弧”对话框的“方式”下拉列表框中选择“两物体切弧”选项，在“半径”框中输入半径值为“25”，分别选择要相切的圆 1 和圆 2，如图 1-109 所示。

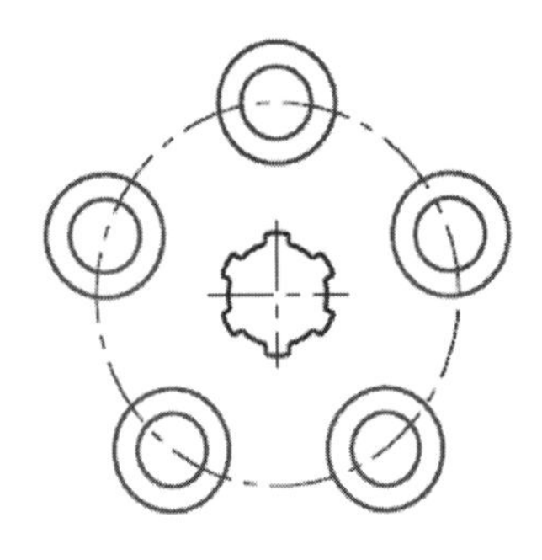

图 1-108　旋转复制的结果

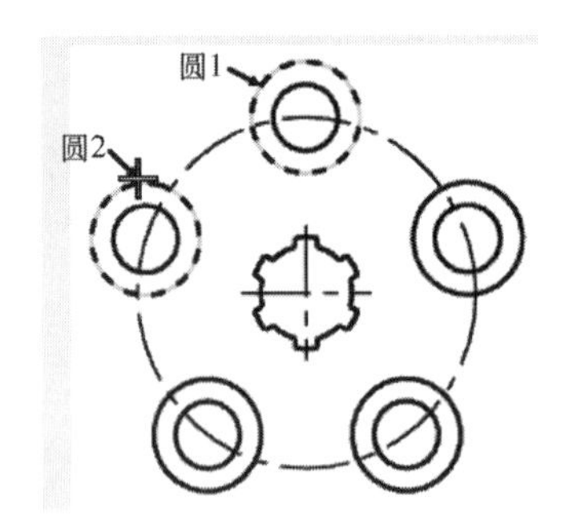

图 1-109　选择要相切的两个圆

系统显示所有可能的切弧，并提示选择所需的圆角。使用鼠标单击图 1-110 所示的圆角（圆弧段），然后在“切弧”对话框中单击“确定”按钮。完成绘制的一段切弧如图 1-111 所示。

13）旋转复制。选择刚完成绘制的一段切弧，在功能区“转换”选项卡的“位置”面板中单击“旋转”按钮，系统弹出“旋转”对话框。在“旋转”对话框中设置图 1-112 所示的旋转复制参数，确保以原点作为旋转的中心基点。然后在“旋转”对话框中单击“确定”按钮，得到的旋转复制结果如图 1-113 所示。

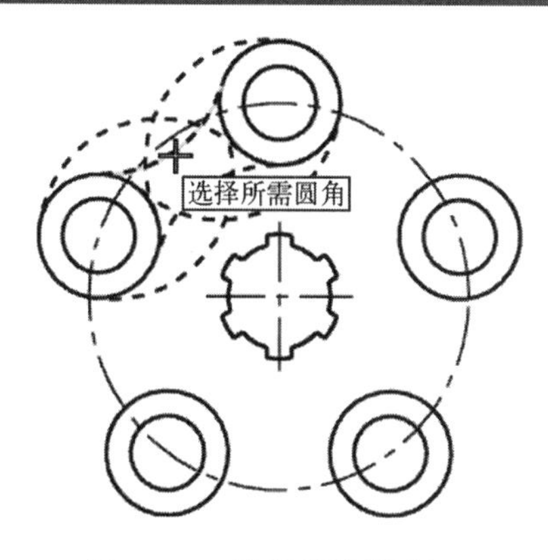

图 1-110　选择所需的圆角

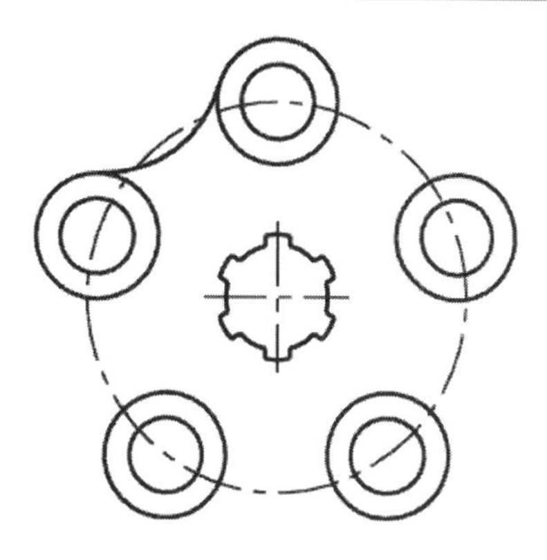

图 1-111　绘制一段切弧

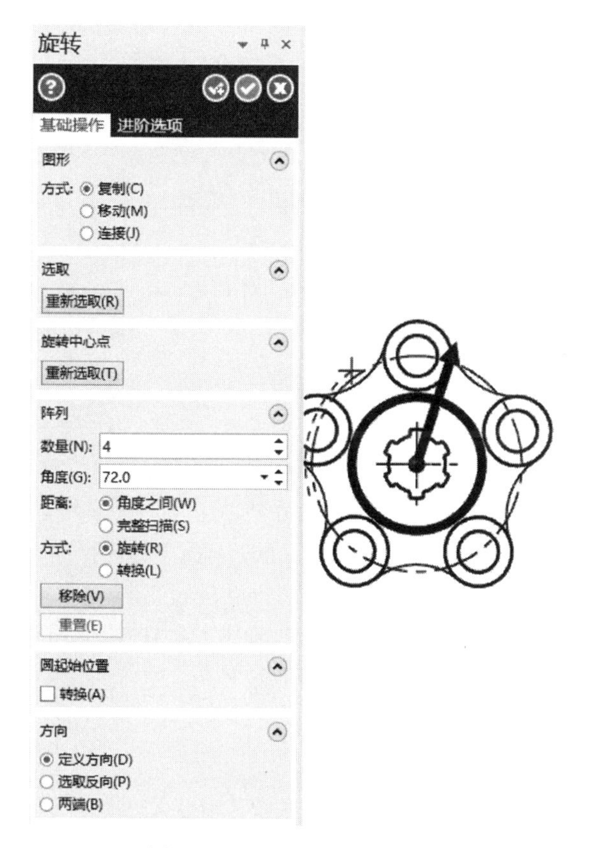

图 1-112　设置旋转复制参数

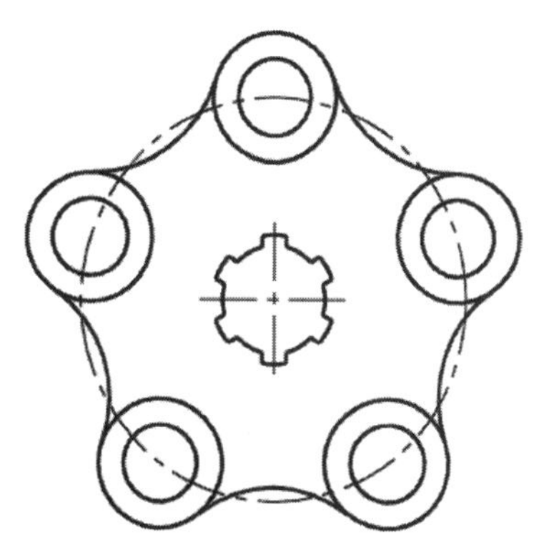

图 1-113　旋转复制的结果

14）修剪图形。在功能区“线框”选项卡的“修剪”面板中单击“划分修剪”按钮，接着选择所需的曲线或圆弧来进行修剪（拆分或删除），修剪结果如图 1-114 所示。也可以采用其他的修剪方式。

15）清除屏幕颜色。在功能区切换至“首页”选项卡，从“属性”面板中单击“清除颜色”按钮。

16）绘制剖面线。在“属性”面板的“线型”下拉列表框中选择“实线”线型——，将线宽设置为标准细线，设置系统线框颜色为红色，将当前层别设置为图层 3。

在功能区打开“尺寸标注”选项卡，接着从“注解”面板中单击“剖面线”按钮，系统弹出“Cross Hatch”（剖面线）对话框和图 1-115 所示的“串连选项”对话框。

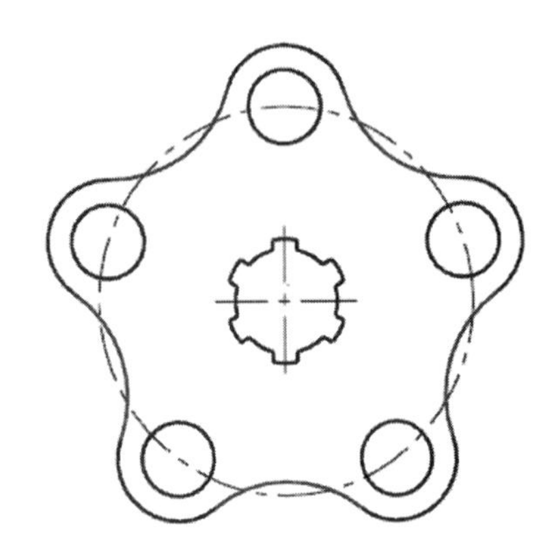

图 1-114　修剪结果

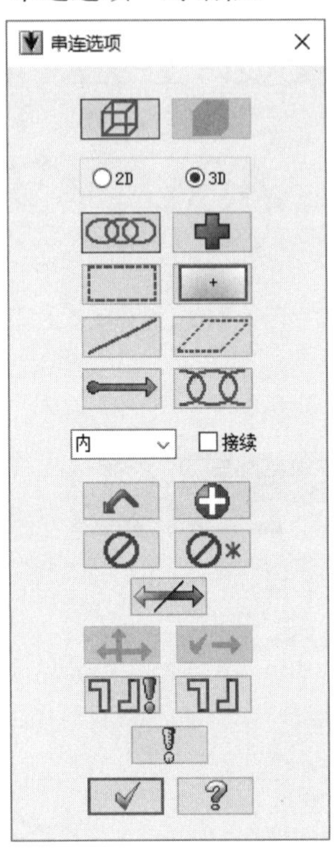

图 1-115　设置剖面线参数

在“串连选项”对话框中选中“串连”按钮，使用鼠标分别单击每一个实线封闭图形链，确定选择好所需的串连图素后，单击“串连选项”对话框中的“确定”按钮。

在“Cross Hatch”（剖面线）对话框的“模式”列表框中选择“铁（Iron）”，在“参数”选项组中设置间距为 5，角度为 45，如图 1-116 所示，然后单击“确定”按钮。完成绘制的剖面线如图 1-117 所示。

图 1-116 “串连选项”对话框

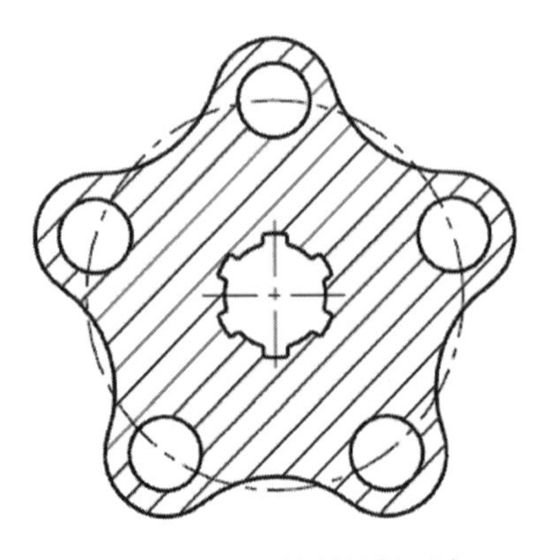

图 1-117　绘制的剖面线

17）保存文件。

1.3 绘制零件图范例

绘制零件图范例包括绘制凸耳零件图和主动轴零件图。本节的两个范例均省略了绘制图框和标题栏等环节。

1.3.1 绘制凸耳零件图

扫码观看视频

绘制的凸耳零件图如图 1-118 所示。该零件图省去了图框和标题栏等一些内容。该凸耳零件的表达需要两个视图。

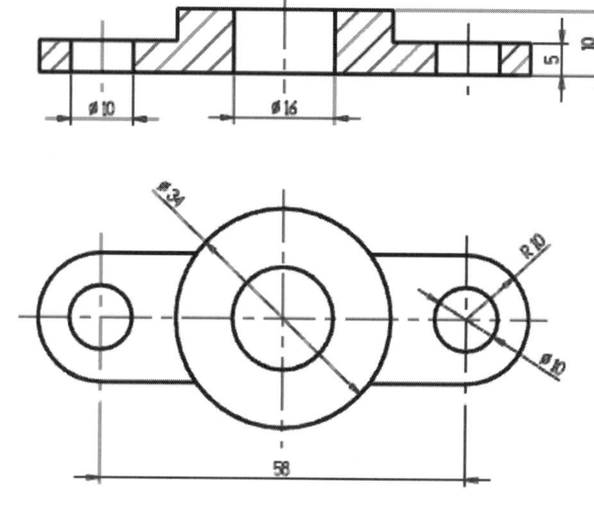

图 1-118　绘制凸耳零件图

绘制凸耳零件图的具体操作步骤如下。

1）新建一个图形文件。在“快速访问”工具栏中单击“新建”按钮，从而新建一个 Mastercam 文件。

2）相关属性状态与规划设置。默认的绘图面为俯视图，构图深度 Z 值为 0，图层号为 1，接着在功能区“首页”选项卡“属性”面板的“线型”下拉列表框中选择“中心线”线型，确保线宽为细线，并设置系统线框颜色为红色等，如图 1-119 所示。

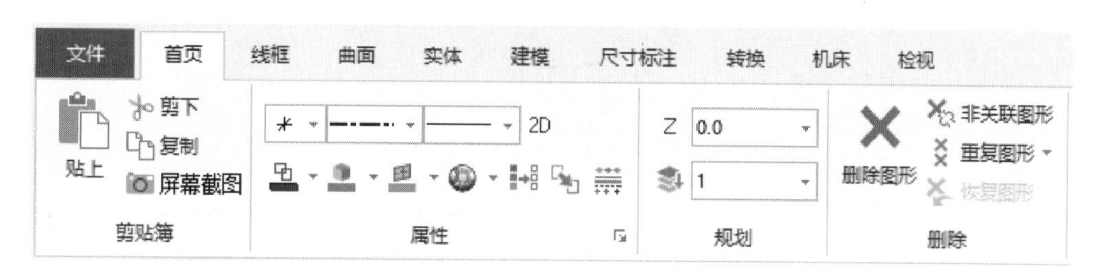

图 1-119　相关属性状态及规划参数设置

3）绘制中心线来对视图进行布局。在功能区“线框”面板中单击“任意线”按钮，绘制图 1-120 所示的若干条中心线，注意各中心线的端点坐标。

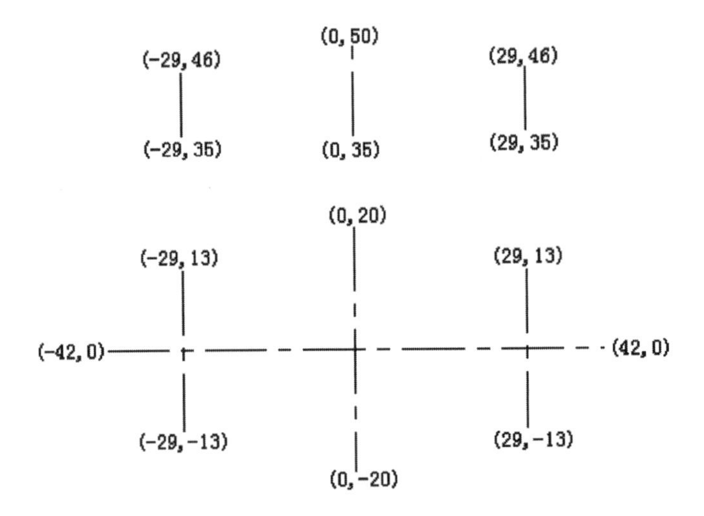

图 1-120　绘制主要中心线

4）使用层别号为 2 的图层，并设置相关属性状态。在功能区“首页”选项卡的“规划”面板中，在“层别”下拉列表框中输入“2”，按〈Enter〉键确认，从而将该新层别号码为 2 的图层设置为当前层。

在“属性”面板的“线型”下拉列表框中选择“实线”线型——，在“线宽”下拉列表框中选择粗一号的线宽，线框颜色设置为黑色。

5）绘制圆。在功能区的“线框”选项卡中单击“圆弧”面板中的“已知点画圆”按钮，打开“已知点画圆”对话框。分别绘制图 1-121 所示的 4 个圆。

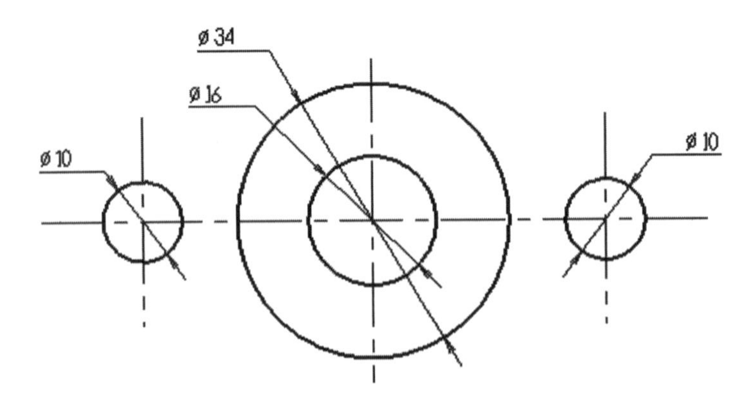

图 1-121　绘制 4 个圆

6）采用“极坐标画弧（极坐标圆弧）”方式绘制圆弧。在“圆弧”面板中单击“极坐标画弧”按钮，打开“极坐标画弧”对话框。选择图 1-122 所示的两条中心线的交点作为新圆弧的圆心点，接着在“极坐标画弧”对话框中设置圆弧半径为 10，圆弧开始角度为 90°，结束角度为 270°，如图 1-123 所示。

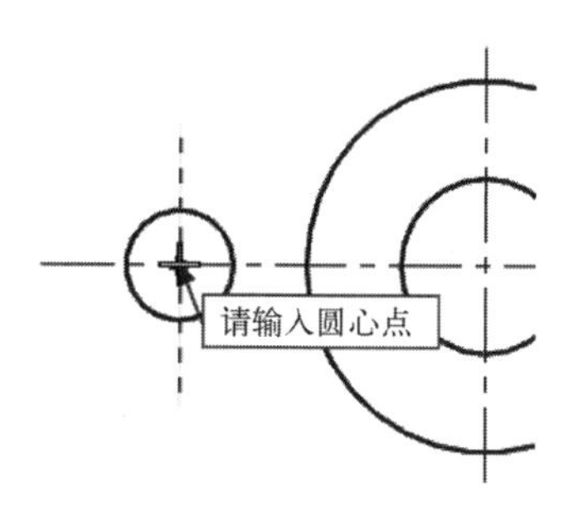

图 1-122　输入圆心点

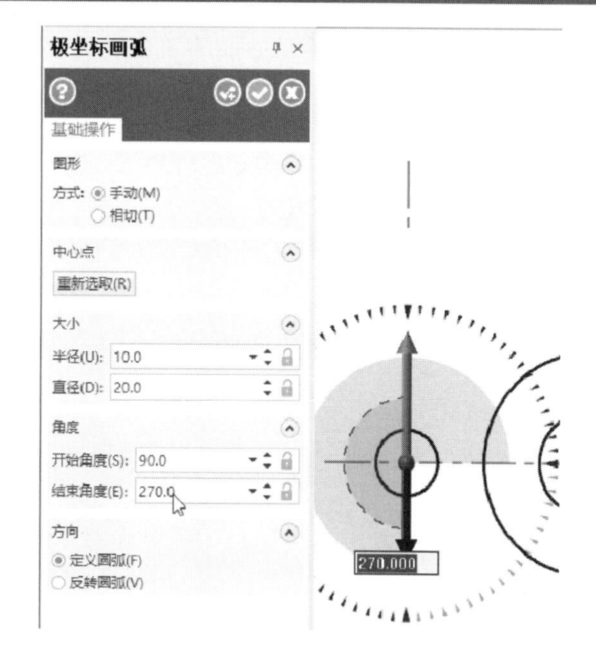

图 1-123　利用对话框设置参数

在“极坐标画弧”对话框中单击“确定并创建新操作”按钮，绘制的一段圆弧如图 1-124 所示。

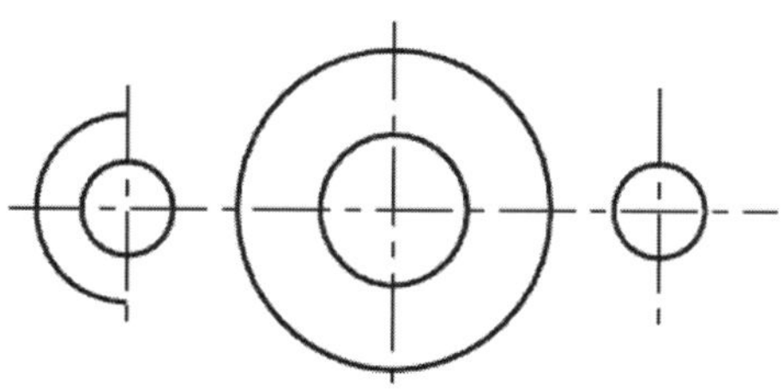

图 1-124　绘制一段圆弧

选择图 1-125 所示的两条中心线的交点作为新圆弧的圆心点，在“极坐标画弧”对话框中设置圆弧半径为 10，圆弧开始角度为-90°，结束角度为 90°，单击“确定”按钮。绘制的该段圆弧如图 1-126 所示。

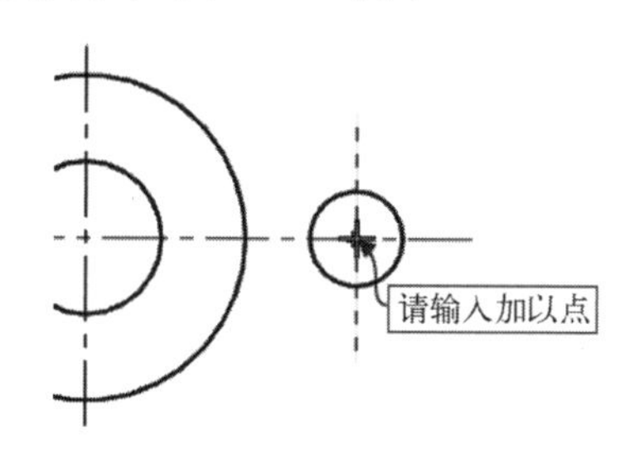

图 1-125　输入圆心点

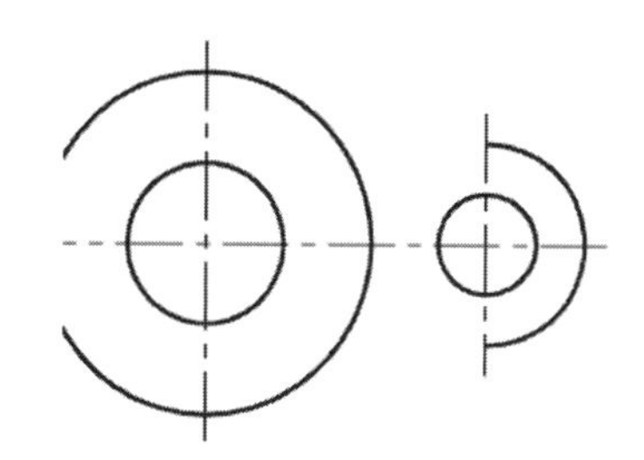

图 1-126　绘制的圆弧

7）绘制直线段。在“线”面板中单击“任意线”按钮，绘制图 1-127 所示的两条直线段。

8）修剪图形。在“修剪”面板中单击“划分修剪”按钮，使用鼠标在绘图区单击要修剪的图形部分，修剪结果如图 1-128 所示。也可以采用其他的修剪工具来进行图形修剪操作。

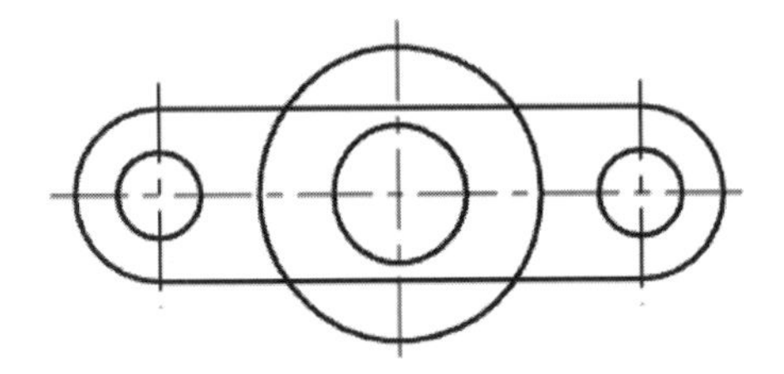

图 1-127　绘制两条直线段

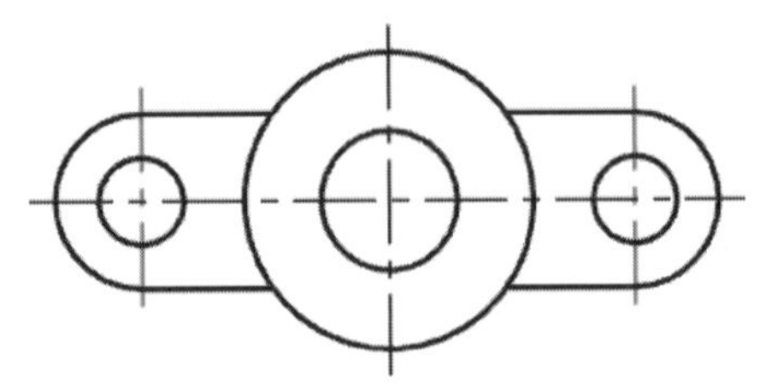

图 1-128　修剪结果

9）在另一个视图中绘制直线段。在“线”面板中单击“任意线”按钮，根据视图投影关系等绘制图 1-129 所示的直线段，图中特意给出了关键位置坐标和相关参考尺寸。

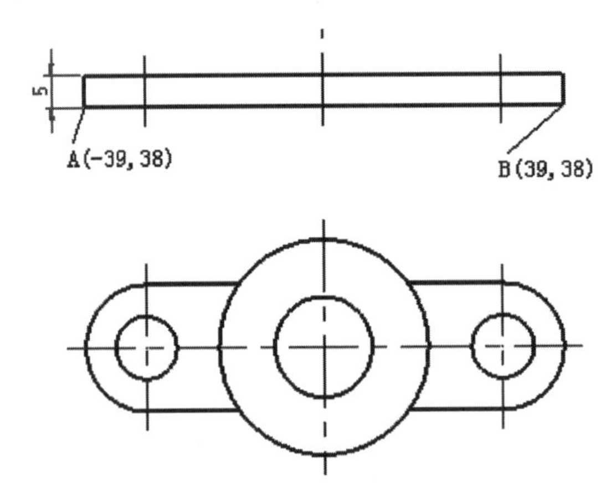

图 1-129　绘制直线段

10）执行“单体补正”操作。在“修剪”面板中单击“单体补正”按钮，系统弹出“单体补正”对话框。在“单体补正”对话框中选择“复制”单选按钮，设置数量（次数）为 1，在“距离”框中输入“5”。在绘图区选择图 1-130 所示的直线去补正，在所选直线的上方区域单击以指定该方向为补正方向，然后在“单体补正”对话框中单击“确定”按钮。补正结果如图 1-131 所示。

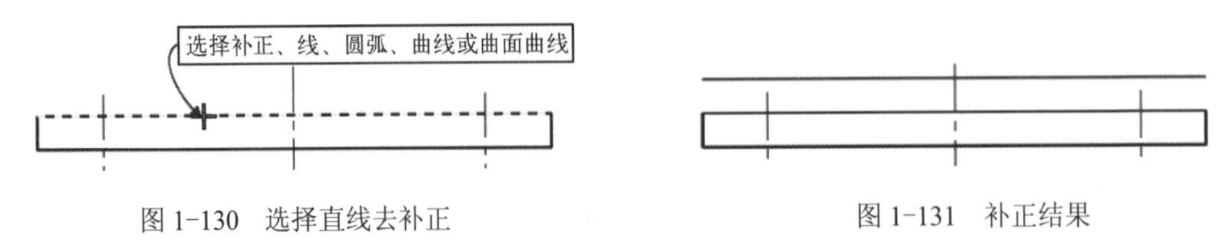

图 1-130　选择直线去补正

图 1-131　补正结果

11）清除屏幕颜色。在功能区“首页”选项卡的“属性”面板中单击“清除颜色”按钮。

12）根据投影关系绘制相关的辅助线。在功能区“线框”选项卡的“线”面板中单击“任意线”按钮，根据视图投影关系来绘制图 1-132 所示的直线段。

13）修剪图形。在功能区“线框”选项卡的“修剪”面板中单击“划分修剪”按钮，系统弹出“划分修剪”对话框，将图形修剪成图 1-133 所示。也可以使用其他修剪工具。

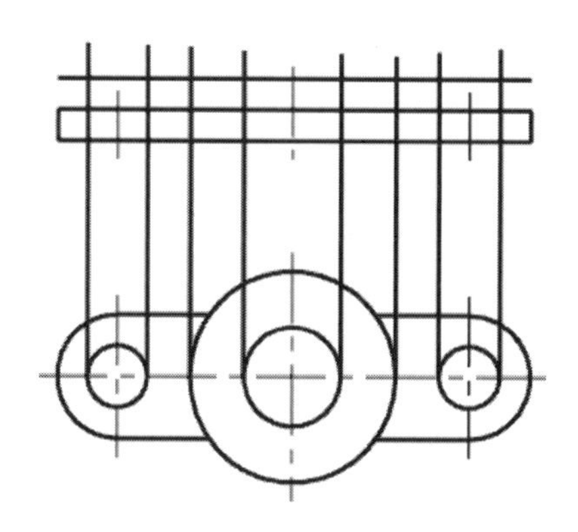

图 1-132 绘制相关直线段

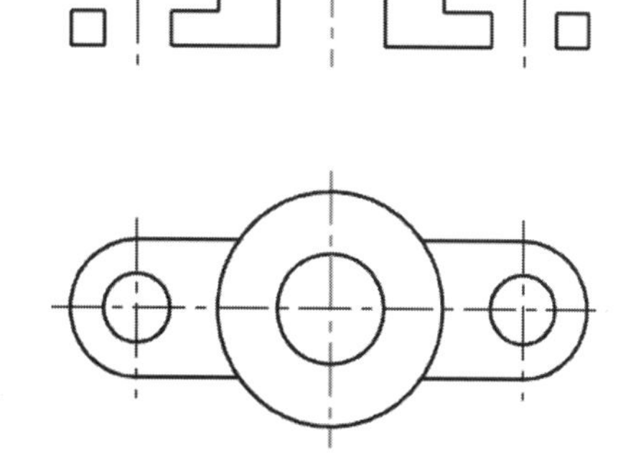

图 1-133 修剪图形的结果图

14）绘制剖面线。在功能区中切换至“首页”选项卡，在“规划”面板的“层别”框中输入“3”，按〈Enter〉键确认，从而将该新层别号码为 3 的图层设置为当前层。

在“属性”面板的“线型”下拉列表框中选择“实线”线型，将线宽设置为标准细线，并设置系统线框颜色为红色。

在功能区中切换至“尺寸标注”选项卡，接着从“注解”面板中单击“剖面线”按钮，系统弹出“串连选项”对话框和“Cross Hatch”（剖面线）对话框。

在“串连选项”对话框中选中“区域”按钮，使用鼠标在绘图区分别在区域 A、B、C 和 D 内单击，以选中 4 个要绘制剖面线的区域，如图 1-134 所示。单击“串连选项”对话框中的“确定”按钮。

在“Cross Hatch”（剖面线）对话框的“模式”下拉列表框中选择“铁（Iron）”，在“参数”选项组中设置间距为 3，角度为 45，如图 1-135 所示。

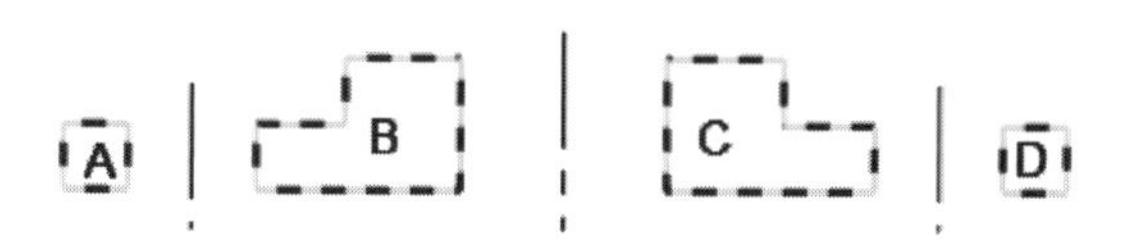

图 1-134 选择要绘制剖面线的 4 个区域

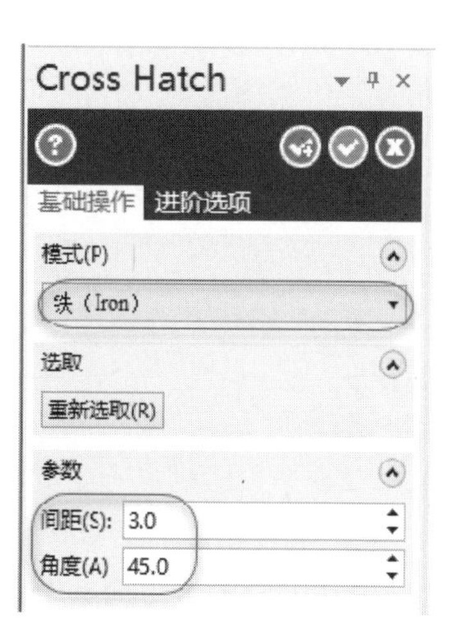

图 1-135 设置剖面线的模式及参数

单击“确定”按钮，完成绘制的剖面线如图 1-136 所示。

15）补全轮廓线。在功能区中切换至“首页”选项卡，设置当前图层为 2，线型为“实线”线型——，采用粗一号的线宽，线框颜色为黑色。

在功能区“线框”选项卡的“线”面板中单击“任意线”按钮，分别选择相应的端点来绘制所需的直线段，从而补全轮廓线，结果如图 1-137 所示。

图 1-136　绘制剖面线　　　　图 1-137　补全轮廓线

16）尺寸标注的准备工作。返回到功能区“首页”选项卡，从“规划”面板中设置当前图层为 3，从“属性”面板的“线型”下拉列表框中选择“实线”线型——，将线宽设置为标准细线，并设置系统线框颜色为红色。

在功能区中切换至“尺寸标注”选项卡，在“尺寸标注”面板中单击“尺寸标注设置”按钮，打开“自定义选项”对话框，分别对标注的“尺寸文本”和“引导线/延伸线”等进行设置，分别如图 1-138 和图 1-139 所示。“尺寸属性”“尺寸标注”“注释文本”等其他参数由读者根据实际要求进行设置，一些采用默认设置，但是建议在“尺寸属性”类别设置坐标到小数位数为 2，取消勾选“小数不够位数时用‘0’补上”复选框，以及在“文字自动对中”选项组中勾选“文字位于两箭头中间”复选框。设置好尺寸标注的相关参数后，单击“确定”按钮。

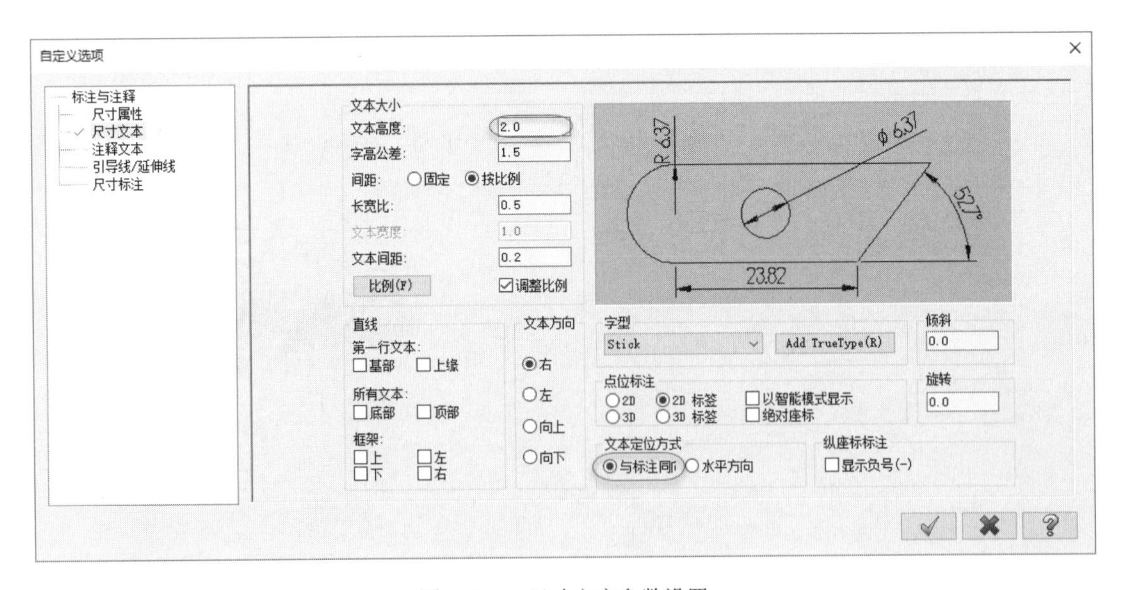

图 1-138　尺寸文字参数设置

17）在“尺寸标注”面板中单击“快速标注”按钮，标注图 1-140 所示的尺寸。在执行快速标注的过程中，可以根据设计情况在“尺寸标注”操作栏中进行相关设置。

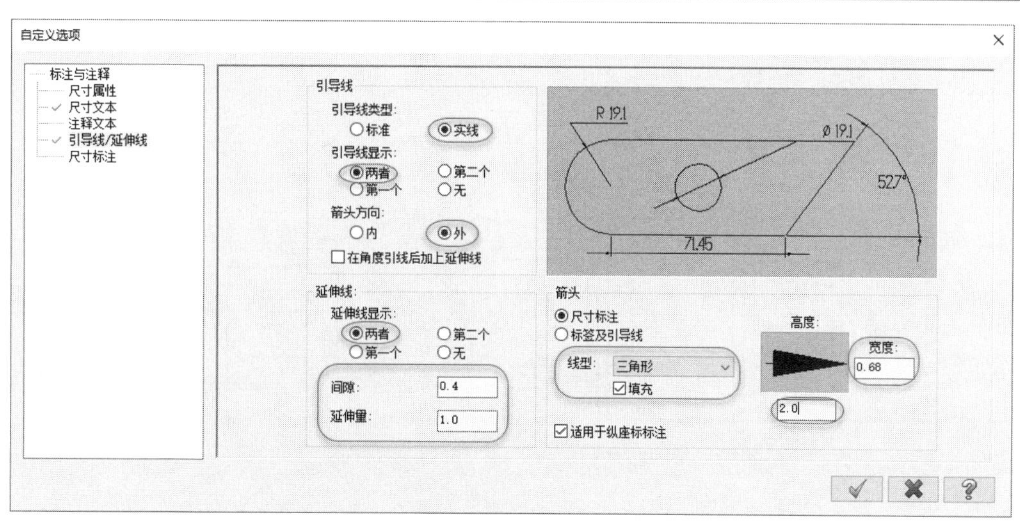

图 1-139 引导线/延伸线参数设置

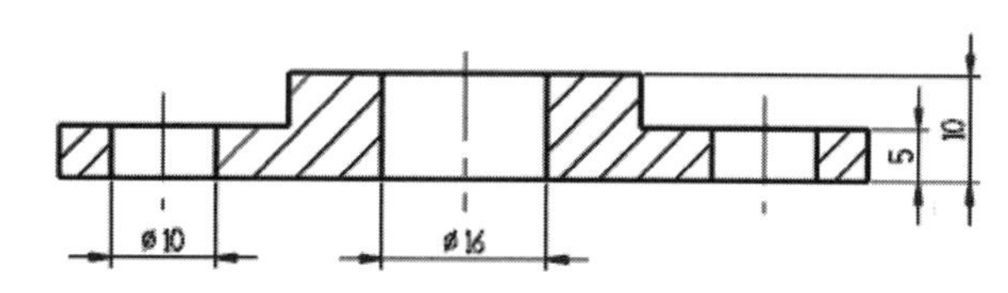

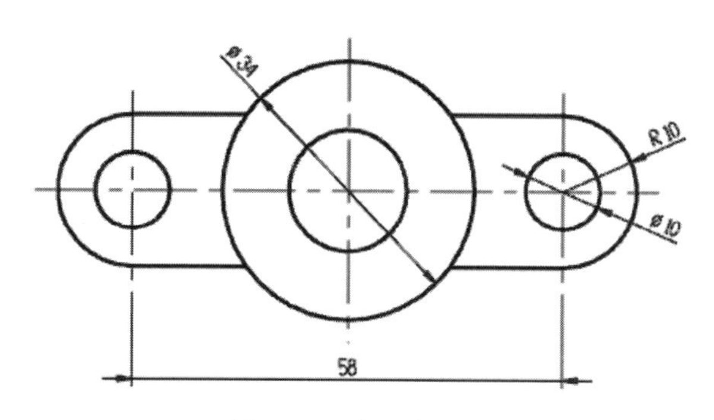

图 1-140 快速标注尺寸

知识点拨：除了可以执行“快速标注”功能来标注尺寸之外，用户也可以分别执行“尺寸标注”面板中的相关标注工具来对图形进行标注，如“水平标注”“垂直标注”“直径标注”等。如果需要，还可以绘制图框和标题栏等，本范例省略这些内容。

18）保存文件。

1.3.2 绘制主动轴零件图

扫码观看视频

绘制的主动轴零件图如图 1-141 所示。该零件图省去了图框和标题栏等一些内容。该主动轴上的齿轮参数为：模数 m=2，齿数 Z=18，齿形角 α=20°，精度等级为 766GM。

绘制主动轴零件图的具体操作步骤如下。

1）新建一个图形文件。在“快速访问”工具栏中单击“新建”按钮，从而新建一个Mastercam文件。注意设置使用公制模板。

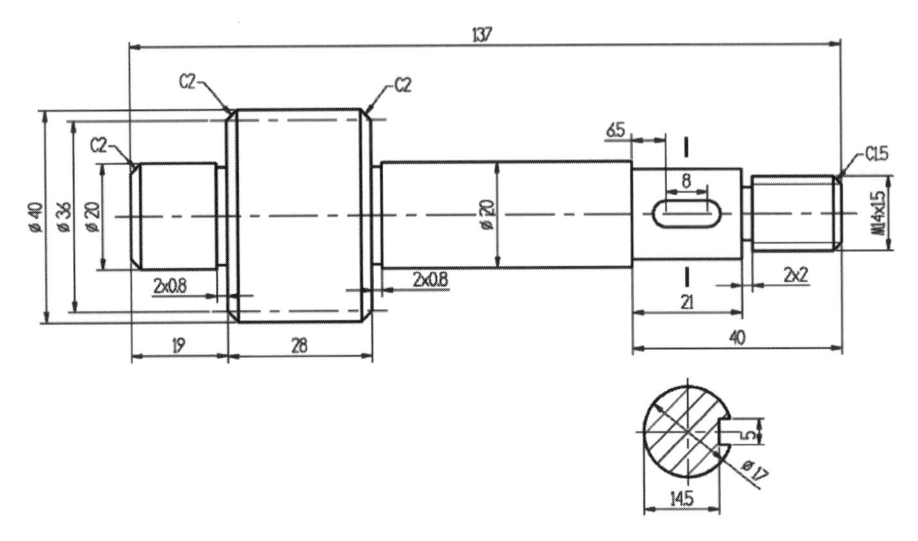

图1-141 主动轴零件

2）相关属性状态设置。默认的绘图面为俯视图，构图深度Z值为0，图层号为1，接着在功能区“首页”的“属性”面板的“线型”下拉列表框中选择“中心线”线型，确保线宽为细线，设置系统线框颜色为红色（颜色代号为12），并切换为2D模式等，如图1-142所示。

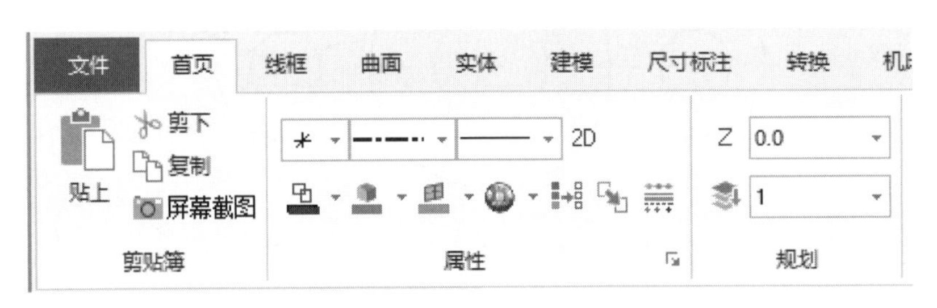

图1-142 在“属性”面板上进行相应设置

3）绘制中心线。在功能区“线框”选项卡的“线”面板中单击“任意线”按钮，绘制图1-143所示的一条中心线，注意该中心线的端点坐标。

图1-143 绘制一条中心线

4）使用层别号为2的图层，并设置相关属性状态。在功能区中切换至“首页”选项卡，在“规划”面板的“层别”框中输入“2”，按〈Enter〉键确认，从而将该新层别号码为2的图层设置为当前层。

在“属性”面板的“线型”下拉列表框中选择“实线”线型，在“线宽”下拉列表框中选择粗一号的线宽，线框颜色设置为黑色。

5）在中心线的一侧绘制连续的直线段。在功能区“线框”选项卡的“线”面板中单击“任意线”按钮，绘制图 1-144 所示的图形。

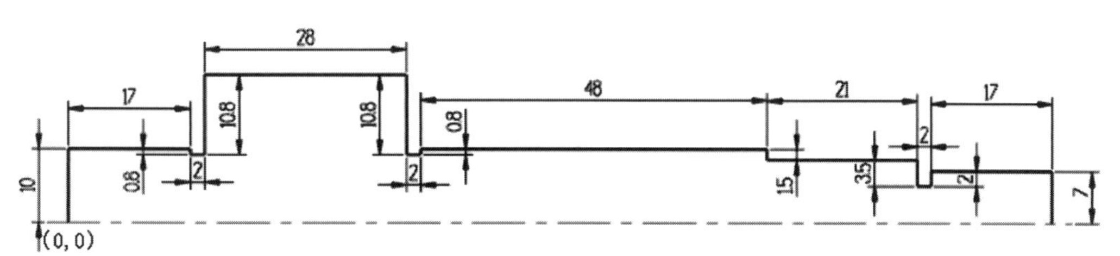

图 1-144　绘制相关的直线段

6）绘制 C2 规格的倒角。在功能区“线框”选项卡的“修剪”面板中单击“倒角”按钮，打开“倒角”对话框，从中进行图 1-145 所示的设置。

使用鼠标依次单击图 1-146 所示的 3 组图素，即直线段 1 和直线段 2（第一组）、直线段 3 和直线段 4（第二组）、直线段 4 和直线段 5（第三组），然后单击“确定并创建新操作”按钮。

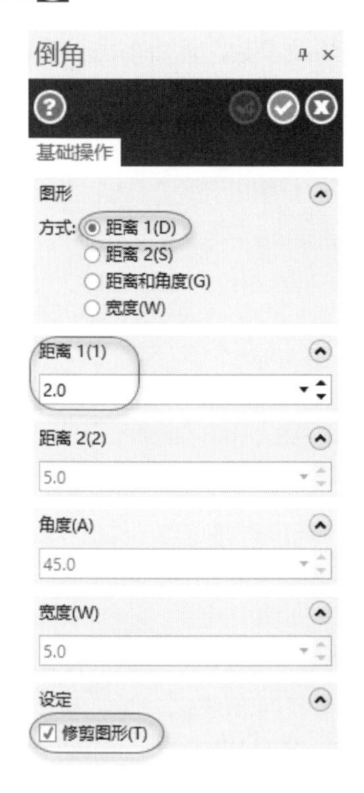

图 1-145 “倒角”对话框

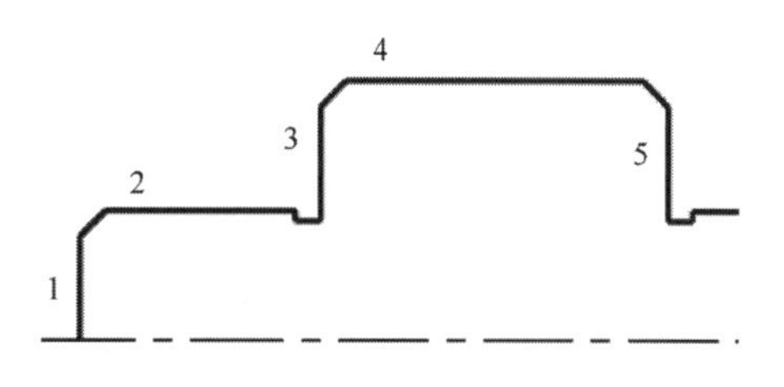

图 1-146　创建 C2 倒角

7）绘制另一规格的倒角。在“倒角”对话框的“图形方式”选项组中选择“距离 1”单选按钮，在“距离 1”文本框中输入“1.5”，并勾选“修剪图形”复选框。使用鼠标单击图 1-147 所示的直线段 6 和直线段 7 来创建一处 C1.5 规格的倒角，然后单击“确定”按钮。

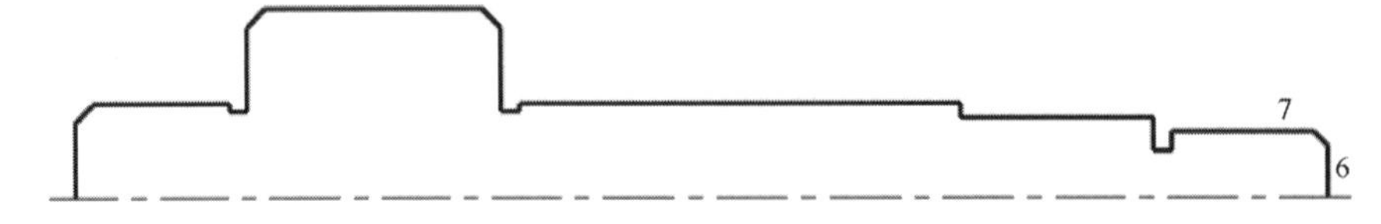

图 1-147 创建 C1.5 的倒角

8）镜像图形。在功能区“转换”选项卡的“位置”面板中单击“镜像（镜射）”按钮，使用鼠标通过指定一个视窗框（即指定两个角点）来选择视窗框内的图素作为要镜像的图素，如图 1-148 所示，按〈Enter〉键确认。

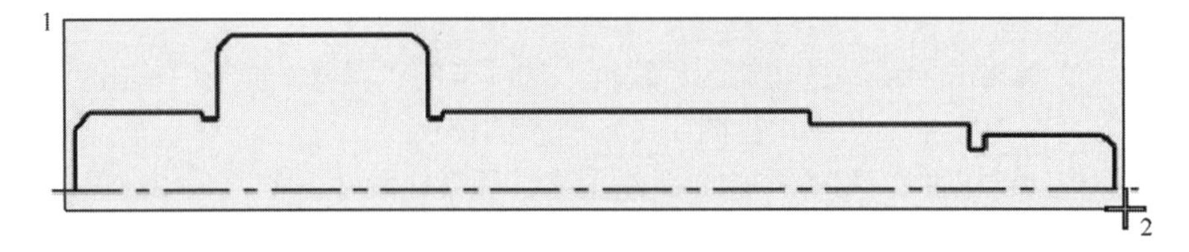

图 1-148 选择要镜像的图素

在“镜射”（镜像）对话框中设置图 1-149 所示的选项及参数，然后单击“确定”按钮，镜像结果如图 1-150 所示。

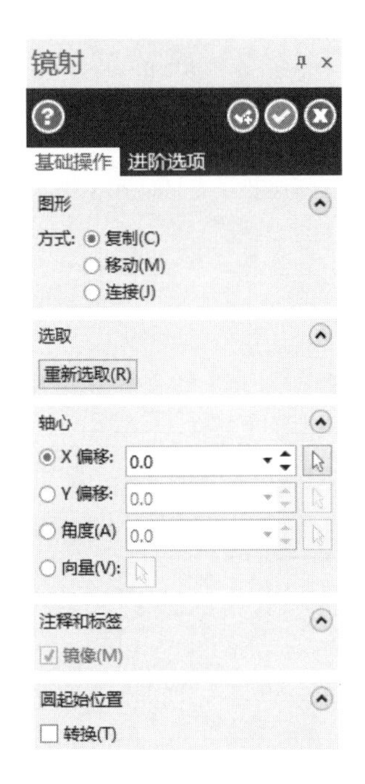

图 1-149 “镜射”（镜像）对话框

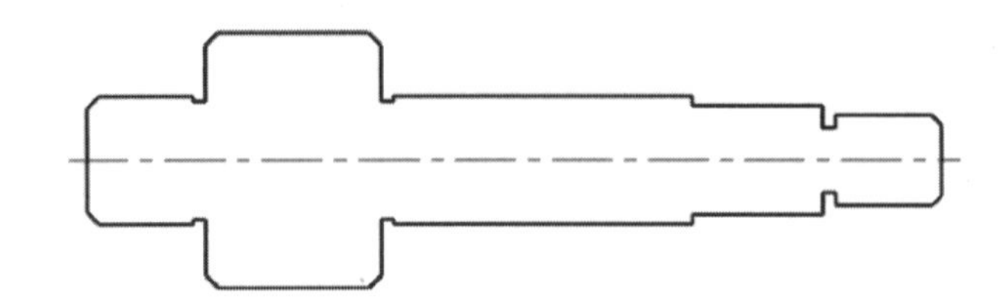

图 1-150 镜像结果

9）清除颜色。在功能区“首页”选项卡的“属性”面板中单击“清除颜色”按钮。

10）绘制两个圆。在功能区“线框”选项卡的“圆弧”面板中单击“已知点画圆”按钮，打开“已知点画圆”对话框。分别以点（103.5，0）和点（111.5，0）作为圆心绘制半径 R 为 2.5 的两个圆，效果如图 1-151 所示。

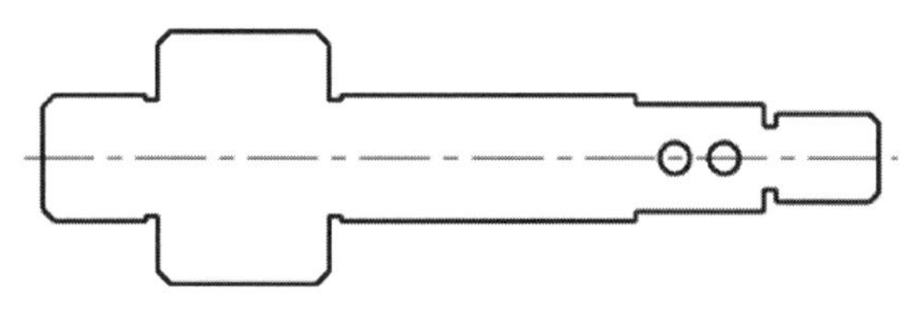

图 1-151　绘制两个圆

11）绘制直线。在功能区“线框”选项卡的“线”面板中单击“任意线”按钮，为两个圆绘制图 1-152 所示的两条直线段。

12）修剪图形。在“修剪”面板中单击“划分修剪”按钮，将键槽部分修剪成如图 1-153 所示。

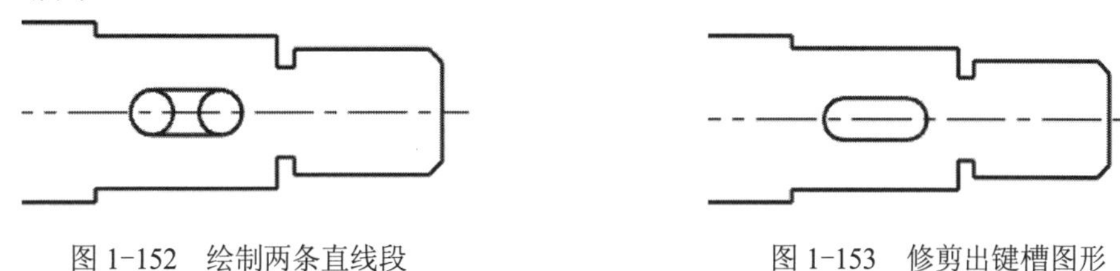

图 1-152　绘制两条直线段　　　　图 1-153　修剪出键槽图形

13）补全轮廓线。在“线”面板中单击“任意线”按钮，补全轮廓线，如图 1-154 所示。

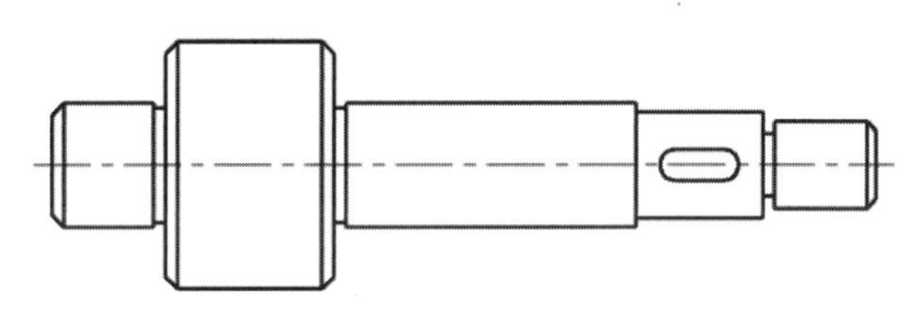

图 1-154　补全轮廓线

14）绘制细实线表示外螺纹内径。在功能区切换至“首页”选项卡，从“属性”面板的“线宽”下拉列表框中选择细的线宽，颜色设置为红色（颜色代码为 12）。

在功能区切换至“线框”选项卡，从“线”面板中单击“任意线”按钮，绘制图 1-155 所示的两条细实线。

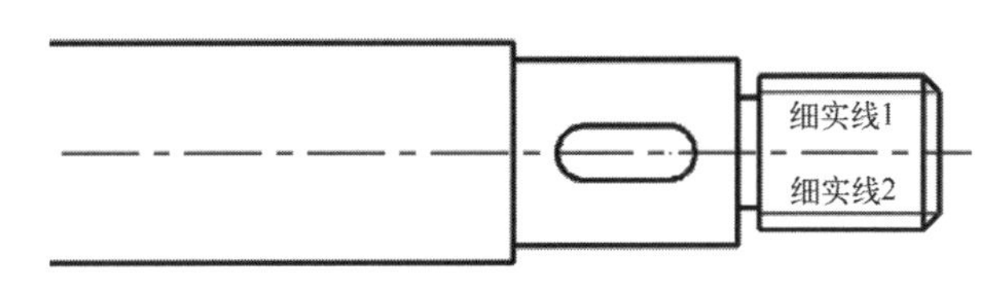

图 1-155　绘制两条细实线

15）绘制表示齿轮分度圆的中心线。在功能区“首页”选项卡的“属性”面板的“线型”下拉列表框中选择“中心线”线型—·—··，确保线宽为细线，设置线框颜色为红色（颜色代码为 12），在“规划”面板中设置当前图层为 1。

在功能区中切换至“线框”选项卡并在“线”面板中单击“任意线”按钮，在主视图中绘制图 1-156 所示的两条中心线，注意中心线的端点坐标。

16）在主视图的键槽区域的下方适当位置处绘制中心线。在“线”面板中单击“任意线”按钮，在主视图的键槽区域的下方适当位置处绘制图 1-157 所示的两条中心线。

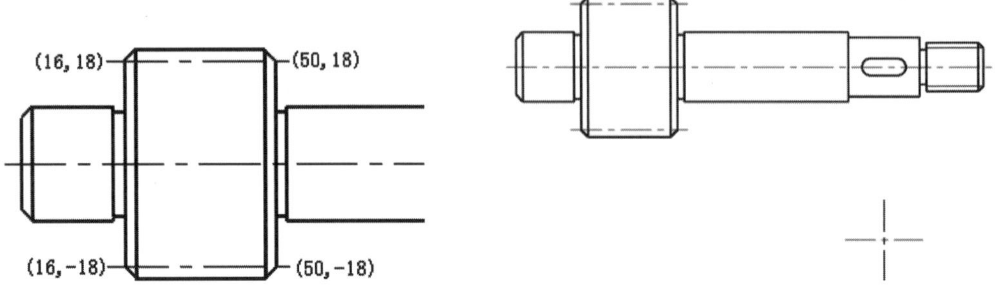

图 1-156 绘制中心线

图 1-157 绘制两条中心线

17）绘制键槽部分的截面图轮廓。在功能区中切换至“首页”选项卡，从“属性”面板的“线型”下拉列表框中选择“实线”线型——，在“线宽”下拉列表框中选择粗一号的线宽，线框颜色设置为黑色，在“规划”面板中将当前层别设置为 2。

在功能区中切换至“线框”选项卡，在“圆弧”面板中单击“已知点画圆”按钮，打开“已知点画圆”对话框。以短的两条中心线的交点作为圆心，绘制一个直径为 17 的圆，如图 1-158 所示。

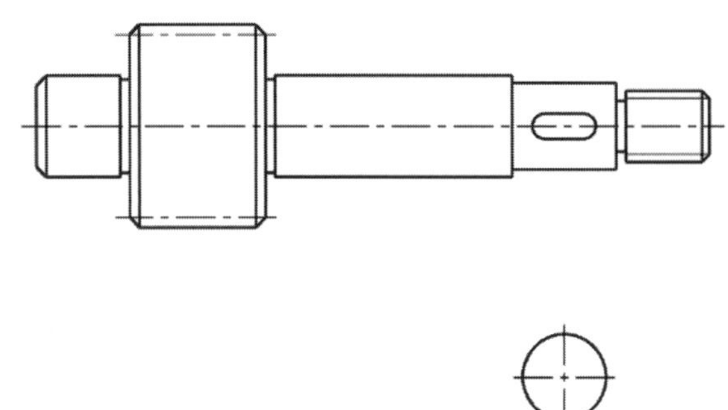

图 1-158 绘制一个圆

在“修剪”面板中单击“单体补正”按钮，打开“单体补正”对话框。利用该对话框，进行补正复制操作，结果如图 1-159 所示（图中给出了补正距离）。

在“线”面板中单击“任意线”按钮，绘制图 1-160 所示的直线段。

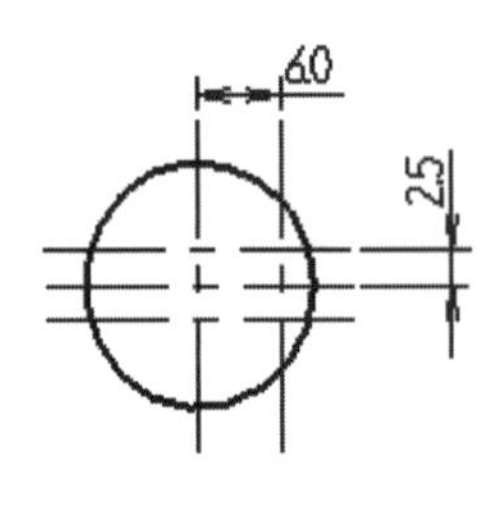

图 1-159 补正复制

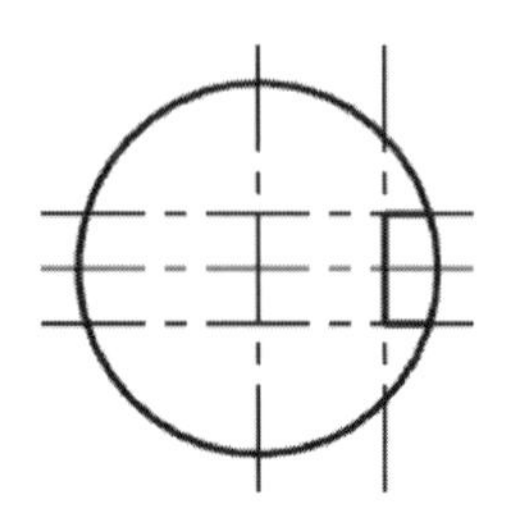

图 1-160 绘制直线段

删除不需要的辅助线，以及修剪图形，结果如图 1-161 所示。

18）绘制剖面线。在功能区中切换至“首页”选项卡，从“属性”面板的“线宽”下拉列表框中选择细的线宽，线框颜色设置为红色（颜色代码为 12）。

在功能区中切换至“尺寸标注”选项卡，接着在“注解”面板中单击“剖面线”按钮，打开“串连选项”对话框和“Cross Hatch”（剖面线）对话框。

在“串连选项”对话框中单击选中“串连”按钮，使用鼠标在绘图区单击图 1-162 所示的图形，然后在“串连选项”对话框中单击“确定”按钮。

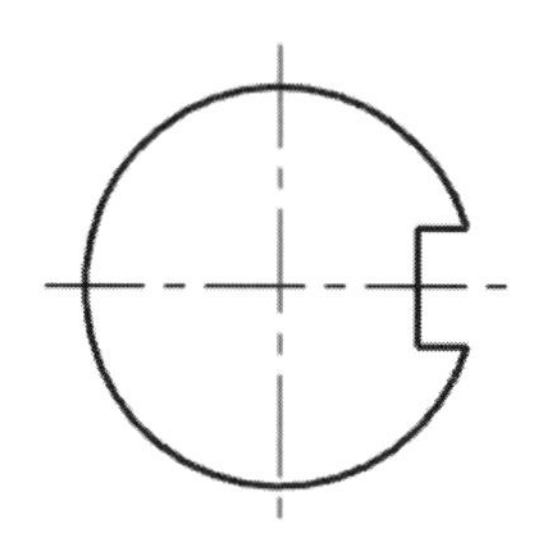

图 1-161 图形编辑结果

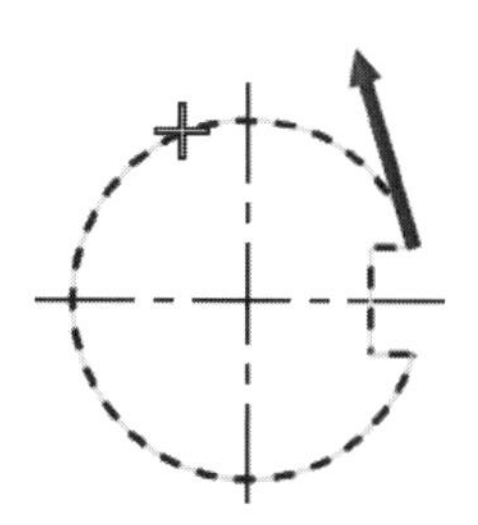

图 1-162 选择串连轮廓

在“Cross Hatch”（剖面线）对话框的“模式”下拉列表框中选择“铁（Iron）”，在“参数”选项组中设置间距为 3，角度为 45，如图 1-163 所示。然后“确定”按钮，完成绘制的剖面线如图 1-164 所示。

图 1-163 设置剖面线参数

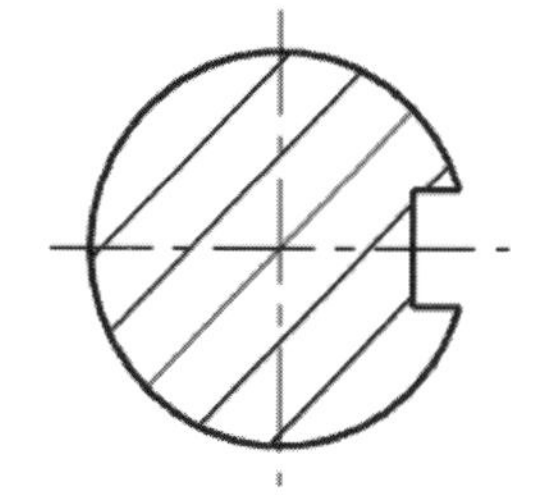

图 1-164 绘制的剖面线

19）绘制将用于定义剖切/截断符号的直线段。在功能区中切换至“首页”选项卡，将线框颜色设置为黑色，将线宽设置得更粗一些（例如粗两号）。然后在功能区中切换至“线框”选项卡，从“线”面板中单击“任意线”按钮，绘制图 1-165 所示的一条竖直直线。

20）打断并删除不需要的部分以获得剖切线符号。使用“修剪”面板中的“两点打断”按钮，将上步骤绘制的竖直直线段在适当的位置处打断。多次打断，然后将其中不再需要的部分删除，结果如图 1-166 所示。

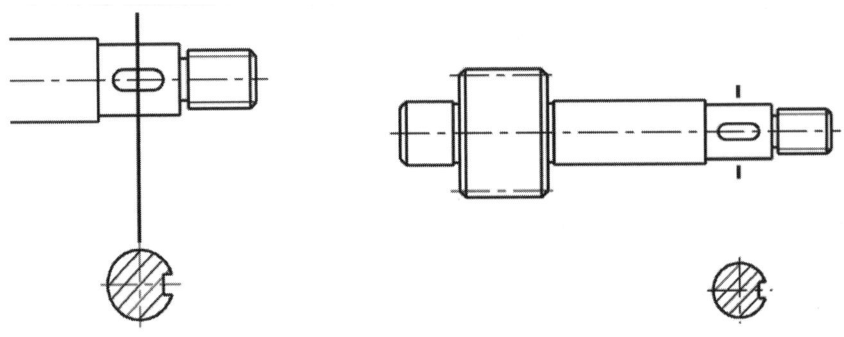

图 1-165 在剖切/截断位置绘制线段　　　　图 1-166 打断及编辑后的效果

21）尺寸标注的准备工作。切换至功能区“首页”选项卡，在“规划”面板中设置当前图层为 3，在“属性”面板中将线型选为“实线”（——），线宽为标准细线，线框颜色为红色（颜色代号为 12）。

切换至功能区“尺寸标注”选项卡，在“尺寸标注”面板中单击“尺寸标注设置”按钮，打开“自定义选项”对话框，分别对标注的“尺寸属性”“尺寸文字”“引导线/延伸线”等进行设置。由用户根据制图标准进行相关设置。

22）快速标注尺寸。在“尺寸标注”面板中单击“快速标注”按钮，标注图 1-167 所示的尺寸。在执行快速标注的过程中，可以根据设计情况在“尺寸标注”操作栏中进行相关设置。对于“2×0.8”这类需要手动修改文本的尺寸，需用用到“尺寸标注”对话框的“编辑文字”按钮以修改尺寸文本。

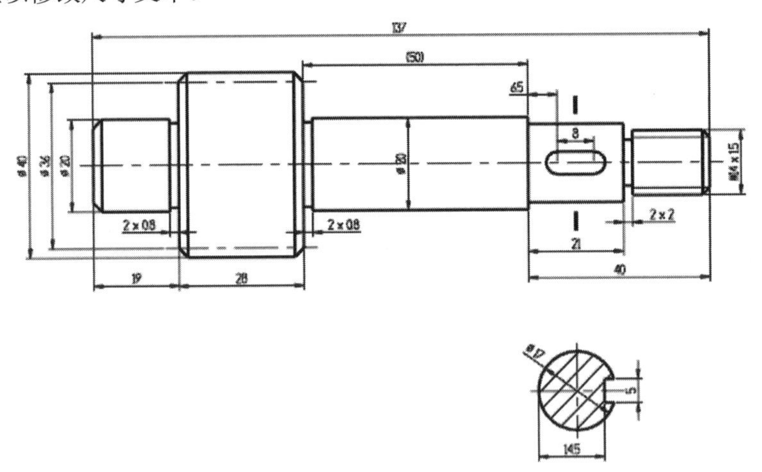

图 1-167 快速标注尺寸

23）以注释文字的方式标一处倒角尺寸。在功能区“尺寸标注”选项卡的“注解”面板中单击“注解”按钮，系统弹出“Note”（注解）对话框。在“图形”选项组的“类型”子选项组中选择“标签”单选按钮，接着在“标签”子选项组中选择“单一引线”单选按钮，在文本框中输入“C2”，并设置注释文字的高度为 2 或其他合适的值，如图 1-168 所示。如果需要，用户还可以在“设定”选项组中单击“属性”按钮，利用弹出的“自定义选项”对话框来对注释中的“引导线/延伸线”和“注释文本”进行相应的选项及参数设置。

在图形中指定引导线箭头位置以及文本位置，然后单击“确定并创建新操作”按钮，效果如图 1-169 所示。

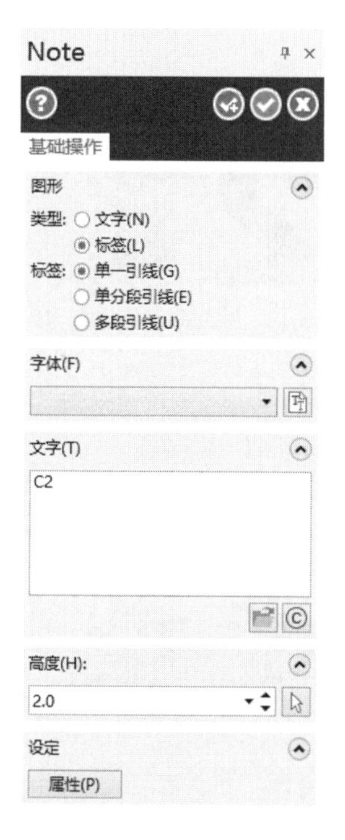

图 1-168 “注释文字”对话框

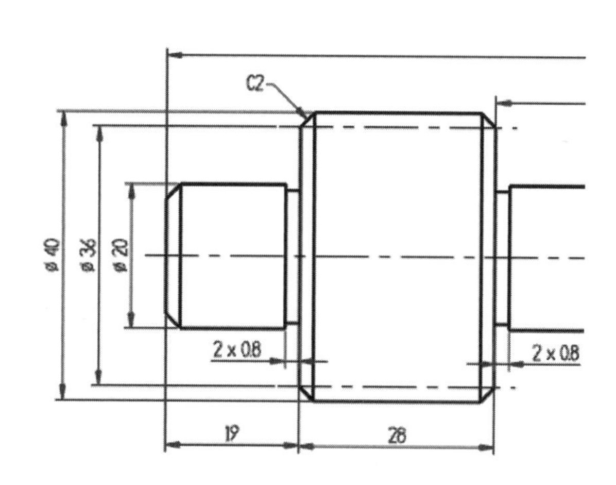

图 1-169 为一处倒角注释文字

24）以注释文字的方式标注其他倒角尺寸。使用同样的方法，以注释文字的方式标注其他几处倒角尺寸，如图 1-170 所示。

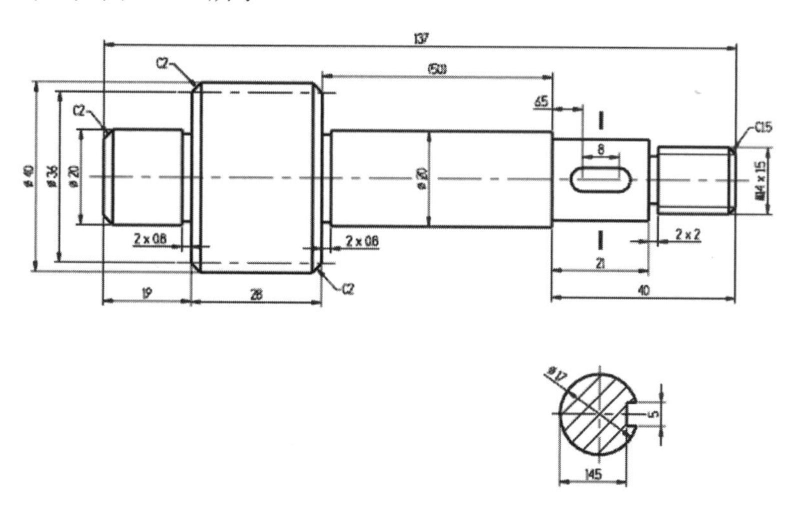

图 1-170 注释文字应用

25）保存文件。

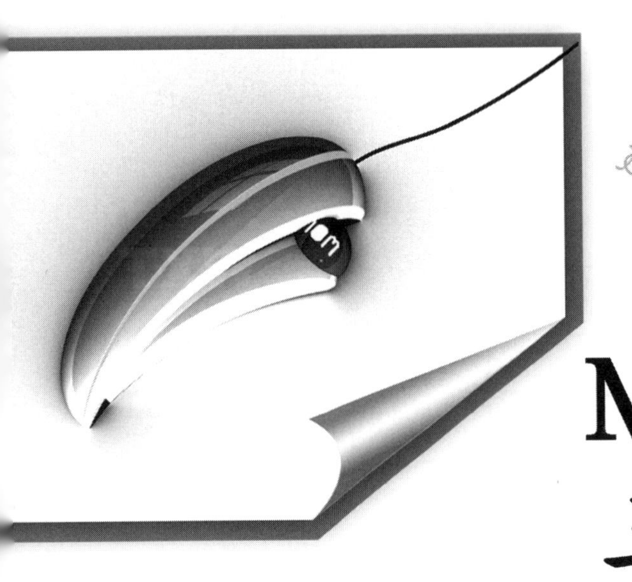

Mastercam 三维造型

本书第 2 篇主要介绍 Mastercam 三维造型的应用知识，包括曲面设计和三维实体设计。曲面和三维实体在实际设计中应用较多，需要用户重点掌握。在三维造型时，需要对构图面、构图深度和视角进行设置，以准确地绘制和观察三维图形，这些操作技巧被融入相关设计范例中。

第2章 曲 面 设 计

本章导读：

本章首先介绍曲面设计的主要知识点，如常用曲面的创建方法、曲面编辑和空间曲线应用等；接着介绍若干个简单曲面的绘制实例，包括五角星曲面、扭杆曲面和药壶曲面造型，然后介绍若干个复杂曲面的绘制实例，包括叶片曲面、玩具车轮曲面、纯净水瓶子整体曲面和烟灰缸曲面造型。

2.1 知识点概述

本章主要的知识点包括常用曲面的创建方法、曲面编辑和空间曲线应用。

2.1.1 曲面的创建方法

Mastercam 2019 软件提供了丰富的曲面创建命令。常见曲面的创建方法主要有“由实体生成曲面”“平面修剪”“举升曲面”“旋转曲面”“曲面补正”“扫描曲面”“网格（网状）曲面”“围篱曲面”“威力曲面”“拉伸（挤出）曲面”“拔模曲面”等。这些创建常见曲面的工具命令位于功能区“曲面”选项卡的“建立”面板中。

- “由实体生成曲面”：通过选择实体或面生成一个单独的 NURBS 曲面。即可以从实体造型中指定所需的表面来产生曲面，在执行该功能时，可以设置保留原始实体，也可以设置删除原始实体。
- “平面修剪”：通过定义的边界、平面串连建立修剪的 NURBS。
- “举升曲面”：通过指定多个截面线框来按照一定的算法顺序进行连接，以生成相应的直纹曲面或举升曲面。直纹曲面与举升曲面的区别在于，直纹曲面产生的是一个线性的熔合曲面，各截断面外形之间按顺序以直线相连接；举升曲面产生的则是一个“流线形”样式的熔合曲面，各截断面外形之间按顺序以光滑曲线相连接。
- “旋转曲面”：以所定义的串连外形绕着指定的旋转轴旋转一定角度来形成曲面。要创建旋转曲面，通常需要先准备好母线（串连外形）和旋转轴线。
- “曲面补正”：将选定曲面沿着其法线方向移动一定距离，可以移动曲面也可以复制曲面。
- “扫描曲面”：以截面外形沿着一个或两个轨迹（切削方向外形）运动来产生曲面。
- “网格曲面”：通过选择所需的串连图素来生成网状曲面，必须至少串连两个截面曲线和两个引导面曲线。

- “围篱曲面”：通过曲面上的指定边来生成与原曲面垂直或成给定角度的直曲面。
- “威力曲面”：用曲线和相邻曲面建立复杂的 CAD 曲面。
- “拉伸曲面”：将一个基本封闭的线框沿着与之垂直的轴线移动而生成的曲面，该曲面可包含前后两个形成封闭图形的平曲面。
- “拔模曲面”：依照线、弧或曲线和定义的拔模方向、拔模角度及曲面端点位置来建立曲面。也称建立牵引曲面。

对于一些诸如球面、圆柱面、圆锥面等曲面，可以采用专门的创建命令来创建，在创建过程中需要在相应的对话框中选择“Surface（曲面）”单选按钮并设置相关的参数。这些专门的创建工具命令位于功能区“曲面”选项卡的“基本实体”面板中，如图 2-1 所示，包括“圆柱”按钮、“立方体”按钮、“圆球”按钮、“锥体”按钮和“圆环体”。

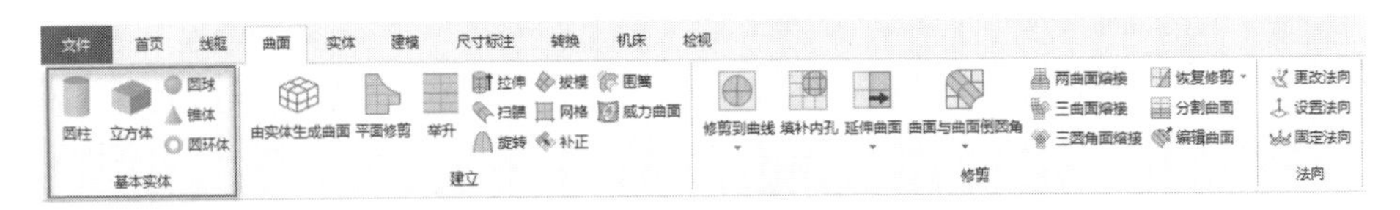

图 2-1 功能区“曲面”选项卡

2.1.2 曲面编辑

Mastercam 2019 的曲面编辑功能也十分强大且应用较为灵活。本书所述的曲面编辑知识包括曲面圆角、曲面修剪、曲面延伸、填补内孔、两曲面熔接、三曲面熔接、三圆角面熔接、恢复修剪与恢复到修剪边界、分割曲面和编辑曲面等。

其中，曲面圆角的方式有 3 种，即“曲面与曲面倒圆角”“曲线与曲面倒圆角”“曲面与平面倒圆角”。“曲面与曲面倒圆角”是指在两个曲面之间创建一个光滑过渡的曲面，要求所选择的曲面的法向相交；“曲线与曲面倒圆角”是指在曲面与曲线间创建圆角曲面；“曲面与平面倒圆角”是指在曲面与平面之间产生过渡圆角。

曲面修剪包括“修剪到曲面”“修剪到曲线”“修剪到平面”。

2.1.3 空间曲线应用

除了创建二维曲线之外，还可以创建空间曲线。空间曲线的巧妙应用，对于某些曲面造型的构造很有帮助。在功能区“线框”选项卡的“曲线”面板中提供了“单一边界线”按钮、“所有曲线边界”按钮、“剖切线”按钮、“曲面交线”按钮、“流线曲线”按钮、“绘制指定位置曲面曲线”按钮、“分模线”按钮、“曲面曲线”按钮和“动态曲线”按钮，如图 2-2 所示。

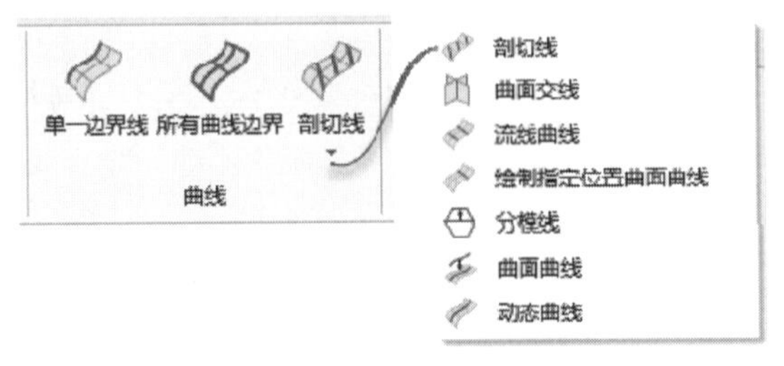

图 2-2 “曲线”面板

● “单一边界线”按钮：由被选曲面的边界生成边界曲线。

“所有曲线边界”按钮：在所选实体表面、曲面的所有边界处生成空间曲线。

● “剖切线”按钮：根据剖切面与曲面相交的界线来创建的曲线，既可以是剖切面与曲面的交线，也可以是其交线偏移曲面（设置补正值非零时）形成的曲线。

● “曲面交线”按钮：可以在指定的两组曲面的相交处创建曲线。
● “流线曲线”按钮：沿着一个完整曲面在常量参数方向上一次构建多条曲线。
● “绘制指定位置曲面曲线”按钮：绘制指定位置曲面曲线，即在曲面上沿着曲面的一个或两个常量参数方向的指定位置生成曲线。
● “分模线”按钮：该命令用于制作分型模具的分模线，即在曲面的分模边界处构建一条曲线，通常是基于选择的基准平面建立曲面曲线。
● “曲面曲线”按钮：选择曲线去转换为曲面曲线。
● “动态曲线”按钮：可以在指定曲面上通过依次指定若干点来绘制曲线。

2.2 绘制简单曲面实例

本节将介绍几个简单曲面的绘制实例，包括绘制五角星曲面、绘制扭杆曲面和绘制药壶曲面造型。

2.2.1 绘制五角星曲面

扫码观看视频

绘制的五角星曲面如图 2-3 所示。该实例的具体操作步骤如下。

图 2-3 绘制五角星曲面

1）新建一个图形文件。在“快速访问”工具栏中单击“新建”按钮，新建一个使用公制单位的 Mastercam 文件。

2）相关属性状态设置。默认的绘图面为俯视图，构图深度 Z 值为 0，图层号为 1，接着在功能区“首页”选项卡“属性”面板的“线型”下拉列表框中选择“实线”线型，线宽为细线，并设置曲面颜色为红色（颜色代号为 12）。

3）绘制圆周点。在功能区“线框”选项卡的“点”面板中单击“圆周点”按钮，打开“圆周点”对话框。单击“输入坐标点”按钮，接着在出现的坐标输入框中输入“0,0”，并按〈Enter〉键确认该点作为圆心点。在“圆周点”对话框的“图形”选项组中选择“完整循环”单选按钮以及选择“数量”单选按钮，设置数量为 5；在“直径”框中设置圆周直径为 50，在“创建图形”选项组中选择“点”单选按钮，如图 2-4 所示。最后单击

“圆周点”对话框的“确定”按钮，完成绘制的沿着圆周均布的5个点如图2-5所示。

图2-4 “圆周点”对话框

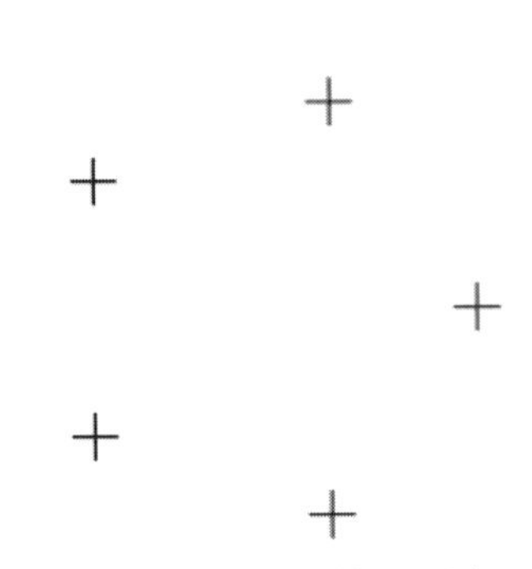

图2-5 绘制的圆周点

4）绘制直线。在功能区“线框”选项卡的“线”面板中单击“任意线”按钮，绘制图2-6所示的若干条直线。

5）修剪图形。在“修剪”面板中单击“划分修剪”按钮，系统弹出“划分修剪”对话框，确保选中“修剪”单选按钮，将图形修剪成如图2-7所示。

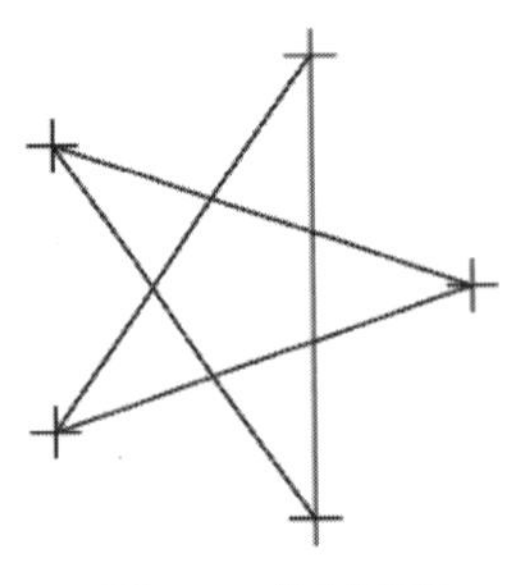

图2-6 绘制直线

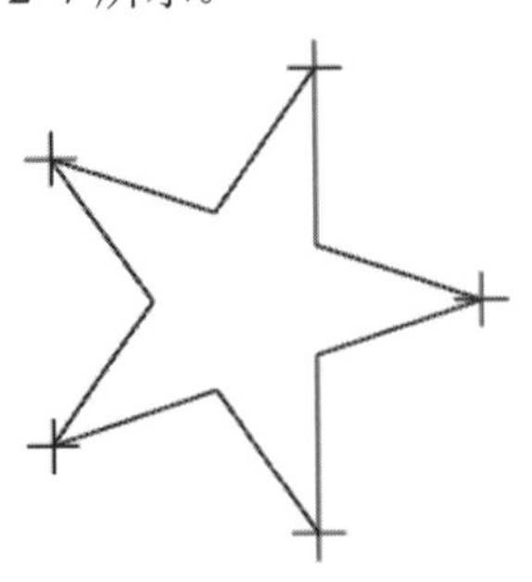

图2-7 修剪图形

6）设置构图深度。在位于图形窗口底部的状态栏中，将构图深度 Z 设置为 5，如图 2-8 所示。

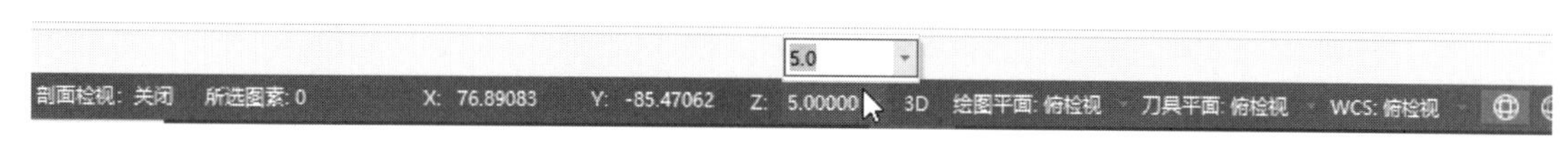

图 2-8 设置构图平面

7）绘制一个点。在“点”面板中单击“绘点”按钮，接着在“绘点”对话框中选择“点”类型单选按钮，再单击“输入坐标点”按钮，在出现的坐标输入框中输入“0,0”，并按〈Enter〉键确认。在“点”对话框中单击“确定”按钮。

技巧：此点也可以在先前执行“圆周点”命令的操作过程中通过勾选一个“中心点”复选框来获得。

8）将视图设置为等角视图，并设置层别。在功能区“检视”选项卡的“图形检视”面板中单击“等角检视（等角视图）”按钮。将视图设置为等角视图，如图 2-9 所示。

在功能区“首页”选项卡的“规划”面板中，将层别设置为 2。

9）创建举升曲面。在功能区中切换至“曲面”选项卡，从“建立”面板中单击“举升曲面”按钮，系统弹出“串连选项”对话框，选中“单体”按钮，如图 2-10 所示。

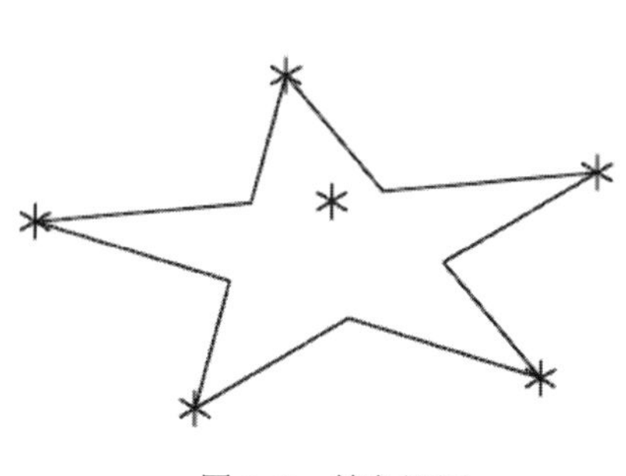

图 2-9 等角视图

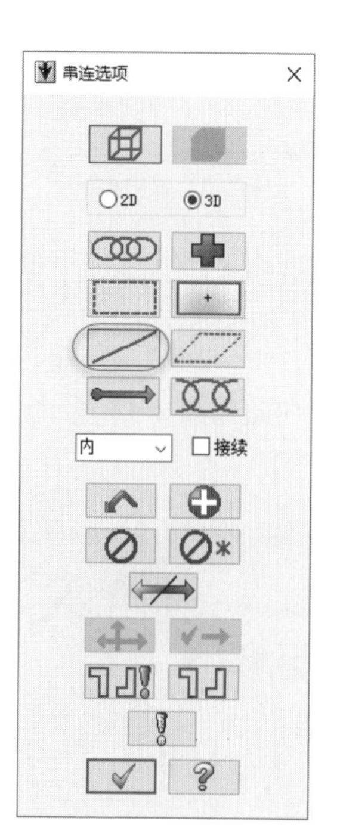

图 2-10 “串连选项”对话框

在图 2-11a 所示的位置处单击以定义外形 1，接着单击图 2-11b 所示的单个点。然后在“串连选项”对话框中单击“确定”按钮。

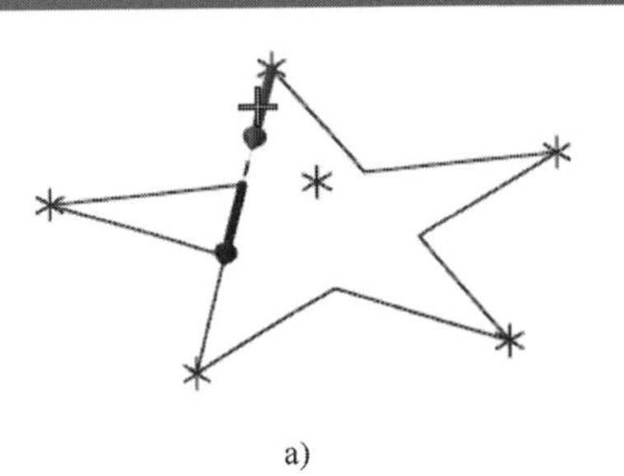

a)

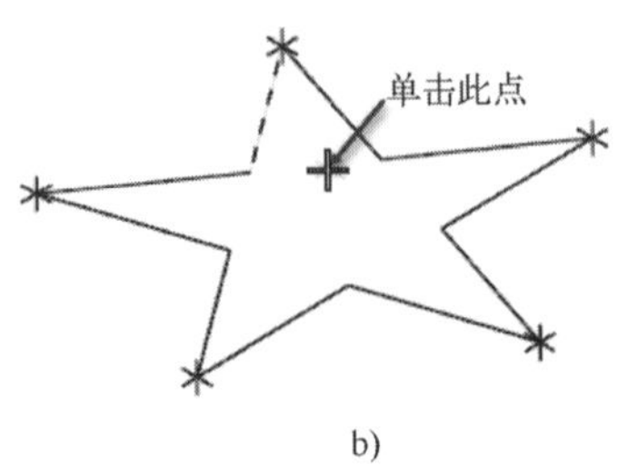

b)

图 2-11 定义外形 1 和外形 2

a) 定义外形 1 b) 单击中间的点定义外形 2

在“直纹/举升曲面”对话框中选择“举升”单选按钮，如图 2-12 所示，然后单击“确定并创建新操作”按钮，创建的举升曲面如图 2-13 所示。可以在状态栏中设置显示样式。

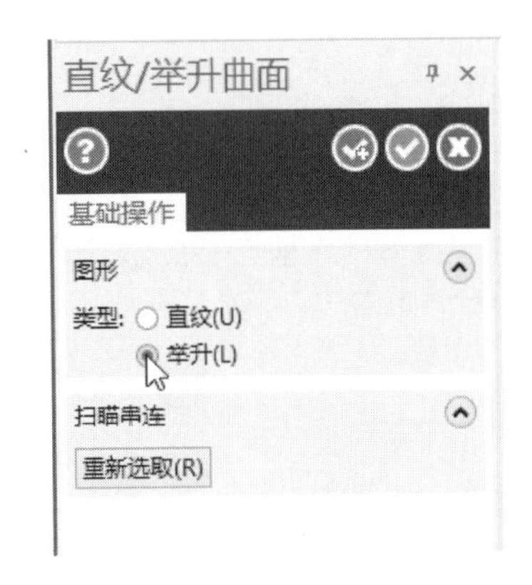

图 2-12 “直纹/举升曲面”对话框

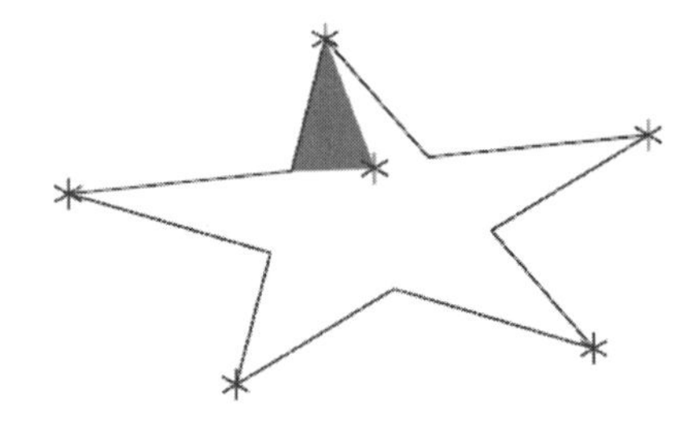

图 2-13 创建举升曲面

系统弹出“串连选项”对话框，选中“单体”按钮，分别选择图形定义举升曲面的外形 1 和外形 2，如图 2-14 所示，然后在“串连选项”对话框中单击“确定”按钮。在“直纹/举升曲面”对话框中选择“举升”单选按钮，然后单击“确定”按钮，完成创建的举升曲面如图 2-15 所示。

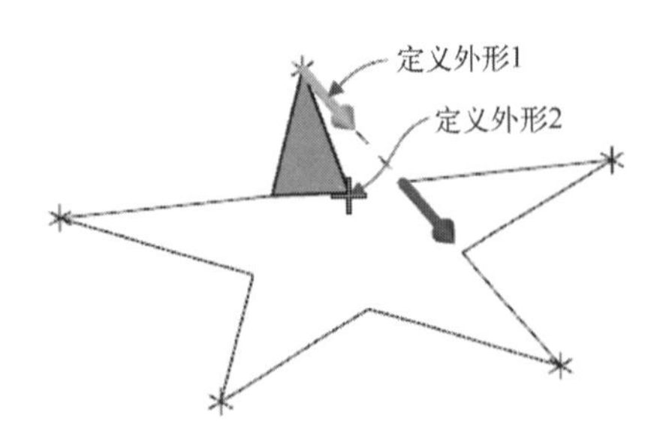

图 2-14 定义外形 1 和外形 2

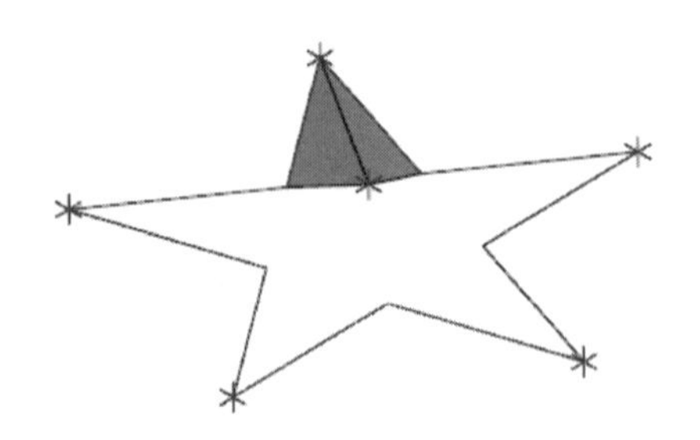

图 2-15 完成创建两处举升曲面

10）旋转复制。在功能区中切换至“转换”选项卡，从“位置”面板中单击“旋转”按钮，选择两个举升曲面，按〈Enter〉键确定。

在“旋转”对话框中选择“复制”单选按钮，设置数量（次数）为 4，选择“角度之间”单选按钮，在“角度”文本框中输入“72”，并选择“旋转”单选按钮，如图 2-16 所示。如果需要，可以在“旋转中心点”选项组中单击“重新选取”按钮，选择原点作为旋转的中心。

在“旋转”对话框中单击“确定”按钮，结果如图 2-17 所示。

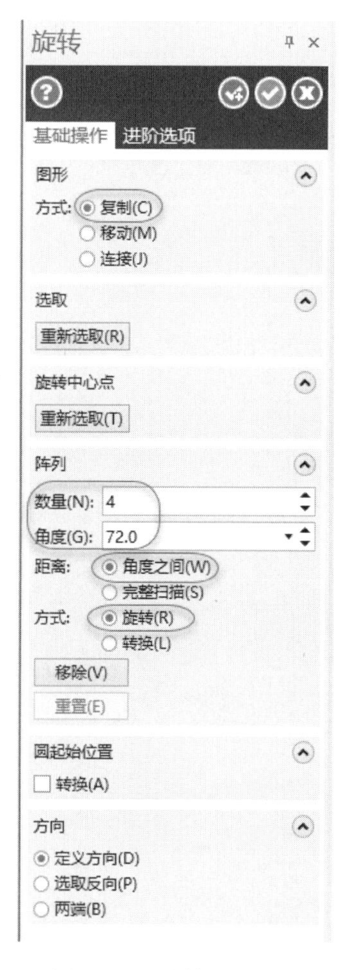

图 2-16 “旋转”对话框

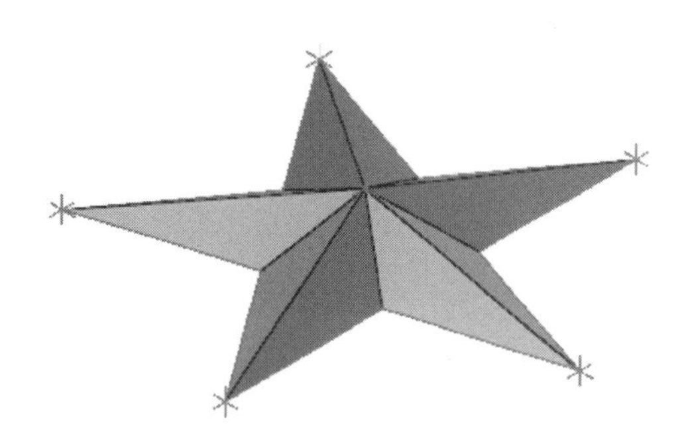

图 2-17 旋转复制的效果

11）隐藏直线和点。在功能区切换至“首页”选项卡，在“显示”面板中单击“隐藏/恢复隐藏”按钮，系统提示“选择保留在屏幕上的图形”。在图形窗口右侧单击图标内左上一半的“按层别选取所有图形”，弹出“选择所有-单一选择”对话框，在图层列表中勾选“2”复选框（表示选中名称为“2”的图层），单击“确定”按钮，然后单击浮动在图形窗口上方的“结束选取”按钮，从而将图层“2”上的全部对象保留显示在屏幕上，而图层“1”上的对象（直线和点）则被隐藏了。

技巧点拨：以上述方法隐藏图形对象后，如果要恢复显示已隐藏的图形对象，那么可再次利用“隐藏/恢复隐藏”按钮来进行相应操作。

12）清除颜色。在功能区“首页”选项卡的“属性”面板中单击“清除颜色”按钮 。此时，可以通过“边框着色”按钮和“图形着色”按钮来分别观察三维曲面的着色效果。

13）保存文件。

2.2.2 绘制扭杆曲面

扫码观看视频

绘制的扭杆曲面如图 2-18 所示。

该实例的具体操作步骤如下。

1）新建一个图形文件。在“快速访问”工具栏中单击“新建”按钮，从而新建一个 Mastercam 文件。

2）相关属性状态设置。默认的绘图面为俯视图，构图深度 Z 值为 0，图层号为 1，接着在功能区“首页”选项卡的“属性”面板的“线型”下拉列表框中选择“实线”线型，设置线框颜色为红色（颜色代号为 12）。

3）以原点为中心，绘制图 2-19 所示的图形，图中给出了主要尺寸。辅助中心线仅作为绘图参考。可以使用删除重复图形来对图形进行检查，以删除不小心形成的重复图形。

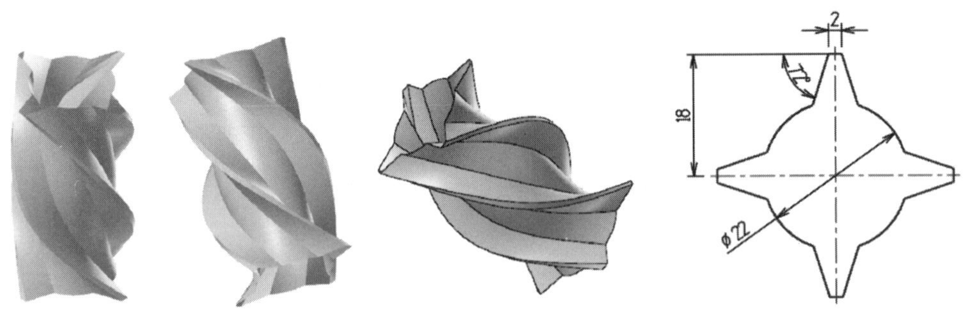

图 2-18 扭杆曲面　　图 2-19 绘制图形

4）将视图设置为等角视图。在功能区“检视”选项卡的“图形检视”面板中单击“等角视图”按钮，将视图设置为等角视图。

5）平移复制。在功能区中切换至“转换”选项卡，从“位置”面板中单击“平移”按钮，系统出现“平移/阵列：选择要平移/阵列的图形”的提示信息。使用鼠标指定两个对角点框选所有的图形，按〈Enter〉键确认。

在“平移”对话框中设置图 2-20 所示的选项及参数，然后单击“确定”按钮。平移复制的结果如图 2-21 所示。此时可以在功能区“首页”选项卡的“属性”面板中单击“清除颜色”按钮。

6）设置相关的属性及图层内容。设置相关属性及图层内容，层别为 2，将曲面颜色设置为绿色（代号为 10）。

7）创建举升曲面。在功能区中切换至“曲面”选项卡，从“建立”面板中单击“举升曲面”按钮，系统弹出“串连选项”对话框，选中“串连”按钮，依次指定图 2-22 所示的外形串连，然后单击“串连选项”对话框中的“确定”按钮。

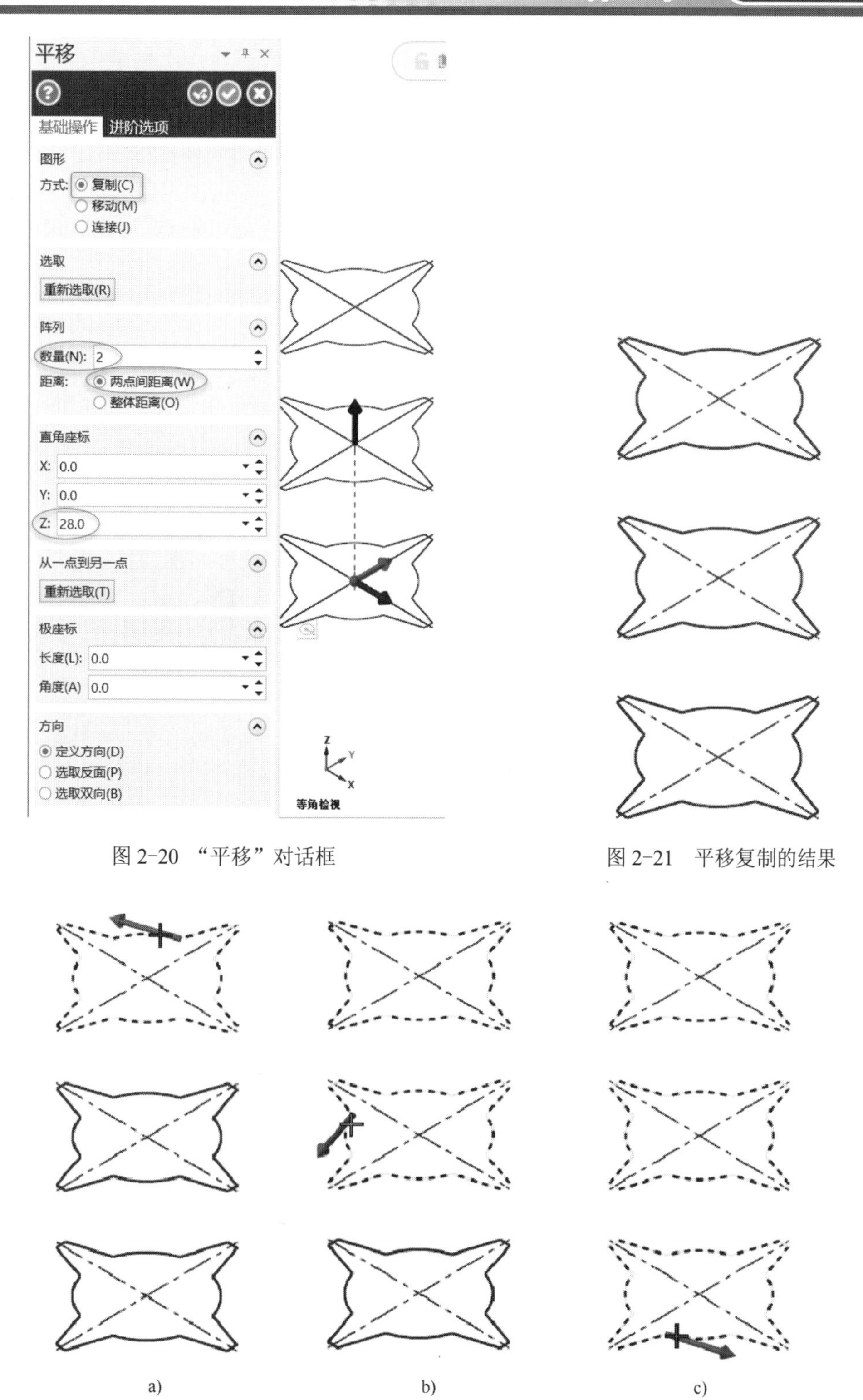

图 2-20 “平移”对话框

图 2-21 平移复制的结果

图 2-22 定义外形串连

a) 选择外形串连 1 b) 选择外形串连 2 c) 选择外形串连 3

在“直纹/举升曲面”对话框中选择“举升”单选按钮，如图 2-23 所示。

在“直纹/举升”对话框中单击“确定”按钮，绘制的扭杆曲面如图 2-24 所示。

8）隐藏线架。在图形窗口左侧窗格底部单击“层别”标签，打开“层别”对话框，接着在“层别”对话框中单击层别 1 的“高亮”单元格，以设置不显示层别 1 的图素（本例线架图素都位于图层 1)。隐藏截面线架曲线后的效果如图 2-25 所示。

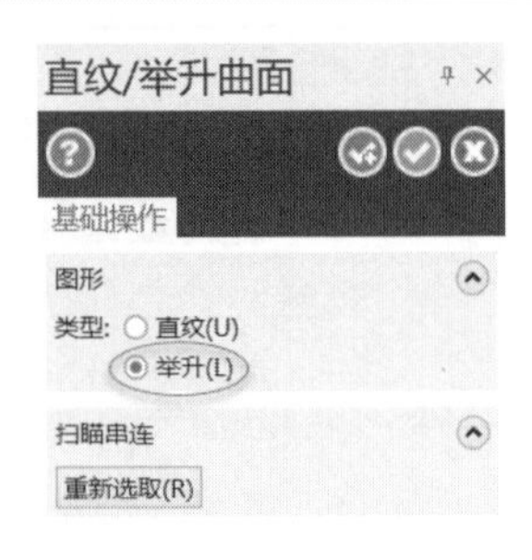

图 2-23 “直纹/举升曲面”对话框

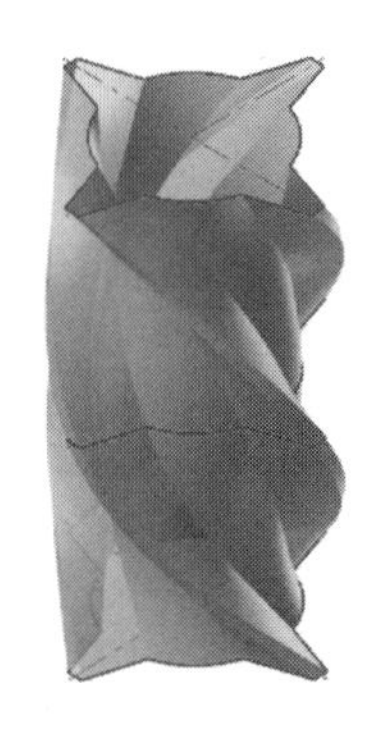

图 2-24 绘制的扭杆曲面

图 2-25 隐藏截面线架后的效果

技巧点拨： 如果发现在图形窗口左侧窗格底部没有显示“层别”标签，那么可以在功能区“检视”选项卡的“管理”面板中选中“层别”按钮即可，也可以通过快捷键〈Alt+Z〉来进行快速切换。

9）保存文件。

扫码观看视频

2.2.3 绘制药壶曲面造型

绘制的药壶曲面造型如图 2-26 所示。该实例的具体操作步骤如下。

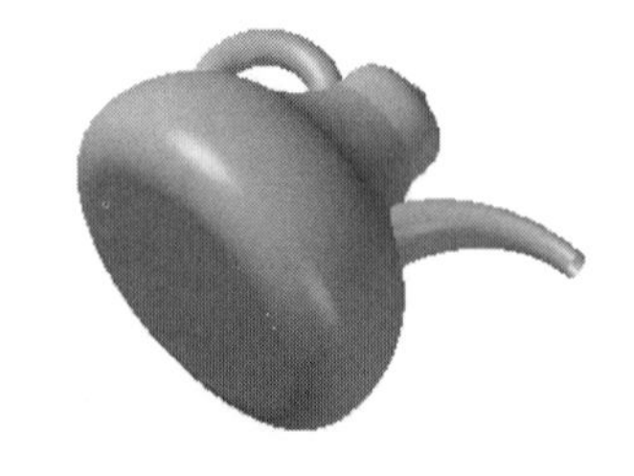

图 2-26 绘制的药壶曲面造型

1）新建一个图形文件。在“快速访问”工具栏中单击“新建”按钮，从而新建一个 Mastercam 文件。

2）相关属性状态设置。默认的绘图面为俯视图，视角为俯视，构图深度 Z 值为 0，图层号为 1，设置线型为“实线”线型，线框颜色为红色（颜色代号为 12），线宽由用户根据情况灵活确定。

3）绘制图 2-27 所示的图形，图中给出了主要的参考尺寸。

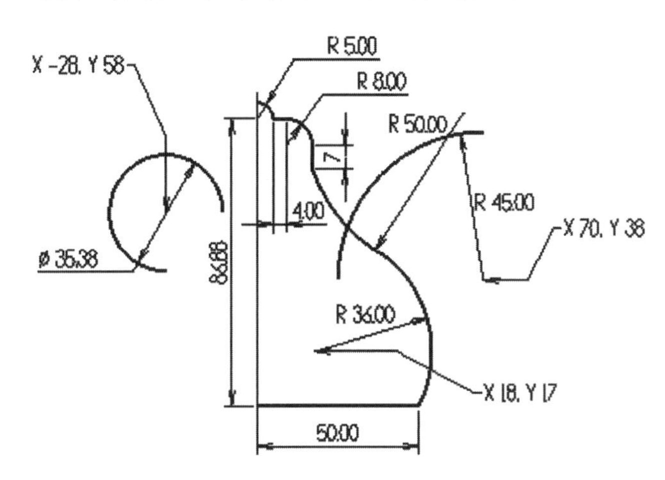

图 2-27　绘制二维图形

4）将视图调整为等角视图。在功能区“检视”选项卡的“图形检视”面板中单击“等角视图”按钮，从而将视图设置为等角视图，如图 2-28 所示。

5）设置绘图平面。在位于图形窗口下方的状态栏中打开“绘图平面”列表框，接着选择“右检视”选项，如图 2-29 所示。

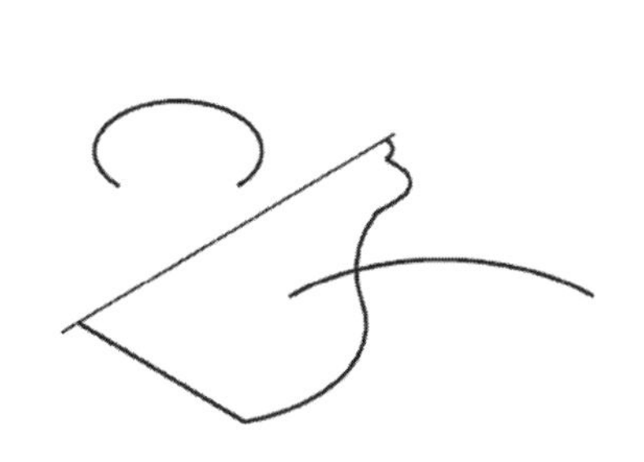

图 2-28　等角视图

图 2-29　选择“右检视”为绘图平面

6）绘制两个截面外形。在功能区中切换至“线框”选项卡，从“弧”面板中单击“已知点画圆”按钮，打开“已知点画圆”对话框。设置半径为 R5，选择图 2-30 所示的圆弧端点作为圆心位置，在“已知点画圆”对话框中单击“确定”按钮。

在功能区“线框”选项卡的“形状”面板中单击“椭圆”按钮，系统弹出“Ellipse”（椭圆）对话框。在该对话框中设置图 2-31 所示的半轴长度尺寸，注意设置锁定这两个半径值，其旋转角度为 0。注意确保绘图平面为“右视图”，在等角视图视角下使用鼠标单击图 2-32 所示的圆弧端点作为椭圆的基准点位置，然后在“Ellipse”（椭圆）对话框中单击“确定”按钮，绘制的该椭圆如图 2-33 所示。

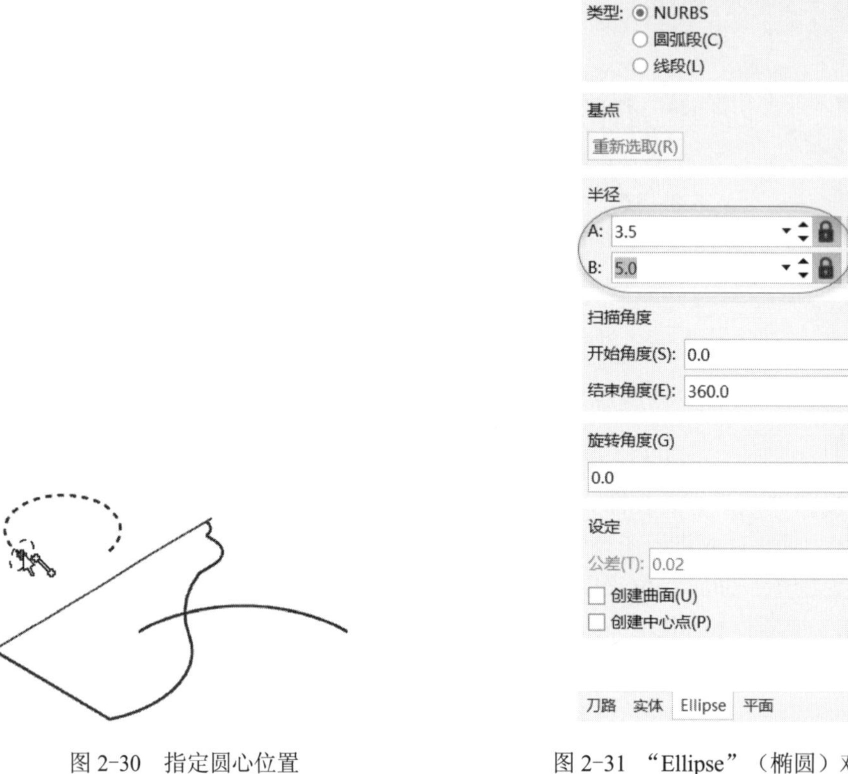

图 2-30　指定圆心位置

图 2-31　“Ellipse”（椭圆）对话框

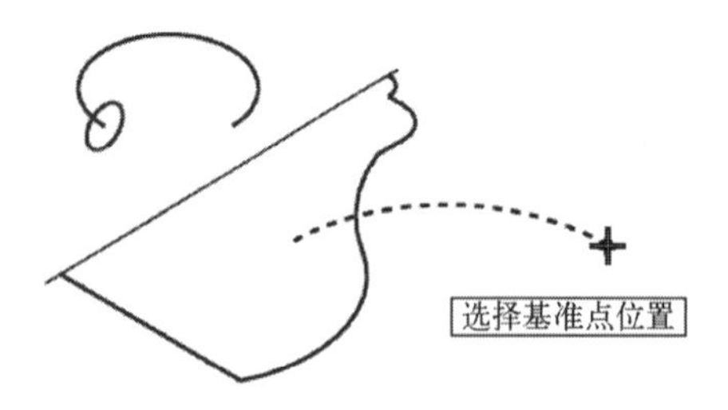

图 2-32　选取基准点位置

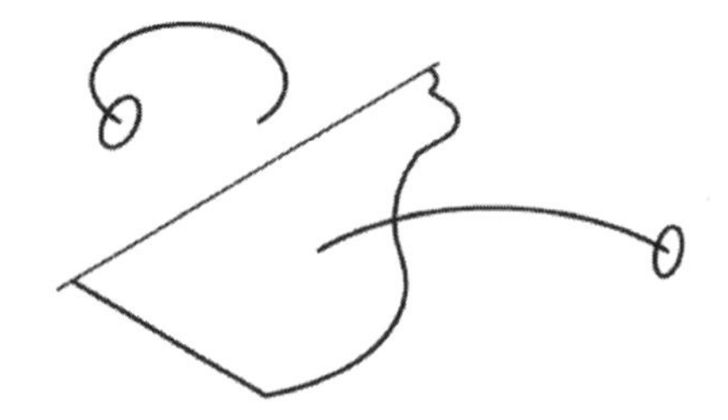

图 2-33　绘制一个椭圆

7）设置新的绘图平面。在状态栏的“绘图平面”列表框中选择“前检视（前视图）”。

8）在前视图构图面下绘制一个椭圆。在功能区“线框”选项卡的“形状”面板中单击“椭圆”按钮，系统弹出“Ellipse”（椭圆）对话框，接着在绘图区选择基准点位置，如图 2-34 所示。在“Ellipse”（椭圆）对话框中设置椭圆的参数如图 2-35 所示，然后在“Ellipse”（椭圆）对话框中单击“确定”按钮。

9）设置相关属性等。在功能区“首页”选项卡的“属性”面板及“规划”面板中进行图 2-36 所示的设置。

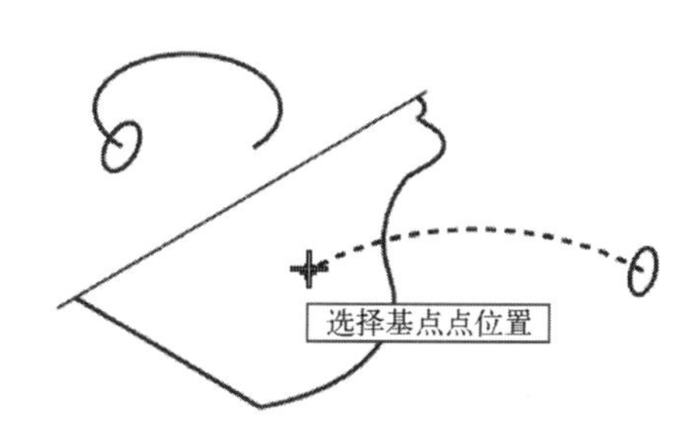

图 2-34 选取基准点位置

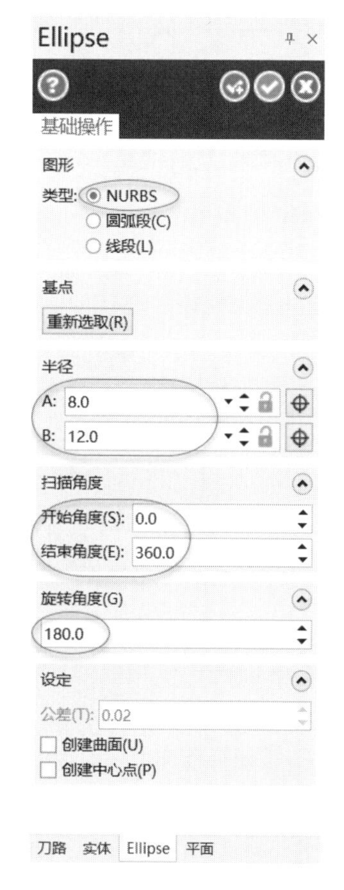

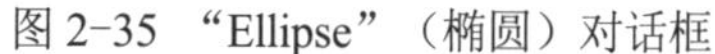

图 2-35 “Ellipse”（椭圆）对话框

属性状态栏中进行图 2-36 所示的设置，注意设置当前图层为 2。另外，可以在状态栏的“绘图平面”列表框中选择“俯视图”选项来调整绘图平面。

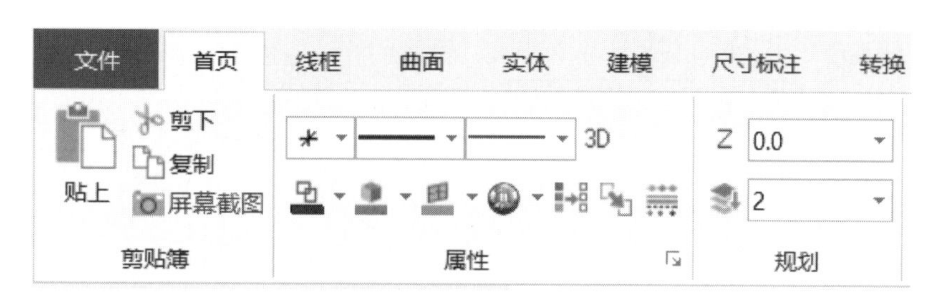

图 2-36 设置相关属性等

10）创建旋转曲面。在功能区中切换至“曲面”选项卡，从“建立”面板中单击“旋转曲面”按钮，系统弹出“串连选项”对话框，选择“串连”按钮，选择图 2-37 所示的轮廓曲线，然后单击“串连选项”对话框中的“确定”按钮。

选择旋转轴，如图 2-38 所示，然后在“旋转曲面”对话框中单击“确定”按钮。

在状态栏中单击“图形着色”按钮，可以看到完成创建的旋转曲面如图 2-39a 所示。如果单击“线框”按钮，则可以看到此曲面的线框显示效果如图 2-39b 所示。

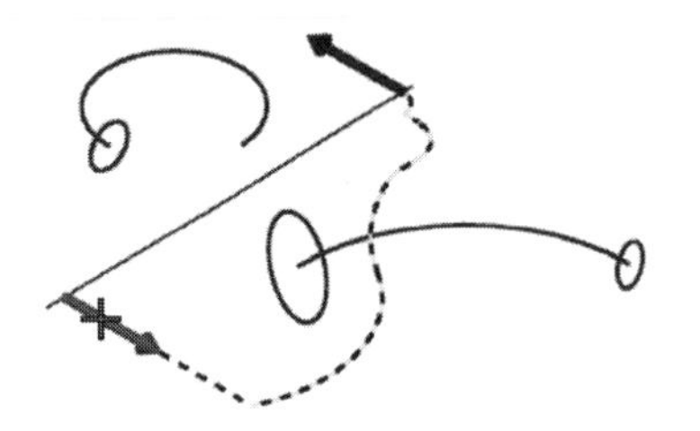

图 2-37 选择轮廓曲线

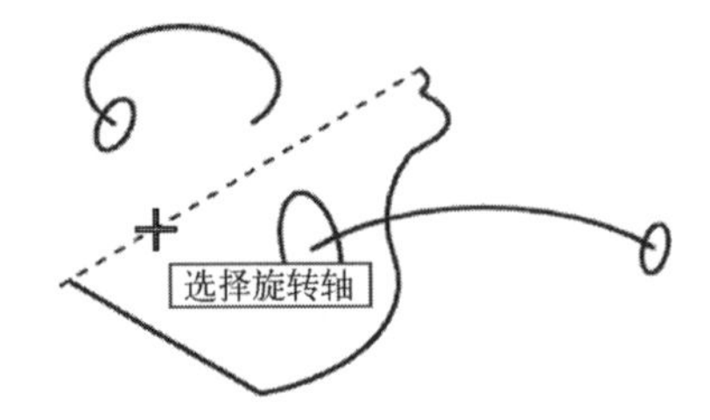

图 2-38 选择旋转轴

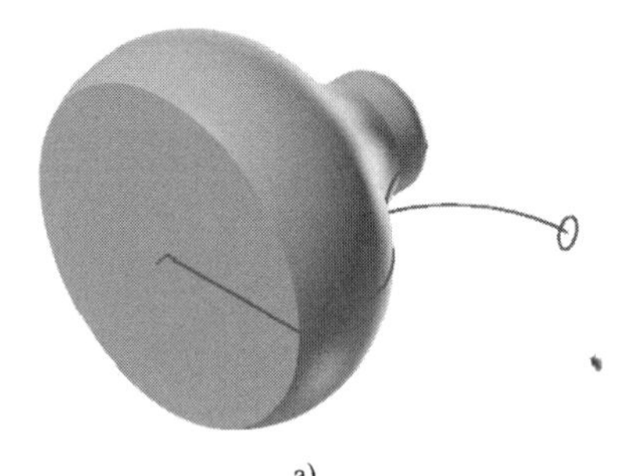

a) b)

图 2-39 创建旋转曲面

a) 着色显示 b) 线框显示

11）创建扫描曲面 1。在功能区“曲面”选项卡的“建立”面板中单击“扫描曲面”按钮，系统弹出“串连选项”对话框。在该对话框中选择“串连”按钮，并在“扫描曲面”对话框中选择“旋转”单选按钮，选择图 2-40 所示的圆作为扫描截面外形，单击“串连选项”对话框中的“确定”按钮。接着选择图 2-41 所示的圆弧作为扫描曲面的扫描引导方向外形（扫描轨迹），单击“串连选项”对话框中的“确定”按钮。

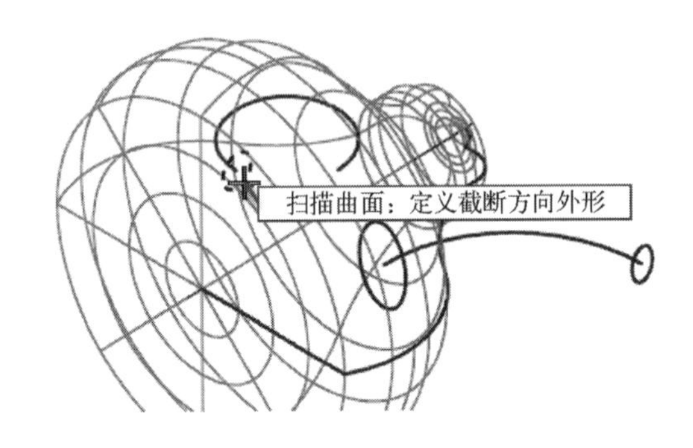

图 2-40 选择扫描截面外形

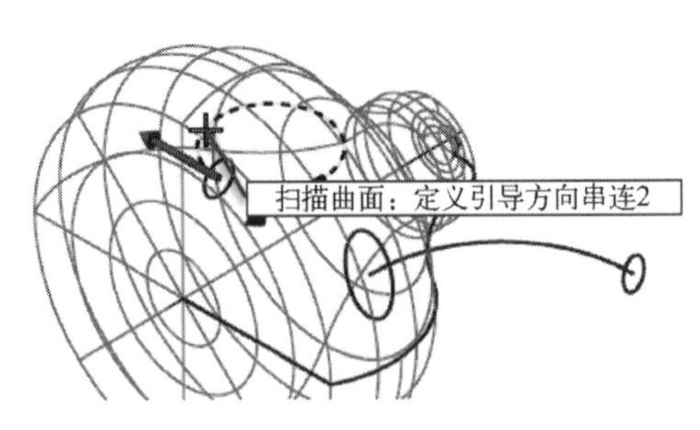

图 2-41 选择引导方向外形

在“扫描曲面”对话框中单击“确定”按钮，创建的扫描曲面 1 如图 2-42 所示。用户可以通过按鼠标中键并移动鼠标来动态调整模型视角。

12）创建扫描曲面 2。在功能区“曲面”选项卡的“建立”面板中单击“扫描曲面”按钮，系统弹出“串连选项”对话框和“扫描曲面”对话框。在“串连选项”对话框中选择“串连”按钮，选择图 2-43 所示的扫描截面外形 1 和扫描截面外形 2，**务必注意两个截面外形的串连方向相一致**。然后单击“串连选项”对话框中的“确定”按钮。

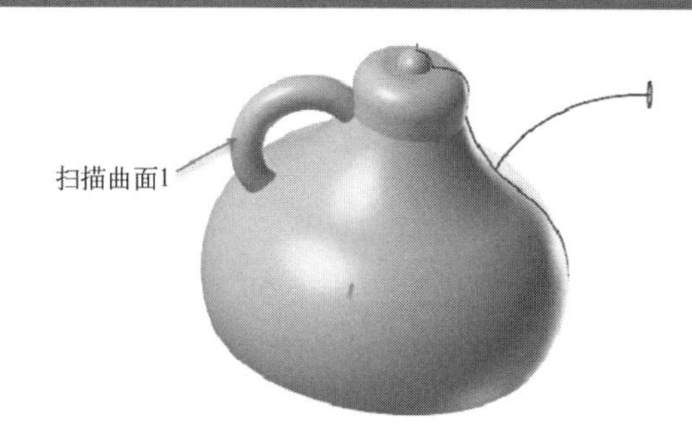

图 2-42 扫描曲面 1

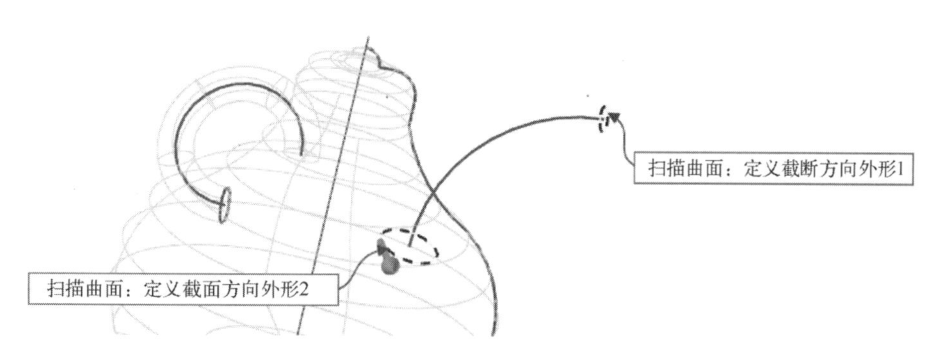

图 2-43 选择两个扫描截面外形

选择图 2-44 所示的圆弧作为引导方向外形（扫描轨迹路径），单击“确定”按钮。

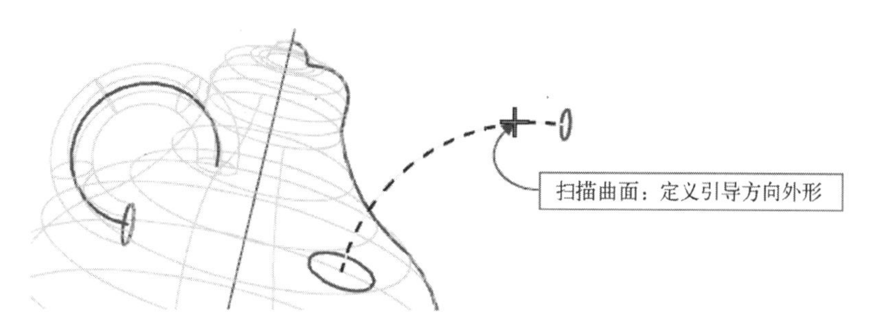

图 2-44 选择引导方向外形

在“扫描曲面”对话框中单击“确定”按钮，创建的扫描曲面 2 如图 2-45 所示。

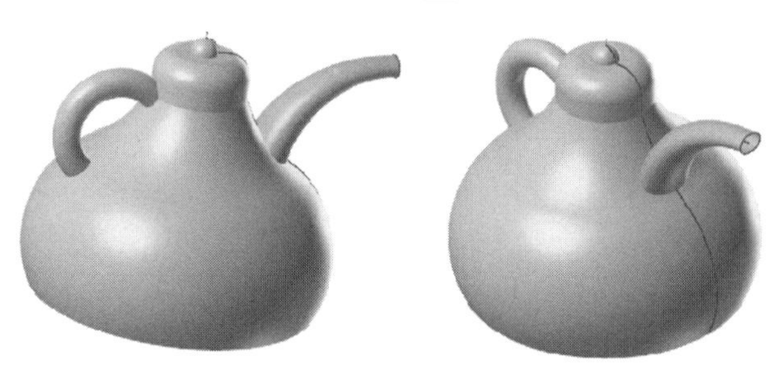

图 2-45 创建扫描曲面 2

13）隐藏层别 1 上的图素。在图形窗口左侧窗格底部单击“层别”选项标签，打开“层别”对话框，在该对话框中通过单击层别 1 对应的“高亮”单元格来设置不显示层别 1 的图素。

14）修剪曲面。在功能区“曲面”选项卡的“修剪”面板中单击“修剪至曲面”按钮，打开“修剪到曲面”对话框。此时系统出现“选择第一个曲面或按〈Esc〉键退出”的提示信息，选择图 2-46a 所示的扫描曲面作为第一组曲面，按〈Enter〉键确定；接着系统出现“选择第二个曲面或〈Esc〉键退出”的提示信息，选择图 2-46b 所示的 4 处曲面片，按〈Enter〉键确定。

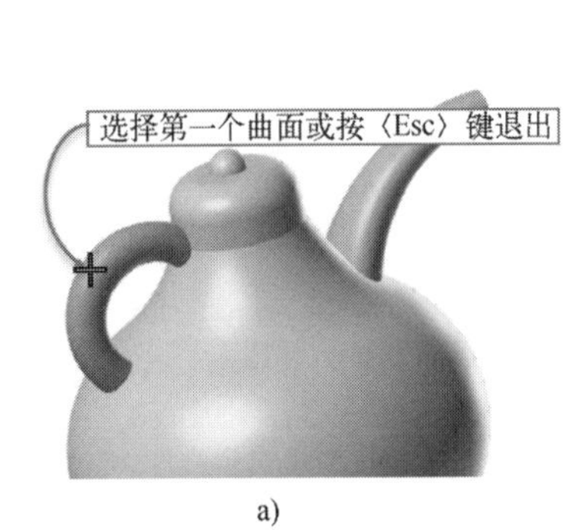

a)

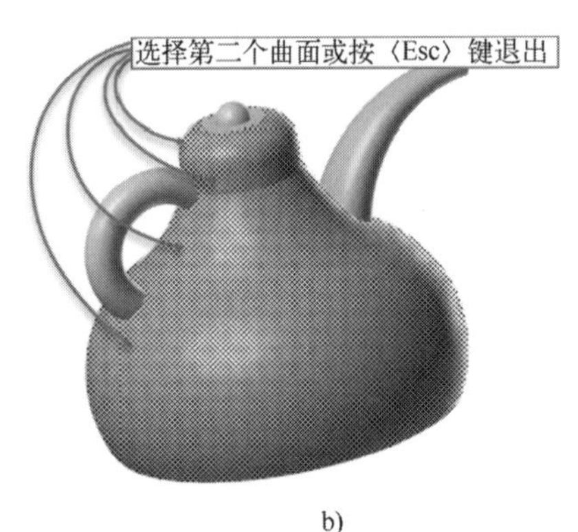

b)

图 2-46　选择两组曲面

a) 选择第一组曲面　b) 选择第二组曲面

在“修剪到曲面”对话框中设置图 2-47 所示的选项。

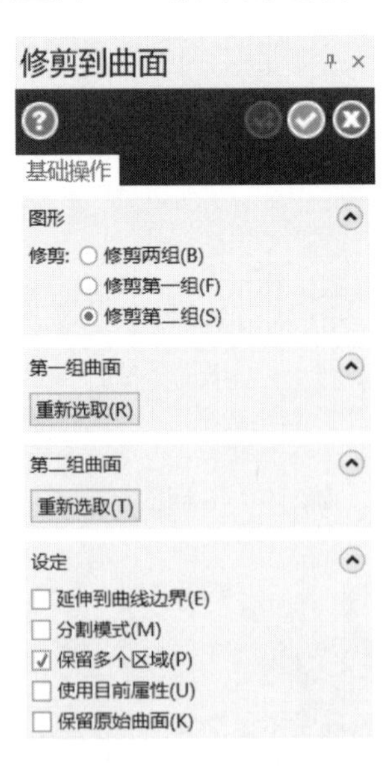

图 2-47　“修剪到曲面”对话框

在第一组曲面中单击图 2-48 所示的部位，接着通过鼠标来调整曲面修剪后要保留的位置（曲面上显示的箭头指示保留位置），如图 2-49 所示。

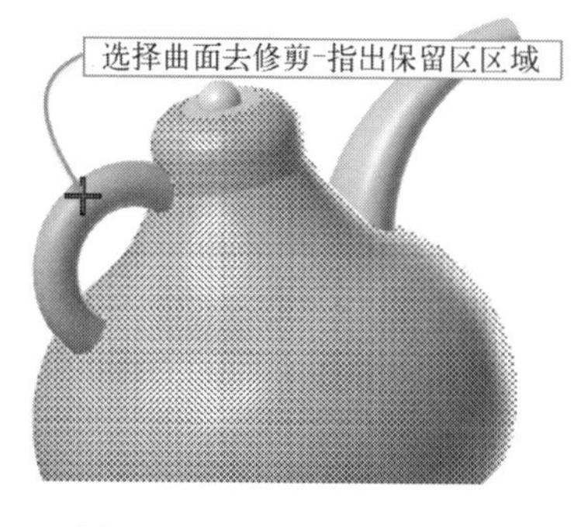

图 2-48 选取曲面去修剪 1

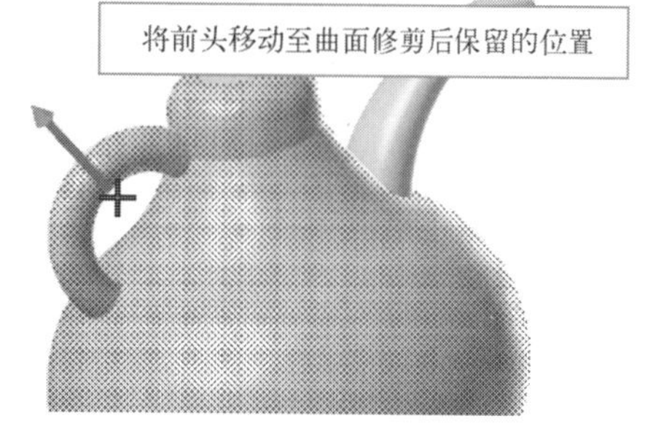

图 2-49 调整曲面修剪后保留的位置 1

在第二组曲面中单击图 2-50 所示的曲面部位，接着通过鼠标来调整曲面修剪后要保留的位置，如图 2-51 所示。

图 2-50 选取曲面去修剪 2

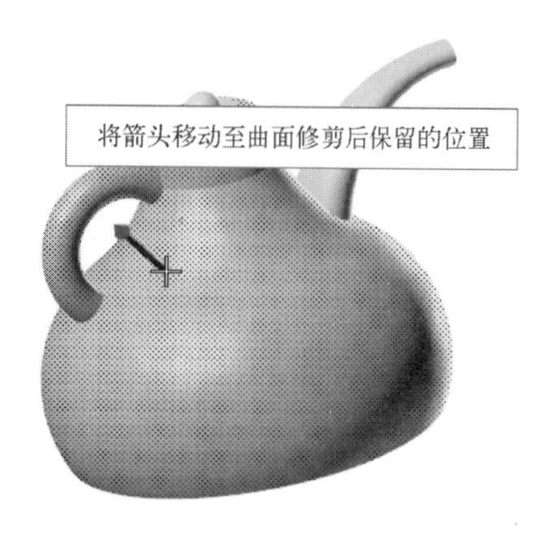

图 2-51 调整曲面修剪后要保留的位置 2

在“修剪到曲面”对话框中单击“确定并创建新操作”按钮，修剪结果如图 2-52 所示（线架显示）。

使用同样的方法再选择两组要修剪的曲面，并分别指出保留区域等，最后的修剪结果如图 2-53 所示。

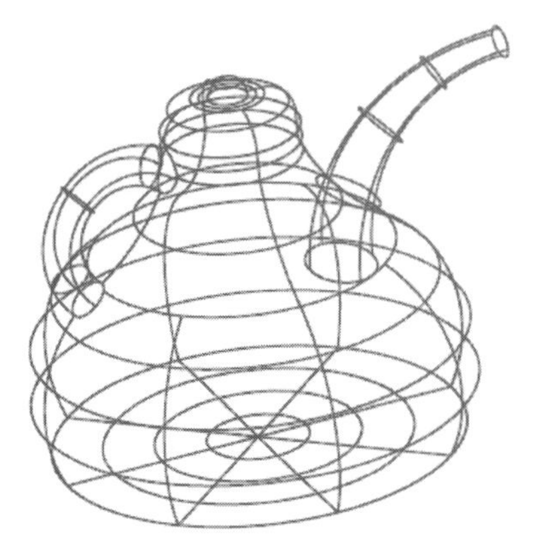

图 2-52 曲面与曲面修剪

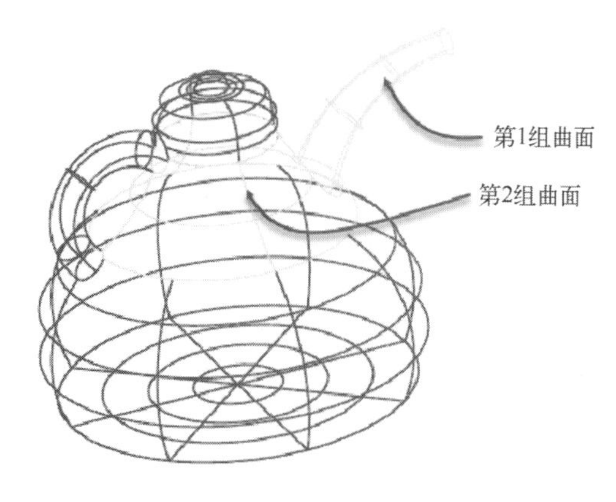

图 2-53 最后的修剪结果

15）曲面圆角。在功能区“曲面”选项卡的“修剪”面板中单击“曲面与曲面倒圆角”按钮，选择第一个曲面，按〈Enter〉键确定，接着选择第二个曲面，如图 2-54 所示，按〈Enter〉键确定。

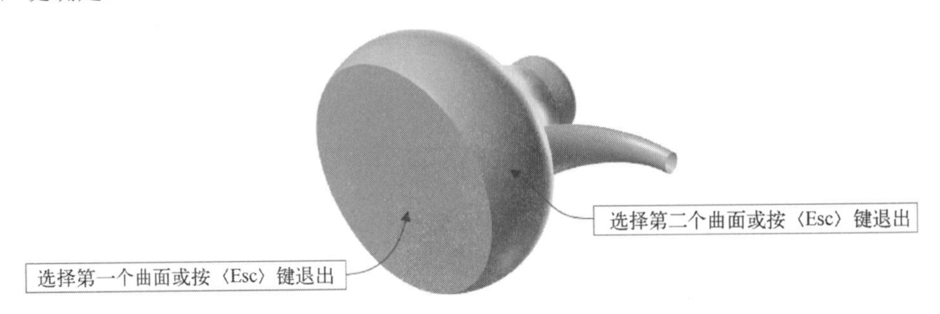

图 2-54 选择要圆角的两组曲面

在“曲面与曲面倒圆角”对话框中设置圆角半径为 15，并在“设定”选项组中勾选“Trim surfaces”（曲面修剪）复选框，以及选择“删除”单选按钮和“修剪两组”单选按钮，如图 2-55 所示。如果在“基础操作”选项卡的“Normals”选项组中单击“Modify”（法向切换）按钮，则系统会弹出图 2-56 所示的提示信息，并在所选曲面中显示其法向。

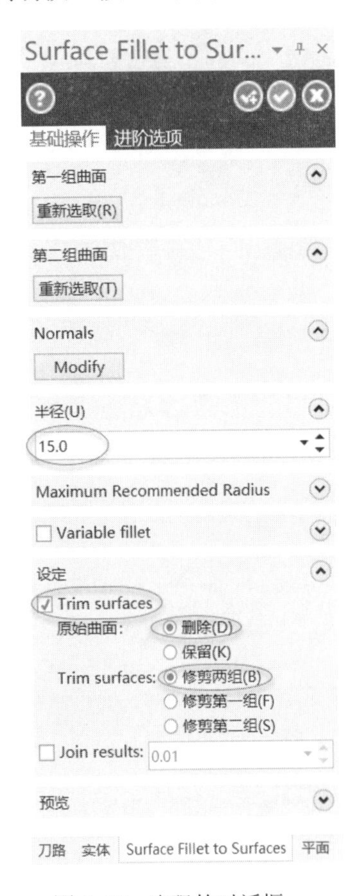

图 2-55 出现的对话框

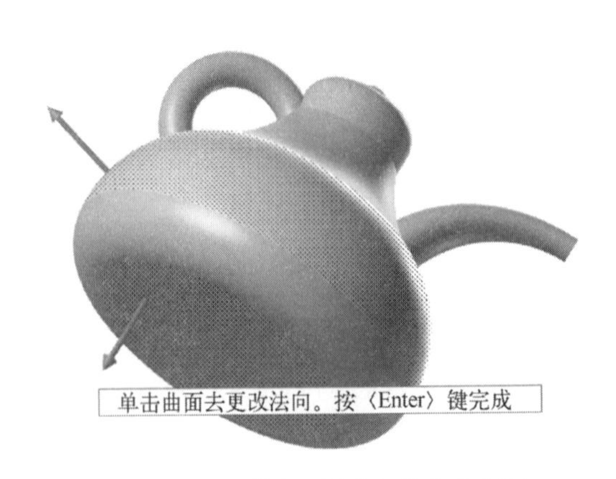

图 2-56 单击“法向切换”按钮后

分别单击曲面以改变其法向，结果如图 2-57 所示，按〈Enter〉键确定。在“曲面与曲面倒圆角”对话框中单击“确定”按钮，完成效果如图 2-58 所示。

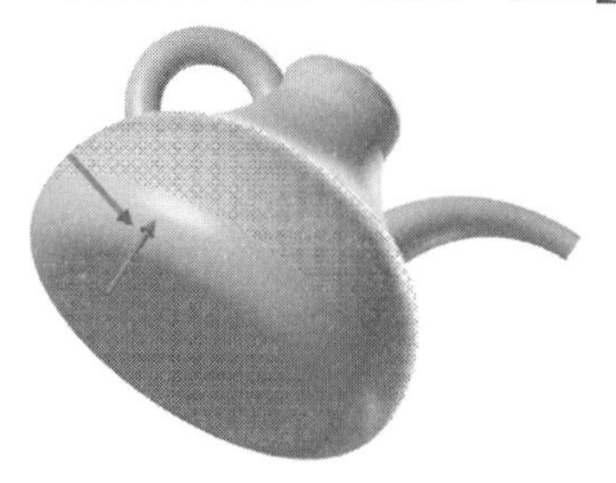

图 2-57 更改曲面法向

图 2-58 圆角效果

16）保存文件。

2.3 绘制复杂曲面实例

本节将介绍几个复杂曲面的绘制实例，包括叶片曲面、玩具车轮曲面、纯净水瓶子整体曲面和烟灰缸曲面造型。

2.3.1 绘制叶片曲面

扫码观看视频

本范例介绍叶片曲面模型的绘制过程，要完成的叶片曲面模型如图 2-59 所示。在该范例中主要应用到旋转曲面、牵引曲面、曲面交线和围篱曲面等功能。

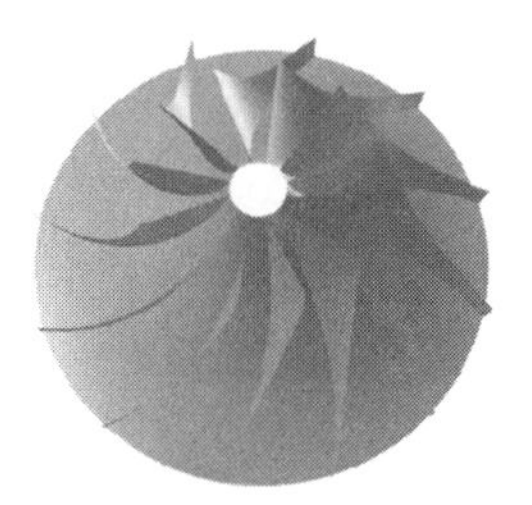

图 2-59 绘制叶片曲面

1）新建一个图形文件。在“快速访问”工具栏中单击“新建”按钮，从而新建一个 Mastercam 文件。

2）相关属性状态设置。在功能区“首页”选项卡的“规划”面板中，设置当前图层（层别）为 1，构图深度 Z 为 0；在“属性”面板中，将线框颜色设置为红色，线型为实线，线宽自定；在状态栏的“绘图平面”列表框中选择“前检视（前视图）”选项，如图 2-60 所示。

3）绘制旋转截面和旋转轴。在功能区“线框”选项卡的“线”面板中单击“任意线”按钮，输入第一点坐标为（X0,Y0），第二点坐标为（X0,Y80），单击“确定”按钮。

在功能区“线框”选项卡的“圆弧”面板中单击“两点画弧”按钮，打开“两点画弧”对话框，指定第一点坐标为（X10,Y80），第二点坐标为（X80,Y0），设置圆弧半径为 120，在绘图区选择图 2-61 所示的圆弧作为所需圆弧，然后在“两点画弧”对话框中单击“确定”按钮。

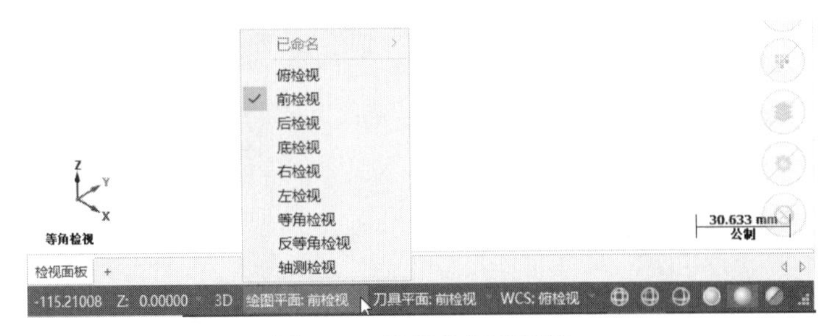

图 2-60　设置绘图平面等

完成的旋转截面和旋转轴如图 2-62 所示。

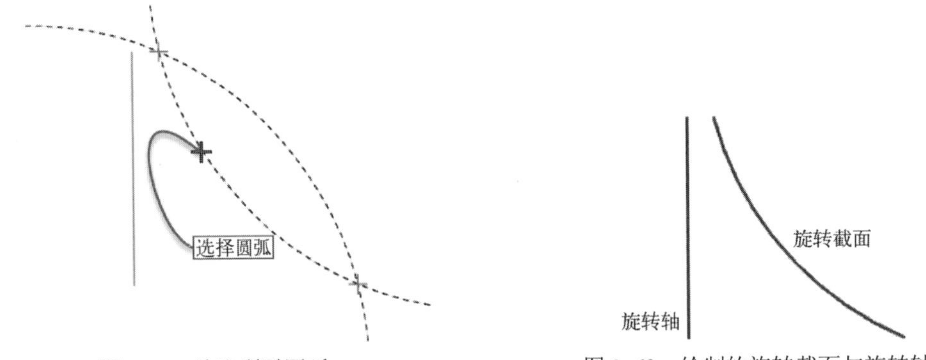

图 2-61　选取所需圆弧　　图 2-62　绘制的旋转截面与旋转轴

4）创建旋转曲面。在功能区中切换回“首页”选项卡，在“规划”面板的“层别”框中输入“2”以设置新图层。

在“属性”面板的“曲面颜色”下拉列表框中将曲面颜色设置为 3 号颜色或自定义颜色。

在功能区中切换至“曲面”选项卡，从“建立”面板中单击“旋转曲面”按钮，系统弹出“串连选项”对话框。选择“串连”按钮，选择图 2-63 所示的圆弧作为轮廓曲线，按〈Enter〉键确定，接着选择竖直直线作为旋转轴，起始角度设置为 0，终止角度设置为 360，在“旋转曲面”对话框中单击“确定”按钮。创建好的旋转曲面如图 2-64 所示（以等视图显示的效果）。

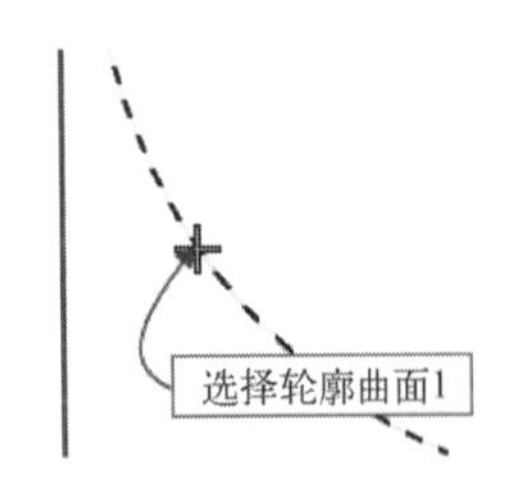

图 2-63　选取轮廓曲线

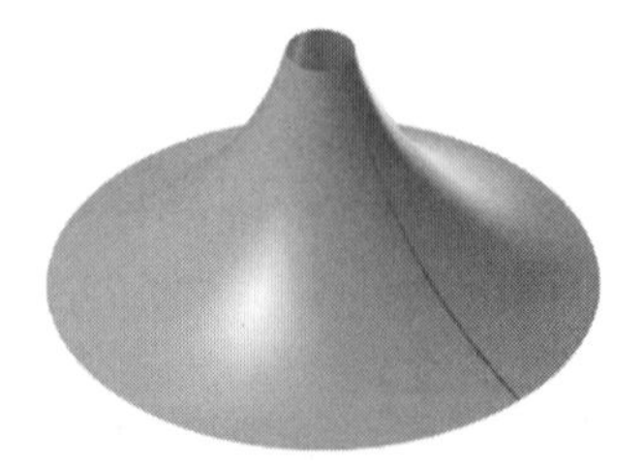

图 2-64　旋转曲面

5）绘制一条用于创建牵引曲面的辅助线。在功能区“首页”选项卡的“规划”面板的“层别”框中输入“3”，将层别 3 设置为新当前图层。线框颜色保持为红色（颜色代号为 12）。

在功能区“检视”选项卡的“图形检视”面板中单击“俯视图（俯检视）”按钮，从而将视角设置为俯视图，绘图平面也为俯视图。默认的构图深度 Z 为 0。图形检视的设置也可以在状态栏中进行。

在功能区“线框”选项卡的“圆弧”面板中单击“极坐标画弧”按钮，利用“输入坐标点”按钮的坐标输入功能输入圆心坐标为（X80,Y0），在“极坐标画弧”对话框中设置半径为 80，开始角度为 90，结束角度为 180，如图 2-65 所示。

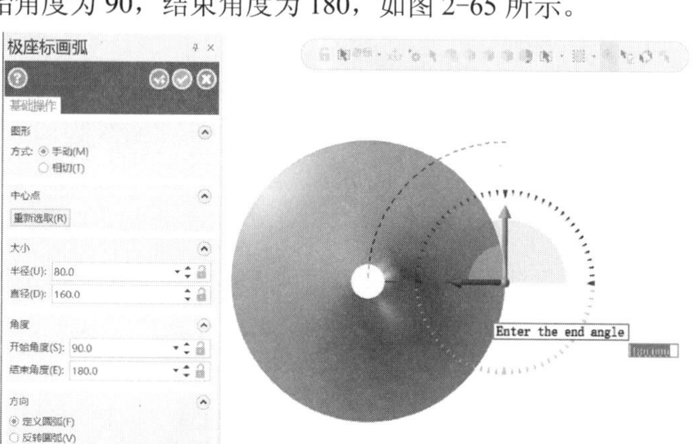

图 2-65 “极坐标画弧”对话框

在“极坐标画弧”对话框中单击“确定”按钮，绘制的圆弧如图 2-66 所示。

6）构建牵引曲面。在功能区“曲面”选项卡的“建立”面板中单击“拔模（牵引曲面）”按钮，系统弹出“牵引曲面”对话框和“串连选项”对话框，采用默认的串连方式，选择上步骤所绘制的圆弧，单击“串连选项”对话框中的“确定”按钮。

在“牵引曲面”对话框中设置图 2-67 所示的选项及参数，然后单击“确定”按钮。创建的牵引曲面如图 2-68 所示（以等视图显示）。

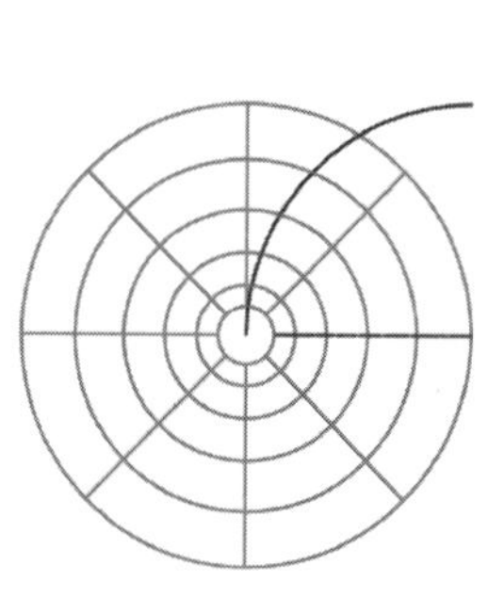

图 2-66 绘制圆弧

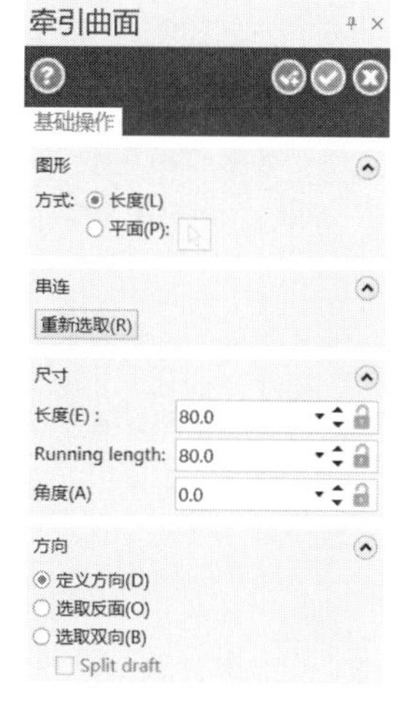

图 2-67 “牵引曲面”对话框

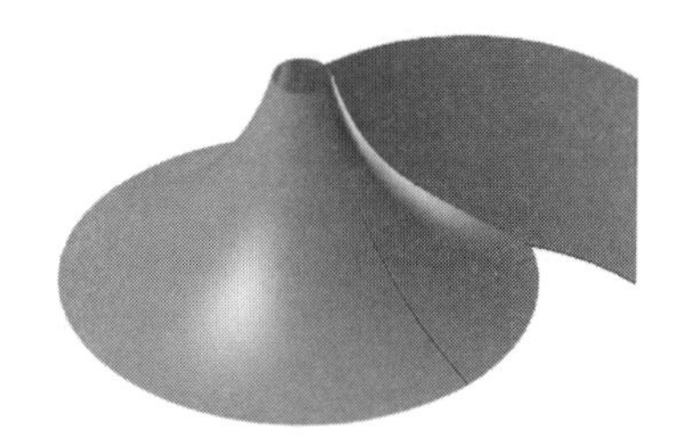

图 2-68 创建牵引曲面

7）创建曲面交线。先将当前层别设置为 4，接着在功能区“线框”选项卡的“曲线”面板中单击“曲面交线”按钮，弹出“曲面交线”对话框，选择旋转曲面，按〈Enter〉键确定，接着选择牵引曲面（举升曲面），按〈Enter〉键确定，注意在“曲面交线”对话框中设置图2-69所示的选项及参数。

在“曲面交线”对话框中单击“确定”按钮，创建的曲面交线如图2-70所示。

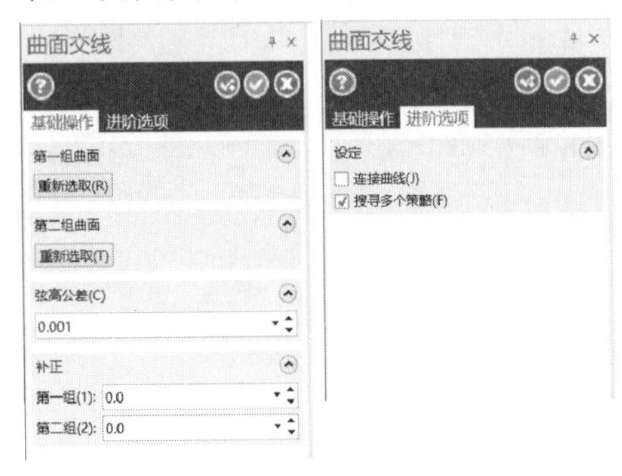

图2-69 “曲面交线”对话框

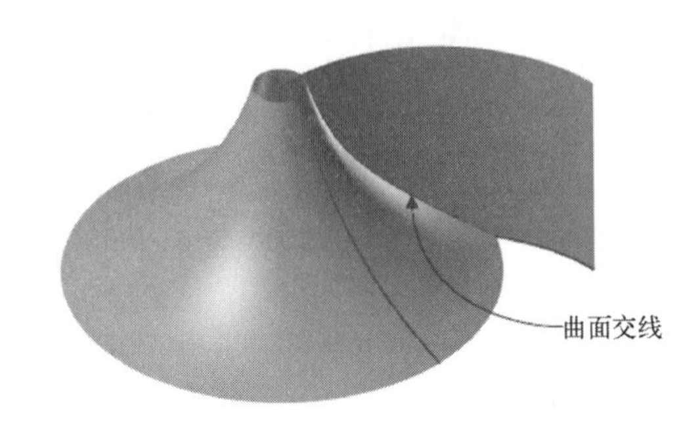

图2-70 创建的曲面交线

8）隐藏相关图层中的图素。可以通过“层别”对话框来设置隐藏层别1和层别3中的图素。这里介绍另外一种方法，如下。

在功能区“首页”选项卡的“显示”面板中单击“隐藏”按钮，接着在图形窗口右侧单击“按层别选取所有图形”按钮，如图2-71所示，弹出“选择所有——单一选择”对话框，在确保勾选“层别”复选框的情况下，从图层列表中选中层别1和层别3，如图2-72

图2-71 单击“按层别选取所有图形”按钮

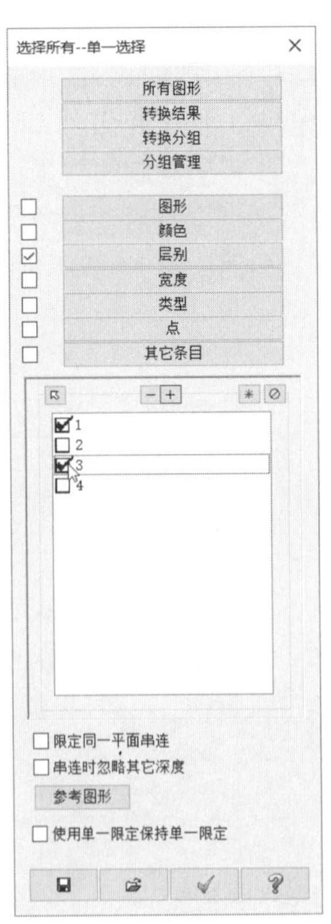

图2-72 “选择所有——单一选择”对话框

所示，单击“确定”按钮，然后单击“结束选取”按钮，从而设置图层 1 和图层 3 为不可见。另外，在功能区“首页”选项卡的“规划”面板的“层别”框中输入“5”，以设置图层 5 作为当前图层。

技巧点拨： 使用“隐藏”按钮，还可以通过相应的选择工具选择所需的图素来进行隐藏操作，例如只隐藏某层别（图层）上的部分图素。

9）构建单个叶片。在功能区“曲面”选项卡的“建立”面板中单击“围篱曲面”按钮，选择旋转曲面，接着选择曲面交线，如图 2-73 所示，按〈Enter〉确认。

在“围篱曲面”对话框中设置图 2-74 所示的选项参数，然后单击“确定”按钮。

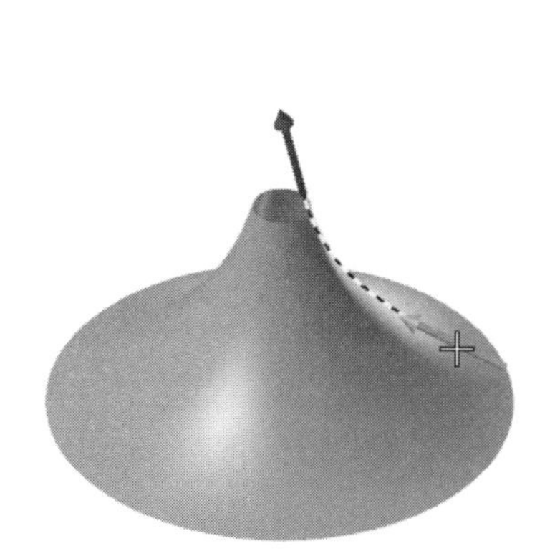

图 2-73　选择曲面交线

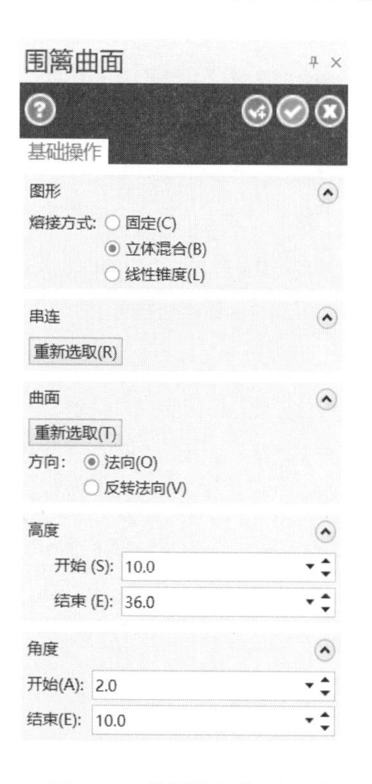

图 2-74　设置围篱曲面参数

10）设置曲面交线不可见。在功能区“首页”选项卡的“显示”面板中单击“隐藏”按钮，接着在图形窗口右侧单击“按层别选取所有图形”按钮，弹出“选择所有——单一选择”对话框，从图层列表中选中层别 4，单击“确定”按钮，然后单击“结束选取”按钮，从而设置图层 4 为不可见。

11）以旋转的方式复制出其他叶片。在功能区中切换至“转换”选项卡，从“位置”面板中单击“旋转”按钮，选择第一个叶片，按〈Enter〉键确认。在“旋转”对话框中设置图 2-75a 所示的选项及参数，注意确保旋转轴线是所需的。在“旋转”对话框中单击“确定”按钮，完成旋转复制后的叶片效果如图 2-75b 所示。注意绘图平面为俯视图。

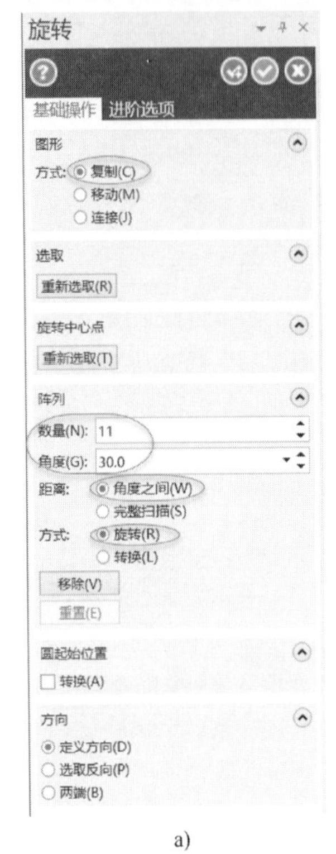

a)

b)

图 2-75　旋转复制以完成所有叶片曲面

a)“旋转”对话框　b) 叶片曲面

12）保存文件。在功能区中切换至“首页”选项卡，从“属性”面板中单击“清除颜色”按钮，再在“快速访问”工具栏中单击“保存”按钮，在系统弹出的“另存为”对话框中选择要保存的位置，指定文件名为“绘制叶片曲面模型”，其保存类型为“Mastercam 文件.mcam”，然后单击“保存”按钮。

2.3.2 绘制玩具车轮曲面

扫码观看视频

本范例介绍一种玩具车轮曲面的绘制过程，要完成的玩具车轮曲面如图 2-76 所示。在该范例中主要应用了 Mastercam 曲面造型中的旋转曲面、举升曲面（或挤出曲面）、曲面修剪和旋转复制等功能。

图 2-76　玩具车轮曲面

1）新建一个图形文件。在“快速访问”工具栏中单击“新建”按钮，从而新建一个 Mastercam 文件。

2）相关属性状态设置。在图形窗口左侧窗格单击“层别”标签以打开“层别”对话框。在“编号”文本框中输入“1”，在“名称”文本框中输入“车轮旋转截面外形”，如图 2-77 所示，从而完成该图层设置。

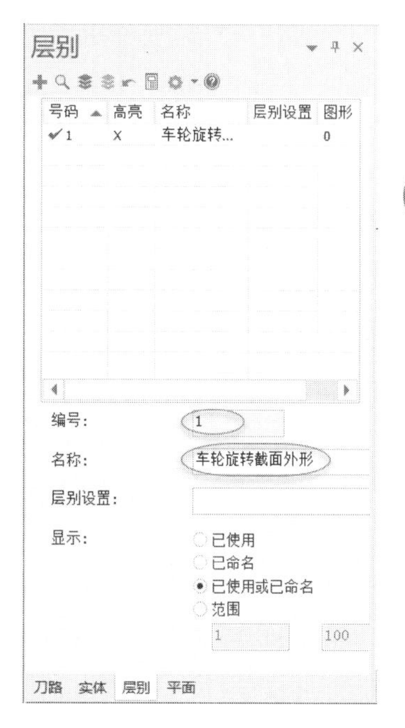

图 2-77 “层别”对话框

利用功能区“首页”选项卡及状态栏将线框颜色设置为红色，绘图平面（构图面）为“前检视（前视图）”，构图深度为 0，线型为实线，线宽为细线形式。此时可以在功能区“检视”选项卡的“图形检视”面板中单击“前视图”按钮（对应快捷键为〈Alt+2〉）。

3）绘制车轮旋转截面的主外形轮廓。在功能区“线框”选项卡的“线”面板中单击“任意线”按钮，打开“任意线”对话框，绘制图 2-78 所示的两条连续线。其中左边倾斜的线段与水平线的最小夹角均为 45°。

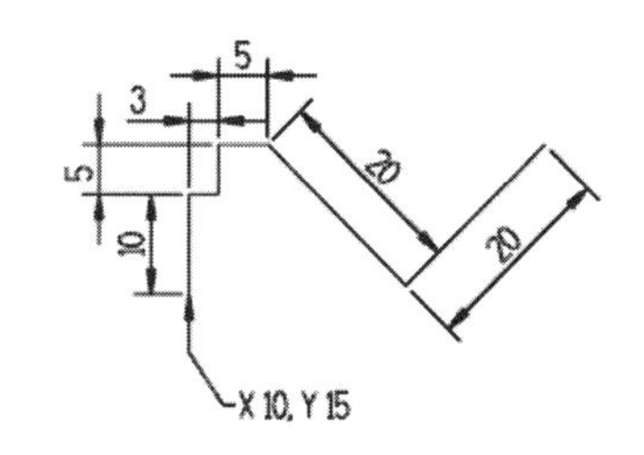

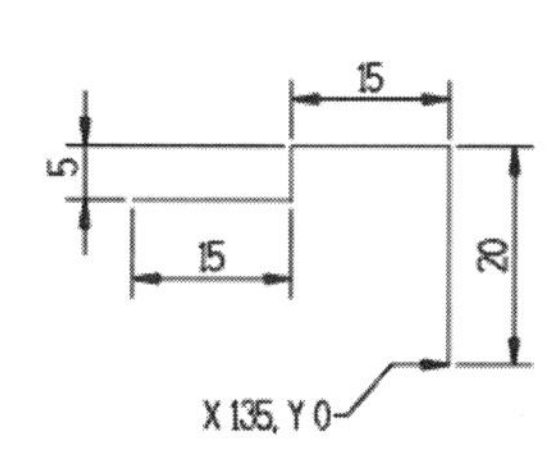

图 2-78 绘制两条连续线

在功能区“线框”选项卡的“圆弧”面板中单击“两点画弧”按钮，打开“两点画弧”对话框，设置圆弧半径为 200，如图 2-79 所示。

图 2-79 “两点画弧”操作栏

使用鼠标选择图 2-80 所示的 P1 和 P2，接着根据系统提示选择要保留的圆弧。

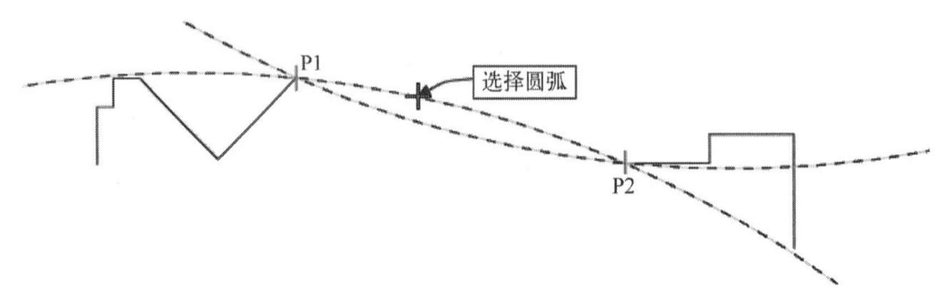

图 2-80 两点画弧

在“两点画弧”对话框中单击“确定”按钮，绘制的圆弧如图 2-81 所示。

图 2-81 绘制圆弧

在功能区“线框”选项卡的“修剪”面板中单击“倒圆角”按钮，在“倒圆角”对话框中输入圆角半径为“8”，勾选“修剪图形”复选框，接着在绘图区依次选择图 2-82 所示的 L1 和 L2、L3 和 L4 进行圆角。

图 2-82 要圆角的边线示意

在“倒圆角”对话框中单击“确定”按钮，圆角的结果如图 2-83 所示。

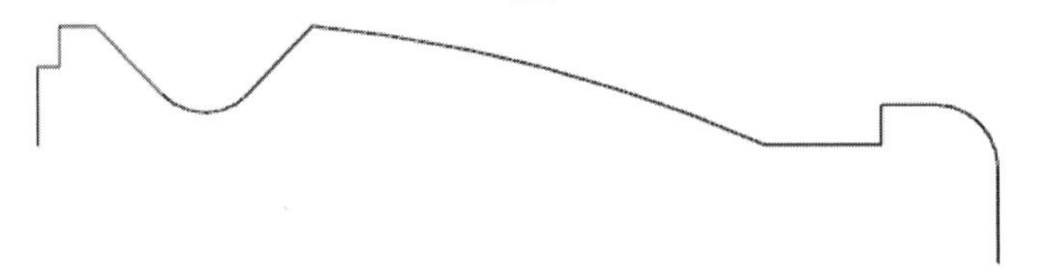

图 2-83 圆角的结果

4）绘制一处细节的外形截面轮廓。在功能区“线框”选项卡的“修剪”面板中单击“单体补正”按钮，打开“单体补正”对话框。在该对话框中选择“复制”单选按钮，设置数量（次数）为 1，补正距离为 8，并在“方向”选项组中选择“选取方向”单选按钮，如图 2-84 所示。

选择图 2-85 所示的圆弧去补正，在该圆弧的圆心一侧单击以指定补正方向。然后在“单体补正”对话框中单击“确定”按钮，创建的补正线如图 2-86 所示。

图 2-84 “单体补正”对话框

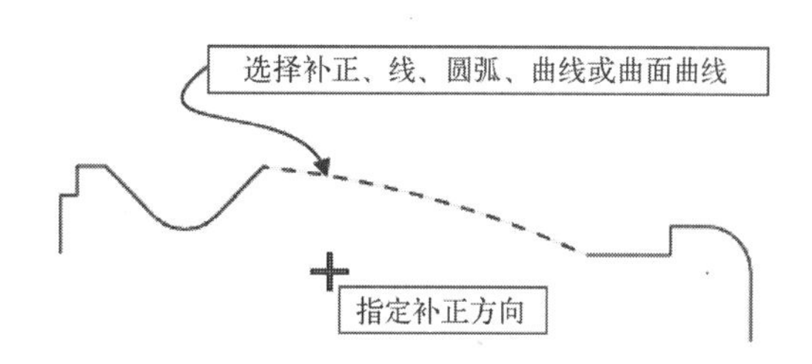

图 2-85 选择对象及指定补正方向

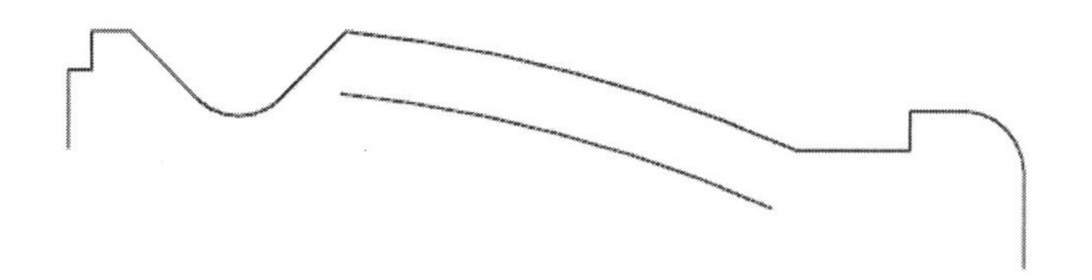

图 2-86 补正结果

5）绘制一根将定义旋转轴的直线。在功能区“线框”选项卡的“线”面板中单击“任意线”按钮。指定第一点的坐标为（X0,Y0），第二点的坐标为（X0,Y30），单击“确定”按钮，绘制的该直线如图 2-87 所示。

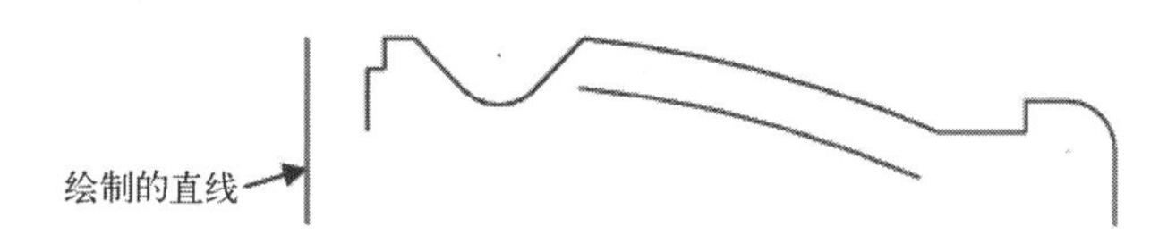

图 2-87 绘制直线

6）构建一处旋转曲面。在图形窗口左侧窗格底部单击“层别”标签以打开“层别”对话框。在“编号”文本框中输入“2”，在“名称”文本框中输入“曲面”，按〈Enter〉键确定。

将曲面颜色设置为 3 号颜色。

在功能区“曲面”选项卡的“建立”面板中单击“旋转曲面”按钮，系统弹出“串连选项”对话框和“旋转曲面”对话框。在“串连选项”对话框中选择“串连”按钮，选择图 2-88 所示的串连轮廓，按〈Enter〉键确定，接着选择单独的竖直直线作为旋转轴，将起始角度设置为 0，终止角度设置为 45，在“旋转曲面”对话框中单击“确定”按钮。创建好的该旋转曲面如图 2-89 所示（以等角视图显示的效果）。

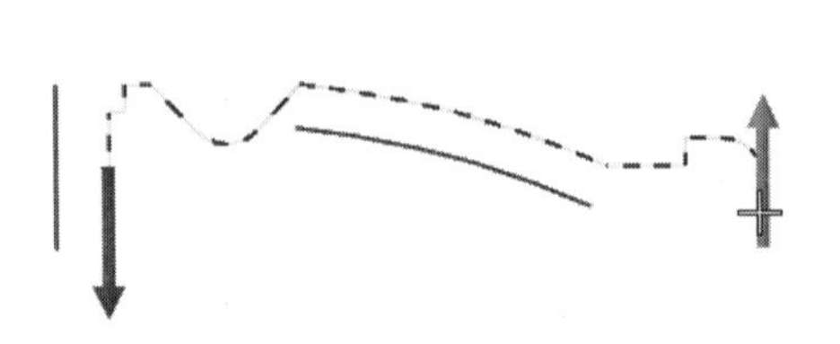

图 2-88 选择串连轮廓曲线

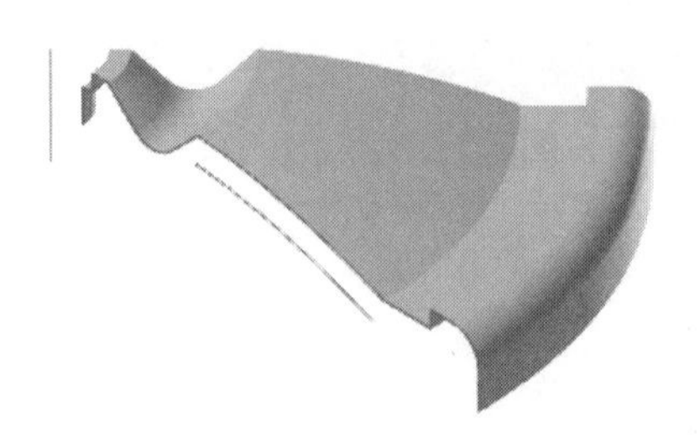

图 2-89 创建一处旋转曲面

7）创建另一处旋转曲面。在功能区“曲面”选项卡的“建立”面板中单击“旋转曲面”按钮，系统弹出“串连选项”对话框和“旋转曲面”对话框。在“串连选项”对话框中选择“串连”按钮，在提示下选择图 2-90 所示的圆弧作为轮廓曲线 1，按〈Enter〉键确定，接着选择竖直直线作为旋转轴，起始角度设置为 0，终止角度设置为 45，在“旋转曲面”对话框中单击“确定”按钮。创建好该旋转曲面的效果如图 2-91 所示。

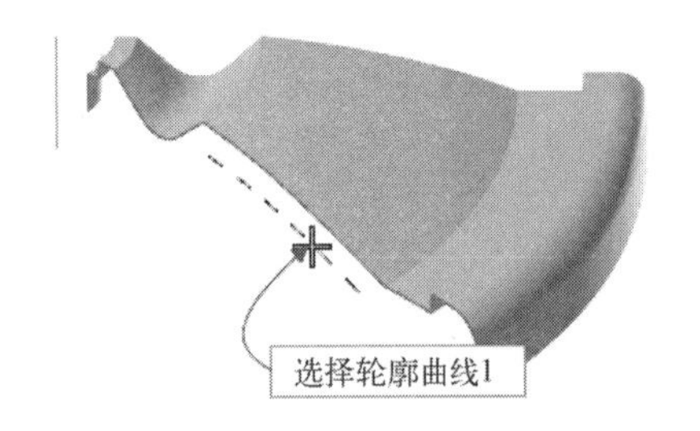

图 2-90 选取轮廓曲线

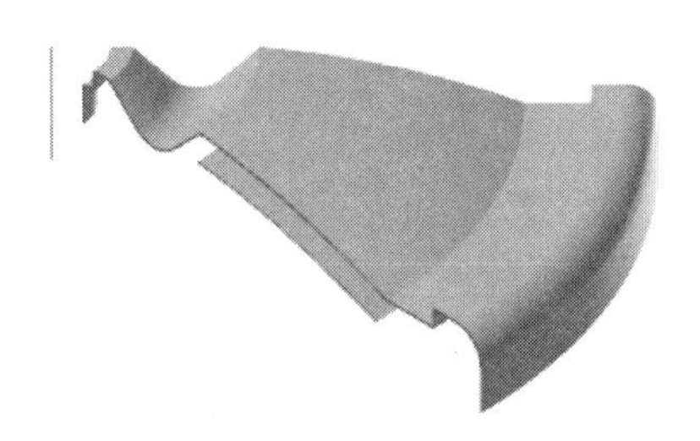

图 2-91 旋转好该处旋转曲面

8）调整视角和绘图平面，并设置相关的层别属性等。在功能区“检视”选项卡的“图形检视”面板中单击“俯视图”按钮（其对应快捷键为〈Alt+1〉），从而将屏幕视角和绘图平面设置为俯视图。将构图深度设置为 0。

在图形窗口左侧窗格底部单击“层别”标签以打开“层别”对话框。在“编号”文本框中输入“3”，在“名称”文本框中输入“辅助线架”。

线框颜色保持设置为红色。

9）绘制两条直线。在功能区“线框”选项卡的“线”面板中单击“任意线”按钮，打开“任意线”对话框。在“抓点”工具栏中单击“输入坐标点”按钮，在出现的文本框中输入“0,0”并按〈Enter〉键确定，接着在“任意线”对话框中设置直线长度为 100，角度为 13°，如图 2-92 所示。

在“任意线”对话框中单击“确定并创建新操作”按钮，创建的该条直线如图 2-93 所示。

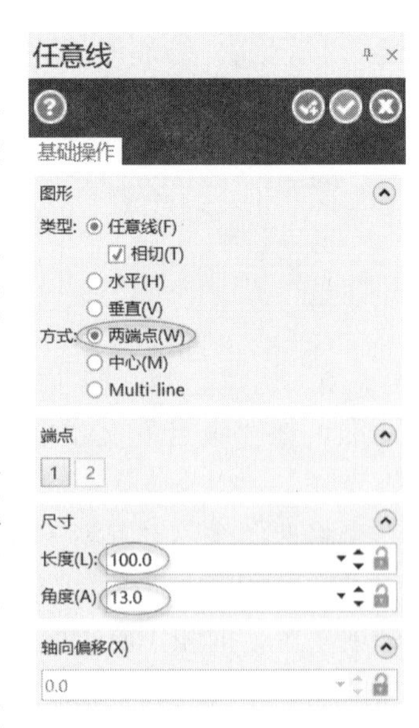

图 2-92 “任意线”对话框

使用同样的方法，绘制另一条直线，如图 2-94 所示。该条直线也是长度为 100，只是其与水平位置的角度为 32°。

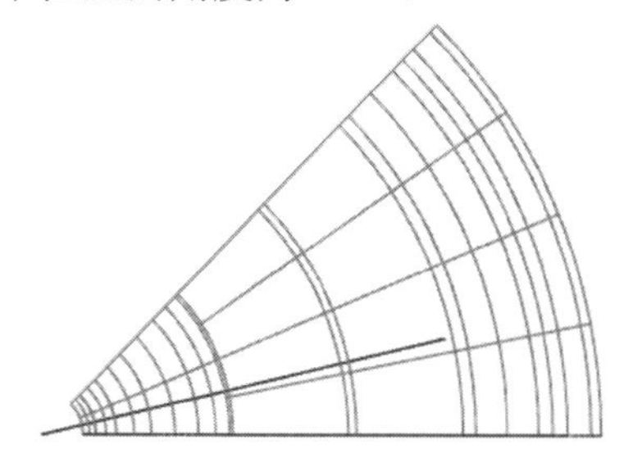

图 2-93 绘制一条直线

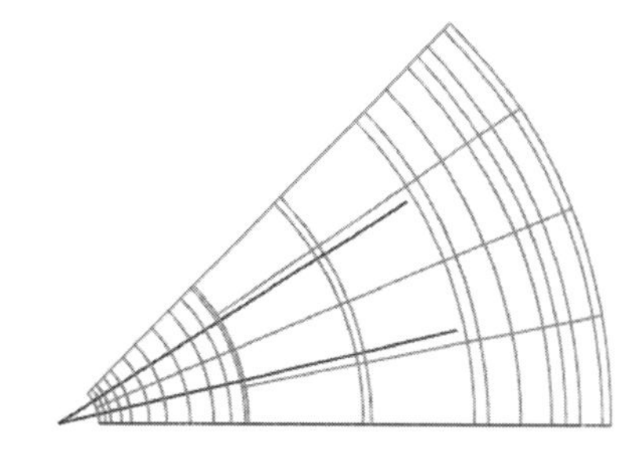

图 2-94 绘制另一条直线

10）绘制极坐标圆弧。在功能区“线框”选项卡的“圆弧”面板中单击“极坐标画弧”按钮，指定第一条极坐标圆弧的圆心位置坐标为（X0,Y0），在“极坐标画弧”对话框中设置圆弧半径 R 为 60，开始角度为 13，结束角度为 32，如图 2-95 所示，然后单击“确定并创建新操作”按钮。

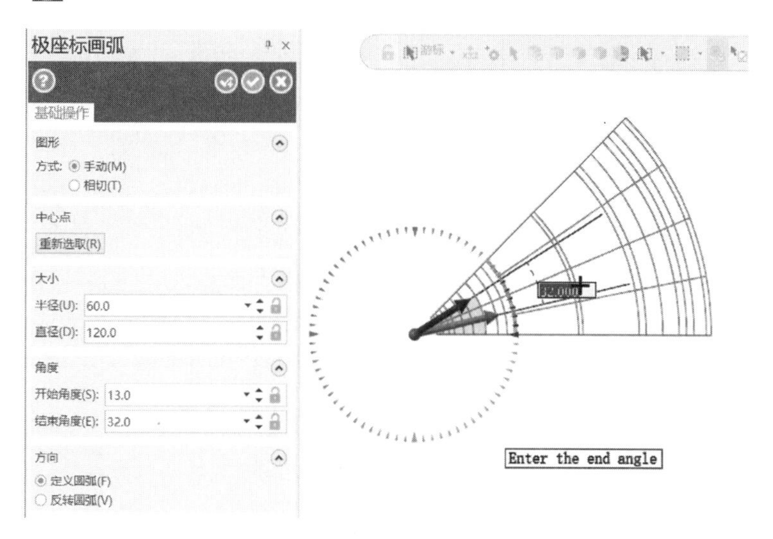

图 2-95 设置极坐标圆弧参数

接着指定第二条极坐标圆弧的圆心位置坐标为（X0,Y0），在“极坐标画弧”对话框中设置圆弧半径 R 为 90，开始角度为 13，结束角度为 32，然后单击“确定”按钮。

完成绘制的两条极坐标圆弧如图 2-96 所示。

11）圆角。在功能区“线框”选项卡的“修剪”面板中单击“倒圆角”按钮，打开“倒圆角”对话框，在该对话框中设置圆角半径为 6，圆角类型为“常规（法向）”，选中“修剪图形”单选按钮，在绘图区分别单击要圆角的图素，最后得到的圆角效果如图 2-97 所示。

12）串连补正。在功能区“线框”选项卡的“修剪”面板中单击“串连补正”按钮（亦可以在功能区“转换”选项卡的“位置”面板中单击此按钮），打开“串连补正”对话框和“串连选项”对话框。在“串连选项”对话框中选中“串连”按钮，选择图 2-98 所示的串连图形，单击“确定”按钮 。注意设置向外侧补正，接着在“串连补正”对话框中设置图 2-99 所示的串连补正参数。然后单击“串连补正”对话框中的“确定”按钮 。

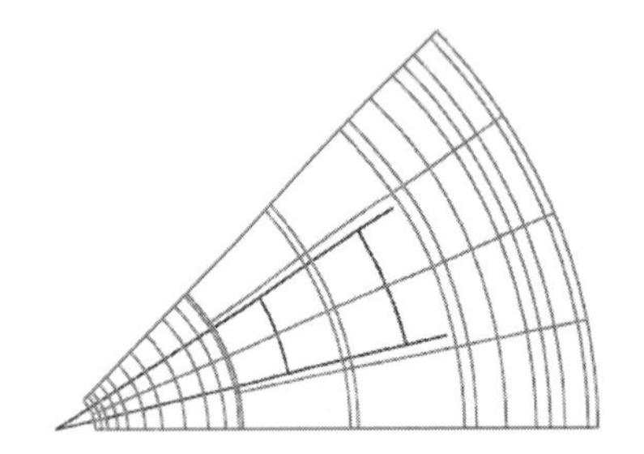

图 2-96 绘制两条极坐标圆弧

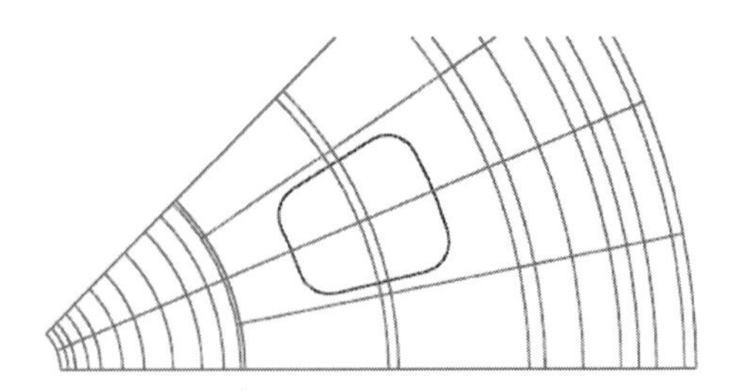

图 2-97 创建 4 个圆角

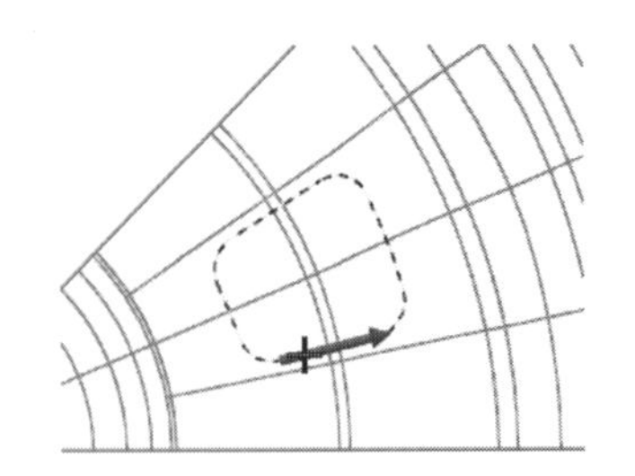

图 2-98 选择串连图形

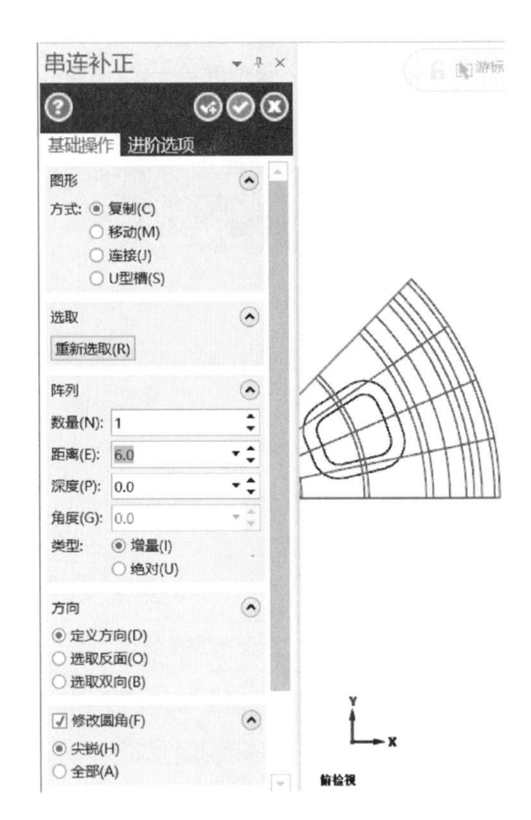

图 2-99 设置串连补正参数

13）平移图素。在功能区“检视”选项卡的“图形检视”面板中单击“等视图”按钮 （其对应快捷键为〈Alt+7〉）。

在功能区“转换”选项卡的“位置”面板中单击“平移”按钮 ，系统提示“平移/阵列：选择要平移/阵列的图形”。在图 2-100 所示的工具栏中选择“串连”按钮 ，接着使用鼠标单击串连补正得到的闭合图形，如图 2-101 所示，按〈Enter〉键确定。

在“平移”对话框中选择“移动”单选按钮，设置数量（次数）为 1，平移 Z 参数值为 30，如图 2-102 所示，然后单击“确定”按钮 。

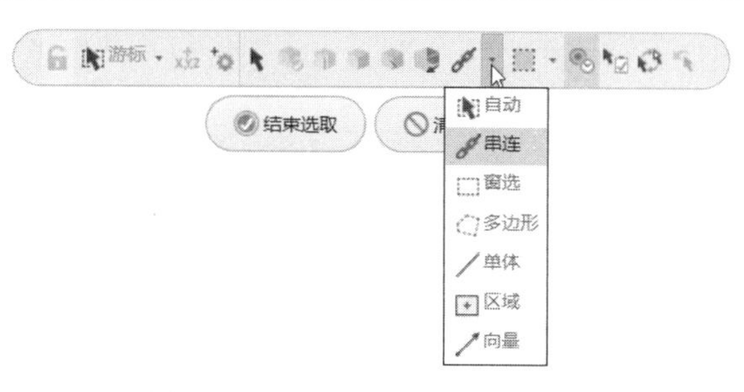

图 2-100 选择“串连”选取方式

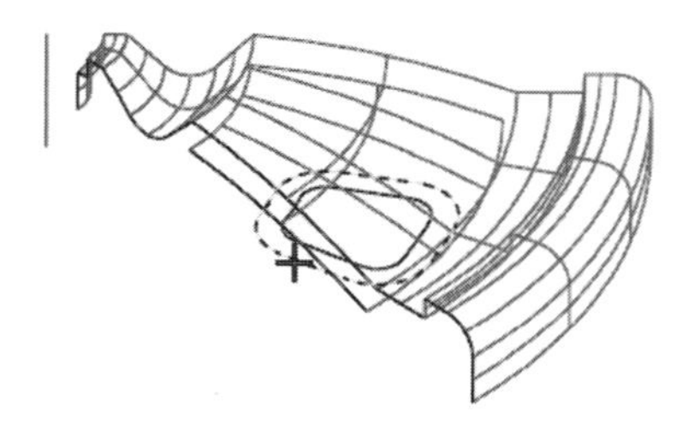

图 2-101 选择要平移的图素

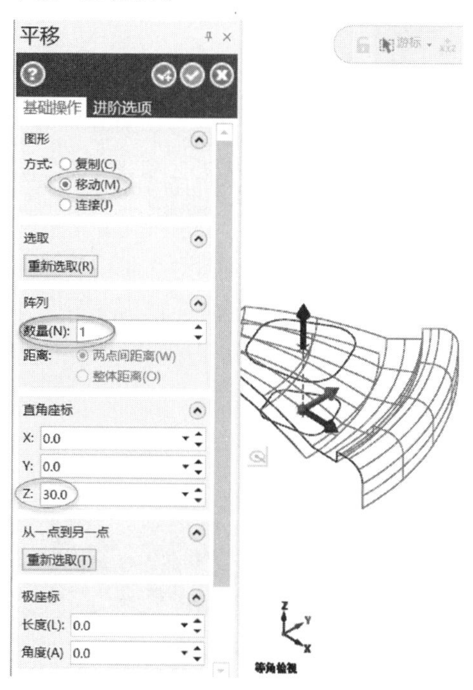

图 2-102 设置平移参数

14）创建举升曲面。单击“层别”标签以打开“层别”对话框。在“层别”对话框的“编号”文本框中输入“4”，在“名称”文本框中输入“曲面”并按〈Enter〉键确定，从而完成该新图层设置。

确保曲面颜色仍然为 3 号颜色。

在功能区中切换至“曲面”选项卡，从“建立”面板中单击“举升”按钮，系统弹出“串连选项”对话框，分别选择图 2-103 所示的串连外形 1 和串连外形 2，注意两串连外形的起始点方向应该一致，然后单击“串连选项”对话框中的“确定”按钮。

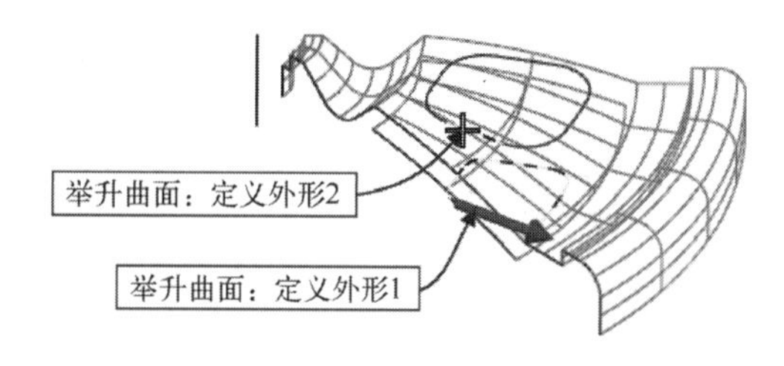

图 2-103 定义串连外形

在“直纹/举升曲面”对话框中选中“举升”单选按钮，然后单击“确定”按钮。创建的举升曲面如图 2-104 所示。

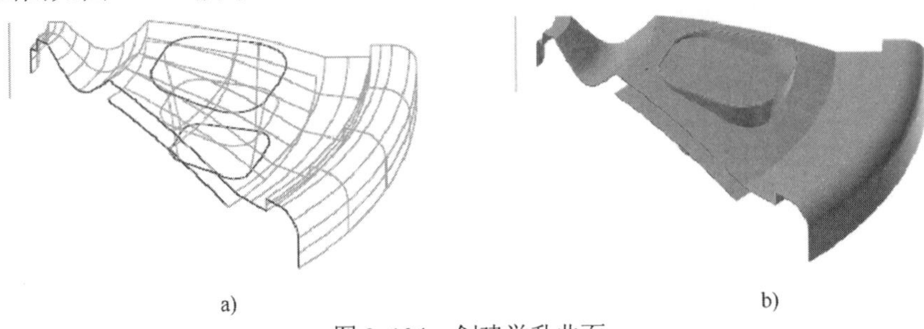

a) b)

图 2-104 创建举升曲面

a) 线架显示 b) 图形着色显示

15）隐藏一些辅助线。单击“层别”标签以打开“层别”对话框。设置图层 1 和图层 3 不可见。

16）修剪曲面。在功能区“曲面”选项卡的“修剪”面板中单击“修剪到曲面”按钮，选择要修剪的两组曲面，并利用“修剪到曲面”对话框中的相关功能来完成曲面修剪。首先将曲面模型修剪成如图 2-105 所示，然后再将曲面模型修剪成如图 2-106 所示。

图 2-105 修剪曲面效果 1

图 2-106 修剪曲面效果 2

17）曲面圆角。在功能区“曲面”选项卡的“修剪”面板中单击“曲面与曲面倒圆角”按钮，在提示下选择第一个曲面，如图 2-107 所示，按〈Enter〉键确定；选择第二个曲面，如图 2-108 所示，按〈Enter〉键确定。

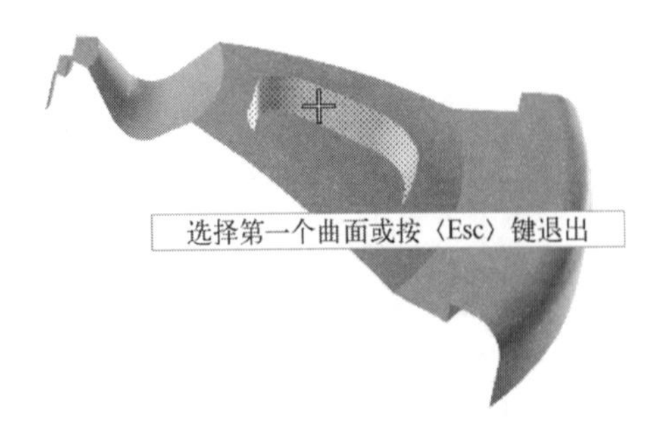
选择第一个曲面或按〈Esc〉键退出

图 2-107 选择第一个曲面

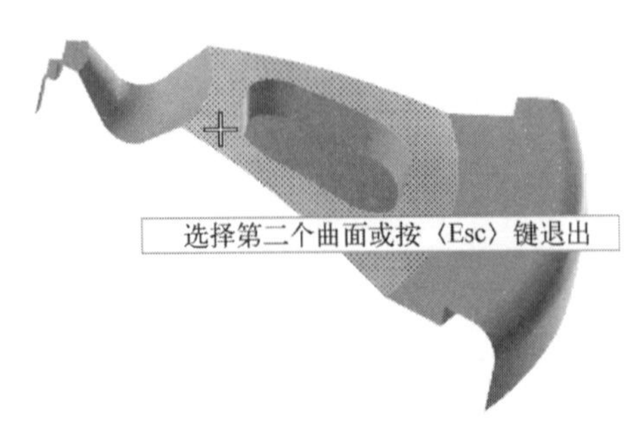
选择第二个曲面或按〈Esc〉键退出

图 2-108 选择第二个曲面

在“曲面与曲面倒圆角”对话框中设置圆角半径为 3，如果需要则可以单击“Modify”按钮，单击所需的曲面去改变其法向，使两曲面的法向均指向圆角中心处，并按〈Enter〉键确定。注意在“曲面与曲面倒圆角”对话框中勾选“Trim surfaces”（修剪曲面）复选框，并选择“原始曲面”下的“删除”单选按钮以及“Trim surfaces”下的“修剪两组”单选按钮，圆角预览如图 2-109 所示，然后单击“确定并创建新操作”按钮。

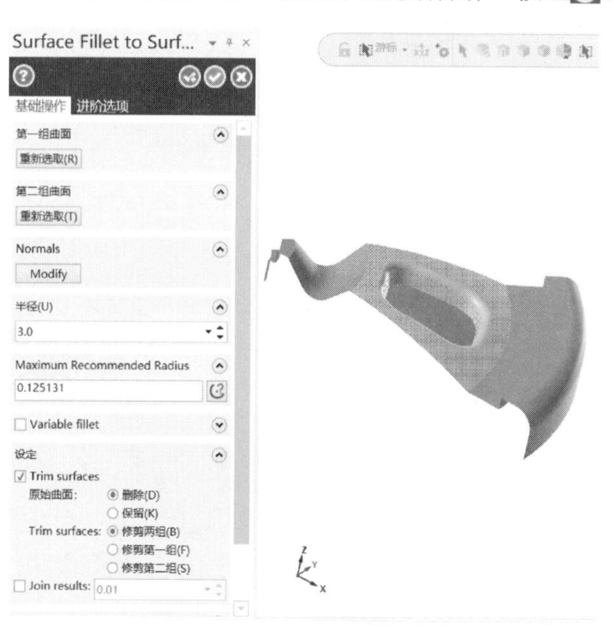

图 2-109　曲面间圆角预览

接着在提示下继续选择要圆角的第一个曲面，如图 2-110 所示，按〈Enter〉键确定；选择要圆角的第二个曲面，如图 2-111 所示，按〈Enter〉键确定。

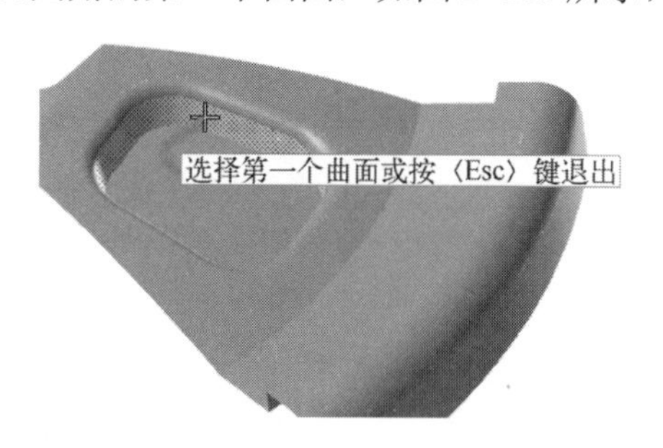

图 2-110　选择要圆角的第一个曲面

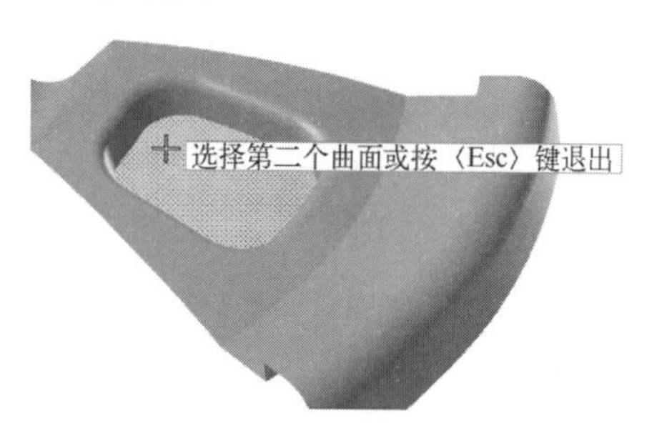

图 2-111　选择要圆角的第二个曲面

使用同样的方法，指定两个曲面的法向为所需的，如图 2-112 所示，并在“曲面与曲面倒圆角”对话框中设置圆角半径为 3，勾选“Trim surfaces”复选框等，单击“确定”按钮。

完成曲面圆角的曲面效果如图 2-113 所示。

18）以旋转复制的方式完成玩具车轮曲面模型。在功能区“转换”选项卡的“位置”面板中单击“旋转”按钮，以窗口框选的方式选择所有曲面，如图 2-114 所示，按

〈Enter〉键确定。此时，“旋转”对话框可用，设置图 2-115 所示的选项及参数。注意确保旋转中心轴线是正确的，本范例中可采用默认的旋转轴。至于方式，既可以为“复制”，也可以为“连接”。

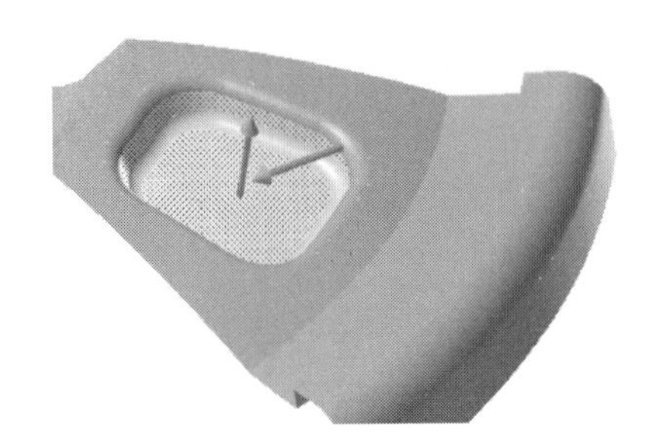

图 2-112　曲面法向

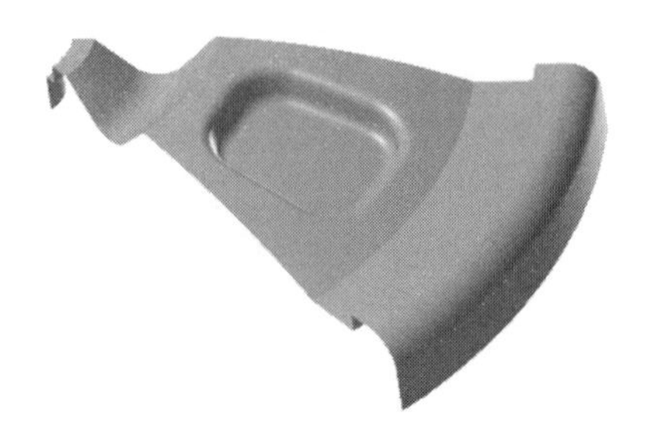

图 2-113　曲面效果

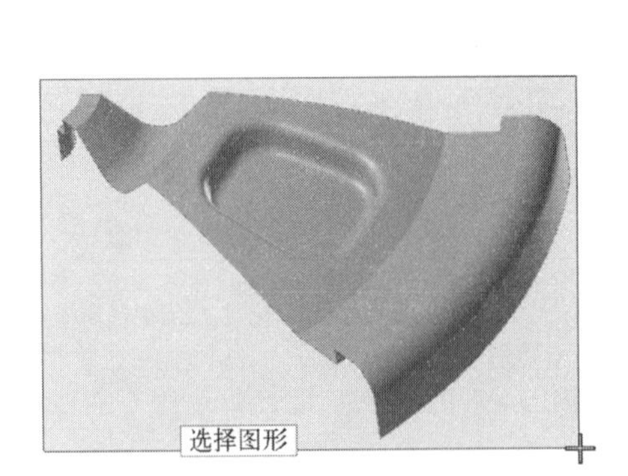

图 2-114　选择要旋转复制的曲面

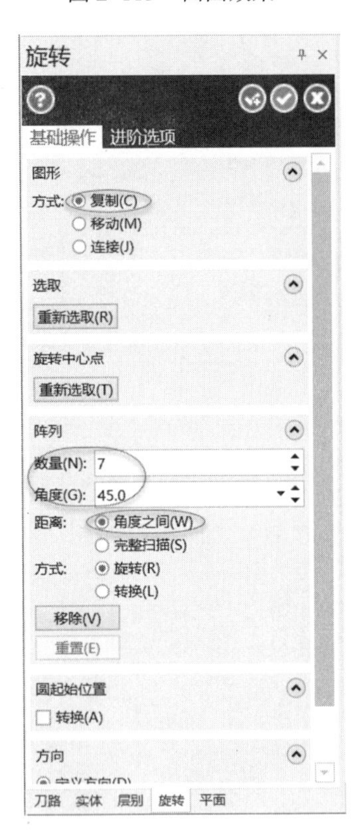

图 2-115　设置旋转复制参数

在“旋转”对话框中单击“确定”按钮，结果如图 2-116 所示。

19）切换模型显示样式。在状态栏中可以分别单击“图形着色”按钮、“线框着色”按钮、“透明度”按钮、“线框”按钮等来进行模型显示样式的切换，注意观察各显示样式的效果，图 2-117 所示为“图形着色”显示效果。

20）保存文件。在“快速访问”工具栏中单击“保存”按钮，在系统弹出的“另存为”对话框中选择要保存的位置，指定文件名为“绘制玩具车轮曲面”，其扩展名为“.mcam”，然后单击“保存”按钮。

图 2-116 旋转复制的结果

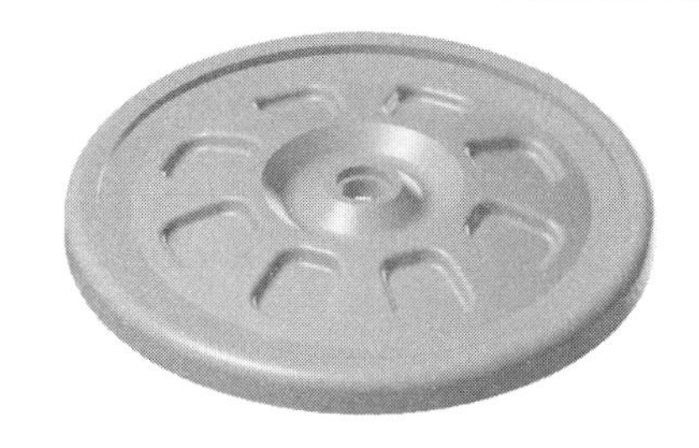

图 2-117 玩具车轮曲面的最终显示效果

2.3.3 绘制纯净水瓶子整体曲面

扫码观看视频

本范例介绍一种纯净水瓶子整体曲面的绘制过程，要完成的瓶子整体曲面模型如图 2-118 所示。在该范例中主要应用了 Mastercam 2019 曲面造型中的扫描曲面、牵引曲面、旋转曲面和曲面修剪等功能。

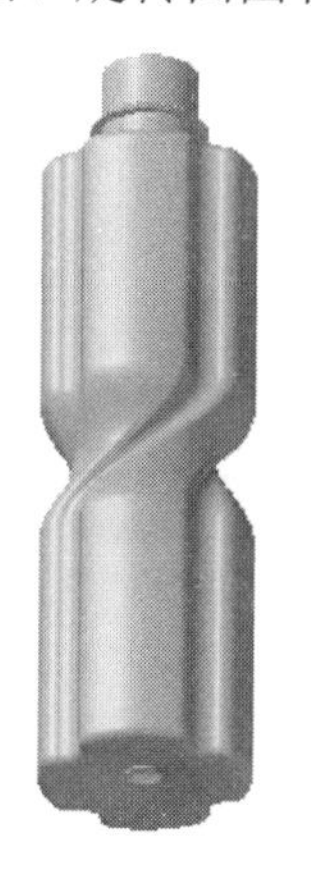

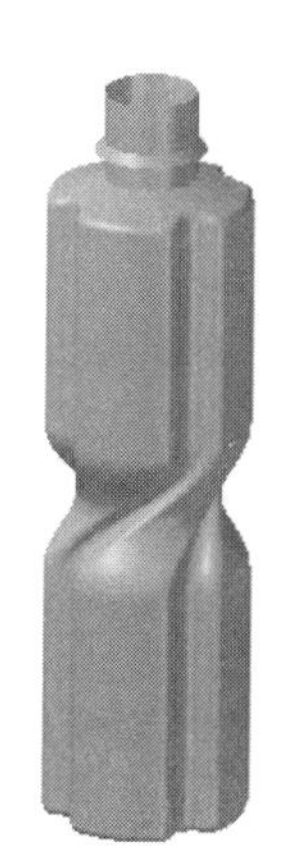

图 2-118 纯净水瓶子整体曲面模型

1）新建一个图形文件。在“快速访问”工具栏中单击“新建”按钮，新建一个 Mastercam 2019 文件。

2）图层及相关属性状态设置。单击“层别”标签以打开“层别管理”对话框。在“编号（层别号码）”文本框中输入“1”，在“名称”文本框中输入“曲线”，完成该图层设置。

接受默认的线框颜色，设置绘图平面（构图面）为“俯视”，构图深度为 0，屏幕视角也是“俯视”，线型为实线，线宽为稍粗一点的。

3）绘制二维图形。使用功能区“线框”选项卡的“圆弧”面板中的“已知点画圆”按钮绘制 5 个圆，其中大圆的圆心位置位于坐标原点，绘制好这些圆之后，对它们进行相应的修剪，修剪结果如图 2-119 所示。

4）圆角。在功能区“线框”选项卡的“修剪”面板中单击“倒圆角”按钮，在“倒圆角”对话框中输入圆角半径为“5”，圆角类型为“常规（标准，法向）”，并且勾选“修剪图形”复选框，接着在绘图区依次选择所需的曲线段来进行圆角，最后在“倒圆角”对话框中单击“确定”按钮，圆角的结果如图 2-120 所示。

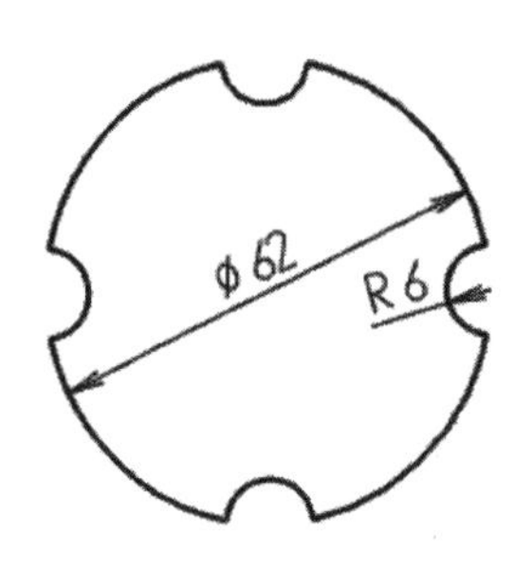

图 2-119 绘制二维图形

图 2-120 二维图形圆角

5）调整绘图视角。在功能区“检视”选项卡的“图形检视”面板中单击“等角视图”按钮。

6）平移选定的图素。在功能区“转换”选项卡的“位置”面板中单击“平移”按钮，系统提示“平移/阵列：选择要平移/阵列的图形”。以窗口选择的方式框选所有的二维图形，如图 2-121 所示，按〈Enter〉键确定。系统激活“平移”对话框，按照图 2-122 所示的参数进行设置，然后单击“确定”按钮。

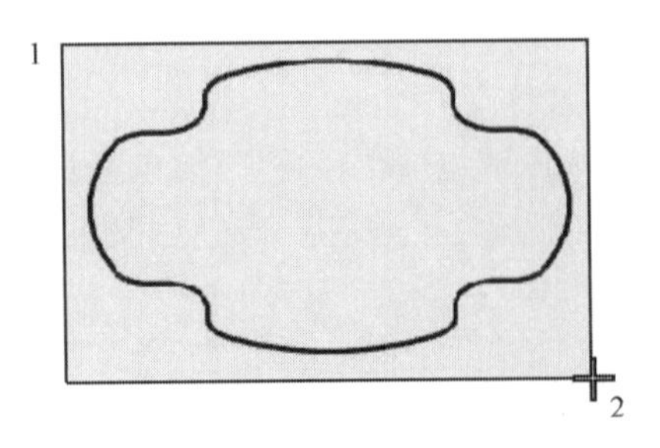

图 2-121 选择图素去平移

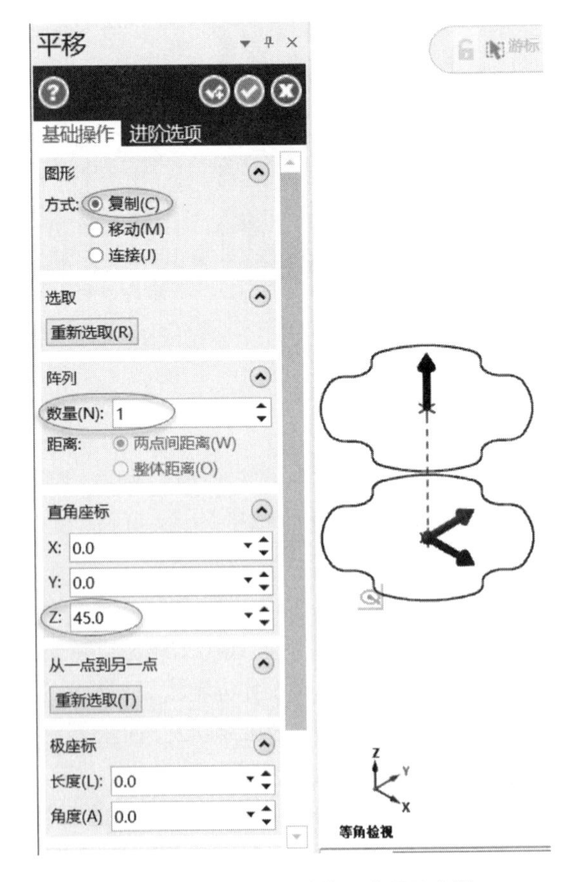

图 2-122 设置“平移”选项及参数

7）绘制直线。在功能区“线框”选项卡的“线”面板中单击“任意线”按钮，类型为“任意线”，接着指定直线的第一端点为原点（X0,Y0,Z0），第二端点为（X0,Y0,Z45），然后单击“确定”按钮。绘制的直线如图 2-123 所示。

8）创建扫描曲面。在图形窗口左侧窗格底部单击“层别”标签，打开“层别”对话框。在“编号（层别号码）”文本框中输入“2”，在“名称”文本框中输入“曲面”。

在功能区“首页”选项卡的“属性”面板中将曲面颜色设置为 3 号颜色或自定其他颜色。

在功能区“曲面”选项卡的“建立”面板中单击“扫描曲面”按钮，接着在出现的“扫描曲面”对话框中选择“旋转”单选按钮，如图 2-124 所示。

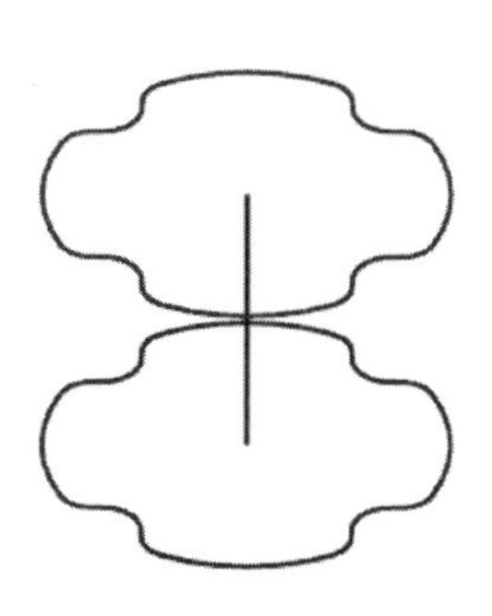

图 2-123　绘制直线

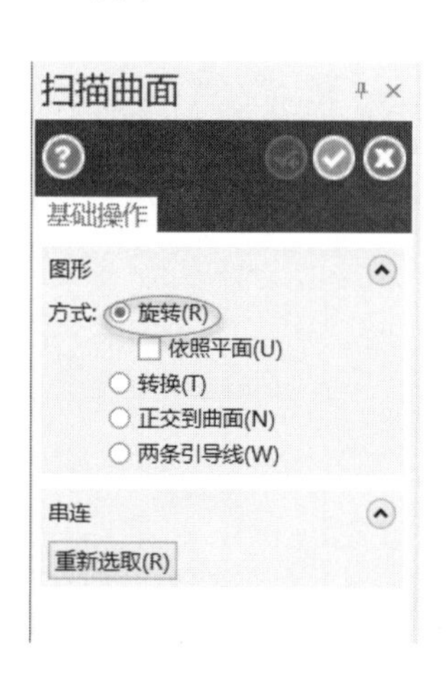

图 2-124　“扫描曲面”对话框

选择串连截面 1，如图 2-125a 所示；选择串连截面 2，如图 2-125b 所示，然后按〈Enter〉键确认。

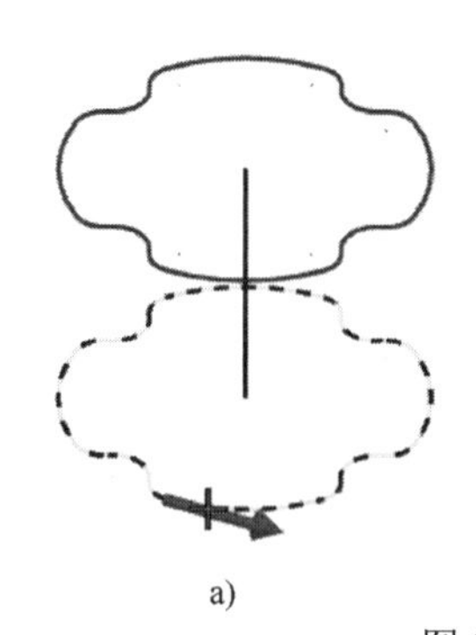

a)　　b)

图 2-125　选择两个串连截面

a) 选择串连截面 1　b) 选择串连截面 2

系统提示“扫描曲面：定义引导方向外形”。选择图 2-126 所示的直线，关闭“串连选项”对话框后，在“扫描曲面”对话框中单击“确定”按钮，完成的扫描曲面如图 2-127 所示。

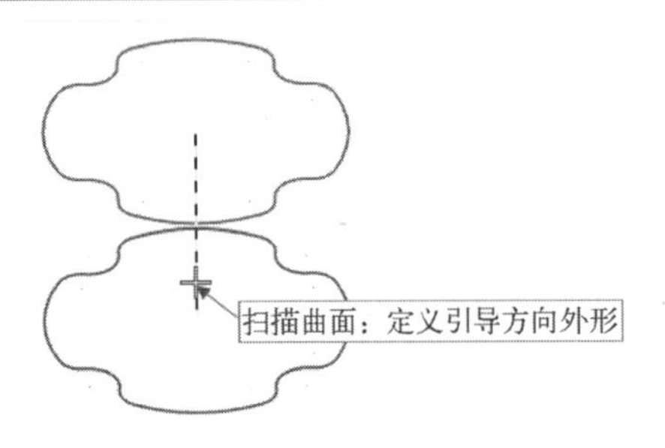

图 2-126 定义引导方向外形

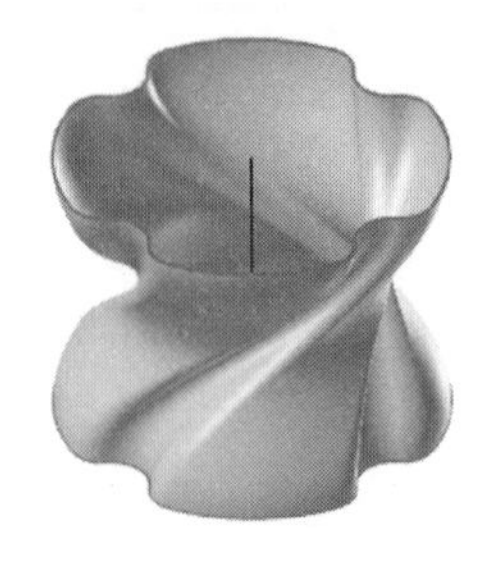

图 2-127 创建的扫描曲面

9）创建牵引曲面。在功能区“曲面”选项卡的“建立”面板中单击“拔模（牵引）曲面”按钮，系统弹出“串连选项”对话框，选中“串连”方式按钮，单击图 2-128 所示的串连曲线，单击“串连选项”对话框中的“确定”按钮。在“牵引曲面”对话框中设置图 2-129 所示的选项及参数，然后单击“确定”按钮，创建的该牵引曲面如图 2-130 所示。

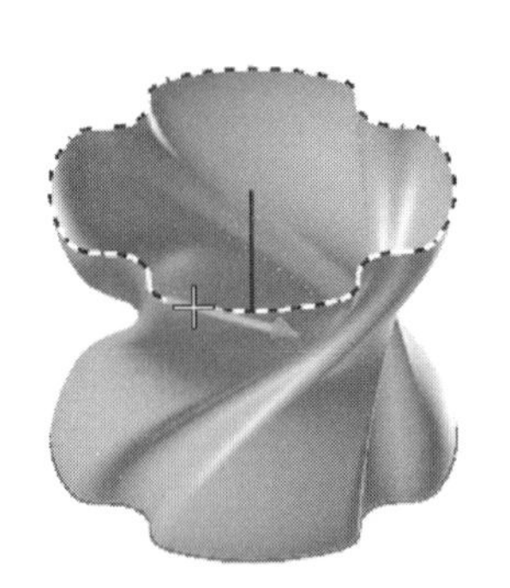

图 2-128 选取串连曲线

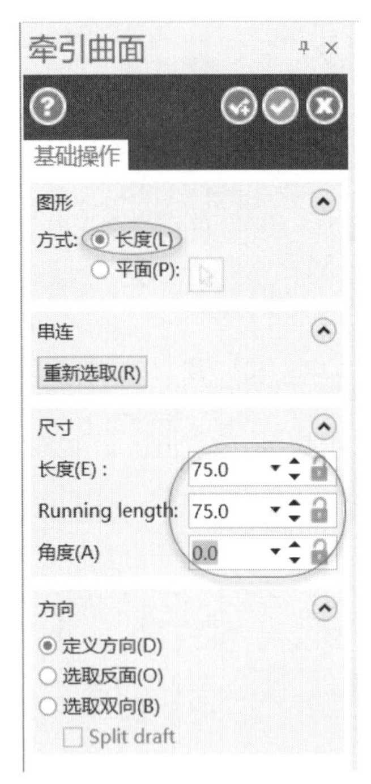

图 2-129 设置牵引曲面参数

使用同样的方法，创建另一牵引曲面，其牵引长度也是 75，注意牵引方向，效果如图 2-131 所示。

10）调整绘图视角。在功能区“检视”选项卡的“图形检视”面板中单击“前视图”按钮，从而将屏幕视图和绘图平面设置为“前视图”。

11）绘制用于创建旋转曲面的辅助线。单击“层别”标签，打开“层别管理”对话框。在“编号（层别号码）”文本框中输入“3”，在“名称”文本框中输入“辅助曲线”。

图 2-130 创建牵引曲面 1

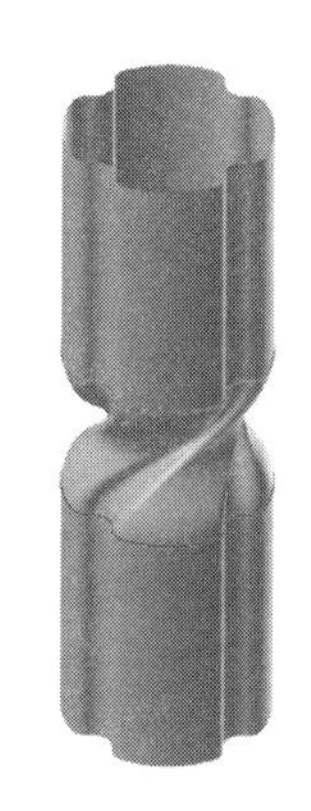

图 2-131 旋转牵引曲面 2

绘制图 2-132 所示的二维图形，图中给出了参考尺寸（局部详图还特意隐藏了曲面）。

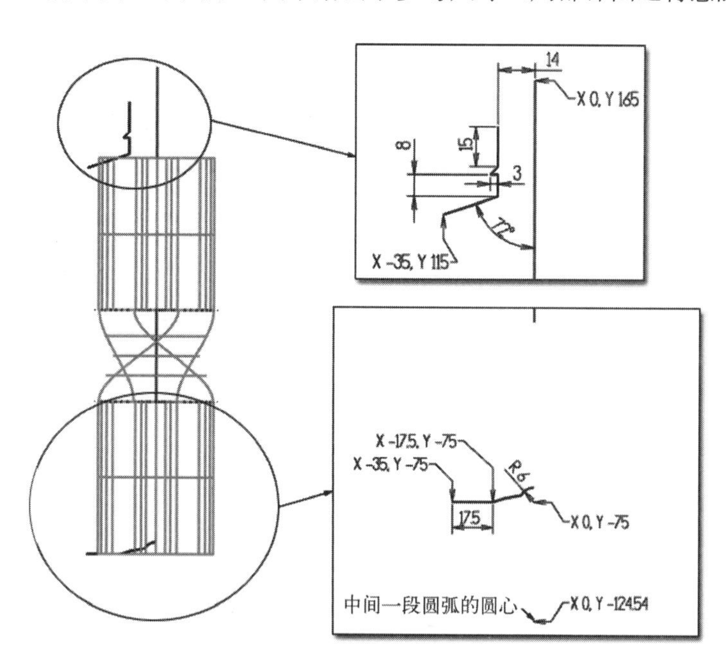

图 2-132 绘制二维图形

12）创建旋转曲面。设置图层编号为 2 的图层作为当前图层，颜色设置为 3 号颜色。按〈Alt+7〉快捷键（等同于单击“等角视图”按钮）。

在功能区“曲面”选项卡的“建立”面板中单击“旋转曲面”按钮，选择图 2-133 所示的旋转轮廓曲线串连，单击“确定”按钮，接着选择旋转轴，如图 2-134 所示。

旋转起始角度为 0°，终止角度为 360°，单击“确定并创建新操作”按钮，创建的旋转曲面 1 如图 2-135 所示。

在瓶子底部分别选择旋转轮廓曲线串连和旋转轴，然后在“旋转曲面”对话框中单击“确定”按钮。创建的旋转曲面 2 如图 2-136 所示。

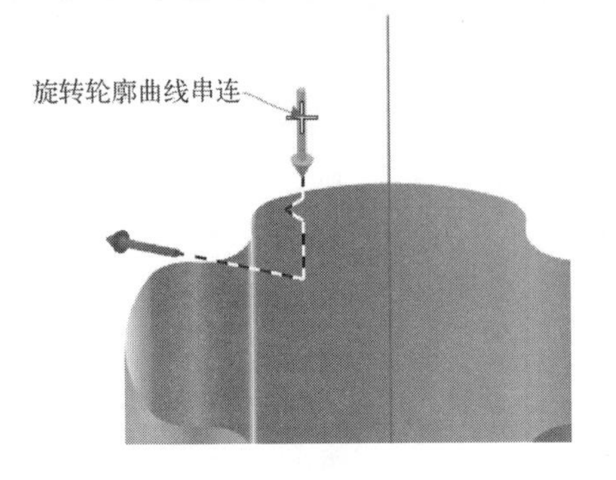

图 2-133 选择旋转轮廓曲线串连

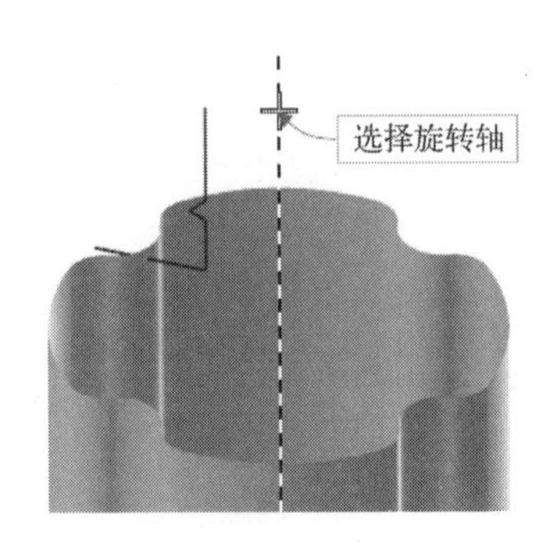

图 2-134 选择旋转轴

图 2-135 创建旋转曲面 1

图 2-136 创建旋转曲面 2

13）曲面修剪。在功能区“曲面”选项卡的“修剪”面板中单击“修剪到曲面”按钮，选择要修剪的两组曲面，并利用“修剪到曲面”对话框中的相关功能来完成曲面修剪。曲面修剪后的效果如图 2-137 所示。

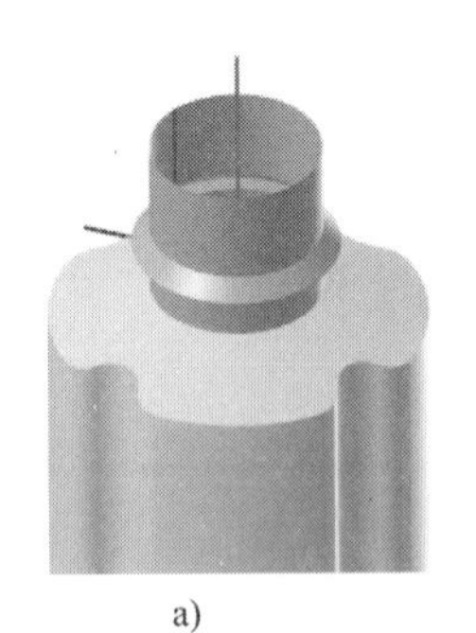

a)

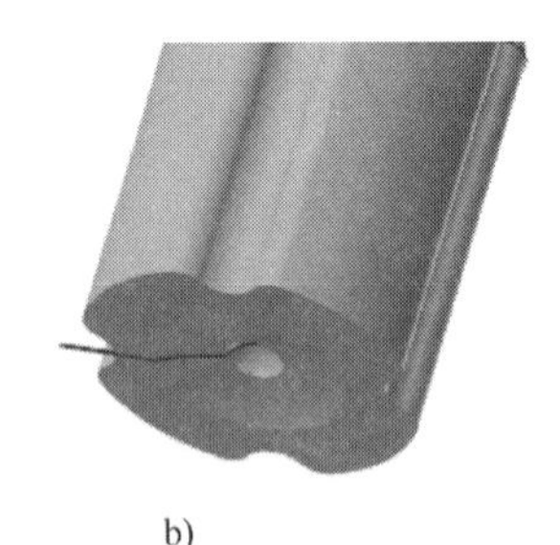

b)

图 2-137 曲面修剪

a) 曲面修剪 1 b) 曲面修剪 2

14）隐藏相关曲线。确保所有的曲面都位于层别 2 中。在图形窗口左侧窗格底部单击“层别”标签以打开“层别”对话框。设置图层 1 的“曲线”层和图层 3 的“辅助曲线”不可见。隐藏相关曲线后，曲面模型的效果如图 2-138 所示。

15）曲面圆角。在功能区“曲面”选项卡的“修剪”面板中单击“曲面与曲面倒圆角”按钮，分别选择要进行圆角的两组曲面进行圆角操作，注意相关曲面的法向，圆角半径自行设定。如果设置了合理圆角，并勾选“修剪曲面”复选框和“自动预览”复选框，而系统弹出一个“警告”对话框提示找不到圆角，那么需要在单击“确定”按钮关闭“警告”对话框后，单击“Modify”按钮，分别对相关的曲面进行法向切换，使得相关曲面法向指向可产生圆角的方向。完成曲面圆角的效果如图 2-139 所示。

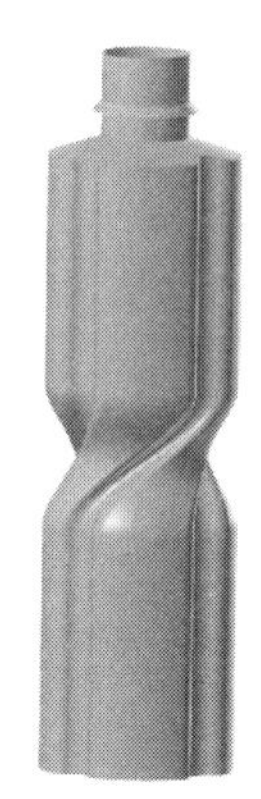
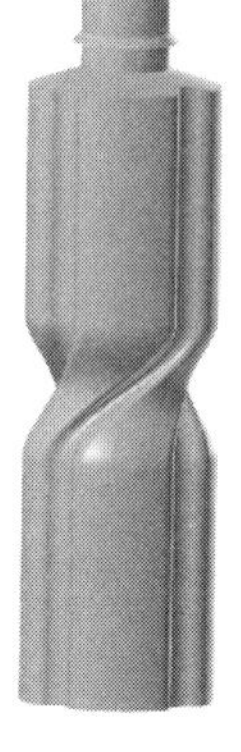

图 2-138　隐藏曲线后的曲面效果

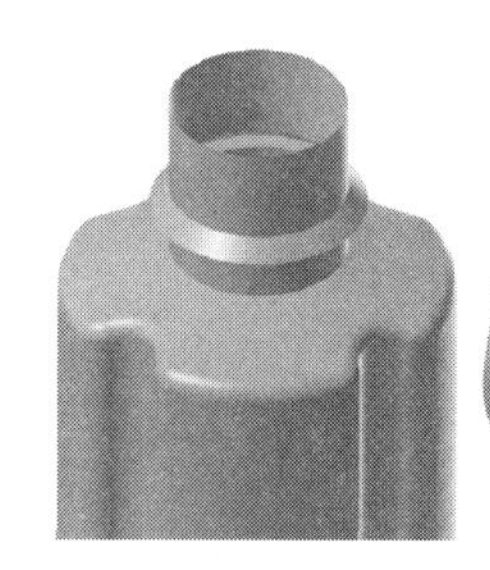
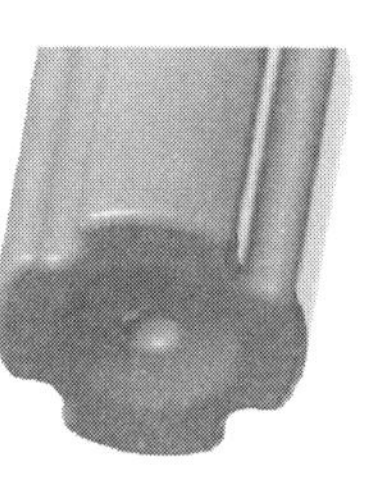

图 2-139　曲面圆角的效果

16）保存文件。在“快速访问”工具栏中单击“保存”按钮，在系统弹出的“另存为”对话框中选择要保存的位置，指定文件名为“绘制瓶子整体曲面”，其扩展名为“.mcam”，然后单击“保存”按钮。

说明： 如果觉得本范例绘制的瓶子曲面中间部分扭转有些大，那么可以在创建扫描曲面之前，先使用“转换”|“旋转”工具来将上截面旋转所需的角度，例如旋转 45°；此外在执行“扫描曲面”的过程中选择截面串连时应注意两截面串连的起始方向。其他步骤和本范例的其他步骤相同，最后可构建出图 2-140 所示的瓶子整体曲面效果。读者可以参看附赠网盘资源中的“绘制瓶子整体曲面-效果 2.mcam”文件。

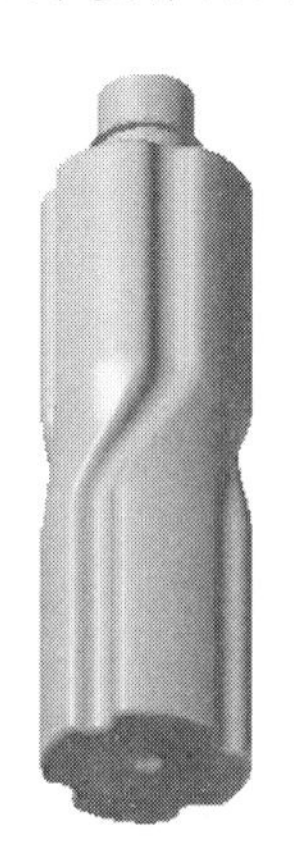
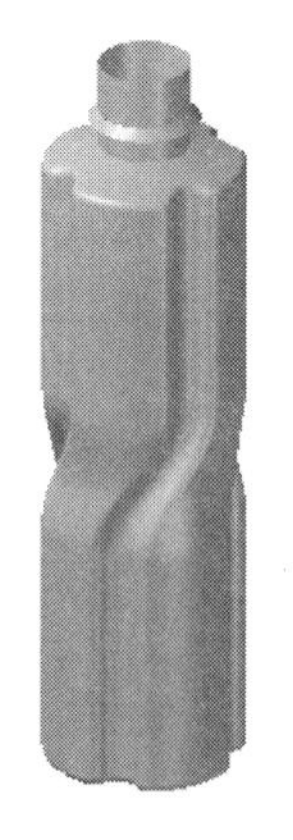

图 2-140　绘制瓶子整体曲面效果 2

2.3.4 绘制烟灰缸曲面造型

扫码观看视频

本范例介绍一种烟灰缸曲面造型的绘制过程，要完成的该款烟灰缸曲面造型如图 2-141 所示。在该范例中主要应用了 Mastercam 2019 曲面造型中的相关功能。

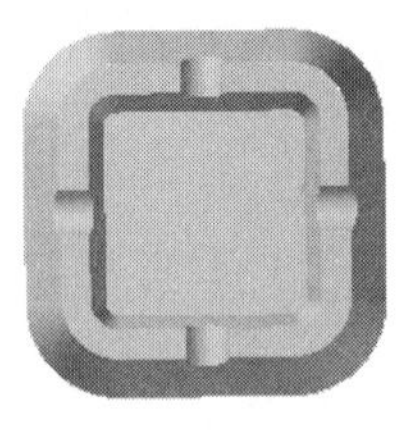

图 2-141　烟灰缸曲面造型

1）新建一个图形文件。在“快速访问”工具栏中单击“新建”按钮，从而新建一个 Mastercam 2019 文件。可以通过“配置”操作启用公制单位。

2）相关属性状态设置。在图形窗口左侧窗格底部单击“层别”标签，打开“层别”对话框。在“编号（层别号码）”文本框中输入“1”，在“名称”文本框中输入“曲线”，从而完成该图层设置。

可以将线框颜色设置为红色，默认绘图平面（构图面）为“俯视”，构图深度为 0，屏幕视图也是“俯视”，线型为实线，线宽为稍粗一点的。

3）绘制二维图形。在功能区“线框”选项卡的“形状”面板中单击“圆角矩形”按钮，打开“圆角矩形”对话框。按照图 2-142a 所示进行设置，在图形窗口浮动工具栏中单击“输入坐标点”按钮，在出现的文本框中输入“0,0”并按〈Enter〉键确认，然后在“圆角矩形”对话框中单击“确定并创建新操作”按钮，从而绘制图 2-142b 所示的带圆角的矩形。

a)

b)

图 2-142　绘制圆角矩形

a) 设置圆角矩形选项　b) 完成绘制带圆角的矩形

在“圆角矩形”对话框中进行图 2-143 所示的设置，接着单击“输入坐标点”按钮，在出现的文本框中输入“0,0”并按〈Enter〉键确认，然后在“圆角矩形”对话框中单击“确定”按钮，绘制的第二个带圆角的矩形如图 2-144 所示。

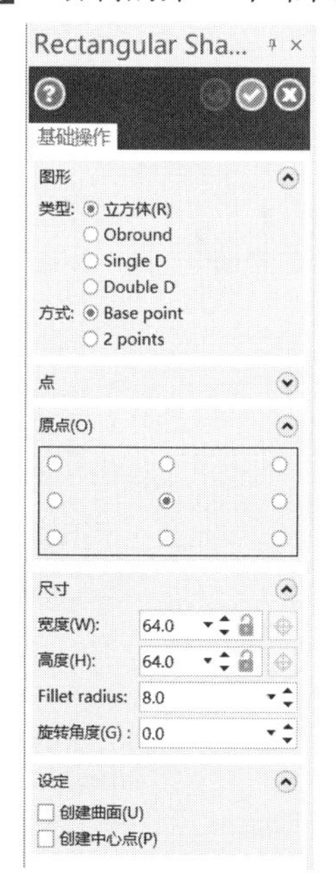

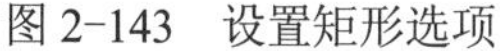
图 2-143　设置矩形选项

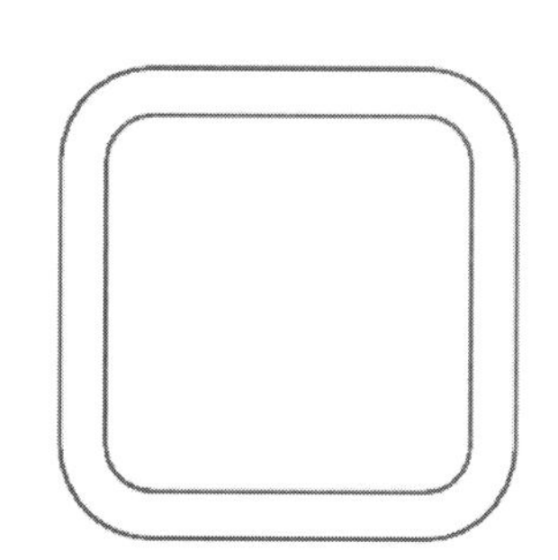
图 2-144　绘制第二个带圆角的矩形

4）为绘制曲面做好属性准备等工作。单击“层别”标签，打开“层别”对话框。在“编号（层别号码）”文本框中输入“2”，在“名称”文本框中输入“曲面”。

在功能区“首页”选项卡的“属性”面板中，从“曲面颜色”下拉列表框中选择“更多颜色”选项，打开“颜色”对话框。在“颜色”选项卡上选择图 2-145 所示的颜色（3 号颜色），然后单击“确定”按钮。

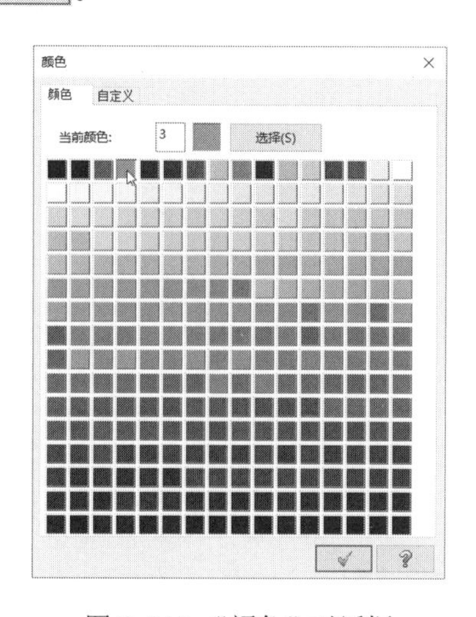

图 2-145　“颜色”对话框

按〈Alt+7〉快捷键将视图快速调整到等角视图。

5）绘制牵引曲面。在功能区“曲面”选项卡的“建立”面板中单击“拔模（牵引）曲面”按钮，打开“牵引曲面”对话框和“串连选项”对话框，在“串连选项”对话框中选择“串连”按钮，在绘图区选择图 2-146 所示的串连图形，接着在“串连选项”对话框中单击“确定”按钮。在“牵引曲面”对话框中设置图 2-147 所示的参数，注意长度方向等的切换。满意后单击“牵引曲面”对话框中的“确定”按钮。

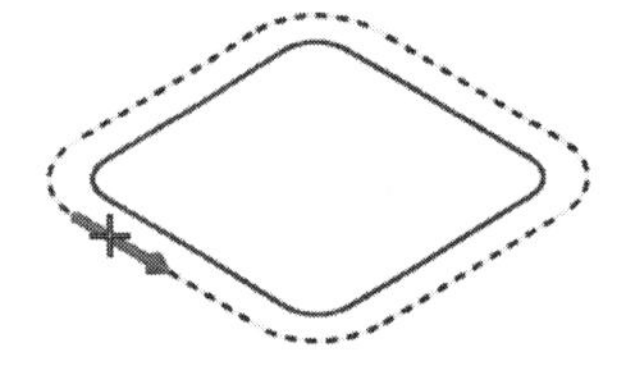

图 2-146 选择串连图形

图 2-147 设置牵引曲面参数

6）绘制挤出曲面/拉伸曲面。在功能区“曲面”选项卡的“建立”面板中单击“拉伸曲面”按钮，以串连的方式选择图 2-148 所示的图形，接着在“拉伸曲面”对话框中设置图 2-149 所示的拉伸曲面参数，注意锥度角（拔模角）为-10°，同时确保拉伸方向和锥度角为所需要的方向，然后单击“拉伸曲面”对话框中的“确定”按钮。

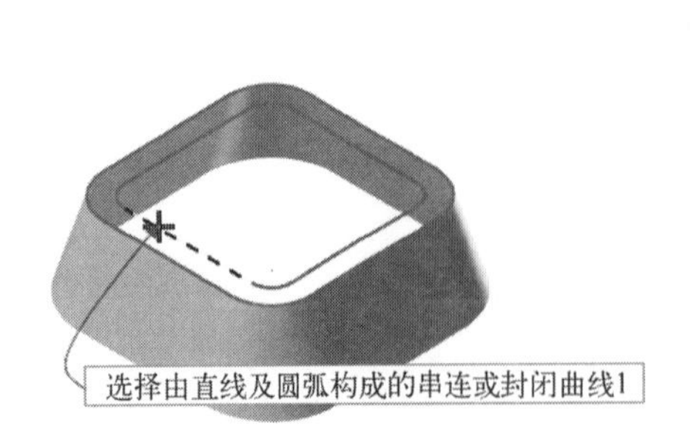

图 2-148 选择串连图形

图 2-149 设置拉伸曲面参数

7）删除曲面。在功能区“首页”选项卡的“删除”面板中单击“删除图形”按钮，或者直接按〈F〉快捷键以启用“删除图形”命令，系统提示选择图形。选择图 2-150 所示的曲面，然后按〈Enter〉键确认，删除曲面后的效果如图 2-151 所示。

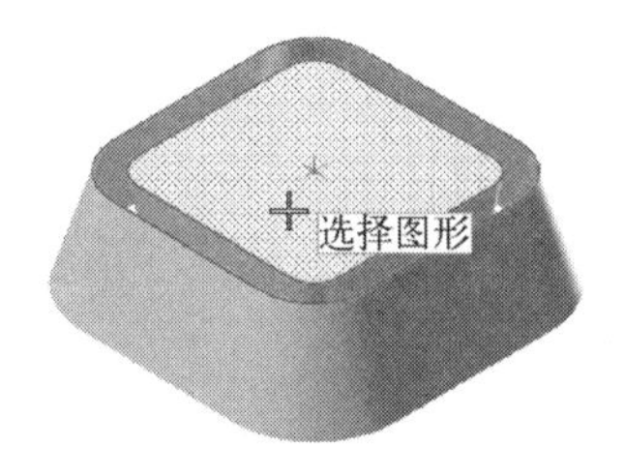

图 2-150 选择要删除的图素

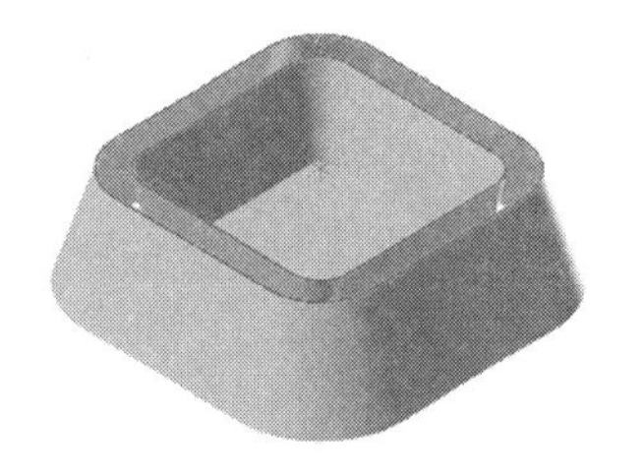

图 2-151 删除曲面后的效果

8）绘制辅助线。按快捷键〈Alt+2〉以切换至前视图。接着在“层别”对话框的层别列表中选择号码为 1 的层别（图层）以将该层别设置为当前活动图层。

在功能区“线框”选项卡的“圆弧”面板中单击“极坐标画弧”按钮，接着在出现的图 2-152 所示的“极坐标画弧”对话框中进行设置，也就是将圆弧半径设置为 6，圆弧开始角度为 180，结束角度为 360。然后单击“输入坐标点”按钮，将圆心点设置在坐标原点处（X0,Y0,Z0），即在弹出的文本框中输入“0,0,0”，如图 2-153 所示，按〈Enter〉键确认输入的坐标值，最后单击“极坐标画弧”对话框中的“确定”按钮。

图 2-152 在对话框中的设置

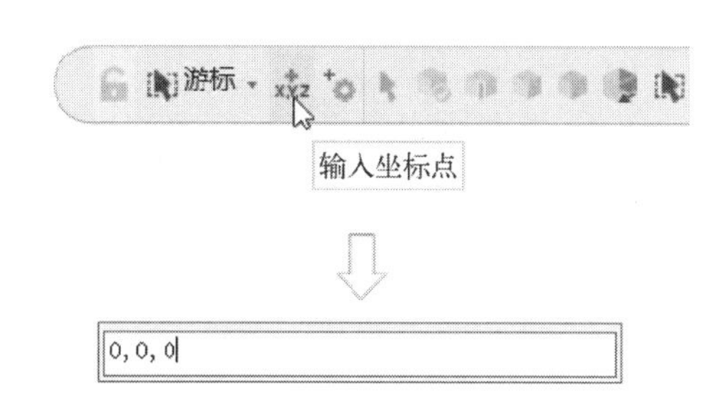

图 2-153 输入坐标点

按快捷键〈Alt+7〉以切换至等角视图，也可以在功能区“检视”选项卡的“图形检视”面板中单击“等角视图”按钮。绘制的极坐标圆弧如图 2-154 所示。

图 2-154 绘制的极坐标圆弧

9）绘制牵引曲面。在“层别”对话框中将层别编号设置为 2，确保曲面颜色为 3 号颜色。同时在状态栏的“绘图平面”下拉列表框中选择“前检视”（前视图），如图 2-155 所示。

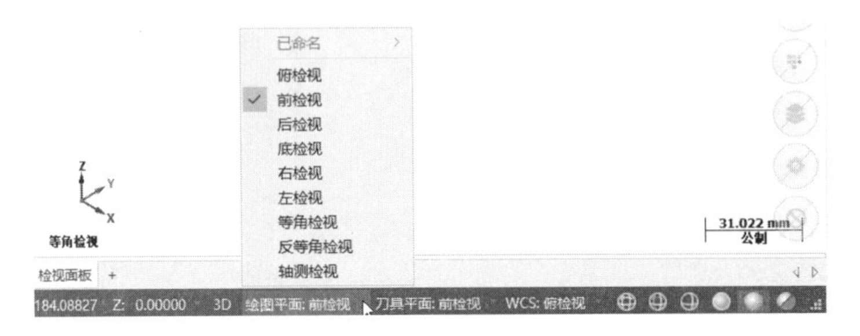

图 2-155 设置绘图平面

在功能区“曲面”选项卡的“建立”面板中单击“拔模（牵引）曲面”按钮，打开“牵引曲面”对话框和“串连选项”对话框。接着选择刚绘制的极坐标圆弧，按〈Enter〉键确认。在“牵引曲面”对话框中设置图 2-156 所示的选项及参数，单击“确定”按钮。创建的牵引曲面如图 2-157 所示。

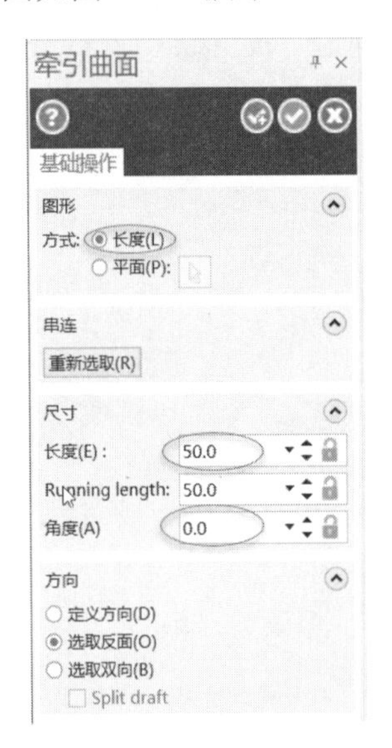

图 2-156 “牵引曲面”对话框

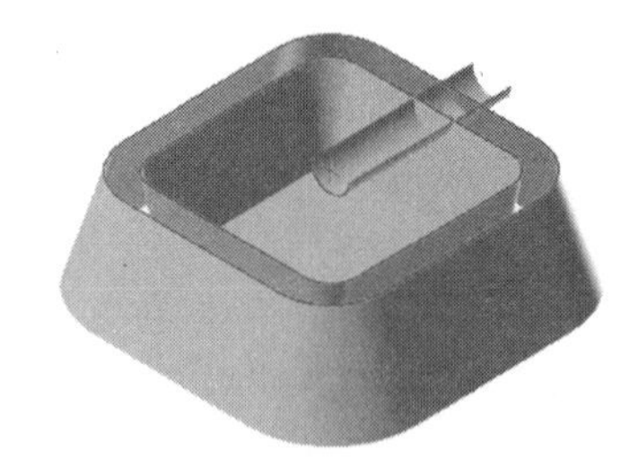

图 2-157 创建牵引曲面

10）曲面修剪。在功能区“曲面”选项卡的“修剪”面板中单击“修剪到曲面”按钮，选择图 2-158 所示的第一个曲面，按〈Enter〉键确认；接着选择图 2-159 所示的两个曲面作为第二组曲面，按〈Enter〉键确认。

在“修剪到曲面”对话框中进行图 2-160 所示的设置。

选择图 2-161a 所示的曲面，接着将曲面上显示的用于指示保留位置的长箭头图符移到图 2-161b 所谓的曲面位置处单击；选择图 2-161c 所示的第二组曲面中的一个曲面，接着在图 2-161d 的曲面位置处单击以调整曲面修剪后保留的位置。

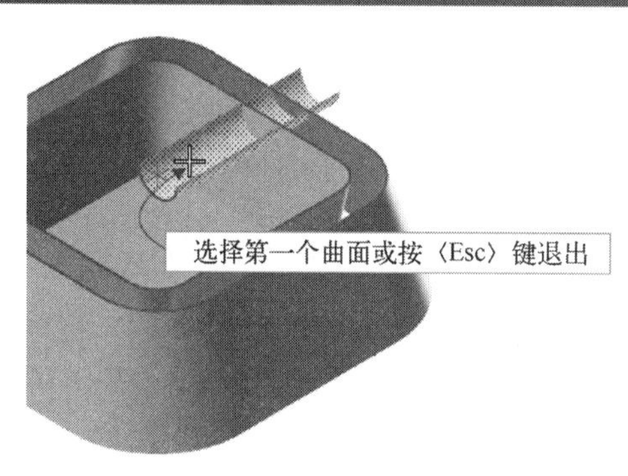

图 2-158　选择第一个曲面

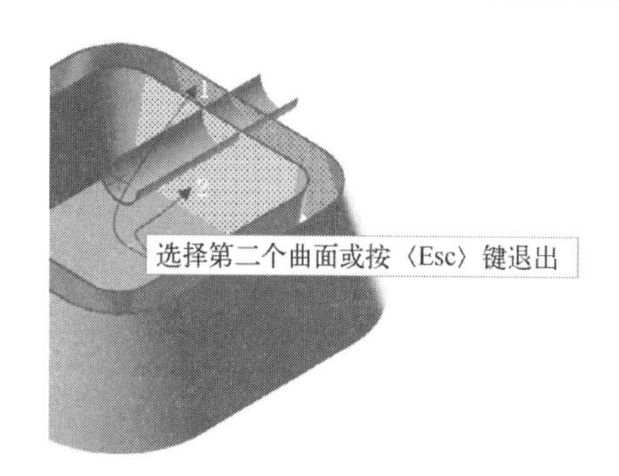

图 2-159　选择第二组曲面

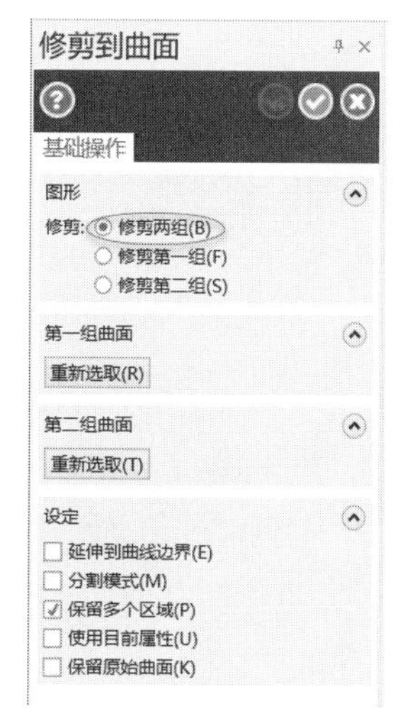

图 2-160 “修剪到曲面”对话框

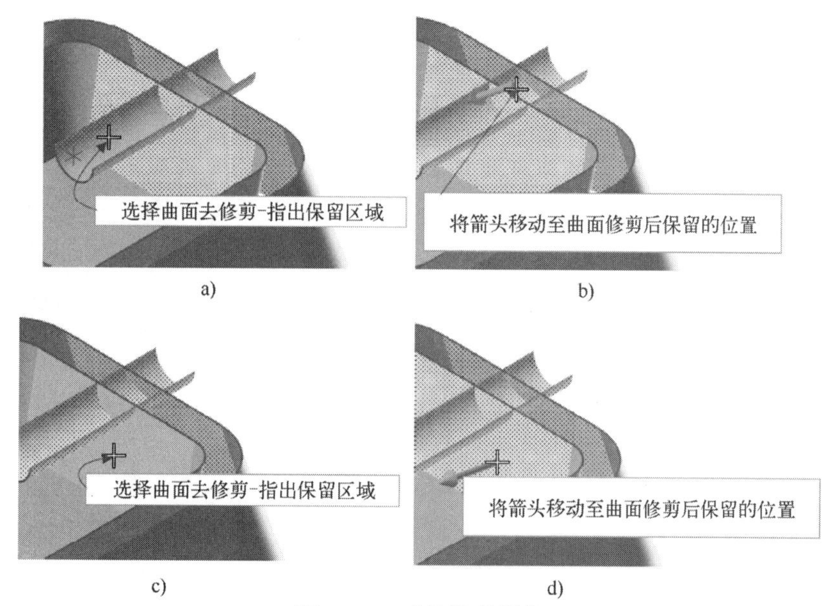

图 2-161　曲面修剪操作

a) 选择曲面 1　b) 指定要保留的位置 1　c) 选择曲面 2　d) 指定要保留的位置 2

在“修剪到曲面”对话框中单击“确定”按钮，得到的曲面修剪后的效果如图 2-162 所示。

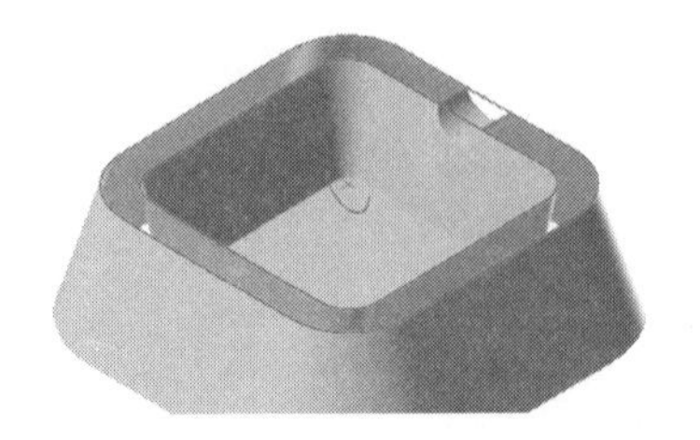

图 2-162 曲面修剪后的效果

11）旋转复制曲面。将绘图平面设置为俯视图。这一分步骤很关键。

在功能区“转换”选项卡的“位置”面板中单击“旋转”按钮，选择图 2-163 所示的曲面，按〈Enter〉键确认。在“旋转”对话框中选择“复制”单选按钮，设置数量（次数）为 3，选择“角度之间”单选按钮，设置单次旋转角度为 90°，如图 2-164 所示，然后单击“确定”按钮。完成旋转复制曲面的该操作后，可以在功能区“首页”选项卡的“属性”面板中单击“清除颜色”按钮。

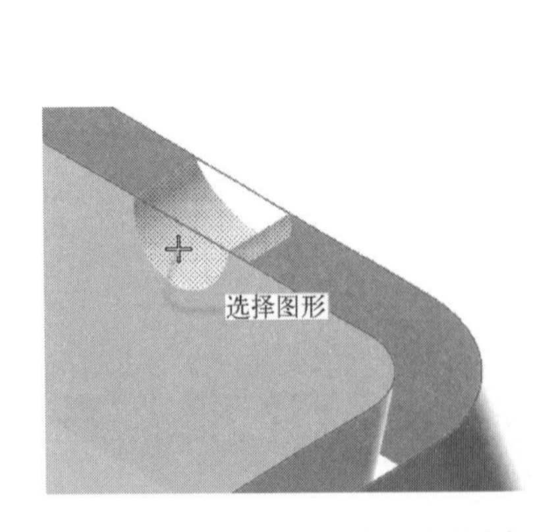

图 2-163 选取要旋转复制的图素

图 2-164 设置旋转复制选项及参数

12）曲面修剪。在功能区“曲面”选项卡的“修剪”面板中单击“修剪到曲面”按钮，在图形窗口中选择图 2-165 所示的第一个曲面，按〈Enter〉键确认；接着选择图 2-166 所示的两个曲面作为第二组曲面，按〈Enter〉键确认。

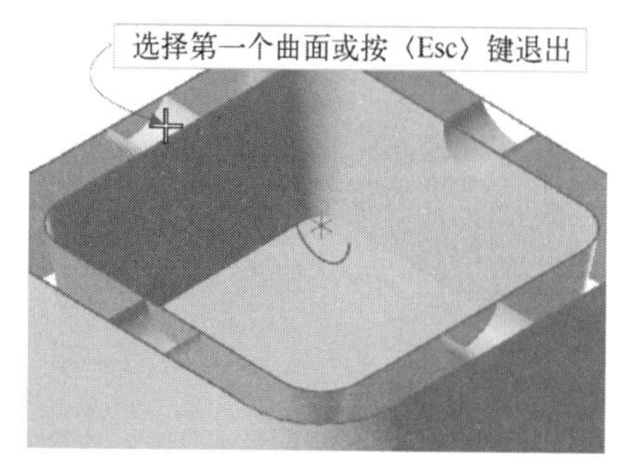
选择第一个曲面或按〈Esc〉键退出

图 2-165 选择第一个曲面

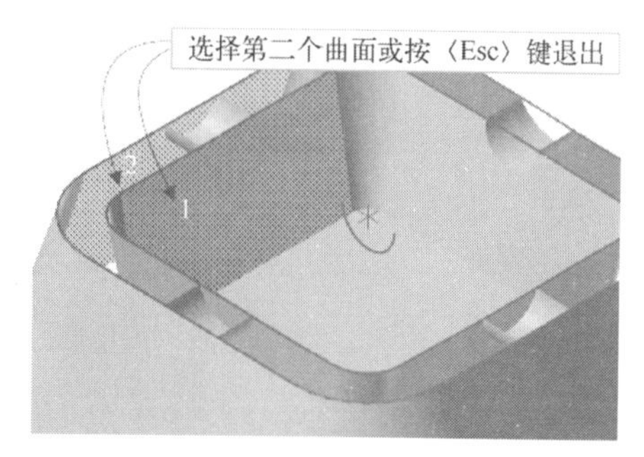
选择第二个曲面或按〈Esc〉键退出
1

图 2-166 选择第二组曲面

在打开的“修剪到曲面”对话框中选择“修剪第二组”单选按钮，并勾选“保留多个区域”复选框，在曲面模型中选择图 2-167 所示的曲面，接着将所选曲面上显示的长箭头图移到图 2-168 所示的位置处单击以指定曲面修剪后保留的位置。

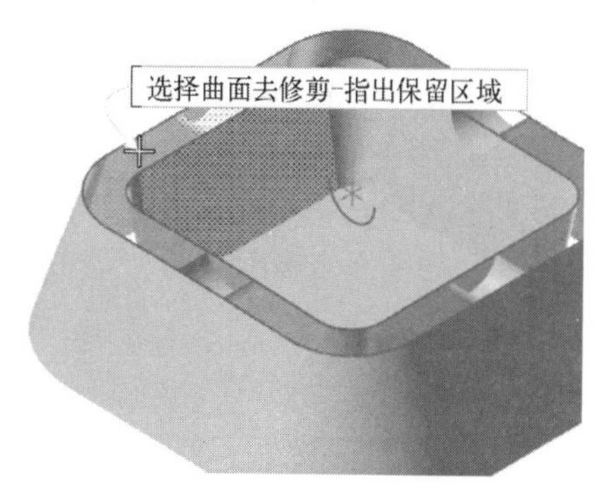
选择曲面去修剪-指出保留区域

图 2-167 选取曲面去修剪

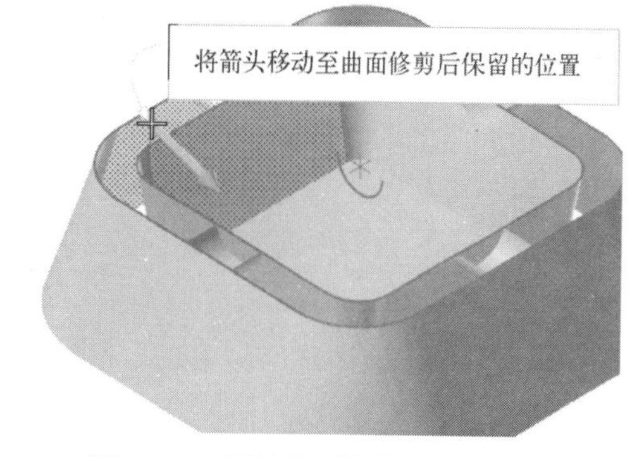
将箭头移动至曲面修剪后保留的位置

图 2-168 调整曲面修剪后保留的位置

在“修剪到曲面”对话框中单击“确定并创建新操作”按钮，得到的曲面修剪效果如图 2-169 所示。

在提示下继续选择两组曲面来进行曲面修剪操作，方法相同，最后得到的曲面修剪效果如图 2-170 所示。

13）隐藏曲线。在“层别”对话框的层别列表中单击层别 1 的“高亮”单元格，以设置层别 1 不可见。此时曲面模型如图 2-171 所示。

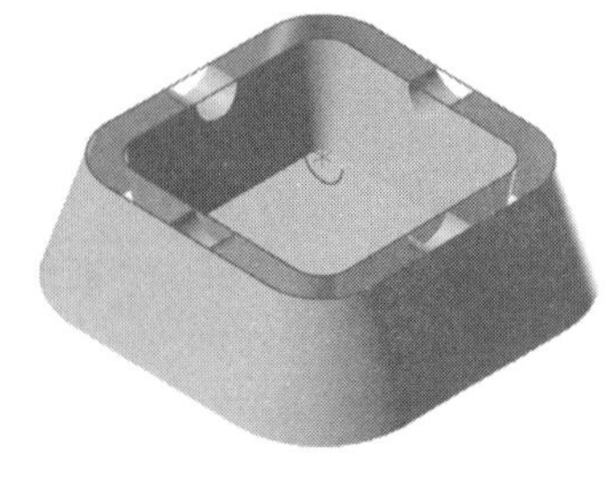

图 2-169 曲面修剪的一效果

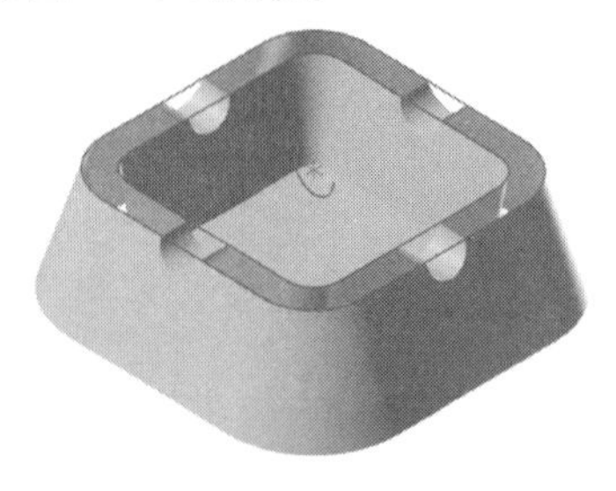

图 2-170 曲面修剪后的效果

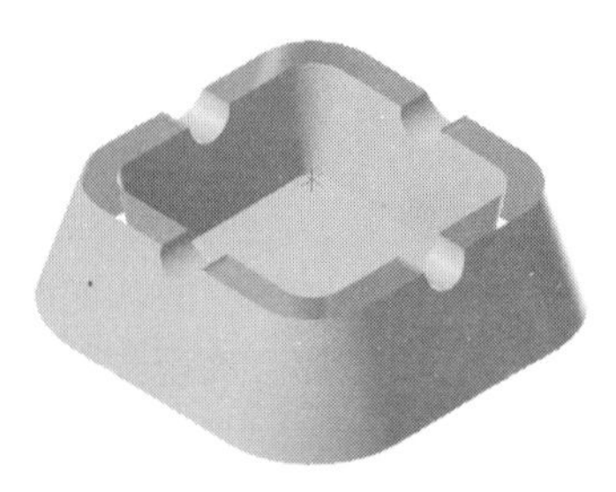

图 2-171 隐藏相关曲线后的曲面模型

14）创建曲面边界线。在“层别”对话框的“编号（层别号码）”文本框中输入“3”，在“名称”文本框中输入“曲面边界”。

在功能区“线框”选项卡的“曲线”面板中单击“单一边界”按钮，打开“单一边界线”对话框。选取所需曲面并移动箭头到想要的曲面边界处单击，继续创建曲面边界线，然后单击“确定”按钮。创建的曲面边界线1、2、3、4、5和6如图2-172所示。

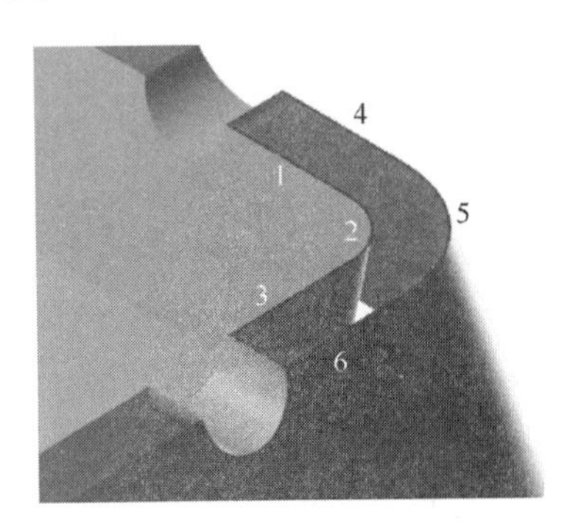

图2-172 创建曲面边界线

15）创建直纹曲面。利用“层别”对话框将当前活动层别设置为2。

在功能区“曲面”选项卡的“建立”面板中单击“举升曲面”按钮，系统弹出“串连选项”对话框，以串连的方式分别选择图2-173所示的串连外形1和串连外形2，单击“串连选项”对话框中的“确定”按钮。在“直纹/举升曲面”对话框中选择“直纹”单选按钮，然后单击对话框中的“确定”按钮，绘制的直纹曲面如图2-174所示。

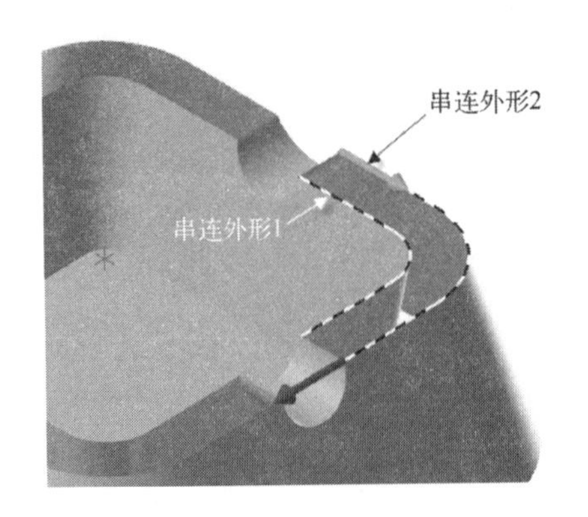

图2-173 选择两串连外形

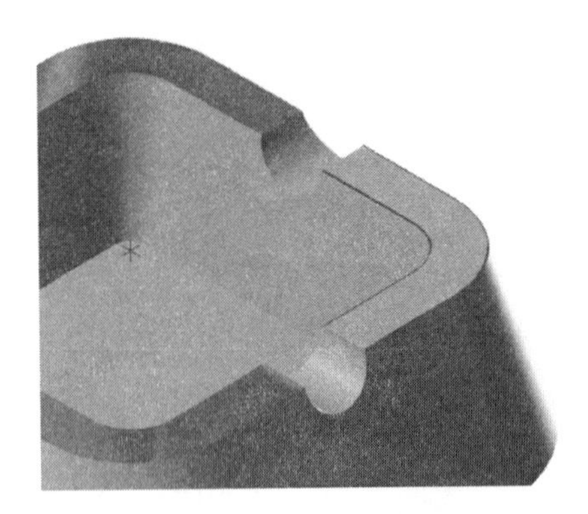

图2-174 创建直纹曲面

在“层别”对话框的层别列表中单击层别3的“高亮”单元格，以设置层别3不可见，并确保层别2为当前活动图层。

16）旋转复制曲面。在功能区“转换”选项卡的“位置”面板中单击“旋转”按钮，选择要旋转复制的曲面，如图2-175所示，按〈Enter〉键确认。在“旋转”对话框中，按照图2-176所示的选项及参数进行设置。

在“旋转”对话框中单击“确定”按钮。

在功能区“首页”选项卡的“属性”面板中单击“清除颜色”按钮。

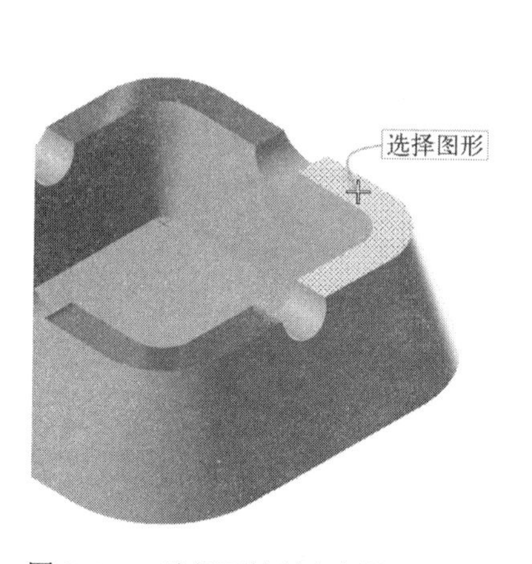

图 2-175　选择要旋转复制的曲面

图 2-176　设置旋转复制的选项及参数

完成的烟灰缸曲面造型如图 2-177 所示。

图 2-177　完成的烟灰缸曲面造型

17）保存文件。在“快速访问”工具栏中单击“保存”按钮，在系统弹出的“另存为”对话框中选择要保存的位置，指定文件名为“烟灰缸曲面造型”，其扩展名为“.mcam”，然后单击“保存”按钮。

第3章 三维实体设计

本章导读：

在 Mastercam 2019 的 CAD 功能中，三维实体设计是极其重要的一大方面。本章首先介绍三维实体设计的主要知识，例如创建基本实体/基础实体、布尔运算和实体编辑等，然后通过范例的形式介绍三维实体设计的应用知识。

3.1 知识点概述

实体模型与线架构、曲面模型一样，是描述三维物体的一种基本表达形式，其中实体模型具有面积、体积等特性。本章主要的知识点包括创建基本实体/基础实体、布尔运算和实体编辑3大类。

3.1.1 创建基本实体/基础实体

基本实体是指圆柱体、圆锥体、立方体、球体和圆环体这些实体。在功能区“实体”选项卡的“基本实体”面板中提供了5种创建基本实体的功能按钮，即“圆柱”按钮、“锥体”按钮、“立方体”按钮、“圆球”按钮和“圆环体”按钮，如图3-1所示。在使用功能区“实体”选项卡的“基本实体”面板中的按钮命令来创建相应的基本实体的过程中，需要在其相应对话框中选择“Solid”（实体）单选按钮，如图3-2所示，并设置相应的实体参数。亦可使用这几个按钮命令创建相应的曲面对象。

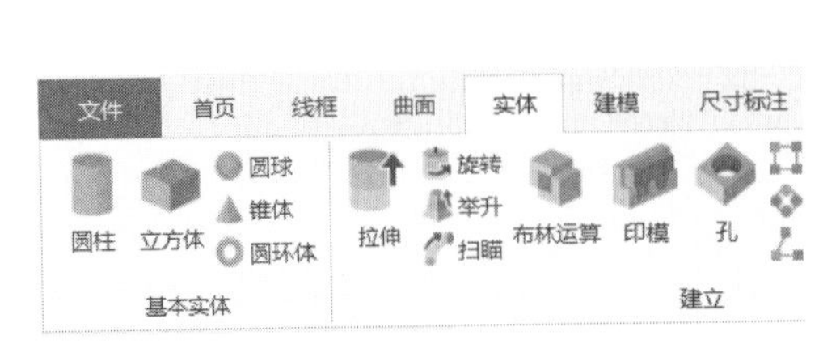

图3-1 功能区“实体”选项卡

图3-2 “圆柱体”对话框

可以将拉伸实体（挤出实体）、旋转实体、扫描实体和举升实体等归纳在基础实体的范畴之内。创建基础实体（拉伸实体、旋转实体、扫描实体、举升实体和由曲面生成实体）的工具命令位于功能区“实体”选项卡的“建立”面板中。

- “拉伸”按钮：将平面截面拉伸，即把一个或多个共面的曲线串连，按照指定的方向和距离拉伸成新的实体，新实体还可以与其他实体进行布尔运算操作。
- “旋转”按钮：将特征截面绕着旋转中心线旋转一定角度来产生旋转实体或薄壁件，可以用于建立实体主体、切割主体或增加凸台。
- “扫描”按钮：将选定封闭截面外形沿着轨迹线（引导曲线）移动来产生实体，封闭截面外形可以为一个，也可以为多个（多个截面外形必须在同一类平面内才能执行扫描），引导曲线可以是开放式曲线也可以是封闭式曲线。
- “举升”按钮：将两个或两个以上的封闭轮廓曲线串连，按照选取的熔接方式进行各轮廓之间的渐变过渡以构成新实体。
- “由曲面生成实体”按钮：缝合曲面为实体主体，基于曲面边界之间的间隙，使用公差值来建立一个完整的实体或薄片主体。

3.1.2 实体布尔运算

实体布尔运算是指通过结合（和，即增加）、移除（差，即切割）、交集（交）的方法将多个实体组合成一个实体。通过布尔运算，可以比较迅速地构建出复杂而相对规则的实体效果。在布尔运算中，通常将选择的第一个实体称为目标主体或目标实体，其余的则为工件主体或工件实体，最后的运算结果也是一个主体。

在 Mastercam 2019 系统中，布尔运算分为两类，一类是关联布尔运算，另一类则是非关联布尔运算，这需要在执行实体布尔运算的过程中通过“非关联实体”复选框进行设置。

以一个有交叉体积的圆柱实体和长方形实体为例，在功能区“实体”选项卡的“建立”面板中单击“布尔运算”按钮（也称“布林运算”），默认时在图形窗口左侧出现“布尔运算”对话框，如图 3-3 所示，在“基础操作”选项卡上指定名称、布尔运算类型（“结合”“移除”或“交集”），当布尔运算类型为“移除”和“交集”时，“非关联实体”复选框可用，此时可以利用“非关联实体”复选框决定生成的是实体是关联实体还是非关联实体（其中，关联实体的目标实体将被删除）。当勾选“非关联实体”复选框时，还可以决定是否保留原始目标实体、是否保留原始工件实体以及是否保持原有属性。在“目标”收集器右侧单击“选择目标主体”按钮，接着在图形中选择目标主体；在“工件主体”选项组中单击“增加选取”按钮，弹出图 3-4 所示的“实体选择”对话框，利用此对话框选择要进行布尔运算的工件主体，然后单击“确定”按钮。如果要移除之前选取的全部工件主体项目，并希望返回图形窗口重新选择实体图形，那么可以在“工件主体”选项组中单击“全部重新选取”按钮来重新选定工件主体。最后在“布尔运算”对话框中单击“确定并创建新操作”按钮或“确定”按钮，从而完成实体布尔运算操作。

3.1.3 实体编辑

实体编辑包括圆角、倒角、实体抽壳（薄壳）、孔、实体修剪、薄片加厚、实体特征阵列、拔模、实体修剪和印模等。其中，圆角分为“固定半径圆角”“变化圆角”“面与面圆角”三种，而倒角分为“单一距离倒角”“不同距离倒角”“距离与角度倒角”三种，实体修剪分为“依照平面修剪”“修剪到曲面/薄片”两种，实体特征阵列的类型有“直角阵列”“旋转阵列”“手动阵列”，拔模命令则包括“依照实体面拔模”“依照平面拔模”“依照边界拔模”“依照拉伸边拔模”这几个。实体编辑的工具命令主要位于功能区“实体”选项卡的“修剪”面板中，另外诸如“孔”“印模”“直角阵列”“旋转阵列”“手动阵列”工具命令则位于功能区“实体”选项卡的“建立”面板中。

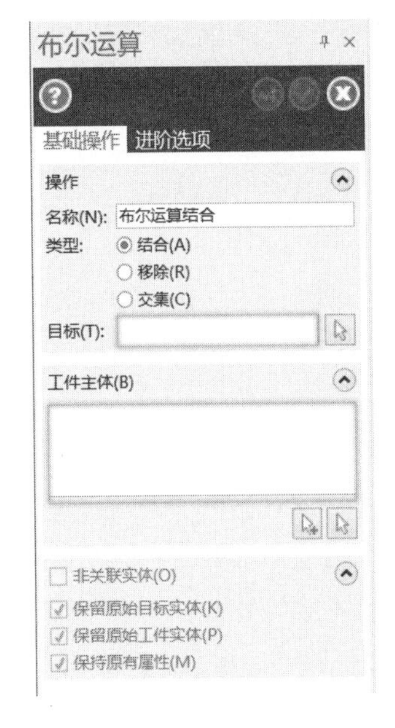

图 3-3 “布尔运算”对话框

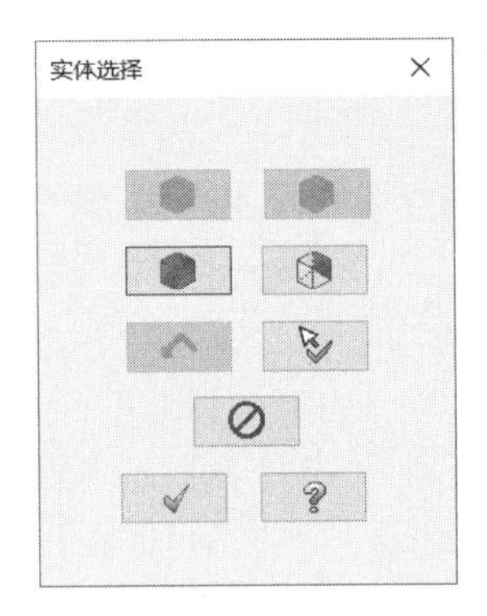

图 3-4 “实体选择”对话框

3.2 绘制实体模型实例

下面介绍若干个实体模型绘制范例。

扫码观看视频

3.2.1 绘制顶杆帽

本范例要完成的顶杆帽如图 3-5 所示。在范例中主要应用“旋转”“拉伸”“实体倒角”等实体功能。

图 3-5 顶杆帽

本三维实体设计范例的具体操作步骤如下。

1）新建一个图形文件。在“快速访问”工具栏中单击“新建”按钮，从而新建一个Mastercam 2019文件。

2）相关属性状态设置。在图形窗口左侧窗格底部单击“层别”标签，打开“层别”对话框。在“编号”（层别号码）文本框中输入“1”，在“名称”文本框中输入“曲线 A”，从而完成该图层设置。

利用功能区“首页”选项卡及状态栏，将线框颜色设置为红色，绘图平面（构图面）为“俯视”，构图深度为0，屏幕视角也是“俯视”，线型为实线，线宽为稍粗一点的。

3）绘制二维图形。在功能区“线框”选项卡上，结合使用“任意线”按钮和“两点画弧”按钮，绘制图3-6所示的二维图形。

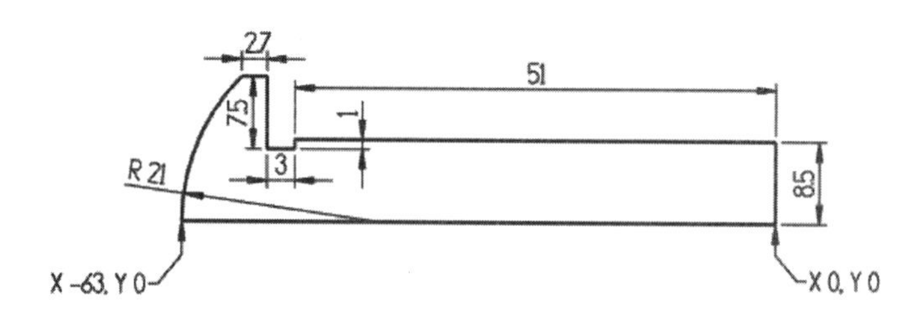

图3-6　绘制二维图形

4）设置用于创建实体的属性状态。在“层别”对话框的“编号（层别号码）”文本框中输入“2”，在“名称”文本框中输入“实体”，确定后完成该新图层设置。

接受默认的实体颜色设置。

5）创建旋转实体。在功能区“实体”选项卡的“建立”面板中单击“旋转”按钮，系统弹出“串连选项”对话框，以串连的方式选择图3-7所示的图形轮廓，单击“串连选项”对话框中的“确定”按钮。

选择图3-8所示的直线作为旋转参考轴。

图3-7　选择旋转的串连图素

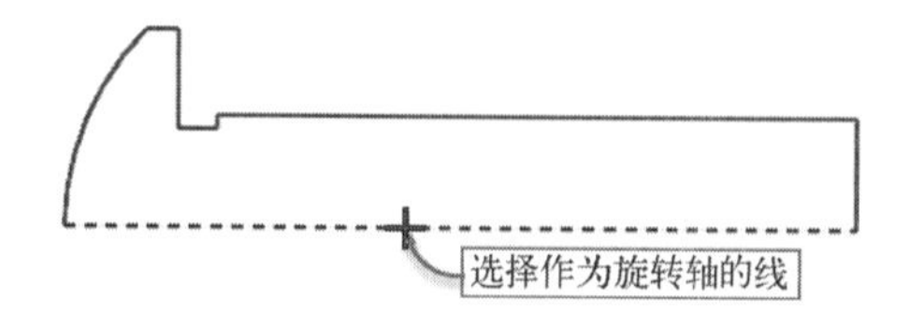

图3-8　选择直线作为参考轴

系统弹出图3-9所示的“旋转实体”对话框。在“基础操作”选项卡的“串连”选项组中，如果要改变旋转轴的方向，则单击“旋转轴反向”按钮；另外，“增加串连”按钮用于从实体操作中打开“串连”对话框以选择更多图形串连，“全部重建”按钮用于移除所有先前选择的串连并返回到图形窗口选择新串连。如果要重新指定旋转轴，则在“旋转轴”选项组中单击“选择轴”按钮，再在图形窗口中单击选择不同的旋转轴。这里接受“角度”选项组中的默认开始角度和结束角度，默认开始角度为0°，结束角度为360°。切换到“进阶选项”选项卡，如图3-10所示，确保取消勾选“壁厚”复选框。最后单击“旋转实体”对话框中的“确定”按钮，从而完成创建一个旋转实体。

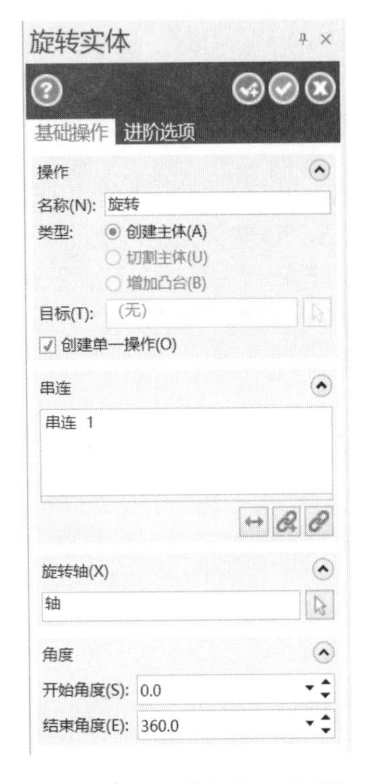

图 3-9 “旋转实体”对话框

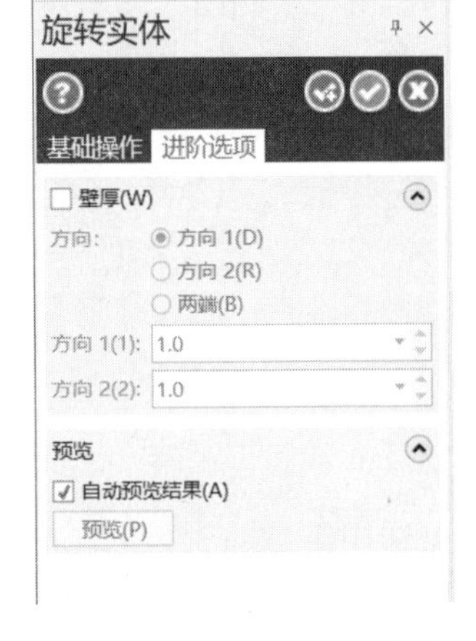

图 3-10 “旋转实体”对话框的“进阶选项”选项卡

按快捷键〈Alt+S〉或者单击“图形着色”按钮，对图形进行着色处理，创建的旋转实体的效果如图 3-11 所示。

6）绘制二维图形。将层别设置为 1，线框颜色确保为红色（颜色代号为 12），如图 3-12 所示。

图 3-11 创建旋转实体

图 3-12 设置属性状态

单击“线框”按钮以线架形式显示实体。

使用相关的二维图形绘制命令绘制图 3-13 所示的二维图形（注意：此二维图形位于通过旋转轴的一个平面内），需要时可以利用“划分修剪”按钮或“修剪/打断/延伸”按钮来对图形进行修剪。

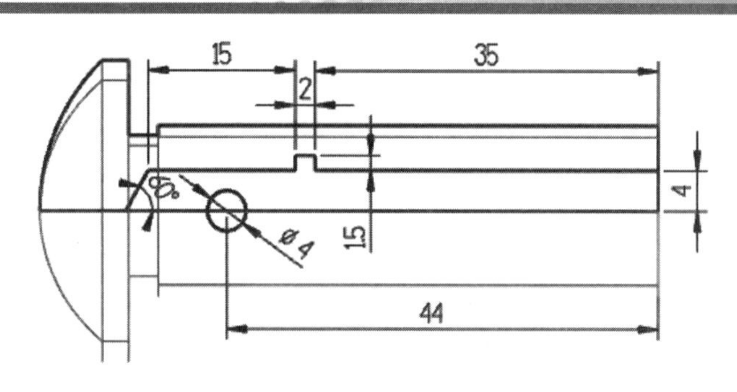

图 3-13　绘制二维图形

在功能区“线框”选项卡的“形状”面板中单击“圆角矩形”按钮，打开“Rectangular Shapes”（圆角矩形）对话框，从中进行图 3-14 所示的参数设置，接着在图形窗口上方浮动工具栏中单击“输入坐标点”按钮，紧接着在出现的文本框中输入“-21.5,0”，按〈Enter〉键确认。然后单击“确定”按钮，创建的“矩形”图形如图 3-15 所示。

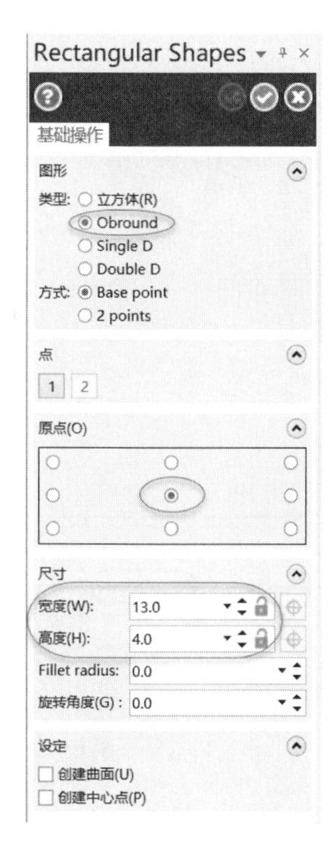

图 3-14　设置矩形选项

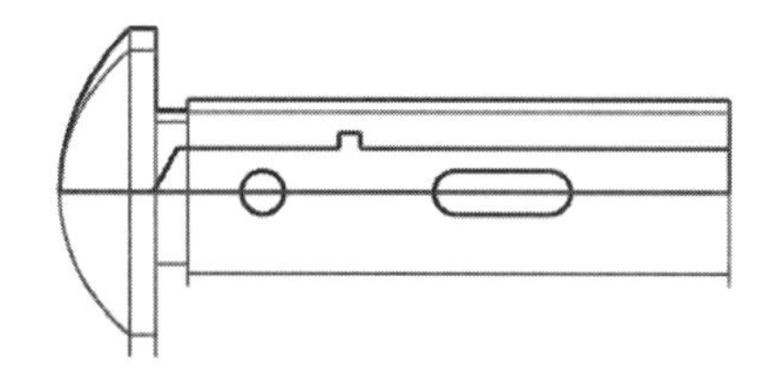

图 3-15　绘制跑道形的“矩形”

7）以旋转的方式切除实体材料。在“层别”对话框中将当前层别设置为 2。

在功能区“实体”选项卡的“建立”面板中单击“旋转”按钮，以串连的方式选择图 3-16 所示的串连图素，单击“串连选项”对话框中的“确定”按钮。

选择图 3-17 所示的直线作为旋转轴。

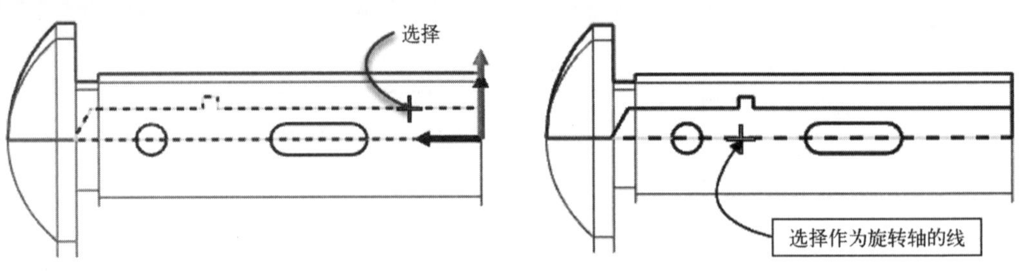

图 3-16 选择旋转的串连图素　　　　图 3-17 指定旋转轴

系统弹出“旋转实体”对话框，在“基础操作”选项卡的“操作”选项组中选择“切割主体”单选按钮，取消勾选“创建单一操作”复选框，默认的开始角度为 0°，结束角度为 360°，如图 3-18 所示。切换到“进阶选项”（高级）选项卡，确保取消勾选“壁厚”复选框。在“旋转实体”对话框中单击“确定”按钮，完成以旋转的方式切除实体，线框显示效果如图 3-19 所示。

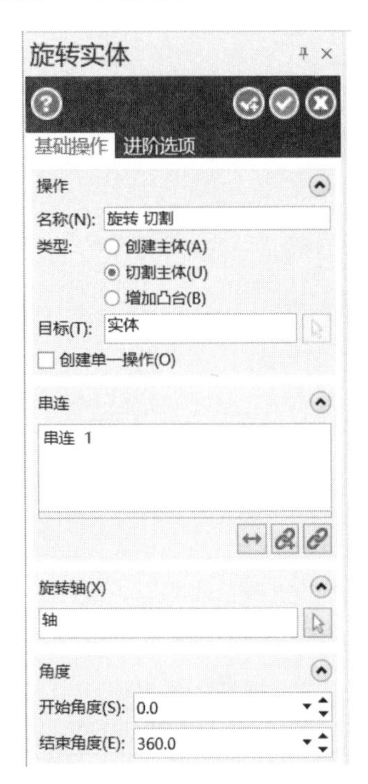

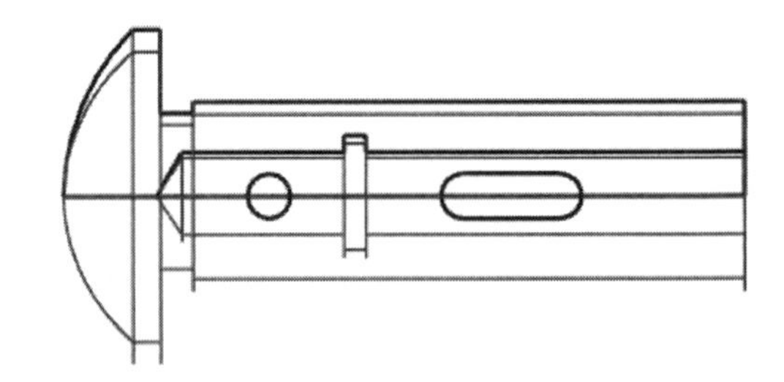

图 3-18 “旋转实体”对话框　　　　图 3-19 以线框显示的效果

8）以拉伸的方式切除实体材料。在功能区“实体”选项卡的“建立”面板中单击“拉伸”按钮，系统弹出“串连选项”对话框。分别选择图 3-20 所示的两个串连图素，然后单击“串连选项”对话框中的“确定”按钮。

系统弹出“实体拉伸”对话框。在“基础操作”选项卡的“操作”选项组中选择“切割主体”单选按钮，并勾选“创建单一操作”复选框；在“距离”选项组中选择“全部贯通”单选按钮，勾选“两端同时延伸”复选框，如图 3-21 所示，然后单击“确定”按钮。按快捷键〈Alt+S〉，图形着色的效果如图 3-22 所示。

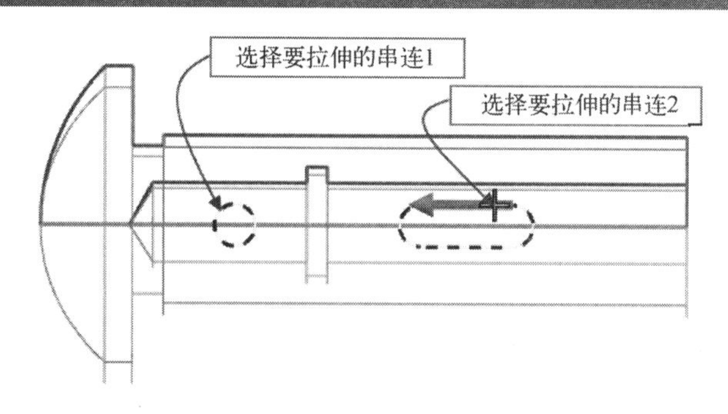

图 3-20 选择要挤出的两个串连图素

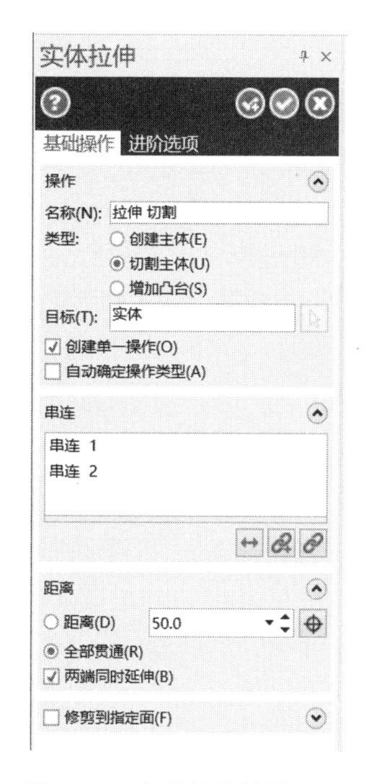

图 3-21 实体拉伸的设置

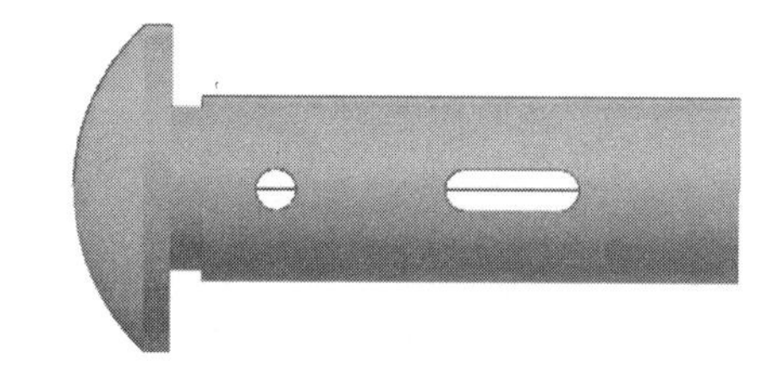

图 3-22 拉伸切割的着色效果

9）调整绘图视角。按快捷键〈Alt+2〉，或者在功能区“检视”选项卡的“图形检视”面板中单击“前视图”按钮，从而将屏幕视角和绘图平面均设置为“前视图”。

10）绘制二维图形。将当前层别设置为 1，线框颜色确保为红色（颜色代号为 12）。

在功能区“线框”选项卡的“形状”面板中单击“矩形”按钮，打开“矩形”对话框。在该对话框中设置图 3-23 所示的参数，例如“宽度”设置为 20，“高度”设置为 10。

单击“输入坐标点”按钮，紧接着在出现的文本框中输入“-65,12.5”，按〈Enter〉键确认。在“矩形”对话框中单击“确定并创建新操作”按钮，绘制的该矩形如图 3-24 所示。

图 3-23 “矩形”对话框

再次单击“输入坐标点”按钮，紧接着在出现的文本框中输入“-65,-12.5”，按〈Enter〉键确认。在“矩形”对话框中设置“宽度”为 20，“高度”为-10，然后单击“确定”按钮，绘制的矩形如图 3-25 所示。

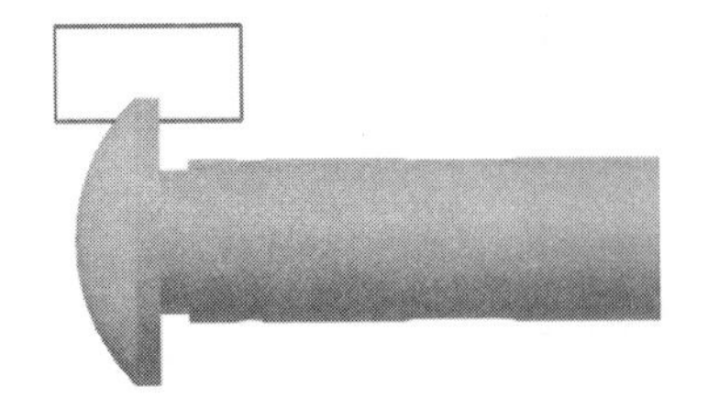

图 3-24　绘制的一个矩形

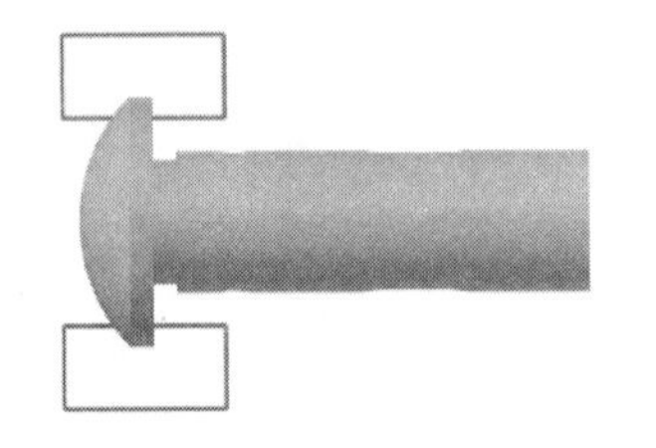

图 3-25　绘制第二个矩形

11）以拉伸的方式切除实体材料。在“层别”对话框中将层别设置为 2。

在功能区“实体”选项卡的“建立”面板中单击“拉伸”按钮，打开“串连选项”对话框，选择两个矩形串连图素，单击“确定”按钮。系统弹出“实体拉伸”对话框，在“基础操作”选项卡的“操作”选项组中选择“切割主体”单选按钮，勾选“创建单一操作”复选框，在“距离”选项组中选择“全部贯通”单选按钮，同时勾选“两端同时延伸”复选框，如图 3-26 所示，然后单击“确定”按钮，拉伸切除的效果如图 3-27 所示。

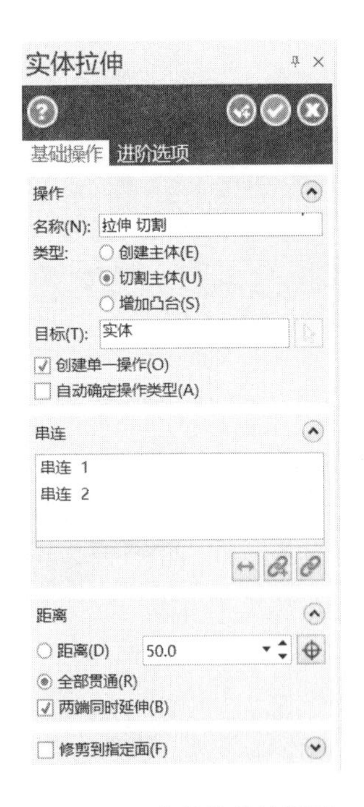

图 3-26　实体拉伸的设置

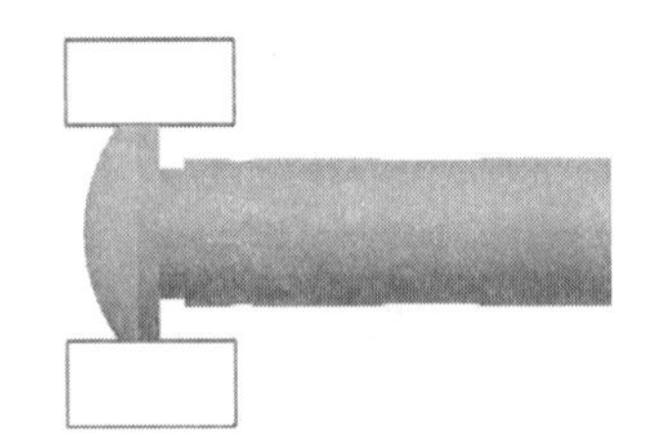

图 3-27　拉伸切除实体

12）层别图素管理。单击“层别”选项标签，打开“层别”对话框。在对话框的层别列表中单击层别 1 的“高亮”单元格，以设置不显示层别 1 中的图素，如图 3-28 所示。

此时，可以按快捷键〈Alt+7〉，或者在功能区“检视”选项卡的“图形检视”面板中单

击“等角视图”按钮，实体模型显示如图 3-29 所示。

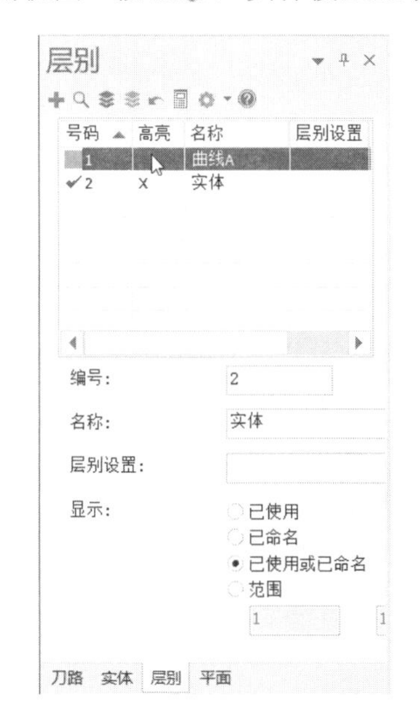

图 3-28 “层别”对话框

图 3-29 以等角视图显示

13）实体倒角。在功能区“实体”选项卡的“修剪”面板中单击“单一距离倒角”按钮，系统弹出“实体选择”对话框并提示“选择要倒角的图形”。选择图 3-30 所示的实体边线，按〈Enter〉键确定，系统弹出“单一距离倒角”对话框，在“名称”文本框中输入“倒角 C2”，在“距离”文本框中设置倒角距离值为 2，如图 3-31 所示，然后单击“确定”按钮。

图 3-30 选择要倒角的图素

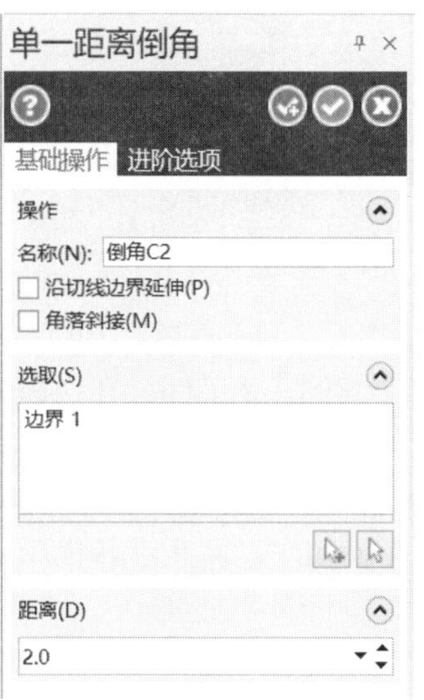

图 3-31 设置实体倒角参数

在功能区“实体”选项卡的“修剪”面板中单击“单一距离倒角”按钮，系统提示“选择要倒角的图形”。选择图 3-32 所示的实体边线，按〈Enter〉键确定，系统弹出“单一距离倒角”对话框，在“名称”文本框中输入“倒角 C1”，在“距离”文本框中设置倒角距离值为1，然后单击“确定”按钮。创建的倒角效果如图3-33所示。

14）保存文件。此时，完成的顶杆帽零件模型如图 3-34 所示。在“快速访问”工具栏中单击“保存”按钮，在系统弹出的“另存为”对话框中选择要保存的位置，指定文件名为“顶杆帽”，其扩展名为“.mcam”，然后单击“保存”按钮。

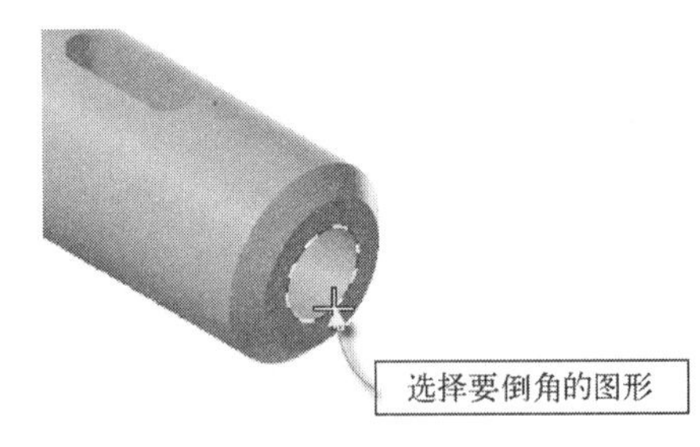

图3-32　选择要倒角的图形

图3-33　实体倒角的效果

图3-34　顶杆帽零件的实体模型

3.2.2 绘制弯管连接架

扫码观看视频

本范例要完成的弯管连接架如图 3-35 所示。在范例中主要用到“扫描实体”“拉伸实体”等实体功能，还要求读者熟练掌握绘图平面的设定方法及技巧等。

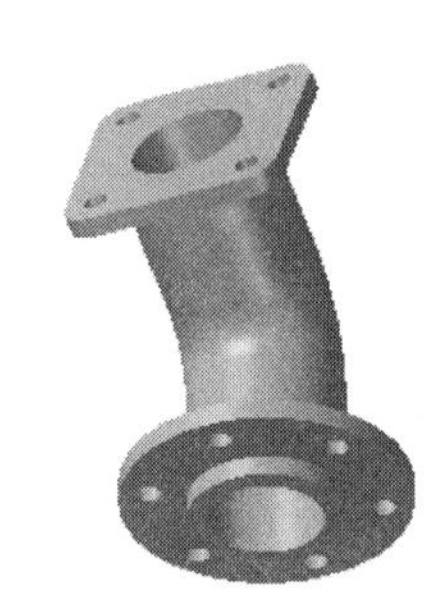

图3-35　绘制弯管连接架

该弯管连接架的绘制过程如下。

1）新建一个图形文件。在“快速访问”工具栏中单击“新建”按钮，新建一个Mastercam 2019文件。

2）相关属性状态设置。单击“层别”标签，打开“层别”对话框。在“编号”（层别号码）文本框中输入“1”，在“名称”文本框中输入“扫描截面及轨迹串连”，从而完成该图层设置。

将线框颜色设置为红色，绘图平面（构图面）为“俯视”，构图深度为 0，屏幕视图也是“俯视”，线型为实线，线宽为稍粗一点的。

3）绘制一个圆。在功能区“线框”选项卡的“圆弧”面板中单击“已知点画圆”按钮，打开“已知点画圆”对话框，指定圆心点位于原点（0,0），设置半径为 19，然后单击“确定并创建新操作”按钮，绘制第一个圆。在“已知点画圆”对话框中设置半径为 14，再指定原点位置（0,0）作为新圆的圆心点，单击“确定”按钮，完成绘制第二个圆，如图 3-36 所示。

4）绘制扫描轨迹。按〈Alt+2〉快捷键，或者在功能区“检视”选项卡的“图形检视”面板中单击“前视图”按钮，从而将屏幕视角（即屏幕视图）和绘图平面均设置为前视图形式。

绘制图 3-37 所示的曲线。先使用“任意线”按钮绘制竖直的直线段，接着使用“极坐标点画弧”按钮绘制中间的圆弧段，然后使用“通过点相切线”按钮绘制与圆弧相切的倾斜的直线段。

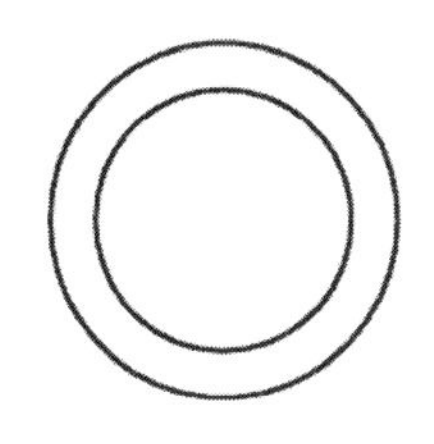

图 3-36　绘制两个圆

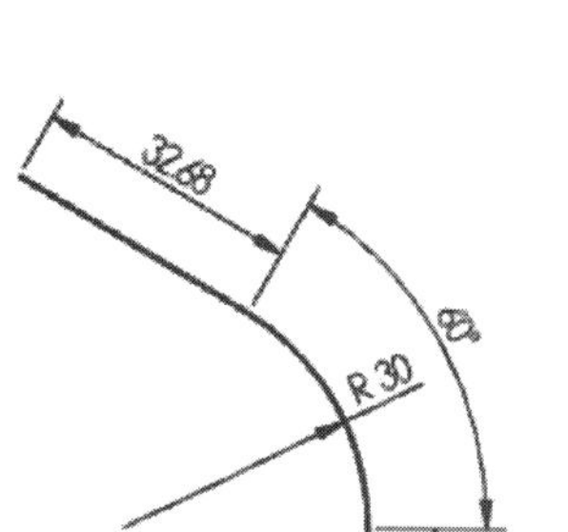

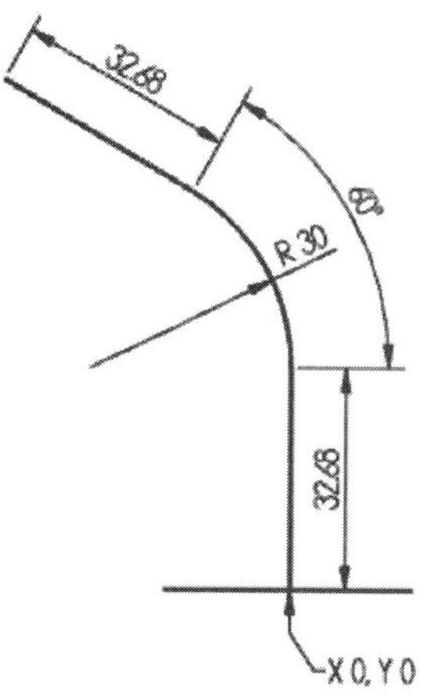

图 3-37　绘制曲线

5）设置用于创建实体的属性状态。在“层别”对话框“编号”（层别号码）文本框中输入“2”，在“名称”文本框中输入“实体”，从而完成该新图层设置。

接受默认的曲面颜色。

按〈Alt+7〉快捷键，或者在功能区“检视”选项卡的“图形检视”面板中单击“等角视图”按钮，可以看到绘制的图形如图 3-38 所示。

6）创建扫描实体。在功能区“实体”选项卡的“建立”面板中单击“扫描”按钮，接着选择图 3-39 所示的两个圆作为要扫掠的串连图素，单击“串连选项”对话框中的“确定”按钮；接着在提示下选择图 3-40 所示的串连图素作为扫掠路经。

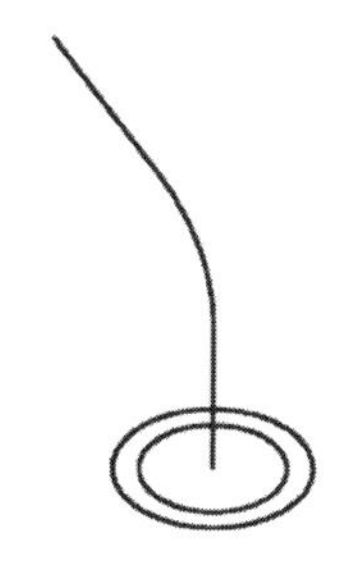

图 3-38　绘制的图形

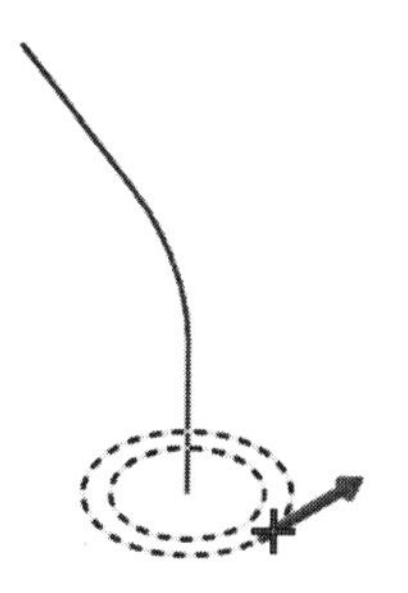

图 3-39　选择要扫掠的串连图素

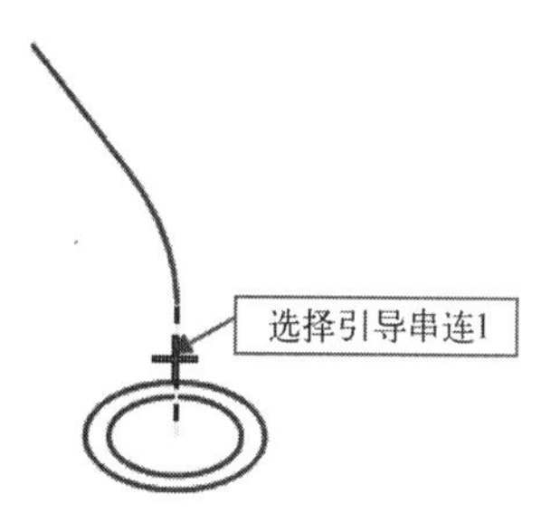

图 3-40　选择扫掠路经

系统弹出“扫描”对话框，如图 3-41 所示，单击“确定”按钮，创建的扫描实体如

图 3-42 所示。

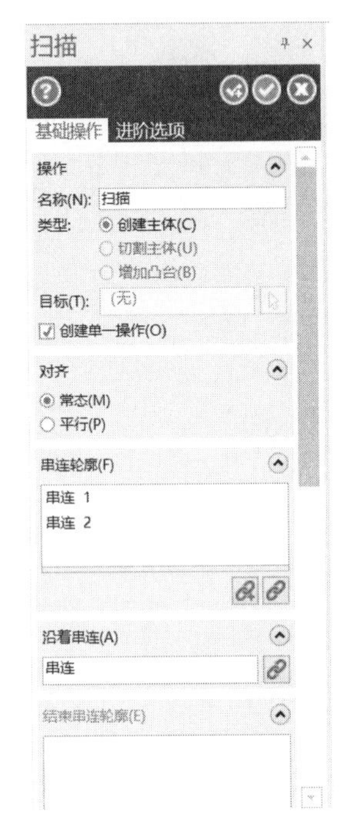

图 3-41　扫描实体的设置

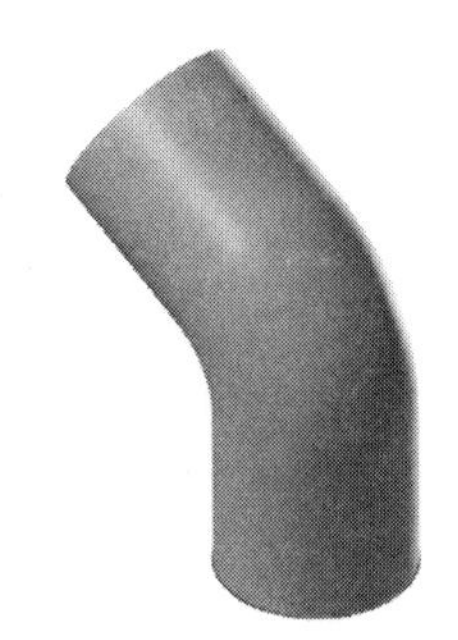

图 3-42　创建的扫描实体

7）绘制二维图形。按〈Alt+1〉快捷键，或者在功能区“检视”选项卡的“图形检视”面板中单击“俯视图”按钮。

在“层别”对话框中将层别 1 设置为不高亮显示（不突显），接着在“编号”（层别号码）文本框中输入“3”，在“名称”文本框中输入“曲线”。

线框颜色仍然为 12 号的红颜色。在属性状态栏的 Z 文本框中输入“5”，按〈Enter〉键确定，也就是设置构图深度为 5。

在功能区“线框”选项卡的“圆弧”面板中单击“已知点画圆”按钮，打开“已知点画圆”对话框，单击“输入坐标点”按钮，输入“0,0”并按〈Enter〉键确定，设置圆半径为 35，单击“确定并创建新操作”按钮，绘制的该圆如图 3-43 所示。接着单击“输入坐标点”按钮，输入“0,0”并按〈Enter〉键确定，设置圆半径为 14，然后单击“确定”按钮，在该构图深度的构图面中绘制的第 2 个圆如图 3-44 所示（以线框显示才能看出来）。

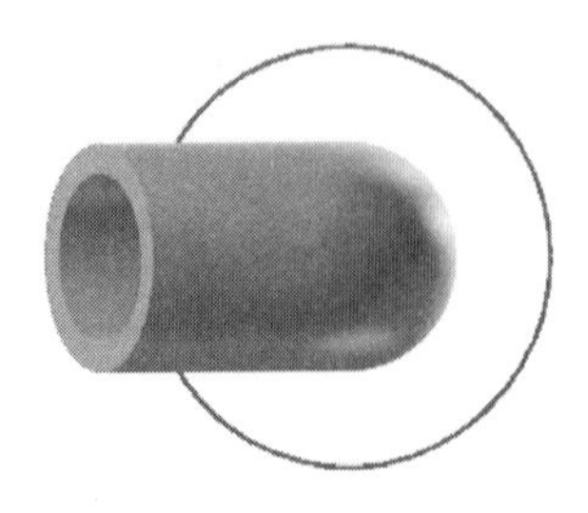

图 3-43　绘制一个圆

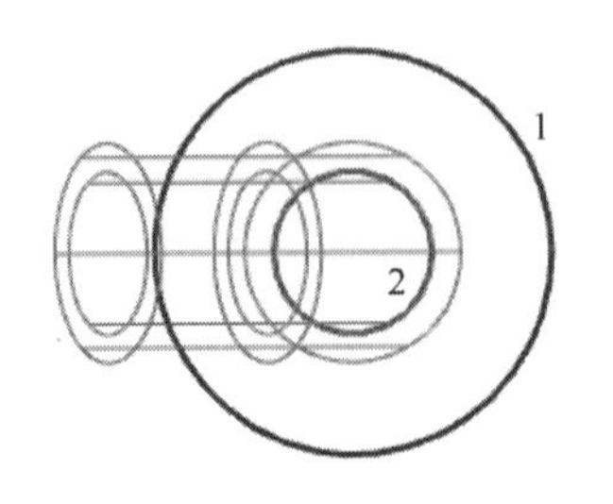

图 3-44　绘制另一个圆

8）在该构图面中绘制均布若干个圆。在功能区“线框”选项卡的“圆弧”面板中单击“已知点画圆”按钮，打开“已知点画圆”对话框，单击“输入坐标点”按钮，输入“28,0”并按〈Enter〉键确定，设置圆半径为 3，单击“确定”按钮，绘制图 3-45 所示的一个小圆。

在功能区中切换至“转换”选项卡，单击“位置”面板中的“旋转”按钮，选择刚绘制的小圆作为要旋转复制的图素，按〈Enter〉键确定。在“旋转”对话框中设置图 3-46 所示的选项及参数，单击“确定”按钮。

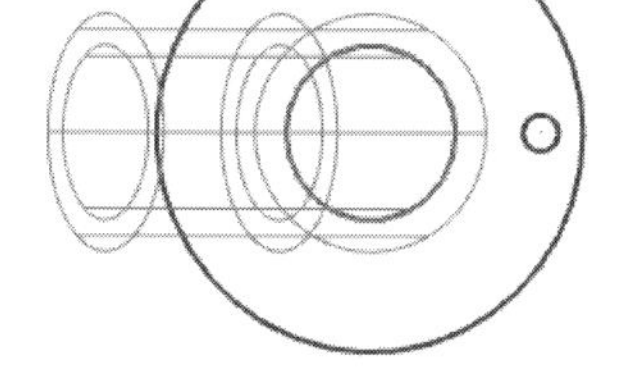

图 3-45　绘制一个小圆

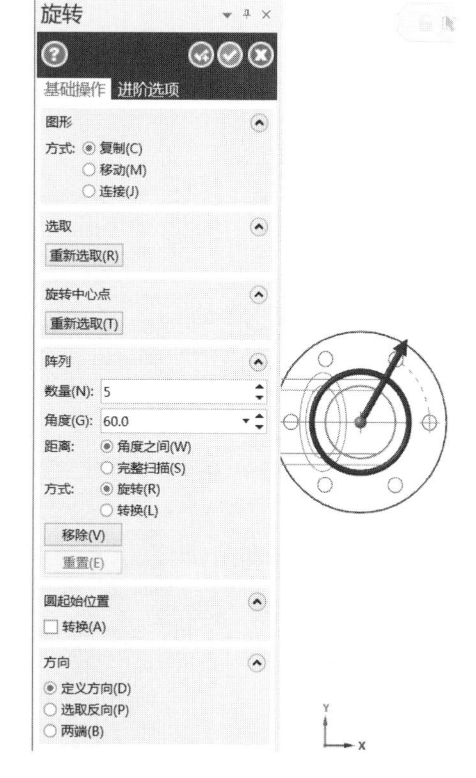

图 3-46 “旋转”对话框

9）创建拉伸实体。在“层别”对话框中设置层别为 2。

在功能区“实体”选项卡的“建立”面板中单击“拉伸”按钮，系统弹出“串连选项”对话框。以串连的方式选择之前在同一个构图深度的构图面中绘制的所有圆，如图 3-47 所示，然后单击“串连选项”对话框中的“确定”按钮。系统弹出“实体拉伸”对话框，在“基础操作”选项卡中进行图 3-48 所示的选项及参数设置，注意挤出的方向为 Z 轴正方向。

在“实体拉伸”对话框中单击“确定”按钮，创建的拉伸实体如图 3-49 所示。

10）层别等属性设置以及构图面设置。在“层别”对话框的“编号”（层别号码）文本框中输入“4”，在“名称”文本框中输入“曲线”，并增加设置层别 3 的图素不突显（即取消高亮标记），从而完成该新图层设置。

确保将线框颜色设置为 12 号的红颜色。构图深度 Z 设置为 0。

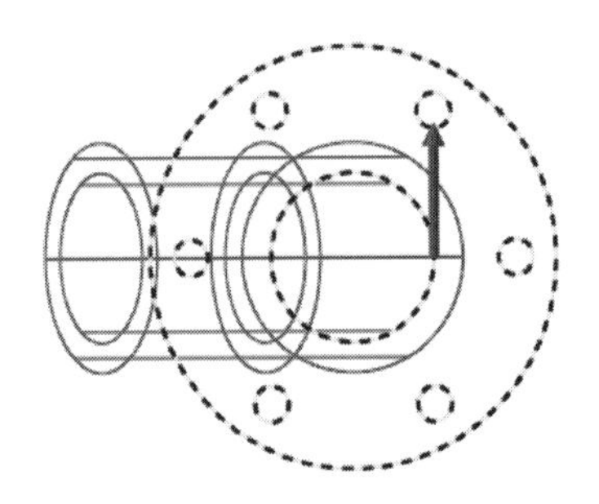

图 3-47 选择要挤出的多个圆

图 3-48 实体挤出的设置

图 3-49 创建拉伸实体

使用鼠标中键调整屏幕视角。

在功能区“检视”选项卡的“管理”面板中确保选中“平面”按钮以设置显示平面管理器，亦可按〈Alt+L〉快捷键切换显示平面管理器。

在图形窗口左侧窗格底部单击“平面”标签以打开“平面”对话框（即平面管理器），接着单击“创建新平面”按钮，如图 3-50 所示，接着从其下拉列表框中选择“依照实体面（实体定面）”选项，系统提示选择实体面。

选择图 3-51 所示的平整实体面，接着在出现的图 3-52 所示的“选择平面”对话框中单击“确定”按钮以确定图示实体面，然后在弹出的“新建平面”对话框中单击“确定”按钮。

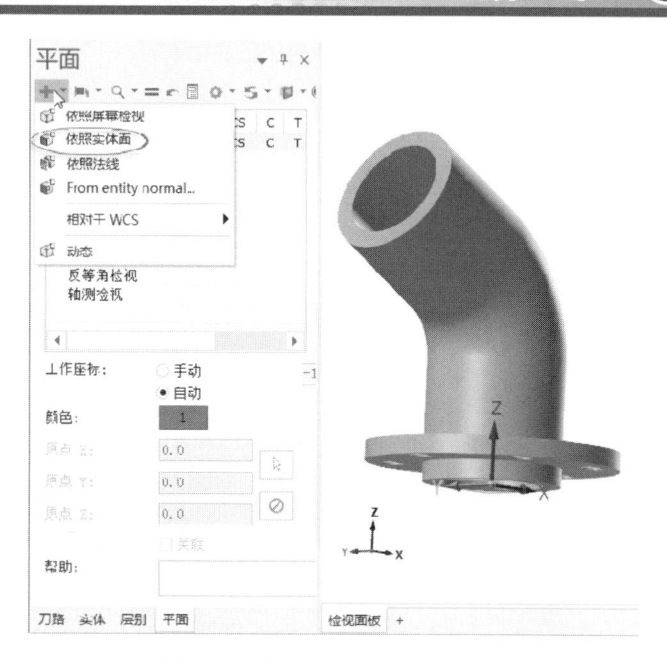

图 3-50　选择“依照实体面”命令

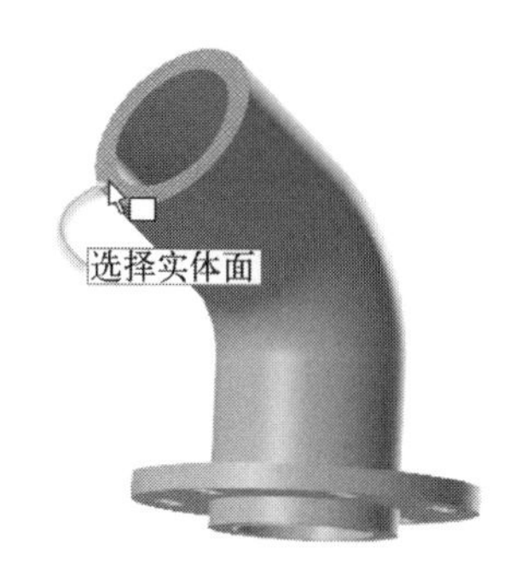

图 3-51　选择一平的实体面

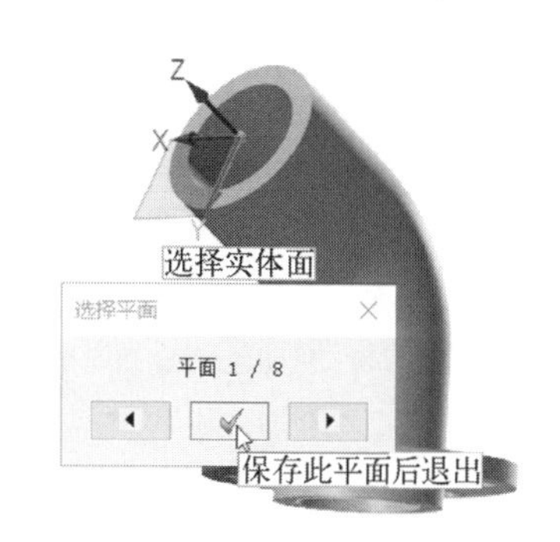

图 3-52　确定选择实体面

11）在新构图面中绘制二维图形。在“平面”对话框（平面管理器）的视图列表中单击新命名为“平面”（已建新构图平面）的“C”单元格以设置其为绘图平面，也可以从状态栏的“绘图平面”下拉列表框中选择“已命名”|“平面”选项。

在功能区“线框”选项卡的“形状”面板中单击“圆角矩形”按钮，接着在弹出的“Rectangular Shapes”（圆角矩形）对话框中设置图 3-53 所示的矩形选项及参数，选取图 3-54 所示的圆心点作为矩形基准点，然后单击“Rectangular Shapes”（圆角矩形）对话框中的“确定”按钮。注意：在提示选择基准点位置时，亦可在浮动工具栏的一个下拉列表框中选择“游标”|“圆弧中心”图标选项，接着在图形窗口中单击所需的圆弧来选取其圆心作为新矩形的基准点位置。

在功能区“线框”选项卡的“圆弧”面板中单击“已知点画圆”按钮，打开“已知点画圆”对话框，在该对话框中选择“手动”单选按钮，在“半径”文本框中设置圆半径为 3，单击其对应的图标以切换为锁定图标，使用鼠标依次单击圆角的中心处，以创建图 3-55 所示的 4 个圆。然后单击“已知点画圆”对话框中的“确定并创建新操作”按钮。

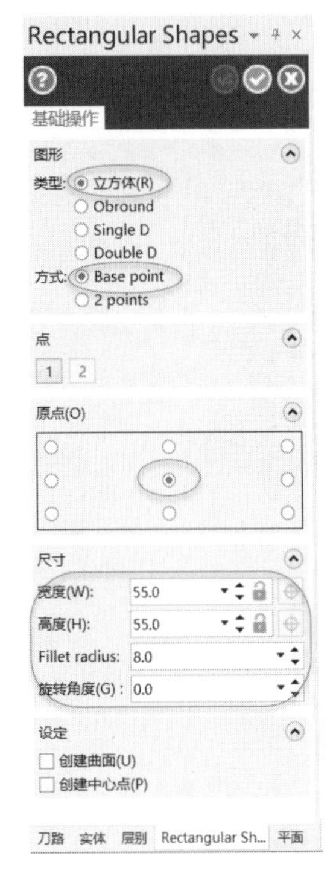

图 3-53　设置矩形选项及参数

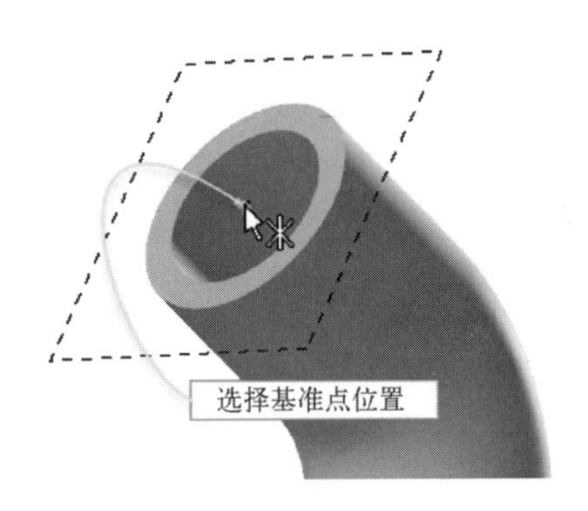

图 3-54　选取基准点位置

在“已知点画圆”对话框中设置新圆半径为 14，接着选择“游标”|“圆心”选项，并使用鼠标选取图 3-56 所示的圆边来取其圆心位置作为新圆的圆心，单击“确定”按钮。

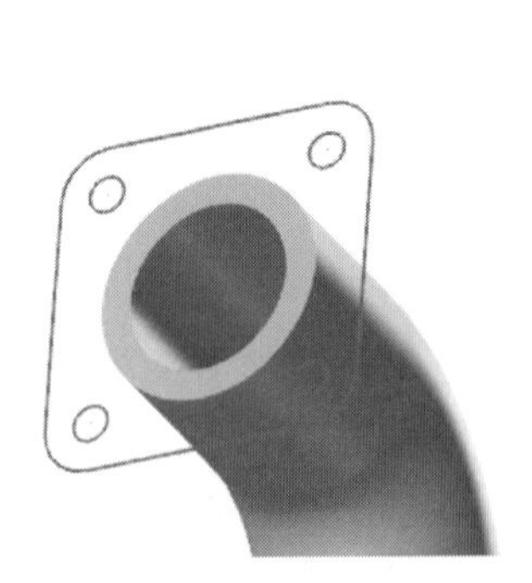

图 3-55　绘制 4 个圆

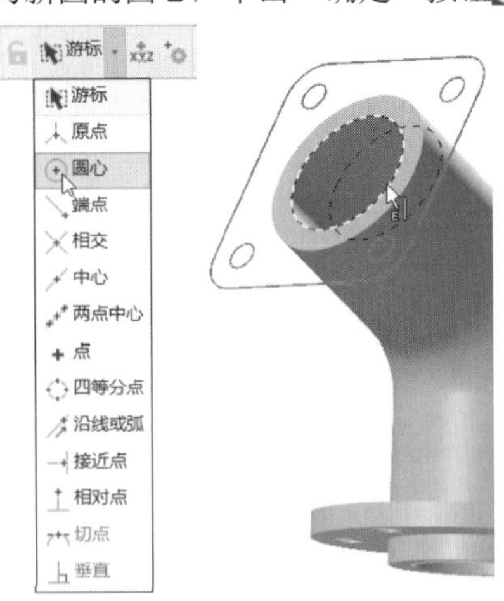

图 3-56　选取圆心位置

12）创建拉伸实体特征。在图形窗口左侧窗格底部单击“层别”标签以打开“层别”对话框，设置新的当前层别为 2。

在功能区“实体”选项卡的“建立”面板中单击“拉伸”按钮，系统弹出“串连选项”对话框。以串连的方式选择上步骤所创建的带圆角的矩形和 5 个圆，单击“串连选项”

对话框中的“确定”按钮✓。在“实体拉伸”对话框中进行图 3-57 所示的设置，然后单击“确定”按钮，创建的拉伸实体特征如图 3-58 所示。

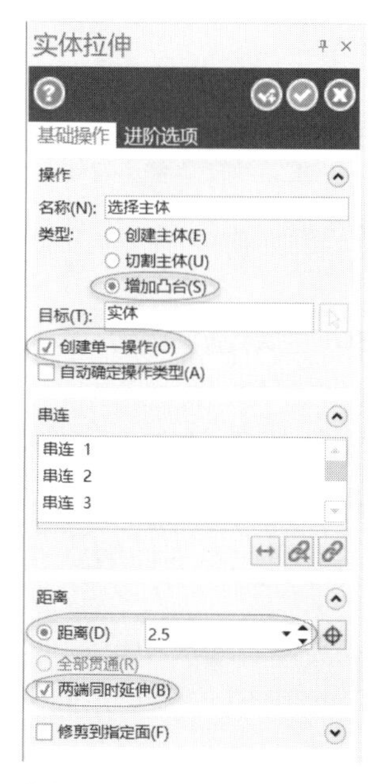

图 3-57　实体拉伸的设置

图 3-58　创建拉伸实体特征

13）隐藏所有的曲线。利用“层别”对话框设置所有的曲线层处于不显示状态。

14）保存文件。此时，完成的弯管连接架零件模型如图 3-59 所示。

图 3-59　弯管连接架零件的实体模型

在“快速访问”工具栏中单击“保存”按钮，在系统弹出的“另存为”对话框中选择要保存的位置，指定文件名为“弯管连接架”，其扩展名为“.mcam”，然后单击“保存”按钮。

3.2.3 绘制箱体

本范例要完成的箱体零件如图 3-60 所示。在范例中主要用到“画立方体”“圆柱体”“拉伸实体”“实体抽壳”“牵引实体”“实体圆角”“实体布尔运算”等功能，还要求读者应该熟练掌握绘图平面的设定方法及技巧等。

扫码观看视频

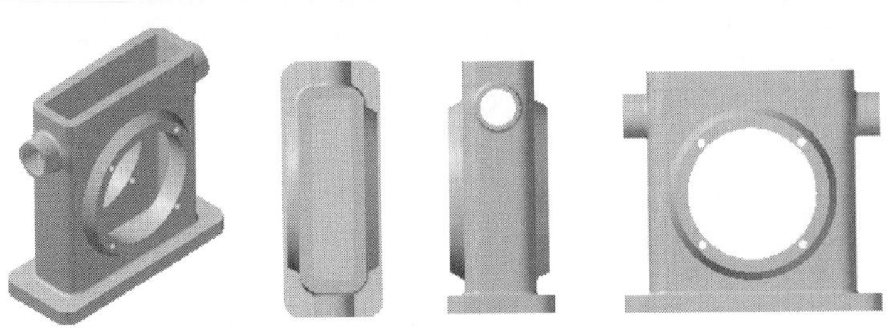

图 3-60 绘制箱体实体模型

本箱体零件的设计步骤如下。

1）新建一个图形文件。在“快速访问”工具栏中单击“新建”按钮，从而新建一个 Mastercam 2019 文件。

2）相关属性状态设置。单击“层别”标签，打开“层别”对话框。在“编号”（层别号码）文本框中输入“1”，在“名称”文本框中输入“实体”，从而完成该图层设置。

接受默认的线框颜色和实体颜色，确保绘图平面（构图面）为“俯视”，构图深度为 0，屏幕视图也是“俯视”，线型为实线，线宽自定。

3）绘制长方体。在功能区“实体”选项卡的“基本实体”面板中单击“立方体”按钮，打开“Primitive Block”（立方体）对话框。在“Primitive Block”（立方体）对话框中，按照图 3-61 所示的内容进行设置。在浮动工具栏中单击“输入坐标点”按钮，输入“0,0,0”并按〈Enter〉键确定，然后在“立方体”对话框中单击“确定”按钮。

按〈Alt+7〉快捷键，或者在功能区“检视”选项卡的“图形检视”面板中单击“等角视图”按钮，则可以在屏幕中看到创建的长方体模型如图 3-62 所示。

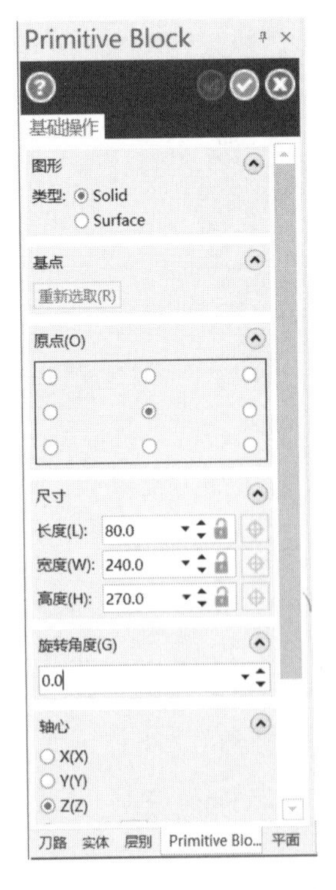

图 3-61 设置立方体选项

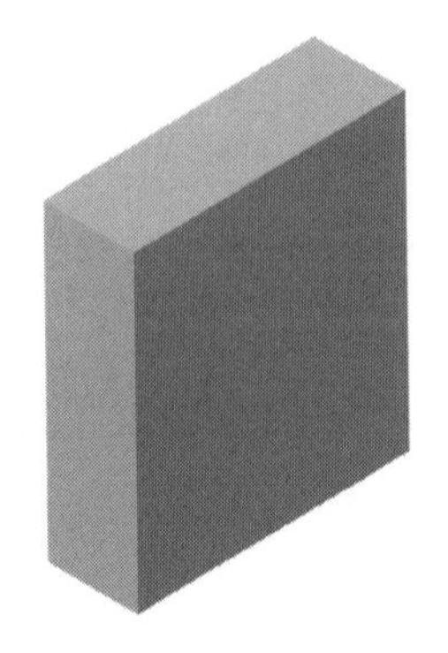

图 3-62 创建的长方体模型

4）创建圆柱体。在功能区“实体”选项卡的“基本实体”面板中单击“圆柱体”按钮，系统弹出“圆柱体”对话框，选择“Solid”（实体）单选按钮，设置圆柱半径为 90，圆柱高度为 110，在“轴”选项组中选择“X”单选按钮，如图 3-63 所示。单击“输入坐标点”按钮，输入“-55,0,130”并按〈Enter〉键确定，然后在“圆柱体”对话框中单击“确定”按钮。创建的圆柱体如图 3-64 所示（这里切换到了以边线着色模式显示模型）。

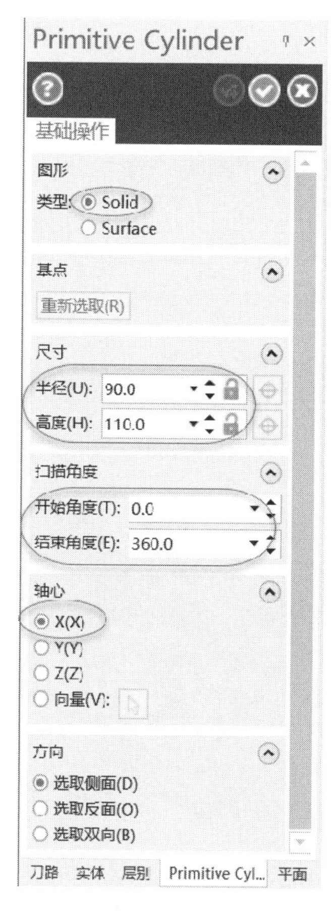

图 3-63 “圆柱体”对话框

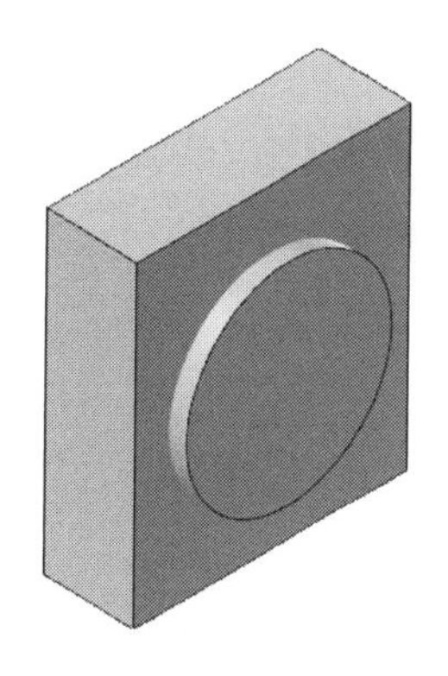

图 3-64 创建圆柱体

5）执行“布尔运算-结合”操作。在功能区“实体”选项卡的“建立”面板中单击“布尔运算”按钮，打开“布尔运算”对话框，在“基础操作”选项卡中选择“结合”单选按钮，单击“目标”收集器右侧的“选择目标主体”按钮，接着在图形窗口中选择长方体作为目标主体，然后在“工件主体”选项组中单击“增加选取”按钮，选择圆柱体作为布尔运算的工件主体，按〈Enter〉键确定。最后单击“确定”按钮。

6）实体抽壳。在功能区“实体”选项卡的“修剪”面板中单击“抽壳（薄壳）”按钮，系统出现“选择要保留的开放主体或实体面”的提示信息。在图 3-65 所示的“实体选择”对话框中只选中“选择实体面”按钮，接着使用鼠标光标在绘图区分别单击图 3-66 所示的 3 个面。

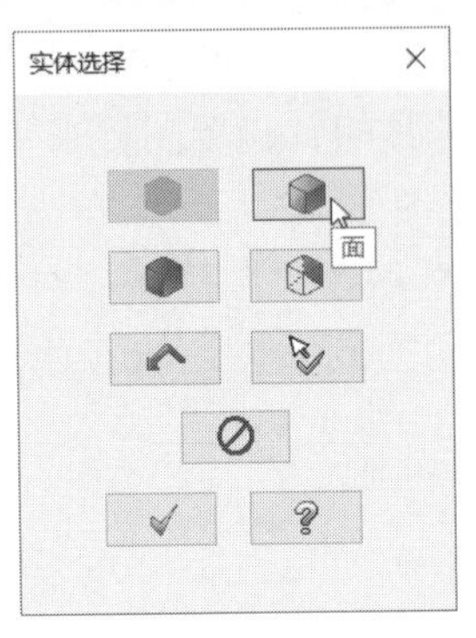

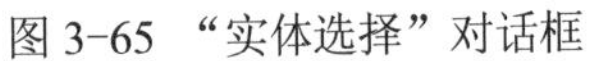

图 3-65 “实体选择”对话框

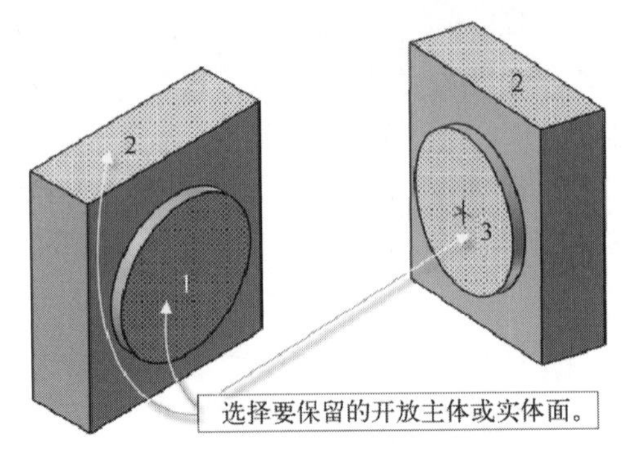

图 3-66 选择 3 个实体面

按〈Enter〉键确定或者单击“实体选择”对话框中的“确定”按钮，系统弹出“抽壳”对话框。在“基础操作”选项卡的“操作”选项组中选择“方向 1”单选按钮以朝内抽壳，在“抽壳厚度”选项组的“方向 1”文本框中输入“15”，如图 3-67 所示。然后单击“抽壳”对话框中的“确定”按钮，创建的实体薄壳如图 3-68 所示。

图 3-67 设置实体抽壳参数

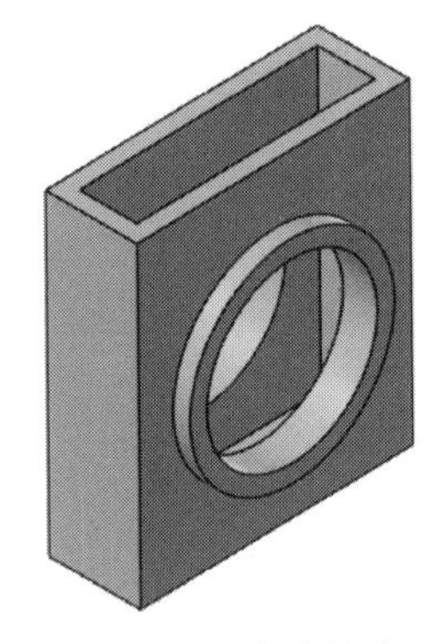

图 3-68 实体抽壳

7）创建长方体作为箱体底座。在功能区“实体”选项卡的“基本实体”面板中单击“立方体”按钮，系统打开“Primitive Block”（立方体）对话框。在“Primitive Block”（立方体）对话框中，按照图 3-69 所示的选项参数进行设置。单击“输入坐标点”按钮，输入“0,0,-5”并按〈Enter〉键确定，然后在“立方体”对话框中单击“确定”按钮，创建的长方体如图 3-70 所示。

8）创建圆柱体。在功能区“实体”选项卡的“基本实体”面板中单击“圆柱”按钮，系统打开“Primitive Cylinder”（圆柱）对话框，选择“Solid”（实体）单选按钮，设置圆柱体半径为 25，圆柱高度为 30，在“轴”选项组中选择“Y”单选按钮，如图 3-71 所示。单击“输入坐标点”按钮，输入“0,-120,220”并按〈Enter〉键确定，单击“确定”按钮，完成创建图 3-72 所示的一个小圆柱体。

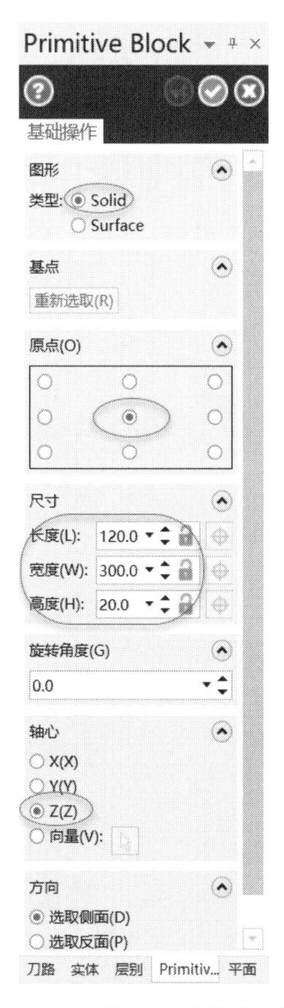

图 3-69　设置立方体选项

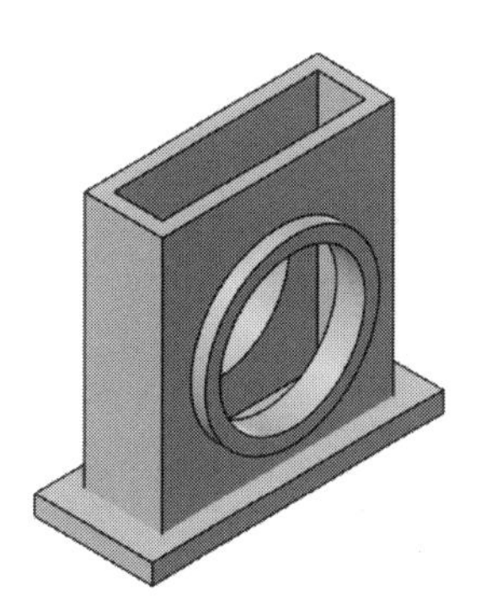

图 3-70　创建长方体

图 3-71　“圆柱”对话框

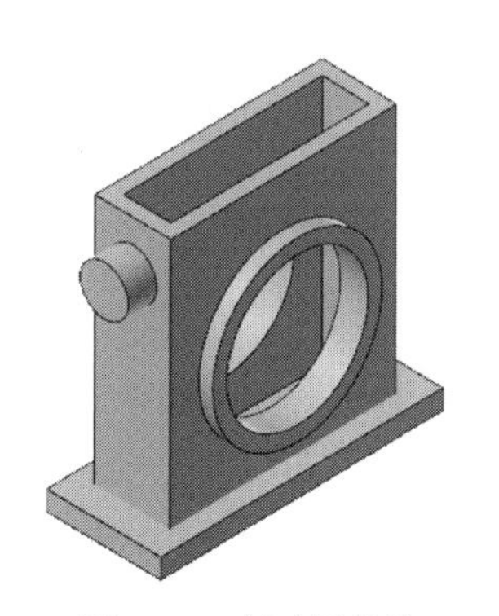

图 3-72　创建圆柱体

同样地，在功能区“实体”选项卡的“基本实体”面板中单击“圆柱”按钮，接着在“Primitive Cylinder”（圆柱）对话框中选择“实体”单选按钮，设置圆柱体半径为 25，圆柱体高度为-30，确保在“轴”选项组中选择“Y”单选按钮，注意圆柱体生成方向；单击“输入坐标点”按钮，输入“0,120,220”并按〈Enter〉键确定，然后在“圆柱”对话框中单击“确定”按钮，创建的圆柱体如图 3-73 所示。

继续创建一个圆柱体。确保“Primitive Cylinder”（圆柱）对话框中的“实体”单选按钮处于被选中的状态，设置圆柱体半径为 20，圆柱高度（长度）为 160，从“方向”选项组中选择“选取双向”单选按钮以设置向两方向生成圆柱体，在“轴”选项组中选择“Y”单选按钮；单击“输入坐标点”按钮，输入“0,0,220”并按〈Enter〉键确定，然后在“Primitive Cylinder”（圆柱）对话框中单击“确定”按钮，创建的细长的圆柱体如图 3-74 所示。

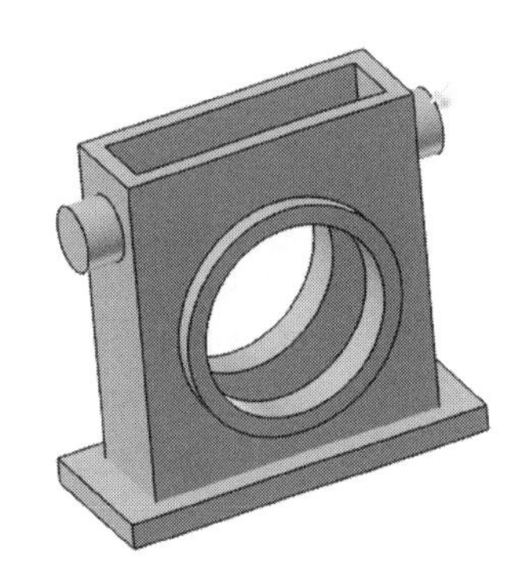
图 3-73　创建圆柱体

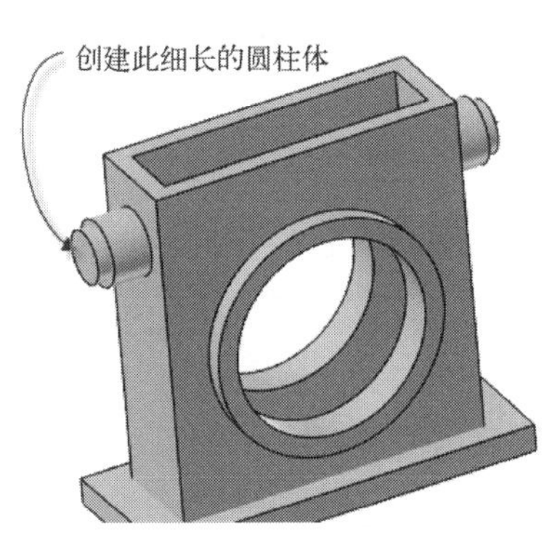

图 3-74　创建细长的圆柱体

9）布尔运算-结合。在功能区“实体”选项卡的“建立”面板中单击“布尔运算”按钮，打开“布尔运算”对话框，在“基础操作”选项卡中选择“结合”单选按钮，单击“目标”收集器右侧的“选择目标主体”按钮，选取要布尔运算的目标主体，如图 3-75 所示，接着在“工件主体”选项组中单击“增加选取”按钮，选择图 3-76 所示的 3 个实体作为要布尔运算的工件主体，按〈Enter〉键确定。最后单击“确定”按钮。

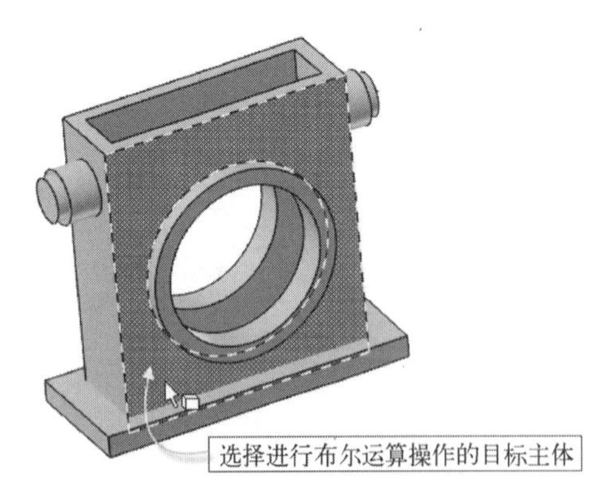

图 3-75　选取要布尔运算的目标主体 1

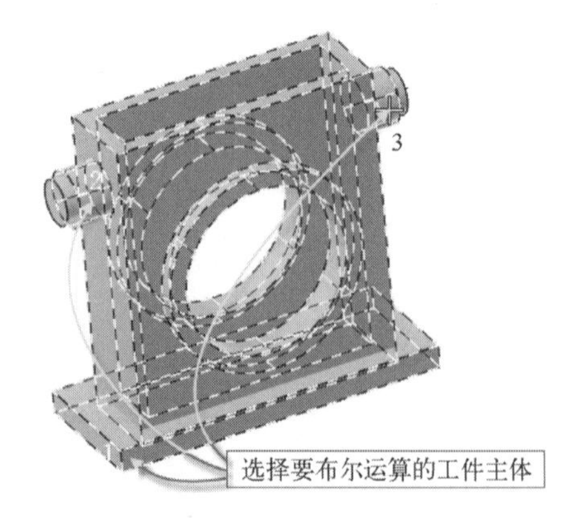

图 3-76　选择要布尔运算的工件主体 1

10）布尔运算-切割。在功能区“实体”选项卡的“建立”面板中单击“布尔运算”按钮，打开“布尔运算”对话框，在“基础操作”选项卡中选择“移除”单选按钮，单击“目标”收集器右侧的“选择目标主体”按钮，选取图 3-77 所示的实体作为要布尔运算的目标主体，接着在“工件主体”选项组中单击“增加选取”按钮，选择图 3-78 所示的圆柱体（光标所指的细长圆柱体）作为工件主体，按〈Enter〉键确定。

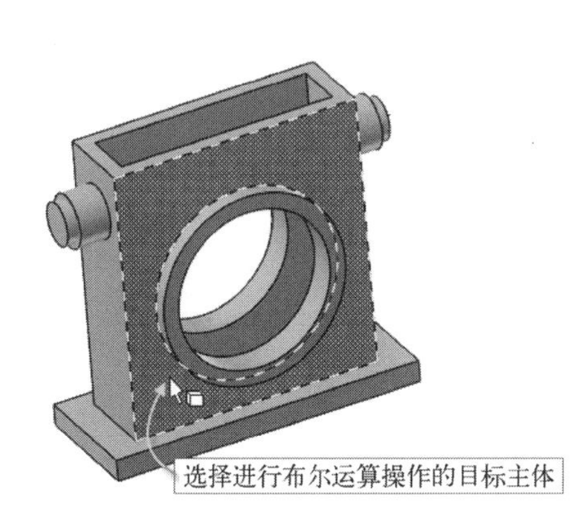

图 3-77　选择要布尔运算的目标主体 2

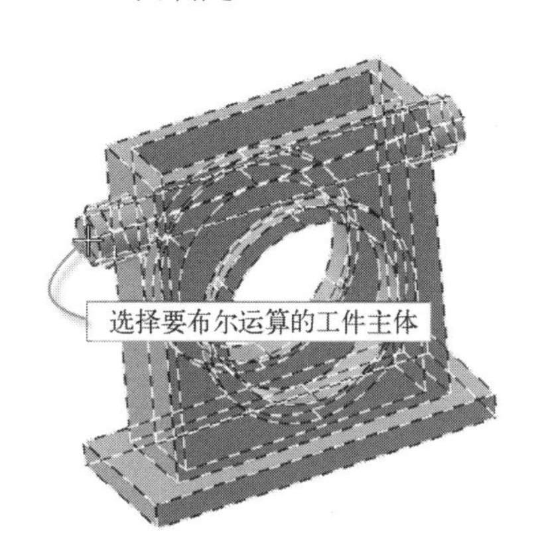

图 3-78　选择要布尔运算的工件主体 2

在“布尔运算”对话框中单击“确定”按钮，完成“布尔运算-切割”的效果如图 3-79 所示。

11）创建拔模斜度面。在功能区“实体”选项卡的“修剪”面板中单击“依照实体面拔模”按钮，系统提示“选择要拔模的实体面”，选择图 3-80 所示的实体面作为要拔模的实体面，按〈Enter〉键确定。

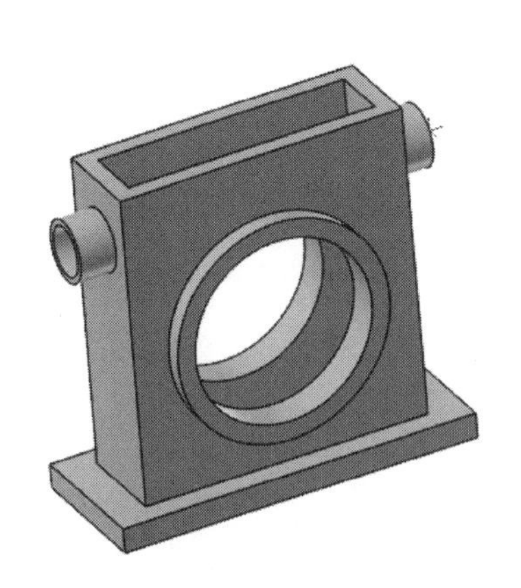

图 3-79　布尔运算-切割效果

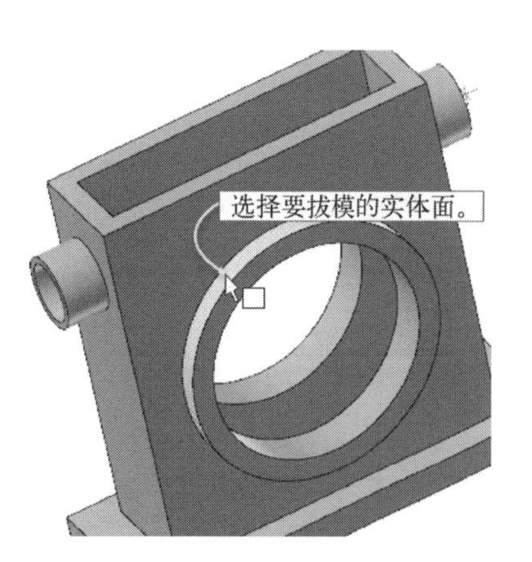

图 3-80　选择要拔模的实体面

系统提示“选择平面指定拔模面”，在该提示下选择图 3-81 所示的平整圆环面（鼠标光标所指的）。激活“依照实体面拔模”对话框，在“基础操作”选项卡的“操作”选项组中勾选“沿切线边界延伸”复选框，在“角度”选项组中设置拔模角度为 30°，如图 3-82 所示。

在“依照实体面拔模”对话框中单击“确定并创建新操作”按钮，完成该拔模的效果如图 3-83 所示。

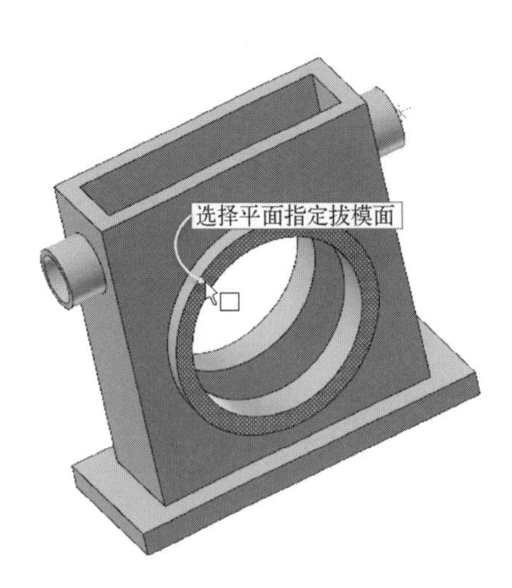

图 3-81 选择平面

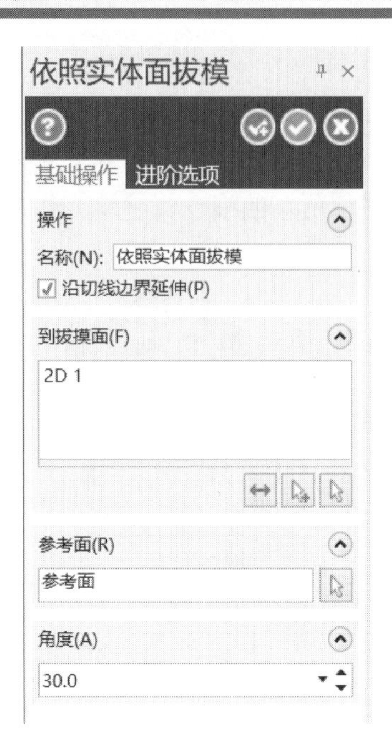

图 3-82 “依照实体面拔模”对话框

系统重新出现“选择要拔模的实体面”的提示信息，结合使用鼠标中键翻转模型视角后，在箱体的另一侧选择要拔模的对应实体面并按〈Enter〉键，接着选择相应的平整圆环面，并利用弹出的“依照实体面拔模”对话框设置和先前拔模一样的拔模参数，然后单击“确定”按钮，结果如图 3-84 所示。

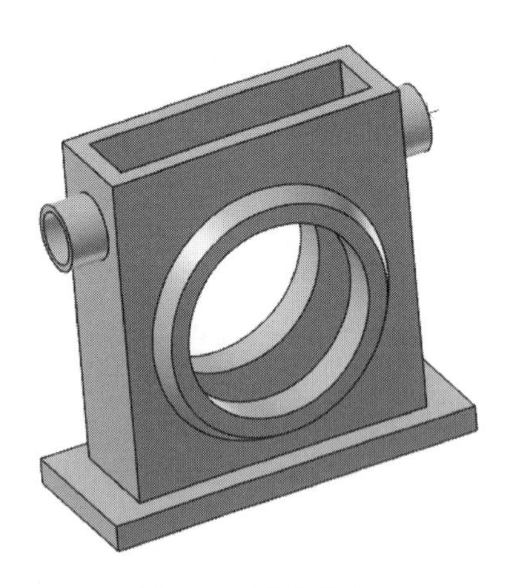

图 3-83 拔模结果 1

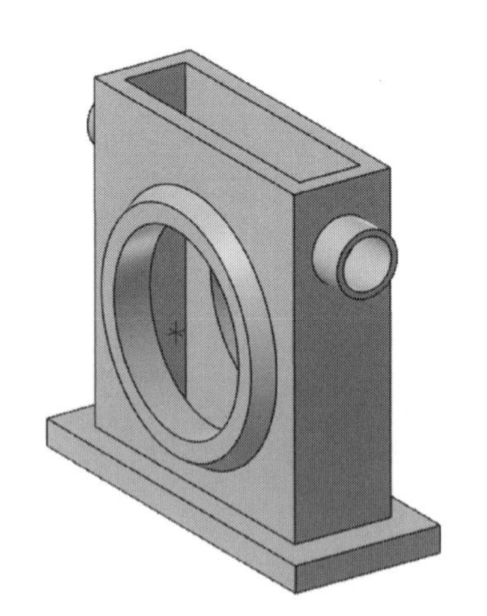

图 3-84 拔模结果 2

12）实体圆角。在功能区“实体”选项卡的“修剪”面板中单击“固定半径倒圆角”按钮，接着在“实体选择”对话框中确保选中“边界”按钮和“背面”按钮，而不选中“面”按钮和“主体”按钮等，在绘图区选择图 3-85 所示的箱体内腔 4 条边线，按〈Enter〉键确定，系统弹出“固定圆角半径”对话框，按照图 3-86 进行设置，单击“确定”按钮。

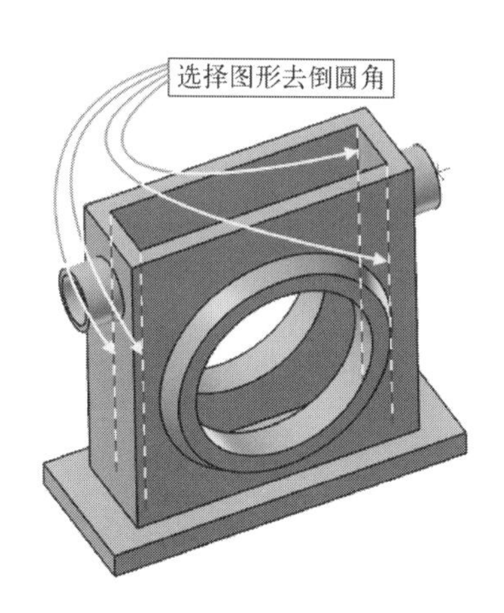

图 3-85 选择要圆角的边线

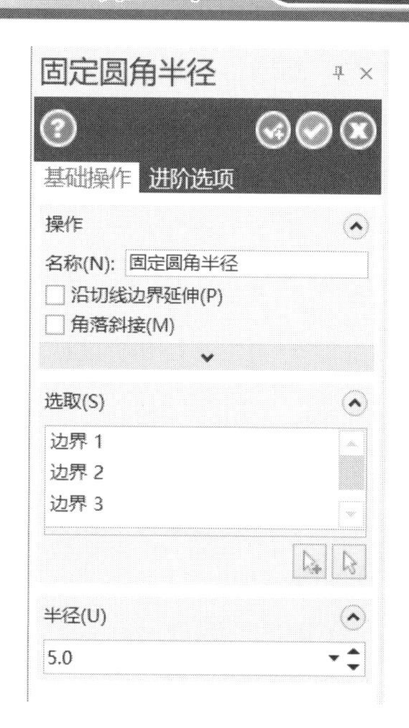

图 3-86 设置实体圆角参数

使用同样的方法，在箱体零件的其他边界处创建合适的圆角特征，圆角后的参考效果如图 3-87 所示。

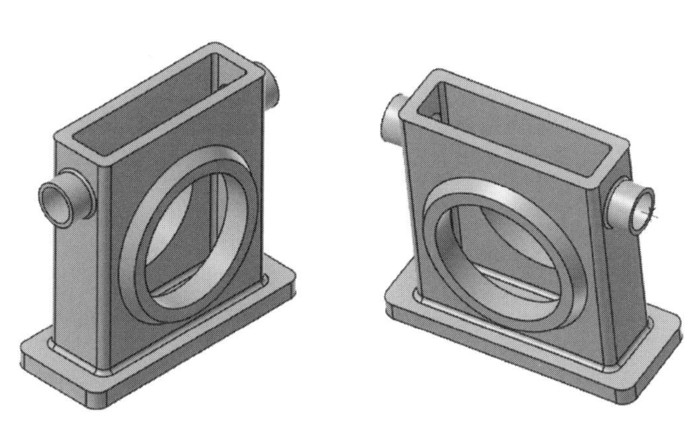

图 3-87 圆角后的参考效果

13）绘制二维图形。单击“层别”标签以打开“层别”对话框。在“编号”（层别号码）文本框中输入“2”，在“名称”文本框中输入“曲线”。

接受默认的线框颜色。按〈Alt+5〉快捷键，或者在功能区“检视”选项卡的“图形检视”面板中单击“右视图”按钮，确保绘图平面为右视图。构图深度 Z 为 0。

绘制图 3-88 所示的二维图形。

14）以拉伸的方式切除出若干安装孔。设置层别为 1，接受默认的实体颜色。

在功能区“实体”选项卡的“建立”面板中单击“拉伸”按钮，系统弹出“串连选项”对话框。以串连的方式选择上步骤所创建的 4 个大小相同的小圆，单击“串连选项”对话框中的“确定”按钮。系统弹出“实体拉伸”对话框，从中进行图 3-89 所示的设置，然后单击“确定”按钮，完成的拉伸切除效果如图 3-90 所示。

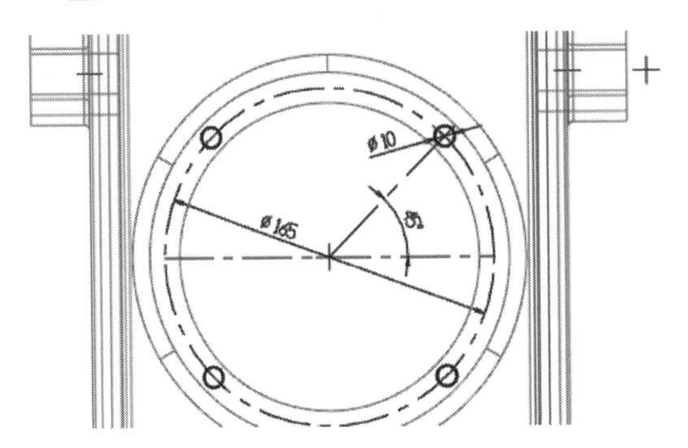

图 3-88 绘制二维图形

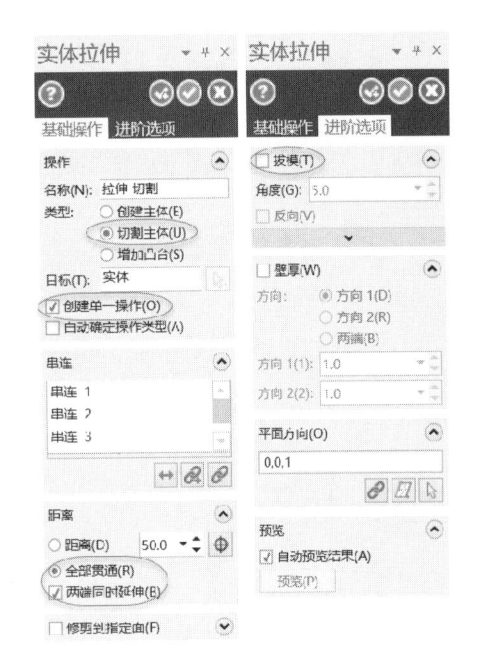

图 3-89 实体拉伸的设置

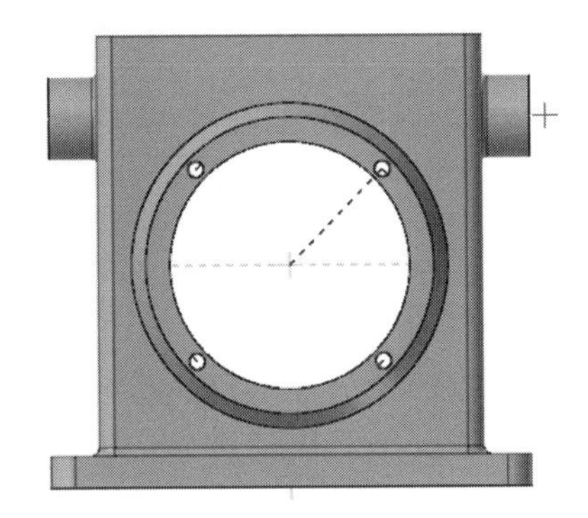

图 3-90 拉伸切除的效果

15）隐藏辅助曲线。在图形窗口左窗格底部单击“层别”标签，打开“层别”对话框。利用该对话框设置曲线层所在的层别 2 为不显示状态（即取消高亮标记）。

16）保存文件。此时，完成的箱体零件模型如图 3-91 所示。

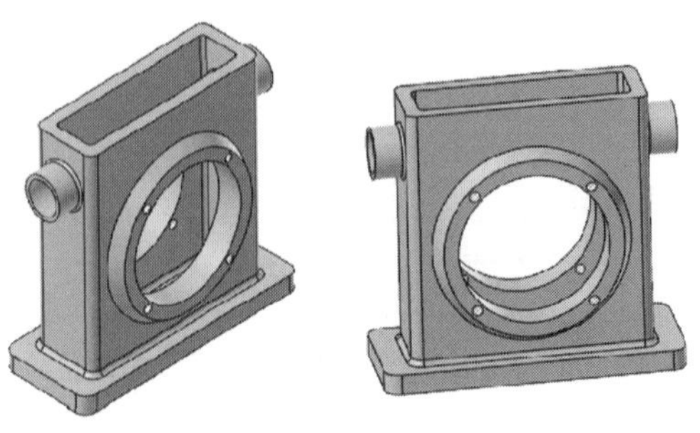

图 3-91 箱体零件的实体模型

在“快速访问”工具栏中单击“保存”按钮，在系统弹出的“另存为”对话框中选择要保存的位置，指定文件名为“箱体”，其保存类型为“Mastercam 文件（*.mcam）”，然后单击“保存”按钮。

3.2.4 绘制卧式柱塞泵的泵套零件

本范例要完成的实体模型为卧式柱塞泵的泵套零件，要求根据图 3-92 所示的工程图主要尺寸（图中未注倒角均为 C0.8）来创建该泵套零件的三维模型。在该范例中主要应用到“旋转实体”“拉伸实体”“布尔运算-切割”“实体旋转复制”“实体倒角”等功能，要求读者具有良好的工程图读图能力。

扫码观看视频

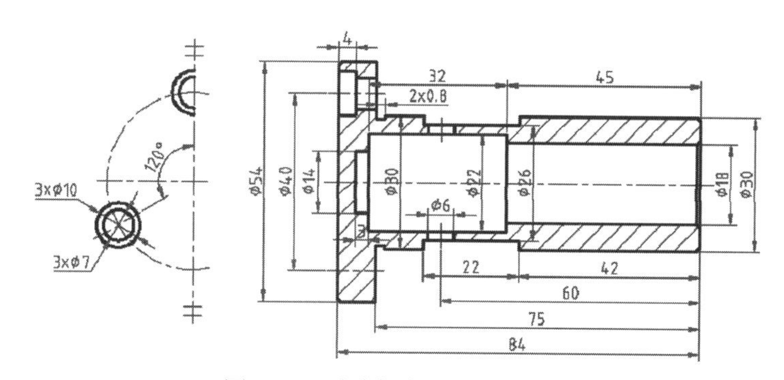

图 3-92 卧式柱塞泵的泵套零件

本范例卧式柱塞泵的泵套零件的创建方法及步骤如下。

1）新建一个图形文件。在“快速访问”工具栏中单击“新建”按钮，从而新建一个 Mastercam 2019 文件。

2）相关属性状态设置。在图形窗口左侧窗格底部单击“层别”标签，打开“层别”对话框。在“编号”（层别号码）文本框中输入“1”，在“名称”文本框中输入“旋转曲线 A”，完成该图层设置。

将线框颜色设置为红色，绘图平面（构图面）为“俯视”，构图深度 Z 为 0，屏幕视角也是“俯视”，线型为实线，线宽为稍粗一点的。

3）绘制二维图形。在功能区“线框”选项卡的“线”面板中单击“任意线”按钮，按照已有的零件图来绘制图 3-93 所示的连续二维图形。

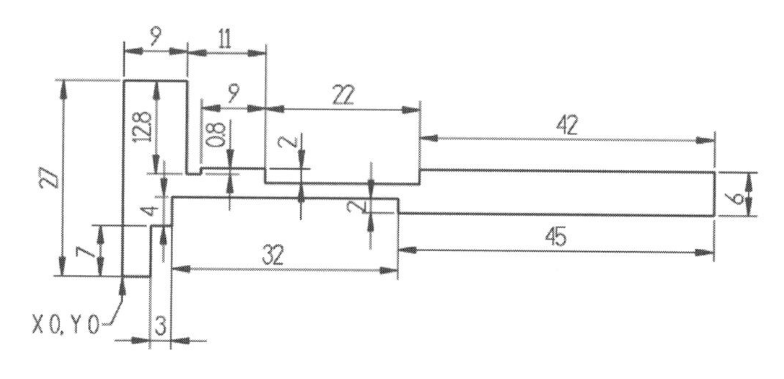

图 3-93 绘制二维图形

4）设置用于创建实体的图层属性状态。在“层别”对话框的“编号（层别号码）”文本框中输入“2”，在“名称”文本框中输入“实体”。

5）创建旋转实体。在功能区“实体”选项卡的“建立”面板中单击“旋转”按钮，系统弹出“串连选项”对话框，以串连的方式选择图 3-94 所示的闭合图形作为旋转的串连图素，单击“串连选项”对话框中的“确定”按钮。

选择图 3-95 所示的一条直线作为旋转中心参考轴。

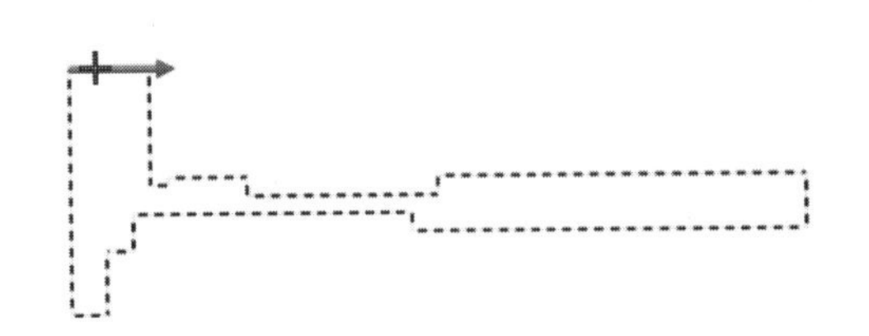

图 3-94　选择旋转的串连图素

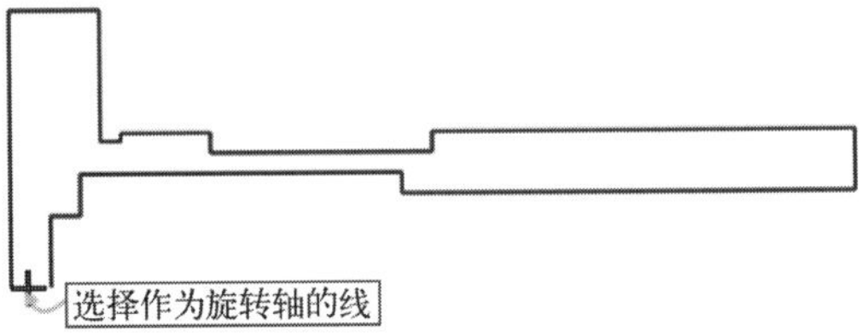

选择作为旋转轴的线

图 3-95　选择一条直线作为参考轴

在“旋转实体”对话框的“基础操作”选项卡中设置图 3-96 所示的选项和参数，以及切换到“进阶选项”选项卡，确保取消勾选“壁厚”复选框，如图 3-97 所示。

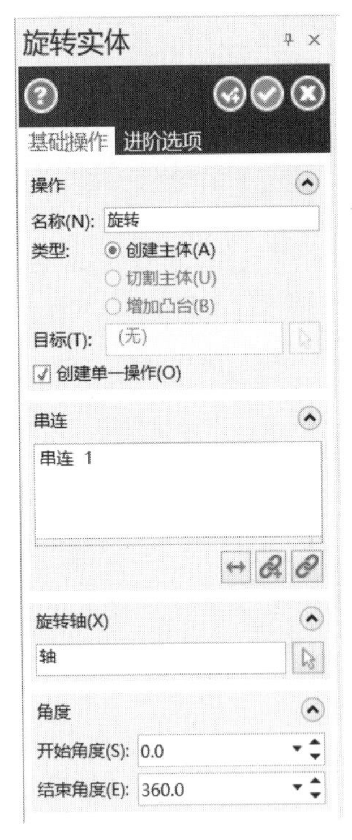

图 3-96　“基础操作”选项卡

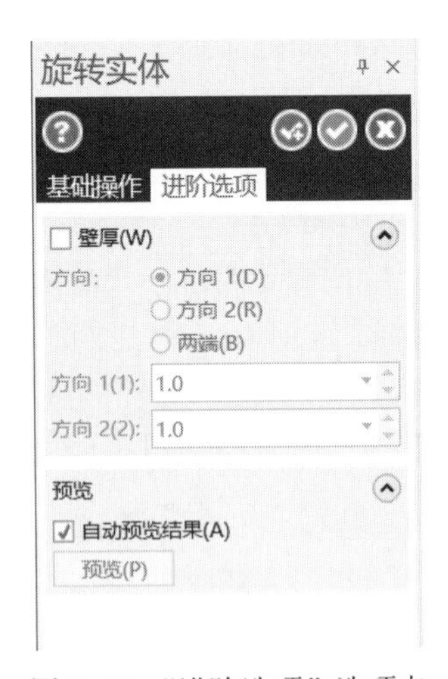

图 3-97　“进阶选项”选项卡

在“旋转实体”对话框中单击“确定”按钮，并以边框实体着色的形式显示实体模型，效果如图 3-98 所示。

6）绘制用于创建沉头孔的旋转截面。在“层别”对话框的“编号”（层别号码）文本框中输入“3”，在“名称”文本框中输入“沉头孔的旋转截面”，接着将名称为“旋转曲线 A”的层别 1 设置为不显示（即在“层别”列表中单击层别 1 对应的“高亮”单元格以取消其显示状态)。

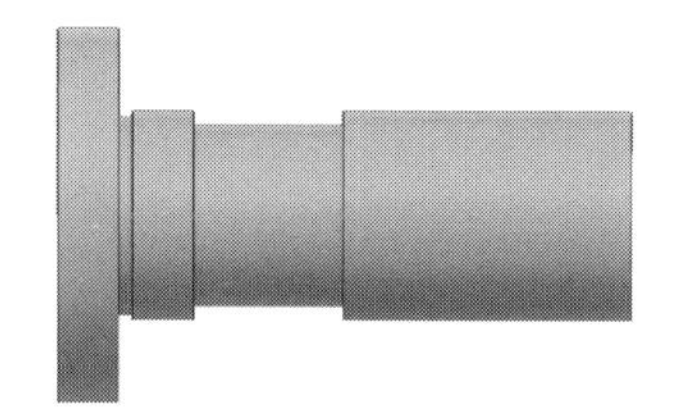

图 3-98 边框实体着色

同时确保将线框颜色设置为代号为 12 的红色。

绘制图 3-99 所示的旋转截面。

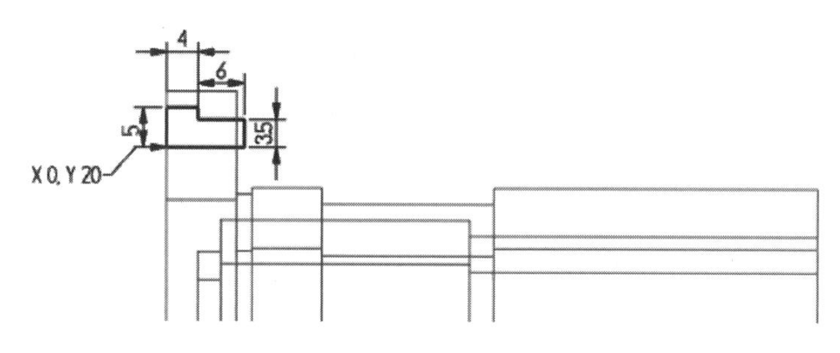

图 3-99 绘制旋转截面

7）创建沉头孔外形形状的旋转实体。利用“层别”对话框将当前层别设置为 2，并接受默认的实体颜色。

在功能区“实体”选项卡的“建立”面板中单击“旋转”按钮，选择图 3-100 所示的闭合图形作为旋转的串连图素，单击“串连选项”对话框中的“确定”按钮。接着选择图 3-101 所示的一条直线作为旋转的参考轴。

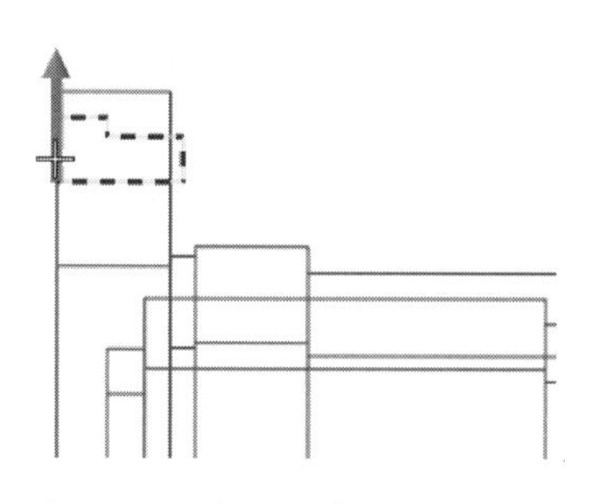

图 3-100 选择旋转的串连图素

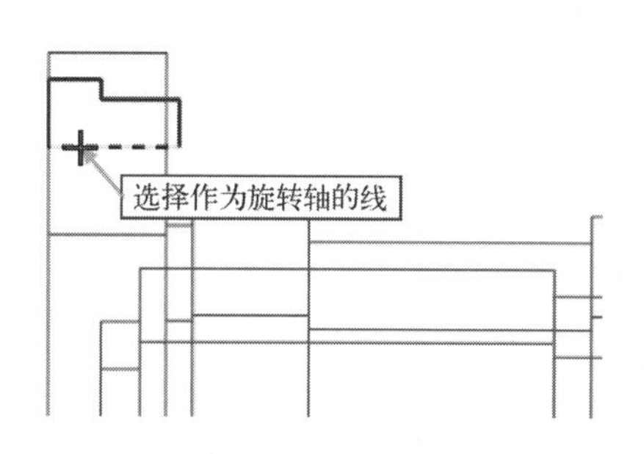

图 3-101 选择一直线作为旋转中心轴

打开“旋转实体”对话框，在“基础操作”选项卡的“操作”选项组中选择“创建主体”单选按钮，勾选“创建单一操作”复选框，并在“角度”选项组中接受默认的起始角度为 0，结束角度为 360°，如图 3-102 所示。单击“确定”按钮，完成创建该旋转实体。创建的旋转实体如图 3-103 所示，图中已经将层别 3 的沉头孔旋转截面设置为不显示，并且以等角视图显示。

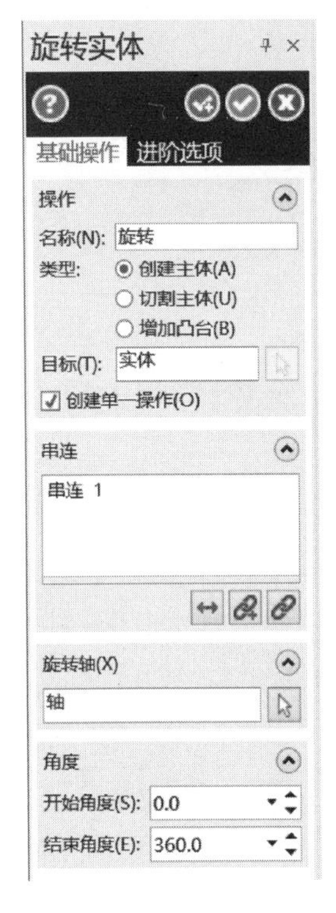

图 3-102 “旋转实体”对话框

图 3-103 创建旋转实体

8）旋转复制实体。按〈Alt+5〉快捷键，或者在功能区“检视”选项卡的“图形检视”面板中单击“右视图”按钮，将屏幕视角和绘图平面设置为“右视图”。

在功能区“实体”选项卡的“转换”面板中单击“旋转”按钮，选择上步骤所创建的旋转实体，如图 3-104 所示，按〈Enter〉键确定。

系统弹出“旋转”对话框，设置图 3-105 所示的旋转选项及参数，注意旋转中心位置，单击“确定”按钮，旋转复制的结果如图 3-106 所示。

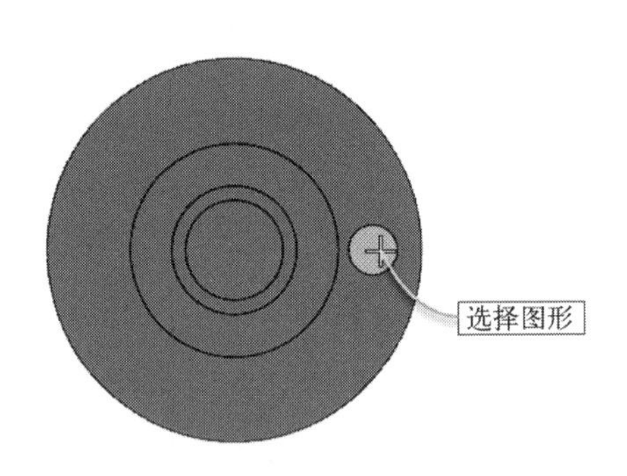

图 3-104 选择图形对象去旋转

9）布尔运算-切割操作。按〈Alt+7〉快捷键，或者在功能区“检视”选项卡的“图形检视”面板中单击“等角视图”按钮。

在功能区“实体”选项卡的“建立”面板中单击“布尔运算”按钮，在打开的“布尔运算”对话框的“基础操作”选项卡上，选择“移除”单选按钮，单击“目标”收集器右侧的“选择目标主体”按钮，选择图 3-107 所示的实体作为要布尔运算的目标主体，接着在“工件主体”选项组中单击“增加选取”按钮，依次选择其中的 3 个小旋转实体作为工件主体，按〈Enter〉键确定。然后在“布尔运算”对话框中取消勾选“非关联实体”复选框，单击“确定”按钮，完成此布尔运算切割的结果如图 3-108 所示。

图 3-105　设置旋转选项及参数

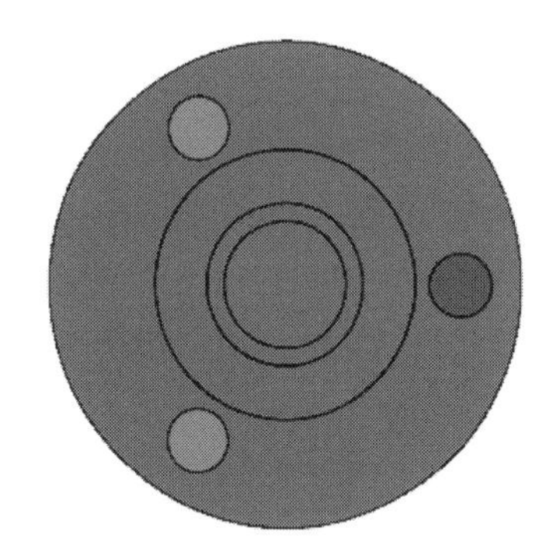

图 3-106　旋转复制的结果

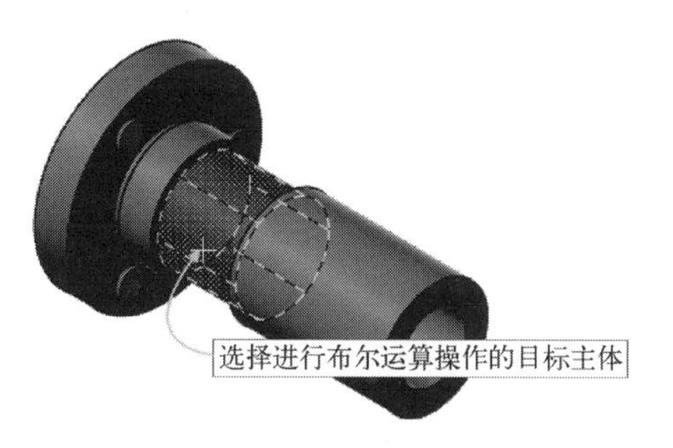

图 3-107　选择要布尔运算的目标主体

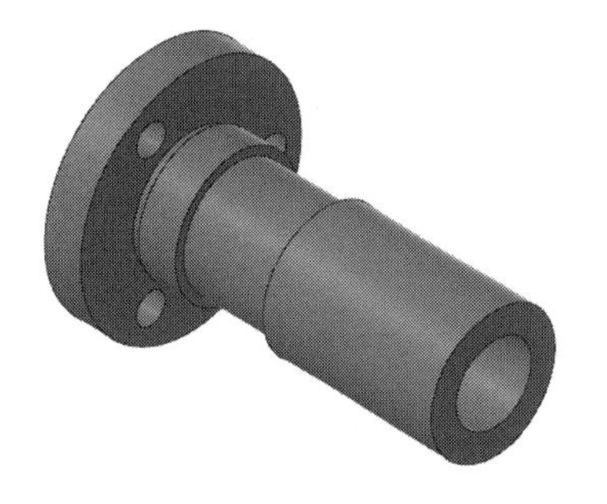

图 3-108　布尔运算切割的效果

10）创建圆柱体。在功能区“实体”选项卡的“基本实体”面板中单击“圆柱”按钮，系统弹出“Primitive Cylinder”对话框。选择“Solid”（实体）单选按钮，设置圆柱体半径为 3，高度/长度为 25，接着在“方向”选项组中选择“选取双向”单选按钮以设置为向两侧方向生成圆柱体，在“轴心”选项组中选择“Y”单选按钮，如图 3-109 所示。在上浮动工具栏中单击“输入坐标点”按钮，在坐标输入框中输入“24,0,0”，按〈Enter〉键确定，然后在“Primitive Cylinder”对话框中单击“确定”按钮，完成创建的圆柱体如图 3-110 所示。

11）布尔运算-切割操作。在功能区“实体”选项卡的“建立”面板中单击“布尔运算”按钮，在打开的“布尔运算”对话框的“基础操作”选项卡上选择“移除”单选按钮，单击“目标”收集器右侧的“选择目标主体”按钮，选择图 3-111 所示的实体作为要布尔运算的目标主体，接着在“工件主体”选项组中单击“增加选取”按钮，选择细长的圆柱体作为要布尔运算的工件主体，按〈Enter〉键确定。然后在“布尔运算”对话框中取消勾选“非关联实体”复选框，单击“确定”按钮，结果如图 3-112 所示。

图 3-109 “Primitive Cylinder”对话框

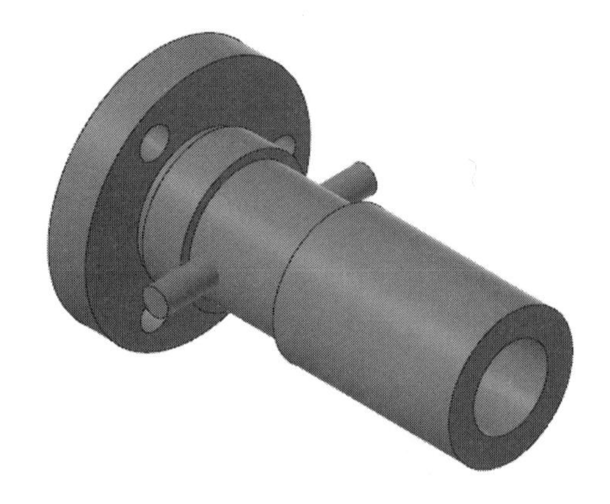

图 3-110 创建圆柱体

图 3-111 选择目标主体

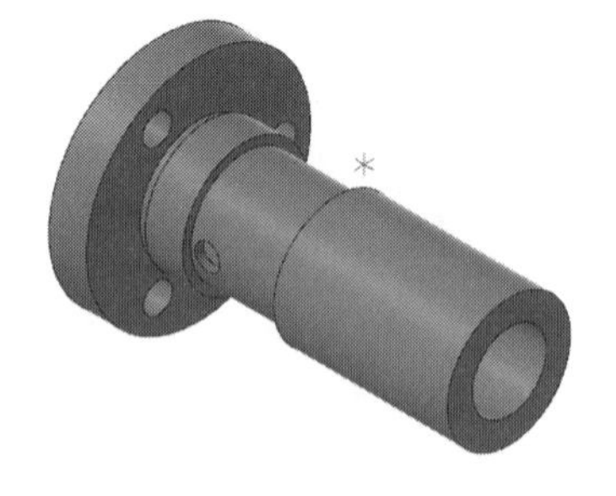

图 3-112 布尔运算-切割效果

12）实体倒角。在功能区“实体”选项卡的“修剪”面板中单击“单一距离倒角”按钮，在“实体选择”对话框中只选中“选择边”按钮，选择图 3-113 所示的 3 条边作为要倒角的边参照，按〈Enter〉键确定，系统弹出“单一距离倒角”对话框，如图 3-114 所示，设置距离为 0.8，勾选“沿切线边界延伸”复选框。

图 3-113 选择要倒角的图素

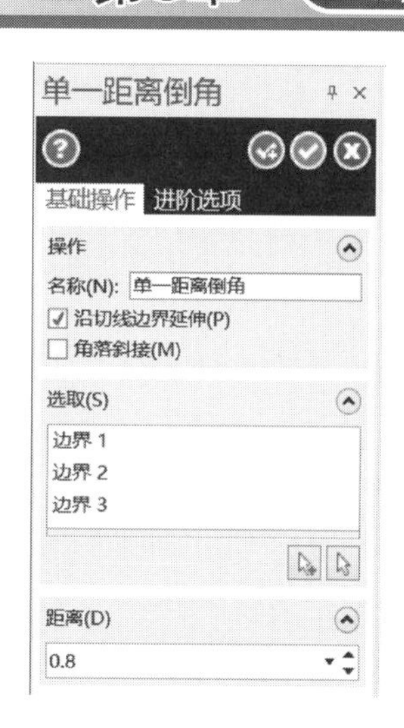

图 3-114 “单一距离倒角”对话框

在“单一距离倒角”对话框中单击“确定”按钮，倒角效果如图 3-115 所示。

图 3-115 倒角效果

13）保存文件。至此，完成的卧式柱塞泵的泵套零件如图 3-116 所示。

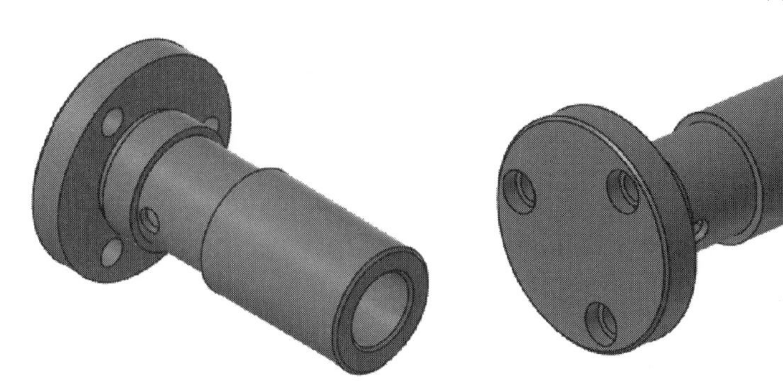

图 3-116 卧式柱塞泵泵套零件的完成效果

在“快速访问”工具栏中单击“保存”按钮，在“另存为”对话框中选择要保存的位置，指定文件名为“泵套零件”，其保存类型为“Mastercam 文件（*.mcam）”，单击“保存”按钮。

3.2.5 绘制螺旋-花键杆

扫码观看视频

本范例要完成的实体模型为图 3-117 所示的螺旋-花键杆。在该范例中主要学习“举升实体”“挤出实体”“画圆柱体”“实体布尔运算”等应用知识。

本范例螺旋-花键杆的创建方法及步骤如下。

1）新建一个图形文件。在“快速访问”工具栏中单击“新建”按钮，从而新建一个 Mastercam 2019 文件。

2）相关属性状态设置。在图形窗口左侧窗格底部单击“层别”标签，打开“层别”对话框。在“编号”(层别号码）文本框中输入“1”，在“名称”文本框中输入“举升截面曲线”，从而完成该图层设置。

将线框颜色设置为红色。

按〈Alt+5〉快捷键，或者在功能区“检视”选项卡的“图形检视”面板中单击“右视图”按钮，将屏幕视角和绘图平面设置为“右视图”。

在状态栏中将构图深度 Z 确保设置为 0。

3）绘制一个截面图形。绘制图 3-118 所示的图形，图形的中心位于坐标原点处。在该截面图形绘制过程中，可以执行“任意线”按钮、“已知点画圆”按钮、“旋转”按钮和“划分修剪”按钮等。

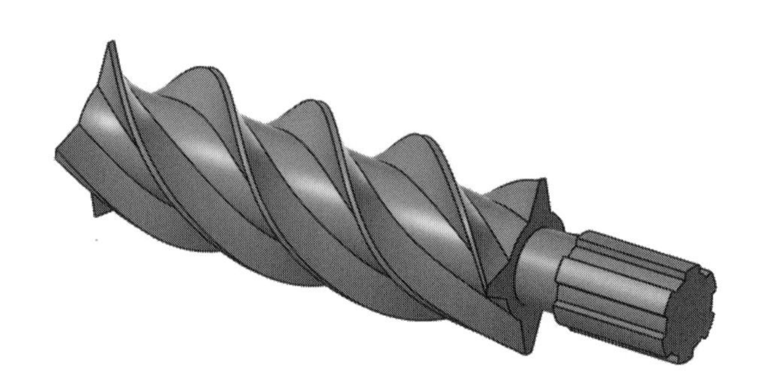

图 3-117 螺旋-花键杆

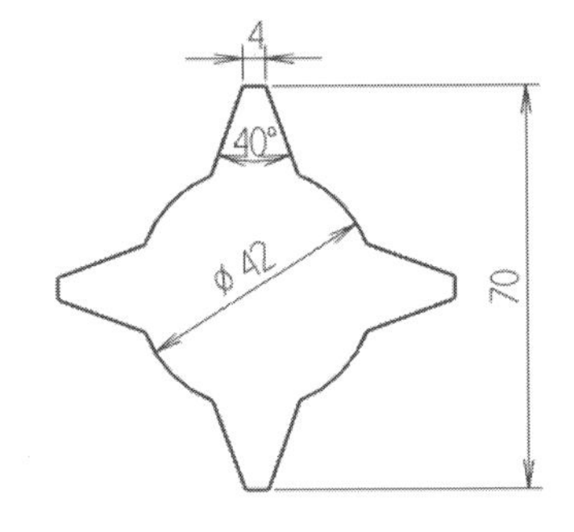

图 3-118 绘制截面图形

4）平移复制。在功能区“转换”选项卡的“位置”面板中单击“平移”按钮，选择图 3-119 所示的方框内的所有图素，按〈Enter〉键确定。在“平移”对话框中，按照图 3-120 所示的选项及参数进行设置，然后单击“确定”按钮。

按〈Alt+7〉快捷键，或者在功能区“检视”选项卡的“图形检视”面板中单击“等角视图”按钮，可以直观地观察到所完成的图素平移复制的效果，如图 3-121 所示。

5）设置用于创建实体的属性状态。在“层别”对话框的“编号”(层别号码）文本框中输入“2”，在“名称”文本框中输入“实体”，从而完成该新图层设置。

将实体颜色设置为 3 号颜色或其他自定颜色。

6）创建举升实体。在功能区“实体”选项卡的“建立”面板中单击“举升”按钮，系统弹出“串连选项”对话框，选中“串连”按钮，依次选择定义举升实体的 5 个外形串连，如图 3-122 所示，注意各外形串连的起始方向（可以由选择位置来相应定义），然后单击“串连选项”对话框中的 ✓ （确定）按钮。

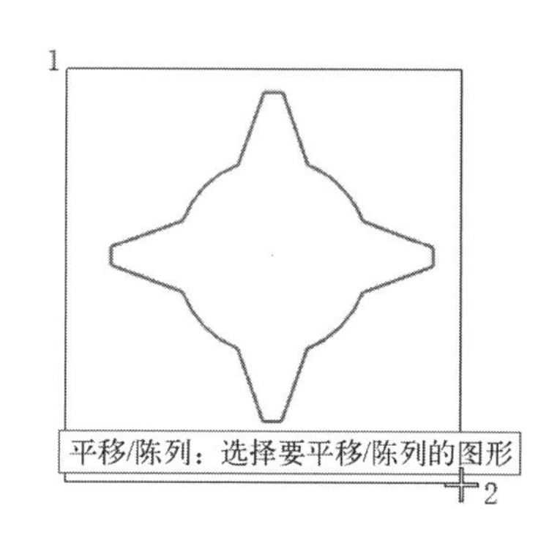

图 3-119　选择要平移复制的图素

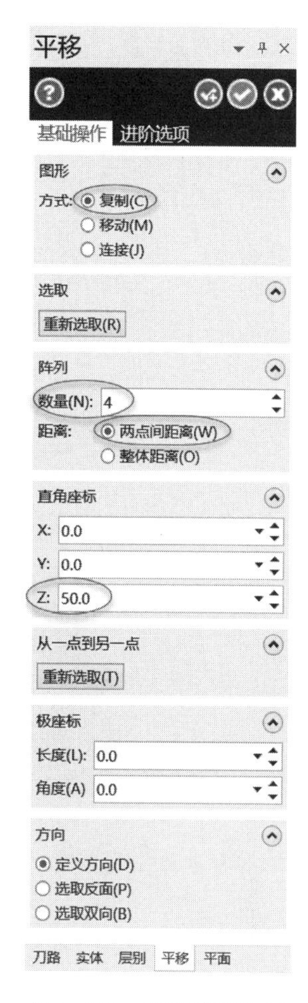

图 3-120　设置平移选项

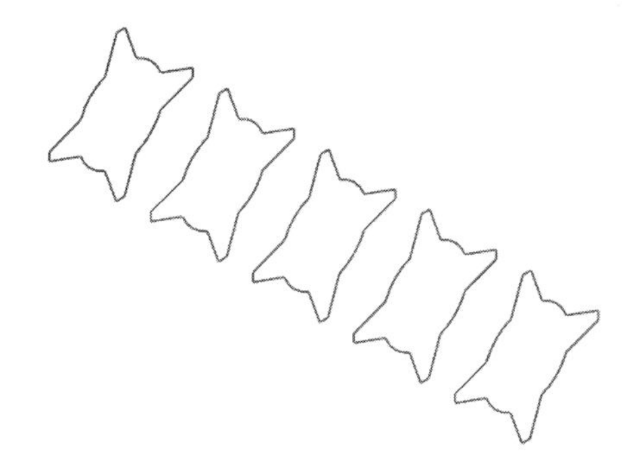

图 3-121　图素平移复制

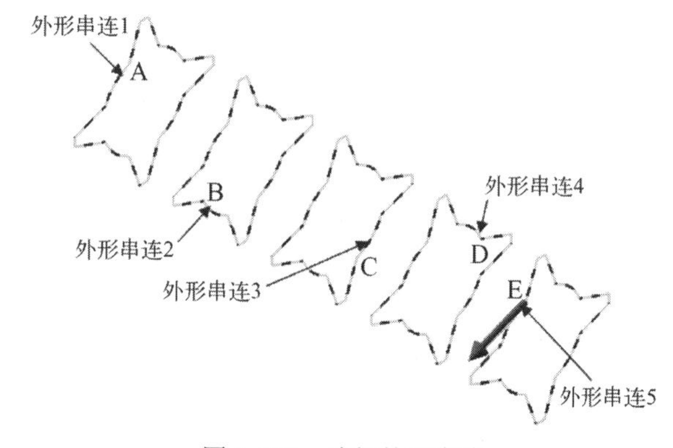

图 3-122　选择外形串连

系统弹出图 3-123 所示的“举升”对话框，选择“创建主体”单选按钮，取消勾选“创建直纹实体”复选框，单击“确定”按钮，创建的实体如图 3-124 所示。

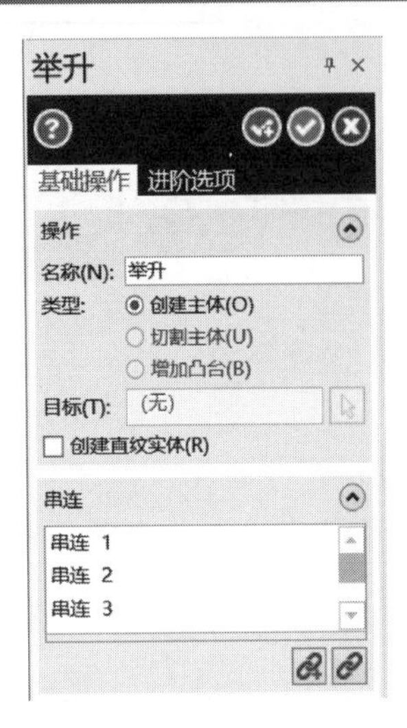

图 3-123 “举升”对话框

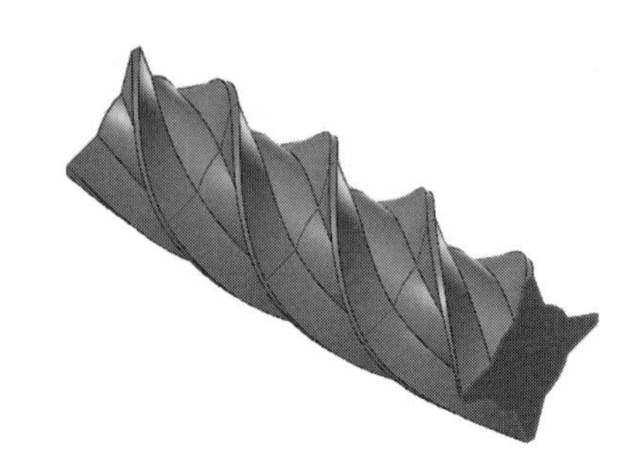

图 3-124 创建举升实体

7）隐藏举升串连外形。在“层别”对话框中单击层别 1 的“高亮”单元格，以切换层别 1 的状态为不显示状态。此时，屏幕窗口中显示的举升实体如图 3-125 所示。

8）创建一个圆柱体。在功能区“实体”选项卡的“基本实体”面板中单击“圆柱”按钮，系统弹出“Primitive Cylinder”对话框。选择“Solid”（实体）单选按钮，设置圆柱半径为 15，圆柱高度为 20，扫描开始角度为 0°，结束角度为 360°，在“轴心”选项组中选择“X”单选按钮，如图 3-126 所示。

图 3-125 举升实体

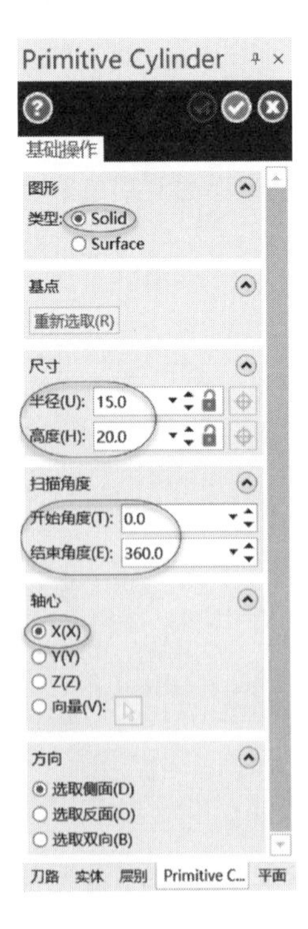

图 3-126 “Primitive Cylinder”对话框

单击“输入坐标点”按钮，在坐标输入框中输入“200,0”，按〈Enter〉键确定，应用此设置参数来创建的圆柱体如图 3-127 所示。

9）再创建一个圆柱体。在“Primitive Cylinder”对话框中将半径设置为 19，高度为 50，同样选择“X”单选按钮，接着在浮动工具栏中单击单击“输入坐标点”按钮，在坐标输入框中输入“220,0”，按〈Enter〉键确定，然后在“Primitive Cylinder”对话框中单击“确定”按钮，创建的第二个圆柱体如图 3-128 所示。

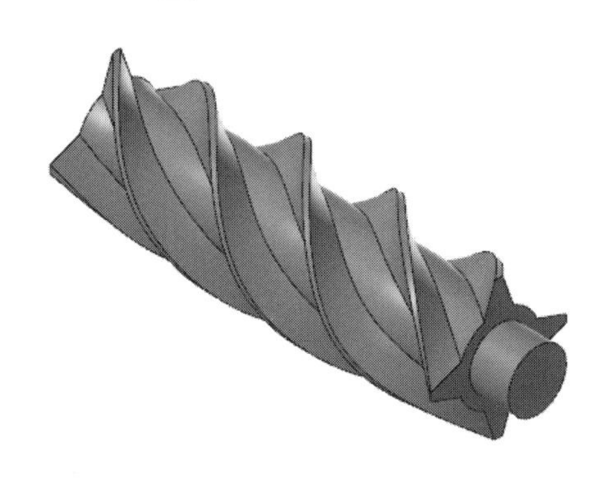

图 3-127　创建圆柱体 1

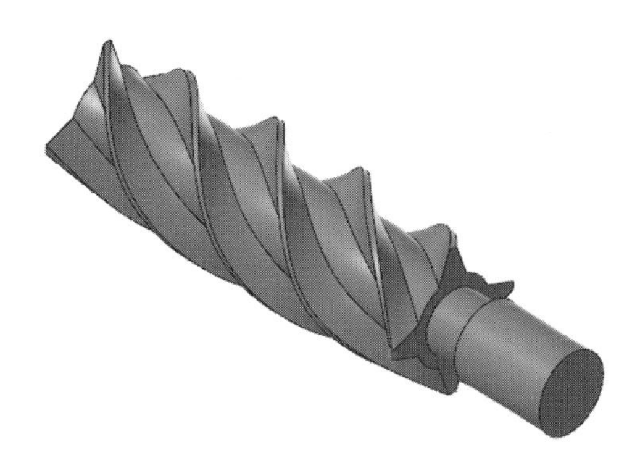

图 3-128　创建圆柱体 2

10）执行“布尔运算-结合”操作。在功能区“实体”选项卡的“建立”面板中单击“布尔运算”按钮，打开“布尔运算”对话框，在“基础操作”选项卡中选择“结合”单选按钮，单击“目标”收集器对应的“选择目标主体”按钮，选择举升实体作为目标主体，接着在“工件主体”选项组中单击“增加选取”按钮，选择两个圆柱体作为要布尔运算的工件主体，按〈Enter〉键确定，单击“确定”按钮，从而将所选的 3 个实体组合成一个实体。

11）设置图层、绘图视角与构图深度等。在“层别”对话框的“编号”(层别号码）文本框中输入“3”，在“名称”文本框中输入“挤出截面”。

按〈Alt+5〉快捷键，或者在功能区“检视”选项卡的“图形检视”面板中单击“右视图”按钮，将屏幕视角和绘图平面均设置为“右视图”，并在属性状态栏的 Z 文本框中设置构图深度 Z 为 270，如图 3-129 所示。

图 3-129　设置视角及构图深度等

12）在指定的绘图平面中绘制所需的二维图形。首先绘制图 3-130 所示的图形，然后在功能区“转换”选项卡的“位置”面板中单击“旋转”按钮，以旋转复制的方式获得图 3-131 所示的二维图形效果。

13）设置当前层别。在“层别”对话框中将层别 2 设置为当前层别。

14）执行“拉伸实体”命令来切除材料以构建出花键结构。在功能区“实体”选项卡的

“建立”面板中单击“拉伸”按钮，系统弹出“串连选项”对话框，选中“串连”按钮，选择之前绘制的6个封闭图形，单击“串连选项”对话框中的“确定”按钮。

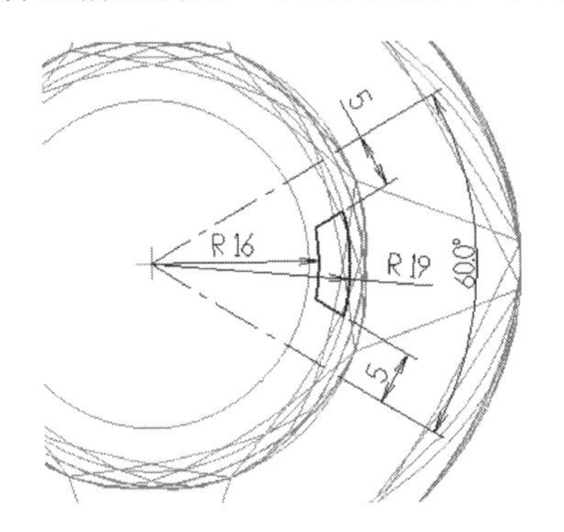

图3-130　绘制二维图形

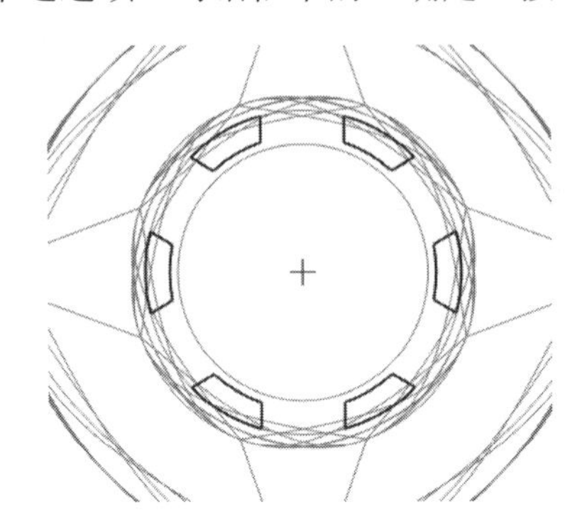

图3-131　旋转复制的效果

系统弹出“实体拉伸”对话框，在“基础操作”选项卡中选择“切割主体”单选按钮，设置距离为50，勾选“两端同时延伸”复选框，并单击“全部反向”按钮，此时如图3-132所示，然后单击该对话框中的“确定”按钮，完成拉伸切割材料操作。

按〈Alt+7〉快捷键，或者在功能区“检视”选项卡的“图形检视”面板中单击“等角视图”按钮，可以观察到构建的花键结构，如图3-133所示，图中已经将挤出截面所在层别设置为不显示（即不显示挤出截面）。

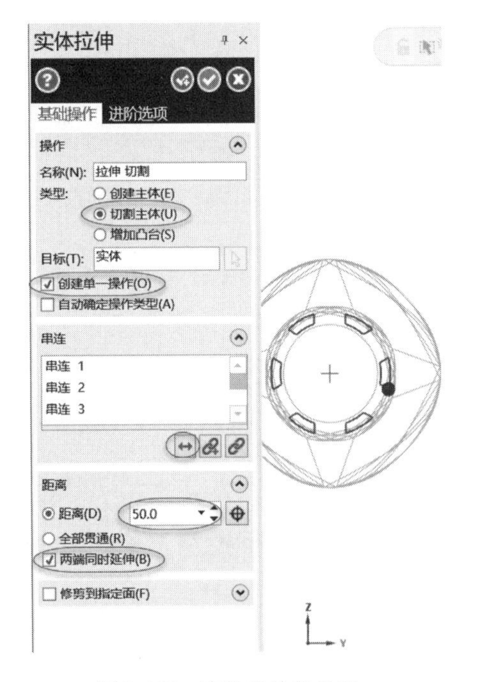

图3-132　实体拉伸的设置

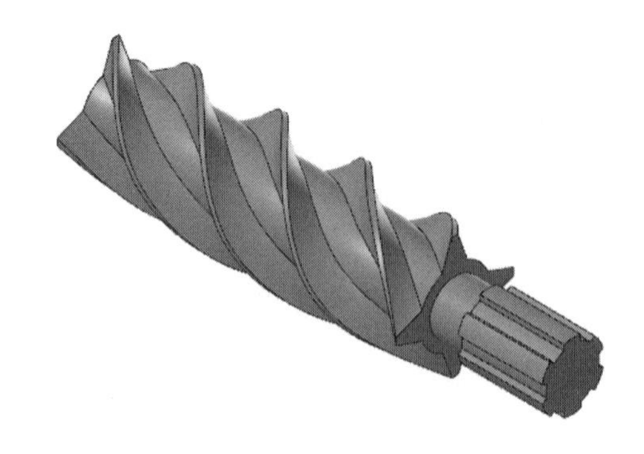

图3-133　拉伸切割的效果

15）保存文件。在“快速访问”工具栏中单击“保存”按钮，在“另存为”对话框中选择要保存的位置，指定文件名为“螺旋-花键杆”，其文件类型为“Mastercam 文件(*.mcam)”，然后单击“保存”按钮。

3.2.6 绘制带轮

扫码观看视频

本范例要完成的实体模型为图 3-134 所示的带轮。在该范例中主要应用到“旋转实体”“拉伸实体”“牵引实体”“实体圆角”“实体倒角”等操作。

图 3-134　绘制带轮

本范例带轮的构建方法及步骤如下。

1）新建一个图形文件。在“快速访问”工具栏中单击“新建”按钮，新建一个 Mastercam 2019 文件。

2）相关属性状态设置。在位于图形窗口左边的窗格底部单击“层别”标签，打开“层别”对话框。在“编号”（层别号码）文本框中输入“1”，在“名称”文本框中输入“前视图曲线 A”。

在功能区“首页”选项卡的“属性”面板中将线框颜色设置为红色（颜色代号为 12）。

按〈Alt+2〉快捷键，或者在功能区“检视”选项卡的“图形检视”面板中单击“前视图”按钮，将屏幕视角和绘图平面均设置为“前视图”，而 WCS 为俯视图，构图深度为 0。

3）绘制前视图的旋转截面 A。使用所需的绘图工具或命令，绘制图 3-135 所示的二维图形。

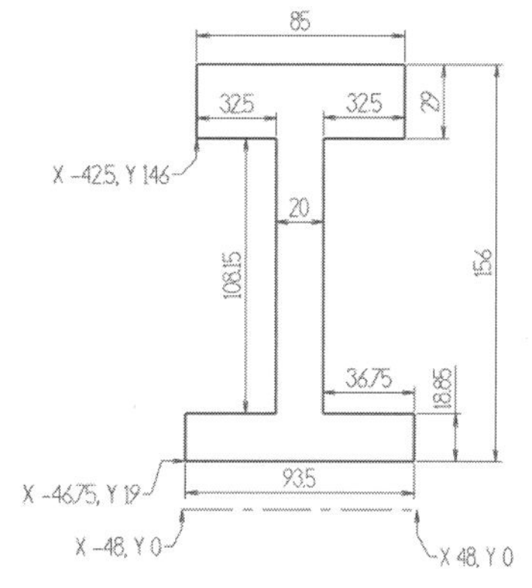

图 3-135　绘制二维图形

4）绘制一个旋转实体。在“层别”对话框的“编号”（层别号码）文本框中输入“2”，在“名称”文本框中输入“旋转实体”。接着将实体颜色设置为 3 号颜色。

在功能区“实体”选项卡的“建立”面板中单击“旋转”按钮，系统弹出“串连选项”对话框，接受默认的串连方式，选择旋转的串连图素，如图 3-136 所示，然后单击“串连选项”对话框中的“确定”按钮。接着选择图 3-137 所示的直线作为参考轴。

系统弹出“旋转实体”对话框，该对话框具有“基础操作”和“进阶选项”两个选项卡。在“基础操作”选项卡的“操作”选项组中接受默认的名称为“旋转”，选择“创建主体”单选按钮，勾选“创建单一操作”复选框，在“角度”选项组中接受默认的开始角度为0°，结束角度为 360°，如图 3-138 所示。单击“确定”按钮，完成创建的一个旋转实体如图 3-139 所示。

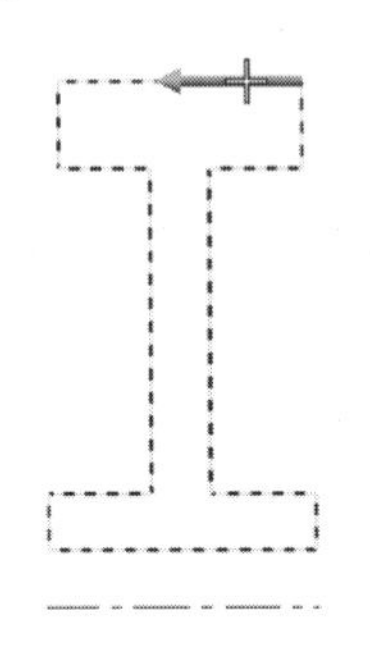

图 3-136 “串连选项”对话框

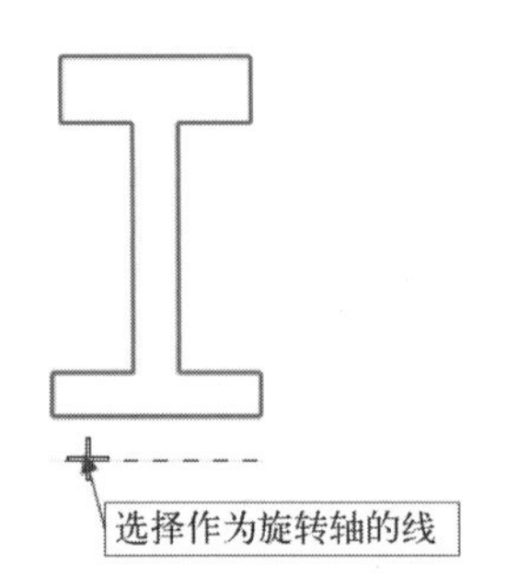

图 3-137 选择直线作为参考轴

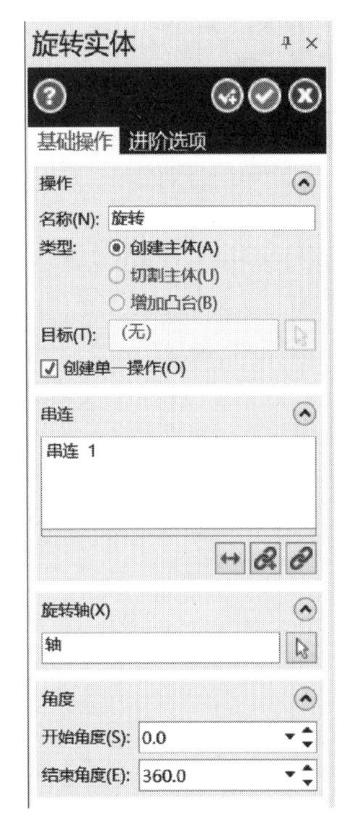

图 3-138 “旋转实体”对话框

图 3-139 旋转实体

5）绘制旋转截面 B 定义 V 型槽截面。在“层别”对话框的“编号”（层别号码）文本框中输入“3”，在“名称”文本框中输入“前视图曲线 B”，另外设置不显示层别 1。

使用所需的绘图工具或命令，绘制图 3-140 所示的二维图形。

6）以平移复制的方式完成 4 个 V 型槽截面。在功能区“转换”选项卡的“位置”面板中单击“平移”按钮，以窗口方式选取图 3-141 所示的二维图形作为要平移的图素，按〈Enter〉键确定。

系统激活“平移”对话框，从中设置图 3-142 所示的选项及参数，然后单击“确定”按钮✓。平移复制的图形结果如图 3-143 所示。

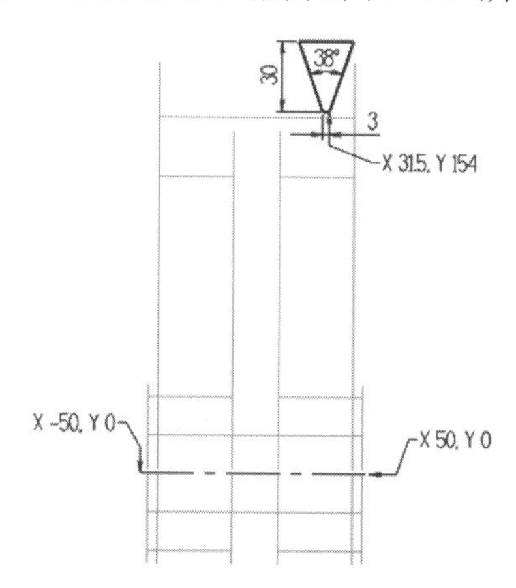

图 3-140　绘制二维图形

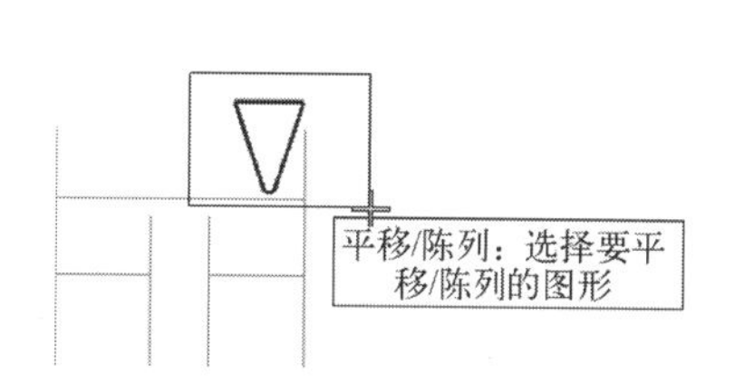

图 3-141　选取图素去平移

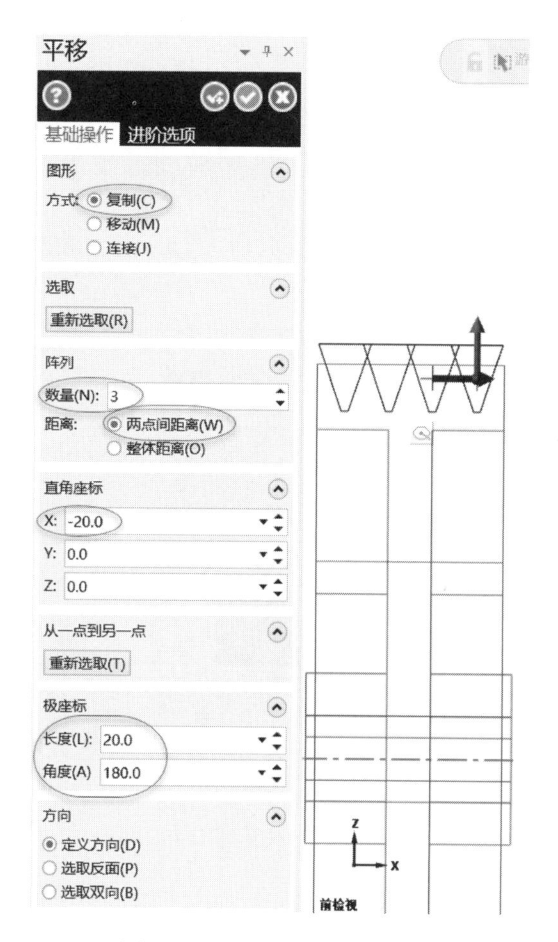

图 3-142　设置平移参数

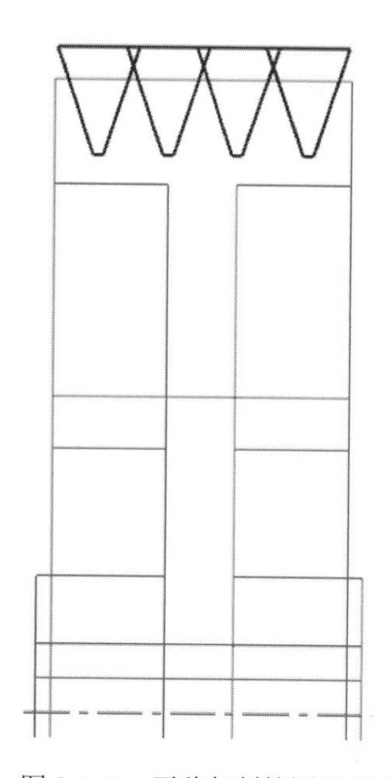

图 3-143　平移复制的图形结果

7）以旋转的方式切除出 V 型槽。在“层别”对话框的“编号”（层别号码）文本框中输入“4”，在“名称”文本框中输入“实体处理”。

在功能区“实体”选项卡的“建立”面板中单击“旋转”按钮，接着以串连的方式选择图 3-144 所示的 4 个串连图素作为旋转的串连图素，单击“确定”按钮或者按〈Enter〉键以确认，再选择图 3-145 所示的中心线作为旋转参考轴，系统弹出“方向”对话框，单击（确定）按钮。

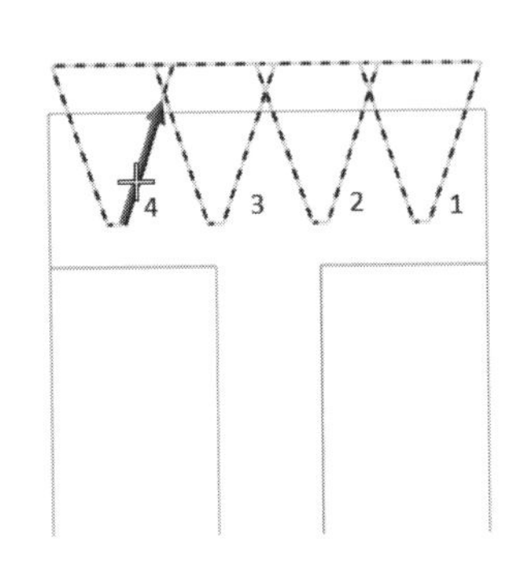

图 3-144 选择旋转的串连图素

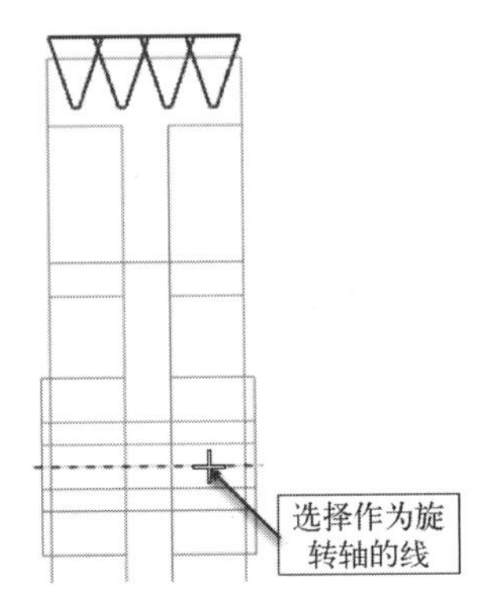

图 3-145 选择一条直线作为参考轴

系统弹出“旋转实体”对话框。在“基础操作”选项卡的“操作”选项组中选择“切割主体”单选按钮，勾选中“创建单一操作”复选框，在“角度”选项组中接受默认旋转的开始角度为 0°，终止角度为 360°，如图 3-146 所示，单击“确定”按钮。单击“边界着色”按钮切换为图形边线着色状态，效果如图 3-147 所示。

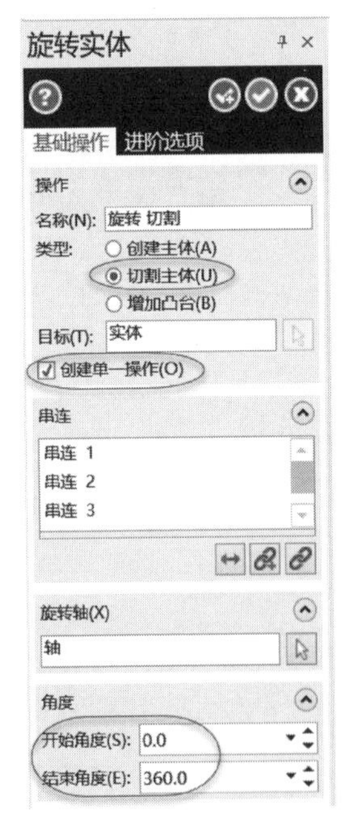

图 3-146 设置旋转实体选项及参数

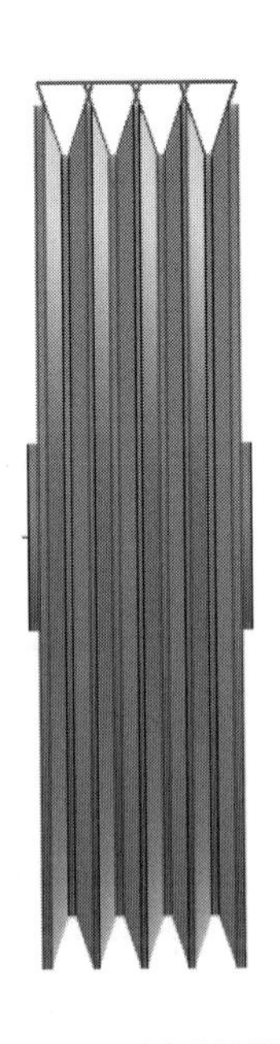

图 3-147 图形边线着色

8）隐藏二维图形。在“层别”对话框中单击层别 3 的“高亮”单元格，以取消其高亮状态。

9）绘制右视图的切割截面。在“层别”对话框的“编号”（层别号码）文本框中输入“5”，在“名称”文本框中输入“右视图的切割截面”。

按〈Alt+5〉快捷键，或者在功能区“检视”选项卡的“图形检视”面板中单击“右视图”按钮，将视角和绘图平面设置为“右视图”，而 WCS 仍然为“俯视图”形式。单击“线框”按钮以线框模式显示模型。

绘制图 3-148 所示的图形。

10）以拉伸的方式切除实体材料。在“层别”对话框中将当前层别设置为 4。另外，确保将实体颜色代号设置为 3。

在功能区“实体”选项卡的“建立”面板中单击“拉伸”按钮，选择先前绘制的右视图切割截面串连图素（实线的），单击“串连选项”对话框中的“确定”按钮。系统弹出“实体拉伸”对话框，从中进行图 3-149 所示的选项及参数设置，单击“确定”按钮，完成效果如图 3-150 所示。

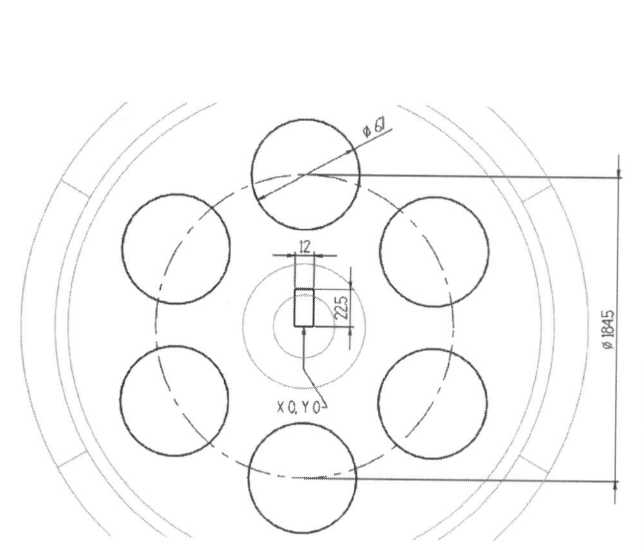

图 3-148　绘制图形

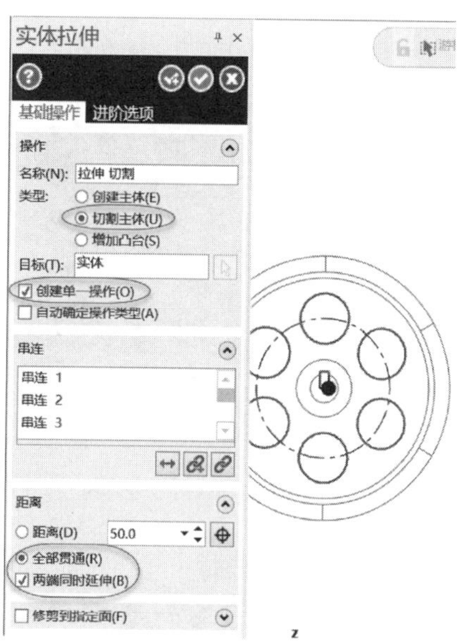

图 3-149　实体拉伸的设置

11）隐藏二维图形和调整视角。在“层别”对话框中单击层别 5 的“高亮（突显）”单元格，以关闭层别 5 的显示状态。

按〈Alt+7〉快捷键，或者在功能区“检视”选项卡的“图形检视”面板中单击“等角视图”按钮。此时带轮显示效果如图 3-151 所示。

12）执行“依照实体面拔模”命令来构建拔模效果。在功能区“实体”选项卡的“修剪”面板中单击“依照实体面拔模”按钮，选择要拔模的实体面，如图 3-152 所示，按〈Enter〉键确定，接着选择图 3-153 所示的实体平面。

系统弹出“依照实体面拔模”对话框，勾选“沿切线边界延伸”复选框，设置拔模角度为 5°，如图 3-154 所示。此时，预览的拔模效果如图 3-155 所示。

说明：在某些设计场合，如果发现预览的拔模角度方向不对，那么可以在“依照实体面拔模”对话框的“基本”选项卡中单击“反向”按钮↔，从而将拔模角度的方向更改到相反侧。

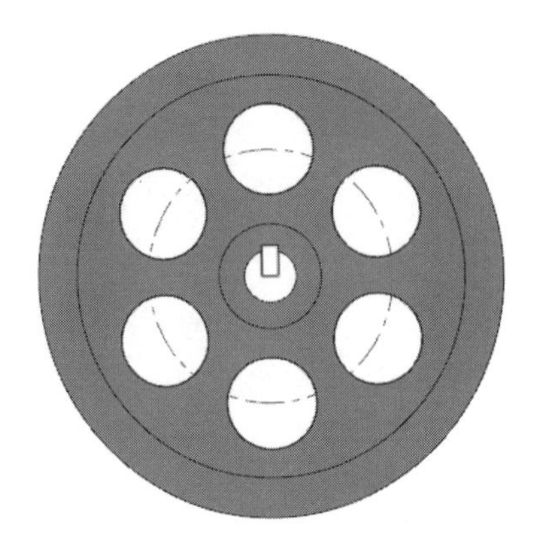

图 3-150　完成效果

图 3-151　等角视图

图 3-152　选择要拔模的实体面

图 3-153　选择平面

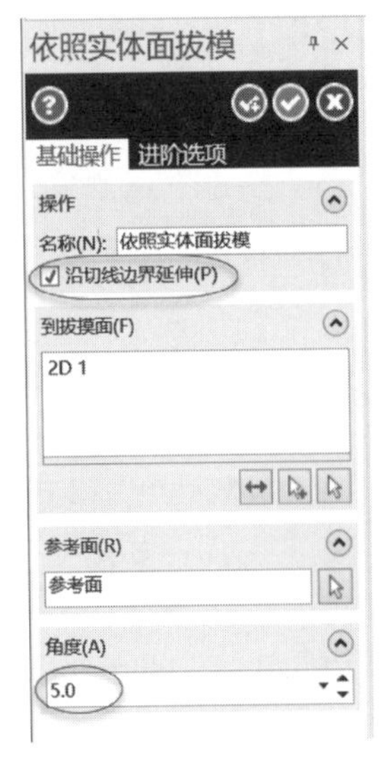

图 3-154　设置拔模参数

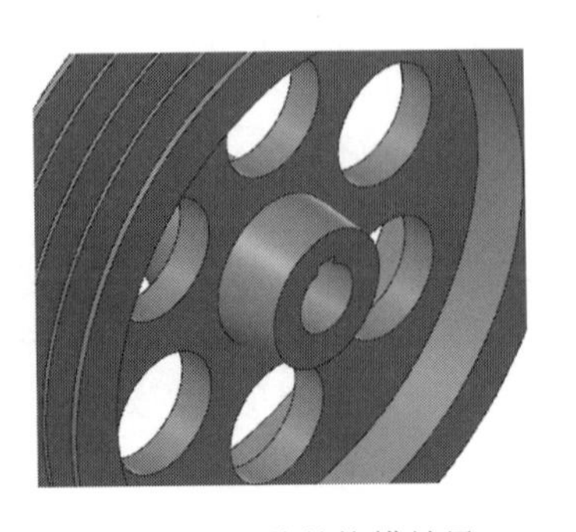

图 3-155　预览的拔模效果

在“依照实体面拔模”对话框中单击“确定”按钮，完成该拔模操作。此时带轮整体效果如图 3-156 所示。

使用同样的方法，在带轮的另一侧区域创建拔模角度同样为 5° 的拔模结构，完成效果如图 3-157 所示。

图 3-156 完成一处拔模后的带轮整体效果

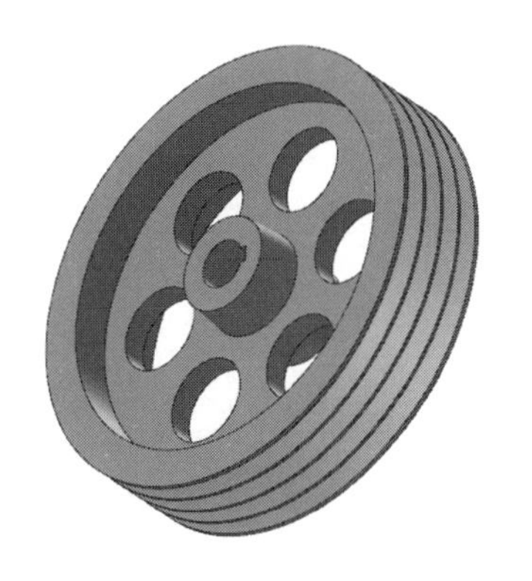

图 3-157 实体拔模操作 2

13）实体倒角。按〈Alt+7〉快捷键，或者在功能区“检视”选项卡的“图形检视”面板中单击“等角视图”按钮，接着在功能区“实体”选项卡的“修剪”面板中单击“单一距离倒角”按钮，选择要倒角的边线，如图 3-158 所示，按〈Enter〉确定，系统弹出“单一距离倒角”对话框，从中设置图 3-159 所示的选项及参数，然后单击“确定并创建新操作”按钮。

图 3-158 选择要倒角的边线

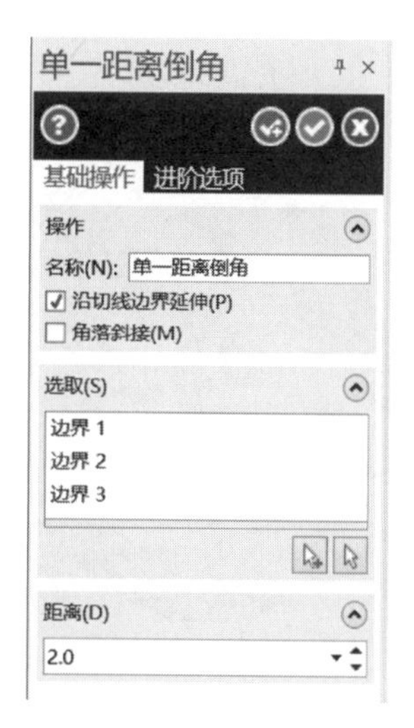

图 3-159 “单一距离倒角”对话框

将光标置于绘图区，按住鼠标中键翻转带轮模型，使另一侧面可见。选择要倒角的图形（边线），如图 3-160 所示，按〈Enter〉确定，接着利用“单一距离倒角”对话框设置倒角距离为 2，单击“确定”按钮，倒角结果如图 3-161 所示。

14）实体圆角。在功能区“实体”选项卡的“修剪”面板中单击“倒圆角”|“固定半径倒圆角”按钮，系统出现“选择图形去倒圆角”的提示信息，在图 3-162 所示的“实体

选择”对话框中只选中“选择边界”按钮 。

图 3-160 选择要倒角的边线

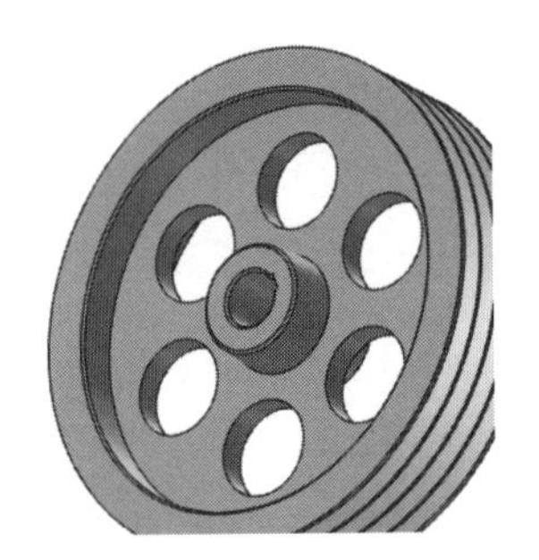

图 3-161 倒角结果

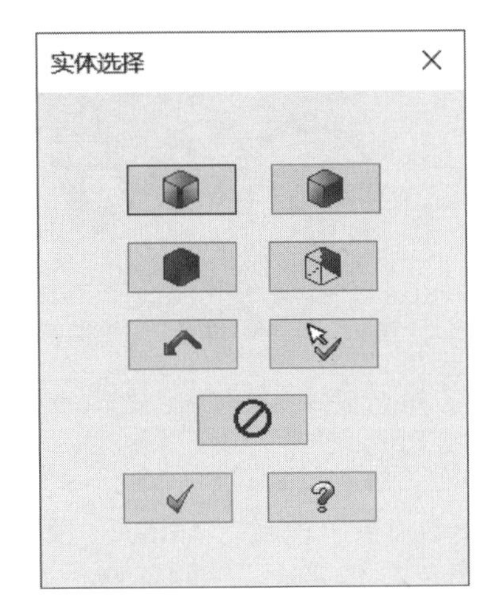

图 3-162 “实体选择”对话框

选择图 3-163a 所示的两条边界，接着翻转模型，选择图 3-163b 所示的另两条边界，即选择带轮两面的一共 4 条辐板边界，按〈Enter〉键确定。

a)

b)

图 3-163 选择要圆角的多条边界

a) 选择两条边界 b) 选择另两条边界

系统弹出“固定圆角半径”对话框，勾选“沿切线边界延伸”复选框，设置半径为 10，其他设置如图 3-164 所示，然后单击“确定”按钮，倒圆角的完成效果如图 3-165 所示。

15）保存文件。在“快速访问”工具栏中单击“保存”按钮，接着在系统弹出的“另存为”对话框中选择要保存的位置，并指定保存类型为“Mastercam 文件（*.mcam）”，文件名为“带轮”，然后单击“保存”按钮。

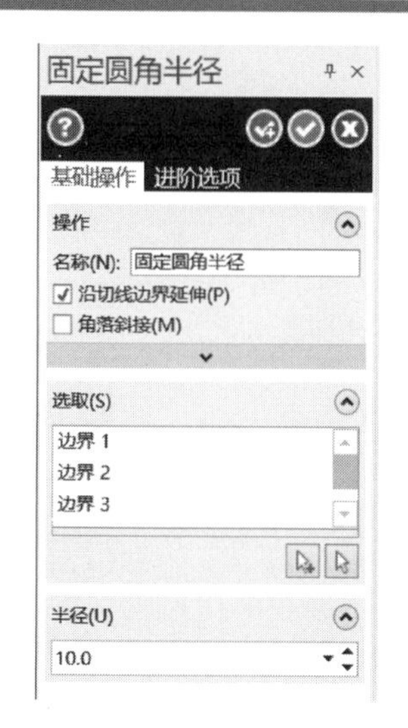

图 3-164 “固定圆角半径”对话框

图 3-165 圆角的完成效果

3.2.7 绘制玩具车轮三维实体及其一凹模

本范例要完成的零件是某摩托车玩具的车轮模型，如图 3-166 所示，在该范例中还将介绍如何通过三维模型构建相应的模具，以构建其中一个凹模为例，如图 3-167 所示。

图 3-166 玩具车轮三维实体模型

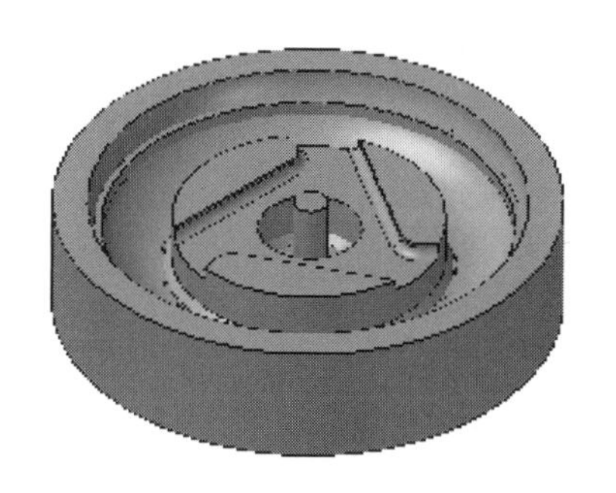

图 3-167 完成的凹模形状

在该范例中主要应用“旋转实体”“挤出实体”“实体圆角”“实体布尔运算”等。

1. 绘制玩具车轮三维实体

扫码观看视频

1）新建一个图形文件。在“快速访问”工具栏中单击“新建”按钮，从而新建一个 Mastercam 2019 文件。

2）相关属性状态设置。在图形窗口左侧的窗格底部单击“层别”标签，打开“层别”对话框。在“编号”（层别号码）文本框中输入“1”，在“名称”文本框中输入“旋转截面”，按〈Enter〉键确定。

在功能区“首页”选项卡的“属性”面板中将线框颜色设置为红色（颜色代号为 12）。

按〈Alt+2〉快捷键，或者在功能区“检视”选项卡的“图形检视”面板中单击“前视图”按钮，将屏幕视角和绘图平面均设置为“前视图”，而 WCS 为俯视图。默认的构图深度为 0。

3）绘制旋转截面。使用所需的二维图形绘制工具或命令，绘制图 3-168 所示的二维图形。

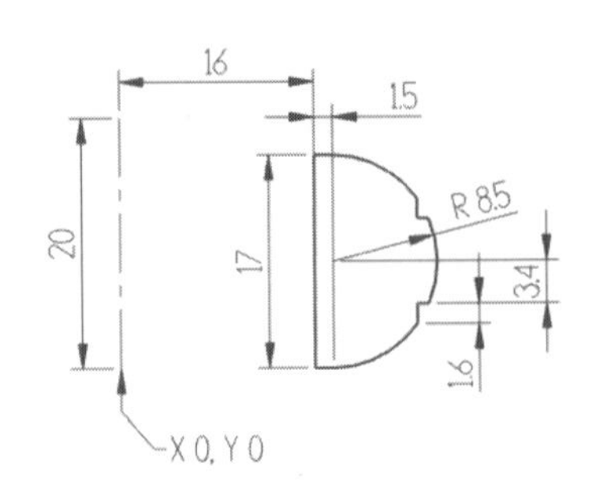

图 3-168　绘制二维图形

4）创建旋转实体。在“层别”对话框的“编号”（层别号码）文本框中输入“2”，在“名称”文本框中输入“实体”。接着将实体颜色设置为 3 号颜色或其他颜色。

在功能区“实体”选项卡的“建立”面板中单击“旋转”按钮，系统弹出“串连选项”对话框，接受默认的串连方式，选择旋转的串连图素，如图 3-169 所示，然后单击“串连选项”对话框中的“确定”按钮。接着选择图 3-170 所示的直线作为参考轴。

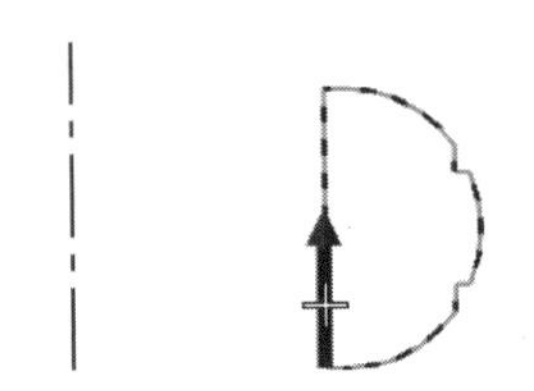
图 3-169　选择旋转的串连图素

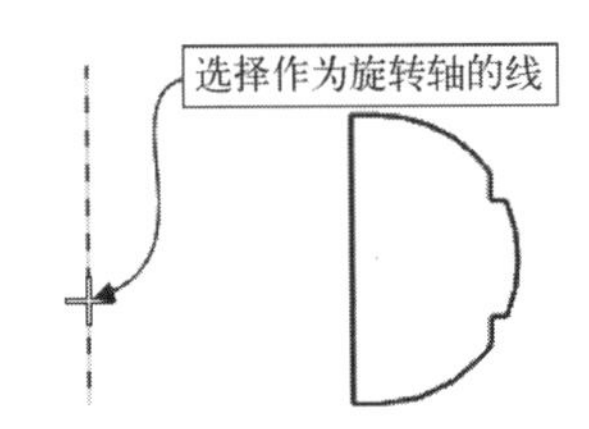

图 3-170　选择线定义旋转轴

系统打开“旋转实体”对话框，在“基础操作”选项卡中设置图 3-171 所示的旋转实体基本参数，单击“确定”按钮，完成创建图 3-172 所示的旋转实体。

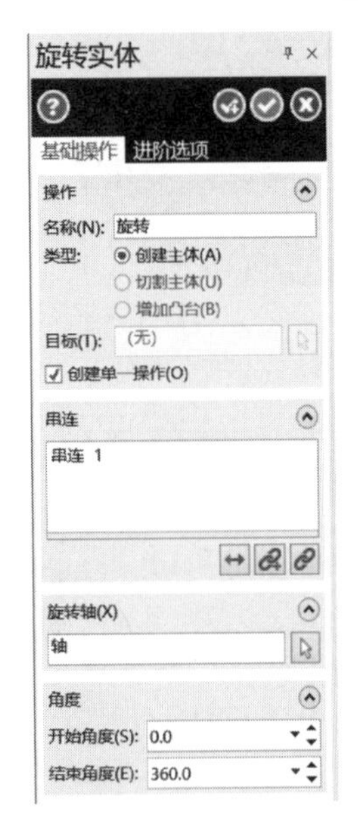

图 3-171　“旋转实体”对话框

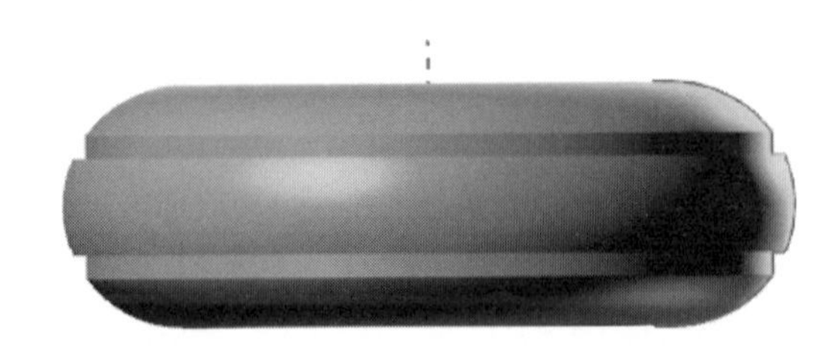
图 3-172　完成创建旋转实体

5）绘制用于创建拉伸实体的二维图形。在“层别”对话框的“编号”（层别号码）文本框中输入“3”，在“名称”文本框中输入“拉伸截面”。

按〈Alt+1〉快捷键，或者在功能区“检视”选项卡的“图形检视”面板中单击“俯视图”按钮，将视角和绘图平面均设置为俯视图，WCS 默认为俯视图，将构图深度 Z 设置为 8.5。

使用所需的绘图工具（“已知点画圆”按钮、“任意线”按钮、“倒圆角”按钮），绘制图 3-173 所示的二维图形。

在功能区“转换”选项卡的“位置”面板中单击“旋转”按钮，选择要旋转的图形，如图 3-174 所示，按〈Enter〉键确定，系统弹出“旋转”对话框，按照图 3-175 所示的选项及参数进行设置，然后单击“确定”按钮。

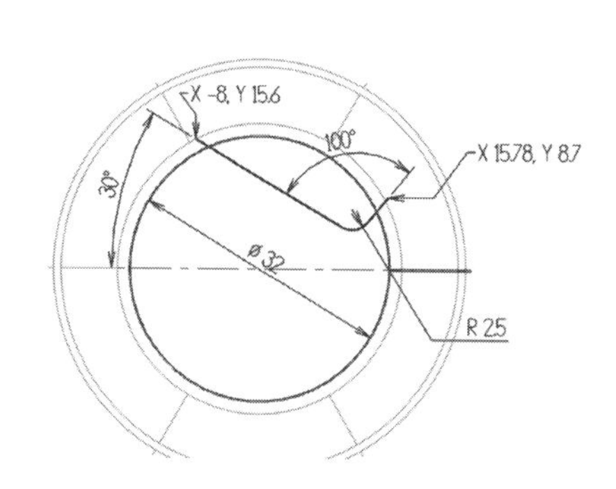

图 3-173 绘制二维图形

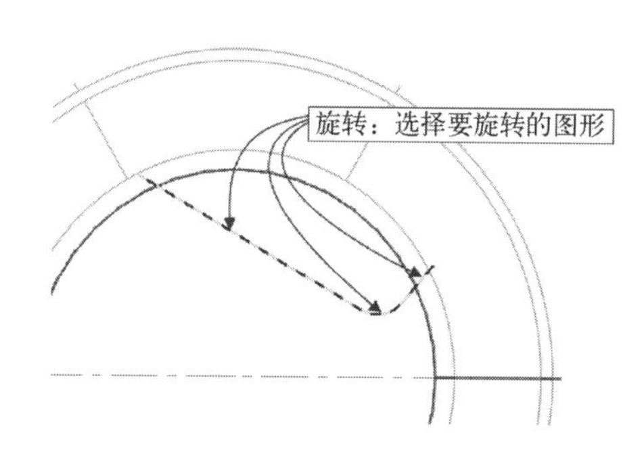

图 3-174 选取要旋转的图形

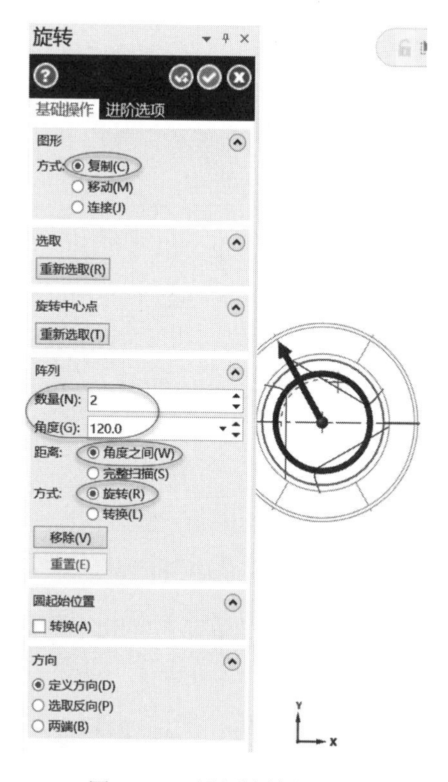

图 3-175 设置旋转参数

在功能区“线框”选项卡的“修剪”面板中单击“划分修剪”按钮，将图形修剪成图 3-176 所示。修剪后可以执行“屏幕”|“清除颜色”命令。

6）创建拉伸实体特征。通过“层别”对话框将当前层别设置为 2，并在图 3-177 所示的状态栏中将构图深度重新设置为 0。

在功能区“实体”选项卡的“建立”面板中单击“拉伸”按钮，选择图 3-178 所示的串连图素作为要拉伸的串连图素，单击“串连选项”对话框中的“确定”按钮。系统弹出“实体拉伸”对话框，选择“增加凸台”单选按钮，勾选“创建单一操作”复选框，并勾选“两端同时延伸”复选框，设置距离为 3.6，如图 3-179 所示。

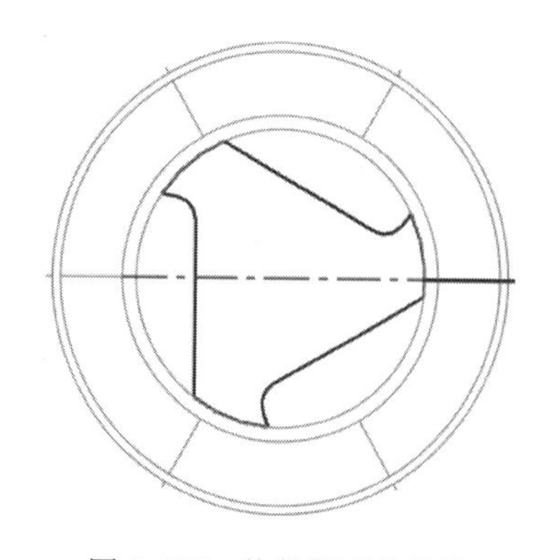

图 3-176 修剪图形的结果

图 3-177 在状态栏中修改构图深度

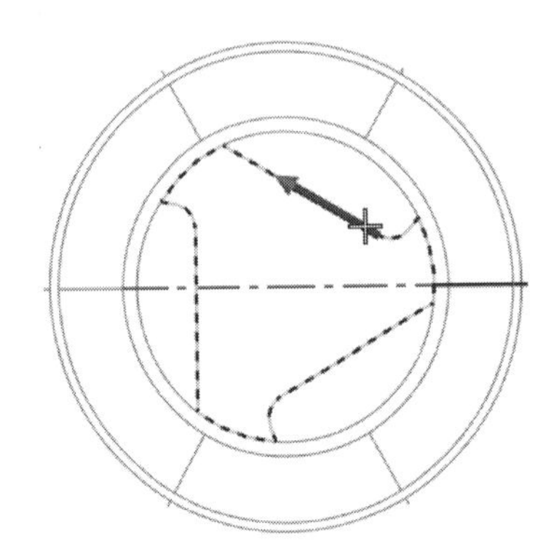

图 3-178 选择拉伸的串连图素

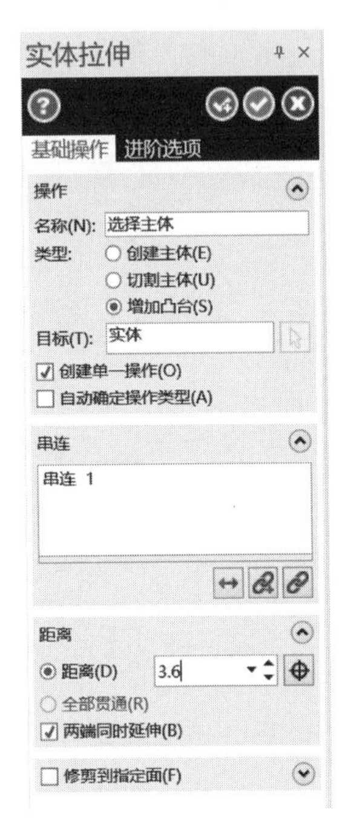

图 3-179 “实体挤出的设置”对话框

在“实体拉伸”对话框中单击“确定”按钮。接着利用“层别”对话框将相关层别的曲线设置为不显示，效果如图 3-180 所示。

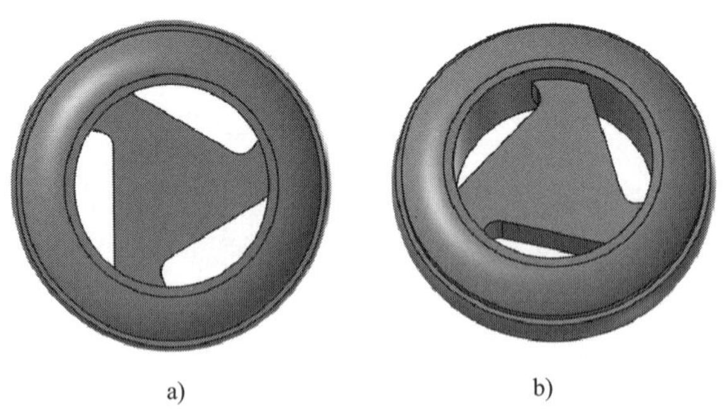

a) b)

图 3-180 创建挤出实体后的模型效果

a) 俯视图 b) 自定义视图

7）绘制圆柱体。在功能区“实体”选项卡的“基本实体”面板中单击“圆柱体”按钮，系统弹出“Primitive Cylinder”对话框，选择“Solid”（实体）单选按钮，设置圆柱体半径为 16，圆柱体单向生成高度为 2，并在“方向”选项组中选择“选取双向”单选按钮以设置向两侧生成，默认选择“Z”轴选项，如图 3-181 所示。

单击“输入坐标点”按钮，在出现的坐标输入框中输入“0,0,8.5”，按〈Enter〉键确定。确认此应用后绘制的圆柱体如图 3-182 所示。

接着，在“Primitive Cylinder”对话框中将圆柱体半径设置为 6.2，将高度值设置为 9.4，单击“输入坐标点”按钮，在出现的坐标输入框中输入“0,0,8.5”，按〈Enter〉键确定，应用此圆柱体参数后绘制的第二个圆柱体如图 3-183 所示。

图 3-182 绘制一个圆柱体

图 3-181 “Primitive Cylinder”对话框

图 3-183 绘制第二个圆柱体

在“Primitive Cylinder”对话框中将圆柱体半径设置为 2，将高度值设置为 12，单击“输入坐标点”按钮，在出现的坐标输入框中输入“0,0,8.5”，按〈Enter〉键确定，然后在“Primitive Cylinder”对话框中单击“确定”按钮，创建的第三个圆柱体如图 3-184 所示。

8）布尔运算-结合。在功能区“实体”选项卡的“建立”面板中单击“布尔运算”按钮，打开“布尔运算”对话框，在“基础操作”选项卡的“操作”选项组中选择“结合”单选按钮，在“目标”收集器右侧单击“选择目标主体”按钮，选择旋转体作为布尔运算的目标主体，接着在“工件主体”选项组中单击“增加选取”按钮，选择图 3-185 所示的两个圆柱体作为布尔运算的工件主体，按〈Enter〉键确定，然后在“布尔运算”对话框中单击“确定并创建新操作”按钮。

9）布尔运算-切割。在“布尔运算”对话框的“基础操作”选项卡上选择“移除”单选按钮，单击“目标”收集器右侧的“选择目标主体”按钮，选择要布尔运算的目标主体，如图 3-186 所示。接着在“工件主体”选项组中单击“增加选取”按钮，选择小圆柱体作为要布尔运算的工件主体，按〈Enter〉键确定，单击“确定”按钮，结果如图 3-187 所示。

图 3-184 绘制第三个圆柱体

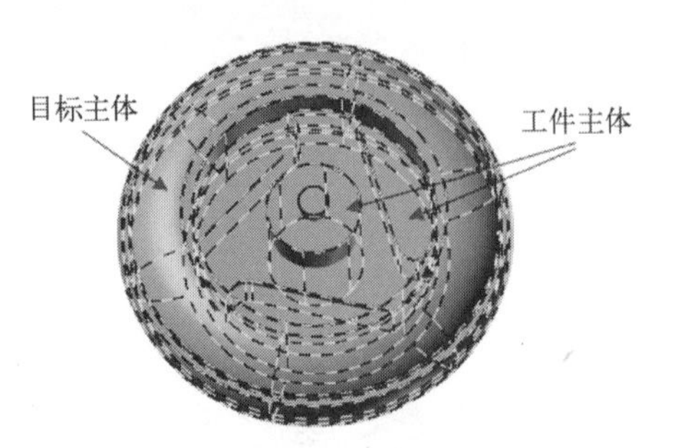

图 3-185 布尔运算-结合

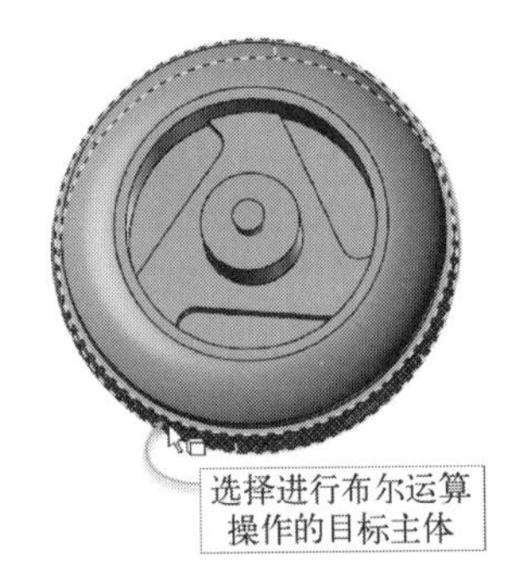

图 3-186 选择要布尔运算的目标主体

图 3-187 布尔运算-切割结果

10）实体圆角。在功能区“实体”选项卡的“修剪”面板中单击“固定半径倒圆角”按钮，系统出现“选择图形去倒圆角”的提示信息，在图 3-188 所示的“实体选择”对话框中只选中“选择边界”按钮。

使用鼠标分别单击图 3-189 所示的 3 处边线，按〈Enter〉键确定，或者在“实体选择”对话框中单击“确定”按钮。

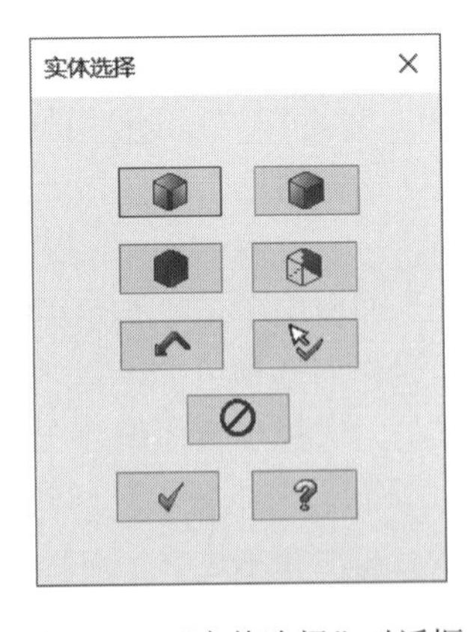

图 3-188 “实体选择”对话框

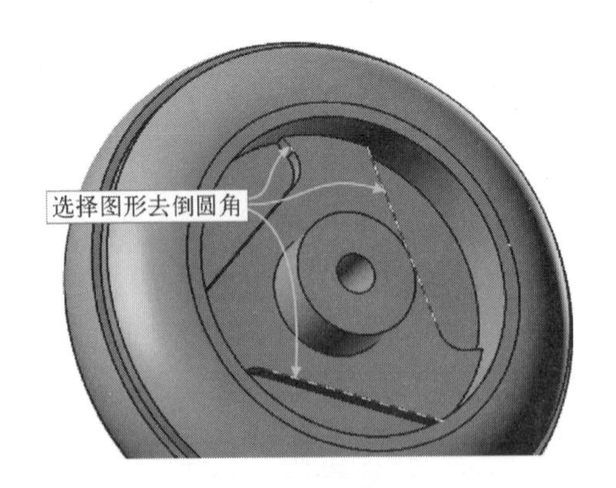

图 3-189 选择要圆角的边线

系统弹出“固定圆角半径”对话框，设置图 3-190 所示的参数及选项，注意一定要勾选“沿切线边界延伸”复选框，单击“确定”按钮，该圆角操作的结果如图 3-191 所示。

使用同样的方法，在玩具车轮的另一面创建同样参数的相应圆角。

11）创建倒角。在功能区“实体”选项卡的“修剪”面板中单击“单一距离倒角”按钮，选择要倒角的图形，如图 3-192 所示，按〈Enter〉键确定，系统弹出“单一距离倒角”对话框，在“距离”文本框中输入“1”，如图 3-193 所示。

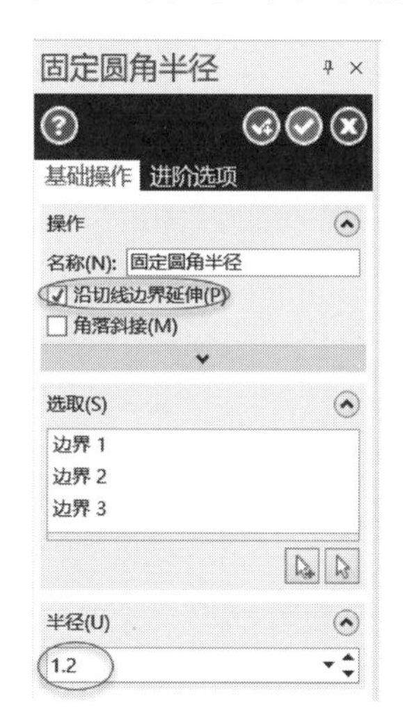

图 3-190 “固定圆角半径”对话框

图 3-191 圆角操作结果

图 3-192 选择要倒角的图形

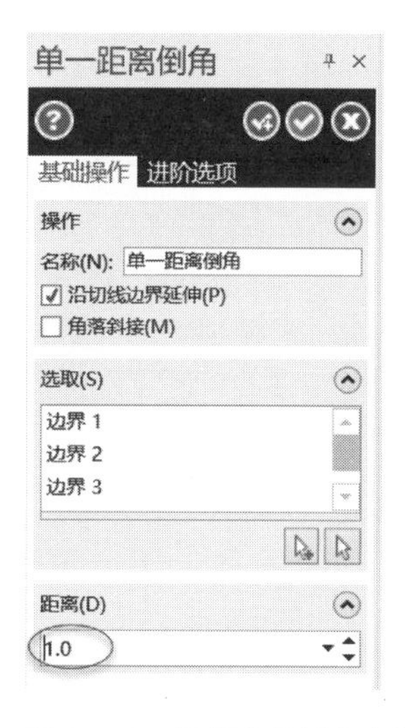

图 3-193 设置实体倒角参数

在“单一距离倒角”对话框中单击“确定”按钮，完成此步骤得到的倒角结果如图 3-194 所示。

12）保存文件。在“快速访问”工具栏中单击“保存”按钮，接着在系统弹出的“另存为”对话框中选择要保存的位置，并指定保存类型为“Mastercam 文件（*.mcam）”，文件名为“玩具车轮”，然后单击“保存”按钮。

2．设计玩具车轮的凹模

扫码观看视频

1）另存文件。打开已经完成的“玩具车轮.mcam”，接着在功能区“文件”选项卡中选择“另存为”命令并单击“浏览”按钮，系统弹出“另存为”对话框，选择要保存的位置，并在“文件名”文本框中输入“玩具车轮凹模 1.mcam”，如图 3-195 所示，然后单击“保存”按钮。

图 3-194　实体倒角结果

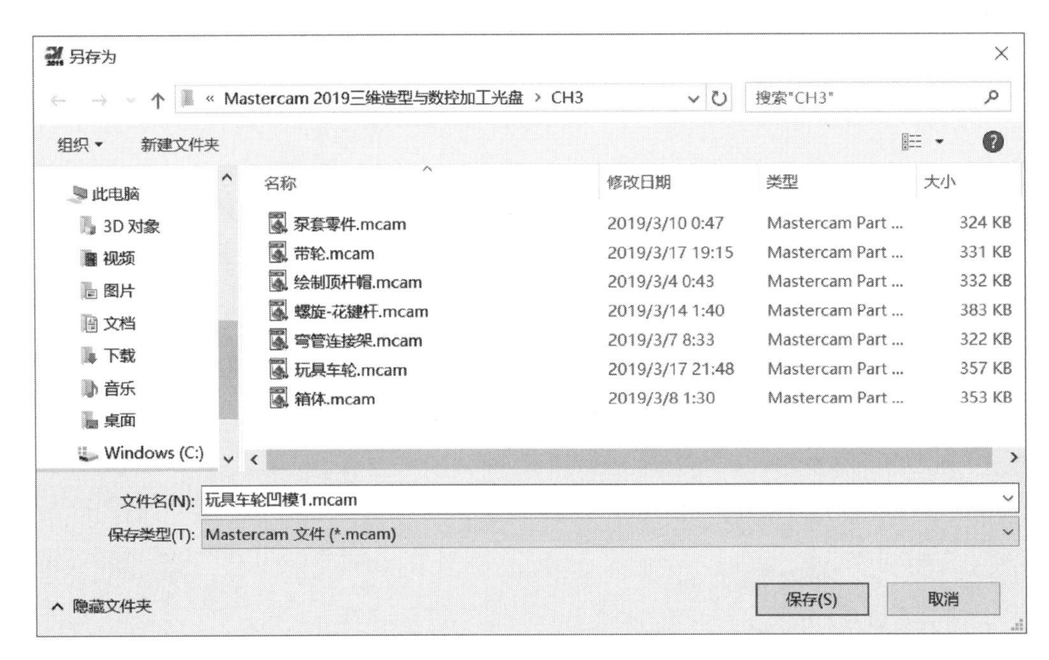

图 3-195　“另存为”对话框

2）创建圆柱体。在功能区“实体”选项卡的“基本实体”面板中单击“圆柱体”按钮，系统弹出“Primitive Cylinder”对话框，选择“Solid”（实体）单选按钮，设置圆柱体半径为 30，圆柱体高度为 14，默认选择“Z”轴选项，如图 3-196 所示。

单击“输入坐标点”按钮，在出现坐标输入框中输入“0,0,-5.5”，按〈Enter〉键确定，然后在“Primitive Cylinder”对话框中单击“确定”按钮，创建的一个圆柱体如图 3-197 所示。

3）布尔运算-切割。在功能区“实体”选项卡的“建立”面板中单击“布尔运算”按钮，打开“布尔运算”对话框，在“基础操作”选项卡的“操作”选项组中选择“移除”单选按钮，在“目标”收集器右侧单击“选择目标主体”按钮，选择新建的圆柱体作为要布尔运算的目标主体，接着在“工件主体”选项组中单击“增加选取”按钮，选择玩具车轮实体模型作为工件主体，按〈Enter〉键确定，然后在“布尔运算”对话框中单击“确定”按钮。完成该切割布尔运算的结果如图 3-198 所示。

图 3-196　设置圆柱体参数

图 3-197　创建一个圆柱体

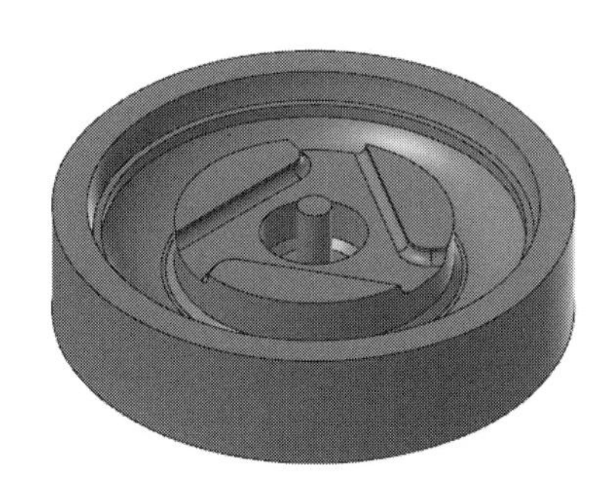

图 3-198　切割布尔运算的结果

4）保存文件。在“快速访问”工具栏中单击“保存”按钮。

3.2.8 绘制遥控器实体造型

扫码观看视频

本范例介绍如何绘制一款遥控器实体造型，完成效果如图 3-199 所示。在该范例中，除了应用一般的实体创建命令之外，还巧妙地应用了“实体修剪”等编辑命令。通过本范例学习，读者可以较为全面地掌握 Mastercam 2019 实体造型功能的综合应用，重点学习“扫描实体”“举升实体”“拉伸实体（也称挤出实体）”“实体圆角”“实体修剪”等实用实体造型功能。

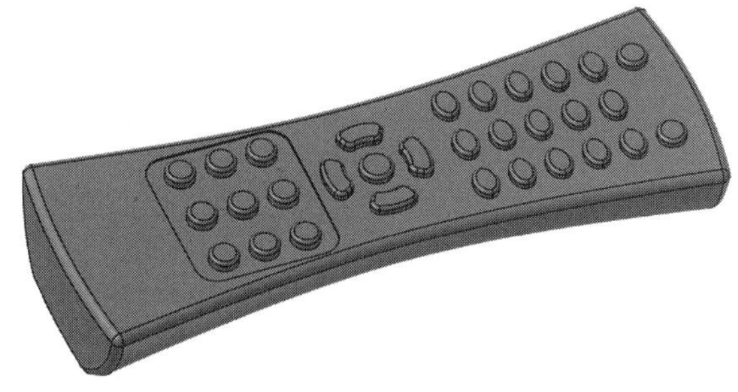

图 3-199　遥控器实体造型

本范例具体的创建过程和步骤如下。

1）新建一个图形文件。在“快速访问”工具栏中单击“新建”按钮，从而新建一个

Mastercam 2019 文件。

2）相关属性状态设置。在“层别”对话框的“编号”（层别号码）文本框中输入“1”，在“名称”文本框中输入“曲线”。

在功能区“首页”选项卡的“属性”面板中将线框颜色设置为红色（颜色代号为 12）。

按〈Alt+2〉快捷键，或者在功能区“检视”选项卡的“图形检视”面板中单击“前视图”按钮，将屏幕视角和绘图平面均设置为“前视图”，而 WCS 为俯视图，构图深度为 0。

3）绘制主体线架。绘制图 3-200 所示的闭合曲线 1。

在状态栏的 Z 文本框中输入“80”，按〈Enter〉键确定，从而将构图深度设置为 80。接着绘制图 3-201 所示的闭合曲线 2，该闭合曲线由半圆弧（半径为 21）和一条直线构成。

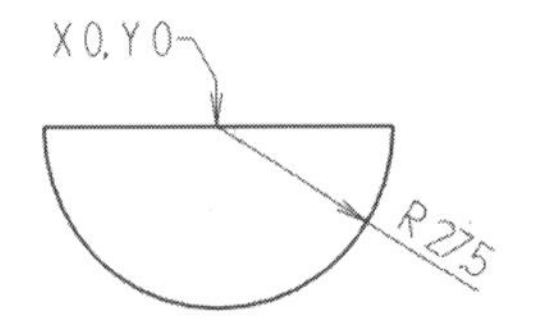

图 3-200　绘制闭合曲线 1

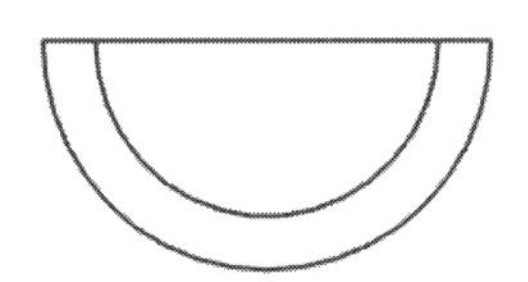

图 3-201　绘制闭合曲线 2

在状态栏的 Z 文本框中输入“160”，按〈Enter〉键确定，从而将构图深度设置为 160。接着绘制图 3-202 所示的闭合曲线 3，该闭合曲线由半圆弧（圆弧半径为 29）和一条直线构成。

此时，若按〈Alt+7〉快捷键以切换至等角视图，可以看到绘制的主体线架如图 3-203 所示。

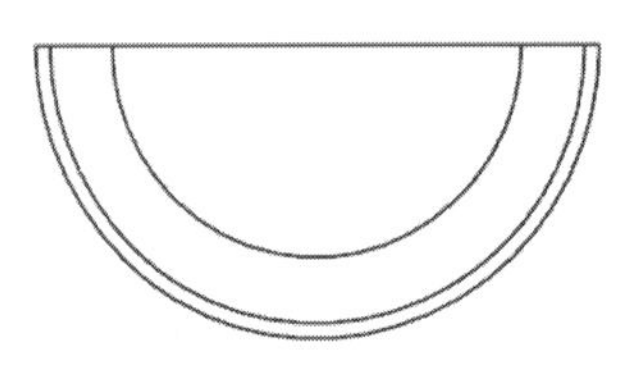

图 3-202　绘制闭合曲线 3

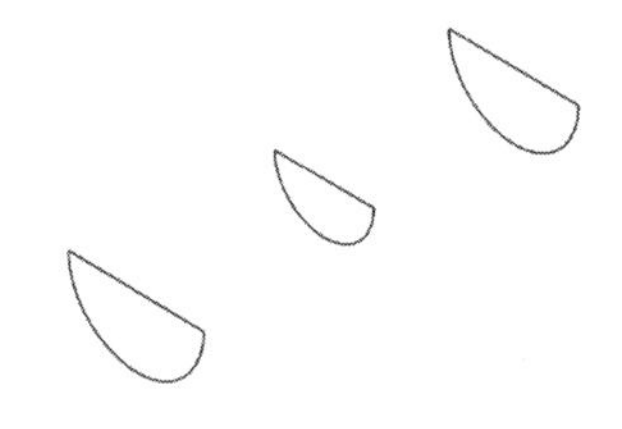

图 3-203　绘制的线架

4）构件主体实体。在“层别”对话框的“编号”（层别号码）文本框中输入“2”，在“名称”文本框中输入“主体实体”。接着将实体颜色设置为 3 号颜色。

在功能区“实体”选项卡的“建立”面板中单击“举升”按钮，按照顺序选择 3 个线架作为举升实体的外形串连图素，如图 3-204 所示，注意各外形串连图素的起始位置及方向，然后单击“串连选项”对话框中的“确定”按钮。

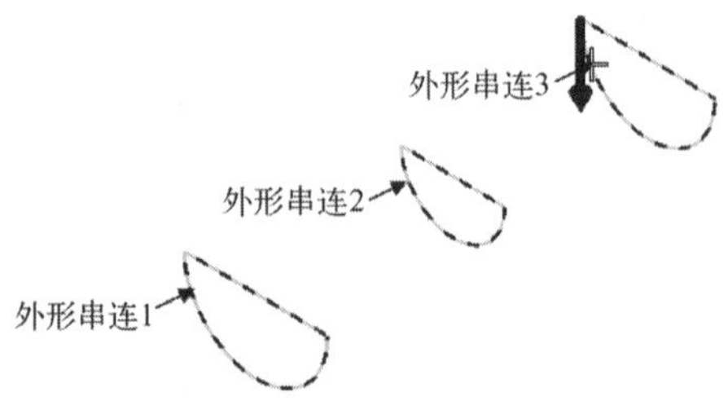

图 3-204　指定外形串连图素

系统弹出图 3-205 所示的“举升”对话框，选择“创建主体”单选按钮，取消勾选“创建直纹实体”复选框，单击“确定”按钮，创建的举升实体如图 3-206 所示。

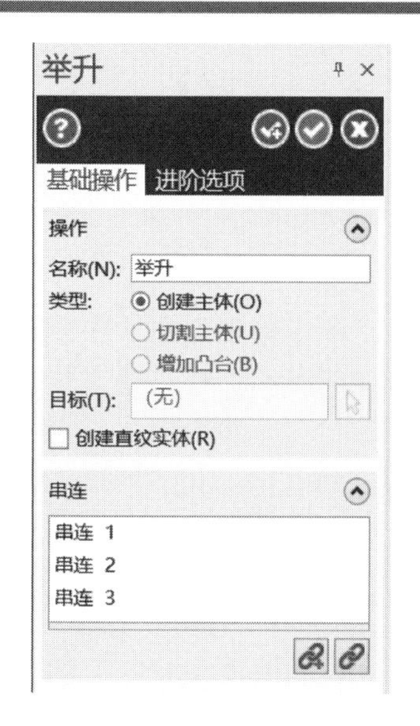

图 3-205 “举升”对话框

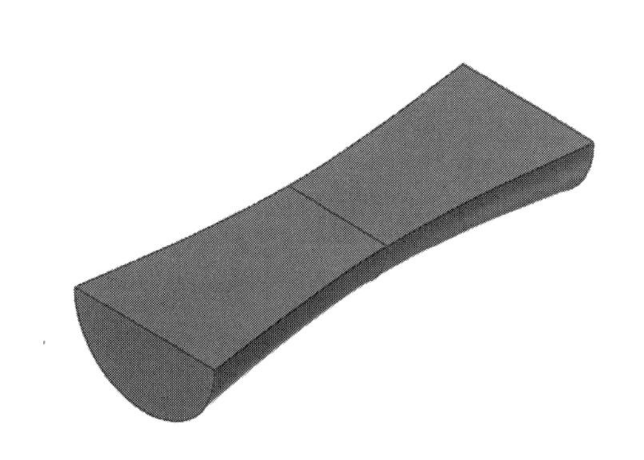
图 3-206 创建举升实体

5）绘制二维截面曲线。在“层别”对话框的“编号”（层别号码）文本框中输入“3”，在“名称”文本框中输入“曲线”，单击层别 1 的“高亮（突显）”单元格以关闭层别 1 的显示状态。

按〈Alt+2〉快捷键，或者在功能区“检视”选项卡的“图形检视”面板中单击“前视图”按钮，将屏幕视角和绘图平面均设置为“前视图”，而 WCS 为俯视图。在状态栏中重新将构图深度 Z 设置为 0。

在功能区“线框”选项卡的“圆弧”面板中单击“两点画弧”按钮，设置圆弧半径为 380，分别指定两点为（-30,-22）和（30,-22），接着在绘图区选取图 3-207 所示的圆弧，然后在“两点画弧”对话框中单击“确定”按钮，绘制的圆弧如图 3-208 所示。

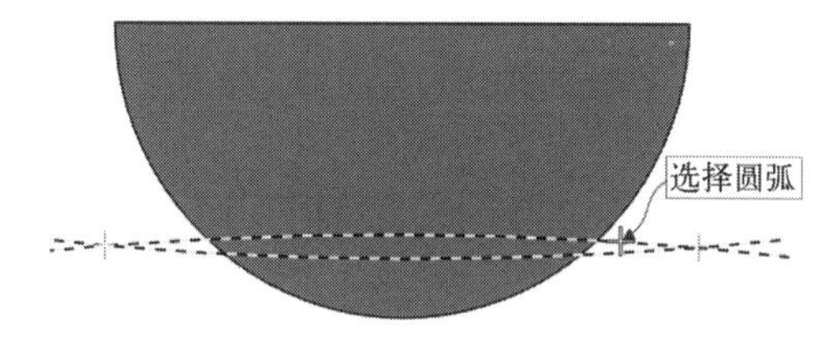

图 3-207 选择圆弧

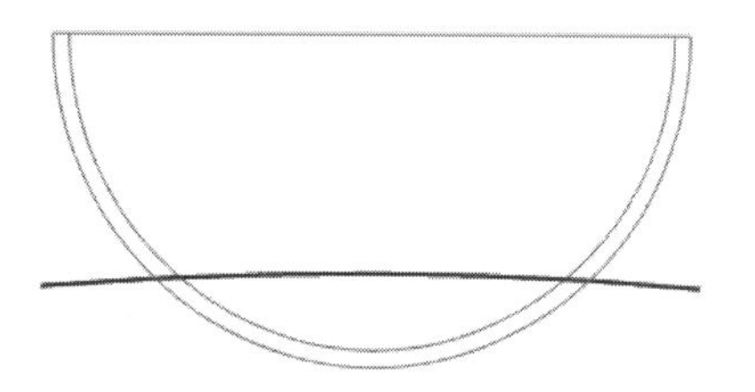
图 3-208 绘制的圆弧

接着在功能区“线框”选项卡的“线”面板中单击“任意线”按钮，绘制图 3-209 所示的直线。

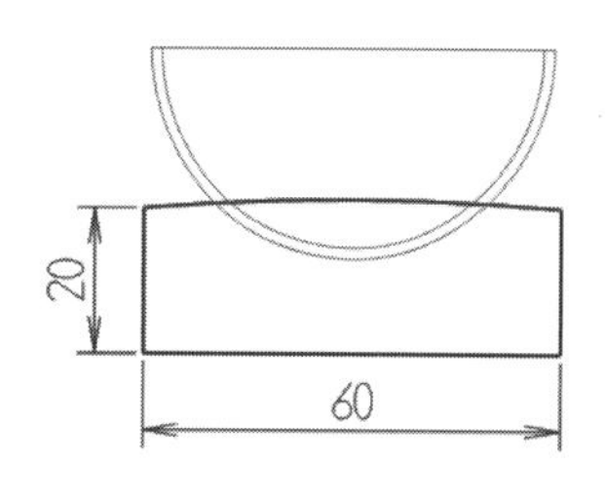

图 3-209 绘制直线段

6）绘制扫描轨迹线。按〈Alt+5〉快捷键，或者在功能区“检视”选项卡的“图形检视”面板中单击“右视图”按钮，将屏幕视角和绘图平面均设置为“右视图”，而 WCS 为俯视图，构图深度为 0。

绘制图 3-210 所示的一条直线和一条圆弧，两者为相切关系，注意直线右端点位于先前圆弧的中点处。

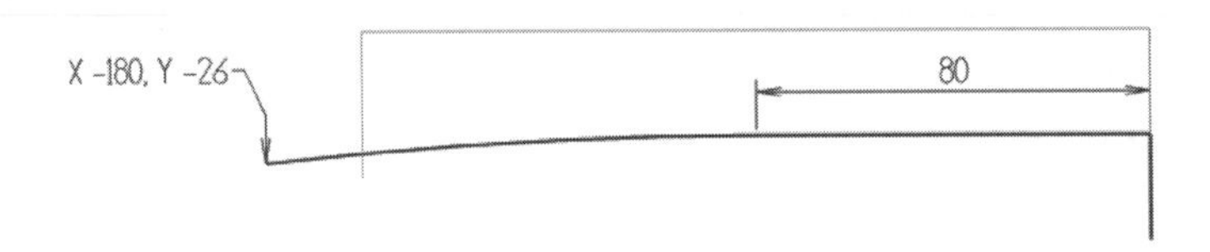

图 3-210 绘制扫描轨迹线

按〈Alt+7〉快捷键，或者在功能区“检视”选项卡的“图形检视”面板中单击“等角视图”按钮，可以看到用于进行“扫描实体”操作的扫描截面和扫描路径，如图 3-211 所示。

7）执行“扫描实体”操作。在“层别”对话框中将当前层别设置为 2。

在功能区“实体”选项卡的“建立”面板中单击“扫描”按钮，选择要扫掠的串连图素，如图 3-212 所示，单击“串连选项”对话框中的“确定”按钮。选择图 3-213 所示的相切曲线作为扫掠路径。

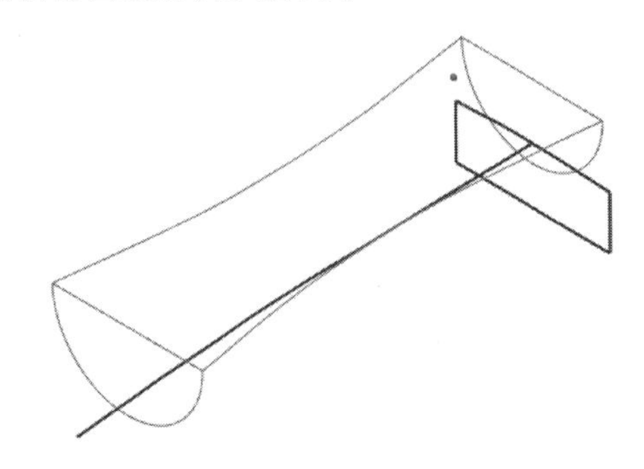

图 3-211 等角视图

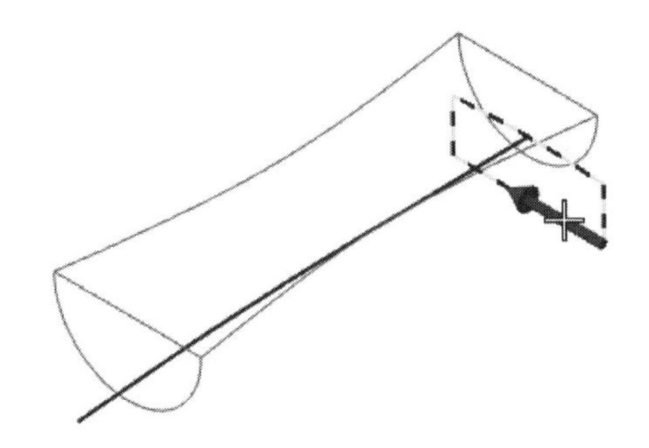

图 3-212 选择要扫掠的串连图素

系统弹出“扫描”对话框，选择“切割主体”单选按钮，并勾选“创建单一操作”复选框，如图 3-214 所示。然后单击该对话框中的“确定”按钮，结果如图 3-215 所示。

可以利用“层别”对话框设置不显示扫描截面和扫描路径曲线。

8）绘制二维曲线。在“层别”对话框的“编码”（层别号码）文本框中输入“4”，在“名称”文本框中输入“曲线”。

按〈Alt+1〉快捷键，或者在功能区“检视”选项卡的“图形检视”面板中单击“俯视图”按钮，将屏幕视角和绘图平面均设置为“俯视图”，而 WCS 为俯视图，构图深度为 0。

在功能区“线框”选项卡的“圆弧”面板中单击“三点画弧”按钮，选择“点”单选按钮，依次指定三点，即（-36,-6,0）、（0,0,0）、（36,-6,0），单击“三点画弧”对话框中的“确定并创建新操作”按钮。绘制的该圆弧如图 3-216 所示。

再依次指定三点，即（-36,-154,0）、（0,-158,0）、（36,-154,0），单击“三点画弧”对话框中的“确定”按钮，绘制的第二段圆弧如图 3-217 所示。

按〈Alt+7〉快捷键，或者在功能区“检视”选项卡的“图形检视”面板中单击“等角视图”按钮。

9）创建牵引曲面。在“层别”对话框的“编号”（层别号码）文本框中输入“5”，在“名称”文本框中输入“曲面”。

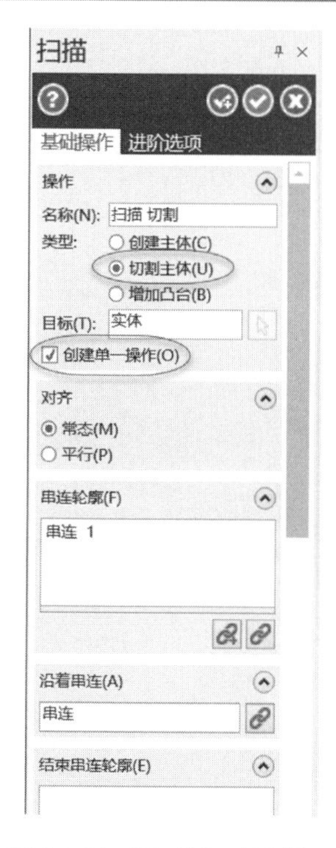

图 3-214 “扫描”对话框

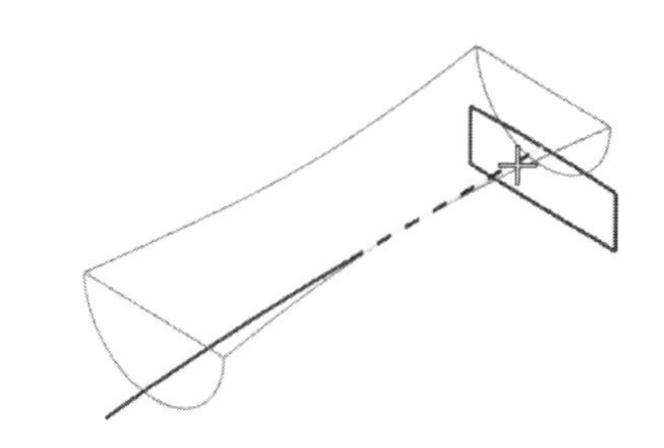

图 3-213 选择扫掠路径

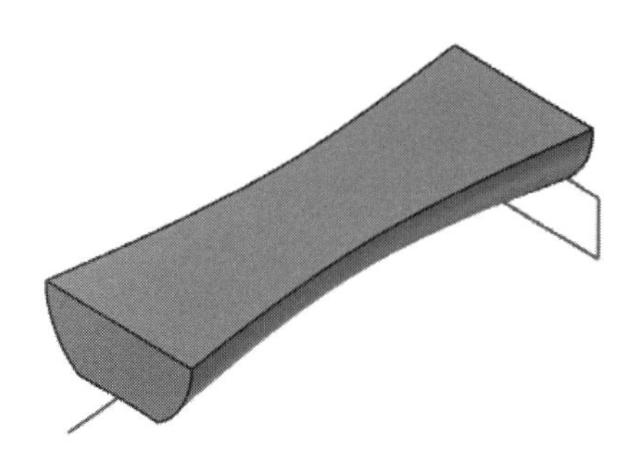

图 3-215 扫描实体切割

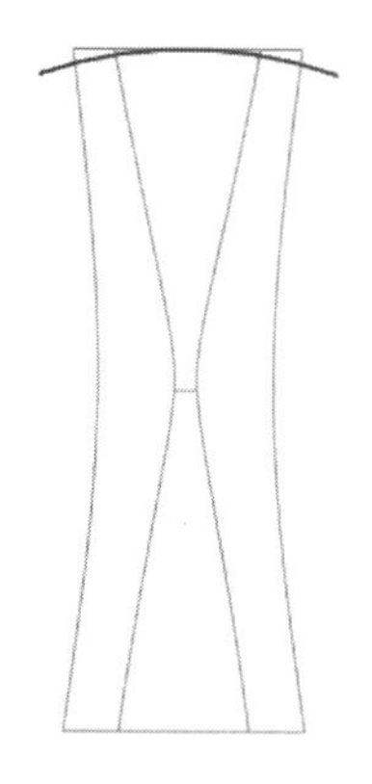

图 3-216 绘制一段圆弧

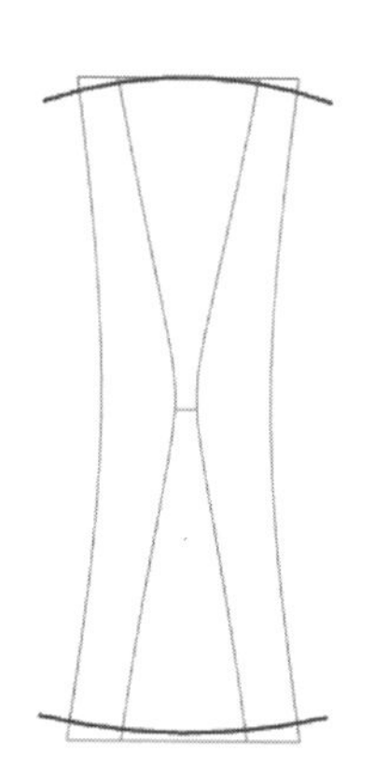

图 3-217 绘制第二段圆弧

在功能区“曲面”选项卡的“建立”面板中单击“牵引曲面（拔模）”按钮，单击上步骤所创建的其中一条圆弧，按〈Enter〉键确定。在“牵引曲面”对话框中设置图 3-218 所示的选项及参数，注意牵引长度和角度的方向设置（要反向可以输入负值，需要对照预览效果灵活设置），然后单击“确定”按钮。使用同样的方法，依据另一条圆弧创建所需的牵引曲面。

10）实体修剪。以等角视图显示模型。在功能区“实体”选项卡的“修剪”面板中单击“修剪到曲面/薄片”按钮，系统弹出图 3-219 所示的“实体选择”对话框，在图形窗口中选择已有的实体模型，接着选择要修剪的曲面，如图 3-220 所示，系统弹出“修剪到曲面/薄片”对话框。在“基础操作”选项卡中，取消勾选“分割实体”复选框，如图 3-221 所示，然后单击“确定并创建新操作”按钮。

图 3-218　利用“牵引曲面”对话框中设置牵引曲面的参数

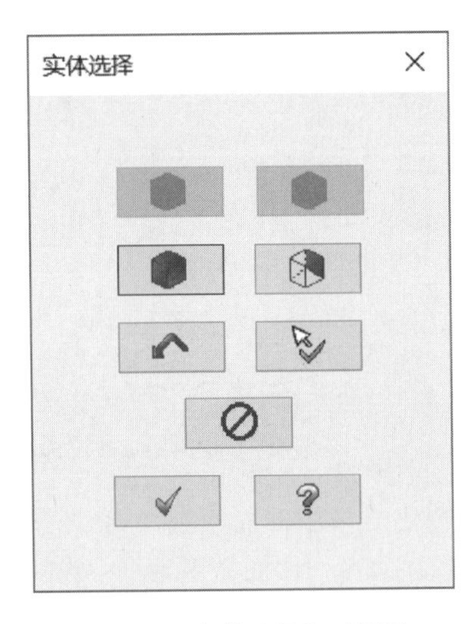

图 3-219　“实体选择”对话框

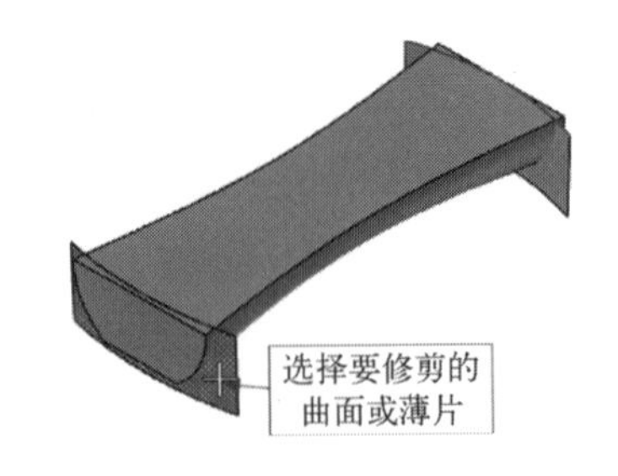

图 3-220　选择要执行修剪的曲面

继续执行“修剪到曲面/薄片”的操作（即指定要被修剪的实体，以及选择另一曲面来修剪实体）。单击“确定”按钮后将当前层别设置为 2，并隐藏所有的曲线和曲面，效果如图 3-222 所示。

11）绘制用于建构按键的挤出实体。在“层别”对话框的“编号”（层别号码）文本框中输入“6”，在“名称”文本框中输入“曲线”。

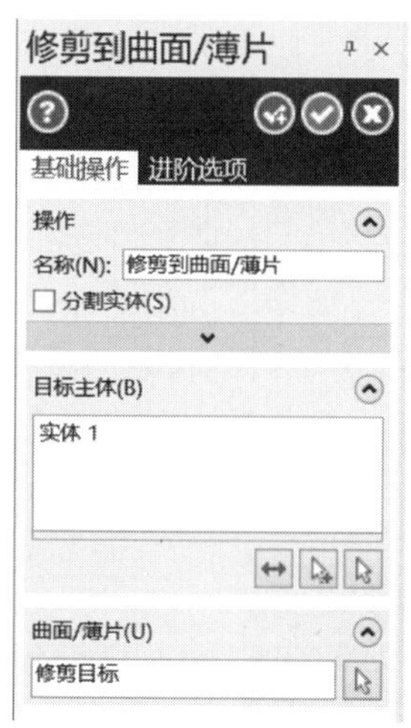

图 3-221 “修剪到曲面/薄片”对话框

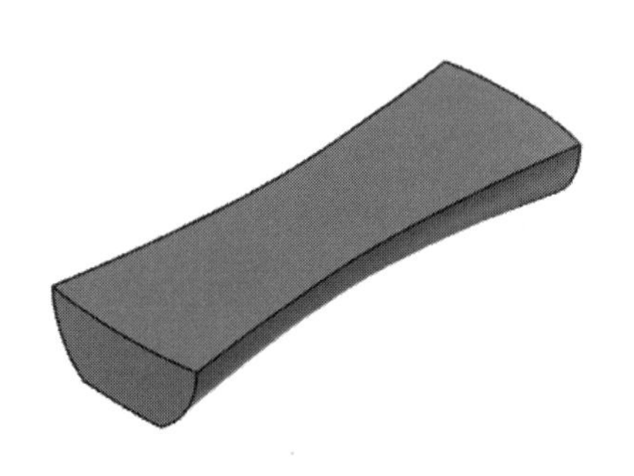
图 3-222 修剪实体后的效果

按〈Alt+1〉快捷键，或者在功能区“检视”选项卡的“图形检视”面板中单击“俯视图”按钮，将屏幕视角和绘图平面均设置为“俯视图”，而 WCS 为俯视图，构图深度为 0。

绘制图 3-223 所示的按键布局截面图形，其中未标小椭圆的长轴半径为 4，短轴半径为 3。注意：有些图形具体尺寸可以由读者自行设定。在绘制相关图形的过程中，可以巧妙地应用功能区“转换”选项卡上的“阵列（布局）”工具、“平移”工具和“旋转”工具等。

按〈Alt+7〉快捷键，或者在功能区“检视”选项卡的“图形检视”面板中单击“等角视图”按钮，接着按〈Alt+S〉快捷键切换为实体着色显示模式，此时效果如图 3-224 所示。

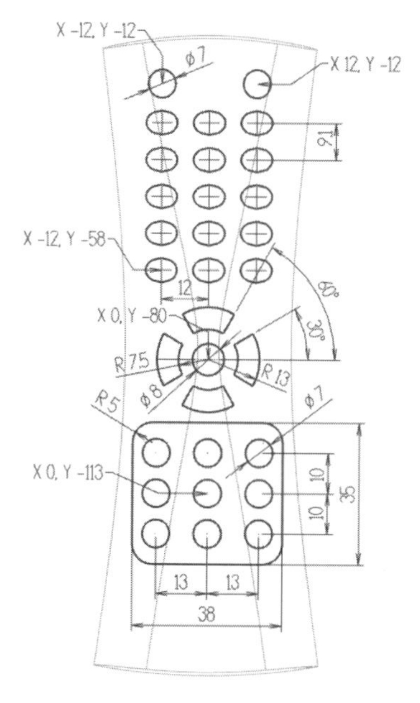

图 3-223 绘制按键布局截面图形

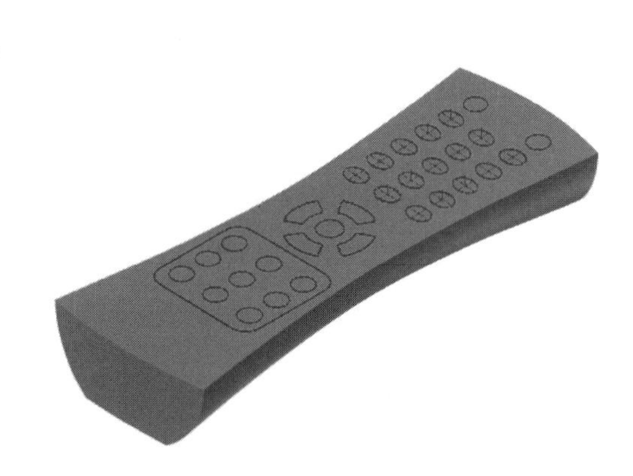
图 3-224 绘制按键布局图形

12）拉伸切割实体。在“层别管理”对话框的“编号（层别号码）”文本框中输入“7”，在“名称”文本框中输入“按键实体”。

在功能区“实体”选项卡的“建立”面板中单击“拉伸”按钮，选择图 3-225 所示的带圆角的矩形作为要拉伸的串连图素，单击“串连选项”对话框中的“确定”按钮。系统弹出“实体拉伸”对话框，在“基础操作”选项卡的“操作”选项组中选择“切割主体”单选按钮，勾选“创建单一操作”复选框，在“距离”选项组中将距离设置为 0.5，并根据默认的拉伸方向决定是否在“串连”选项组中单击“反向”按钮，正确的拉伸切除方向如图 3-226 所示。

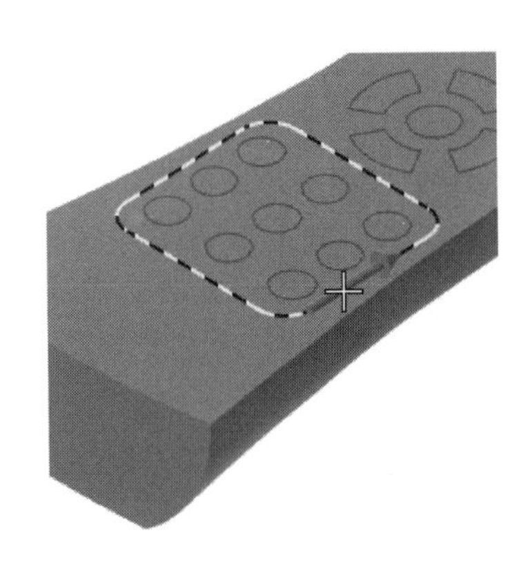

图 3-225　选择要拉伸的串连图素

图 3-226　实体挤出的设置

在“实体拉伸”对话框中单击“确定”按钮，效果如图 3-227 所示。

13）构建按键的三维效果。在功能区“实体”选项卡的“建立”面板中单击“拉伸”按钮，选择图 3-228 所示的一系列按键截面图形作为要拉伸的串连图素，注意设置各串连图形的起点方向的指向一致。单击“串连选项”对话框中的“确定”按钮。

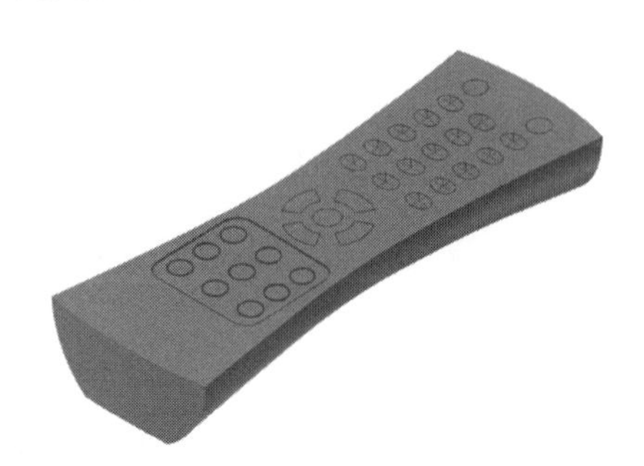

图 3-227　拉伸切割实体

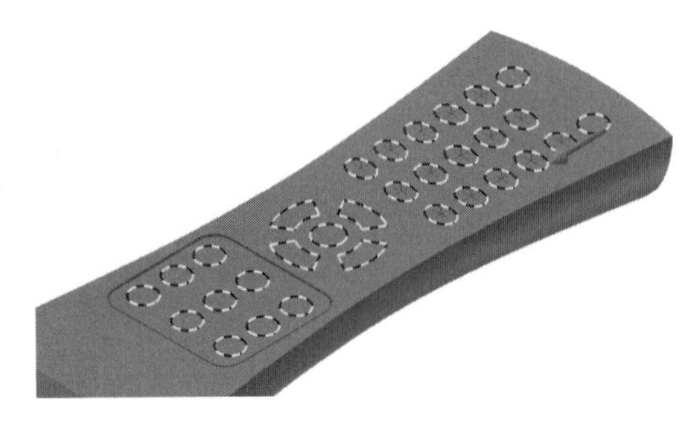

图 3-228　选择要拉伸的串连图素

系统弹出“实体拉伸”对话框。在“基础操作”选项卡中选择“增加凸台”单选按钮，选中“距离”单选按钮，在“距离”文本框中输入拉伸距离为“2”，勾选“两端同时延伸”复选框，如图 3-229 所示。

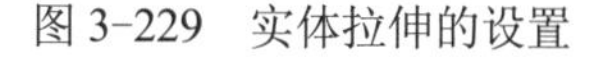

图 3-229　实体拉伸的设置

在“实体拉伸”对话框中单击“确定”按钮，创建的按键三维效果如图 3-230 所示。

14）实体圆角。在“层别”对话框的“编号”（层别号码）文本框中输入“8”，在“名称”文本框中输入“实体倒圆角”。

在功能区“实体”选项卡的“修剪”面板中单击“固定半径倒圆角”按钮，在“实体选择”对话框中只选中“选择边界”按钮，接着在遥控器主体模型中选择要圆角的两条边线，如图 3-231 所示，按〈Enter〉键确定，然后在“固定圆角半径”对话框中设置如图 3-232 所示的实体圆角参数，单击“确定”按钮。圆角效果如图 3-233 所示。

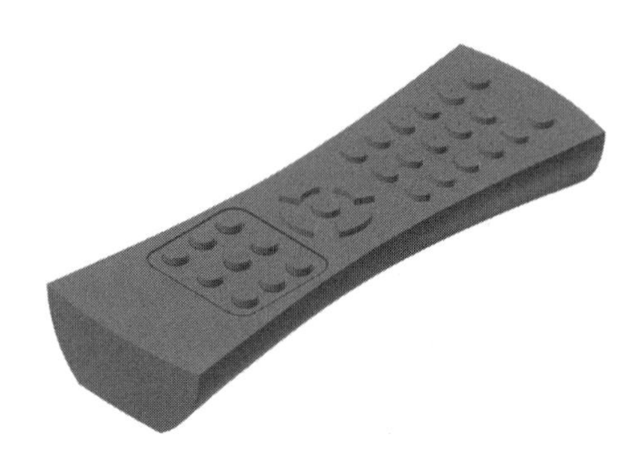

图 3-230　创建按键的三维效果

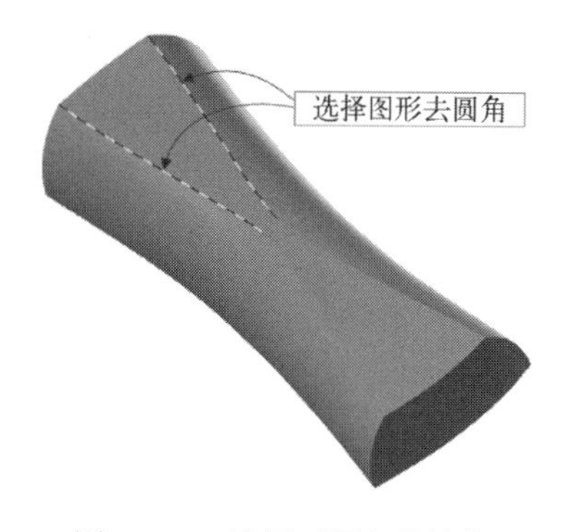

图 3-231　选择要圆角的边线

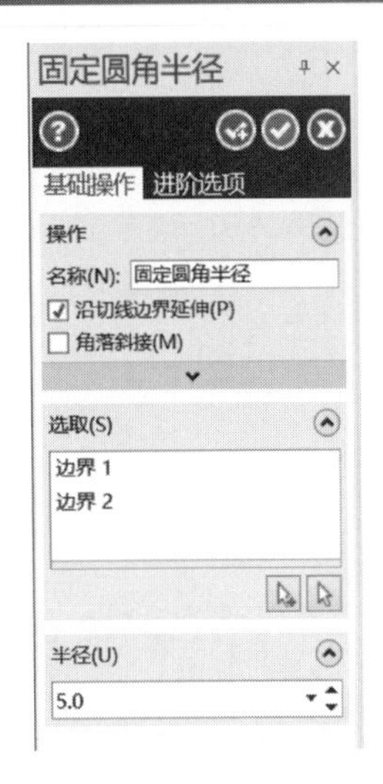

图 3-232 “固定圆角半径”对话框

图 3-233 圆角效果 1

继续对遥控器主体模型的指定边进行实体圆角，圆角半径可以设置为 R2 或稍大，其参考效果如图 3-234 所示（以边线着色模式显示模式）。为了使实体效果显示更整洁美观，可以将相关的曲线层设置为不显示状态。

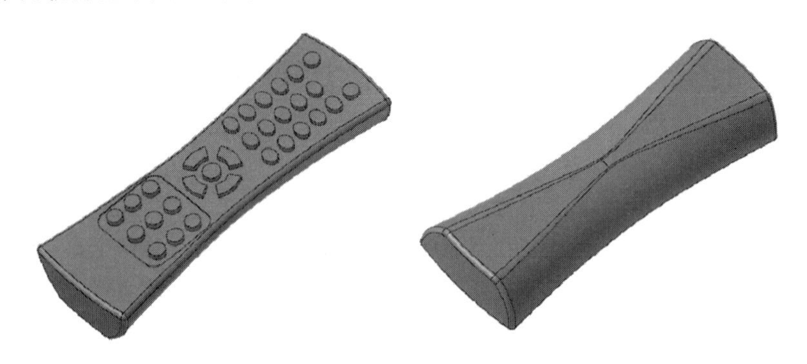

图 3-234 对遥控器主体模型进行实体圆角的效果

在功能区“实体”选项卡的“修剪”面板中单击“固定半径倒圆角”按钮，对中间的小扇形按键的竖边进行圆角处理，圆角半径为 2，完成的该部分圆角效果如图 3-235 所示。

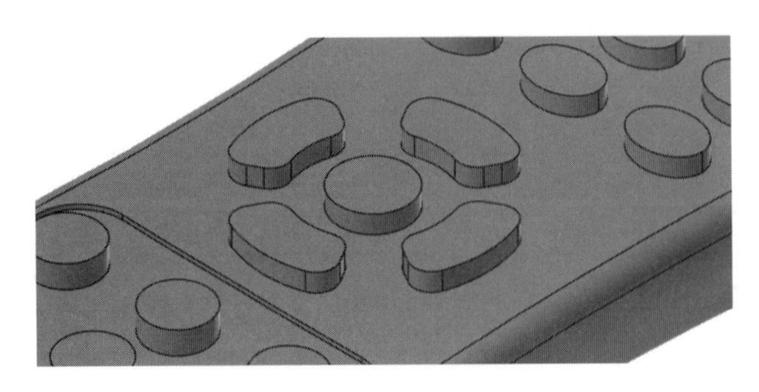

图 3-235 圆角效果 2

使用同样的方法，执行“固定半径倒圆角”按钮，对所有按键的面边界进行圆角处理，圆角半径均为 0.8，完成效果如图 3-236 所示。

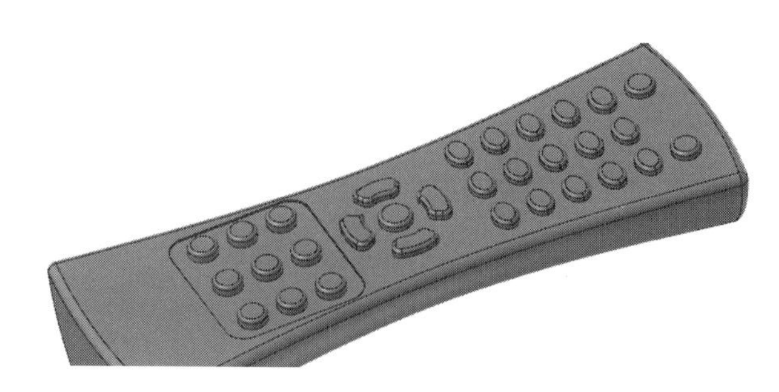

图 3-236 对按键面边界进行圆角处理后的效果

15）保存文件。在“快速访问”工具栏中单击“保存”按钮，接着在系统弹出的“另存为”对话框中选择要保存的位置，并指定保存类型为“Mastercam 文件（*.mcam）”，文件名为“遥控器实体造型”，然后单击“保存”按钮。

本范例完成的遥控器实体造型效果如图 3-237 所示。

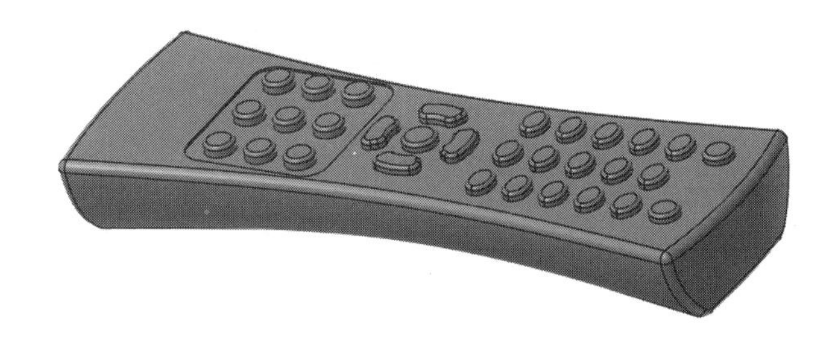

图 3-237 完成的遥控器实体造型效果

Mastercam 数控加工

前面介绍的知识主要属于 CAD 方面的，CAD 通常用于完成二维或三维几何外形的构建。本部分则主要介绍 Mastercam 2019 系统中的 CAM 应用知识，CAM 主要用于根据设置的切削加工数据（如进刀量、进给率、进刀速率、提刀速率和主轴转速等）和工件几何外形等数据来生成刀具路径。

在本部分中，将通过范例形式来介绍二维加工、曲面粗加工、曲面精加工、线架构加工、多轴加工、车削加工、线切割加工、FBM 铣削和 FBM 钻孔等知识。

第 4 章　使用二维刀具路径进行数控加工

本章导读：

本章主要通过范例的形式来介绍 Mastercam 2019 系统中的二维加工功能，主要包括外形铣削加工范例、挖槽铣削加工范例、平面铣削加工范例、钻孔铣削加工范例、全圆路径加工范例和雕刻加工范例等。

4.1　外形铣削加工范例

外形铣削也常被称为轮廓铣削，它指沿着所定义的外形轮廓线进行铣削加工，它是针对垂直及倾斜角度不大的轮廓曲面所使用的一种加工方法，在数控铣削加工中应用非常广泛。外形铣削加工主要用于铣削轮廓边界、倒直角、清除边界残料等场合。

4.1.1　范例加工分析

本范例要求对设计的零件二维外形轮廓进行相关的铣削加工，所采用的两把加工刀具分别为Φ16 的平底刀和合适的倒角铣刀，该范例加工示意如图 4-1 所示。

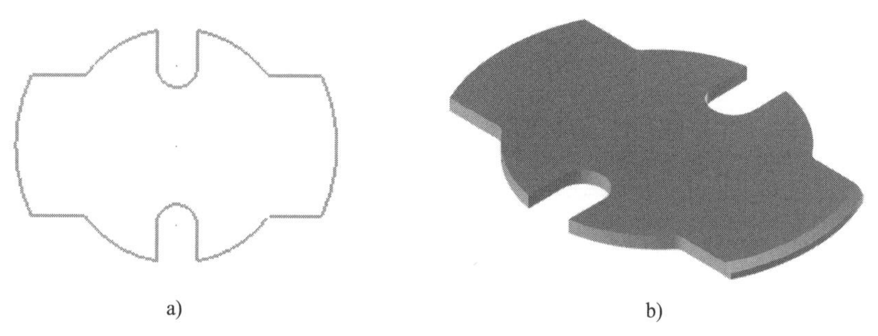

a)　　b)

图 4-1　外形铣削加工范例示意

a) 二维外形轮廓　b) 外形铣削加工完成效果图

本范例要求依次使用“2D”铣削加工和“2D 倒角”铣削加工。

4.1.2 范例加工操作过程

扫码观看视频

该外形铣削加工范例的操作过程如下。

1. 绘制外形铣削的二维轮廓

1）新建一个图形文件。在“快速访问”工具栏中单击“新建”按钮，新建一个 Mastercam 2019 文件。

2）在功能区“首页”选项卡的线型列表框中选择“实线”线型——，在线宽列表框中选择表示粗实线的线宽，接受默认的线框颜色和实体颜色，另外，默认层别为 1，构图面深度 Z 为 0，构图面为俯视图。

3）绘制图 4-2 所示的二维图形，图中特意给出了主要的参考尺寸。

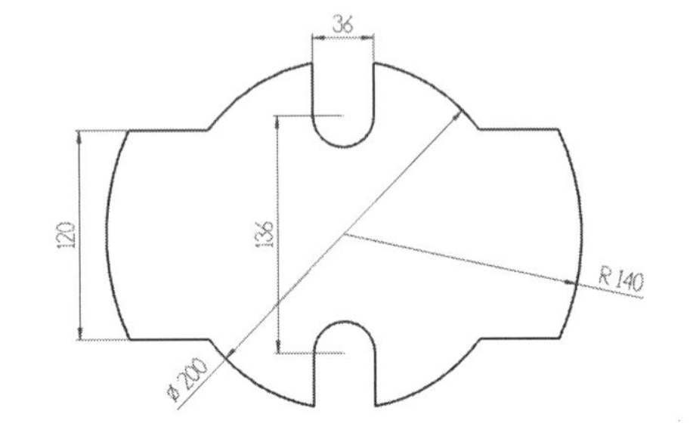

图 4-2 绘制二维图形

2. 选择机床加工系统

在功能区“机床”选项卡的“机床类型”面板中选择“铣床”|“默认”命令，此时功能区出现“刀路”选项卡，如图 4-3 所示。

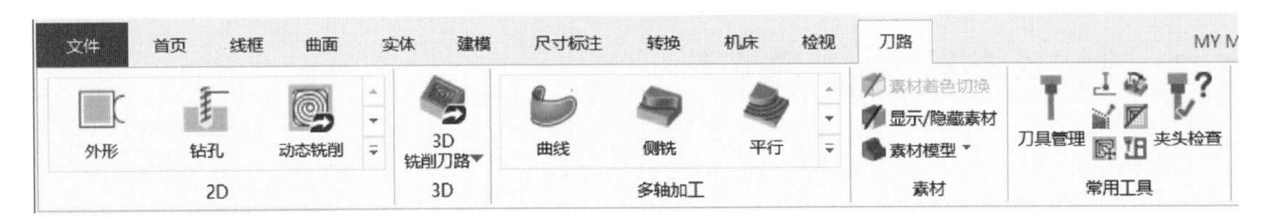

图 4-3 “刀路”选项卡

3. 设置工件毛坯

1）在操作管理器（图形窗口的左侧窗格）切换至“刀路”选项卡（可称为“刀具路径管理器”），如图 4-4 所示，使用鼠标来双击“属性-Mill Default MM”标识，或者单击该标识的加号，从而展开“属性”节点。

2）单击“属性”节点下的图 4-4 所示的“素材设置”选项标签。

3）系统弹出“机床分组属性”对话框，并自动切换到“素材设置”选项卡。在“型状”选项组中选择“立方体”单选按钮，勾选“显示”复选框和“适度化”复选框，选择“线框”单选按钮，并设置工件形状尺寸和视角坐标，如图 4-5 所示。

4）在“机床分组属性”对话框中单击“确定”按钮。

此时，若按〈Alt+7〉快捷键，或者在功能区“检视”选项卡的“图形检视”面板中单击“等角视图”按钮，则可以比较直观地观察到工件毛坯的大小，如图 4-6 所示。

4.“2D”外形铣削

1）在功能区“刀路”选项卡的“2D”面板中单击“外形”按钮。

2）系统弹出“串连选项”对话框，选择“串连”按钮，选择串连外形轮廓，如图 4-7 所示。然后在“串连选项”对话框中单击“确定”按钮，系统弹出“2D 刀路-外形铣削”对话框，刀具类型为“外形铣削”，如图 4-8 所示。

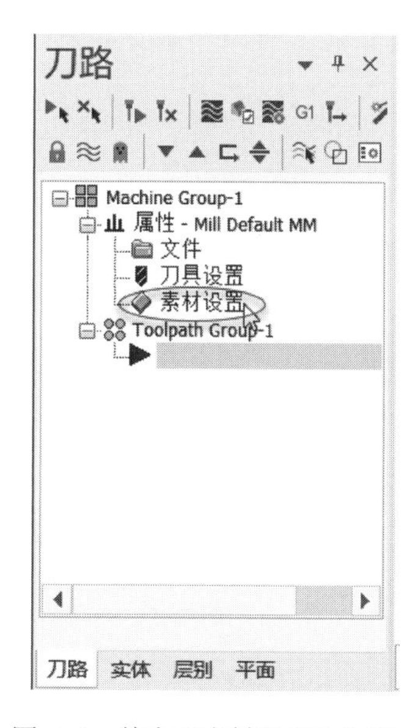

图 4-4 单击“素材设置”标签

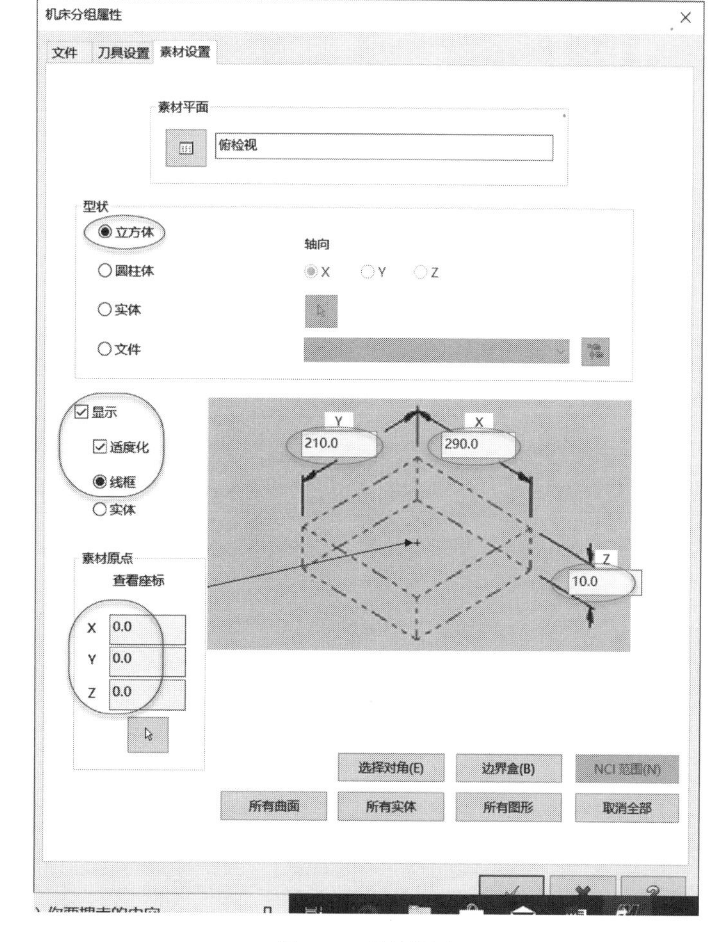

图 4-5 素材设置

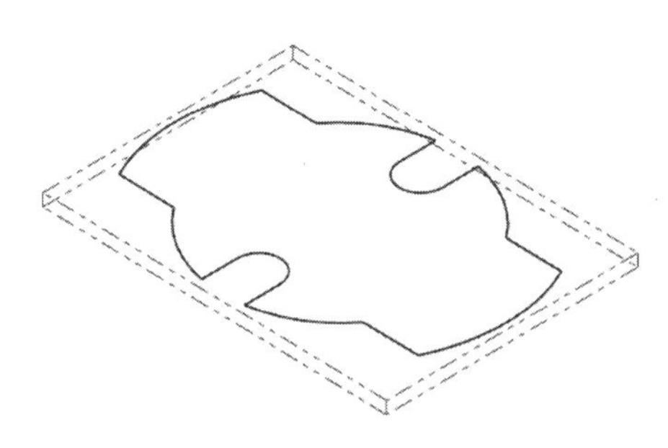

图 4-6 工件毛坯

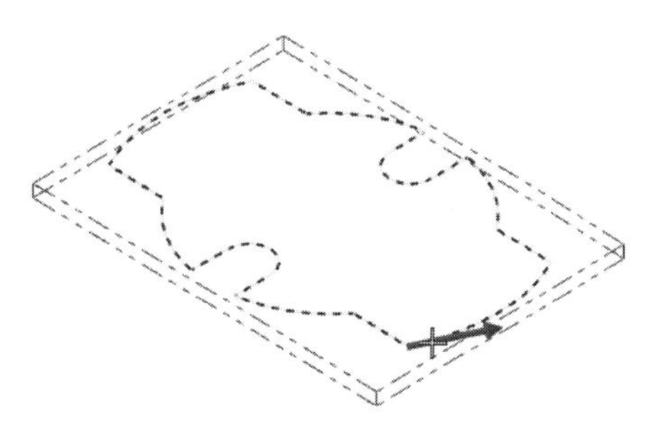

图 4-7 选择外形轮廓串连

3）在“2D 刀路-外形铣削”对话框左上窗格中选择“刀具”类别，接着在刀具列表框的空白区单击鼠标右键，如图 4-9 所示，然后从弹出的快捷菜单中选择“刀具管理”命令，打开“刀具管理”对话框。

4）在“刀具管理”对话框中确保打开“mill_mm.tooldb”刀库，从其刀具库中选择直径为 16 的一种平底刀，单击“将选择的刀库刀具复制到机床群组”按钮，结果如图 4-10 所示，然后单击“确定”按钮。

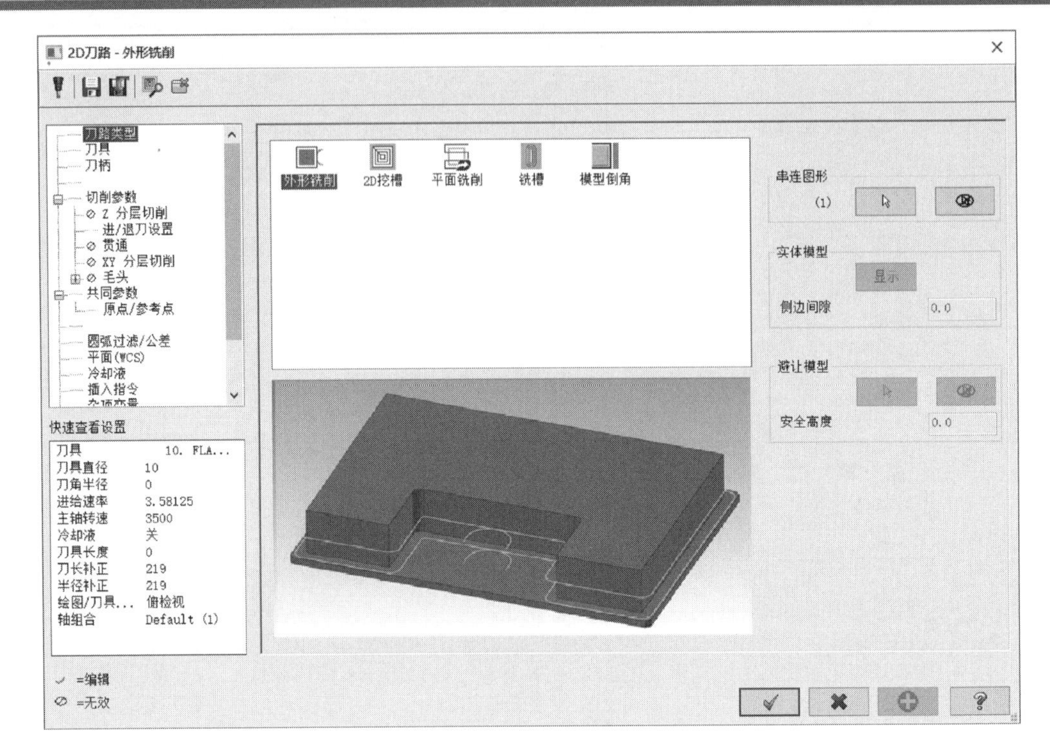

图 4-8 选择外形轮廓串连

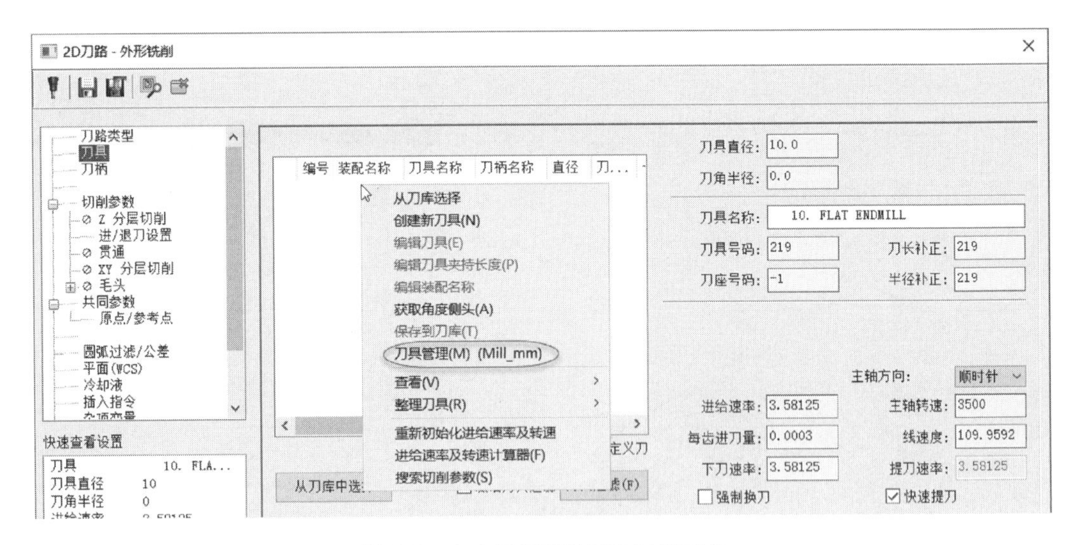

图 4-9 右击刀具列表框的空白区域

知识点拨： 如果要选择其他刀库，那么在“刀具管理”对话框中单击“选择其他刀库”按钮，接着利用弹出的“选择刀库”对话框选择所需的刀库文件，然后单击“打开”按钮，返回“刀具管理”对话框。

5）返回“2D 刀路-外形铣削”对话框的“刀具”类别选项卡中，设置进给速率、下刀速率、主轴方向和主轴转速等，如图 4-11 所示。

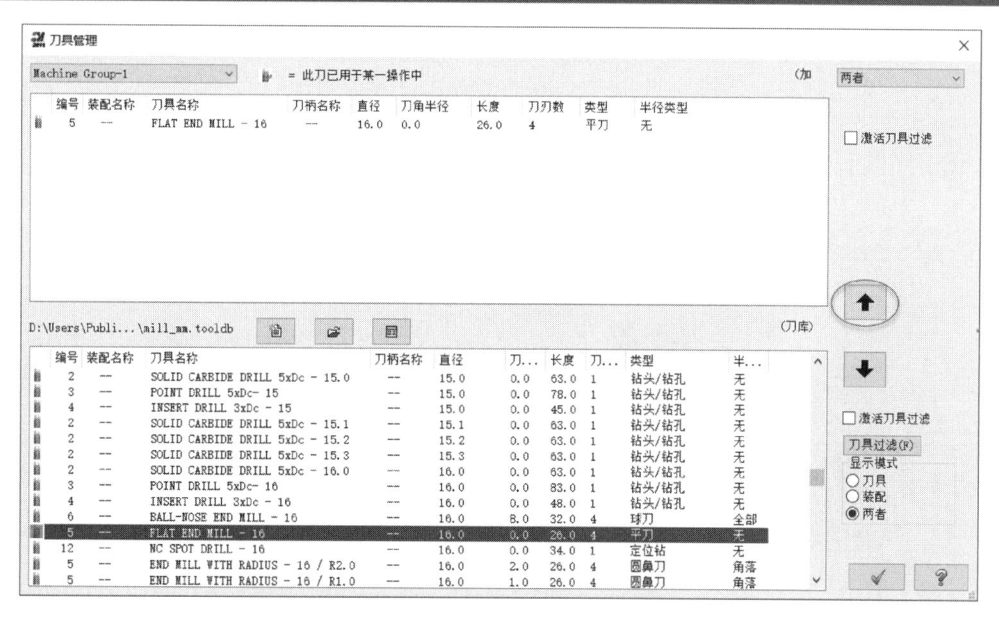

图 4-10 “刀具管理”对话框

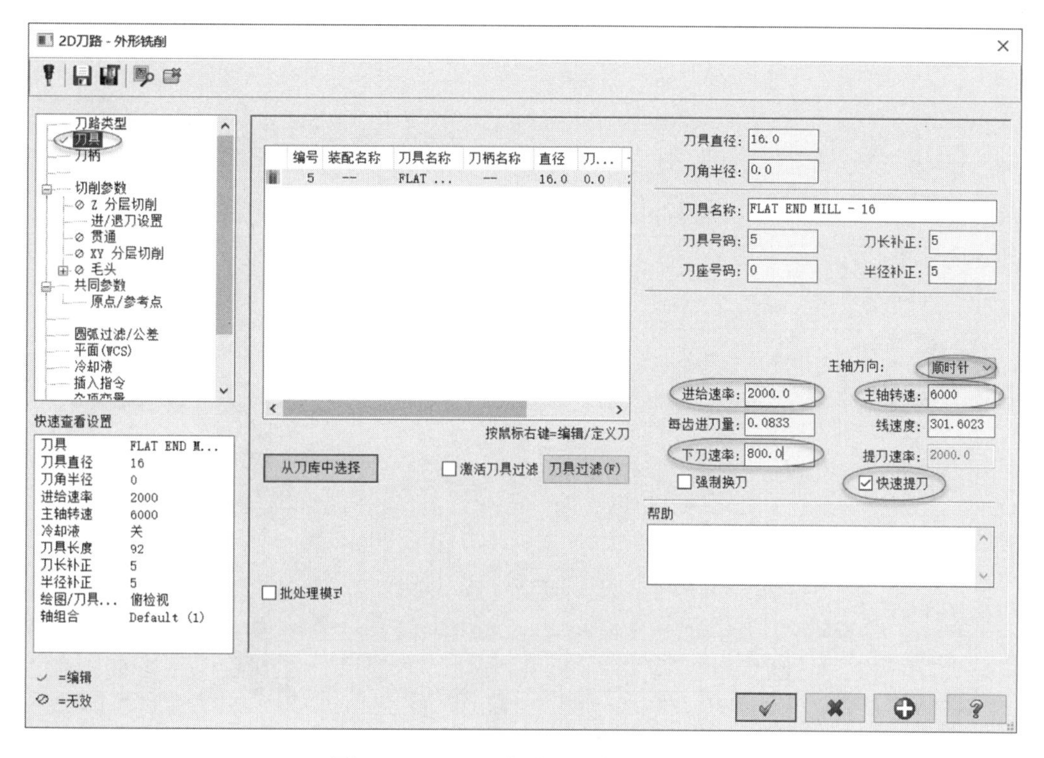

图 4-11 “2D 刀路-外形铣削”对话框

操作说明：在实际加工中，刀具路径参数要根据具体的机床、刀具使用手册和工件材料等因素来选定，本书涉及的刀具路径参数只作参考使用。

6）在左上窗格中选择“共同参数”类别以切换至“共同参数”类别选项卡，进行图 4-12

所示的外形加工共同参数设置，单击“应用”按钮 ⊕ ；在左上窗格中选择“切削参数”类别以切换至“切削参数”类别选项卡，将补正方式设置为“电脑”，补正方向为“右”，校刀位置为“中心”，外形铣削方式为“2D”，其他切削参数如图 4-13 所示，单击“应用”按钮 ⊕ 。

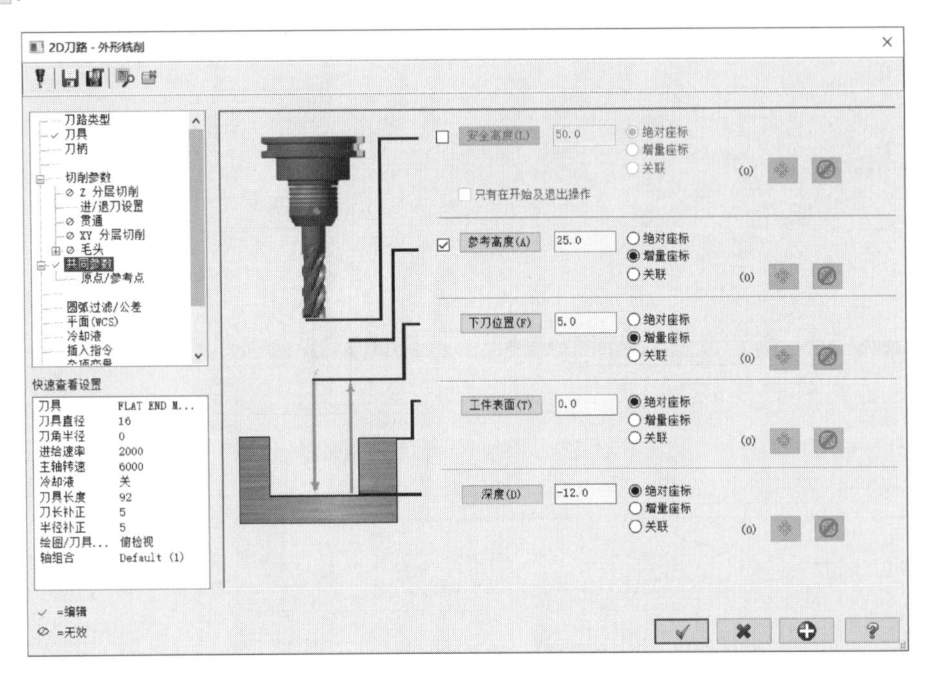

图 4-12　设置外形加工的共同参数

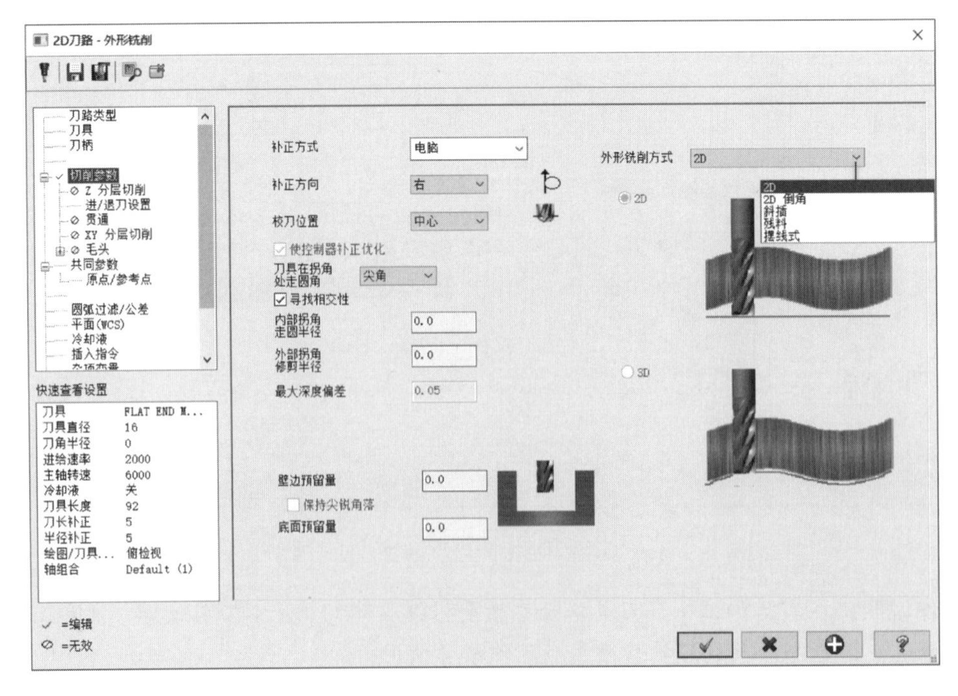

图 4-13　设置切削参数

7）考虑到工件毛坯在 XY 平面的某区域余量较大，可以选用多次平面铣削。在左上窗格中选择“XY 分层切削”类别，接着勾选“XY 分层切削”复选框，设置图 4-14 所示的分层切削参数，然后单击“应用”按钮 。

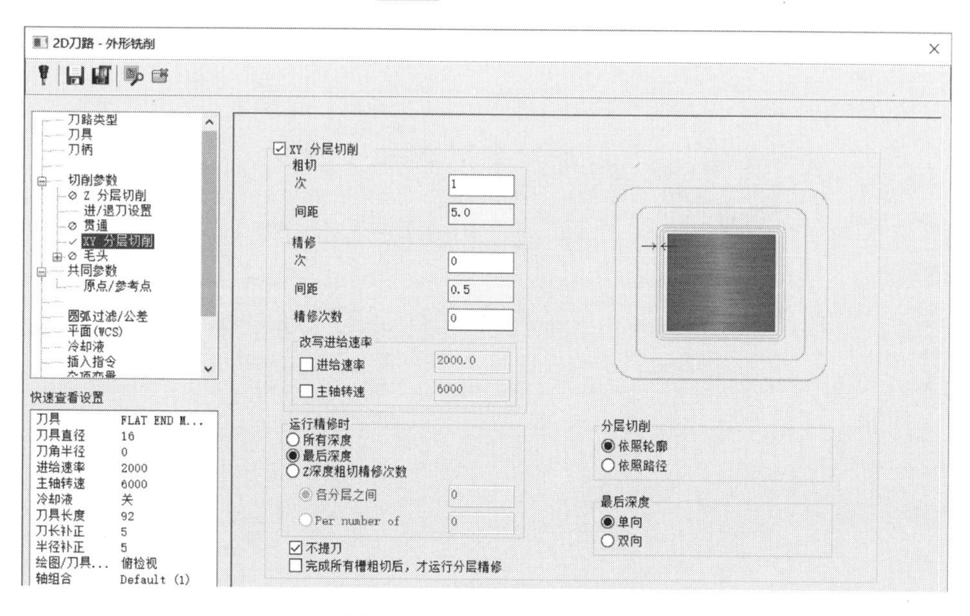

图 4-14 设置 XY 分层切削

8）在左上窗格中选择“Z 分层切削”类别，勾选“深度分层切削”复选框，接着设置图 4-15 所示的选项及参数，然后单击“应用”按钮 。

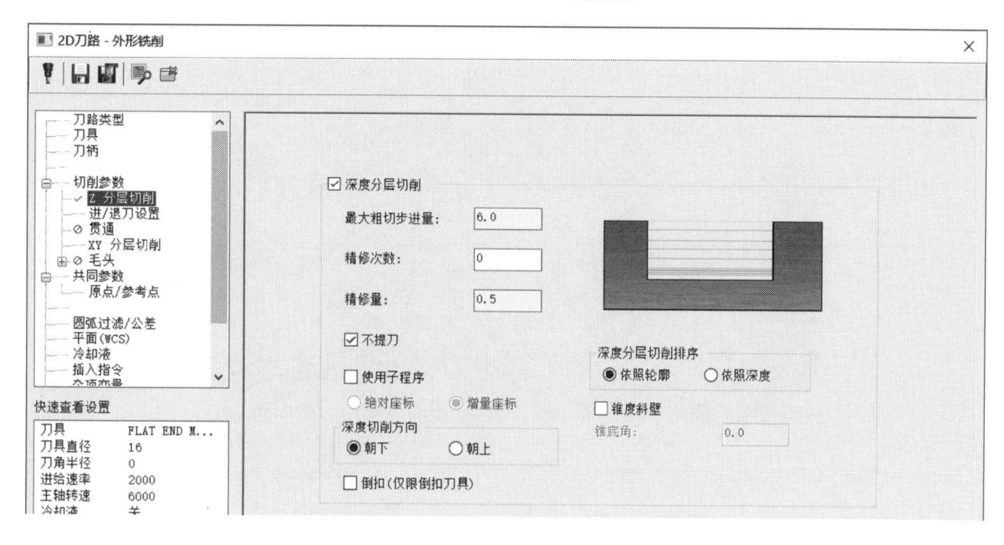

图 4-15 设置 Z 分层切削（深度切削）

9）在左上窗格中选择“进/退刀设置”类别，进行图 4-16 所示的参数设置。适当地将进刀/退刀引线长度和切入切出圆弧的半径设置小一些，可以减少空刀路径。单击“应用”按钮 。

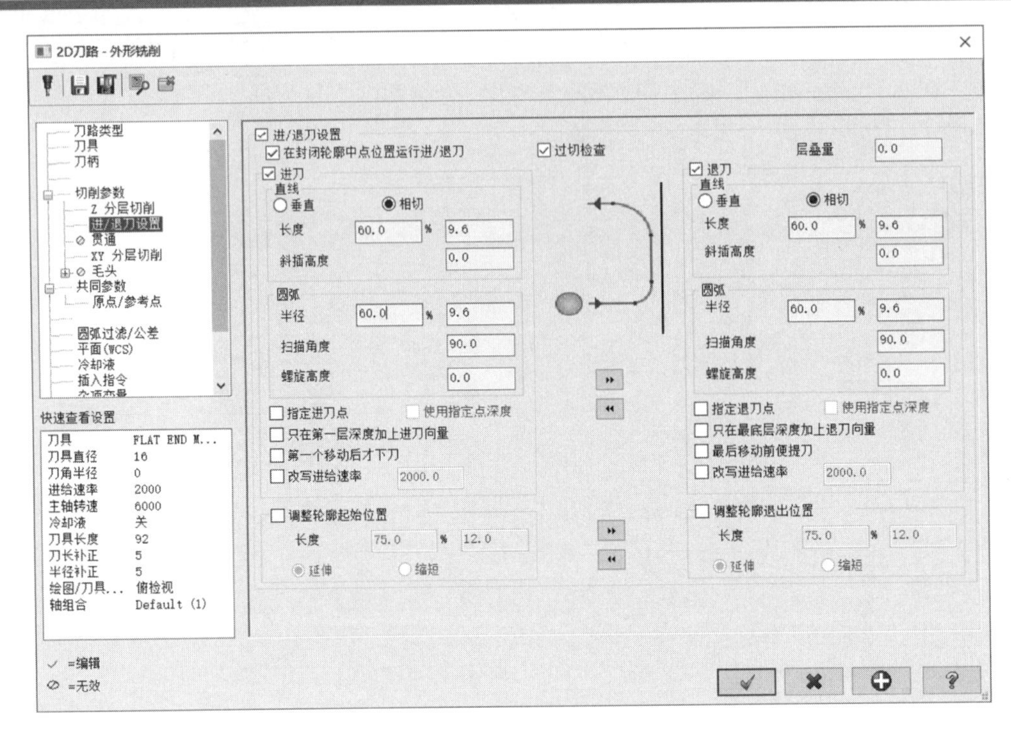

图 4-16 设置进刀/退刀参数

10）在“2D 刀路-外形铣削”对话框中单击“确定”按钮，产生的外形铣削加工刀具路径如图 4-17 所示。

5.“2D 倒角”外形铣削

1）在功能区“刀路”选项卡的“2D”面板中单击“外形”按钮。

2）系统弹出“串连选项”对话框，选择“部分串连”按钮，单击图 4-18 所示的圆弧。然后在“串连选项”对话框中单击“确定”按钮。

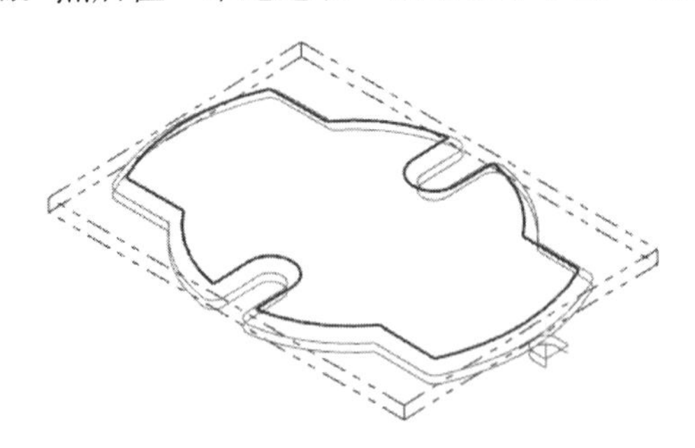

图 4-17 外形铣削刀具路径

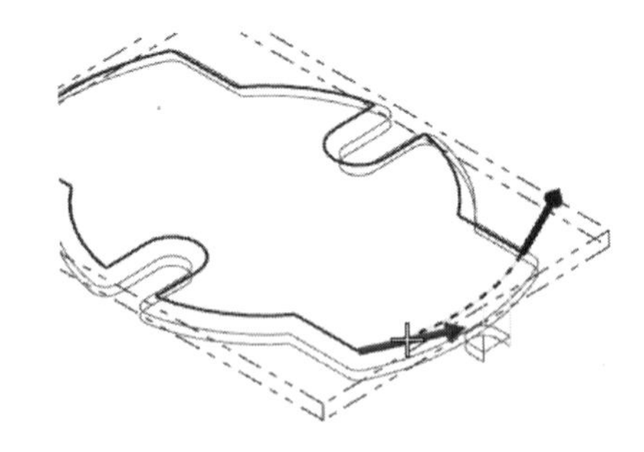

图 4-18 选择部分串连

3）系统弹出“2D 刀路-外形铣削”对话框，选择“公共参数”类别，勾选“参考高度”复选框，以增量坐标的方式设置参考高度为 25，下刀位置为 5，并以绝对坐标的方式设置工件表面位置为 0，深度为 0。接着选择“切削参数”类别，在该类别选项页的“外观铣削方式”下拉列表框中选择“2D 倒角”选项，设置倒角宽度为 5，刀尖补正值为 1，并分别设置补正方式、补正方向、校刀位置等，如图 4-19 所示。然后单击“应用”按钮。

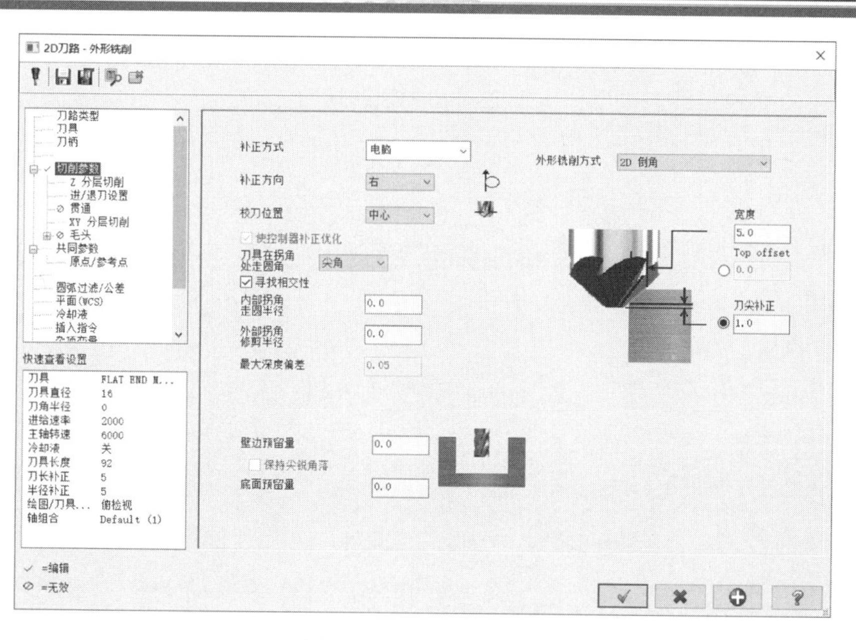

图 4-19 设置切削参数

4）在“2D 刀路-外形铣削”对话框的左上窗格中选择“XY 分层切削”类别，取消勾选“XY 分层切削”复选框；在左上窗格中选择“Z 分层切削”类别，取消勾选“深度分层切削”复选框，然后单击“应用”按钮 。其他切削参数自行设定。

5）在“2D 刀路-外形铣削”对话框的左上窗格中选择“刀具”类别以切换到“刀具”类别选项页。在刀具列表的空白区域单击鼠标右键，接着从出现的快捷菜单中选择“刀具管理”命令，打开“刀具管理”对话框。从 mill_mm.tooldb 刀具库中选择合适的倒角铣刀，单击“将选择的刀库刀具复制到机床群组”按钮 ，结果如图 4-20 所示。然后单击“刀具管理”对话框中的“确定”按钮 。

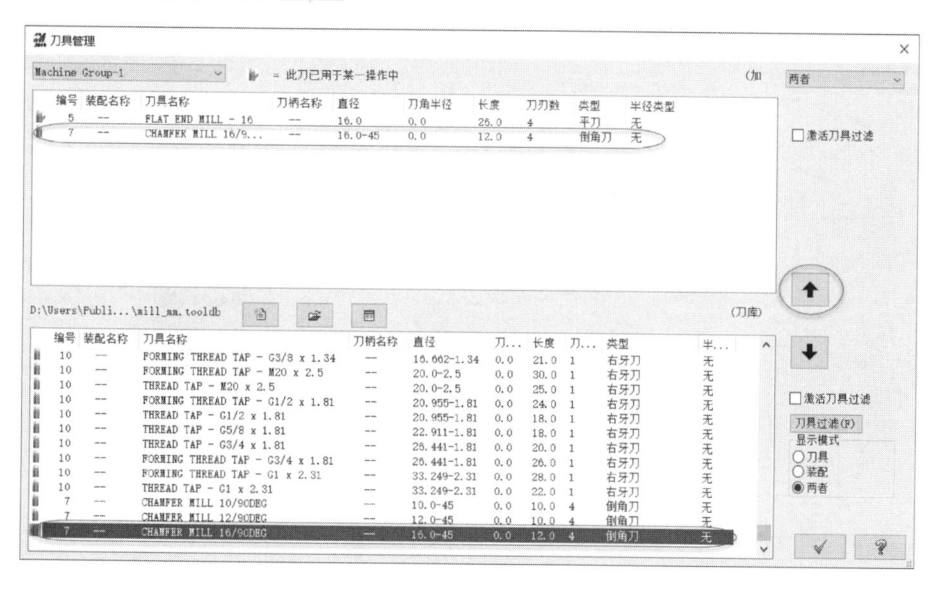

图 4-20 刀具管理

6）在“2D 刀路-外形铣削”对话框的“刀具”类别选项页中，进行图 4-21 所示的参数设置，包括进给速率、进刀速率、主轴方向和主轴转速等。

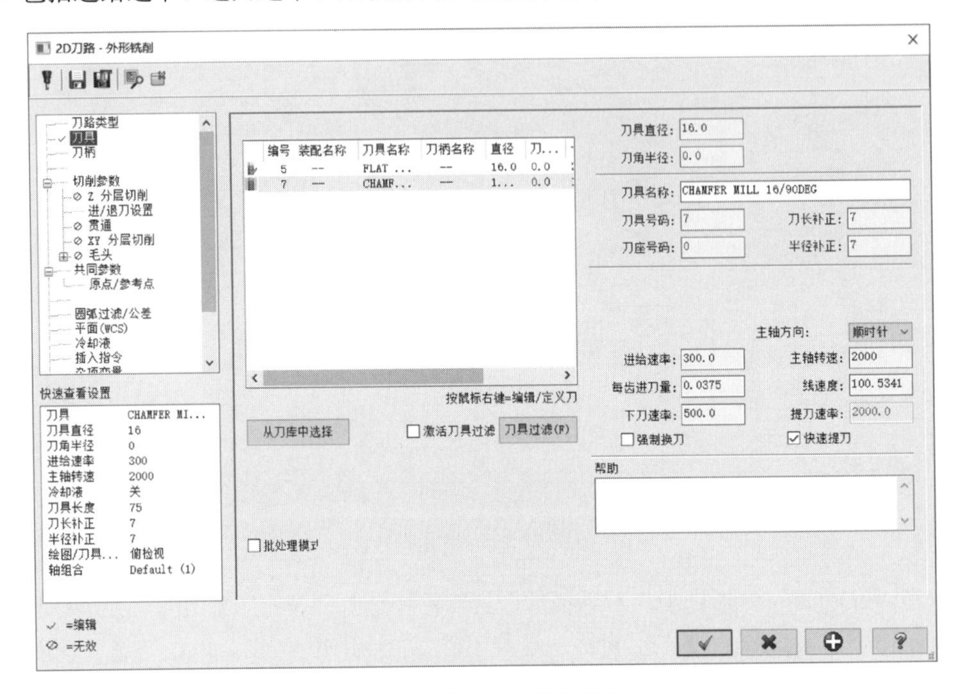

图 4-21　设置刀具路径参数

7）在“刀具”类别选项页中双击指定的倒角铣刀，系统弹出“编辑刀具”对话框，修改刀尖直径值等，如图 4-22 所示，可以单击“下一步”按钮继续完成该倒角到的属性，然后单击“编辑刀具”对话框中的“完成”按钮。

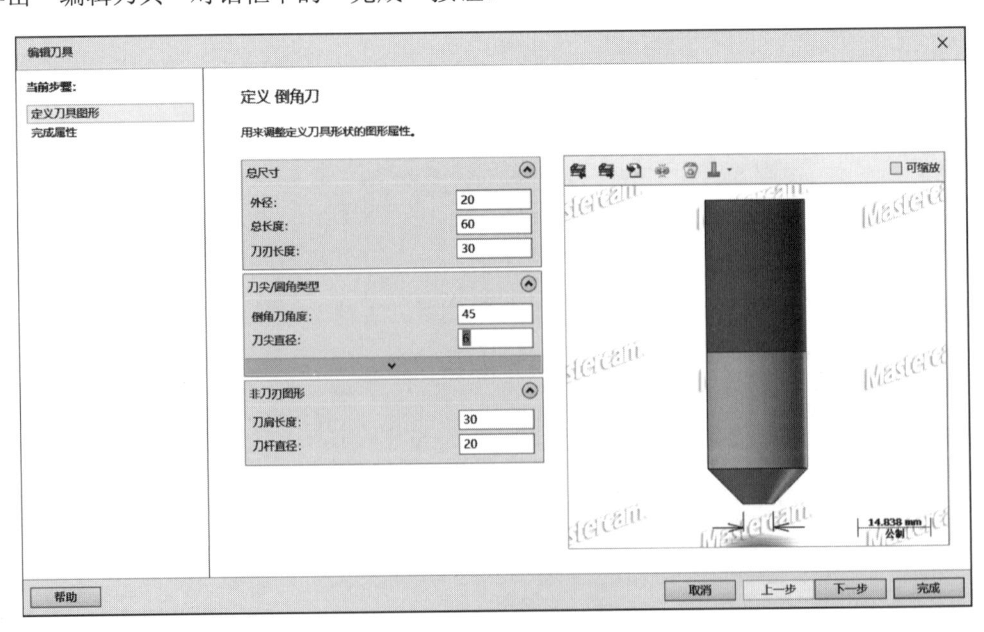

图 4-22　修改倒角铣刀的参数

8）在“2D 刀路-外形铣削”对话框中单击“确定”按钮 ✓ ，从而生成外形倒角铣削的刀具路径。

知识点拨：实体倒角也可以使用功能区“刀路”选项卡“2D”面板中的“模型倒角”按钮来实现加工完成，与刀路相关的参数设置是类似的。

6．对所有外形铣削加工进行模拟

1）在刀路操作管理器（也称刀具路径操作管理器）中单击“选择全部操作”按钮，从而选中两个外形铣削加工。

2）在刀路操作管理器中单击“验证已选择的操作”按钮，打开“Mastercam 模拟”窗口，在“首页”选项卡中进行图4-23所示的设置，并指定精度和速度的滑块位置。

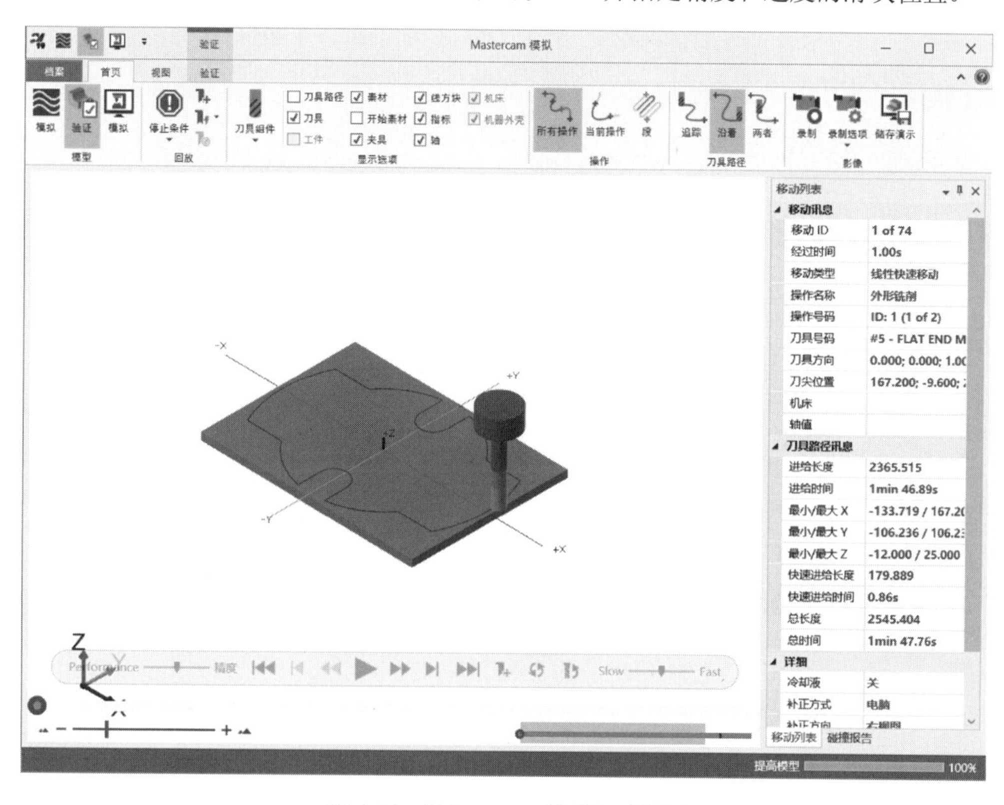

图4-23 “Mastercam 模拟”对话框

3）在“Mastercam 模拟”窗口的功能区中切换至“验证”选项卡，接着在“分析”面板中单击选中“移除碎片”按钮，如图4-24所示。

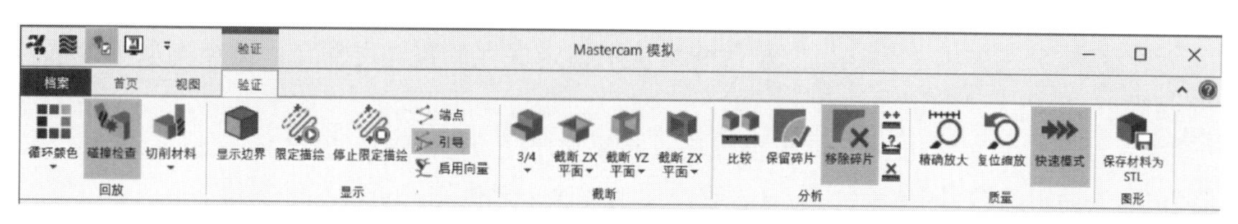

图4-24 “Mastercam 模拟”对话框的“验证”选项卡

4）在“Mastercam 模拟”窗口中单击“播放”按钮▶，从而开始进行加工模拟，完成的加工模拟结果如图 4-25 所示。

5）由于在功能区“验证”选项卡的“分析”面板中选中了“移除碎片”按钮，因此此时可以使用鼠标光标在图形窗口中单击全部要移除的 6 块碎片，如图 4-26 所示。

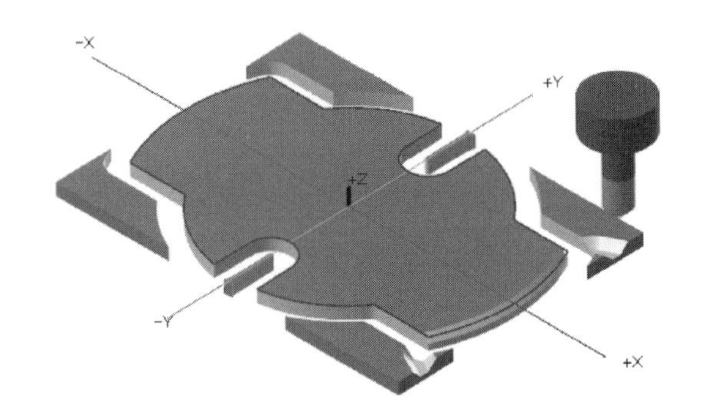

图 4-25 完成的加工模拟结果

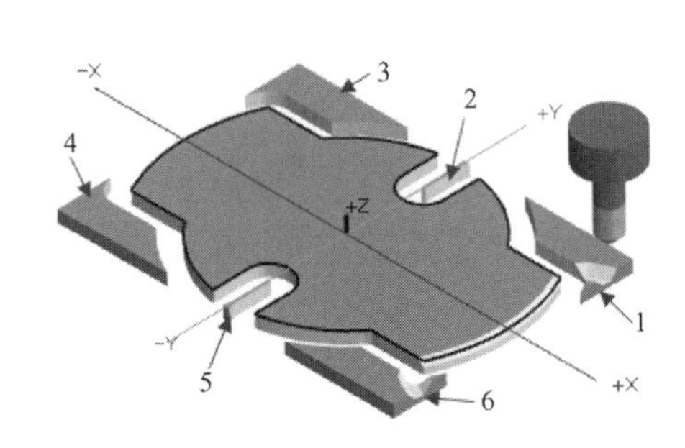

图 4-26 指定要移除的碎片

结果如图 4-27 所示。当然也可以在单击“播放”按钮▶进行加工模拟后，在功能区“验证”选项卡的“分析”面板中单击“保留碎片”按钮，接着在图形窗口中使用鼠标光标单击要保留的部分，如图 4-28 所示，即可得到所需的模拟验证结果。

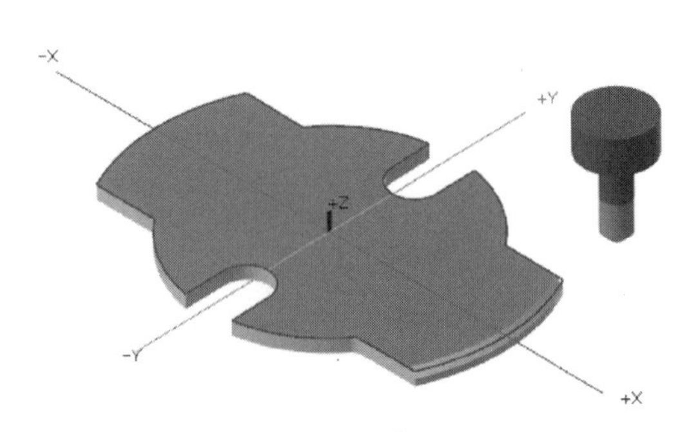

图 4-27 移除不需要的碎片材料后

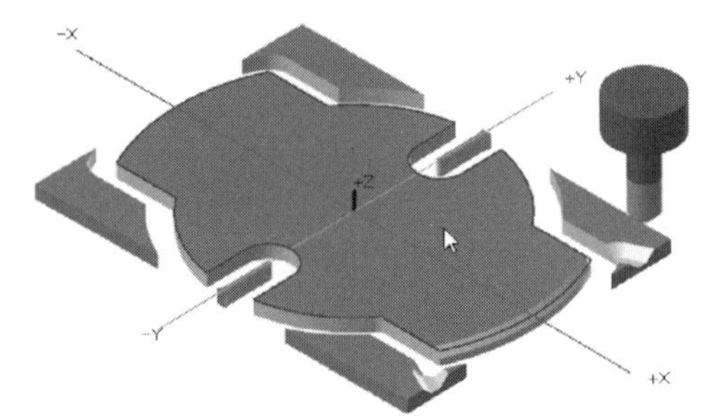

图 4-28 指定要保留的碎片

6）在“Mastercam 模拟”窗口中单击“关闭”按钮×。

7. 执行后处理

1）在刀路操作管理器中单击“锁定选择的操作后处理”按钮G1，系统弹出图 4-29 所示的“后处理程序”对话框，分别设置 NC 文件和 NCI 文件选项，然后单击“确定”按钮✔。

2）系统分别弹出“另存为”对话框，从中指定保存位置、文件名、保存类型等，单击“确定”按钮✔。

3）完成 NC 文件和 NCI 文件保存后，系统弹出图 4-30 所示的“Mastercam 2019 编辑器”。在该编辑器窗口中显示了生成的数控加工程序，以供用户查询和编辑等。

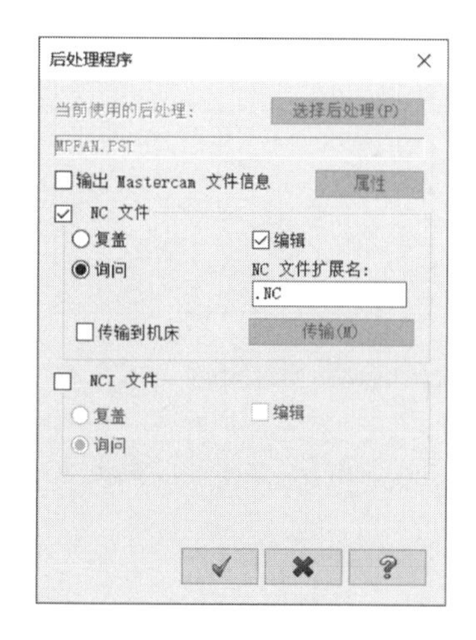

图 4-29 “后处理程序”对话框

图 4-30 Mastercam 2019 编辑器

4.2 平面铣削加工范例

平面铣削加工简称为面铣加工，该加工方式用于加工工件的特征表面，使其表面形状和位置精度达到设定的要求。

4.2.1 范例加工分析

实例目的是对一个长方体形状的毛坯件顶面进行面铣削加工，以获得满足形状和位置精度要求的顶面。也就是通过面铣的方式去除工件的面余量，根据图形特点及尺寸，可以采用Φ50 的面铣刀进行加工。该范例加工分析示意如图 4-31 所示。

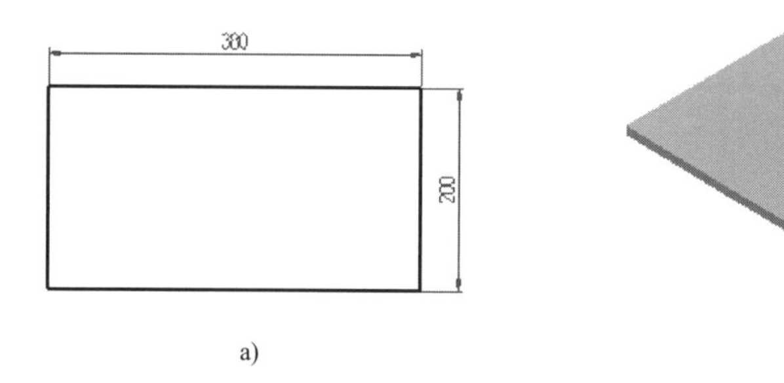

a)　　b)

图 4-31 面铣加工分析示意

a) 2D 面铣加工图形　b) 面铣完成效果

通过该范例学习，可以让读者基本掌握面铣加工的一般步骤。

扫码观看视频

4.2.2 范例加工操作过程

该平面铣削加工范例的具体操作步骤如下。

1．创建基本图形

1）启动 Mastercam 2019 软件，接着在“快速访问”工具栏中单击“新建”按钮，新建一个 Mastercam 2019 文件。

2）在功能区“线框”选项卡的“形状”面板中单击“矩形”按钮，在“矩形”对话框中勾选“矩形中心点”复选框，指定矩形图形的中心位置位于原点（0,0），矩形宽度为 380，高度为 200，单击“确定”按钮，完成绘制图 4-32 所示的基本图形。

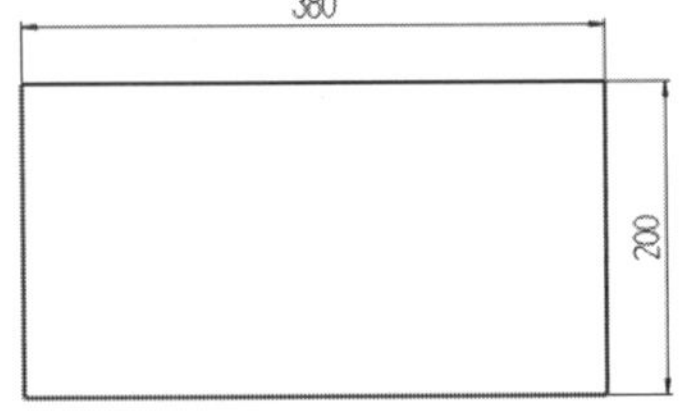

图 4-32 绘制的基本图形

2．选择机床

在本节二维铣削加工范例中选择默认的铣床系统。在功能区“机床”选项卡的“机床类型”面板中单击“铣床”|“默认”命令，此时功能区出现“刀路”选项卡。

3．工件设置

1）在刀路操作管理器中，单击“属性-Mill Default MM”树节点下的图 4-33 所示的“素材设置”选项，系统弹出“机床分组属性”对话框，并自动切换到“素材设置”选项卡。

2）在“素材设置”选项卡中单击“边界盒”按钮，系统弹出“边界盒”对话框，选择先前绘制的矩形所有图素，按〈Enter〉键，从中设置图 4-34 所示的形状和尺寸设置等。然后单击“确定”按钮，返回到“机床分组属性”对话框。

图 4-33 单击“素材设置”选项

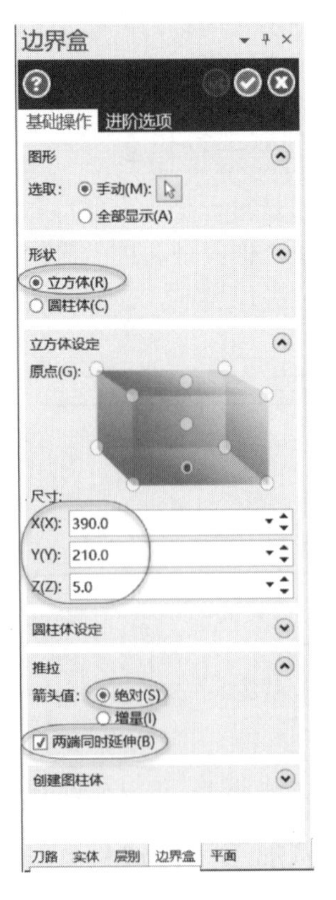

图 4-34 “边界盒”对话框

3）在“机床分组属性”对话框的“素材设置”选项卡中，设置工件坯料尺寸和毛坯原点，并勾选“显示”复选框并选中“线框”单选按钮，如图 4-35 所示。

4）单击“机床分组属性”对话框中的“确定”按钮 ✓ 。

4．创建面铣削的刀具路径

1）在功能区“刀路”选项卡的“2D”面板中单击“平面铣”按钮。

2）系统弹出“串连选项”对话框，选择图 4-36 所示的外形轮廓，单击“确定”按钮 ✓ 。

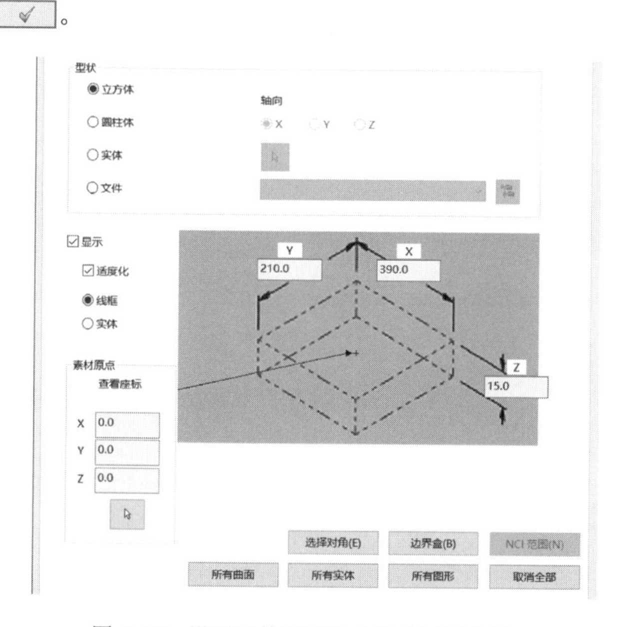

图 4-35 设置工件坯料尺寸和毛坯原点等

图 4-36 选择串连图形

3）系统弹出“2D 刀路-平面铣削”对话框，如图 4-37 所示。

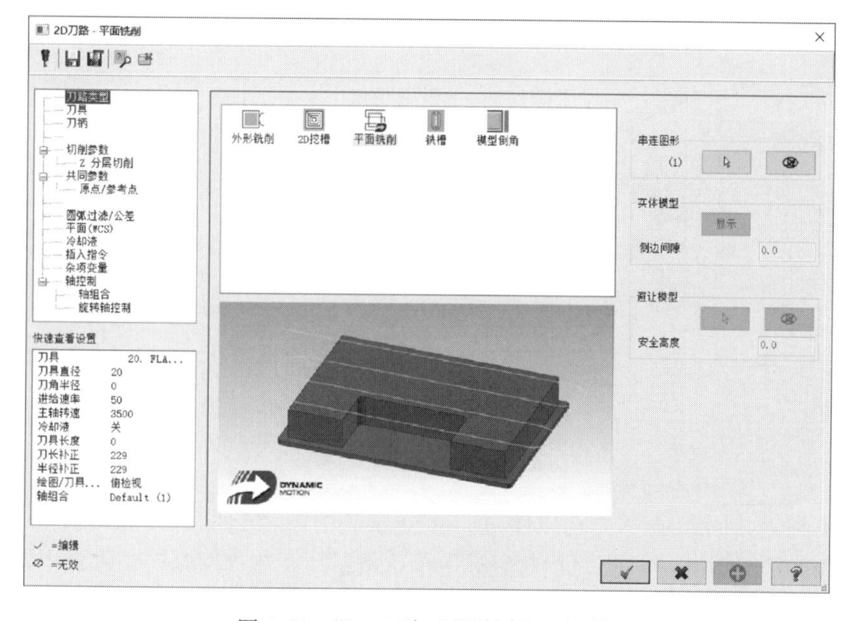

图 4-37 “2D 刀路-平面铣削”对话框

在左上窗格中选择“刀具”类别以打开“刀具”类别选项页，接着单击“从刀库选择”按钮，打开“选择刀具”对话框，从 Mill_mm.tooldb 刀具列表中选择图 4-38 所示的面铣刀，然后单击该对话框中的“确定”按钮 ✓ 。

选择刀具 - D:\Users\Public\Documents\shared Mcam2019\Mill\Tools\Mill_mm.tooldb

D:\Users\Publi...\Mill_mm.tooldb

编号	刀具名称	直径	刀角半径	长度	刀刃数	类型	半径类型
10	FORMING THREAD TAP - M2...	20....	0.0	30.0	1	右牙刀	无
10	FORMING THREAD TAP - M5...	5.0...	0.0	13.0	1	右牙刀	无
10	THREAD TAP - M5 x 0.8	5.0...	0.0	8.0	1	右牙刀	无
10	THREAD TAP - M20 x 2.5	20....	0.0	25.0	1	右牙刀	无
10	THREAD TAP - M16 x 2	16.0-2	0.0	20.0	1	右牙刀	无
11	FACE MILL - 72/80	72.0	0.0	8.0	7	面铣刀	无
11	FACE MILL - 63/71	63.0	0.0	8.0	6	面铣刀	无
11	FACE MILL - 125/133	125.0	0.0	8.0	10	面铣刀	无
11	FACE MILL - 92/100	92.0	0.0	8.0	8	面铣刀	无
11	FACE MILL - 100/108	100.0	0.0	8.0	8	面铣刀	无
11	FACE MILL - 42/50	42.0	0.0	8.0	4	面铣刀	无
11	FACE MILL - 117/125	117.0	0.0	8.0	10	面铣刀	无
11	FACE MILL - 80/88	80.0	0.0	8.0	7	面铣刀	无
11	FACE MILL - 55/63	55.0	0.0	8.0	5	面铣刀	无
11	FACE MILL - 50/58	50.0	0.0	8.0	4	面铣刀	无
12	NC SPOT DRILL - 12	12.0	0.0	30.0	1	定位钻	无
12	NC SPOT DRILL - 16	16.0	0.0	34.0	1	定位钻	无
12	NC SPOT DRILL - 6	6.0	0.0	17.0	1	定位钻	无

刀具过滤(F)
激活刀具过滤
显示 d 个刀具 （共
显示模式
刀具
装配
两者

图 4-38　选择刀具

4）在“刀具”类别选项页中设置图 4-39 所示的参数，具体参数可根据铣床设备的实际情况和设计要求来自行设定。

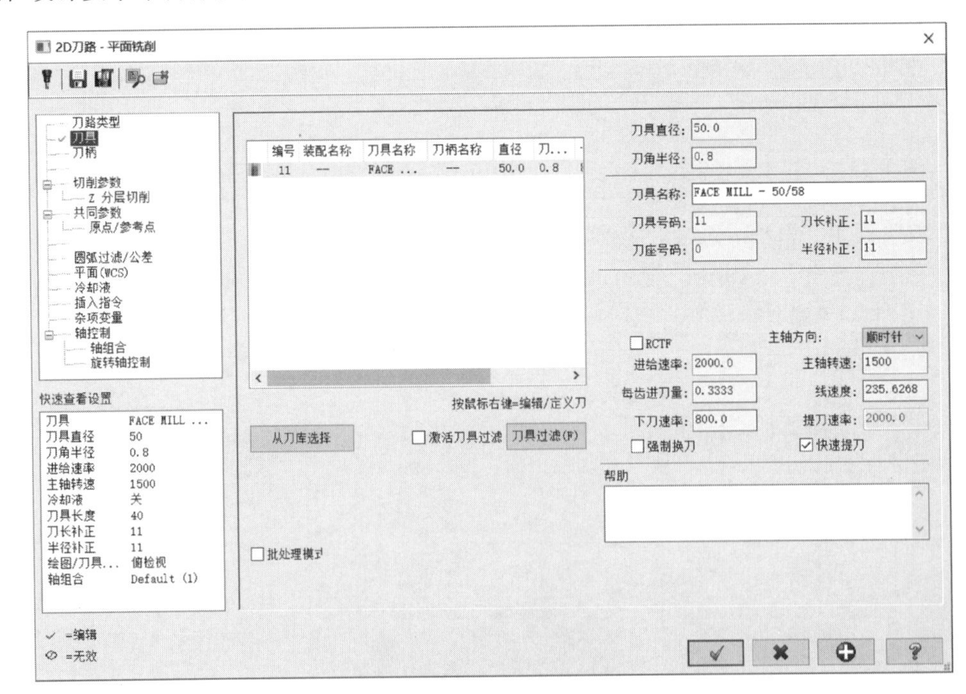

图 4-39　设置刀具路径参数

5）切换到“共同参数”类别属性页，接受默认的参考高度、下刀位置和工件表面参数，而在“深度”选项组中选择“绝对坐标”单选按钮，并在“深度”文本框中输入“-5”，单击“应用”按钮 ⊕ 。切换到“切削参数”类别属性页，分别设置切削类型、校刀位

置、刀具在拐角处走圆角方式、两切削间的移动方式和参考高度、底面预留量等参数，如图 4-40 所示，然后单击“应用”按钮 。

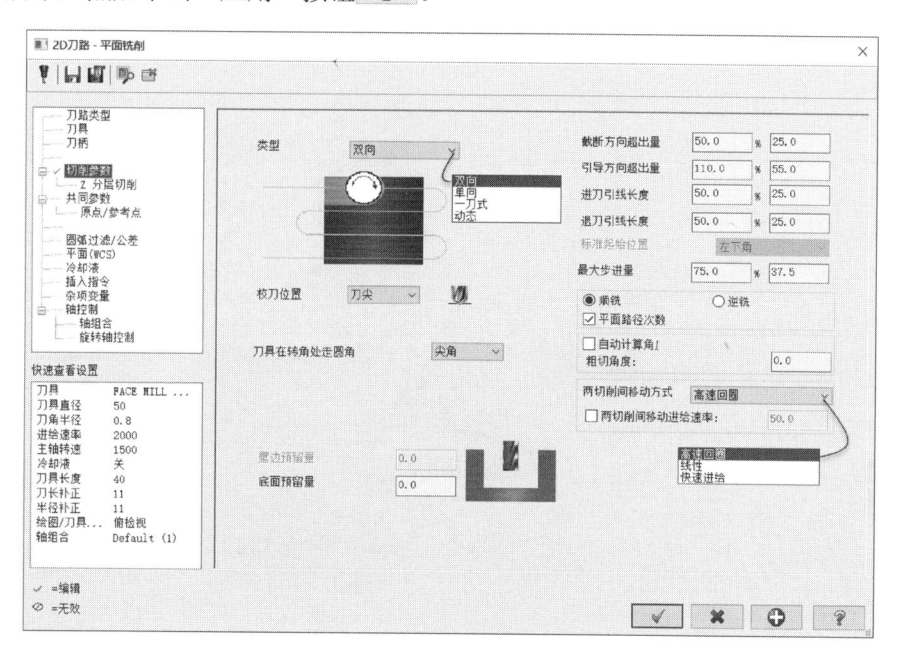

图 4-40　设置平面铣削参数

面铣深度为 5，不宜一次铣削完成，需要对其 Z 轴深度进行分层加工。方法是切换到“Z 分层切削”子类别属性页，勾选“深度分层切削”复选框，设置最大粗切步进量为 2，精修次数为 1，精修量为 0.5，设置不提刀，如图 4-41 所示。

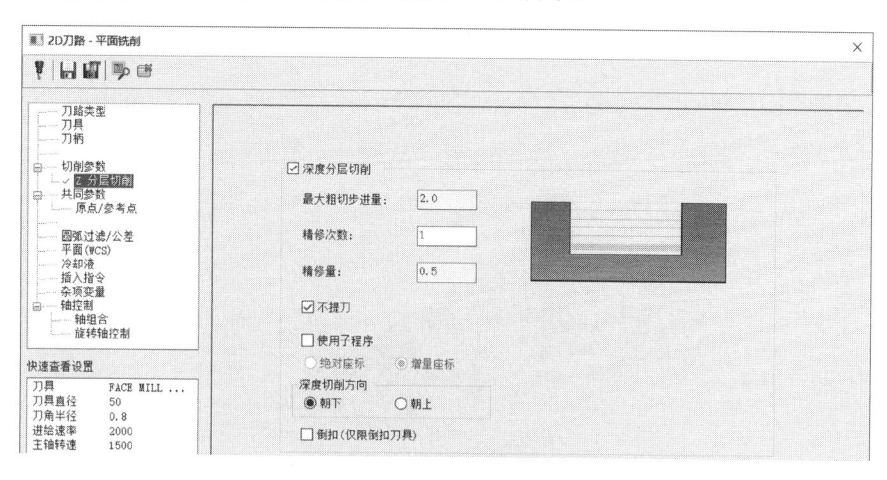

图 4-41　设置 Z 分层切削参数

6）在“2D 刀路-平面铣削”对话框中单击“确定”按钮，生成的面铣加工刀具路径如图 4-42 所示。

5．验证刀具路径、仿真加工和后处理等

1）在刀路管理器中单击“模拟已选择的操作”按钮，打开“路径模拟”对话框。利用该对话框和“路径模拟”操作栏进行刀具路径模拟，如图 4-43 所示。完成刀路模拟后在“路径模拟”对话框中单击“确定”按钮 。

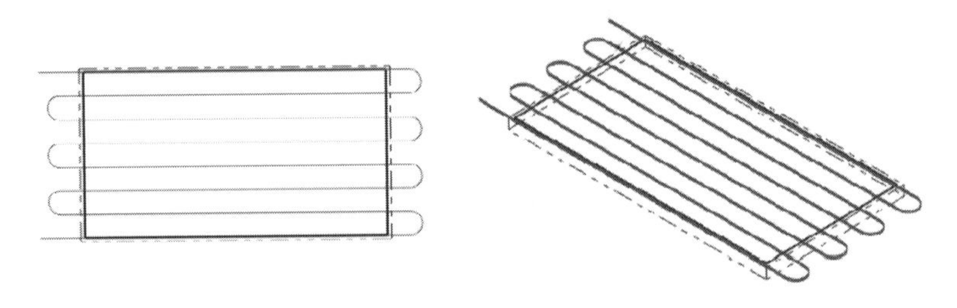

图 4-42 生成的面铣加工刀具路径

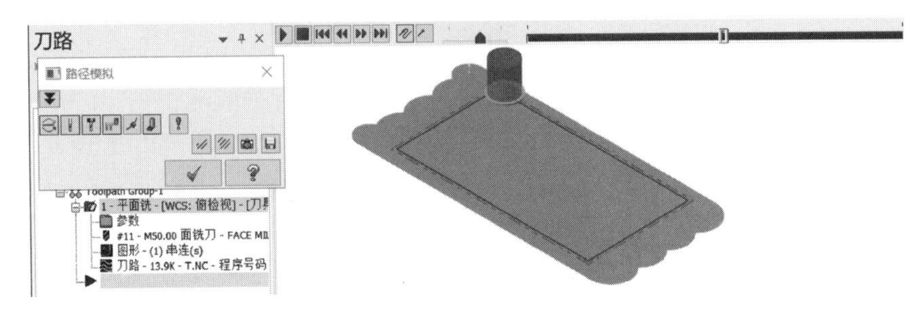

图 4-43 刀路模拟

2）在刀路操作管理器中单击“验证已选择的操作”按钮，打开“Mastercam 模拟”窗口。在“Mastercam 模拟”窗口中设置相关的选项及参数，如图 4-44 所示，然后单击“播放”按钮以开始进行加工模拟，图 4-45 为实体验证过程中的一个截图。完成实体验证后，单击“Mastercam 模拟”窗口中的“关闭”按钮。

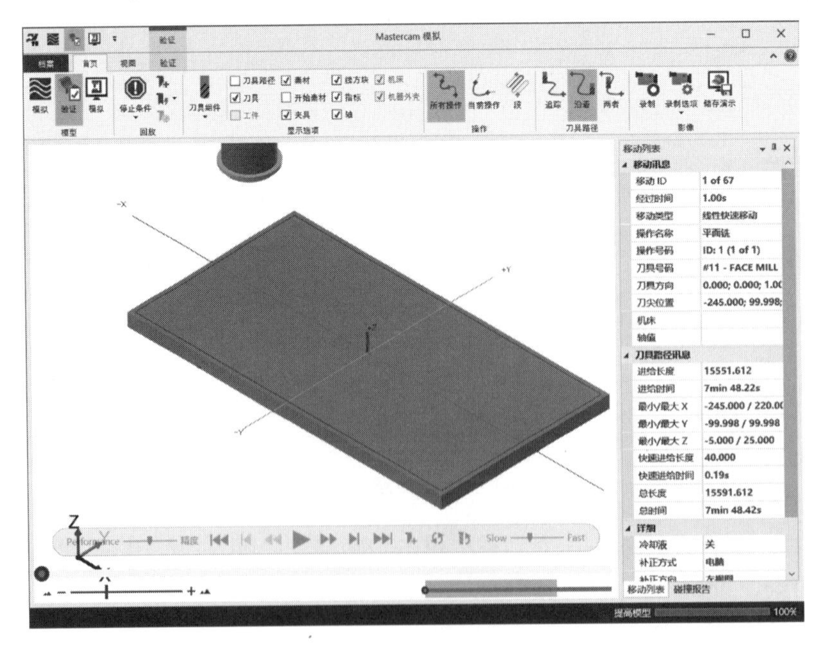

图 4-44 “Mastercam 模拟”对话框

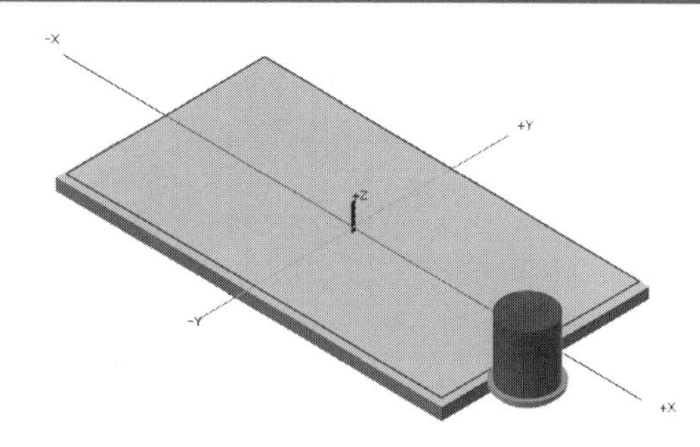

图 4-45　实体验证

3）在刀路管理器中单击“锁定选择的操作后处理”按钮 G1，执行相关后处理参数的设置来生成该刀具路径的数控加工程序。

4）保存文件。

扫码观看视频

4.3　挖槽铣削加工范例

对于零件中的槽和岛屿，可以通过执行“挖槽”功能将工件上指定区域内的材料以一定的方式挖去来实现。挖槽铣削加工形式有 5 种，即“标准挖槽”“平面加工”“使用岛屿深度”“残料加工”“开放式”。

- “标准挖槽”：用于主体挖槽加工。
- “平面加工”：将挖槽刀具路径向边界延伸指定的距离，以达到对挖槽曲面的铣削。此方式有利于对边界留下的毛刺进行再加工。
- “使用岛屿深度”：采用标准挖槽加工时，系统不考虑岛屿深度变化。该挖槽方式用于处理岛屿深度与槽的深度不一样的情况。
- “残料加工”：该方式用较小的刀具去除上一次（较大刀具）加工留下的残料部分，其生成的挖槽加工刀具路径是在切削区域范围内多刀加工的。
- “开放式”：用于轮廓串连没有完全封闭、一部分开放的槽形零件加工。通常使用该挖槽加工方式，只要设置刀具超出边界的百分比或刀具超出边界的距离，其生成的刀具路径即可在切削到超出距离后直线连接起点和终点。

挖槽刀具路径形成的一般步骤和外形铣削刀具路径形成的一般步骤基本相同，挖槽铣削的主要参数包括刀具路径参数、挖槽参数和粗切/精修参数。在进行挖槽加工时，可以附加一个精加工操作，一次完成粗切和精修加工规划。铣槽加工方向分顺铣和逆铣，顺铣有利于获得较好的加工性能和表面加工质量。

4.3.1　范例加工分析

本挖槽加工范例一共应用了 3 种挖槽加工方法，分别为标准挖槽加工、使用岛屿深度挖槽加工和开放挖槽加工。该挖槽加工范例首先需要准备好二维图形，并根据图形特点、图形尺寸和加工特点来选用合适的加工刀具。

打开本书附赠网盘资料中 CH4 文件夹目录下的“2D 挖槽加工.mcam”文件，该文件中已经准备好用于加工的二维图形轮廓，如图 4-46a 所示，该二维图形最大尺寸为 260×123；

完成3种挖槽加工后的零件效果如图4-46b所示。

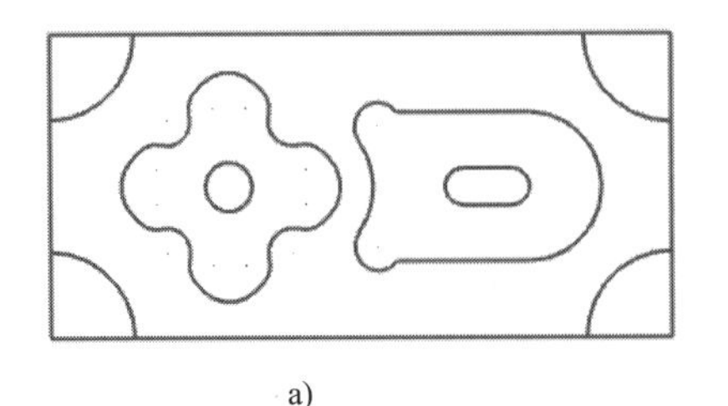
a)

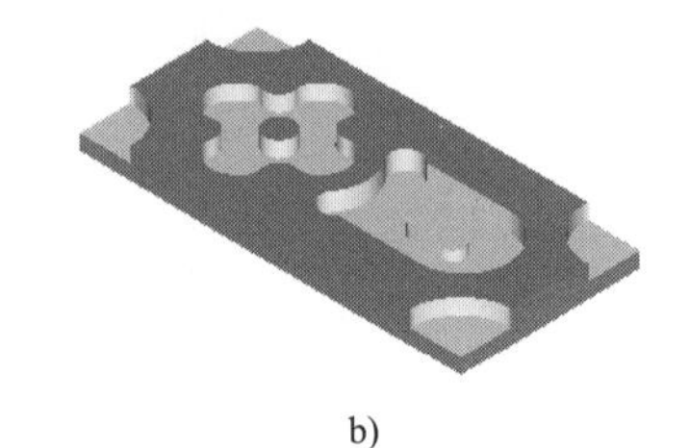
b)

图4-46　挖槽铣削加工范例

a) 已有用于加工的二维图形轮廓　b) 挖槽加工完成效果图

在生成具体的挖槽加工刀具路径之前，要先选择机床加工系统以及设置工件毛坯等。

1．选择机床加工系统

在功能区“机床”选项卡的“机床类型”面板中选择“铣床”|“默认”命令。

2．设置工件毛坯

1）在操作管理器的“刀路”选项卡中，展开“属性-Mill Default MM”，如图4-47所示，单击“属性-Mill Default MM”下的“素材设置”标识。

2）系统弹出“机床分组属性”对话框，并自动切换到“素材设置”选项卡，从中单击“边界盒”按钮，弹出“边界盒”对话框，选择全部图形，按〈Enter〉键，接着设置图4-48所示的边界盒选项，然后单击“确定”按钮。

图4-47　单击“材料设置”标识

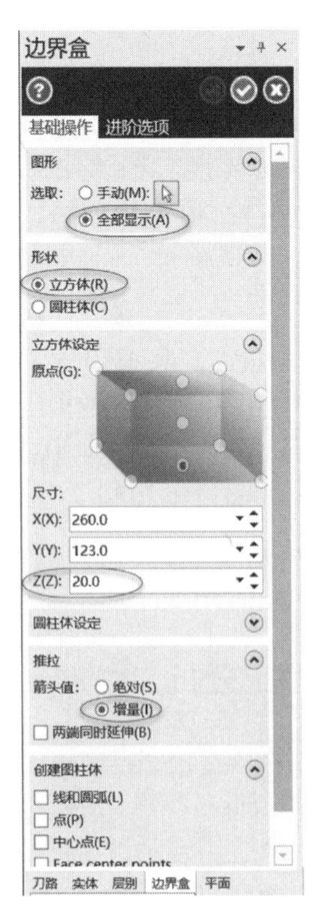

图4-48　设置边界盒选项

3）返回到“机床分组属性”对话框中的“素材设置”选项卡，设置毛坯原点视图坐标和修改毛坯形状尺寸等，如图 4-49 所示。

4）单击“机床分组属性”对话框中的“确定”按钮 ✓ ，完成工件素材设置，此时单击在功能区“检视”选项卡的“图形检视”面板中单击“等角视图”按钮，以等角视图形式显示，效果如图 4-50 所示。

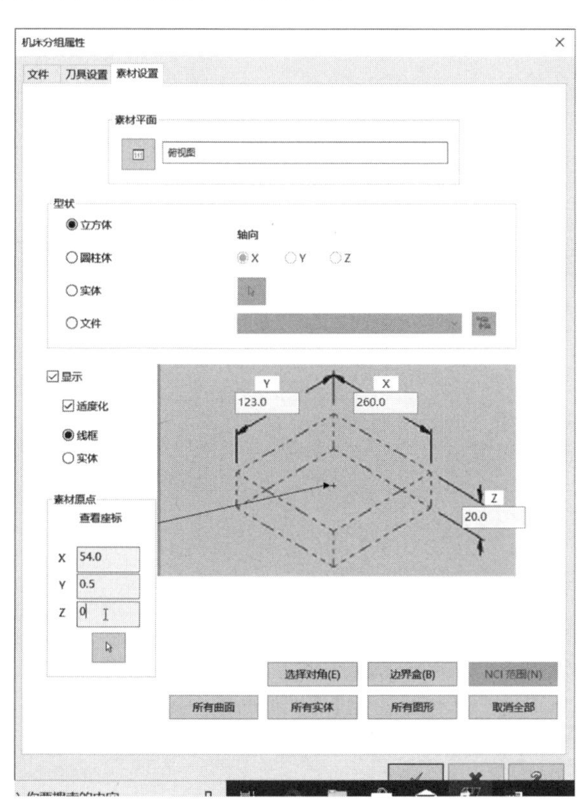

图 4-49 毛坯材料设置

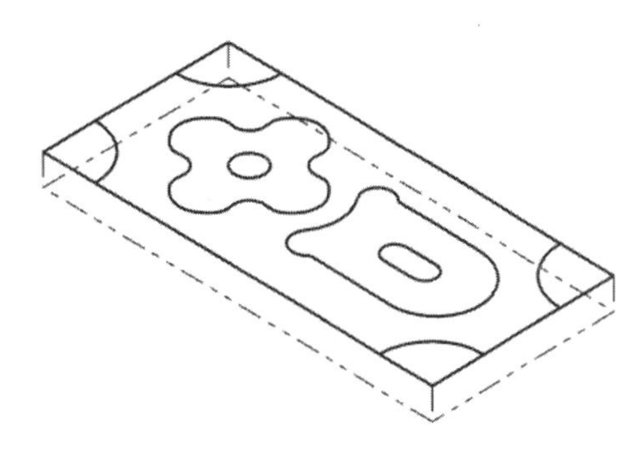
图 4-50 完成工件素材设置

4.3.2 标准挖槽加工操作过程

1）在功能区“刀路”选项卡的“2D”面板中单击“挖槽”按钮。

2）系统弹出“串连选项”对话框，如图 4-51 所示，以串连的方式依次选取图 4-52 所示的轮廓线（依次在 P1、P2 点处单击）以指定所需的串连图形，然后单击“串连选项”对话框中的“确定”按钮 ✓ 。

知识点拨： 在本例中以串连方式依次选择两轮廓线时，轮廓线串连时的串连方向应该一致。

3）系统弹出“2D 刀路-2D 挖槽”对话框。在“刀具”类别选项页中单击“从刀库选择”按钮，打开“选择刀具”对话框。从“Mill_mm.tooldb”刀具资料库中选择图 4-53 所示的平底刀，然后单击“选择刀具”对话框中的“确定”按钮 ✓ 。

4）在“刀具”类别选项页中进行图 4-54 所示的刀具参数设置。

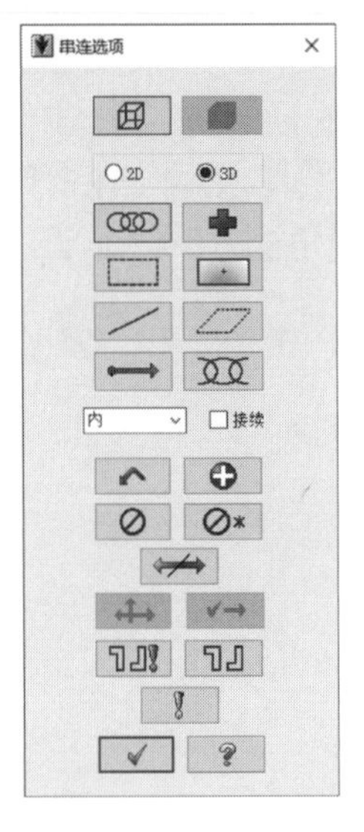

图 4-51 “串连选项”对话框

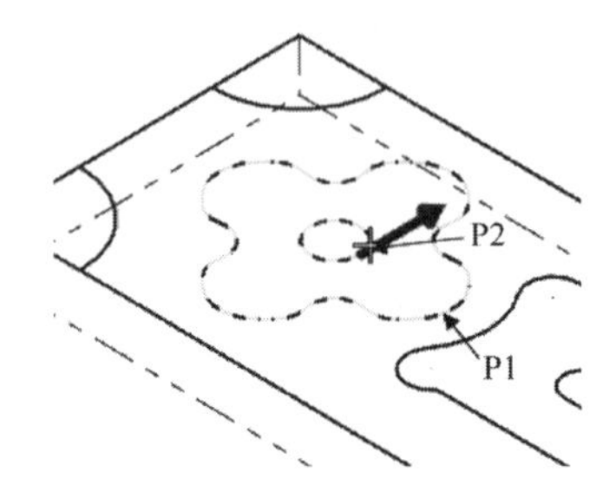

图 4-52 以串连方式选取图形

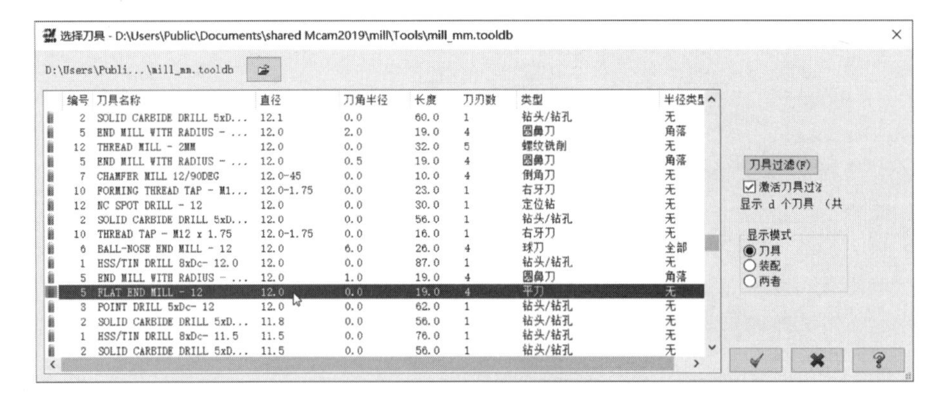

图 4-53 “选择刀具”对话框

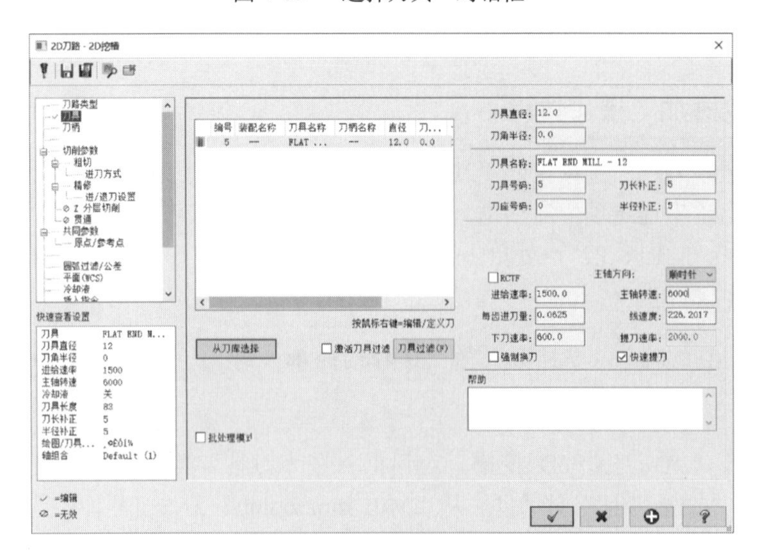

图 4-54 在“刀具”类别选项页中设置刀具参数

5）切换至“共同参数”类别选项页，勾选“参考高度”按钮前的复选框，以增量坐标的形式设置参考高度为 25，以增量坐标的形式设置下刀位置为 8，以绝对坐标的形式设置工件表面为 0，以绝对坐标的形式设置深度为-10，单击“应用”按钮；切换至“切削参数”类别选项页，设置图 4-55 所示的 2D 挖槽切削参数，注意从“挖槽加工方式”下拉列表框中选择“标准”选项，然后单击“应用”按钮。

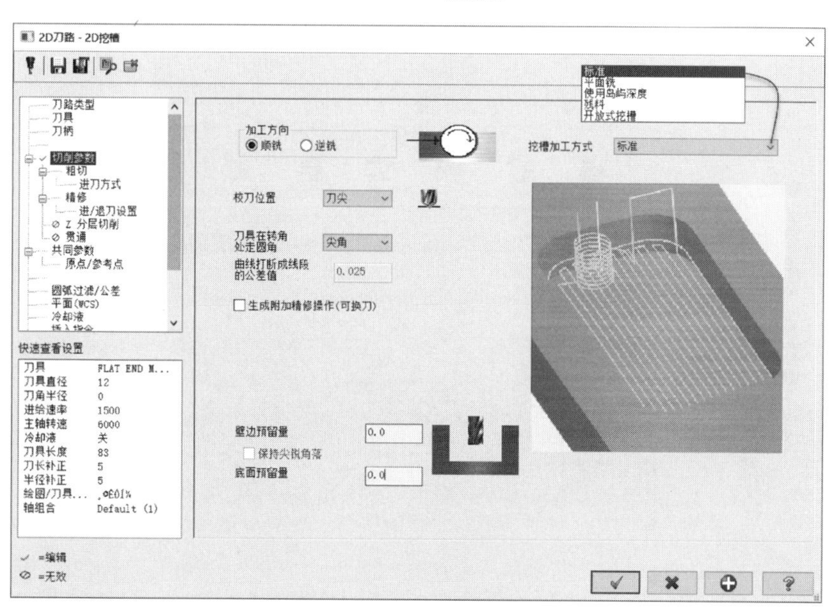

图 4-55　设置 2D 挖槽切削参数

6）切换至“Z 分层切削”类别选项页，勾选“深度分层切削”复选框，将最大粗切步进量设置为 5，将精修次数设置为 1，精修量设置为 0.5，深度分层切削排序为“依照区域”，勾选“不提刀”复选框，深度切削方向朝下，如图 4-56 所示。设置好深度分层切削参数后，单击“应用”按钮。

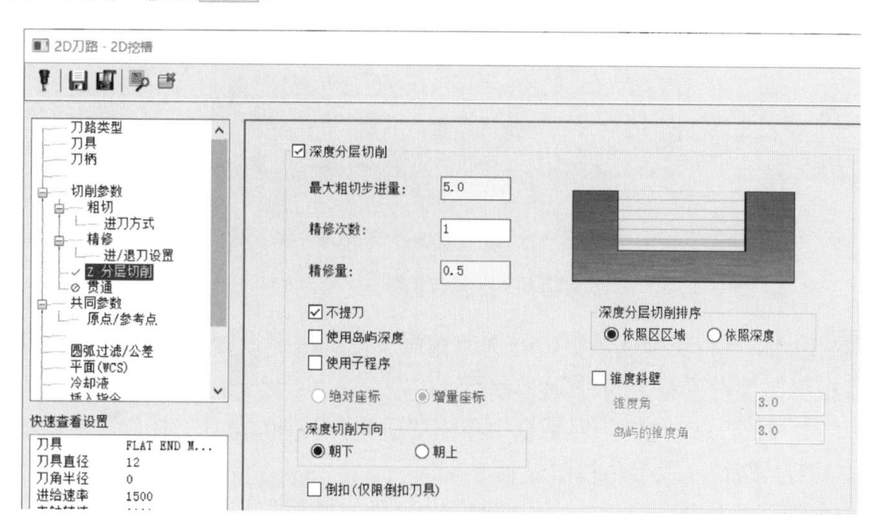

图 4-56　设置深度分层切削参数

7）切换至“粗切”类别选项页，勾选“粗切”复选框，选择切削方式为“平行环切清角”，其他参数设置如图 4-57a 所示。

为了避免刀尖与工件毛坯的表面发生短暂的垂直撞击，可以考虑在下刀时采用螺旋式下刀。切换至“进刀方式”类别选项页，设置图 4-57b 所示的进刀方式，然后单击“应用”按钮 。

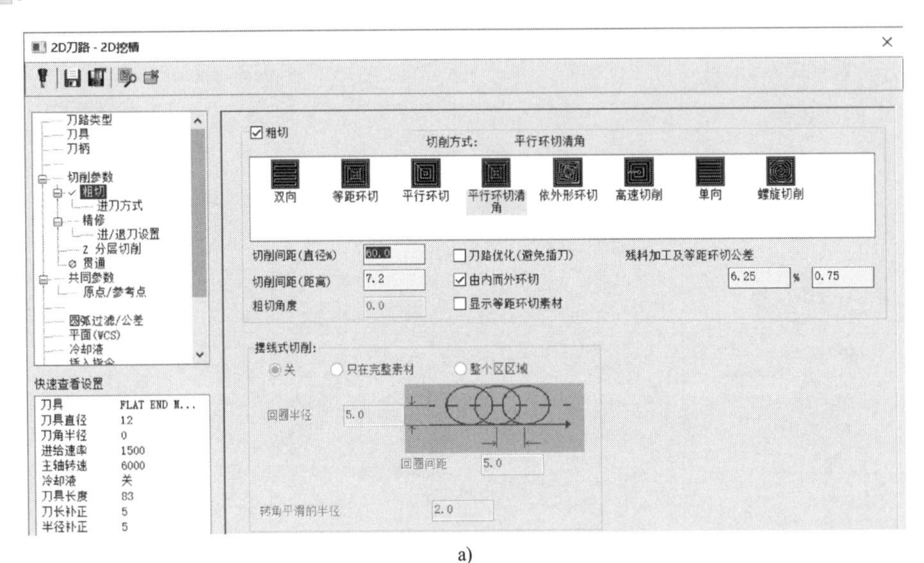

a)

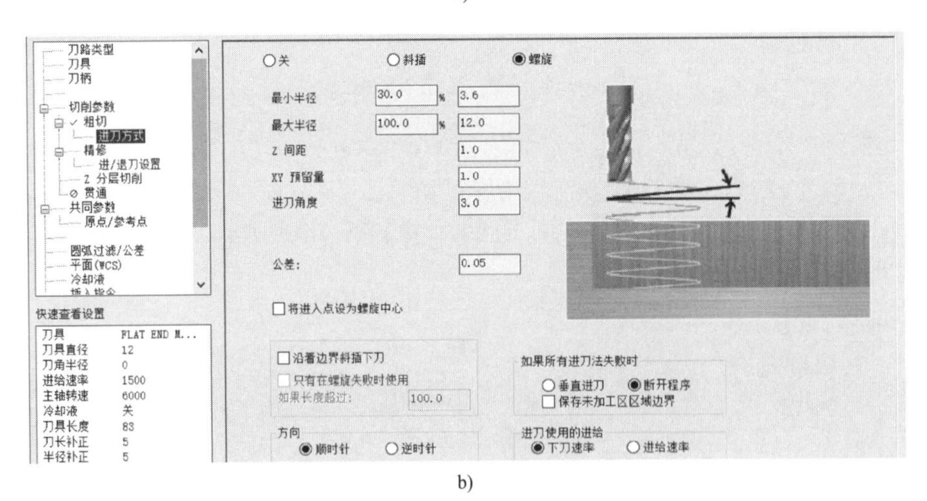

b)

图 4-57　设置粗切及其进刀方式

a）设置粗切参数　b）设置粗切的进刀方式

8）切换至“精修”类别选项页，勾选“精修”复选框，设置图 4-58 所示的精修参数。可以进一步根据需要设置精修的进/退刀参数。

9）在“2D 刀路-2D 挖槽”对话框中单击“确定”按钮，生成图 4-59 所示的 2D 标准挖槽加工刀具路径（以等角视图显示）。

此时，在刀路操作管理器中单击“验证已选择的操作”按钮，打开“Mastercam 模拟”窗口。进行实体切削加工模拟的完成效果如图 4-60 所示，然后关闭“Mastercam 模拟”

窗口。

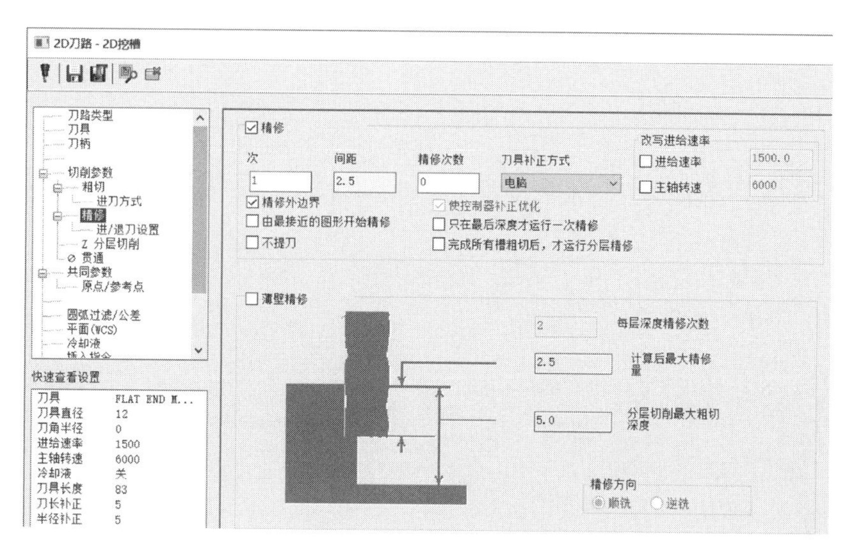

图 4-58　设置精修参数

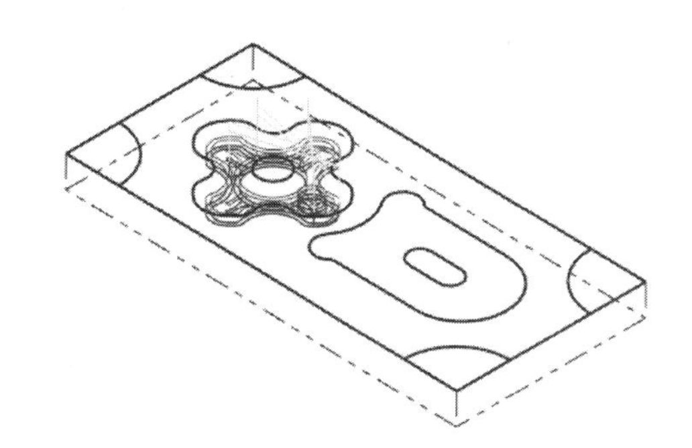

图 4-59　生成 2D 挖槽加工刀具路径

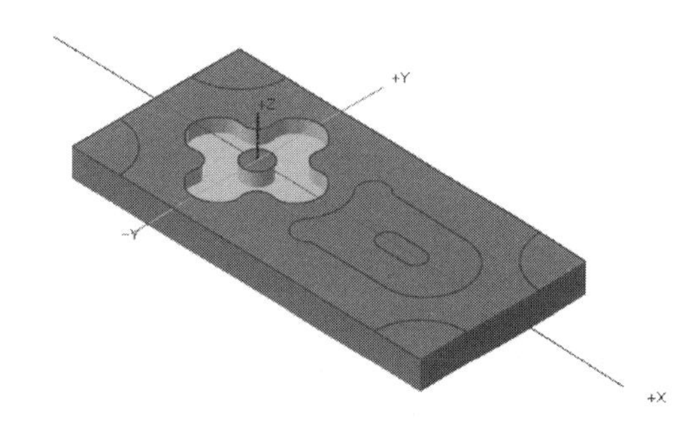

图 4-60　实体切削加工模拟完成效果

4.3.3 使用岛屿深度挖槽加工操作过程

1）在功能区“刀路”选项卡的“2D”面板中单击“挖槽”按钮。

2）系统弹出“串连选项”对话框，选中“串连”按钮，依次串连选取图 4-61 所示的 P1、P2 所指的轮廓线，单击“串连选项”对话框中的“确定”按钮。

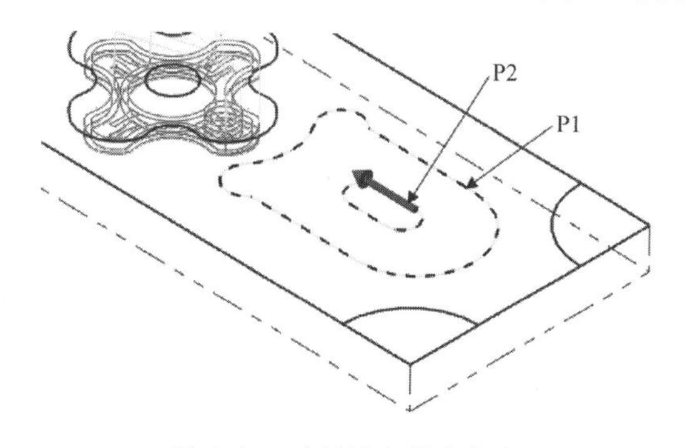

图 4-61　串连选取轮廓曲线

3）系统弹出“2D 刀路-2D 挖槽”对话框，在“刀具”类别选项页中进行图 4-62 所示的刀具参数设置。

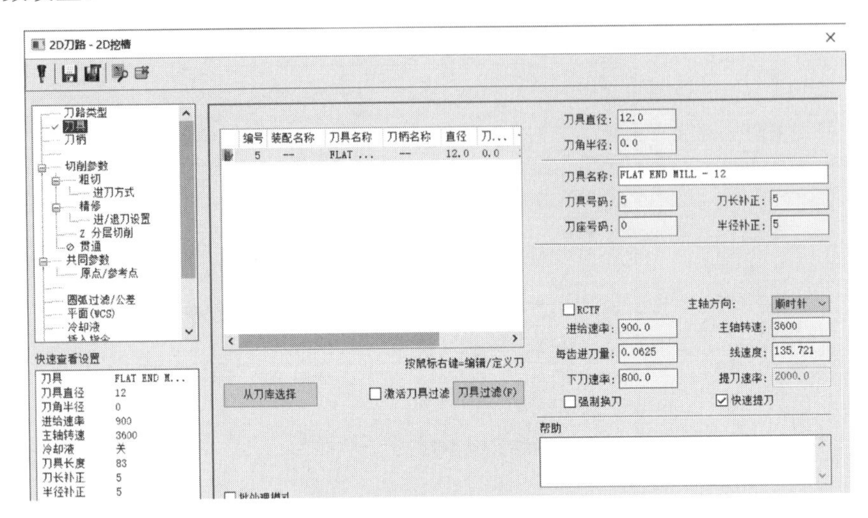

图 4-62　设置刀具参数

4）切换至“共同参数”类别选项页，在“深度”按钮下方选择“绝对坐标”单选按钮，在“深度”文本框中输入“-12”，其他参数接受默认设置，单击“应用”按钮 。

5）切换至“切削参数”类别选项页，从“挖槽加工方式”下拉列表框中选择“使用岛屿深度”选项，在“加工方向”选项组中选择“顺铣”单选按钮，将“校刀位置”设为“刀尖”，设置“刀具在转角处走圆角”的选项为“尖角”，壁边预留量为 0，底面预留量为 0，并设置进刀引线长度、退刀引线长度和岛屿上方预留量，如图 4-63 所示。然后单击“应用”按钮 。

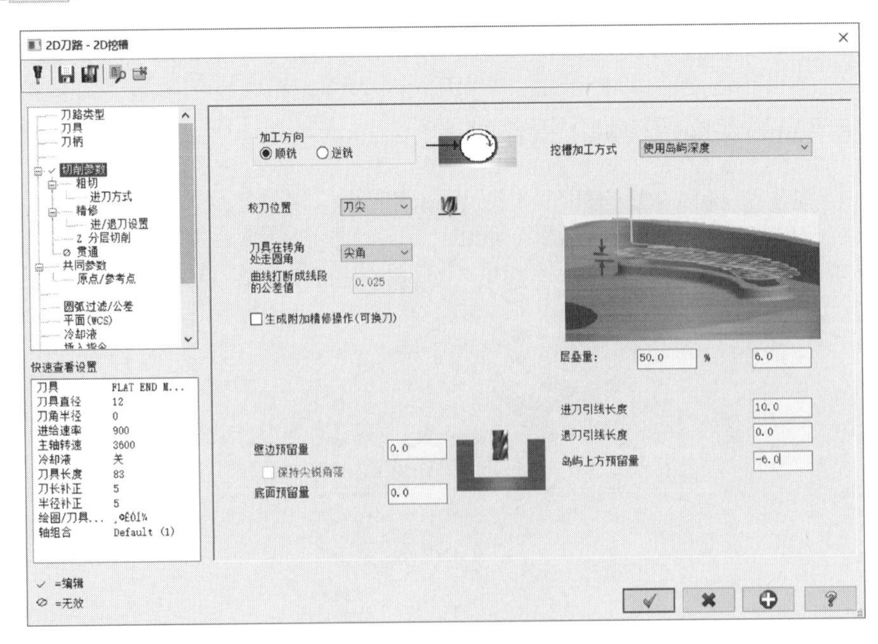

图 4-63　设置切削参数

6）切换至“Z 分层切削”类别选项页，勾选“深度分层切削”复选框，接着设置图 4-64 所示的参数，然后单击“应用”按钮 。

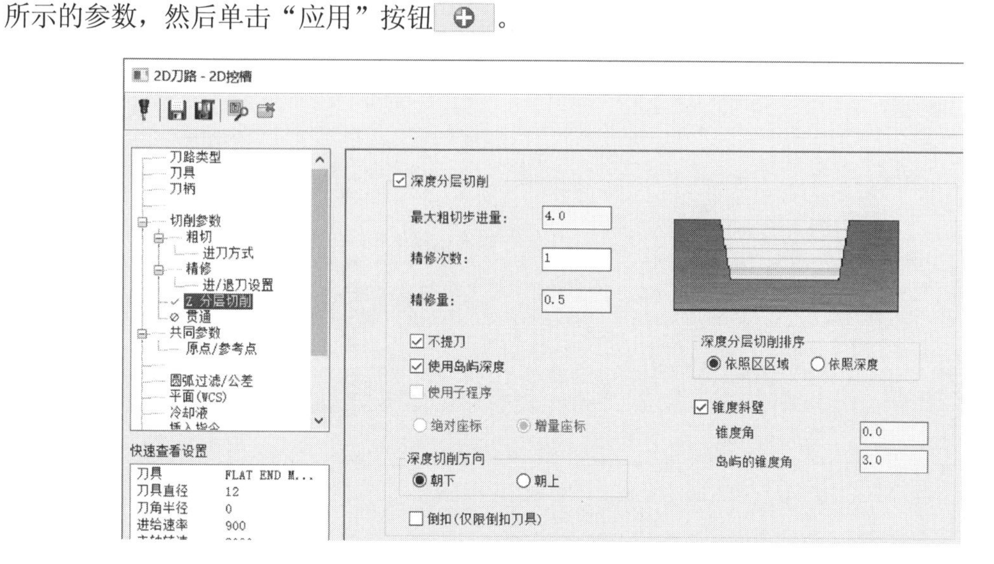

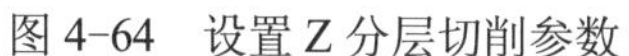

图 4-64　设置 Z 分层切削参数

7）切换至“粗切”类别选项页，设置图 4-65 所示的粗切参数。其中，根据加工成零件的特点，此挖槽切削方式可选用“等距环切”方式。

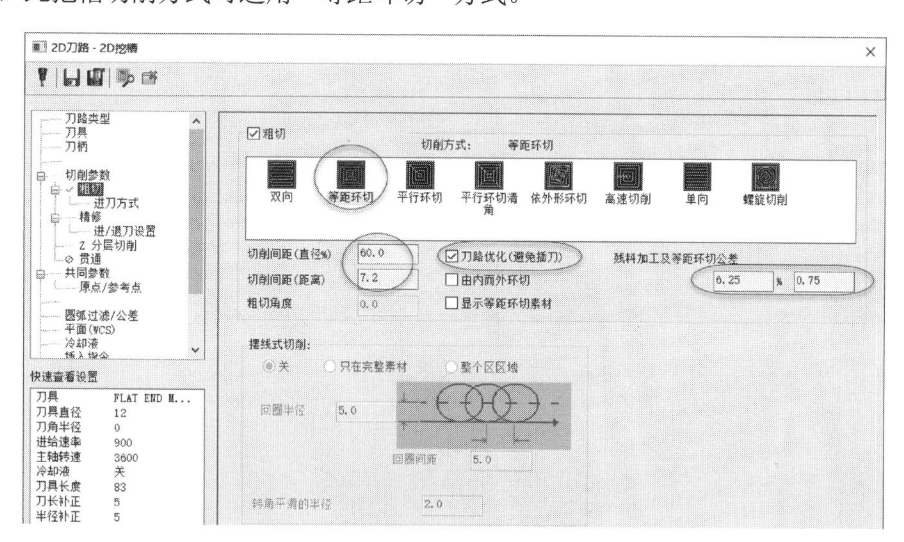

图 4-65　设置粗切参数

8）选择“粗切”类别下的“进刀方式”子类别以打开其选项页，从中设置图 4-66 所示的进刀方式参数，然后单击“应用”按钮 。

9）切换至“精修”类别选项页，勾选“精修”复选框，设置图 4-67 所示的精修参数，然后单击“应用”按钮 。

10）单击“2D 刀路-2D 挖槽”对话框中的“确定”按钮 ，创建的挖槽刀具路径如图 4-68 所示。

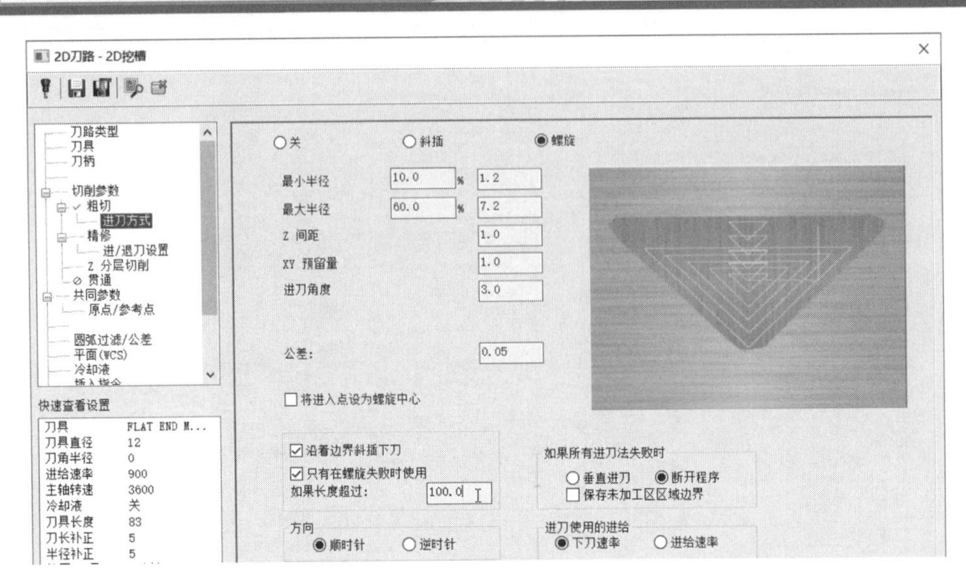

图 4-66　设置粗切的进刀方式参数

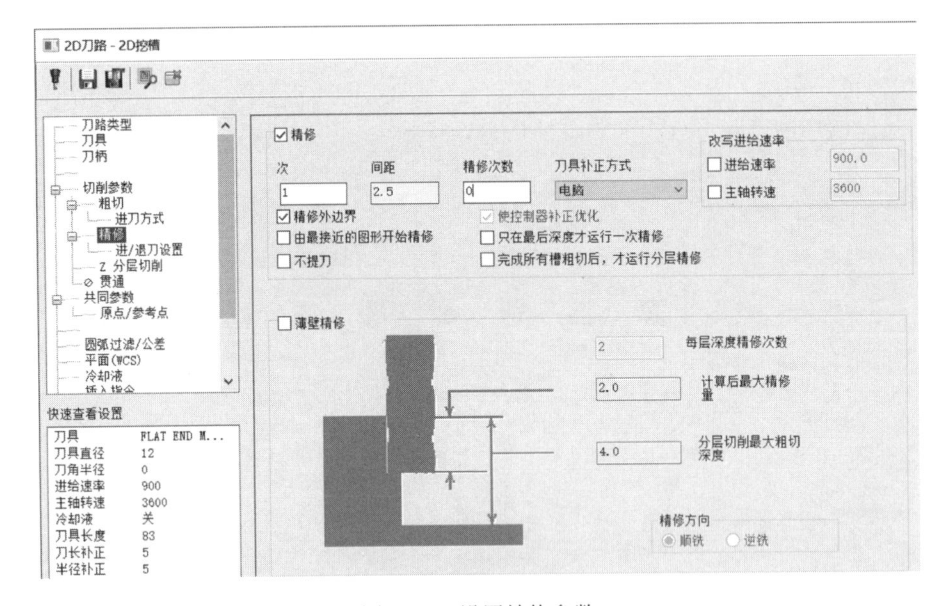

图 4-67　设置精修参数

此时，在刀路操作管理器中单击“验证已选择的操作”按钮，打开“Mastercam 模拟”窗口。对该使用岛屿深度的挖槽加工进行实体切削加工模拟，其完成效果如图 4-69 所示。

4.3.4 开放挖槽加工操作过程

1）关闭“Mastercam 模拟”窗口后，在 Mastercam 2019 功能区“刀路”选项卡的“2D”面板中单击“挖槽”按钮。

2）系统弹出“串连选项”对话框，选中“单体”按钮，依次选取图 4-70 所示的 4

条开放式轮廓线（圆弧），注意方向，然后单击“串连选项”对话框中的“确定”按钮 ✓ 。

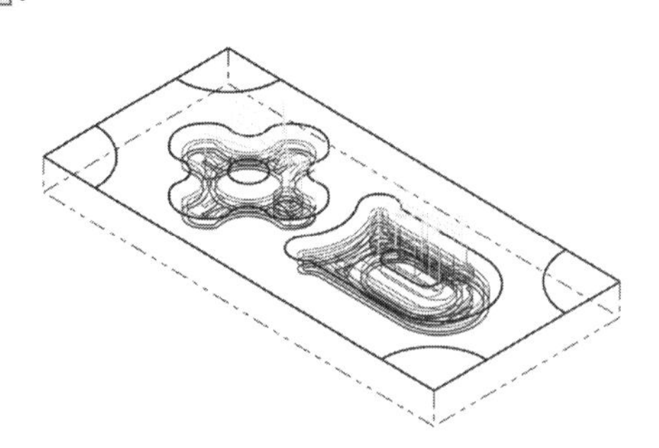

图 4-68　创建挖槽刀具路径

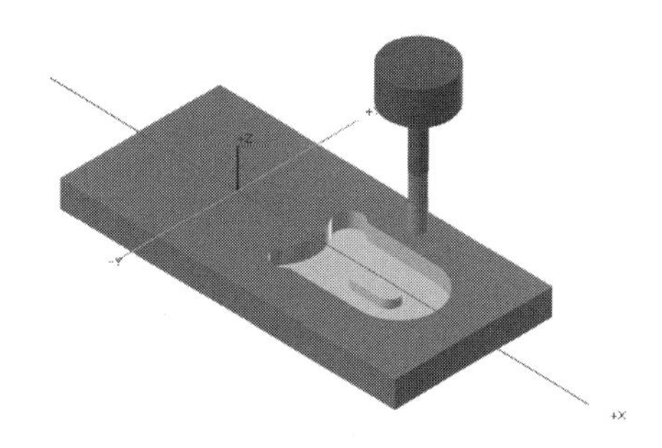

图 4-69　本挖槽加工实体切削模拟

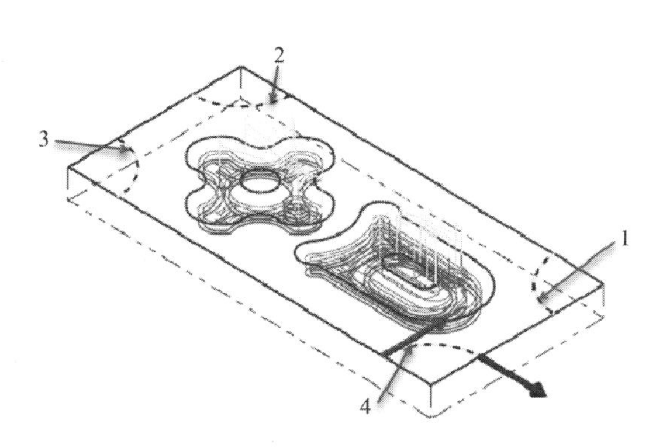

图 4-70　选取 4 条挖槽串连

3）系统弹出“2D 刀路-2D 挖槽”对话框。在“刀具”类别选项页中单击“从刀库选择”按钮，系统弹出“选择刀具”对话框，从“mill_mm.tooldb”刀库中选择图 4-71 所示的Φ16 平底刀，然后单击“确定”按钮 ✓ 。当然也可以选用先前的Φ12 平底刀（以下以选择此规格的平底刀为例）

选择刀具 - D:\Users\Public\Documents\shared Mcam2019\mill\Tools\mill_mm.tooldb

D:\Users\Publi...\mill_mm.tooldb

编号	装配名称	刀具名称	刀柄名称	直径	刀角半径	长度	刀刃数	类型	半...
2	--	SOLID...	--	17.0	0.0	71.0	1	钻头/钻孔	无
3	--	POINT...	--	17.0	0.0	88.0	1	钻头/钻孔	无
4	--	INSER...	--	17.0	0.0	51.0	1	钻头/钻孔	无
10	--	FORMI...	--	16...	0.0	21.0	1	右牙刀	无
10	--	THREA...	--	16...	0.0	15.0	1	右牙刀	无
2	--	SOLID...	--	16.5	0.0	71.0	1	钻头/钻孔	无
13	--	COUNT...	--	16.5	0.0	11.0	3	鱼眼孔钻	无
2	--	SOLID...	--	16.0	0.0	63.0	1	钻头/钻孔	无
3	--	POINT...	--	16.0	0.0	83.0	1	钻头/钻孔	无
4	--	INSER...	--	16.0	0.0	48.0	1	钻头/钻孔	无
5	--	END M...	--	16.0	1.0	26.0	4	圆鼻刀	角落
5	--	END M...	--	16.0	2.0	26.0	4	圆鼻刀	角落
5	--	END M...	--	16.0	0.5	26.0	4	圆鼻刀	角落
5	--	FLAT ...	--	16.0	0.0	26.0	4	平刀	无
6	--	BALL-...	--	16.0	8.0	32.0	4	球刀	全部
7	--	CHAMF...	--	16...	0.0	12.0	4	倒角刀	无
10	--	FORMI...	--	16...	0.0	25.0	1	右牙刀	无
10	--	THREA...	--	16...	0.0	20.0	1	右牙刀	无

刀具过滤(F)

☑ 激活刀具过滤

显示 d 个刀具 （共

显示模式

○ 刀具

○ 装配

◉ 两者

图 4-71　选择所要的平底刀

4）在“2D 刀路-2D 挖槽”对话框的“刀具”类别选项页中设置图 4-72 所示的刀具参数。

5）切换至“共同参数”类别选项页，以绝对坐标的形式将深度值（最下方的一个值）

设置为-10，其他默认；接着切换至“切削参数”类别选项页，从中设置图 4-73 所示的切削参数，然后单击“应用”按钮 。

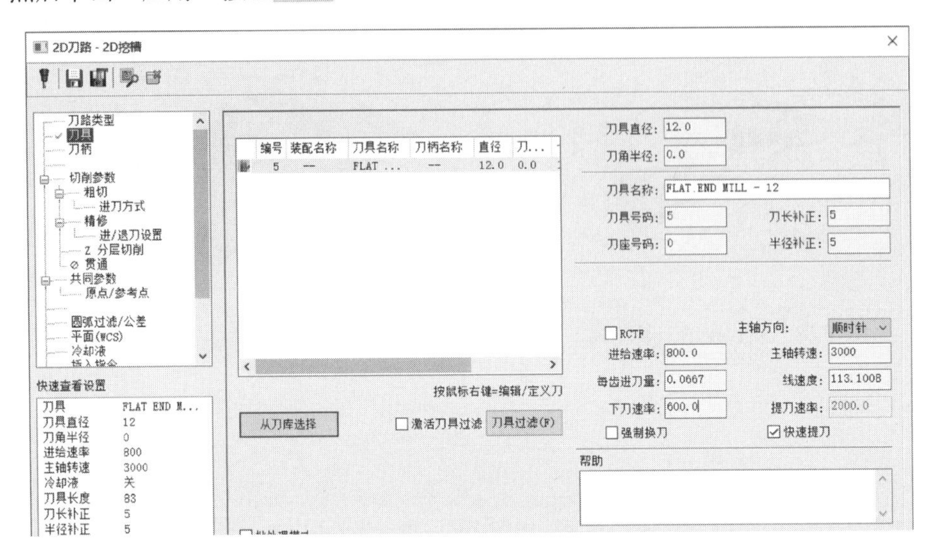

图 4-72 设置刀具参数

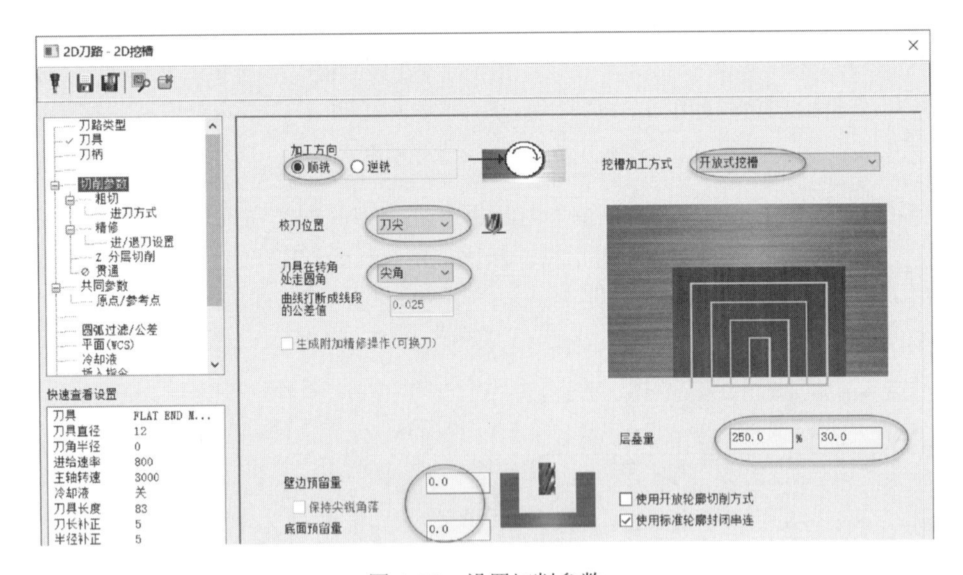

图 4-73 设置切削参数

6）切换至“粗切”类别选项页，勾选“粗切”复选框，选择“螺旋切削”切削方式，并设置与粗切相关的切削间距等参数，如图 4-74 所示。

7）切换到“精修”类别选项页，设置图 4-75 所示的精修参数，然后单击“应用”按钮 。

8）由于挖槽深度为 10，不宜一次切削完成，需对其 Z 轴进行分层铣削加工。在左上窗格中选择“Z 分层切削”类别，接着勾选“深度分层切削”复选框，并设置图 4-76 所示的深度切削参数，然后单击“应用”按钮 。

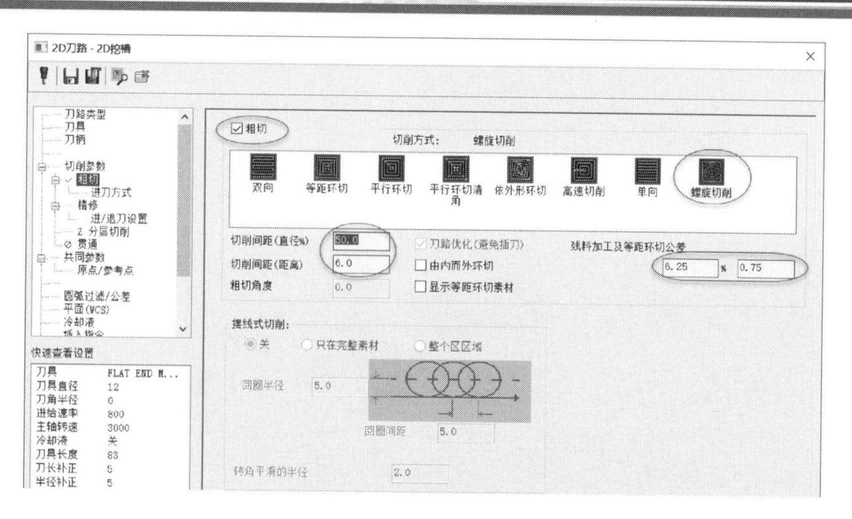

图 4-74　设置粗切参数

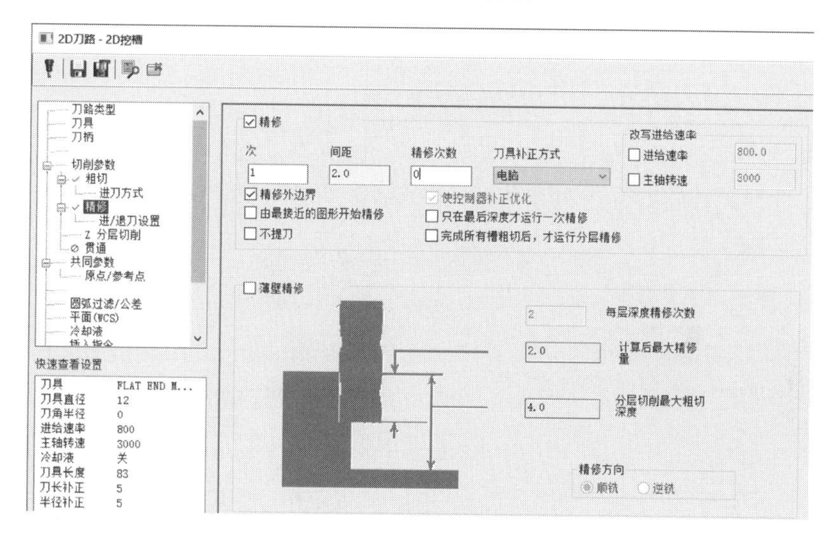

图 4-75　设置精修参数

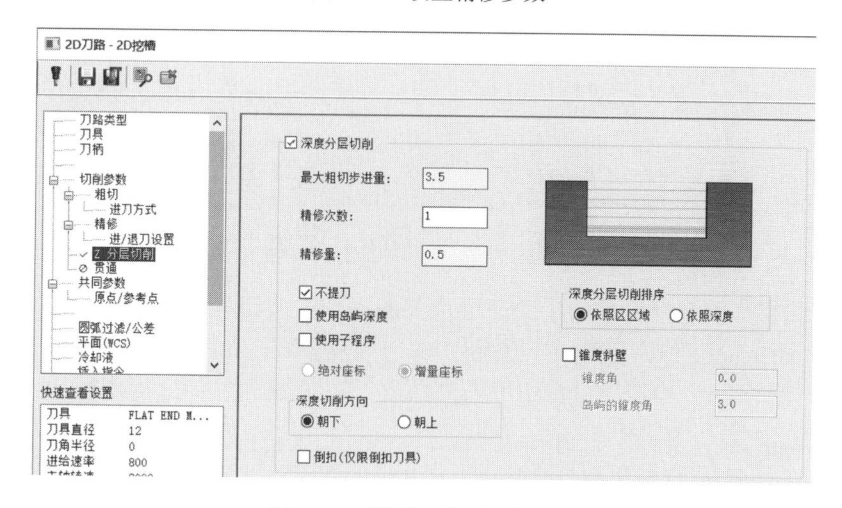

图 4-76　设置 Z 分层切削参数

9）在“2D 刀路-2D 挖槽”对话框中单击“确定”按钮，创建的开放式挖槽刀具路径如图 4-77 所示。

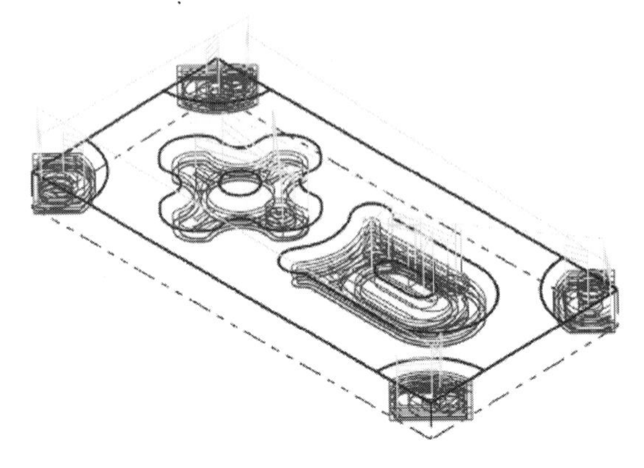

图 4-77　创建开放式挖槽刀具路径

4.3.5 对所有挖槽刀具路径进行实体切削模拟

1）在刀路操作管理器中单击图 4-78 所示的“选择全部操作”按钮，从而选中 3 个挖槽铣削加工，此时刀路管理器中列出的 3 个挖槽铣削加工操作标识处均被打上表示选中的勾，如图 4-79 所示。

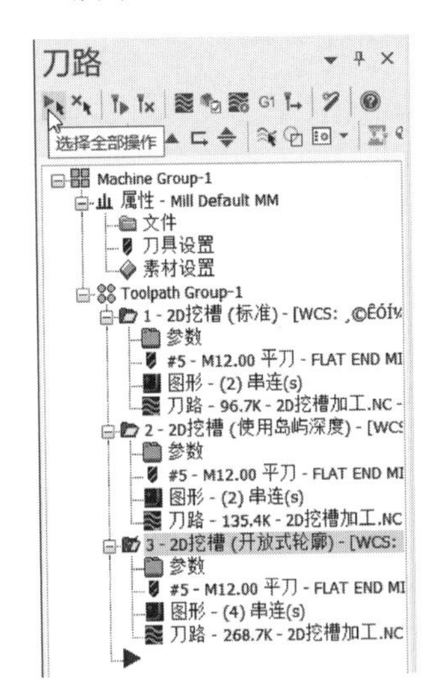

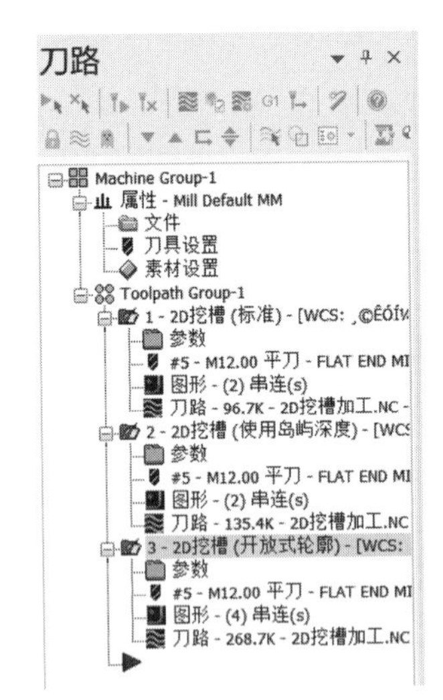

图 4-78　在刀路管理器中操作　　　图 4-79　选中所有的挖槽铣削加工操作

2）在刀路操作管理器中单击“验证已选择的操作”按钮，打开“Mastercam 模拟”窗口。在“Mastercam 模拟”窗口中设置相关的选项及参数，如图 4-80 所示。

3）在“Mastercam 模拟”窗口中单击“播放”按钮，从而开始进行加工模拟，完成的实体加工模拟结果如图 4-81 所示。

4）在“Mastercam 模拟”窗口中单击“关闭”按钮×。

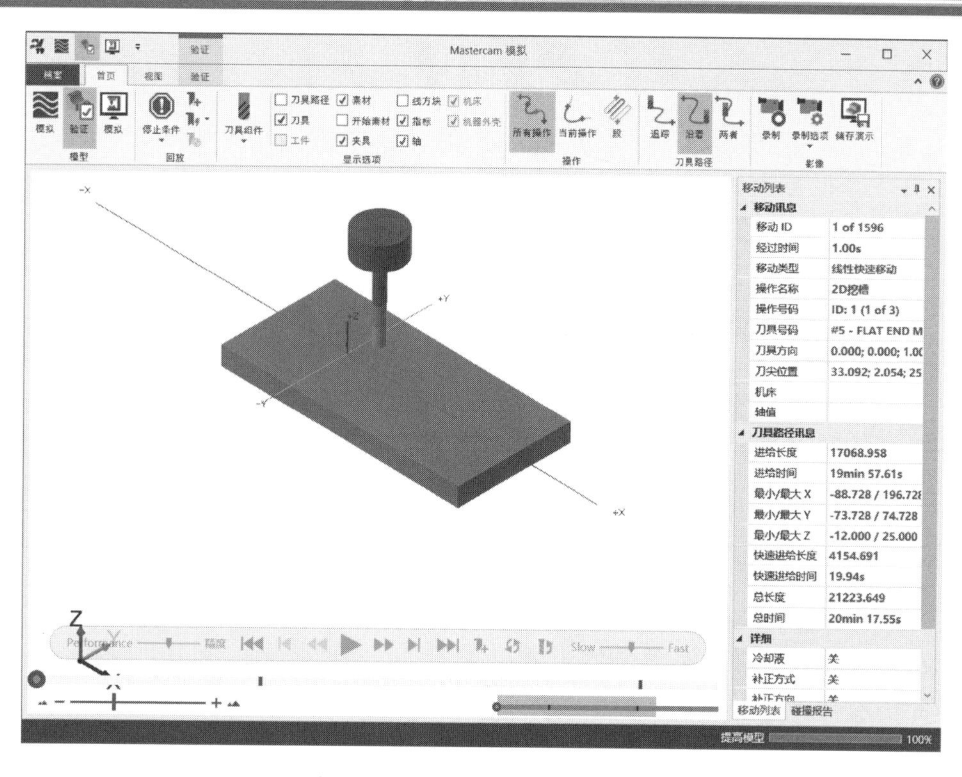

图 4-80 “Mastercam 模拟”窗口

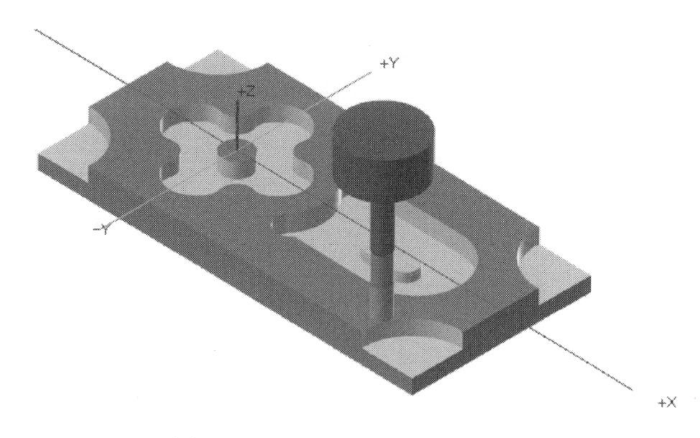

图 4-81 范例实体加工模拟结果

4.4 钻孔铣削加工范例

扫码观看视频

钻孔铣削加工在机械加工中应用较广，包括钻直孔、镗孔和攻螺纹孔等加工。Mastercam 2019 钻孔加工程序可以用于工件中各种点的加工，钻孔加工要设置的参数包括公共刀具路径参数、钻孔铣削参数和用户自定义参数。

4.4.1 范例加工分析

本范例要求加工出 5 个Φ16 的通孔，根据图形特点及尺寸，可采用Φ16 的钻孔刀具进行数控加工。

打开本书附赠网盘资源中 CH4 文件夹目录下的“钻孔加工.mcam”文件，文件中提供了需要加工的图形，如图 4-82a 所示。完成钻孔加工的零件参考效果如图 4-82b 所示。

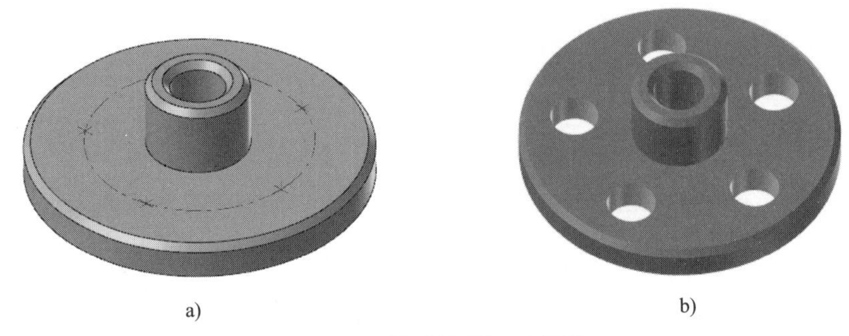

图 4-82　钻孔铣削加工范例

a) 原始图形　b) 钻孔铣削加工效果

本范例加工选择的加工系统为默认的铣床，即在功能区“机床”选项卡的“机床类型”面板中选择“铣床”|“默认”命令。

设置工件毛坯的方法如下。

1）在操作管理器的“刀路管理器”中，单击“属性-Mill Default MM”下的“素材设置”标识。

2）系统弹出“机床分组属性”对话框，自动切换到“素材设置”选项卡，在“形状”选项组中选择“实体”单选按钮，并设置材料显示样式，如图 4-83 所示。

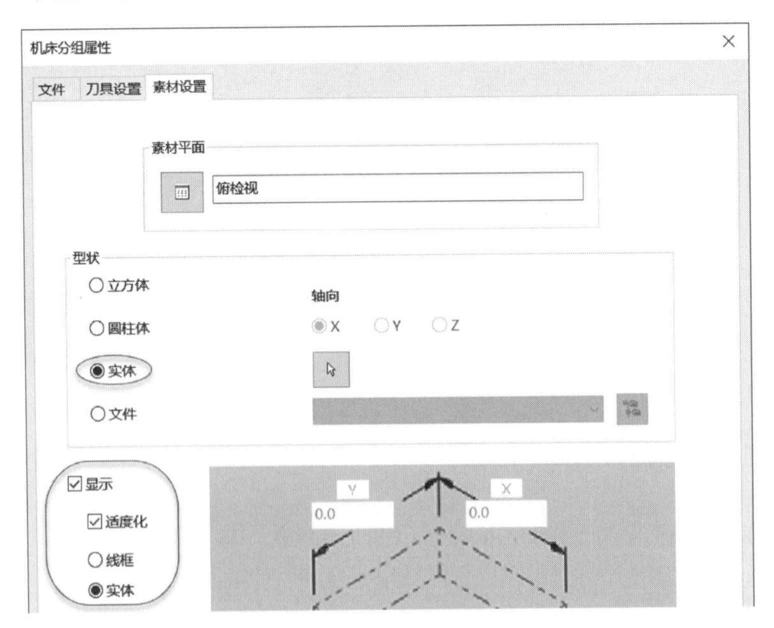

图 4-83　毛坯材料设置

3）在“素材设置”选项卡的“形状”选项组中单击“选择实体”按钮，在绘图区单击实体，然后在“机床分组属性”对话框中单击“确定”按钮。

4.4.2 范例加工操作过程

1）在功能区“刀路”选项卡的“2D”面板中单击“钻孔”按钮，系统打开“定义刀路孔”对话框，如图 4-84 所示。

2）利用“定义刀路孔”对话框“选取”选项卡中的相关选取工具来指定钻孔位置点，这里默认使用鼠标光标依次选取图 4-85 所示的图形中的 5 个点。

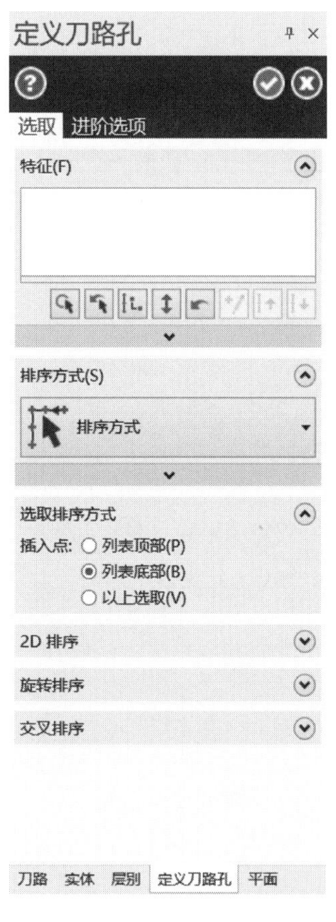

图 4-84 “定义刀路孔”对话框

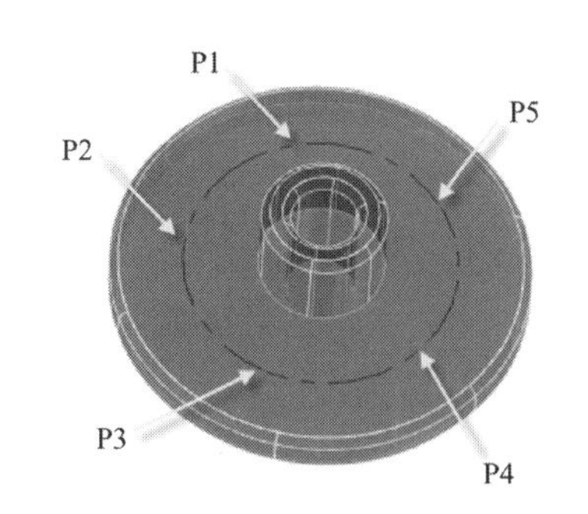

图 4-85 选取 5 个点

3）在“特征”选项组中展开更多选项列表，勾选“深度过滤”复选框，以及选择“使用最高 Z 深度”单选按钮，如图 4-86 所示。

操作说明：如果以窗选等方式选择钻孔的点后，对系统自动安排的点排序不满意，则可以在“排序方式”选项组中单击“排序方式”按钮，利用弹出来的“排序”列表设置排序方式，如图 4-87 所示。系统提供了 3 大类的切削顺序，即“2D 排序”类、“旋转排序”类和“交叉排序”类。

4）在“定义刀路孔”对话框中单击“确定”按钮。

5）系统弹出“2D 刀路-钻孔/全圆铣削 深孔钻-无啄孔”对话框。在“刀具”类别选项页中设置图 4-88 所示的刀具参数，然后单击“应用”按钮。

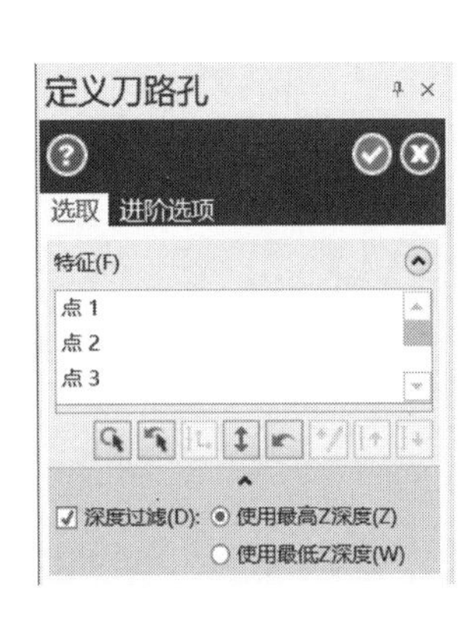

图 4-86 设置深度过滤

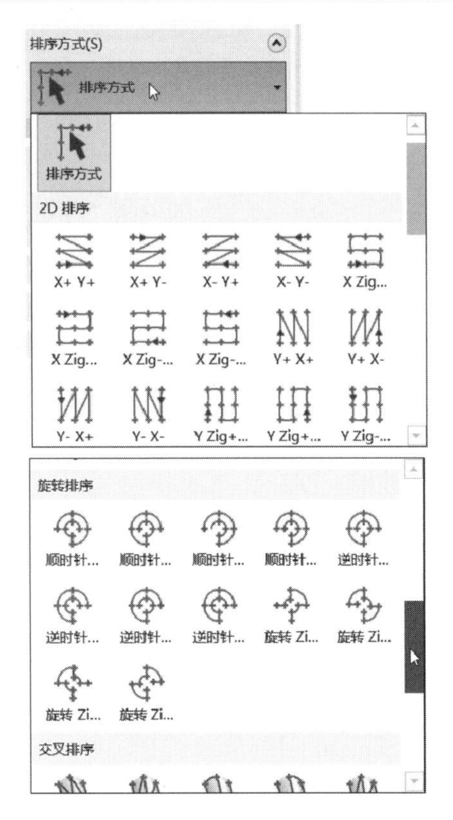

图 4-87 自定义排序方式

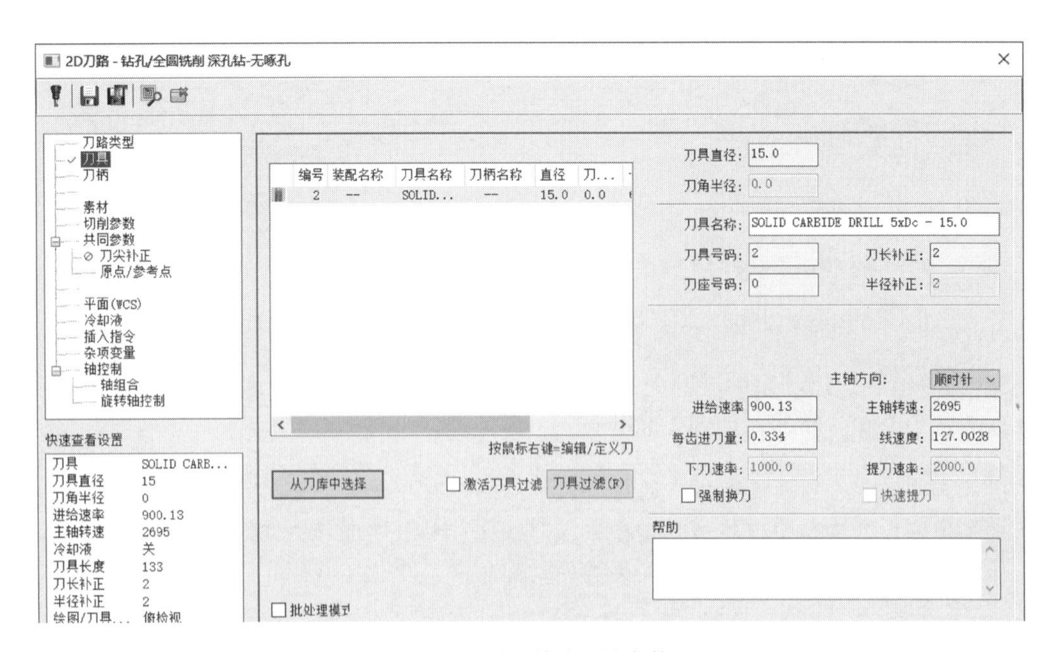

图 4-88 设置钻孔刀具参数

6）切换至“切削参数”类别选项页，设置图 4-89a 所示的参数。切换至“共同参数”类别选项页，设置图 4-89b 所示的参数。

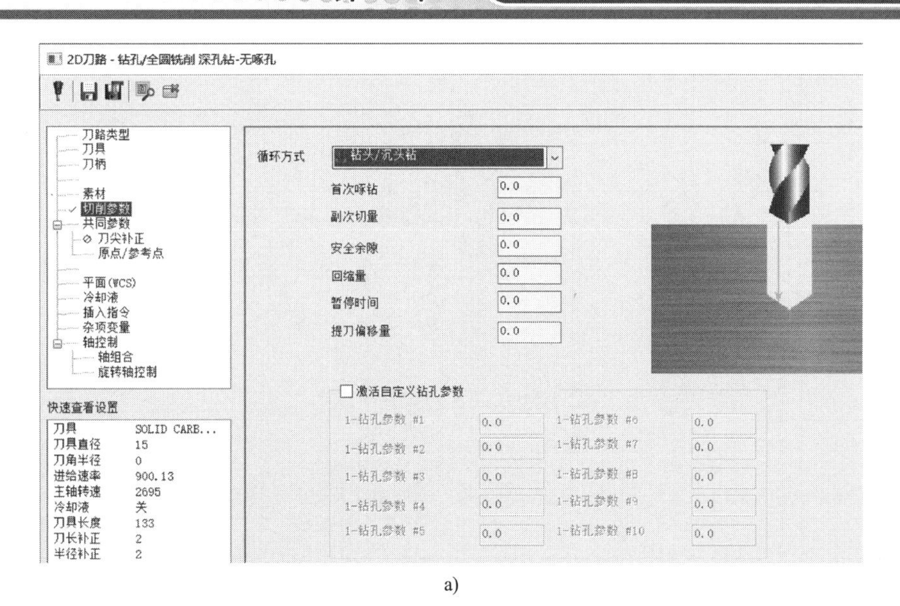

a)

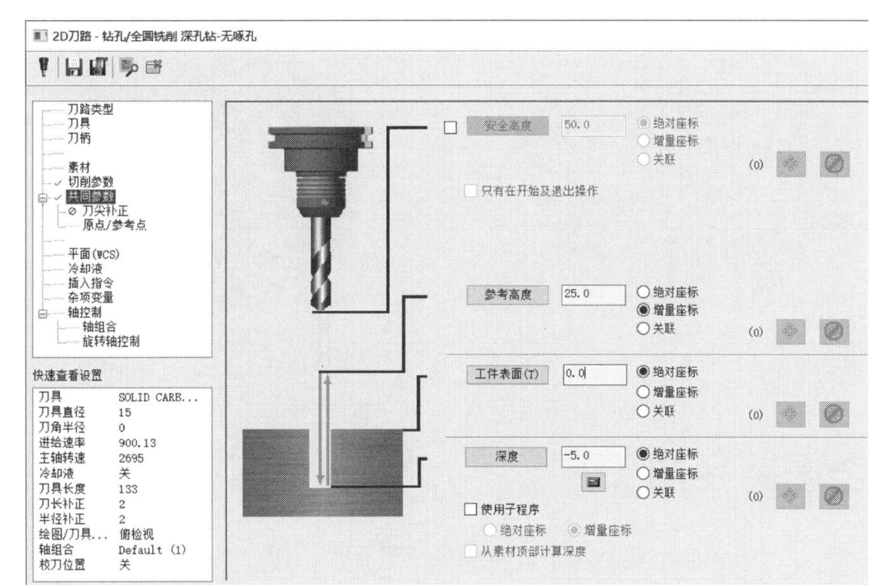

b)

图 4-89 设置切削参数和共同参数

a) 设置切削参数 b) 设置共同参数

7）切换至“刀尖补正”类别选项页，接着勾选“刀尖补正”复选框，设置钻头尖部补偿参数，如图 4-90 所示，然后单击“应用”按钮 。

8）在“2D 刀路-钻孔/全圆铣削 深孔钻-无啄孔”对话框中单击“确定”按钮，创建的钻孔铣削加工刀具路径如图 4-91 所示。

9）在刀路操作管理器中单击“验证已选择的操作”按钮，打开“Mastercam 模拟”窗口。在“Mastercam 模拟”窗口中设置相关的选项及参数，然后单击“播放”按钮，最后得到的实体钻孔切削模拟结果如图 4-92 所示。

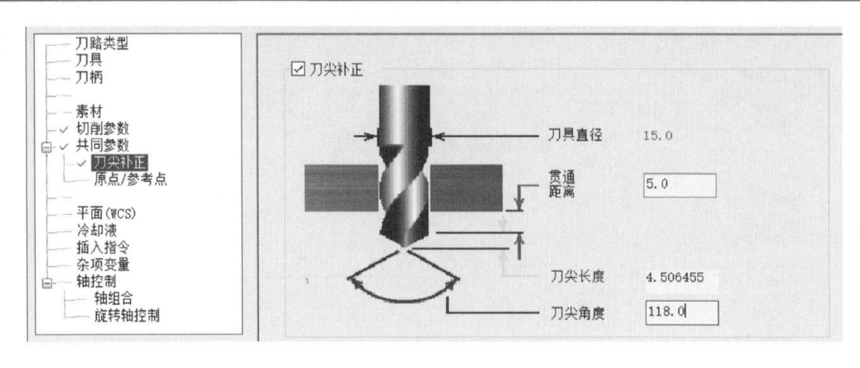

图 4-90　设置刀尖补正参数

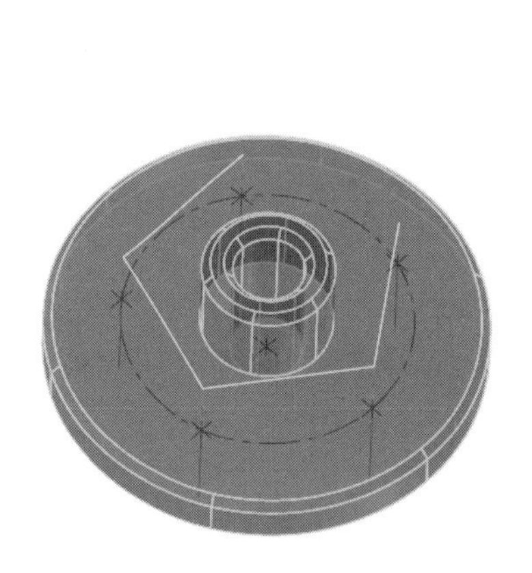

图 4-91　生成的钻孔刀具路径

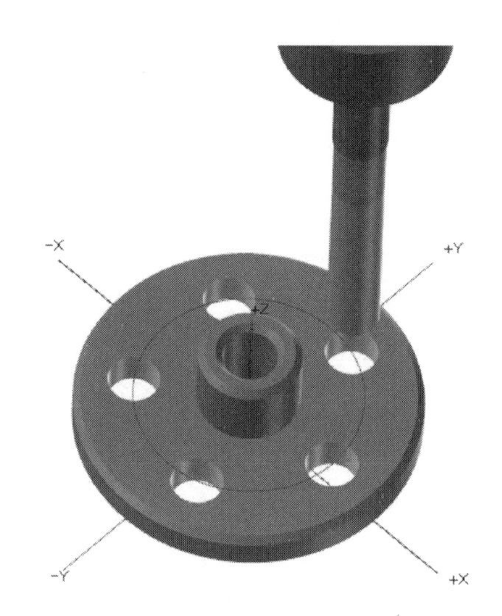

图 4-92　实体钻孔验证效果

4.5　全圆路径加工

扫码观看视频

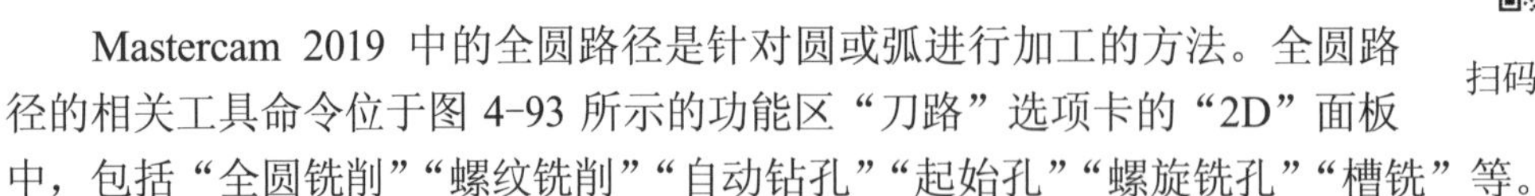

Mastercam 2019 中的全圆路径是针对圆或弧进行加工的方法。全圆路径的相关工具命令位于图 4-93 所示的功能区“刀路”选项卡的“2D”面板中，包括“全圆铣削”“螺纹铣削”“自动钻孔”“起始孔”“螺旋铣孔”“槽铣”等。

- “全圆铣削”：其刀具路径是从圆心移动到轮廓而后绕圆轮廓移动来形成的。常使用全圆铣削方法来扩孔。
- “螺纹铣削”：其刀具路径是一条螺旋线，可用于加工零件上的内螺纹和外螺纹。为了保证螺纹的质量和精度，螺旋铣削时需要注意设置刀具的切入和切出方式。
- “自动钻孔”：指用户指定好相应的加工孔后，由系统自动选择相应的刀具和加工参数，自动地生成刀具路径，用户也可以根据客观要求自行修改。
- “起始孔”：钻起始孔是在已有的刀具路径之前增加的操作，思路是先预先切削掉一些毛坯，以保证后面的加工（如加工一些无法用现有刀具一次加工成型的较深或较大的孔）能够实现。钻起始孔需要先规划出铣削操作，否则系统会弹出对话框来警告："找不到可产生钻起始孔的铣床操作。"

- "槽铣"：用来专门加工键槽。
- "螺旋铣孔"：主要用于孔的精加工。螺旋铣孔时，定位孔仅需选择孔的中心点即可，而孔的直径可以在螺旋铣孔参数设置对话框中设置。

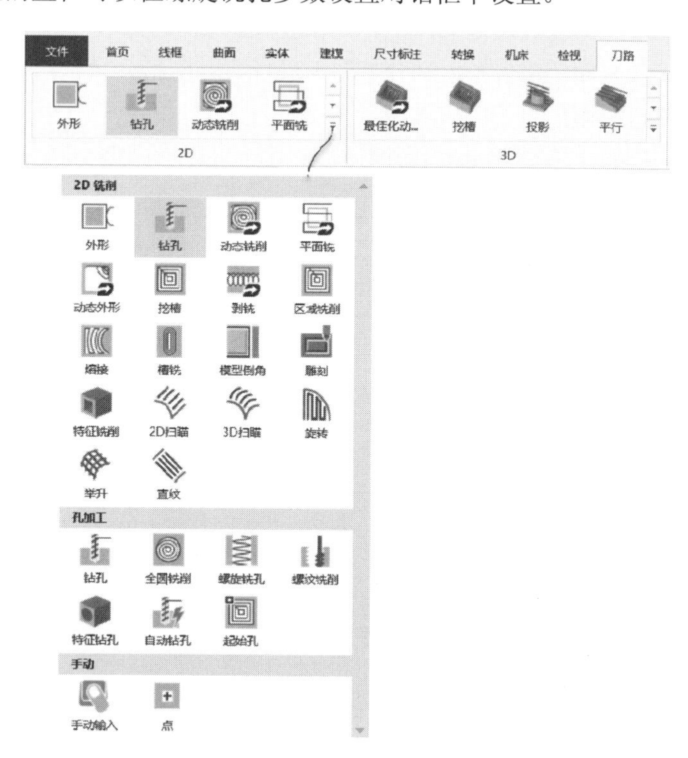

图 4-93　功能区"刀路"选项卡的"2D"面板上的相关工具命令

这些全圆路径加工的方法是类似的。下面以"槽铣"的加工范例为典型进行介绍。

1）打开本书附赠网盘资源中 CH4 文件夹目录下的"铣键槽.MCX"文件，该文件中已经存在着图 4-94 所示的实体轴，图左为图形着色效果（外加透明度设置），图右为线框实体效果，其中从线框实体效果中可以看出用于加工键槽的轮廓线。

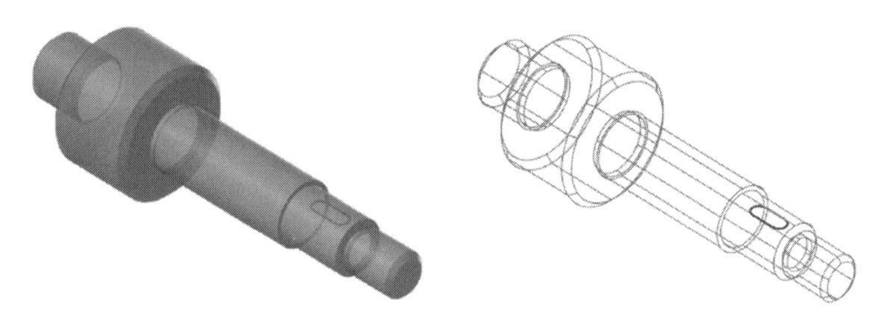

图 4-94　实体轴模型

2）确保采用原有默认的铣床加工系统。

3）需要用实体轴定义成工件，以在该轴工件中加工出所需的键槽。方法是在操作管理器的"刀路管理器"中，单击"属性-Generic Mill"下的"素材设置"标识，系统弹出"机床分组属性”对话框并自动切换到“素材设置”选项卡，在“形状”选项组中选择“实体”单选按钮，接着单击“选择实体”按钮，在绘图区单击实体轴，然后在“机床分组属性”对话框中单击“确定”按钮。

4）在功能区“刀路”选项卡的“2D”面板中单击“槽铣”按钮，如图 4-95 所示。

5）系统弹出“串连选项”对话框，选中“串连”按钮，在线框实体显示模式下单击图 4-96 所示的键槽封闭轮廓（单击位置见图中鼠标光标所指），然后在“串连选项”对话框中单击“确定”按钮。

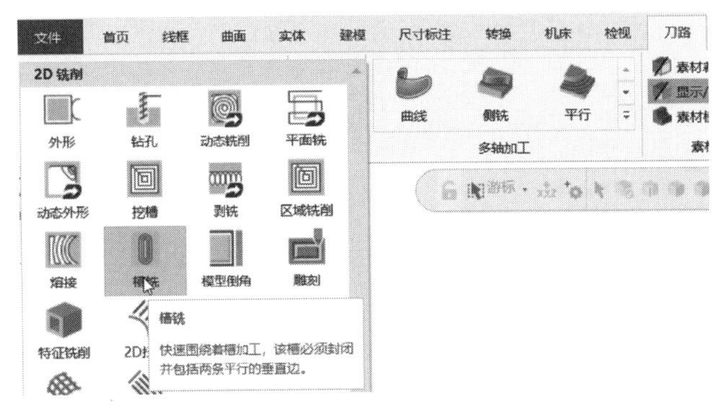

图 4-95 单击“槽铣”按钮

选择

图 4-96 指定键槽加工的串连轮廓

6）系统弹出“2D 刀路-铣槽”对话框。在“刀具”类别选项页中进行图 4-97 所示的刀具参数设置，然后单击“应用”按钮。

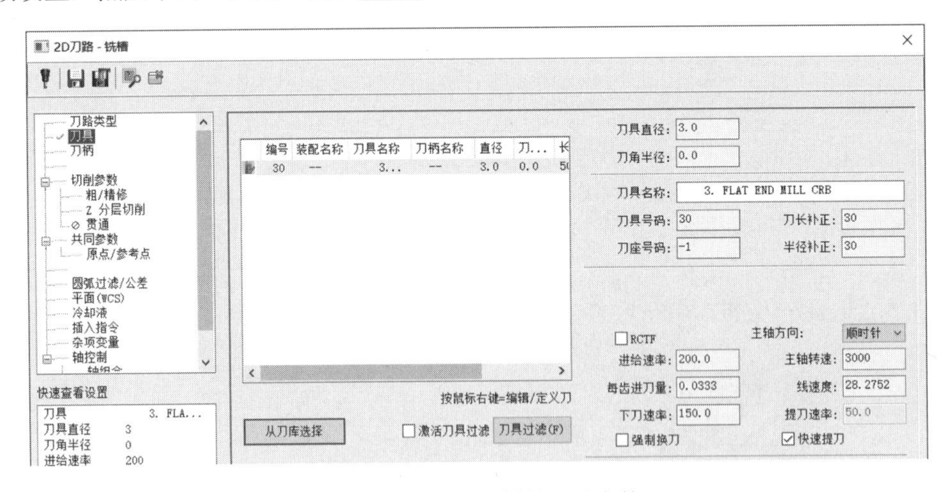

图 4-97 设置铣键槽的刀具参数

7）切换至“共同参数”类别选项页，勾选“参考高度”复选框，设置参考高度为 25（采用增量坐标），下刀位置为 5（采用增量坐标），工件表面为 16（采用绝对坐标）和深度为 6（采用绝对坐标），单击“应用”按钮。

8）切换至“切削参数”类别选项页，从中进行图 4-98 所示的参数设置。

9）切换至“粗/精修”类别选项页，进行图 4-99 所示的参数设定。

10）在“2D 刀路-铣槽”对话框中的“确定”按钮。创建的铣键槽刀具路径如

图 4-100 所示。

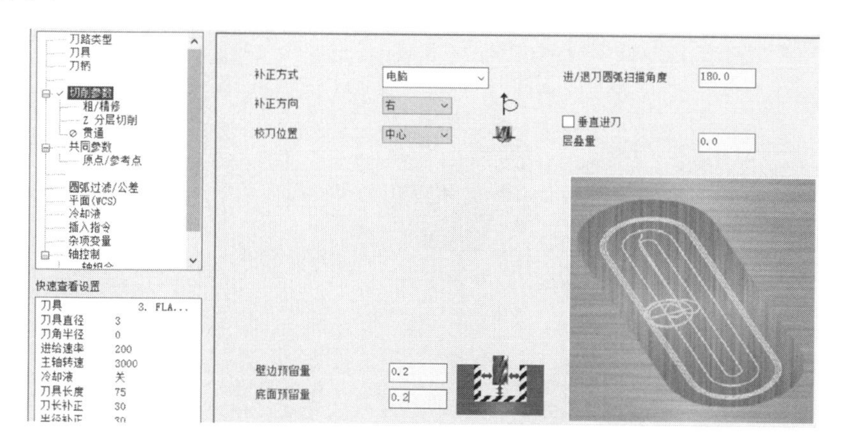

图 4-98 铣键槽的切削参数设定

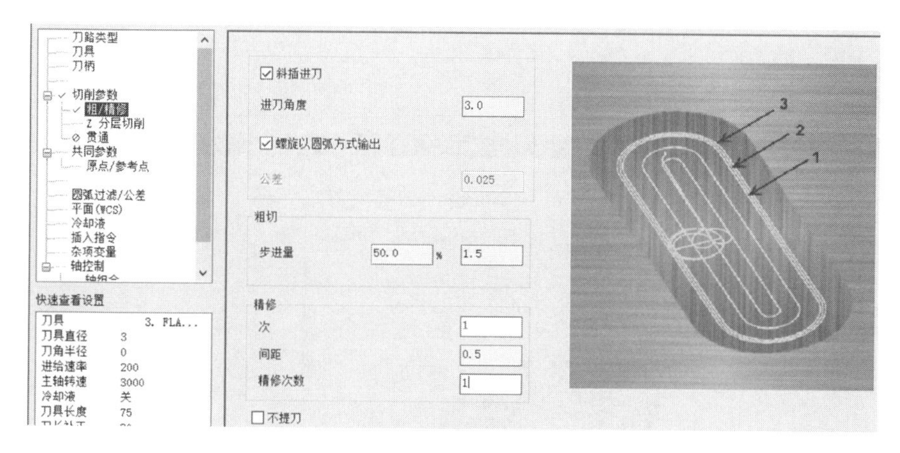

图 4-99 设置粗/精修参数

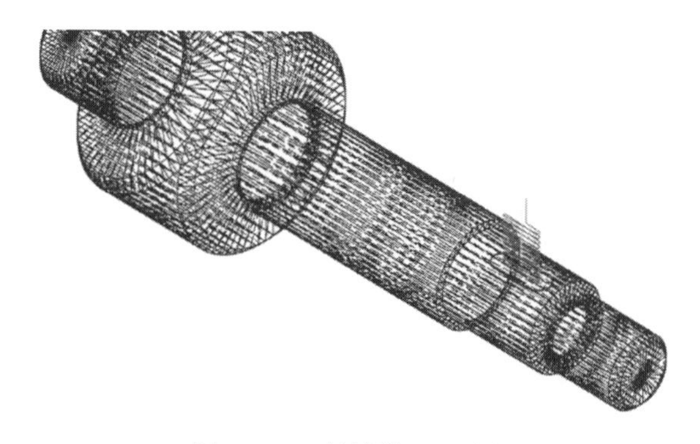

图 4-100 铣键槽刀具路径

11）在刀路操作管理器中单击“验证已选择的操作”按钮，打开“Mastercam 模拟”窗口。在“Mastercam 模拟”窗口中设置相关的选项及参数，如图 4-101 所示，然后单击“播放”按钮，最后得到的铣键槽加工的模拟结果如图 4-102 所示。

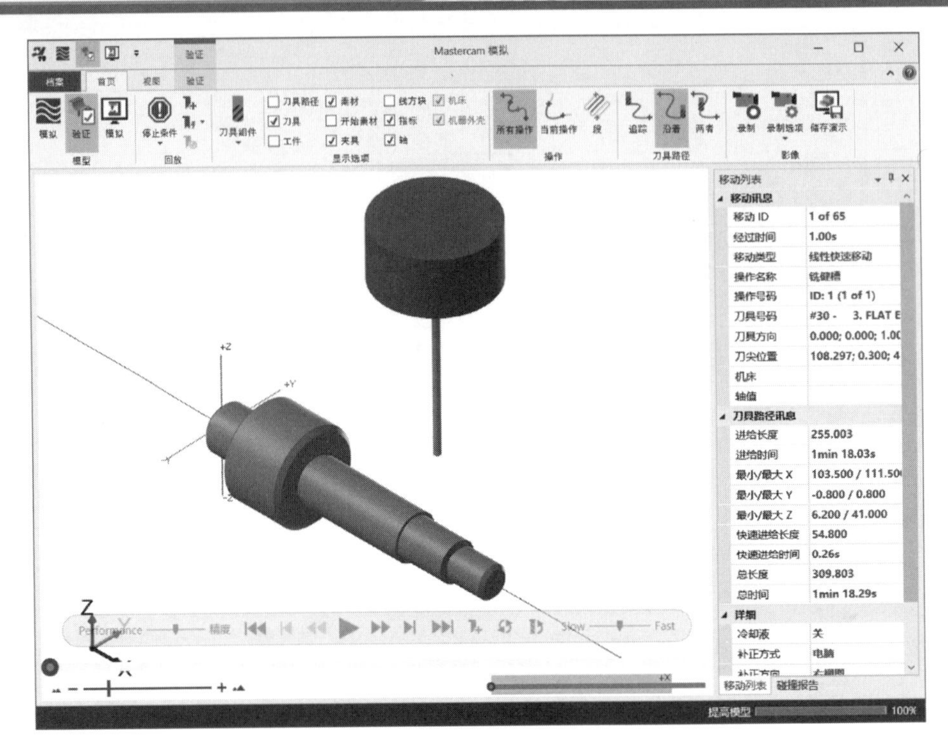

图 4-101 “Mastercam 模拟”窗口

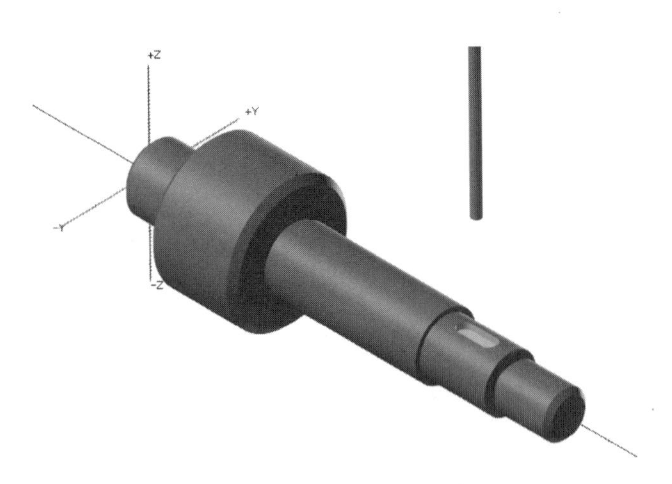

图 4-102 铣键槽加工模拟结果

4.6 产品加工应用

在本节中主要介绍商品中的雕刻加工和零件 2D 铣削综合应用。

4.6.1 商品中的雕刻加工

扫码观看视频

对于模型中的文字或产品修饰/标识图案，通常可以考虑采用雕刻加工的方式来完成。要进行雕刻加工，则可以指定使用雕刻机床类型，即在功

能区“机床”选项卡的“机床类型”面板中选择“木雕”|“默认”命令。如果需要，也可以在“机床类型”面板中选择“木雕”|“管理列表”命令，利用弹出来的对话框进行自定义机床菜单管理操作。指定雕刻机床类型后，执行功能区“刀路”选项卡的“2D”面板中的“雕刻”按钮，进行相关的操作来生成所需的雕刻加工刀具路径。

为了让读者掌握雕刻加工的基本方法及操作步骤，下面特意介绍一个雕刻加工实例。该实例雕刻加工的示意如图 4-103 所示。

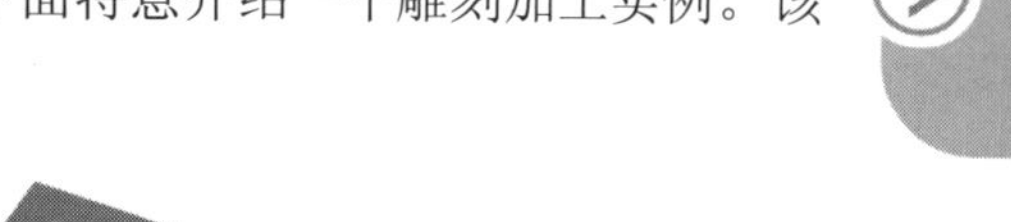

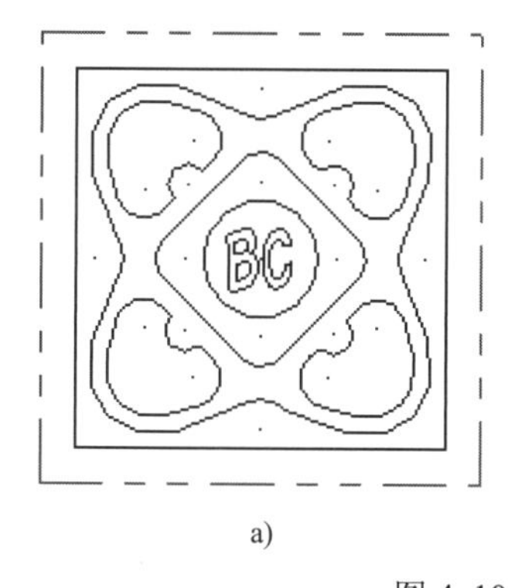

a)

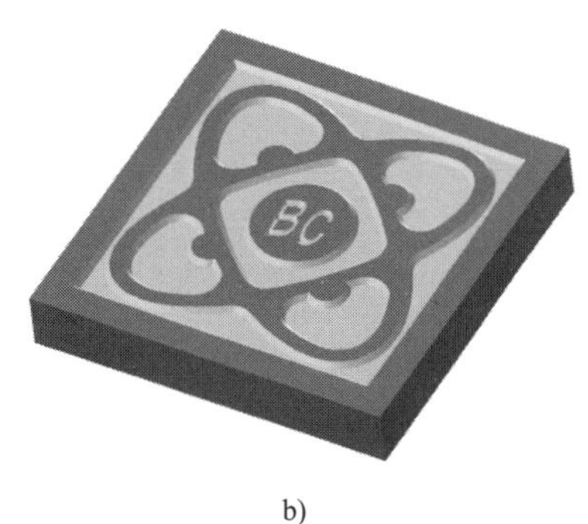

b)

图 4-103　雕刻加工范例示意

a) 要雕刻的参考图案　b) 雕刻加工模拟结果

1）打开随书配套的“雕刻加工.MCX”文件（该文件位于配套资料包的 CH4 文件夹中），如图 4-104 所示。文件中采用的机床类型是默认的雕刻系统。

图 4-104　“雕刻加工.MCX”文件

2）在功能区“刀路”选项卡的“2D”面板中单击“雕刻”按钮，系统弹出“串连选项”对话框。

3）在“串连选项”对话框中单击“窗选”按钮，如图 4-105 所示。使用鼠标指定两个对角点以窗口选择图 4-106 所示的所有几何图形，接着在“输入草绘起始点”提示下在串连图素上任意捕捉并单击一点，然后在“串连选项”对话框中单击“确定”按钮。

4）系统弹出“木雕”对话框。在“刀具参数”选项卡中，选择Φ6 的雕刻刀具（木雕刀），并设置其主轴方向、主轴转速和进给速率等，如图 4-107 所示。

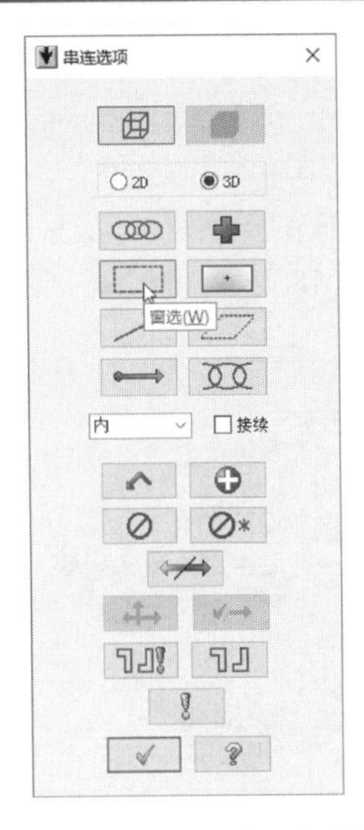

图 4-105 “串连选项”对话框

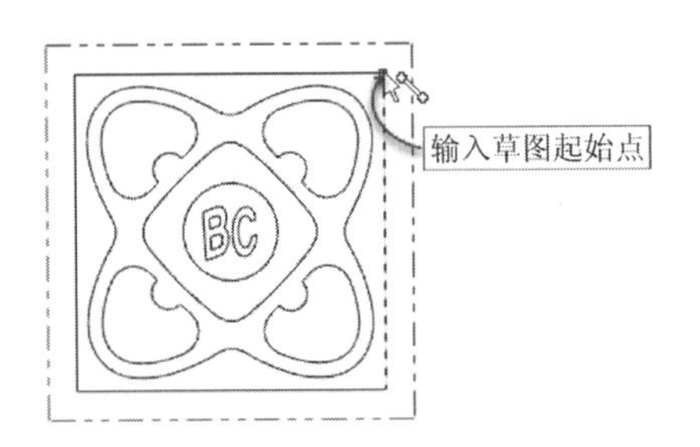

图 4-106　选择雕刻串连外形轮廓

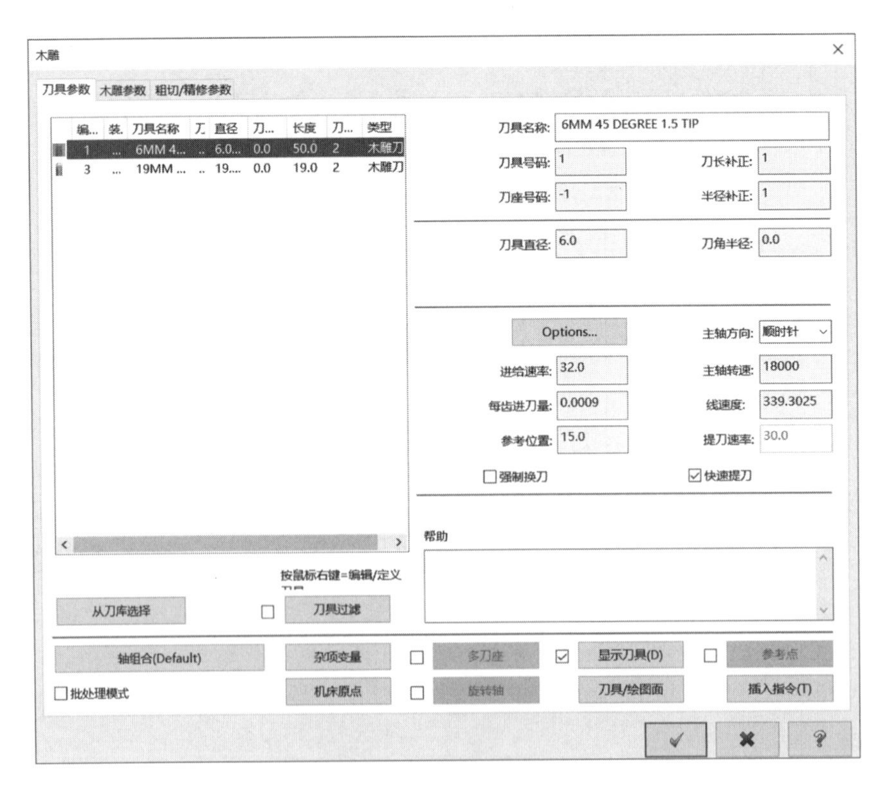

图 4-107　选择雕刻刀具和设置其刀具路径参数

5）在“木雕”对话框的“刀具参数”选项卡的刀具列表中，右击所选的Φ6 雕刻刀具（木雕刀），并从弹出来的快捷菜单中选择“编辑刀具”命令，系统弹出“编辑刀具”对话框，确保将刀具的刀尖直径设置为 0.5，如图 4-108 所示，可以单击“下一步”按钮以完成该木雕刀的其他属性参数。然后在“编辑刀具”对话框中单击“完成”按钮，返回到“木雕”对话框。

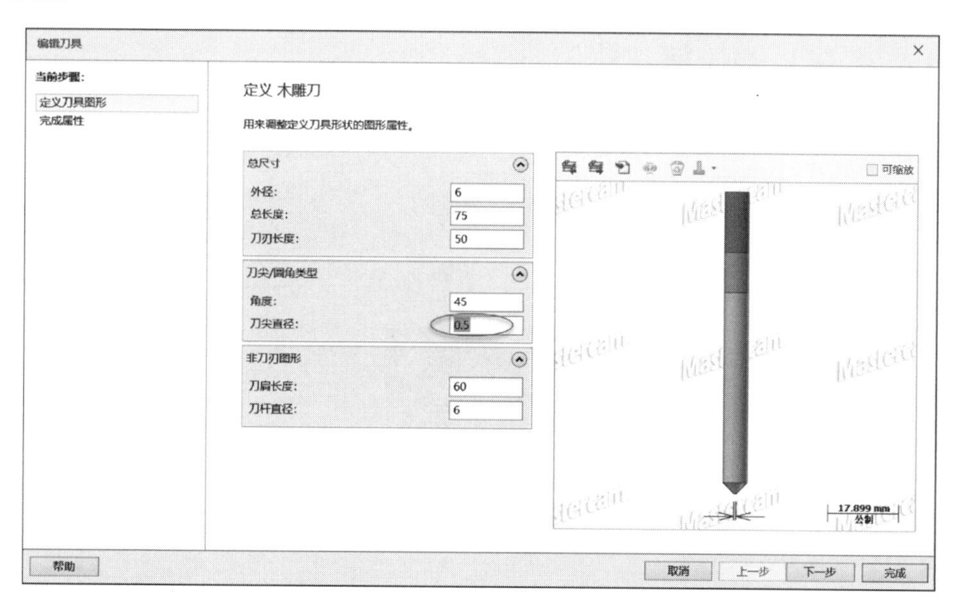

图 4-108　定义雕刻刀具的直径补正

6）切换到“木雕参数”选项卡，设置图 4-109 所示的雕刻加工参数。

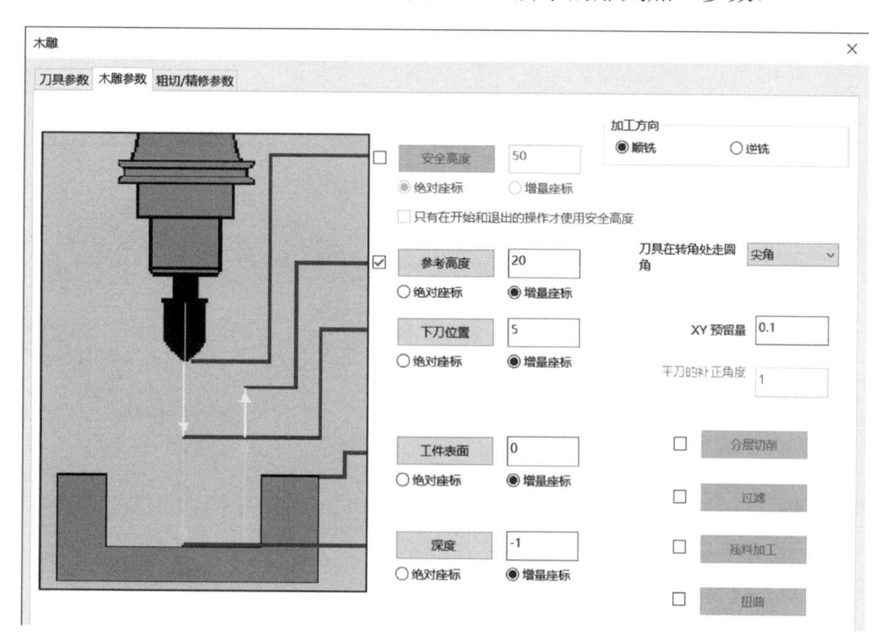

图 4-109　设置雕刻加工参数

7）切换到“粗切/精修参数”选项卡，设置图 4-110 所示的粗切/精加工参数。

8）在“木雕”对话框中单击“确定”按钮 ✓ ，结束雕刻参数设置。系统开始进行雕刻刀具路径计算，结果如图 4-111 所示（等角视图显示）。

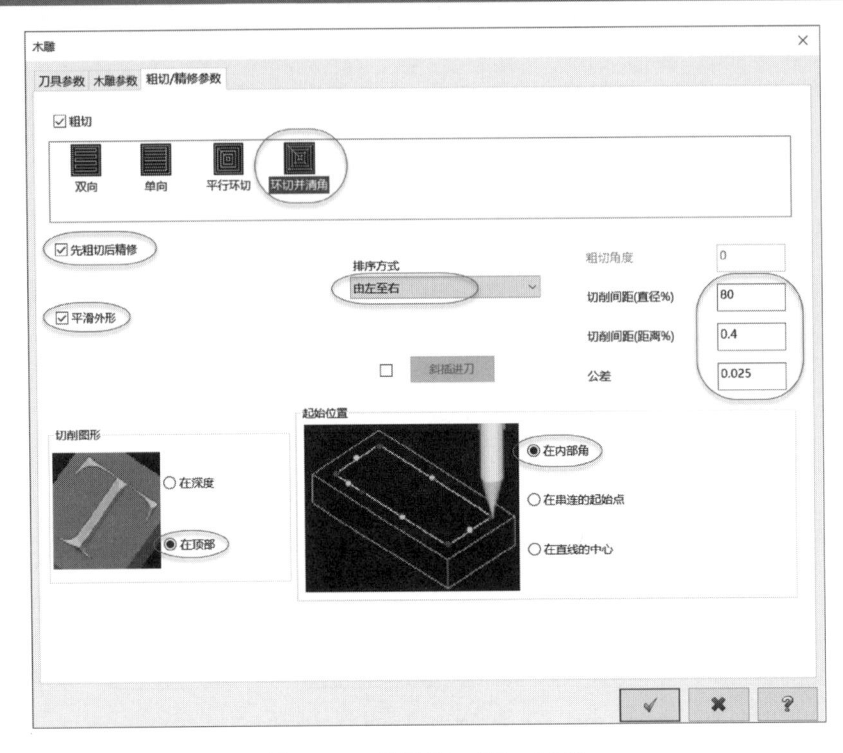

图 4-110　设置粗切/精加工参数

9）确保设置好需要的工件毛坯。在刀路管理器中单击“验证已选择的操作”按钮，利用“Mastercam 模拟”窗口进行实体验证，验证结果如图 4-112 所示。然后关闭“Mastercam 模拟”窗口，结束实体加工验证。

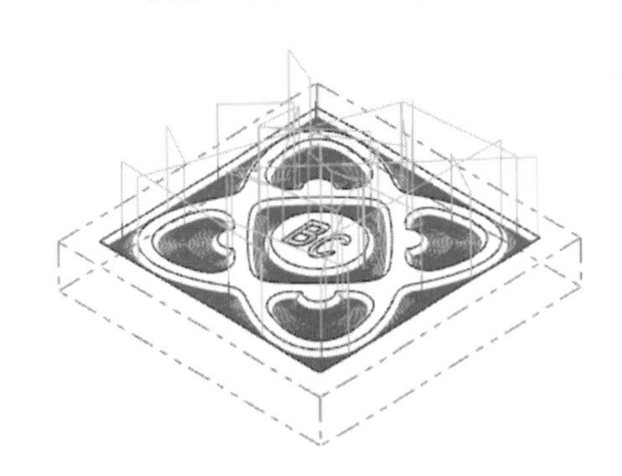

图 4-111　生成雕刻刀具路径

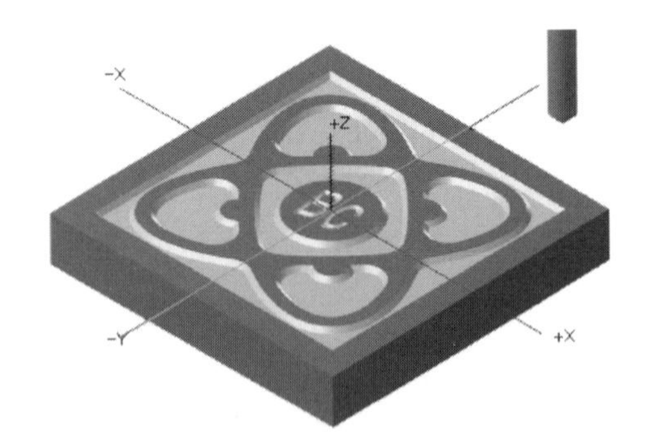

图 4-112　实体验证的雕刻结果

4.6.2 零件 2D 铣削综合应用范例

本小节介绍一个 2D 综合铣削加工范例，要求将毛坯顶面去除 2，外形加工的深度为 15，中心槽和环形槽深度为 10，开放槽的深度为 5，5 个Φ10 的孔为通孔。本范例要求的毛坯工件尺寸为 150×175×17。根据加工图形的特点、尺寸和加工要求，分别进行面铣、外形铣削、开放槽铣削、中心槽和环形槽铣削、钻孔加工。

扫码观看视频

本范例的铣削加工示意如图 4-113 所示。

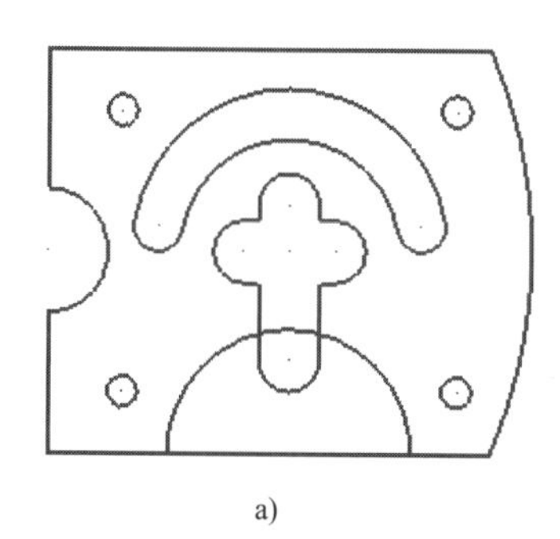

a)

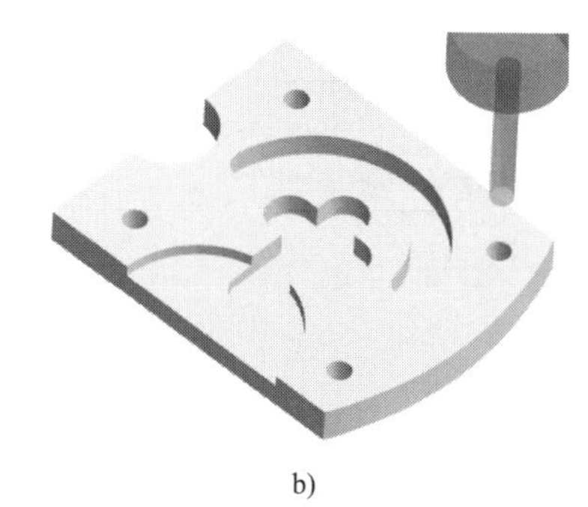

b)

图 4-113　零件 2D 铣削综合应用范例

a) 2D 加工综合图形　b) 加工模拟完成效果图

该零件 2D 铣削综合应用范例的具体操作步骤如下。

1．绘制好所需的二维图形

重新启动 Mastercam 2019 软件，在一个新建的 mcam 文件中，使用相关的绘图和编辑工具，完成图 4-114 所示的二维图形。读者也可以打开随书配套的“2D 铣削加工综合范例.MCX”文件，该文件中已经绘制好所需的二维图形。

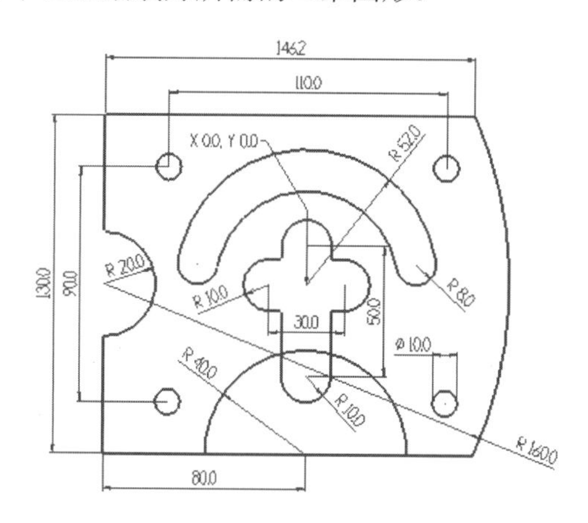

图 4-114　绘制二维图形

2．选择机器加工系统

在功能区“机床”选项卡的“机床类型”面板中选择“铣床”|“默认”命令。

3．设置工件毛坯

1）在操作管理器的“刀路管理器”选项卡中，双击图 4-115 所示的“属性-Mill Default MM”标识。

2）单击图 4-116 所示的“属性-Mill Default MM”标识下的“素材设置”标识，系统弹出“机床分组属性”对话框。

3）在“素材设置”选项卡中，设置图 4-117 所示的选项及参数。

4）单击“确定”按钮，完成设置的工件毛坯如图 4-118 所示（图中以等角视图来显示）。

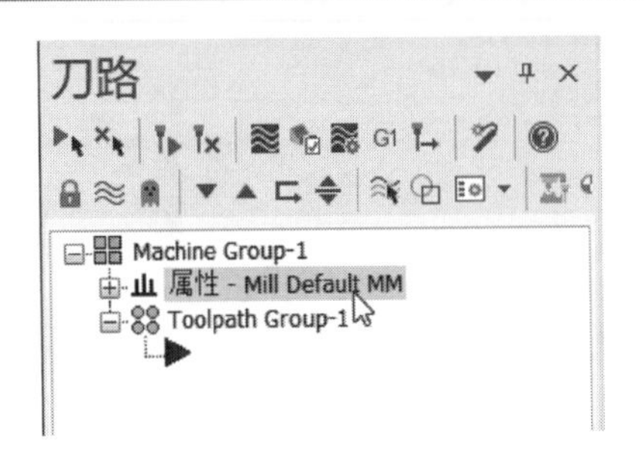

图 4-115　操作管理器

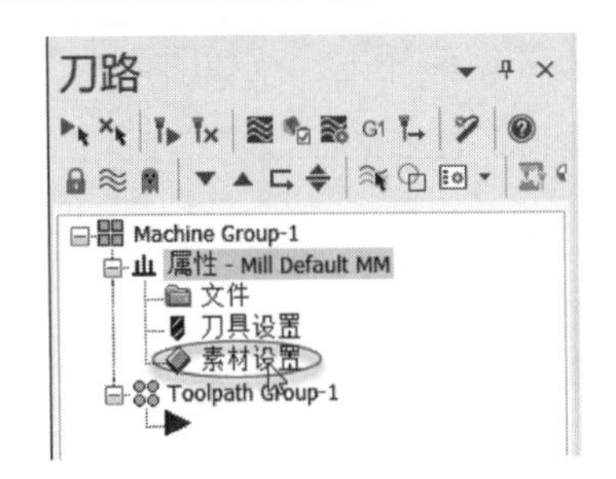

图 4-116　单击“素材设置”

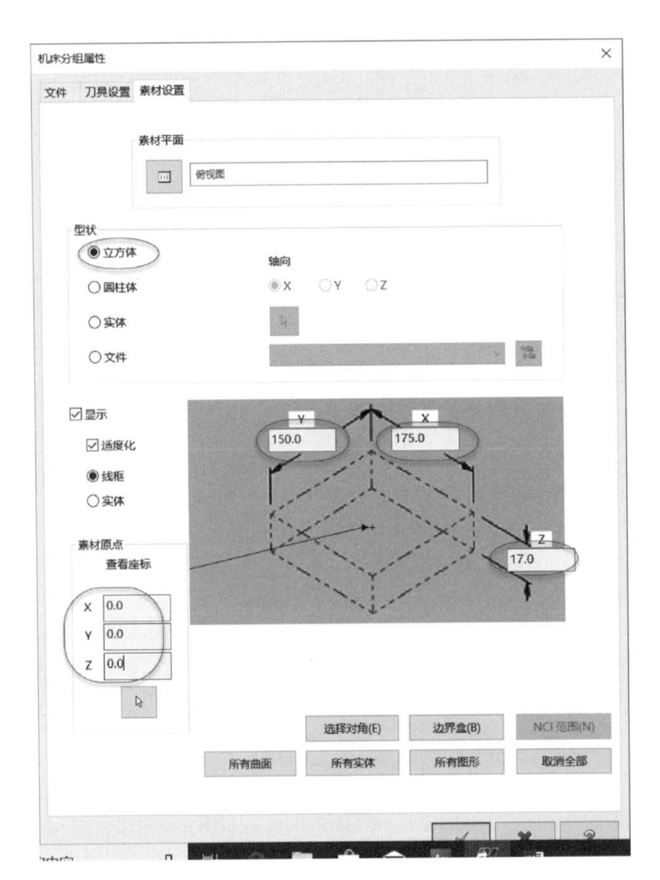

图 4-117　利用“机床分组属性”对话框进行材料设置

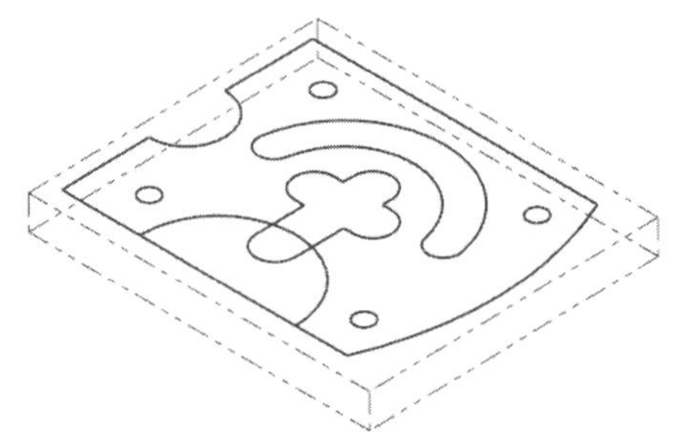

图 4-118　工件毛坯

4．面铣加工

1）在功能区“刀路”选项卡的“2D”面板中单击“平面铣”按钮，系统弹出“串连选项”对话框。

2）由于已经设置好了工件毛坯，因此可以不选择加工轮廓。直接在“串连选项”对话框中单击“确定”按钮。

3）系统弹出“2D 刀路-平面铣削”对话框。在“刀具”类别选项页中进行图 4-119 所示的刀具参数设置。可以从指定刀库中自行选择合适的平底刀。

4）切换至“共同参数”类别选项页，勾选“参考高度”复选框，选择相应的“增量坐标”单选按钮，设置参考高度为 25，接着以增量坐标的形式设置下刀位置为 8，以绝对坐标的形式设置工件表面为 0，以绝对坐标的形式设置深度为-2，单击“应用”按钮。

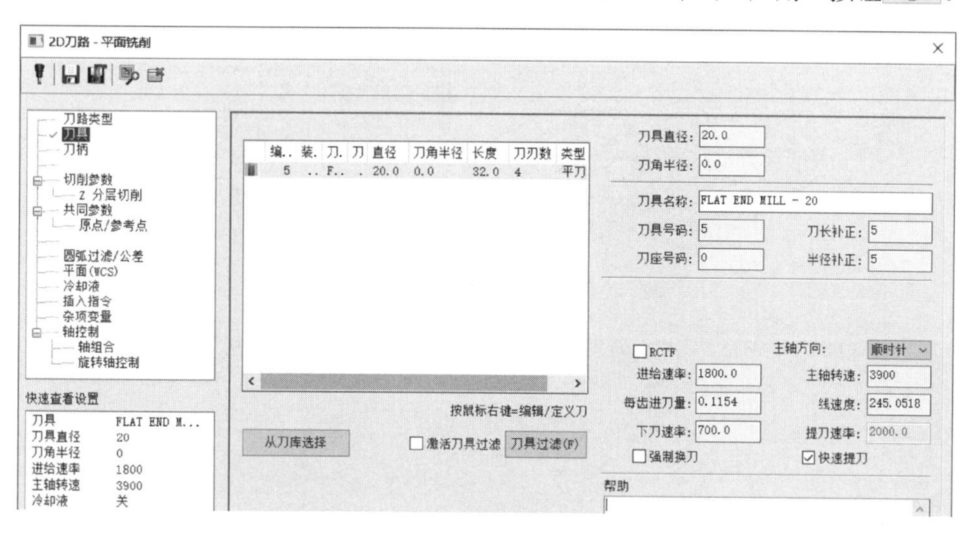

图 4-119 设置平面加工的刀具参数

5）切换至“切削参数”类别选项页，设置图 4-120 所示的切削参数，然后单击“应用”按钮。

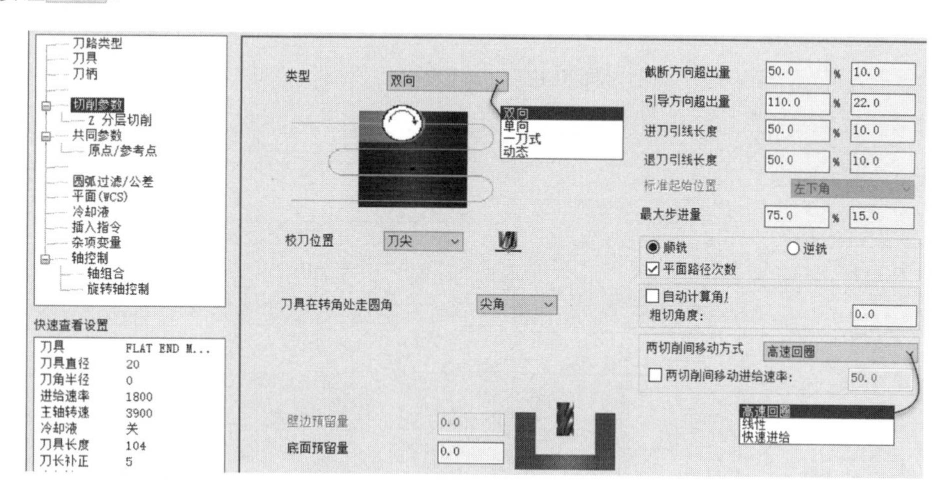

图 4-120 设置平面铣削的切削参数

6）单击“确定”按钮，创建的面铣加工刀具路径如图 4-121 所示。

7）在图 4-122 所示的刀路管理器中单击“刀路显示切换”按钮≋，从而将被选中的平面加工操作刀具路径隐藏起来。

5. 外形铣削加工

1）在功能区“刀路”选项卡的“2D”面板中单击“外形”按钮。

2）系统弹出“串连选项”对话框，以串连的方式选择图 4-123 所示的外形图形，然后单击“串连选项”对话框中的“确定”按钮。

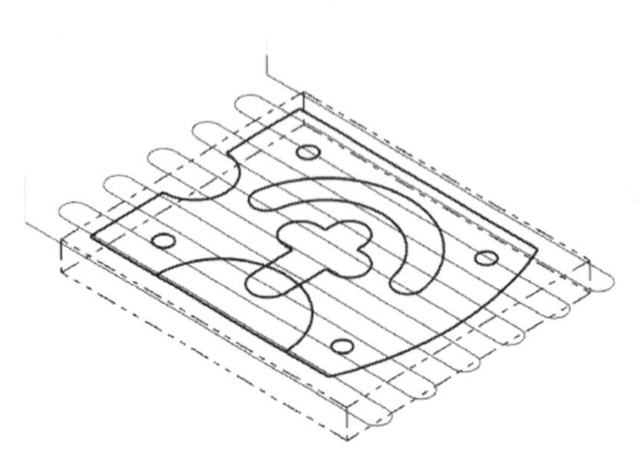

图 4-121 生成的面铣加工刀具路径

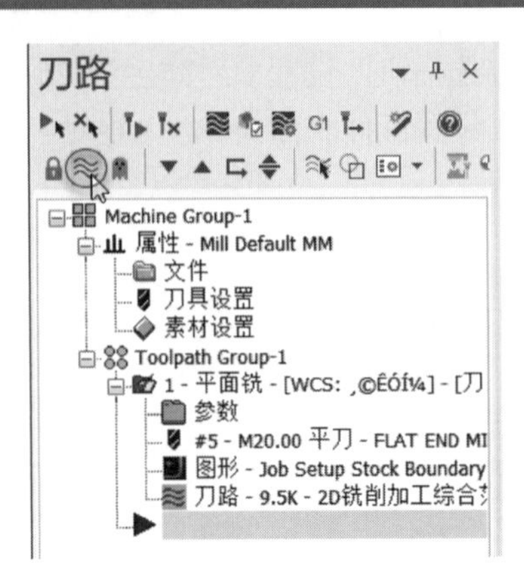

图 4-122 刀路管理器

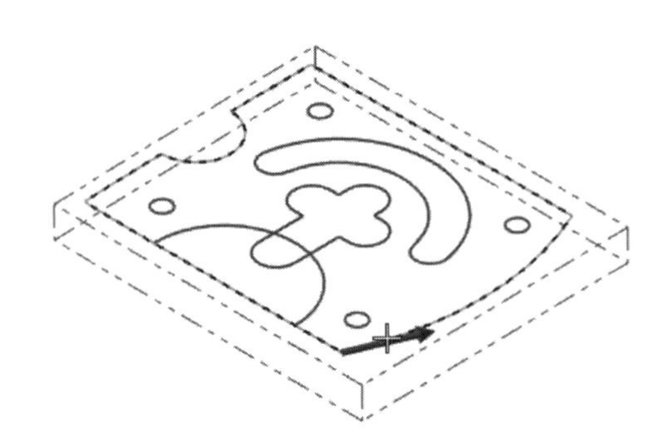

图 4-123 串连选取图形

3）系统弹出“2D 刀路-外形铣削”对话框，在“刀具”类别选项页中进行图 4-124 所示的刀具参数设置。

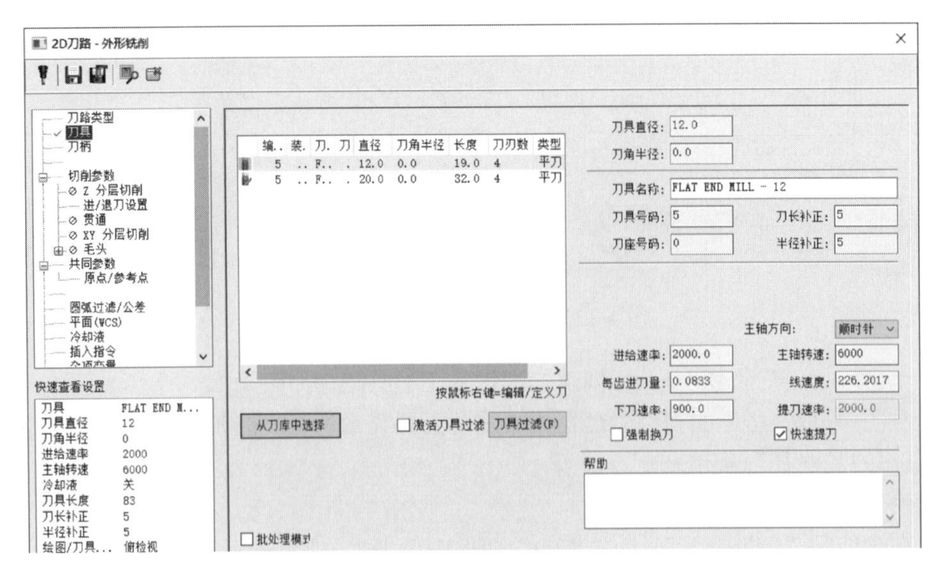

图 4-124 利用“2D 刀路-外形铣削”对话框设置刀具参数

4）切换至“共同参数”类别选项页，勾选“参考高度”复选框，设置参考高度为 25

（对应地选择“增量坐标”单选按钮），下刀位置为 10（相应地选择“增量坐标”单选按钮），工件表面为 0（相应地选择“绝对坐标”单选按钮），深度为-17（相应地选择“绝对坐标”单选按钮），单击“应用”按钮 。

5）切换至“切削参数”类别选项页，从中设置图 4-125 所示的切削参数。

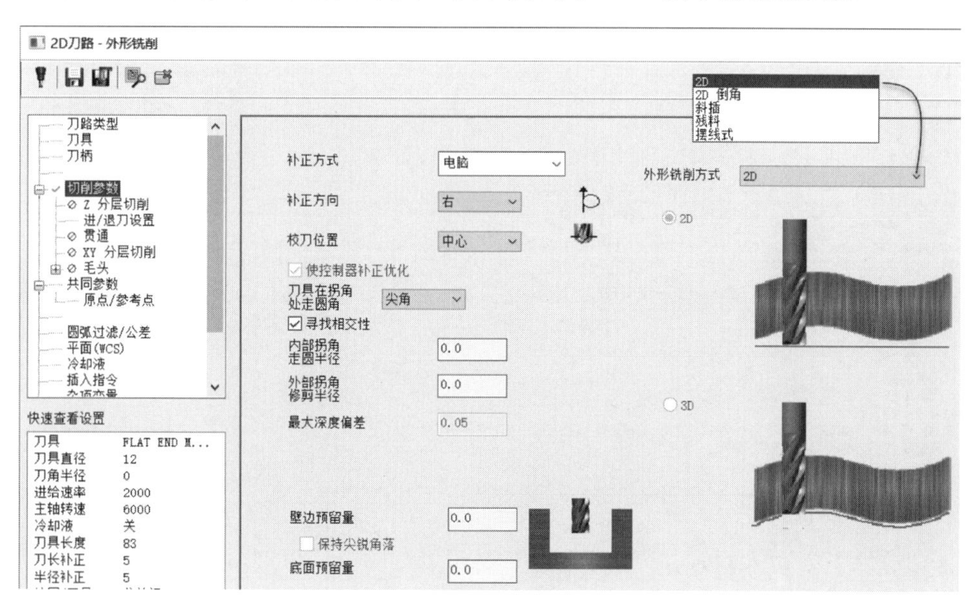

图 4-125　设置切削参数

6）选择“Z 分层切削”类别选项页，接着勾选“深度分层切削”复选框，设置图 4-126 所示的参数。

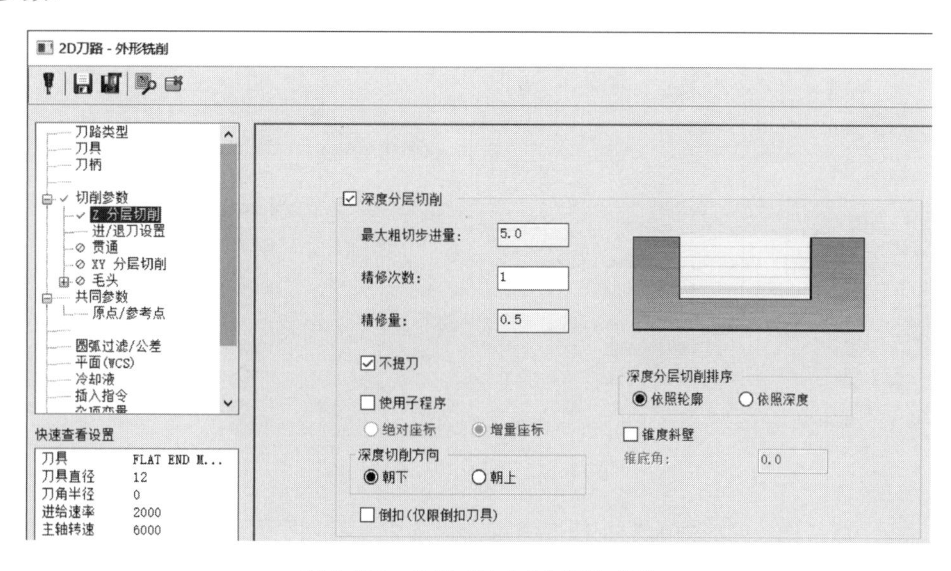

图 4-126　设置“Z 分层切削”参数

7）切换至“XY 分层切削”类别选项页，接着勾选“XY 分层切削”复选框，并设置图 4-127 所示的参数，然后单击“应用”按钮 。

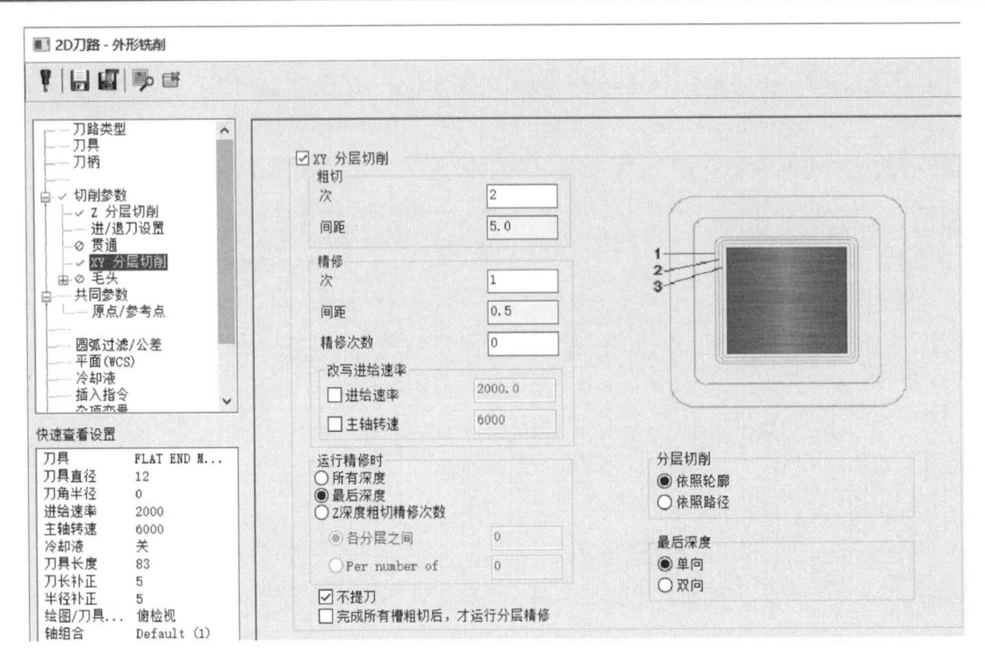

图 4-127 设置“XY 分层切削”参数

8）切换至“进/退刀设置”类别选项页，从中进行图 4-128 所示的参数设置，然后单击“应用”按钮 。

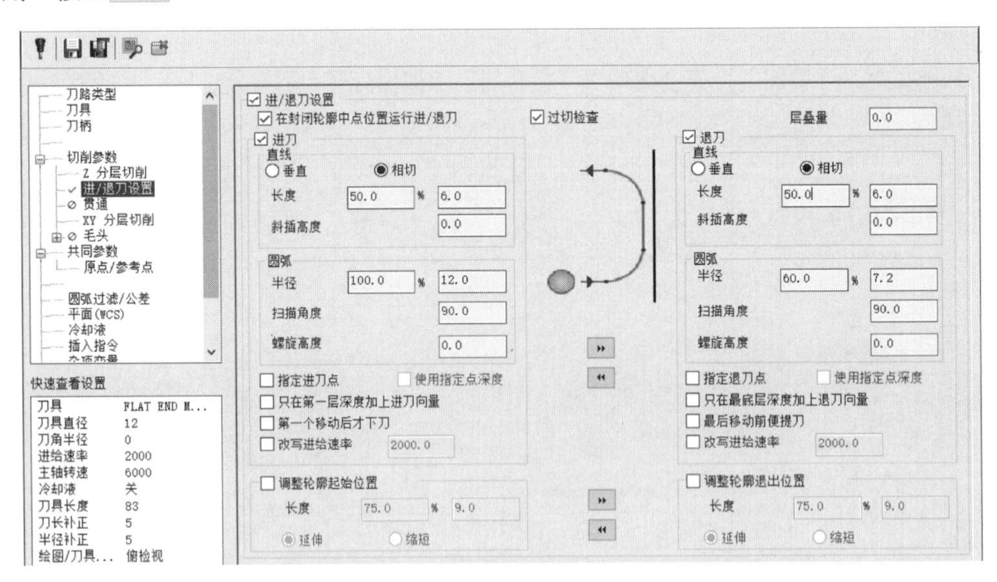

图 4-128 “进/退刀设置”

9）在“2D 刀路-外形铣削”对话框中单击“确定”按钮，生成的外形铣削刀具路如图 4-129 所示。

10）确保外形铣削操作处于被选中的状态，在刀路管理器中单击“刀路显示切换”按钮≋，将该操作的刀具路径隐藏起来。

6．执行开放式挖槽加工

1）在功能区“刀路”选项卡的“2D”面板中单击“挖槽”按钮。

2）系统弹出“串连选项”对话框，单击“单体”按钮，单击图 4-130 所示的圆弧，然后单击“确定”按钮。

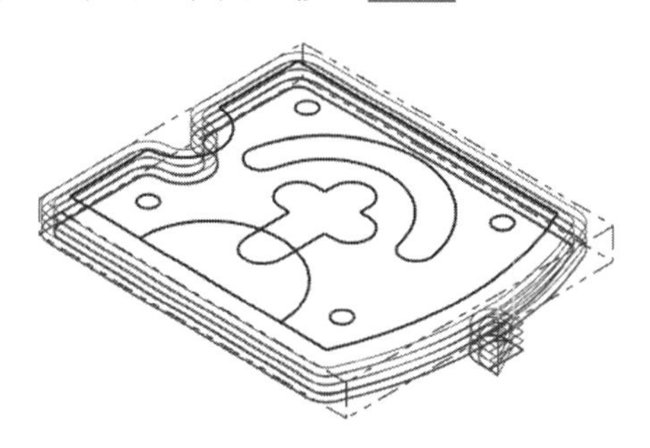

图 4-129 生成的外形铣削刀具路径

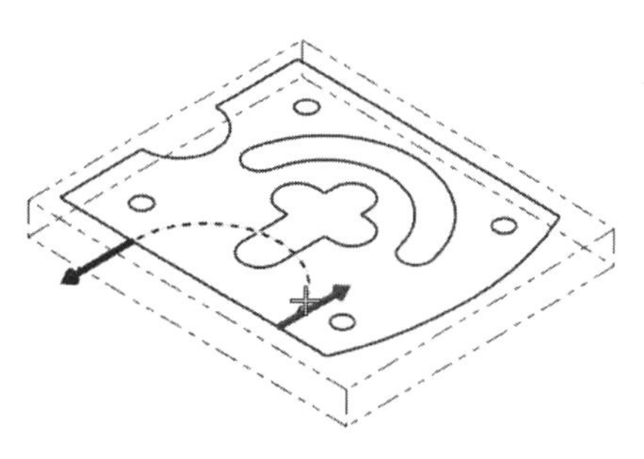

图 4-130 选择轮廓线

3）系统弹出“2D 刀路-2D 挖槽”对话框，在“刀具”类别选项页中设置图 4-131 所示的刀具参数，然后单击“应用”按钮。

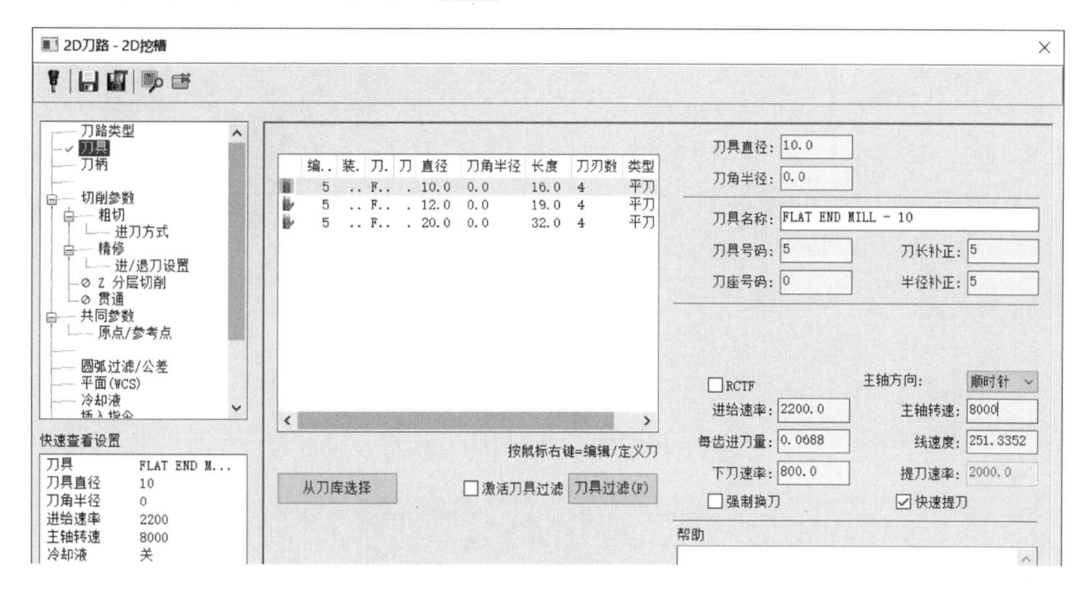

图 4-131 设置挖槽的刀具参数

4）切换至“共同参数”类别选项页，进行图 4-132 所示的共同参数设置，然后单击“应用”按钮。

5）切换至“切削参数”类别选项页，进行图 4-133 所示的切削参数设置，然后单击“应用”按钮。

6）切换至“粗切”类别选项页，勾选“粗切”复选框，选择“螺旋切削”切削方式，并设置相应的粗切参数，如图 4-134 所示。

7）切换至“Z 分层切削”类别选项页，接着勾选“深度分层切削”复选框，并进行图 4-135 所示的参数设置。

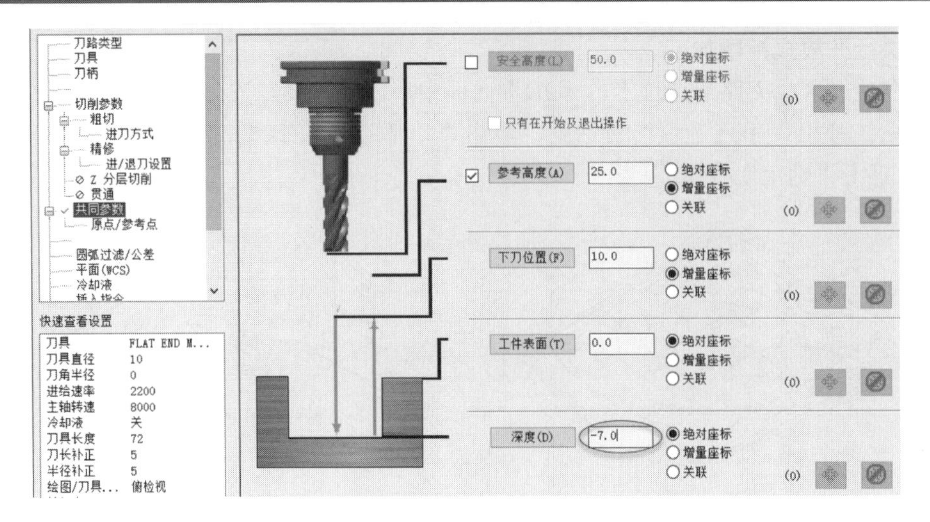

图 4-132 设置共同参数

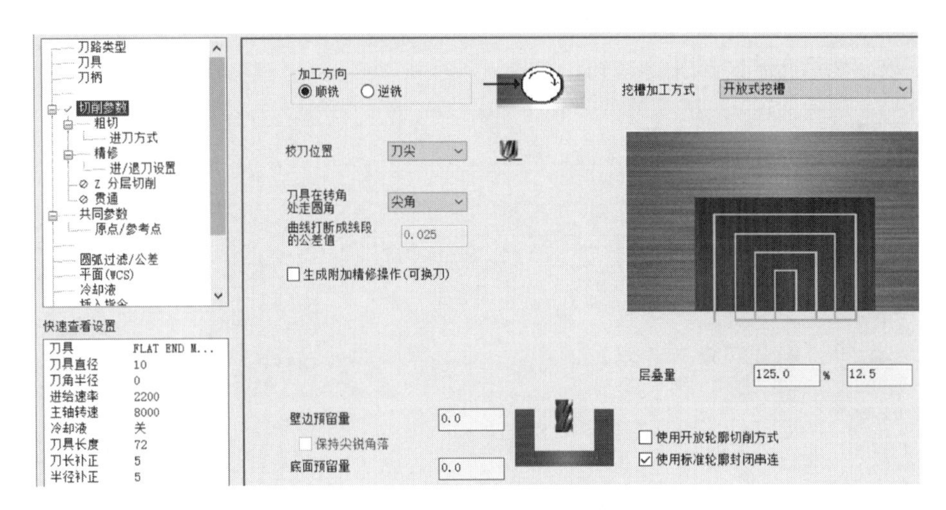

图 4-133 设置切削参数

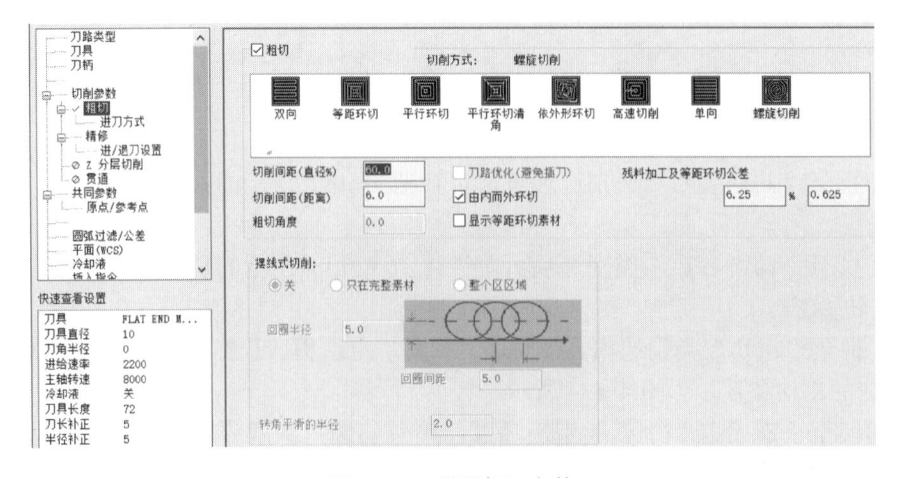

图 4-134 设置粗切参数

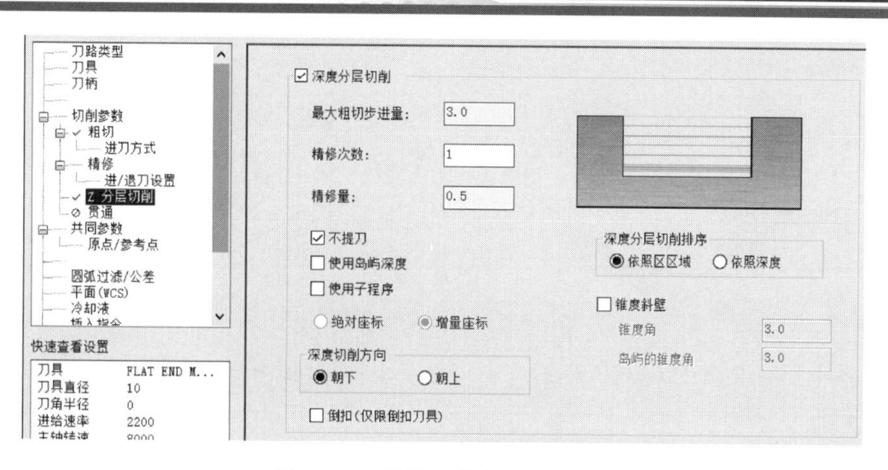

图 4-135　设置深度分层切削参数

8）切换至“精修”类别选项页，从中设置图 4-136 所示的精修参数，然后单击“应用”按钮 。

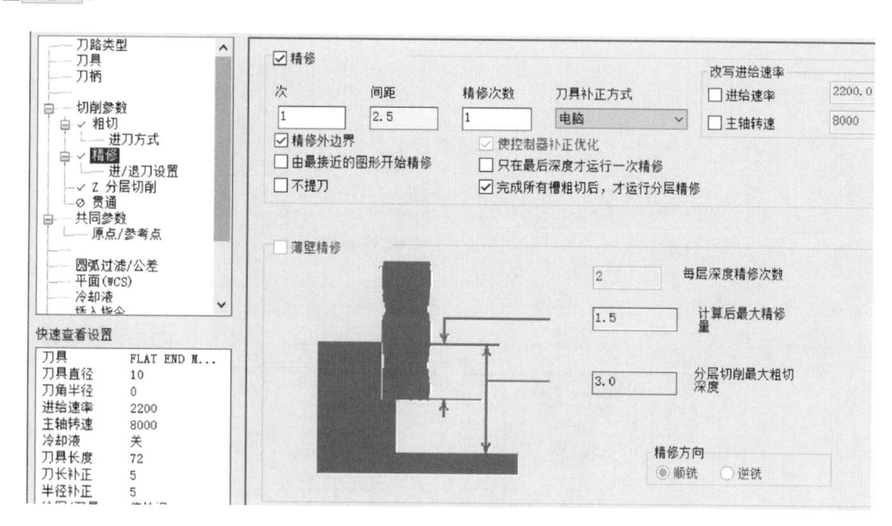

图 4-136　设置精修参数

9）单击“确定”按钮 ，创建的开放式挖槽刀具路径如图 4-137 所示。可以将该刀具路径隐藏起来。

7．标准挖槽加工

1）在功能区“刀路”选项卡的“2D”面板中单击“挖槽”按钮，系统弹出“串连选项”对话框。

2）以串连的方式选择图 4-138 所示的两条串连外形，相应的单击点分别为 P1 和 P2，单击“确定”按钮 。

3）系统弹出“2D 刀路-2D 挖槽”对话框，在“刀具”类别选项页中进行图 4-139 所示的参数设置，然后单击“应用”按钮 。

4）切换至“共同参数”类别选项页，设置图 4-140 所示的共同参数。

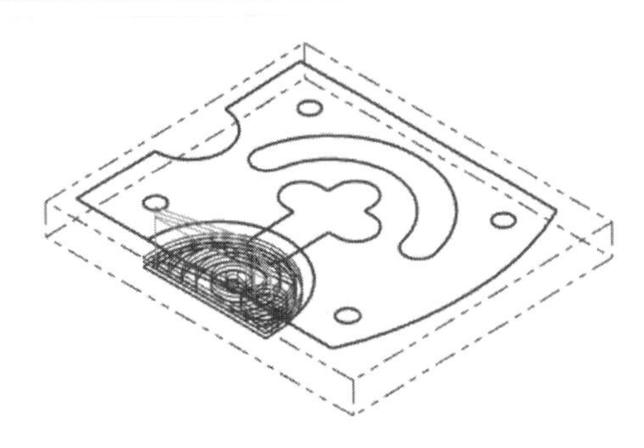

图 4-137 创建开放式挖槽刀路

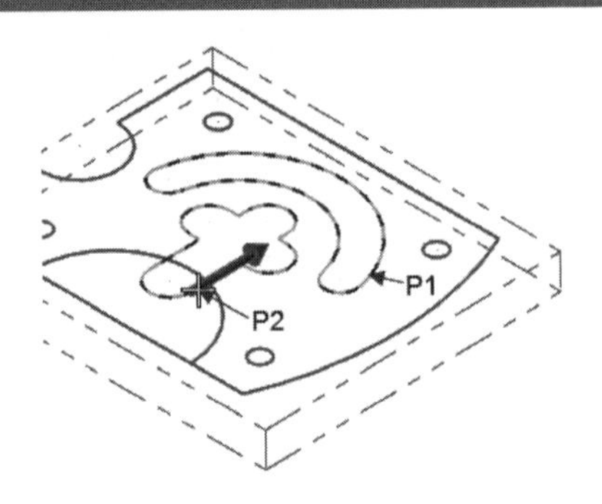

图 4-138 选择两条串连外形

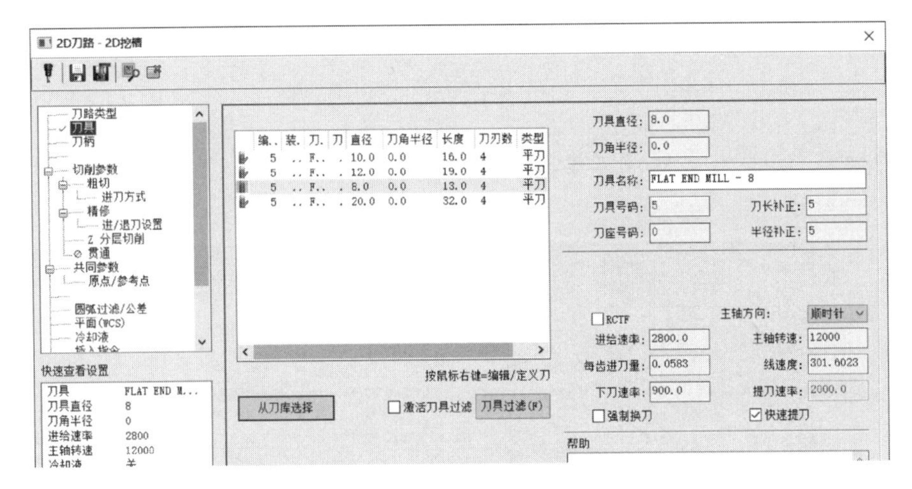

图 4-139 设置刀具参数

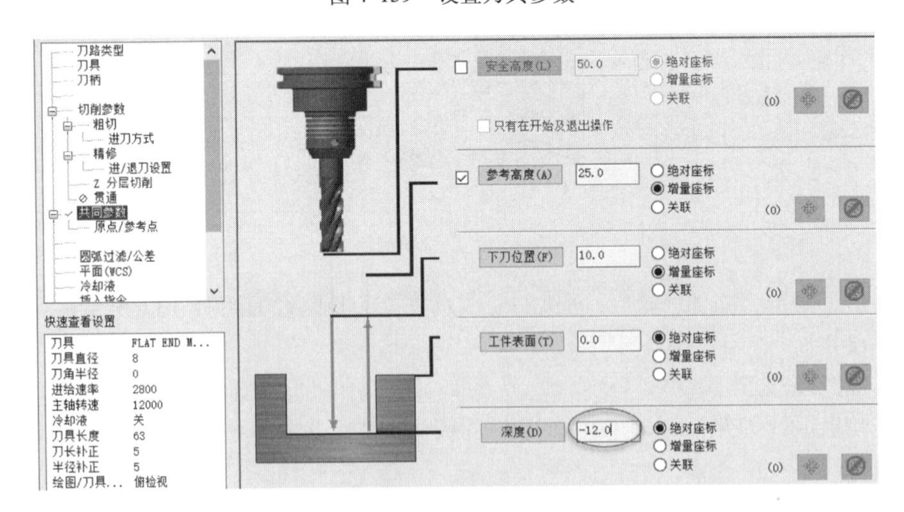

图 4-140 设置共同参数

5）切换至“切削参数”类别选项页，设置图 4-141 所示的切削参数，注意将挖槽加工方式设置为“标准”。

6）由于挖槽深度较深，不宜一次切削完成，需要对其 Z 轴进行分层加工。切换至“Z 分层切削”类别选项页，从中设置图 4-142 所示的参数和选项，然后单击“应用”按钮 。

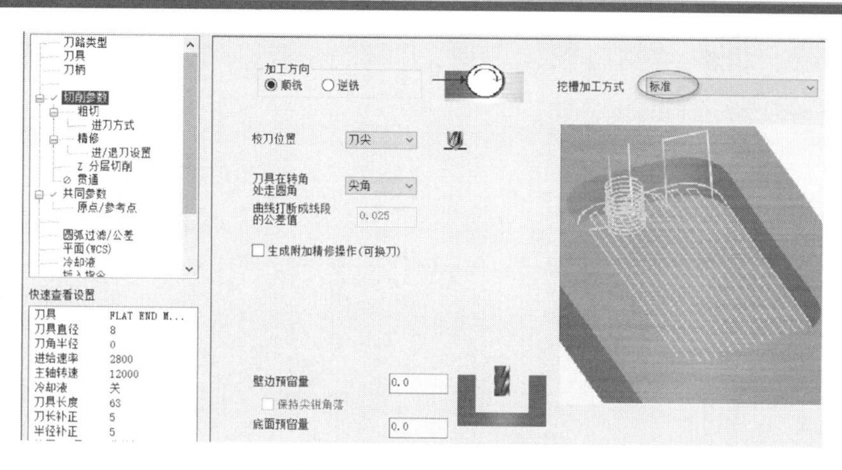

图 4-141 设置切削参数

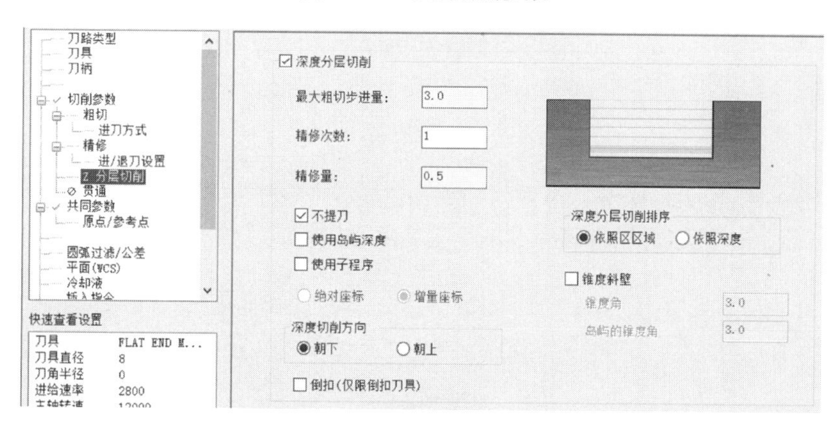

图 4-142 设置深度分层切削参数

7）切换至“粗切”类别选项页，进行图 4-143 所示的粗切参数设置。另外，用户可以通过“进刀方式”子类别自行设置螺旋式下刀，以避免刀尖与工件毛坯表面发生短暂的猛然垂直撞击。

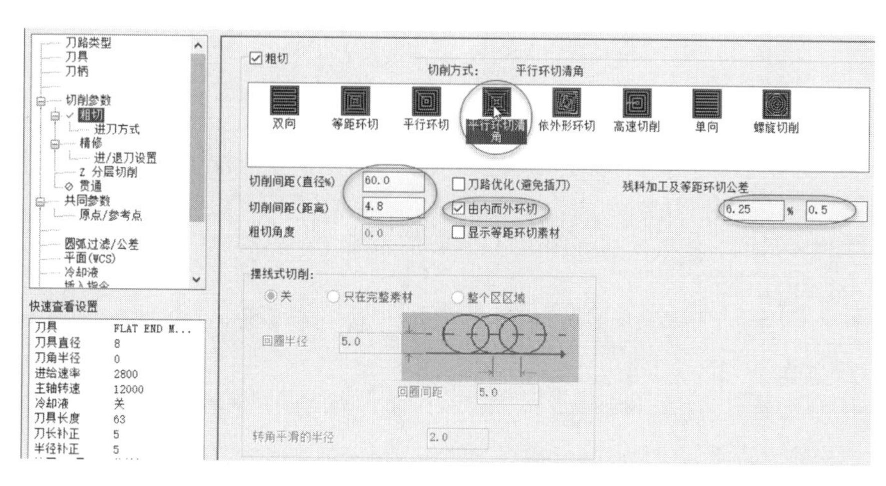

图 4-143 设置粗切参数

8）切换至“精修”类别选项页，从中进行图 4-144 所示的精修参数设置，然后单击“应用”按钮 。

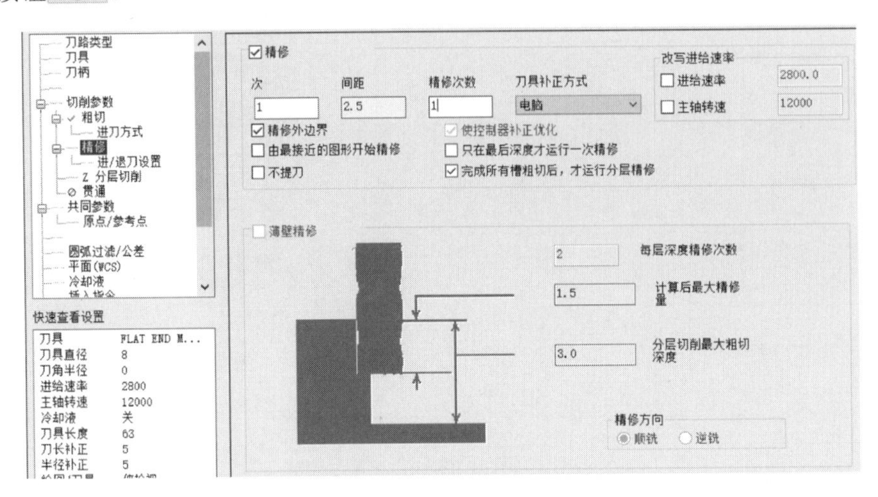

图 4-144　设置精修参数

9）在“2D 刀路-2D 挖槽”对话框中单击“确定”按钮 。创建的标准挖槽刀具路径如图 4-145 所示。接着可以将该标准挖槽刀具路径隐藏。

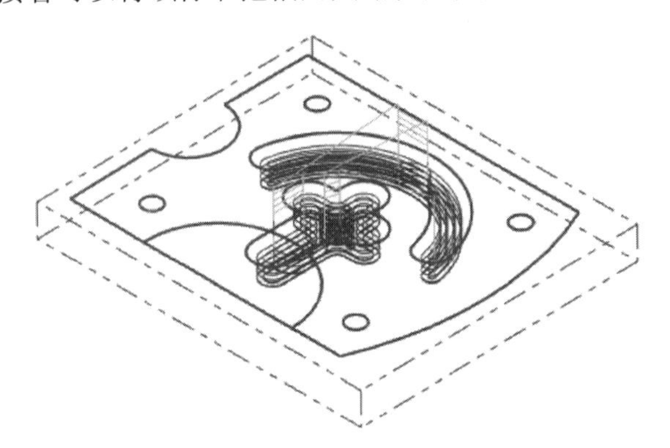

图 4-145　创建的标准挖槽刀具路径

8．钻孔铣削

1）在功能区“刀路”选项卡的“2D”面板中单击“钻孔”按钮，系统打开“定义刀路孔”对话框，如图 14-146 所示。

2）以选择图形的方式依次选择图 4-147 所示的圆 1、2、3 和 4，然后单击该对话框中的“确定”按钮。

3）系统弹出“2D 刀路-钻孔/全圆铣削 深孔钻-无啄孔”对话框。在“刀具”类别选项页中设置图 4-148 所示的刀具参数。

4）切换至“切削参数”类别选项页，接受默认的循环方式为“钻头/沉孔钻”；切换至“共同参数”类别选项页，设置图 4-149 所示的共同参数。

图 4-146 “定义刀路孔”对话框

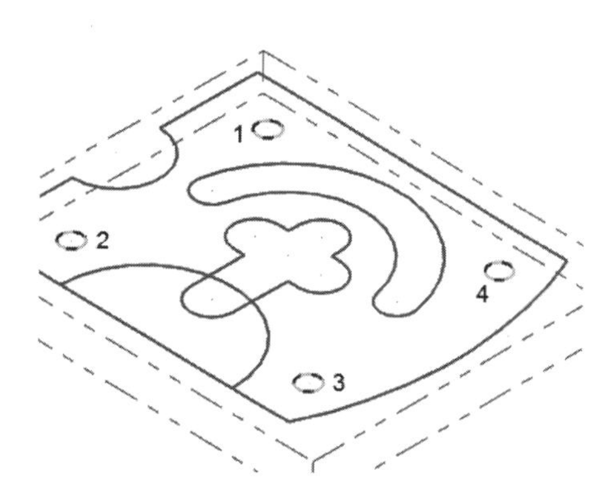

图 4-147 选择图形来定义钻孔点

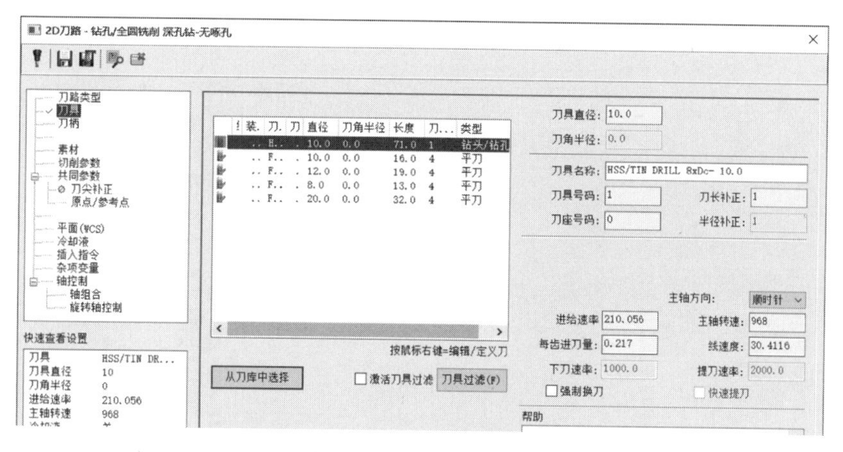

图 4-148 设置钻孔的刀具参数

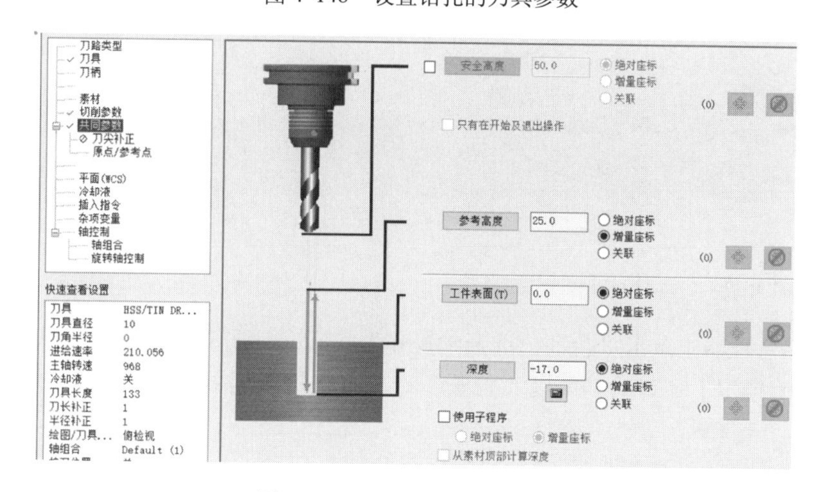

图 4-149 设置钻孔的共同参数

5）切换至“刀尖补正”类别选项页，接着勾选“刀尖补正”复选框，并设置相应的钻头尖部补正参数，如图4-150所示。

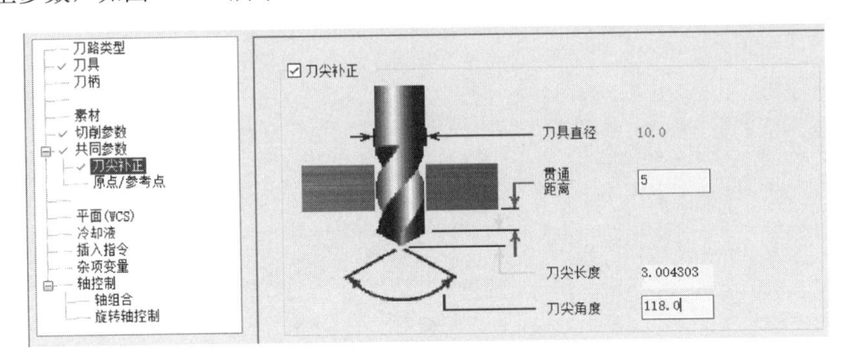

图4-150 设置刀尖补正参数

6）单击“确定”按钮，生成图4-151所示的钻孔铣削刀具路径。

9. 刀路管理

1）此时，刀路管理器如图4-152所示。接着在刀路管理器的工具栏中单击“选择全部操作”按钮，从而选中所有的加工操作。

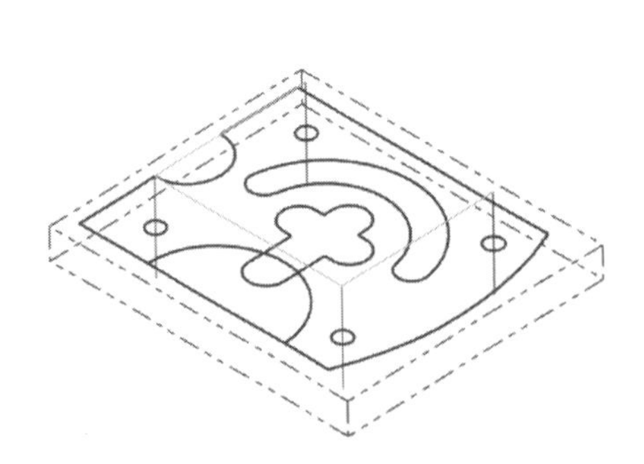

图4-151 生成钻孔铣削刀具路径

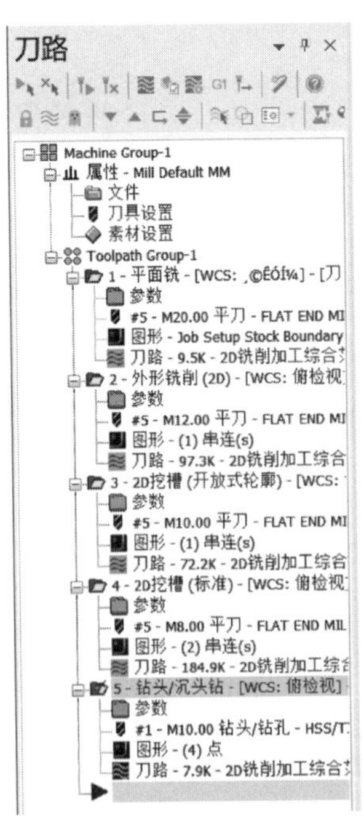

图4-152 刀路管理器

2）在刀路管理器中单击“验证已选择的操作”按钮，打开“Mastercam模拟”窗口。在“Mastercam 模拟”窗口的功能区“首页”选项卡中设置相关的选项及参数，如图4-153所示。

3）在“Mastercam模拟”窗口中切换至“验证”选项卡，增加选中“保留碎片”按钮，如图4-154所示。

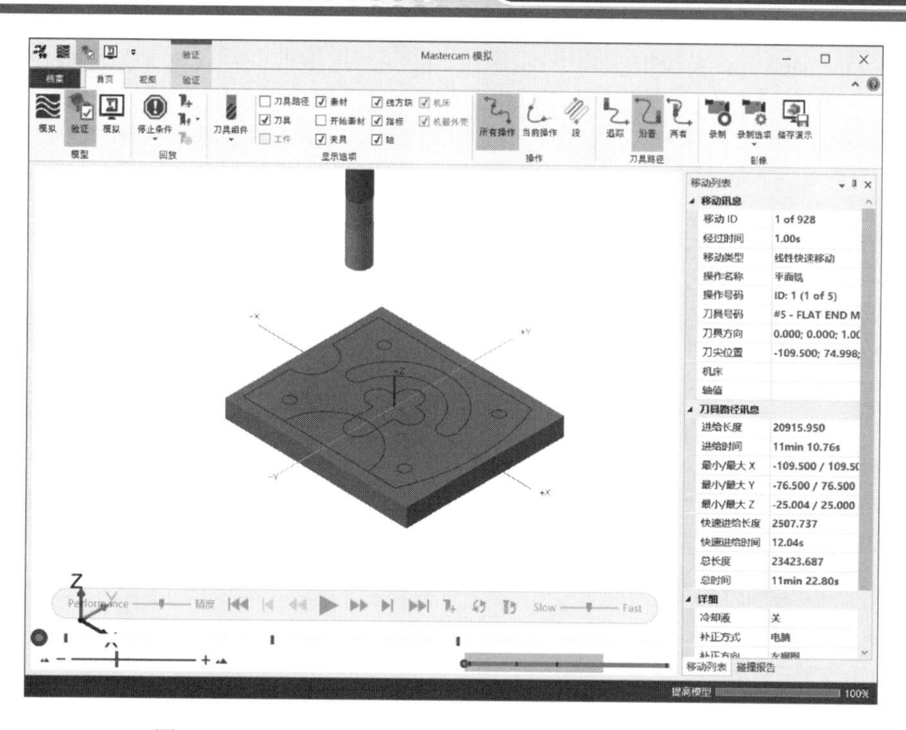

图 4-153 “Mastercam 模拟”窗口的功能区“主页”选项卡

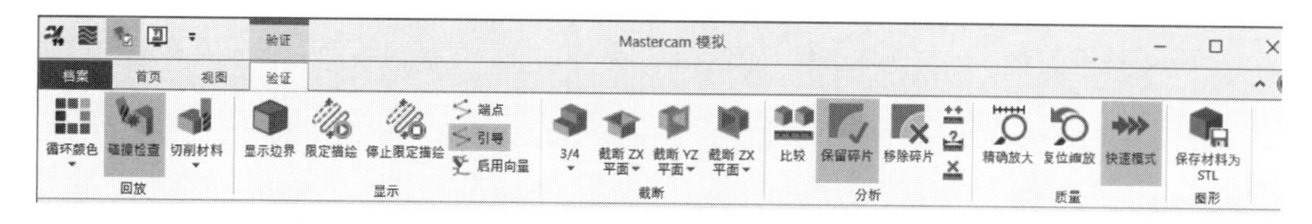

图 4-154 增加选中“保留碎片”图标

4）单击“播放”按钮▶，从而开始进行加工模拟，完成的实体加工模拟结果如图 4-155 所示。

5）此时，使用鼠标指针在绘图区单击要保留的主体零件，结果如图 4-156 所示。

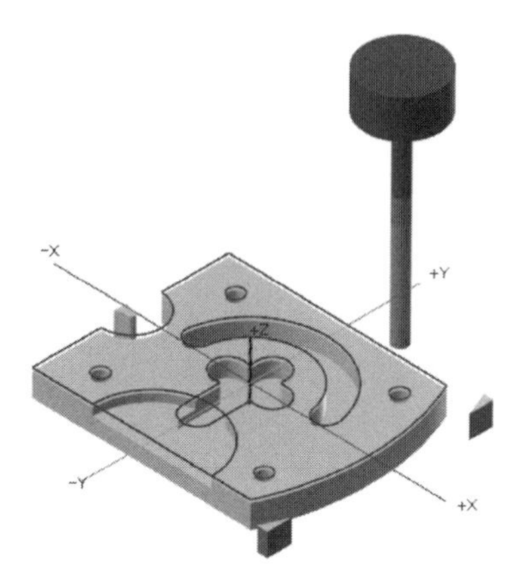

图 4-155 实体加工模拟结果

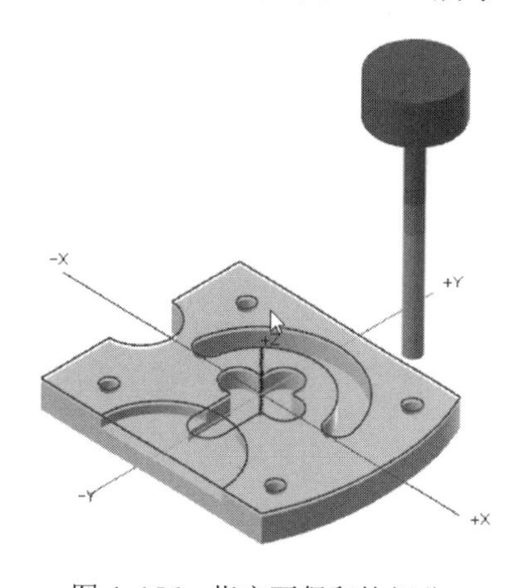

图 4-156 指定要保留的部分

6）在“Mastercam 模拟”窗口中切换至“首页”选项卡，在“显示”面板中取消勾选“线方块”（线框）复选框、“刀具”复选框和“轴”复选框，则效果如图 4-157 所示。

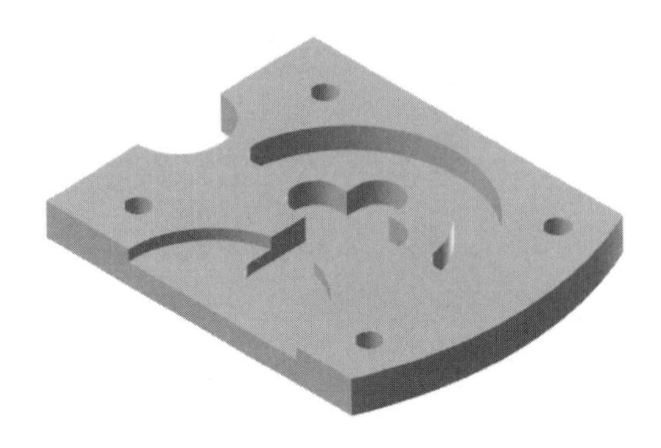

图 4-157　加工出来的零件

7）在“Mastercam 模拟”窗口中单击“关闭”按钮×。

8）执行后处理。

9）保存文件。

案例总结：本加工案例应用了多道加工工序，包括平面铣、外形铣削、2D 挖槽（开放式轮廓）、2D 挖槽（标准）和钻孔，有兴趣的读者还可以继续在 4 个钻孔位置处尝试应用螺纹铣削加工，即在功能区“刀路”选项卡的“2D”面板中单击“螺纹铣削”按钮来生成相应的螺纹铣削刀路，以实现加工螺纹的效果。另外，可以重新对各加工所用刀具进行重新编号。

第 5 章 线架加工范例解析

本章导读：

线架加工（也称线框加工）指利用产生曲面的线架来定义刀具路径，其相当于略去曲面生成的过程。利用线架加工只能生成相对单一的曲面刀具路径，但其加工省时，程序简单。线架加工的方法主要包括直纹加工、旋转加工、2D 扫描加工、3D 扫描加工和举升加工。本章介绍线架加工的几个典型范例。

5.1 直纹加工

在默认铣床系统下，利用“刀路”|“线框刀路”|“直纹加工”命令，可以根据若干个有效的 2D 截面来生成直纹曲面加工刀具路径。

5.1.1 直纹加工范例说明

本范例要求使用线架图形来生成相应的直纹加工刀具路径，如图 5-1 所示。通过该范例介绍 Mastercam 2019 中的直纹加工流程以及其参数设置方法。根据加工图形的特点，可以考虑采用Φ10 的球刀来进行加工。

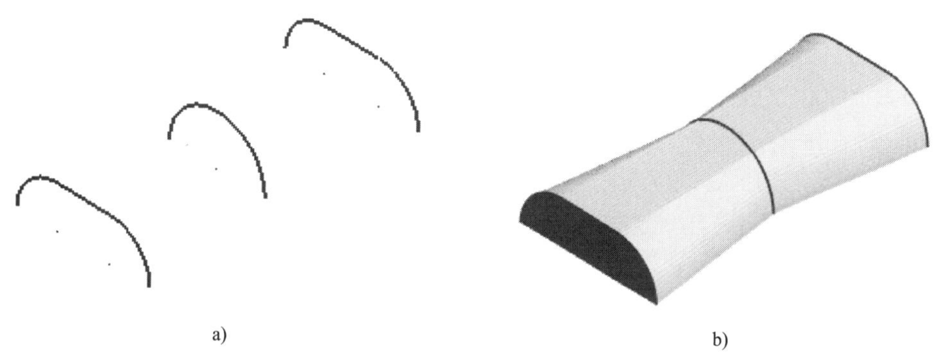

图 5-1 直纹加工范例

a) 线架图形 b) 直纹加工完成效果图

该范例所需的源文件为随书配套的“直纹加工.MCX”文件（该文件位于本书附赠网盘资源包的 CH5 文件夹中）。首先打开该“直纹加工.MCX”文件。

5.1.2 直纹加工范例过程

扫码观看视频

1）在功能区“刀路”选项卡的“2D”面板中单击“直纹”按钮，系统弹出“串连选项”对话框，如图5-2所示。

2）在“串连选项”对话框中选中“串连”按钮，使用鼠标单击的方式串连选取图5-3所示的3个线架，注意各串连图形的起始点应保持一致。然后单击“串连选项”对话框中的“确定”按钮。

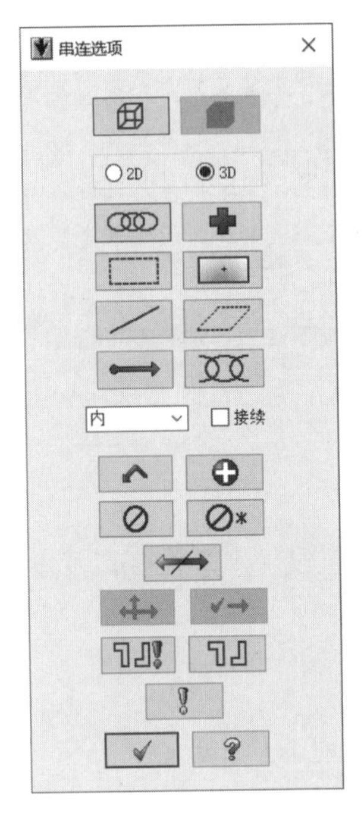

图5-2 “串连选项”对话框

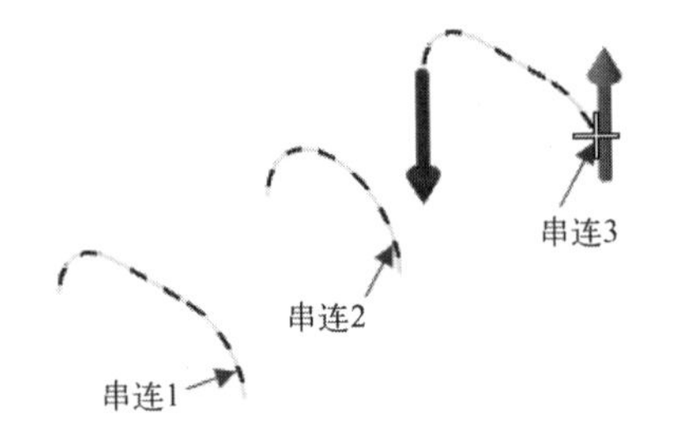

图5-3 串连选取图形

3）系统弹出“直纹”对话框。在“刀具参数”选项卡中，单击“从刀库选择”按钮，打开“选择刀具”对话框，从Mill_mm.tooldb刀具资料库列表中选择Φ10的球刀，如图5-4所示，单击“确定”按钮，结束刀具选择。

选择刀具 - D:\Users\Public\Documents\shared Mcam2019\Mill\Tools\Mill_mm.tooldb

D:\Users\Public\...\Mill_mm.tooldb

编号	装配名称	刀具名称	刀柄名称	直径	刀角半径	长度	刀刃数	类型	半径类型
5	--	END MI...	--	10.0	0.5	16.0	4	圆鼻刀	角落
2	--	SOLID ...	--	10.0	0.0	49.0	1	钻头/钻孔	无
12	--	NC SPO...	--	10.0	0.0	26.0	1	定位钻	无
10	--	THREA...	--	10.0-1.5	0.0	15.0	1	右牙刀	无
5	--	END MI...	--	10.0	2.0	16.0	4	圆鼻刀	角落
1	--	HSS/TI...	--	10.0	0.0	71.0	1	钻头/钻孔	无
7	--	CHAMF...	--	10.0-45	0.0	10.0	4	倒角刀	无
5	--	FLAT E...	--	10.0	0.0	16.0	4	平刀	无
10	--	FORMI...	--	10.0-1.5	0.0	20.0	1	右牙刀	无
5	--	END MI...	--	10.0	1.0	16.0	4	圆鼻刀	角落
6	--	BALL-N...	--	10.0	5.0	22.0	4	球刀	全部
2	--	SOLID ...	--	9.9	0.0	49.0	1	钻头/钻孔	无
10	--	THREA...	--	9.728-0.91	0.0	12.0	1	右牙刀	无
10	--	FORMI...	--	9.728-0.91	0.0	20.0	1	右牙刀	无

刀具过滤(F)
激活刀具过滤
显示模式
刀具
装配
两者

图5-4 “选择刀具”对话框

4）在“直纹”对话框的“刀具参数”选项卡中，设置图 5-5 所示的刀具参数。

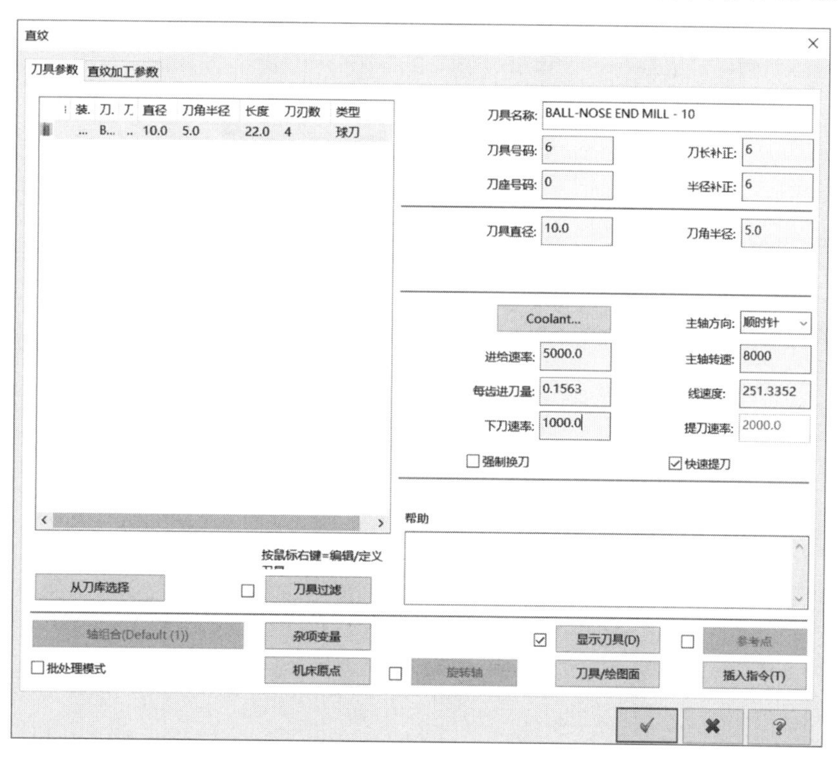

图 5-5　设置直纹加工的刀具参数

5）切换至“直纹加工参数”选项卡，按照图 5-6 所示的参数进行设置。

图 5-6　设置直纹加工参数

6）单击“直纹”对话框中的“确定”按钮，系统产生的直纹加工刀具路径如

图 5-7 所示。

7）在刀路管理器中单击“属性”标识下的“素材设置”，如图 5-8 所示，系统弹出“机床分组属性”对话框，并显示其“素材设置”选项卡。

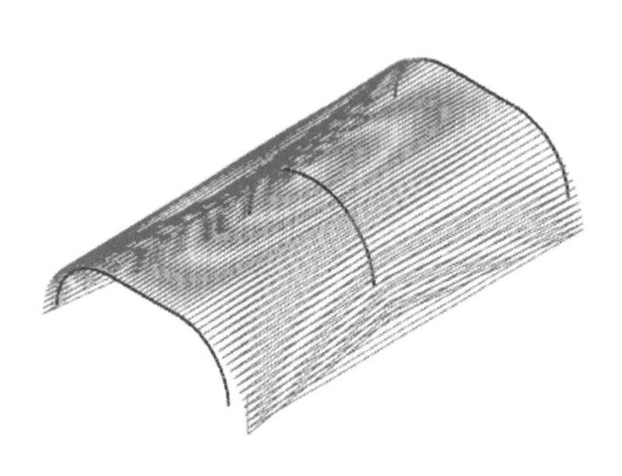

图 5-7 直纹加工刀具路径

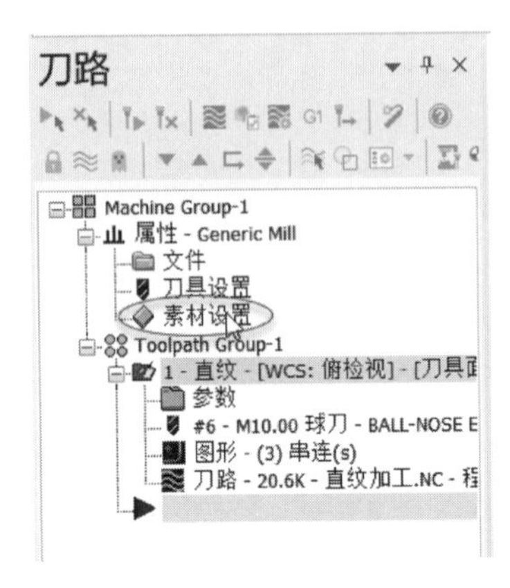

图 5-8 单击“毛坯设置”

8）在“素材设置”选项卡中单击“边界盒”按钮，使用鼠标指定两个角点选择全部图形，按〈Enter〉键确认，系统激活打开的“边界盒”对话框，从中设置图 5-9 所示的参数和选项，单击“确定”按钮，返回到“机床分组属性”对话框的“素材设置”选项卡，修改参数如图 5-10 所示。

图 5-9 设置边界盒选项

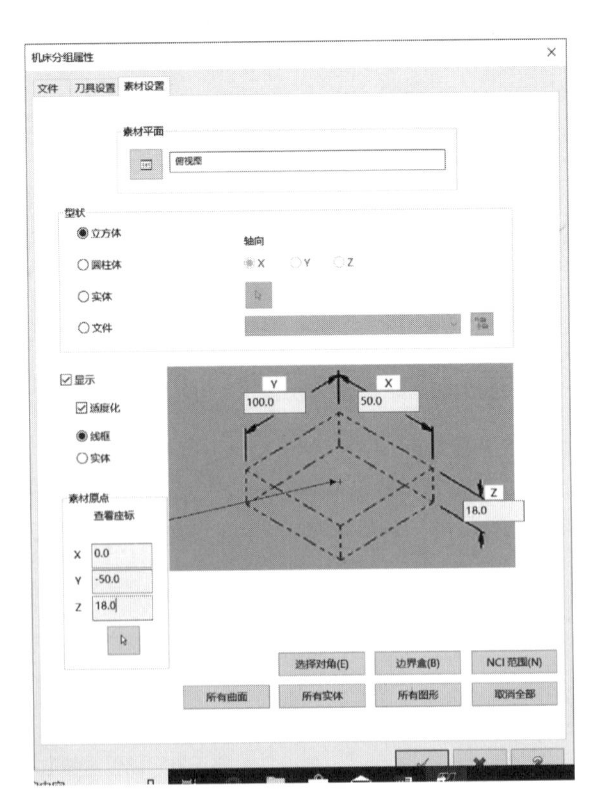

图 5-10 素材材料设置

9）在“机床分组属性”对话框中单击“确定”按钮，结束材料设置，生成的工件坯件如图 5-11 所示。

10）在刀路管理器中单击“验证已选择的操作”按钮，打开“Mastercam 模拟”窗口，利用该窗口提供的相关模拟功能，最后得到的加工模拟效果如图 5-12 所示。

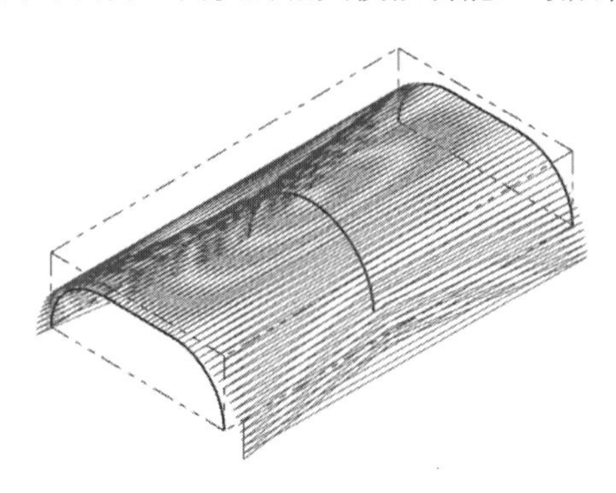

图 5-11 设置工件坯件

图 5-12 加工模拟的实体效果图

5.2 旋转加工

使用功能区“刀路”选项卡“2D”面板中的“旋转”按钮，可以对有效的 2D 截面绕着指定的轴来产生旋转加工刀具路径。旋转加工和旋转曲面类似，不同的是旋转加工最终生成的是刀具路径而不是曲面。

5.2.1 旋转加工范例说明

本范例需要的线架图形由随书配套的“旋转加工.MCX”文件（该文件位于本书附赠网盘资源包的 CH5 文件夹中）提供。打开该“旋转加工.MCX”文件，如图 5-13a 所示，加工由指定线架绕旋转轴旋转构成的表面，加工模拟结果如图 5-13b 所示。

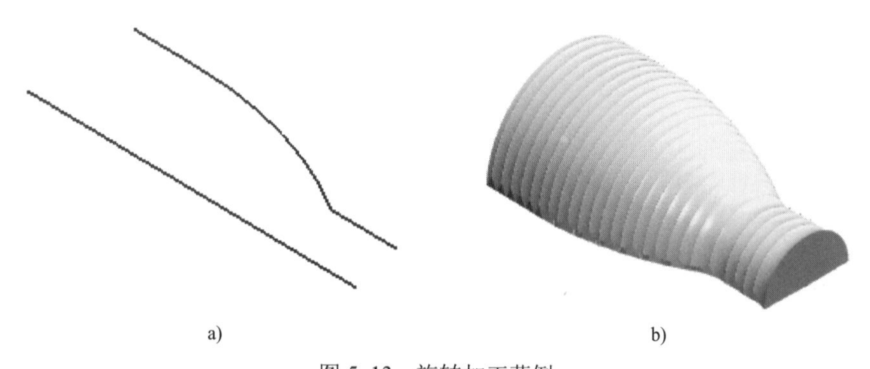

a) b)

图 5-13 旋转加工范例

a) 旋转加工的线架图形 b) 旋转加工完成效果图

本范例的 2D 截面在顶部构图面（Z=0）中绘制。另外，根据图形特点和大小，可以考虑采用Φ8 的球刀进行旋转加工。

5.2.2 旋转加工范例过程

扫码观看视频

本旋转加工范例的具体操作过程如下。

1．选择机床加工系统

重新启动 Mastercam 2019 软件并打开配套的范例练习文件后，在功能区“机床”选项卡的“机床类型”面板中选择“铣床”|“默认”命令，进入默认的铣削加工模式。

2．设置工件素材（毛坯）

1）在刀路管理器中展开“属性”标识，接着单击“属性”标识下的“素材设置”。

2）系统弹出“机床分组属性”对话框并自动切换至“素材设置”选项卡。进行图 5-14 所示的素材材料参数设置。

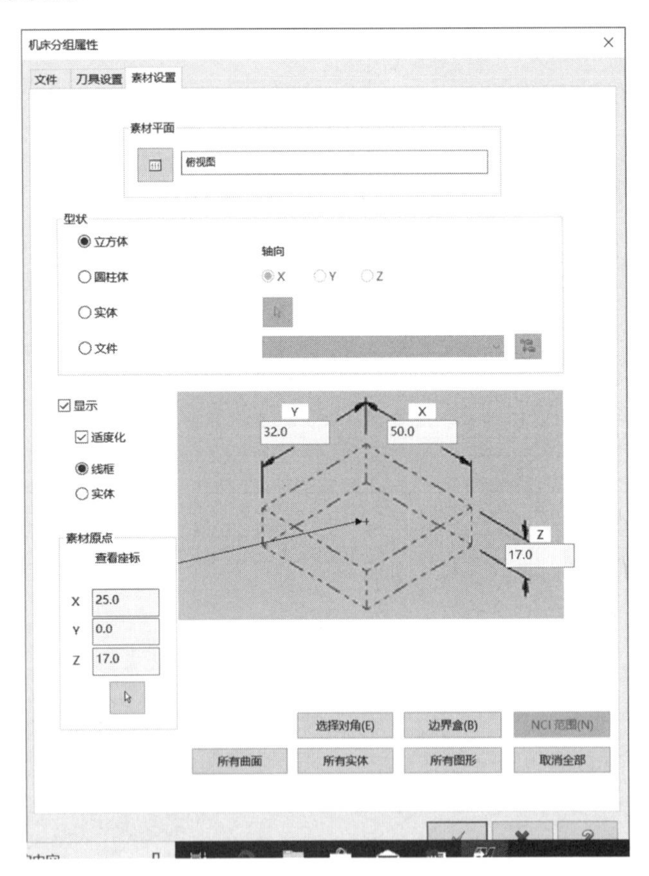

图 5-14 工件素材（毛坯）材料设置

3）单击“机床分组属性”对话框中的“确定”按钮，设置的工件素材毛坯如图 5-15 所示。

3．生成旋转加工刀具路径

1）在功能区“刀路”选项卡的“2D”面板中单击“旋转”按钮，系统弹出“串连选项”对话框，如图 5-16 所示。

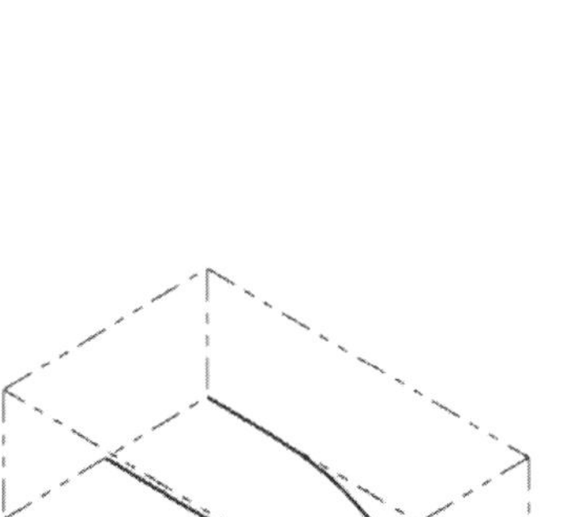

图 5-15　工件素材毛坯

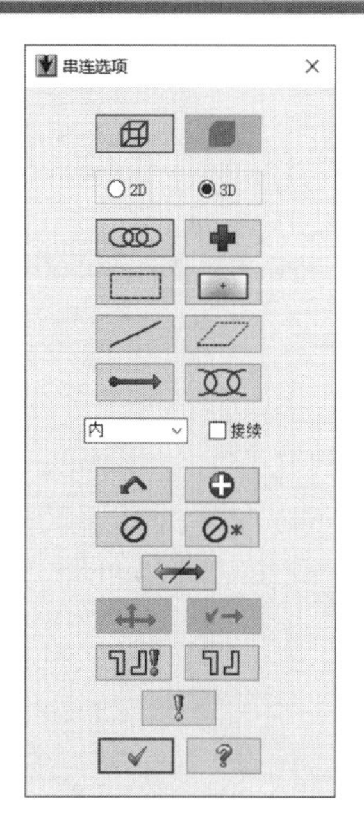

图 5-16 “串连选项”对话框

2）在“串连选项”对话框中选中“串连”按钮。在系统的“旋转曲面：请定义曲面边界 1”提示下，定义旋转外形轮廓，接着在“请选择旋转轴的轴心位置”提示下选取直线的一个端点定义旋转轴的轴心位置，如图 5-17 所示。

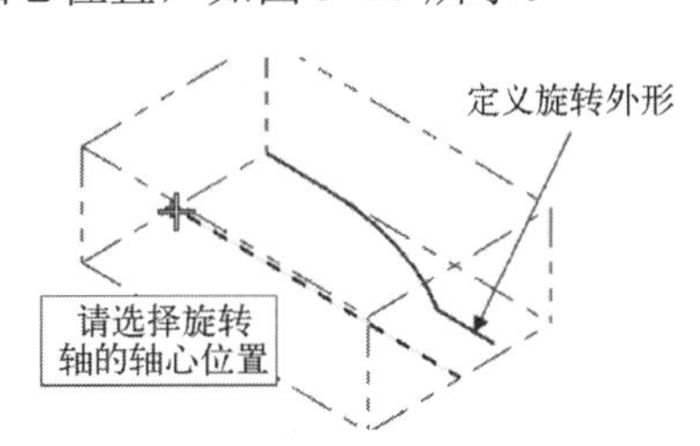

图 5-17　选择外形轮廓及旋转轴的轴心位置

3）完成指定外形轮廓及旋转轴的轴心位置后，系统弹出“旋转”对话框。在“刀具参数”选项卡中，单击“从刀库选择”按钮，系统弹出“选择刀具”对话框，从“Mill_mm.tooldb”刀具资料库列表中选择Φ8 的球刀，单击“确定”按钮，结束刀具选择。接着，为选定的该球刀设置相应的进给率、进刀速率、主轴方向和主轴转速等，如图 5-18 所示。

4）切换至“旋转加工参数”选项卡，设置图 5-19 所示的旋转加工参数。

知识点拨： 在“旋转加工参数”选项卡的“轴向”选项组中，指定刀具路径的旋转轴，只能选择 X 轴、Y 轴作为旋转轴，因此要求绘制的 2D 截面只能位于顶部构图面。

5）在“旋转”对话框中单击“确定”按钮，生成的旋转加工刀具路径如图 5-20 所示。

4．模拟验证旋转加工

1）单击刀路管理器中的“验证已选择的操作”按钮，系统弹出“Mastercam 模拟”

窗口，在功能区“首页”选项卡中设置图 5-21 所示的选项。

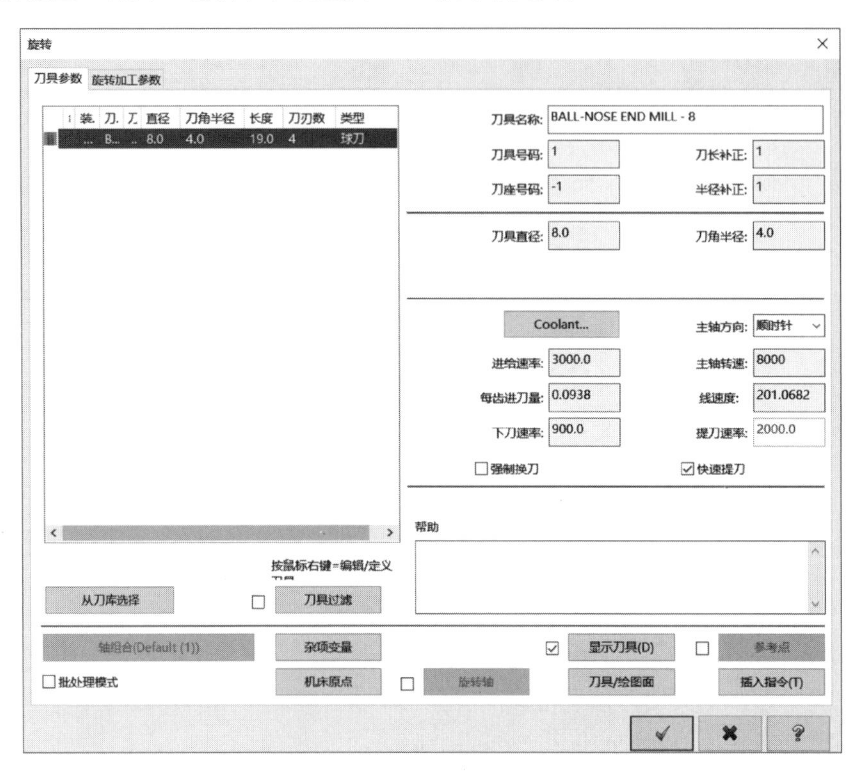

图 5-18 设置旋转加工的刀具参数

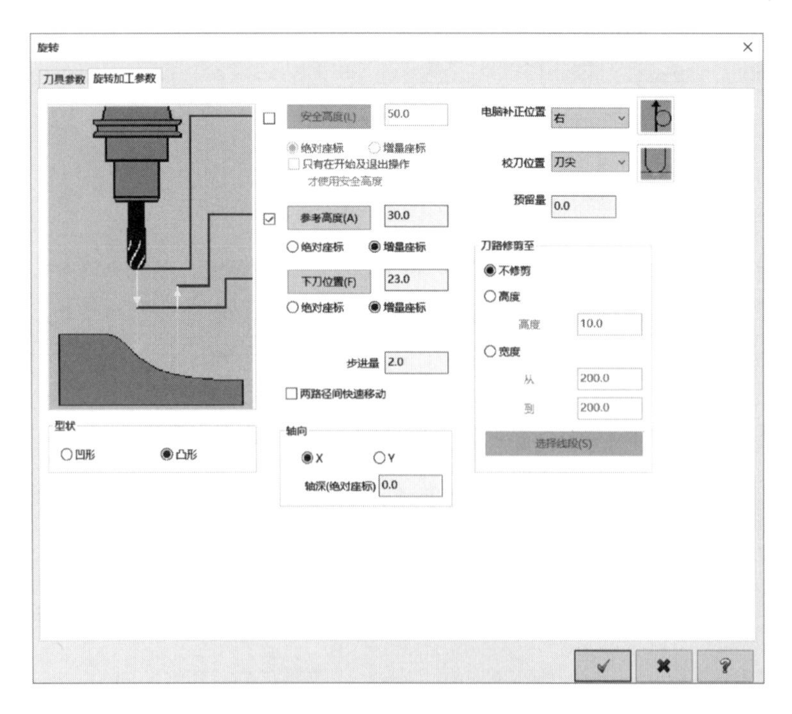

图 5-19 设置旋转加工参数

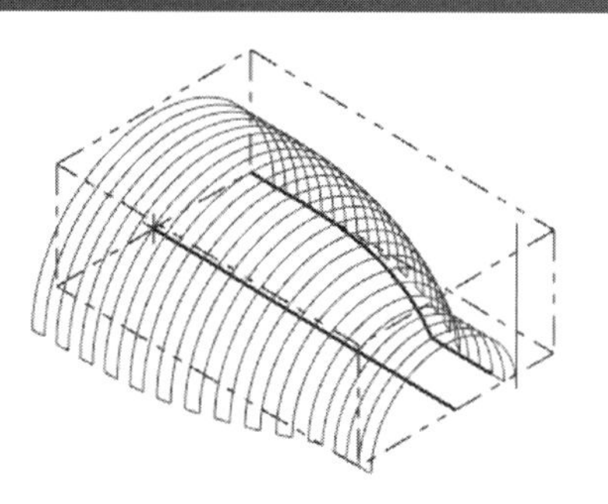

图 5-20 旋转加工刀具路径

图 5-21 在“Mastercam 模拟”窗口的“首页”选项卡中进行设置

2）单击“播放”按钮▶，初步模拟结果如图 5-22 所示。

3）在功能区中打开“验证”选项卡，接着在“分析”面板中单击“保留碎片”按钮，如图 5-23 所示。

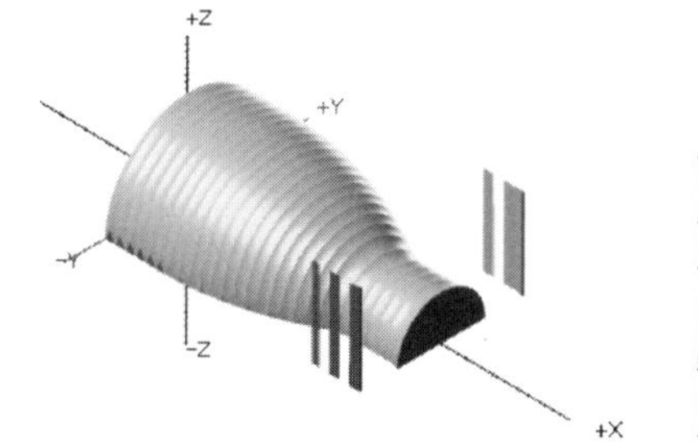

图 5-22 初步模拟结果

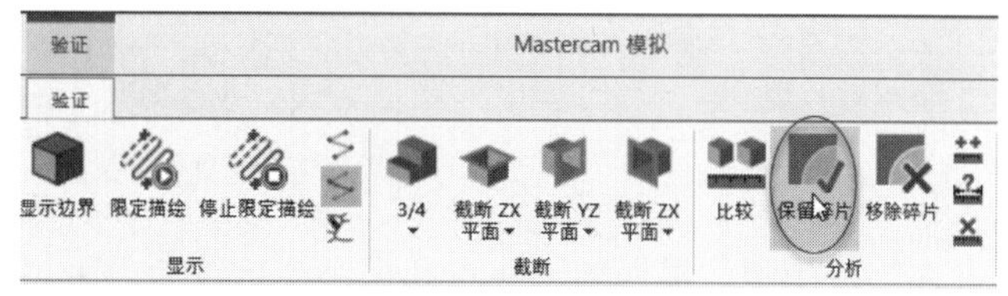

图 5-23 单击选中“保留碎片”按钮

4）在绘图区单击要保留的零件部分，结果如图 5-24 所示。

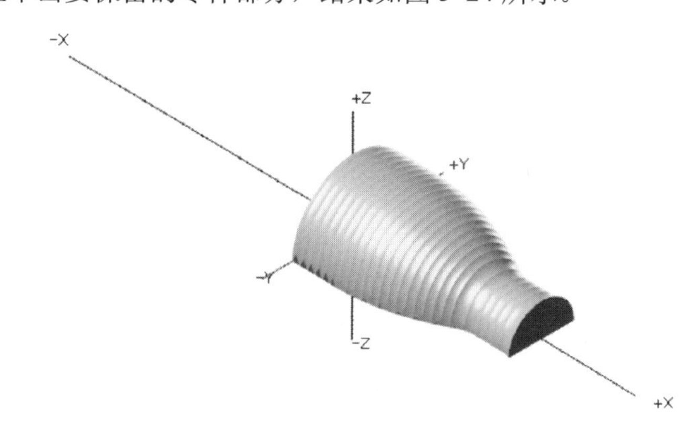

图 5-24 保留的加工零件

5）在“Mastercam 模拟”对话框中单击“关闭”按钮×。

5.3 2D 扫描加工

使用功能区“刀路”选项卡的“2D”面板中的“2D 扫描”按钮，能够对 2D 截面沿着指定的 2D 路径扫描产生相应的刀具路径。2D 扫描加工的操作相对简单，启动“2D 扫描加工”功能命令后，根据系统提示先选择扫描截面，接着选择扫描路径，并选择扫描截面与扫描路径的交点即可。

5.3.1 2D 扫描加工范例说明

本范例需要的线架图形由随书配套的“2D 扫描加工.MCX”文件（该文件位于本书附赠网盘资源包的 CH5 文件夹中）提供。打开该“2D 扫描加工.MCX”文件，如图 5-25a 所示，创建 2D 扫描加工的刀具路径之后，得到的加工模拟结果如图 5-25b 所示。

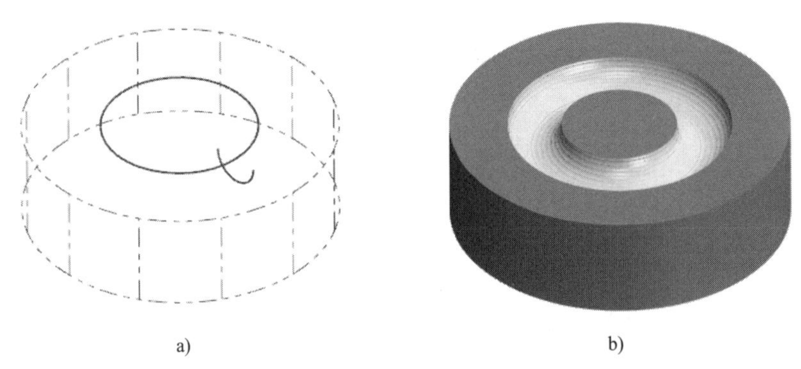

a)　　b)

图 5-25　2D 扫描加工范例

a) 用于 2D 扫描加工的线架图形　b) 2D 扫描加工模拟结果

在该范例中，根据图形特点和大小，可以考虑采用Φ6 的球刀进行 2D 扫描加工，范例采用的工件毛坯也已经设定好。

5.3.2 2D 扫描加工范例过程

扫码观看视频

该范例的 2D 扫描加工操作步骤如下。

1）在功能区“刀路”选项卡的“2D”面板中单击“2D 扫描”按钮，系统弹出“串连选项”对话框，如图 5-26 所示。

2）在“串连选项”对话框中默认采用串连的方式，在提示下选择图 5-27 所示的半圆弧定义截断轮廓。

3）单击图 5-28 所示的圆定义引导轮廓（单击位置见图中鼠标光标所指），然后在“串连选项”对话框中单击“确定”按钮。

4）选择图 5-29 所示的圆心作为引导方向和截断方向的交点。

5）系统弹出“2D 扫描”对话框。在“刀具参数”选项卡中通过相应刀库选用Φ6 的球刀，并设置进给速率为 2000，下刀速率为 1000，主轴转速为 12000，如图 5-30 所示。

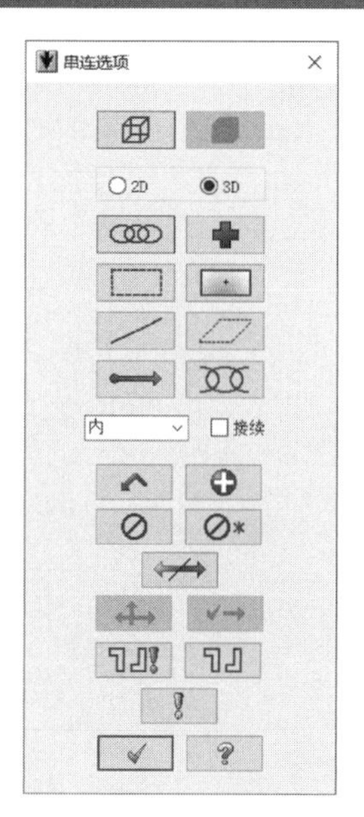

图 5-26 “串连选项”对话框

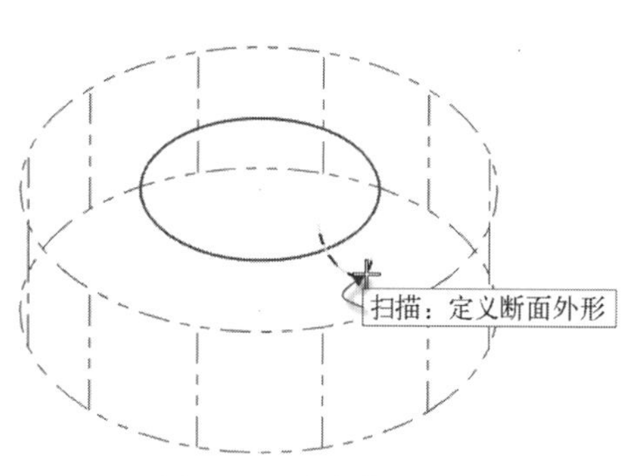

图 5-27 定义截断轮廓

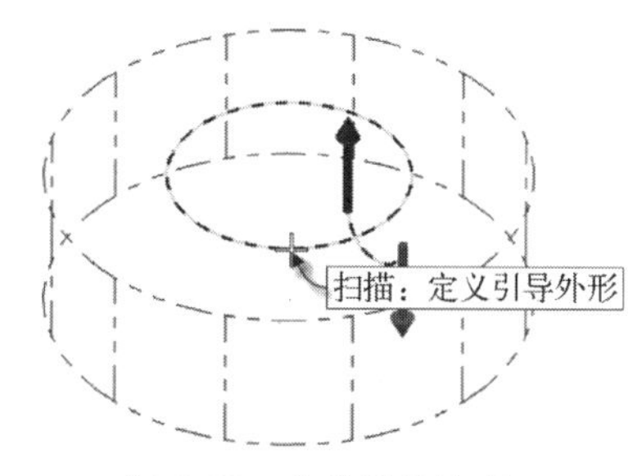

图 5-28 定义引导轮廓

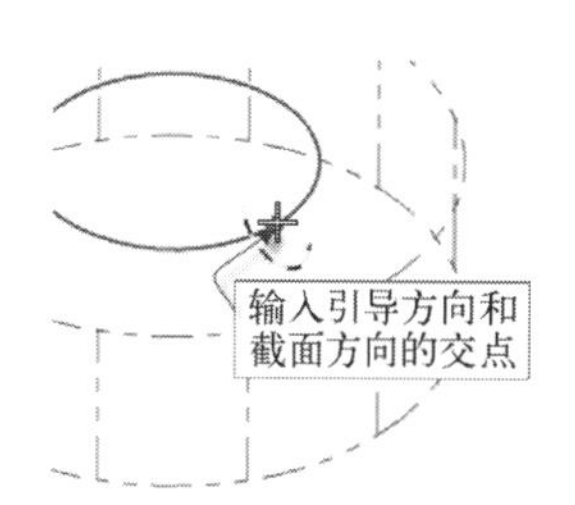

图 5-29 指定引导方向和截面方向的交点

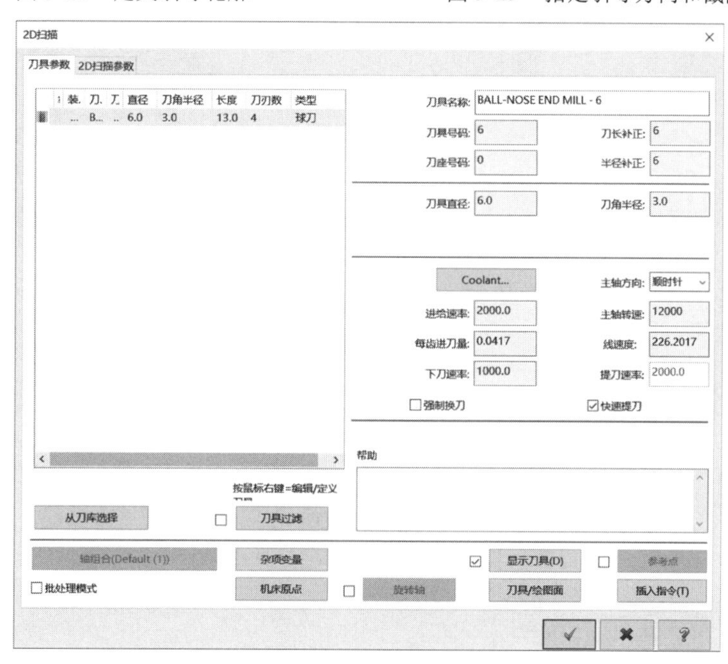

图 5-30 设置 2D 扫描加工的刀具参数

6）切换到“2D 扫描参数”选项卡，进行图 5-31 所示的 2D 扫描加工参数设置。注意图素映射（对应）的模式有“无”“依照图形”“依照分支点”“依照结点”“依照存在点”“手动”“手动/密度”。

图 5-31 设置 2D 扫描加工参数

7）在“2D 扫描”对话框中单击“确定”按钮，从而生成 2D 扫描加工刀具路径，如图 5-32 所示。

8）执行刀路管理器中的“验证已选择的操作”按钮功能，进行实体切削验证，结果如图 5-33 所示。

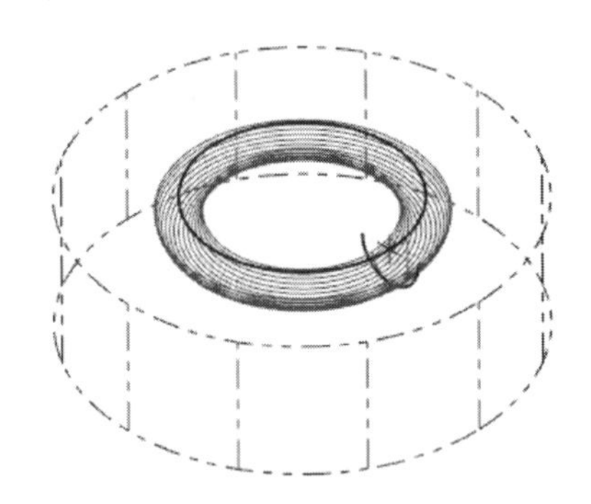

图 5-32 生成 2D 扫描加工刀具路径

图 5-33 实体切削验证结果

5.4 3D 扫描加工

使用功能区“刀路”选项卡的“2D”面板中的“3D 扫描”按钮，能够对指定的 2D 截面沿着指定的 3D 轨迹路径扫描产生相应的刀具路径。3D 扫描加工需要分别选择扫描截面和扫描路径，并设置相应的刀具路径参数和 3D 扫描加工参数。

5.4.1 3D 扫描加工范例说明

本范例的 3D 扫描加工的典型示例如图 5-34 所示。所需的原始素材文件为“3D 扫描加工.MCX”文件（该文件位于本书附赠网盘资源包的 CH5 文件夹中）。本范例采用默认的铣床加工系统，并且已经设置好毛坯工件。

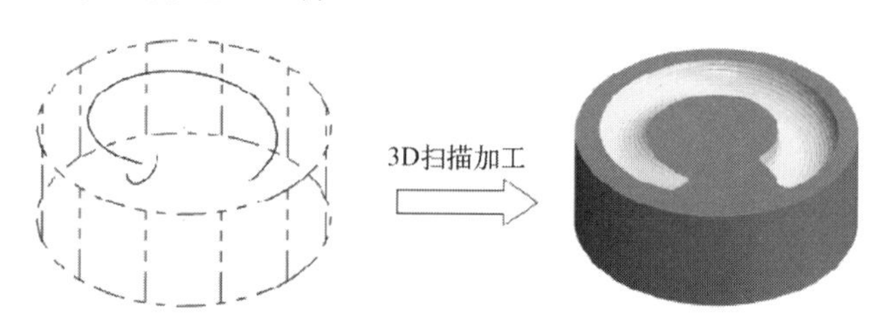

图 5-34 3D 扫描加工

5.4.2 3D 扫描加工范例过程

扫码观看视频

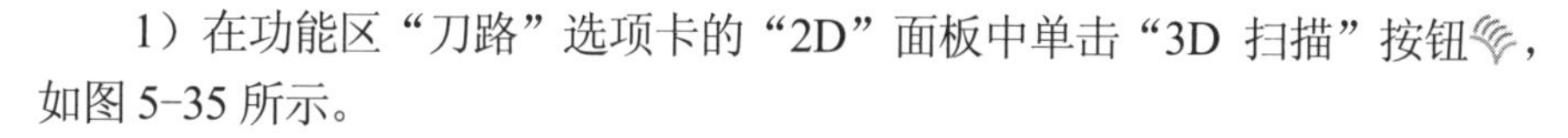

1）在功能区“刀路”选项卡的“2D”面板中单击“3D 扫描”按钮，如图 5-35 所示。

2）输入断面外形（也称“截断轮廓”）数量为 1，如图 5-36 所示，按〈Enter〉键确定。

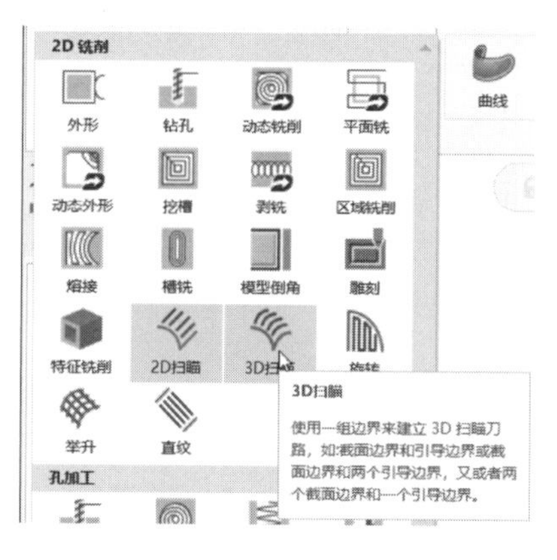

图 5-35 单击“3D 扫描”按钮

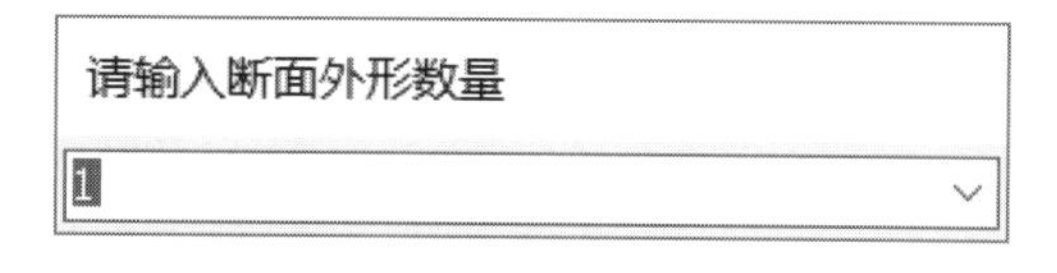

图 5-36 输入断面外形数量

3）系统弹出“串连选项”对话框，选择图 5-37 所示的圆弧定义断面外形，接着单击图 5-38 所示的螺旋线定义引导轮廓。单击“串连选项”对话框中的“确定”按钮。

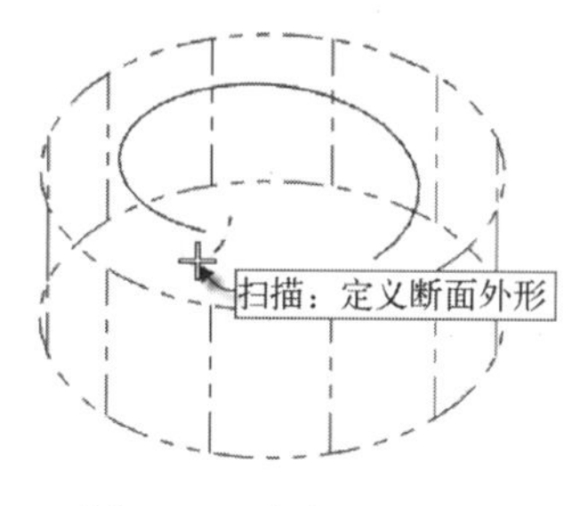

图 5-37 定义断面外形

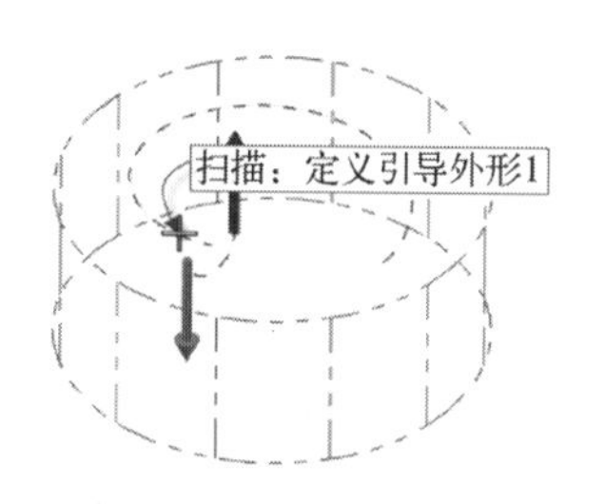

图 5-38 定义引导线

4）系统弹出“3D 扫描”对话框，在“刀具参数”选项卡中进行图 5-39 所示的刀具参数设置。

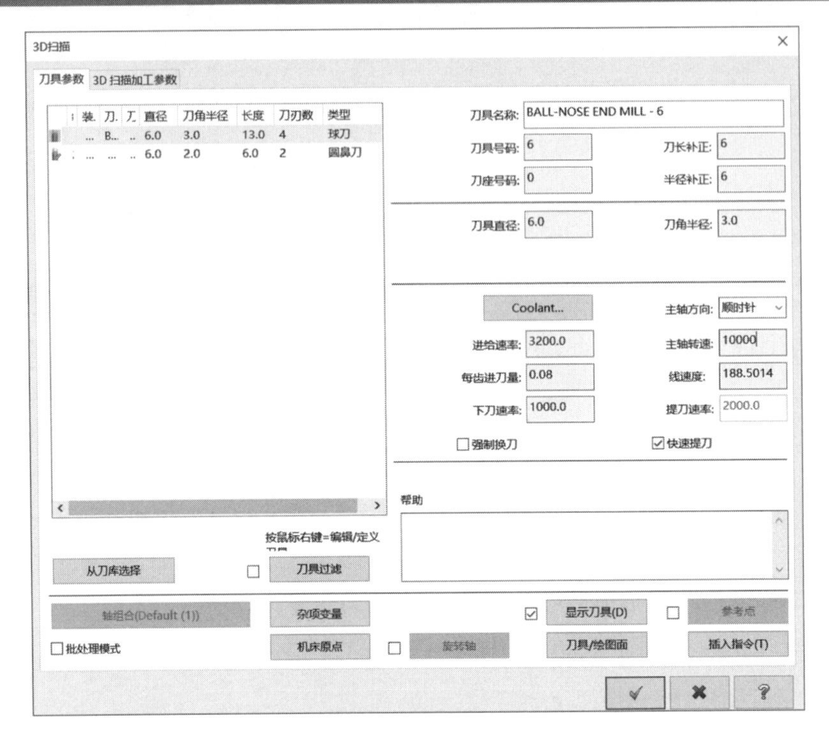

图 5-39　设置 3D 扫描加工的刀具参数

5）切换至“3D 扫描加工参数”选项卡，进行图 5-40 所示的 3D 扫描加工参数设置。

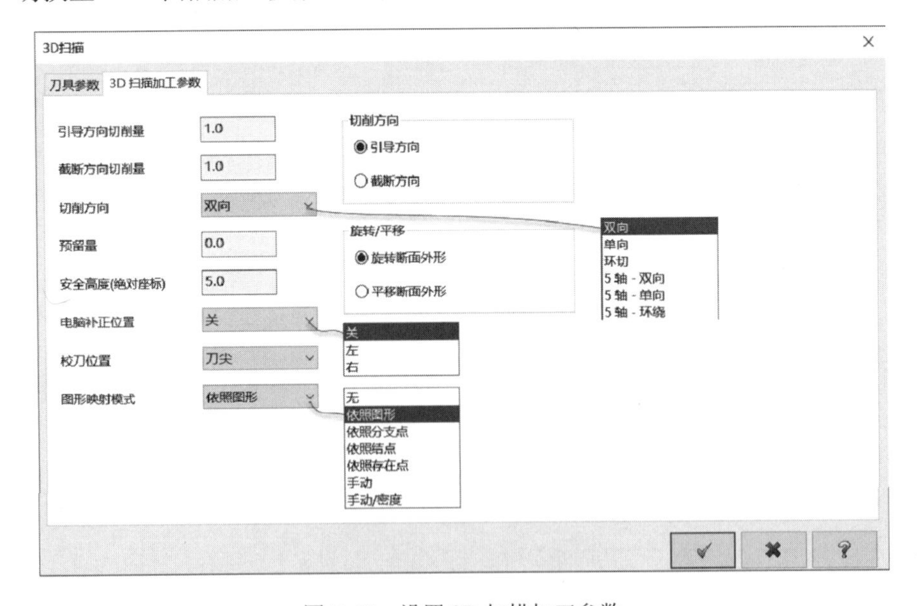

图 5-40　设置 3D 扫描加工参数

6）在“3D 扫描”对话框中单击“确定”按钮 ，最终生成的 3D 扫描加工刀具路径如图 5-41 所示。

7）执行刀路管理器中的“验证已选择的操作”按钮 ，进行实体切削验证，结果如图 5-42 所示。

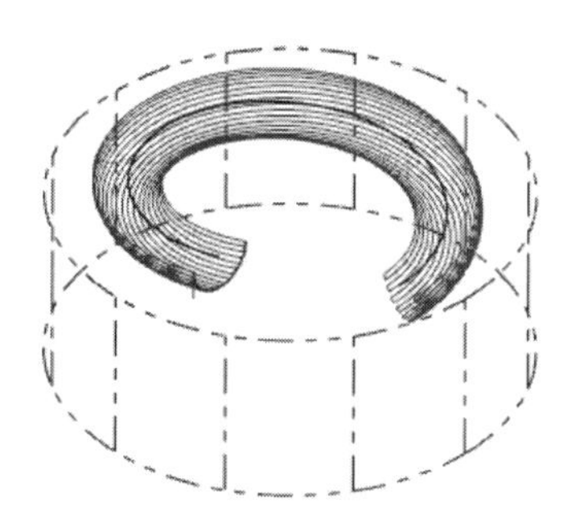

图 5-41　生成 3D 扫描加工刀具路径

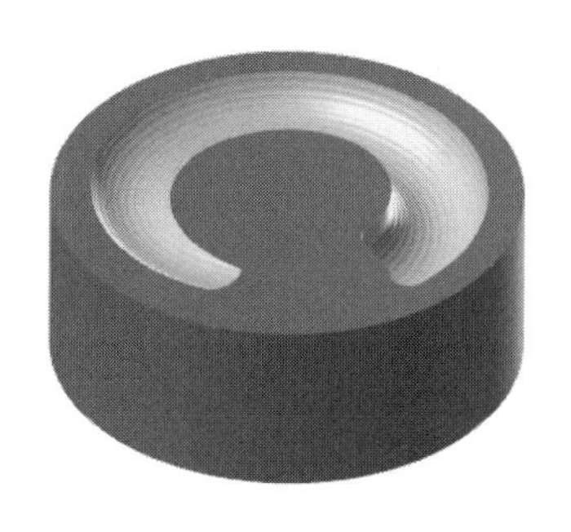

图 5-42　实体切削验证结果

5.5　举升加工

使用功能区“刀路”选项卡的“2D”面板中的“举升”按钮，能够利用多个举升截面来生成加工刀具路径。

5.5.1　举升加工范例说明

本范例主要介绍举升加工的典型流程及其相关的参数设置方法。

本范例使用的源文件为“举升加工.MCX”文件（该文件位于本书附赠网盘资源包的 CH5 文件夹中）。本范例采用默认的铣床加工系统。本范例需要加工的线架图形如图 5-43a 所示，完成加工模拟的零件效果如图 5-43b 所示。本范例源文件已经设置好了工件毛坯。

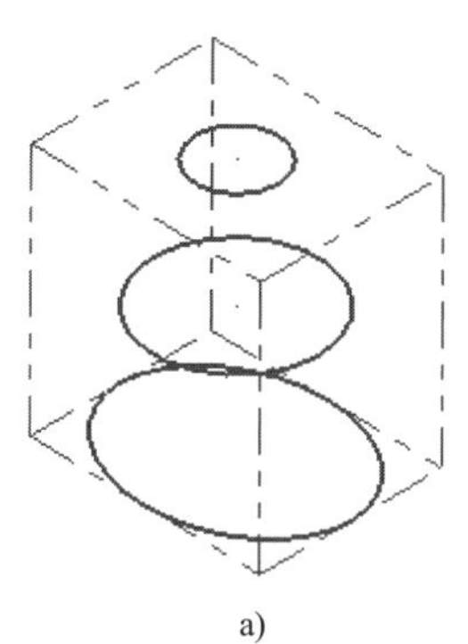

a)

b)

图 5-43　举升加工范例

a) 举升加工的线架图形　b) 举升加工模拟的零件效果

举升刀具路径的内在产生方法其实和举升曲面的绘制方法类似，不同的是前者产生的为刀具路径，后者产生的则为举升曲面。

5.5.2　举升加工范例过程

扫码观看视频

本举升加工范例的具体操作过程说明如下。

1）在功能区“刀路”选项卡的“2D”面板中单击“举升”按钮，系统弹出“串连选项”对话框。

2）以串连的方式选择图 5-44 所示的线架，注意保证每个截面的串连起点与方向应该一致。

3）在“串连选项”对话框中单击“确定”按钮 。

4）系统弹出“举升加工”对话框。在“刀具参数”选项卡中单击“从刀库选择”按钮，打开“选择刀具”对话框。从刀具资料库中确保选择“Mill_mm.tooldb”，接着在其刀具列表中选择图 5-45 所示的Φ6 的球刀，然后单击“确定”按钮 。

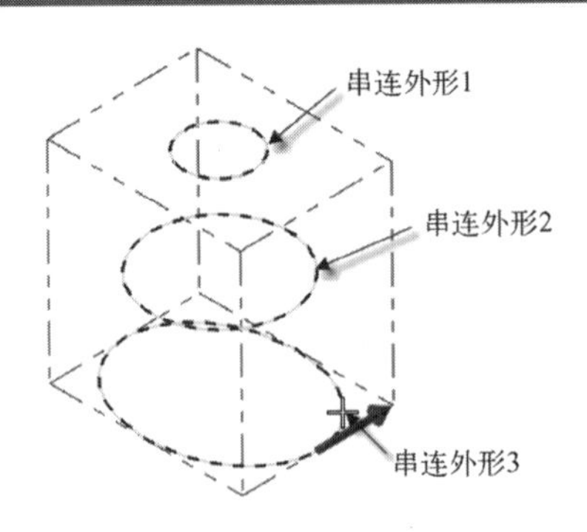

图 5-44　指定串连图形

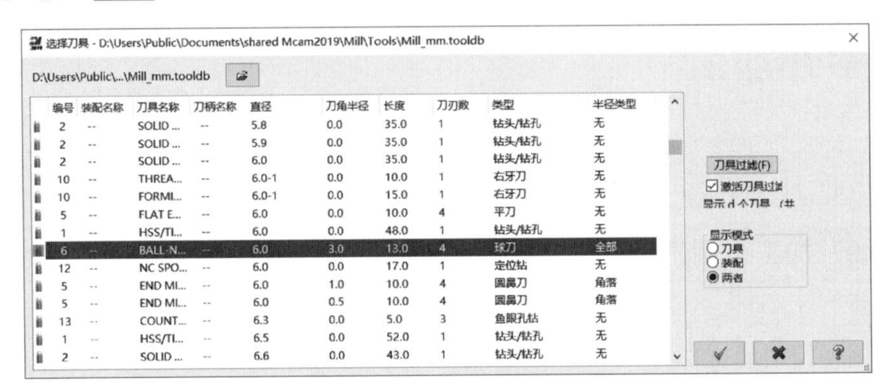

图 5-45　选择刀具

5）返回到“举升加工”对话框，在“刀具参数”选项卡中设置图 5-46 所示的刀具参数。

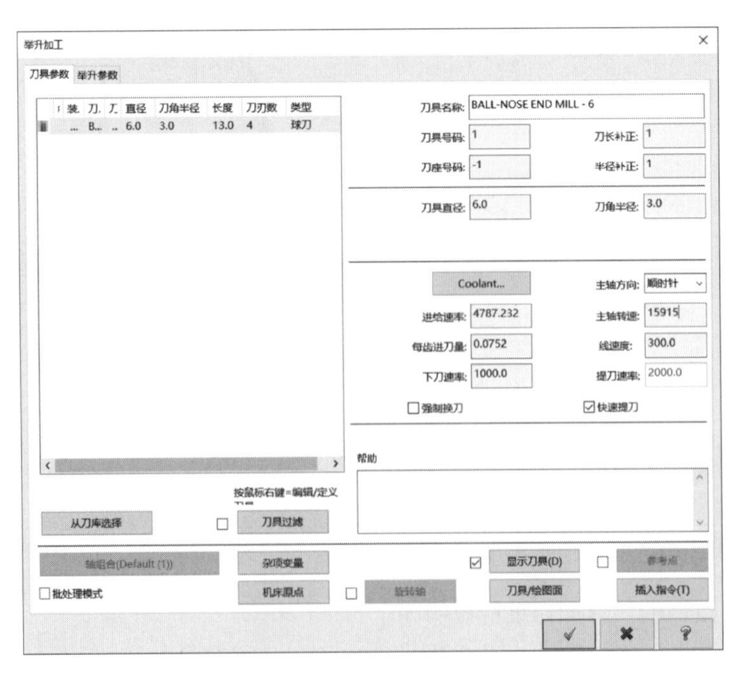

图 5-46　设置刀具参数

6）切换至“举升参数”选项卡，进行图 5-47 所示的举升加工参数设置。

图 5-47　设置举升加工参数

7）在“举升加工”对话框中单击“确定”按钮，生成图 5-48 所示的举升加工刀具路径。

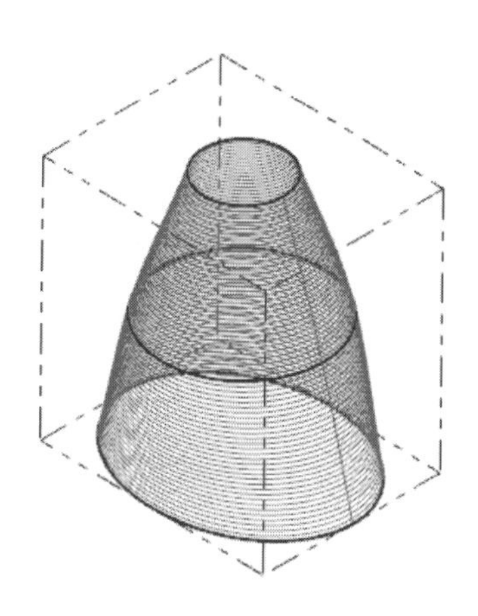

图 5-48　生成举升加工刀具路径

8）在刀路管理器的工具栏中单击“模拟已选择的操作”按钮，打开“路径模拟”对话框和一个操作栏，利用提供的相关控件按钮来进行刀路模拟，图 5-49 所示为刀路模拟过程中的一个截图。完成刀路模拟后，关闭“路径模拟”对话框。

9）在刀路管理器的工具栏中单击“验证已选择的操作”按钮，打开“Mastercam 模拟”对话框，设置图 5-50 所示的选项及参数。接着在该窗口下方区域单击“播放”按钮进行实体切削加工模拟，模拟验证结果如图 5-51 所示。

在“Mastercam 模拟”对话框中单击“关闭”按钮×。

10）进行后处理操作。

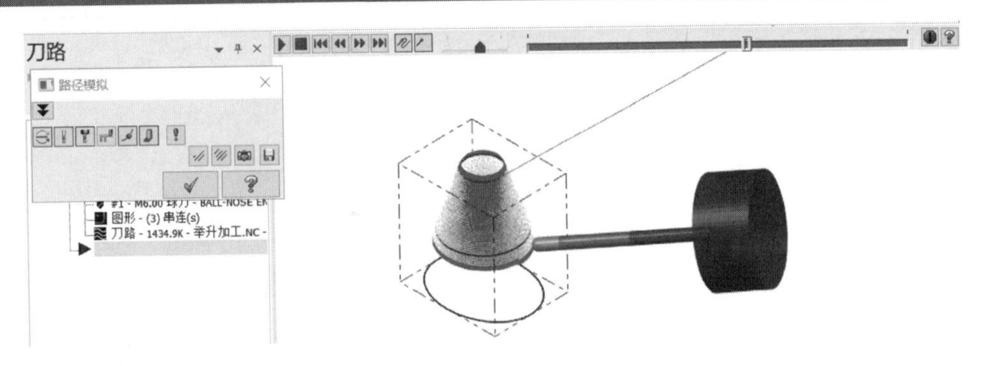

图 5-49 刀路模拟

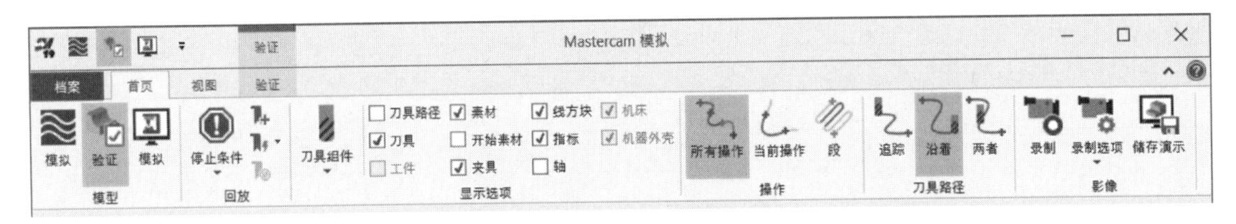

图 5-50 利用“Mastercam 模拟”窗口的功能区进行相关设置

图 5-51 实体切削的模拟验证结果

第 6 章　曲面粗/精加工刀具路径范例解析

本章导读：

Mastercam 为用户提供了丰富的曲面铣削加工方法，包括曲面粗加工方法和曲面精加工方法等，其中曲面粗加工方法有平行铣削粗加工、挖槽铣削粗加工、投影铣削粗加工、钻削式铣削粗加工、多曲面挖槽铣削粗加工、区域粗切加工和最佳化动态粗切加工；曲面精加工方法有等高精切、平行精切、等距扇形精切、混合精切、清角精切、熔接精切、传统等高精切、水平精切、环绕精切、投影精切、流线精切、螺旋精切和放射精切等。

本章首先列出曲面铣削刀具路径的主要知识点，然后通过综合范例的形式来介绍曲面粗加工和曲面精加工方面的应用知识及实战技巧。这种以范例引导，点到面提升的讲解方式有利于读者在实际工作中快速上手。

6.1　曲面铣削刀具路径知识概述

本章主要的知识点包括曲面粗加工和曲面精加工。

6.1.1 曲面粗加工

曲面粗加工包括平行铣削粗加工、挖槽铣削粗加工、投影铣削粗加工、钻削式铣削粗加工、多曲面挖槽铣削粗加工、区域粗切加工和最佳化动态粗切加工。用于产生这些曲面粗加工刀具路径的命令位于铣削模块功能区“刀路”选项卡的“3D”面板的“粗切”选项组中，如图 6-1 所示。

- 平行铣削粗加工：以垂直于 XY 面为主切削面（并可由加工角度决定），紧贴着曲面轮廓产生平行的粗加工刀具路径。
- 挖槽铣削粗加工：按用户指定的 Z 高度一个切面一个切面地依次逐层向下加工等高切面，直到完成零件轮廓。加工时可按照距高度来将路径分层，在同一个高度完成所有加工后再进行下一个高度的加工，可以将限制边界范围内的所有废料以挖槽方式铣削掉。挖槽的粗切方式有“双向”“等距环切”“平行环切”“平行环切清角”“高速切削”“螺旋切削”“单向切削”“依外形切削”等。挖槽粗切提供了多样化的刀路和下刀方式，其产生的刀路是粗切中最为重要的刀路。

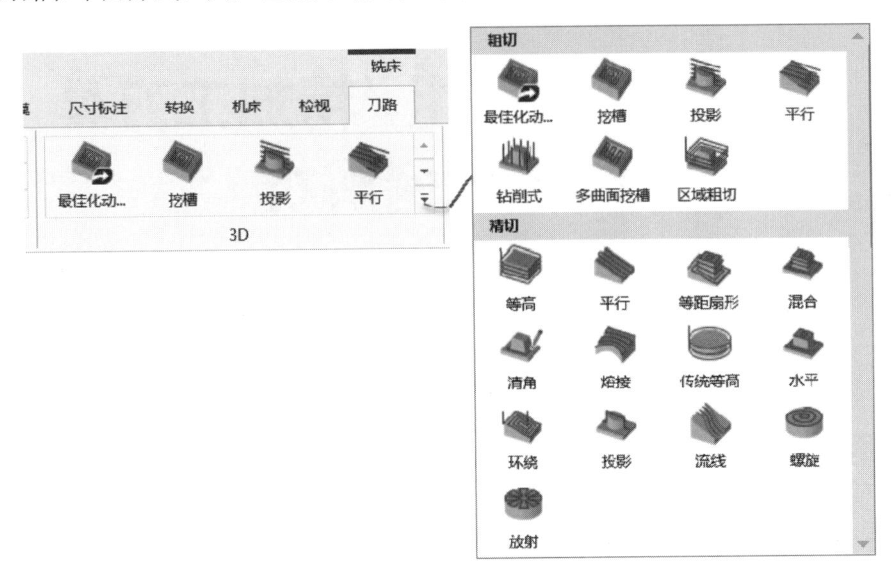

图 6-1　铣削模块功能区“刀路”选项卡的“3D”面板

- 投影铣削粗加工：将先前的操作或指定的图形投影到曲面上来产生刀路。
- 钻削式铣削粗加工：也称“插铣”，可极快地进行区域清除加工，此加工尤其适合于深型腔的粗加工。在此粗加工中，刀具在毛坯上采用类似于钻孔样式的方式来铣削去除材料，能产生逐层钻削刀具路径，其加工速度快，但刀具上下动作频繁，对机床轴运动和刀具要求高。这种加工方式有专用刀具，刀具中心设有冷却液的出水孔，以供钻削时顺利排屑。
- 多曲面挖槽铣削粗加工：与挖槽铣削粗加工方式类似，但此挖槽切削方式只有“双向”和“单向”，其挖槽参数要简单一些，适用于多曲面挖槽的情况。
- 区域粗切加工：快速加工封闭型腔、开放凸台或先前操作剩余的残料区域，以达到精加工前残料并满足设计要求的目的。此加工属于曲面高速粗加工范畴。
- 最佳化动态粗切加工：完全利用刀具刃长进行切削，快速移除素材。此加工属于曲面高速粗加工范畴。

在进行曲面粗加工时需要选择加工曲面并设置相应的刀具参数、曲面加工参数和特有的铣削参数等。各曲面粗加工的方法基本类似，下面以一个特例的方式介绍曲面粗加工的典型方法及步骤。该示例使用了挖槽粗切，挖槽粗切在实际粗切中使用频率是最高的，有“外能粗切”之称，即绝大多数的工件都可以用挖槽的方式来进行开粗处理。

知识点拨：事实上，挖槽粗加工不但适用于凹槽形的工件，也适用于凸形工件。挖槽粗加工提供了多种灵活的下刀方式，对于一般凹槽形式的工件，可采用斜插式下刀，并且要注意内部空间不能太小，避免下刀失败；对于凸形工件，则通常采用切削范围外下刀，使得刀具更加安全可靠。

1）在菜单栏中选择“文件”|“打开文件”命令，系统弹出“打开”对话框，选择附赠

网盘资源中 CH6 文件夹目录下的“粗加工示例.mcam”，单击“打开”按钮，打开该文件如图 6-2 所示。

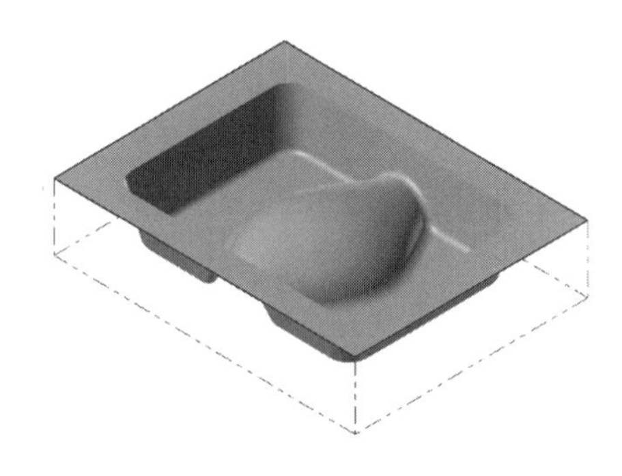

图 6-2 “粗加工示例.mcam”已有曲面模型和工件素材（毛坯）

2）确保采用默认的铣床加工系统，在功能区“刀路”选项卡的“3D”面板中单击“粗切”组的“挖槽”按钮。

3）使用鼠标框选所有曲面作为工件形状，如图 6-3 所示，按〈Enter〉键确认，系统弹出图 6-4 所示的“刀路曲面选择”对话框。

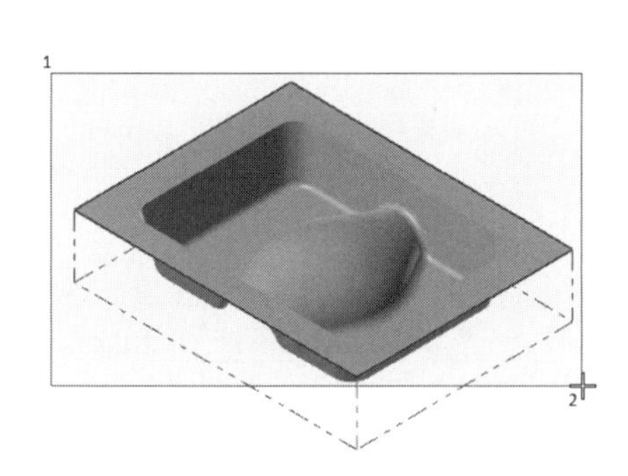

图 6-3 选择所有曲面作为工件形状

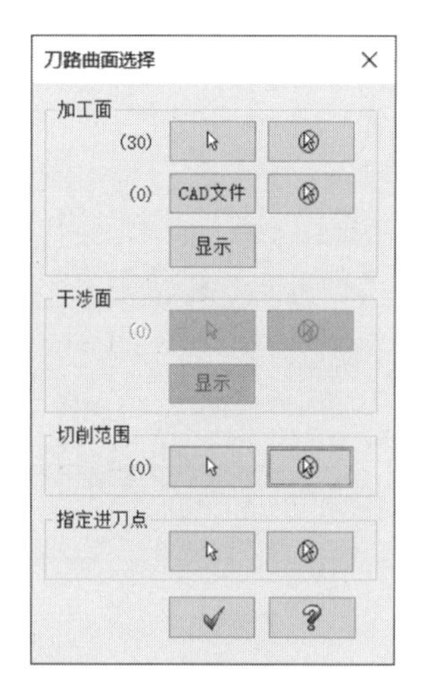

图 6-4 “刀路曲面选择”对话框

从该对话框中可以看出加工面（工件形状）已经指定好，可根据需要分别指定干涉面、切削范围和指定进刀点。这里，在“切削范围”选项组中单击“选择”按钮，弹出“串连选项”对话框，确保选中“串连”按钮，以串连方式选择作为切削范围的边界曲线，如图 6-5 所示，单击“串连选项”对话框中的“确定”按钮，然后单击“刀路曲面选择”对话框的“确定”按钮，系统弹出“曲面粗切挖槽”对话框。

4）在“曲面粗切挖槽”对话框的“刀具参数”选项卡上单击“从刀库选择”按钮，系统弹出“选择刀具”对话框，从 Mill_mm.tooldb 刀具库的刀具列表中选择Φ12 的圆鼻刀，其刀角半径为 1，如图 6-6 所示。单击“选择刀具”对话框的“确定”按钮，返回到“曲面粗切挖槽”对话框。

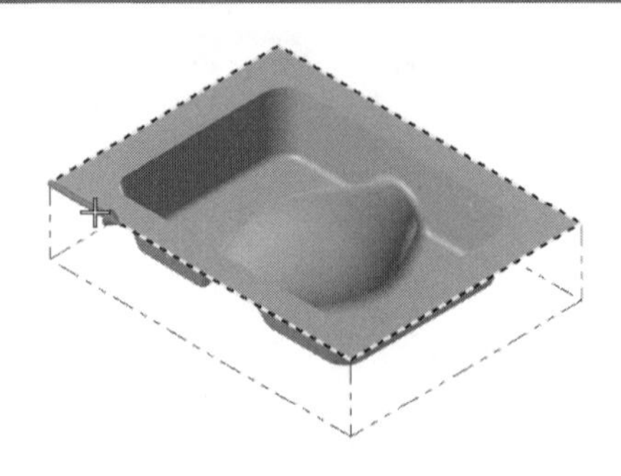

图 6-5 选择作为切削范围的边界曲线

选择刀具 - D:\Users\Public\Documents\shared Mcam2019\Mill\Tools\Mill_mm.tooldb

D:\Users\Public\...\Mill_mm.tooldb

编号	装配名称	刀具名称	刀柄名称	直径	刀角半径	长度	刀刃数	类型	半径类型
1	--	HSS/TI...	--	11.5	0.0	76.0	1	钻头/钻孔	无
2	--	SOLID ...	--	11.8	0.0	56.0	1	钻头/钻孔	无
5	--	END MI...	--	12.0	2.0	19.0	4	圆鼻刀	角落
12	--	THREA...	--	12.0	0.0	32.0	5	螺纹铣削	无
5	--	FLAT E...	--	12.0	0.0	19.0	4	平刀	无
7	--	CHAMF...	--	12.0-45	0.0	10.0	4	倒角刀	无
10	--	FORMI...	--	12.0-1.75	0.0	23.0	1	右牙刀	无
12	--	NC SPO...	--	12.0	0.0	30.0	1	定位钻	无
1	--	HSS/TI...	--	12.0	0.0	87.0	1	钻头/钻孔	无
5	--	END MI...	--	12.0	1.0	19.0	4	圆鼻刀	角落
3	--	POINT ...	--	12.0	0.0	62.0	1	钻头/钻孔	无
2	--	SOLID ...	--	12.0	0.0	56.0	1	钻头/钻孔	无
5	--	END MI...	--	12.0	0.5	19.0	4	圆鼻刀	角落
10	--	THREA...	--	12.0-1.75	0.0	16.0	1	右牙刀	无

刀具过滤(F)

激活刀具过滤

显示模式

刀具

装配

两者

图 6-6 “选择刀具”对话框

5）在“刀具参数”选项卡中进行图 6-7 所示的刀具参数，包括刀具号码、刀长补正、刀座号码、半径补正、进给速率、下刀速率、主轴转速等。

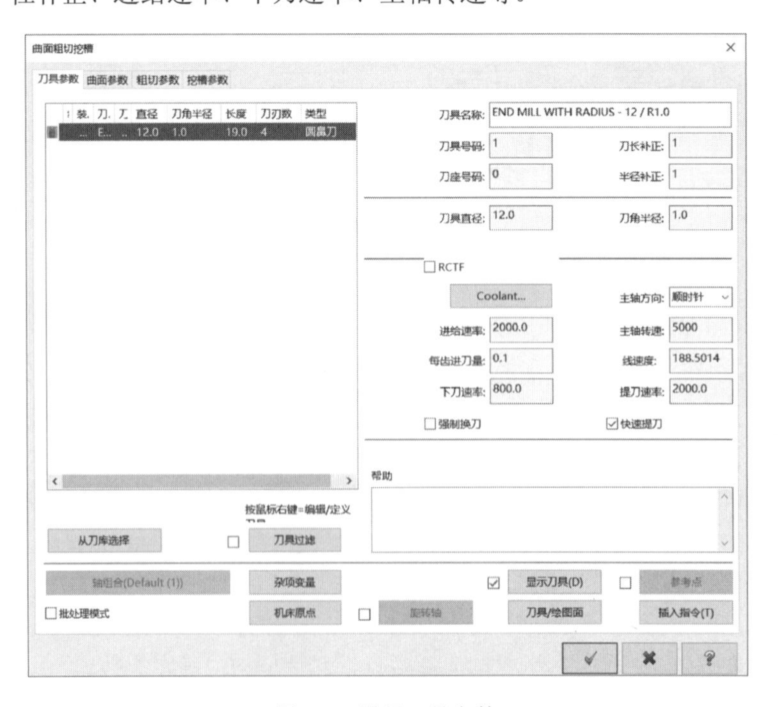

图 6-7 设置刀具参数

6）单击“曲面参数”选项标签，从而切换到“曲面参数”选项卡，设置图 6-8 所示的曲面加工参数。

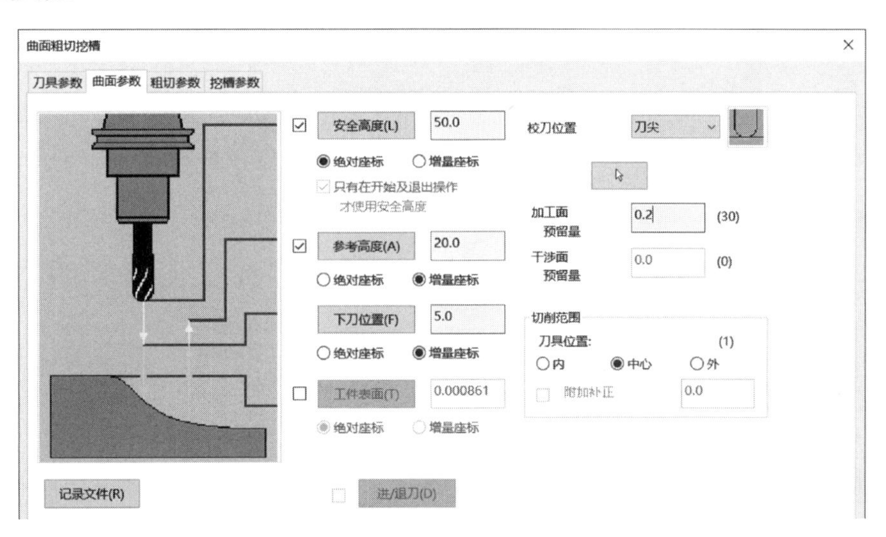

图 6-8　设置曲面加工参数

7）在“曲面粗切挖槽”对话框的“粗切参数”选项卡上设置挖槽粗切参数，如图 6-9 所示。

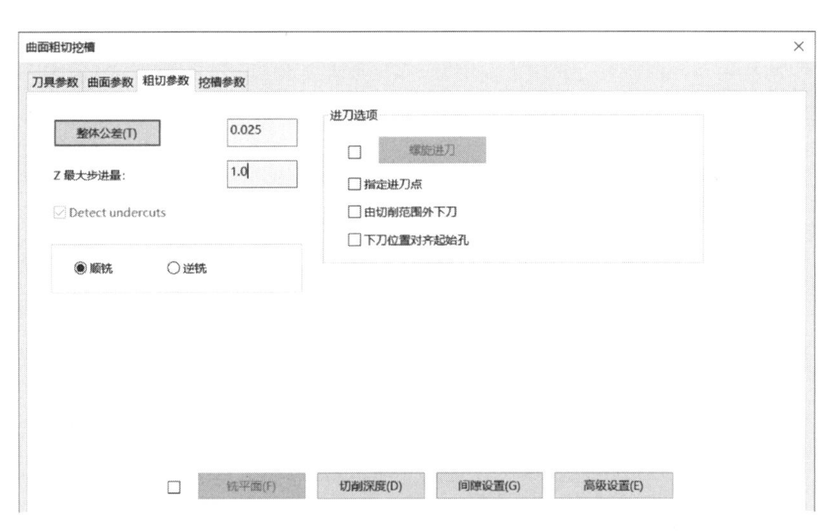

图 6-9　设置挖槽粗切参数

8）在“粗切参数”选项卡上单击“切削深度”按钮，弹出“切削深度设置”对话框，进行图 6-10 所示的切削深度设置，注意勾选“第一刀使用 Z 轴最大进给量”复选框。单击“确定”按钮 ✓ ，返回到“曲面粗切挖槽”对话框。

9）在“粗切参数”选项卡上单击“间隙设置”按钮，系统弹出“刀路间隙设置”对话框，从中设置刀路在遇到间隙时的处理方式，如图 6-11 所示。单击“确定”按钮 ✓ ，返回到“曲面粗切挖槽”对话框。

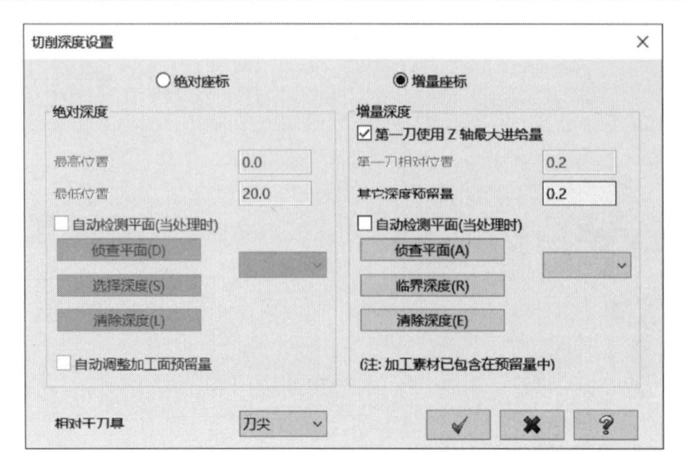

图 6-10 “切削深度设置”对话框

10）在“粗切参数”选项卡上单击“高级设置”按钮，弹出图 6-12 所示的“高级设置”对话框，分别设置刀具在曲面（实体面）边缘走圆角的方式、尖角公差、是否忽略实体中隐藏面检查（适用于复杂实体）和是否检测曲面内部锐角，然后单击“确定”按钮 ✓ 。

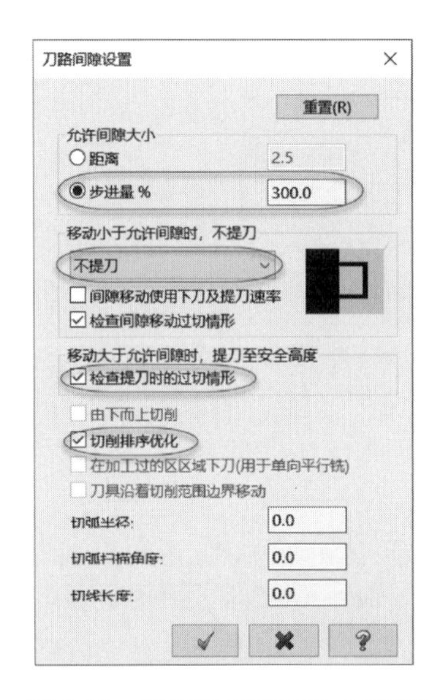

图 6-11 “刀路间隙设置”对话框

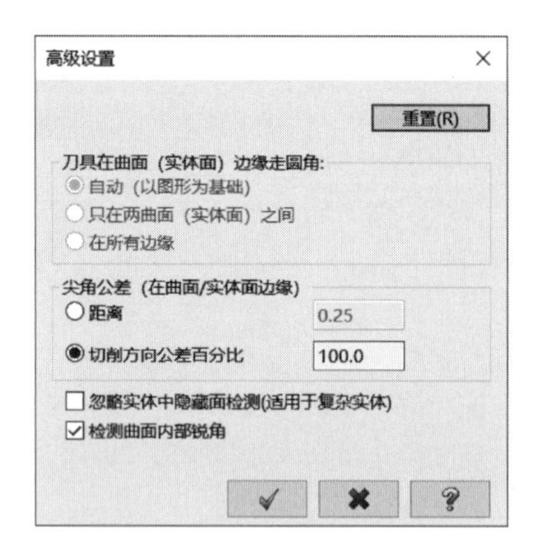

图 6-12 “高级设置”对话框

11）切换至“挖槽参数”选项卡，设置挖槽参数，如图 6-13 所示。在“曲面粗切挖槽”对话框中单击“确定”按钮 ✓ ，生成挖槽粗切刀路，如图 6-14 所示。

12）在刀路管理器中单击“属性”节点下的“素材设置”，在弹出的“机床分组属性”对话框中查看和定义修改素材毛坯，如图 6-15 所示，单击“确定”按钮 ✓ 。

13）在刀路管理器的工具栏中单击“验证已选择的操作”按钮，弹出“Mastercam 模拟”对话框，设置好相关的选项后，单击“播放”按钮▶，实体仿真模拟加工结果如图 6-16 所示。

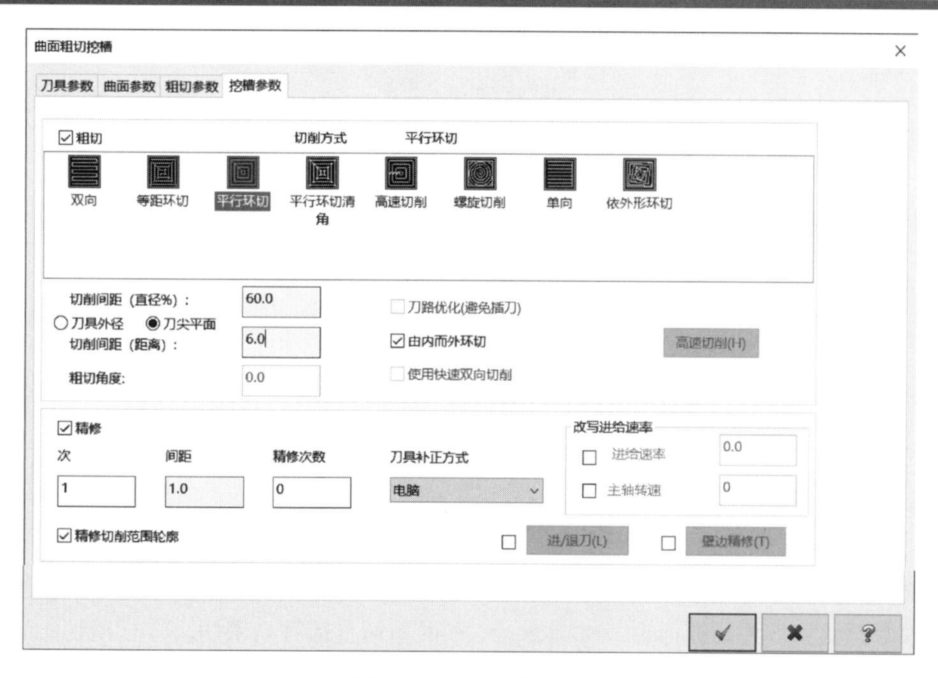

图 6-13 设置挖槽参数

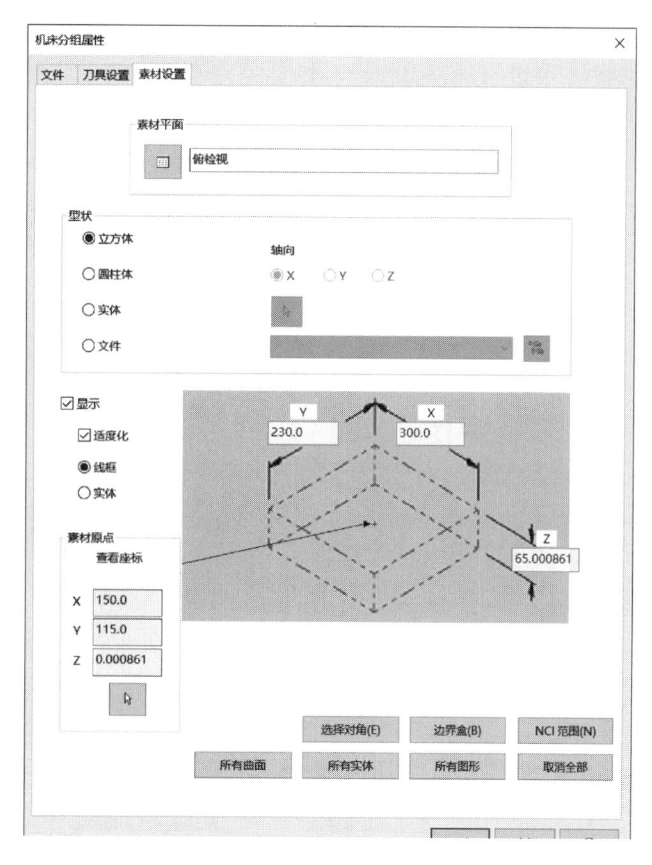

图 6-14 生成挖槽粗切刀路

图 6-15 “机床分组属性”对话框

图 6-16 实体仿真模拟加工结果

6.1.2 曲面精加工

曲面精加工（也称曲面精切或 3D 精切），是指在粗切完成后对零件的最终切削，其各项切削参数都比粗切要精细得多。Mastercam 曲面精切包括等高精切、平行精切、等距扇形精切、混合精切、清角精切、熔接精切、传统等高精切、水平精切、环绕精切、投影精切、流线精切、螺旋精切和放射精切等。用于产生这些曲面精切刀路的工具命令位于功能区“刀路”选项卡的“3D”面板的“精切”组中。至于选择何种的曲面精切，主要根据被加工件的结构特点来进行综合确定。在精切阶段，通常需要将公差值设置得更低一些，并采用能够获得更好加工效果的切削加工方式。

- 平行精切：用于产生平行的铣削精加工刀具路径。
- 等高精切：使用刀具在恒定 Z 高度层上的加工策略，常用于精修和半精加工，加工角度最适用于 30°～90°。等高精切除了可以沿 Z 轴等分外，还可以沿外形进行等分。
- 等距扇形精切：建立一个距离一致的扇形动作刀路。
- 混合精切：结合了等高外形和环绕加工的特点，对陡峭区域进行等高，也可以对浅平面区域进行环绕。
- 清角精切：对先前的操作或大直径刀具所留下的残料进行加工，主要用于清除局部地方过多的残料区域，使残料趋于均匀，避免精切刀具接触过多的残料撞刀，从而为后续的精加工做准备。
- 熔接精切：主要针对由两条曲线决定的区域进行铣削精加工。
- 传统等高精切：用于沿着三维模型外形产生精加工刀具路径，特点是完成一个高度面上的所有加工后再进行下一个高度的加工，即相当于将工件沿 Z 轴进行等分以在工件上产生沿等高线分布的刀路。该精加工方法适用于加工具有特定高度或斜度较大的工件，该精加工通常做半精加工，不适用于浅曲面加工。
- 水平精切：加工曲面模型的平面区域，为每个 Z 高度区域建立切削路径。
- 环绕精切：其刀具路径沿曲面环绕并且相互等距，该精加工方法适用于曲面变化较大的零件，通常用于毛坯已经与零件效果很接近的时候。

- 投影精切：选择一个先前的刀路或图形投影到指定曲面上并产生精切刀路。
- 流线精切：其刀具沿曲面流线运动，可以获得很好的曲面加工效果。
- 螺旋精切：在零件上生成螺旋状的精切刀路。
- 放射精切：主要用于类似于回转体工件的加工，产生从一点向四周发散或从四周向中心集中的精加工刀路。这种方式的边缘加工效果要比其中心加工效果相对要差一些。

为了让读者熟悉曲面精加工的一般方法及步骤，特意介绍了以下执行曲面精加工的一个操作范例。在该范例中应用了混合精切。

1．打开文件

在“快速访问”工具栏中单击“打开”按钮，系统弹出“打开”对话框，选择附赠网盘资源中 CH6 文件夹目录下的“曲面精加工 A.mcam”，单击“打开”按钮，打开该文件如图 6-17 所示。这也是上一个挖槽粗切范例完成的加工模型。

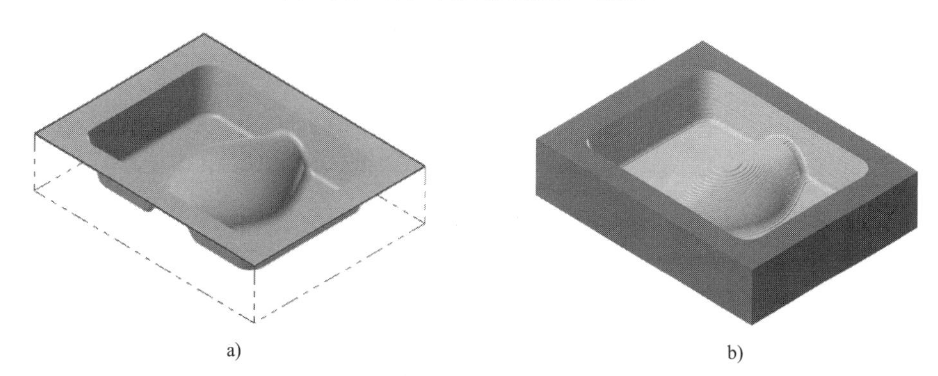

a)　　　　　　b)

图 6-17 “曲面精加工.mcam”

a) 工件与曲面模型　b) 已有的挖槽粗加工效果

2．创建混合精切刀路，并进行加工模拟

1）在功能区“刀路”选项卡“3D”面板的“精切”组中单击“混合”按钮，打开“高速曲面刀路-混合”对话框。

2）在“高速曲面刀路-混合”对话框的“模型几何图形”类别页中，从“素材预留量变化分组（加工图形）”列表中选择第一行，单击“选择图形”按钮，接着在图形窗口中使用鼠标窗选全部曲面，单击“结束选取”按钮以选择全部曲面作为加工面，接着将壁边余量（渐变）和底面余量均设置为 0，如图 6-18 所示。

3）在“高速曲面刀路-混合”对话框中选择“刀具控制”类别，在“切削范围”选项组中单击“边界串连选择”按钮，选取曲面边缘处的一条闭合曲线作为切削范围，如图 6-19 所示。

4）在“高速曲面刀路-混合”对话框中选择“刀具”类别，单击“从刀路中选择”按钮，弹出“选择刀具”对话框，从 Mill_mm.tooldb 刀具库的刀具列表中选择Φ5 的球刀，如图 6-20 所示，单击“选择刀具”对话框的“确定”按钮。

图 6-18　“高速曲面刀路-混合”对话框

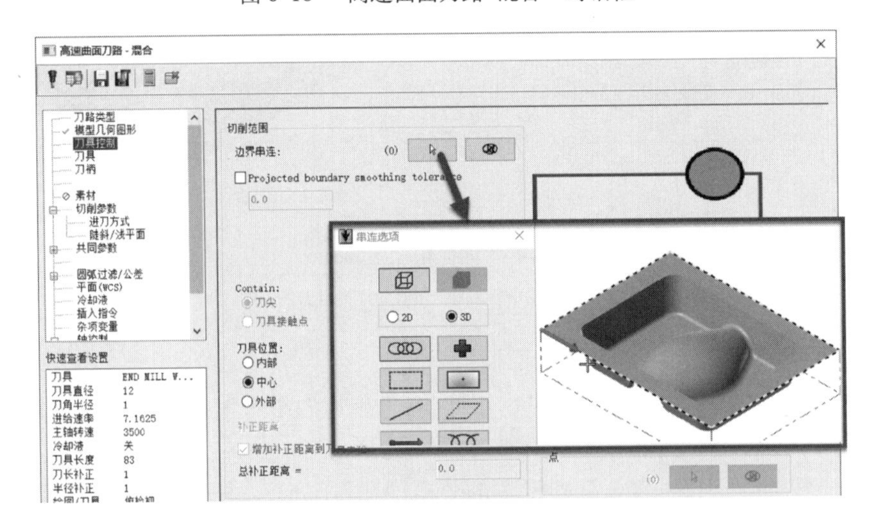

图 6-19　选择切削范围

选择刀具 - D:\Users\Public\Documents\shared Mcam2019\Mill\Tools\Mill_mm.tooldb

D:\Users\Publi...\Mill_mm.tooldb

编号	装配名称	刀具名称	刀柄名称	直径	刀角半径	长度	刀刃数	类型	半径类型
2	--	SOLID...	—	4.3	0.0	29.0	1	钻头/钻孔	无
1	--	HSS/T...	—	4.5	0.0	39.0	1	钻头/钻孔	无
2	--	SOLID...	—	4.6	0.0	29.0	1	钻头/钻孔	无
5	--	END M...	—	5.0	1.0	8.0	4	圆鼻刀	角落
10	--	THREA...	—	5.0-0.8	0.0	8.0	1	右牙刀	无
10	--	FORMI...	—	5.0-0.8	0.0	13.0	1	右牙刀	无
5	--	FLAT ...	—	5.0	0.0	8.0	4	平刀	无
1	--	HSS/T...	—	5.0	0.0	44.0	1	钻头/钻孔	无
2	--	SOLID...	—	5.0	0.0	35.0	1	钻头/钻孔	无
6	--	BALL-...	—	5.0	2.5	13.0	4	球刀	全部
5	--	END M...	—	5.0	0.5	8.0	4	圆鼻刀	角落
1	--	HSS/T...	—	5.1	0.0	44.0	1	钻头/钻孔	无
2	--	SOLID...	—	5.1	0.0	35.0	1	钻头/钻孔	无
1	--	HSS/T...	—	5.5	0.0	48.0	1	钻头/钻孔	无
2	--	SOLID...	—	5.5	0.0	35.0	1	钻头/钻孔	无
2	--	SOLID...	—	5.8	0.0	35.0	1	钻头/钻孔	无
2	--	SOLID...	—	5.9	0.0	35.0	1	钻头/钻孔	无
5	--	END M...	—	6.0	1.0	10.0	4	圆鼻刀	角落

刀具过滤(F)

☑ 激活刀具过滤

显示 d 个刀具（共

显示模式

○ 刀具
○ 装配
◉ 两者

图 6-20　“选择刀具”对话框

5）设置图 6-21 所示的刀具相关参数。如果要编辑选定刀具，那么可以在刀具列表中双击要编辑的刀具，接着利用弹出的“编辑刀具”对话框来修改该刀具的定义属性。

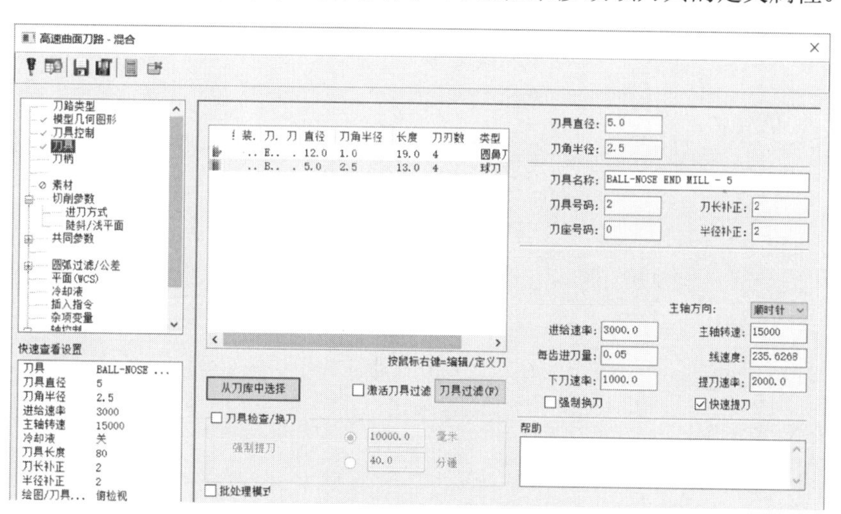

图 6-21 设置选定刀具的相关参数

6）在“高速曲面刀路-混合”对话框中选择“切削参数”类别，进行图 6-22 所示的切削参数设置。

图 6-22 设置切削参数

7）在“高速曲面刀路-混合”对话框中选择“进刀方式”类别，选择“切线斜插”单选按钮，如图 6-23 所示。

8）在“高速曲面刀路-混合”对话框中选择“陡斜/浅平面”类别，勾选“使用 Z 轴深度”复选框，单击“检查深度”按钮，可以检测出最高位置和最低位置，如图 6-24 所示。

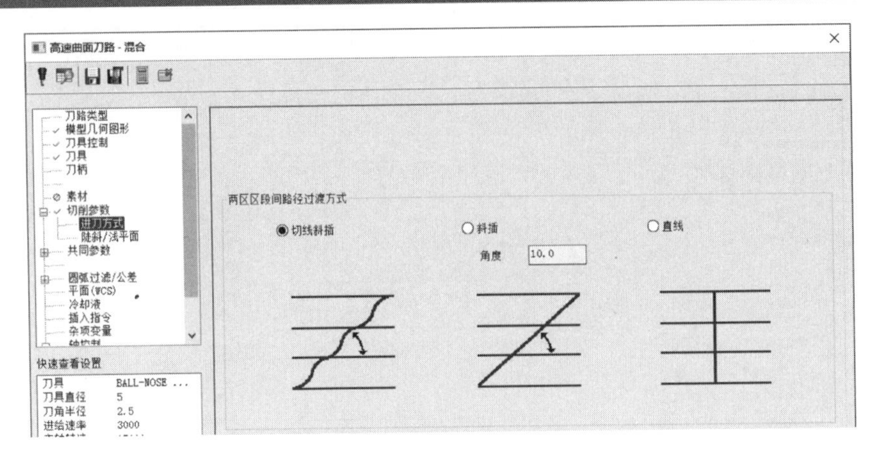

图 6-23 设置进刀方式

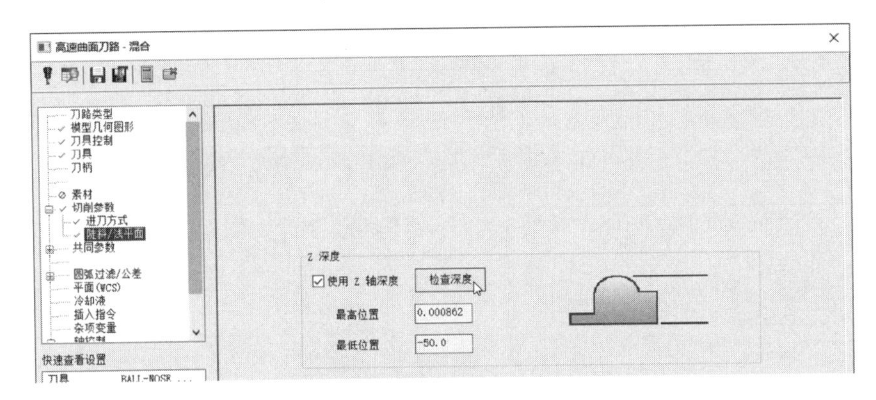

图 6-24 设置陡斜/浅平面

9）在“高速曲面刀路-混合”对话框中选择“共同参数”类别，进行图 6-25 所示的共同参数设置。

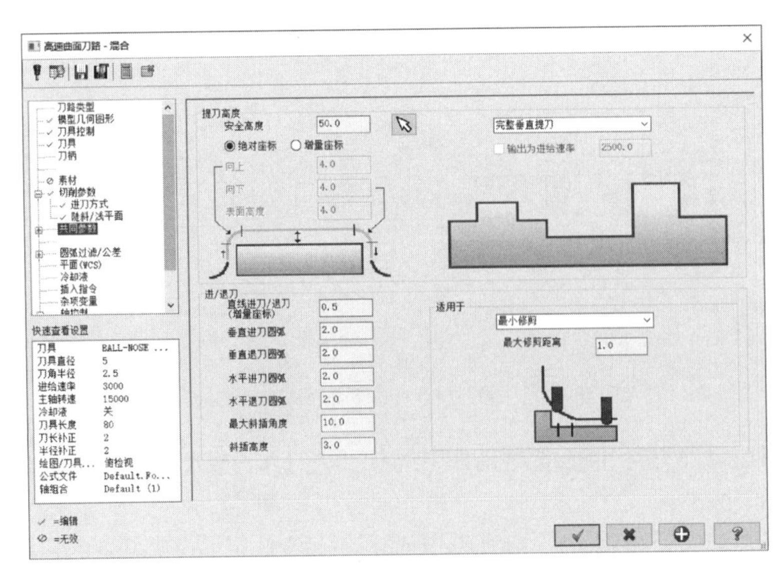

图 6-25 设置共同参数

10）在“高速曲面刀路-混合”对话框中单击“确定”按钮，生成图 6-26 所示的混合精切刀路。

11）在刀路管理器的工具栏中单击“选择全部操作”按钮。

12）在刀路管理器的工具栏中单击“验证已选择的操作”按钮，弹出“Mastercam 模拟”对话框，设置好相关的选项后，单击“播放”按钮，模拟加工结果如图 6-27 所示。

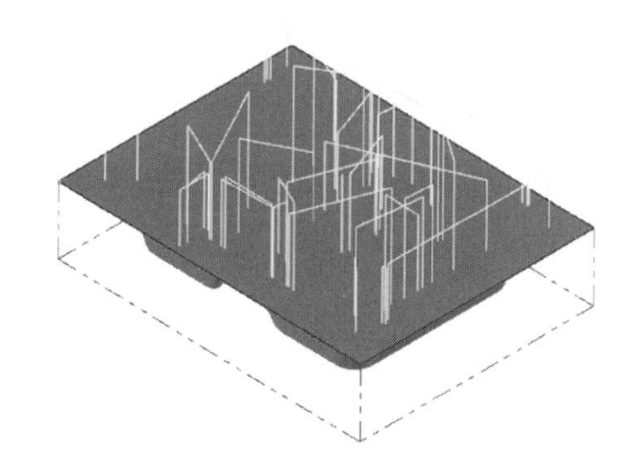

图 6-26　生成混合精切刀路

图 6-27　混合精切的实体模拟加工结果

6.2　烟灰缸综合加工范例

扫码观看视频

本节介绍一个烟灰缸曲面综合加工范例。

6.2.1　范例加工说明

该范例所需的原始文件为“烟灰缸曲面造型.mcam”，该文件可在随书附赠网盘资源的 CH6 文件夹目录下被找到。打开“烟灰缸曲面造型.mcam”文件，则得到需要加工的曲面图形如图 6-28 所示。该范例最终完成加工模拟后的零件效果如图 6-29 所示。

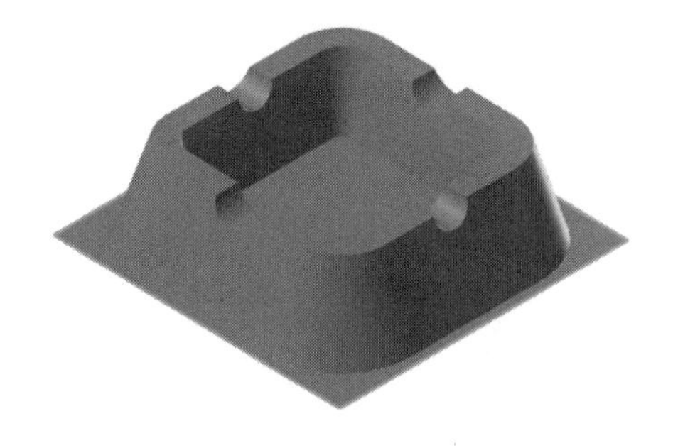

图 6-28　需要加工的曲面图形

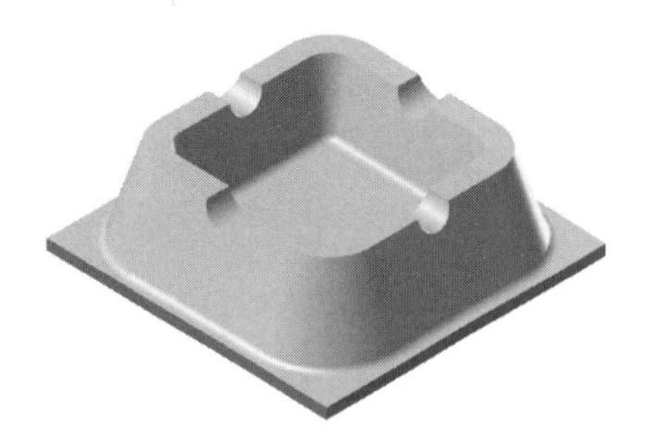

图 6-29　完成效果图

根据该烟灰缸曲面造型的图形特点等，首先确保机床加工系统和设置工件毛坯，工件毛坯应该留有一定的余量，接着进行相应的曲面粗加工和曲面精加工操作，在进行曲面粗加工和曲面精加工操作时，需要认真考虑采用何种刀具。通常曲面精加工采用比曲面粗加工直径更小的刀具。规划的刀路如下。

1）选用直径Φ8 的圆鼻刀，使用挖槽粗切刀路对烟灰缸曲面造型进行粗加工，注意加工余量的设置等。

2）使用Φ5球刀，采用等高外形精切刀路对烟灰缸侧壁进行精加工。

3）使用Φ5球刀，采用平行精切刀路主要针对烟灰缸底面和顶面进行精加工。

4）实体加工仿真模拟。

注意：最后还可以采用环绕等距精切刀路对曲面型腔进行更精致的精修加工，注意调整分配各步骤加工余量。有兴趣的读者可以试一试。

6.2.2 设置工件毛坯

1）在操作管理的刀路管理器中，双击当前机床群组的“属性”标识，从而展开“属性”。

2）在“属性”下单击“素材设置”标识。

3）系统弹出“机床分组属性”对话框。在“素材设置”选项卡中，从“型状”选项组中选择“立方体”单选按钮；单击“所有图形”按钮，系统给出包含所有图素的工件外形尺寸，可适当修改工件高度，并设置素材原点，如图6-30所示。

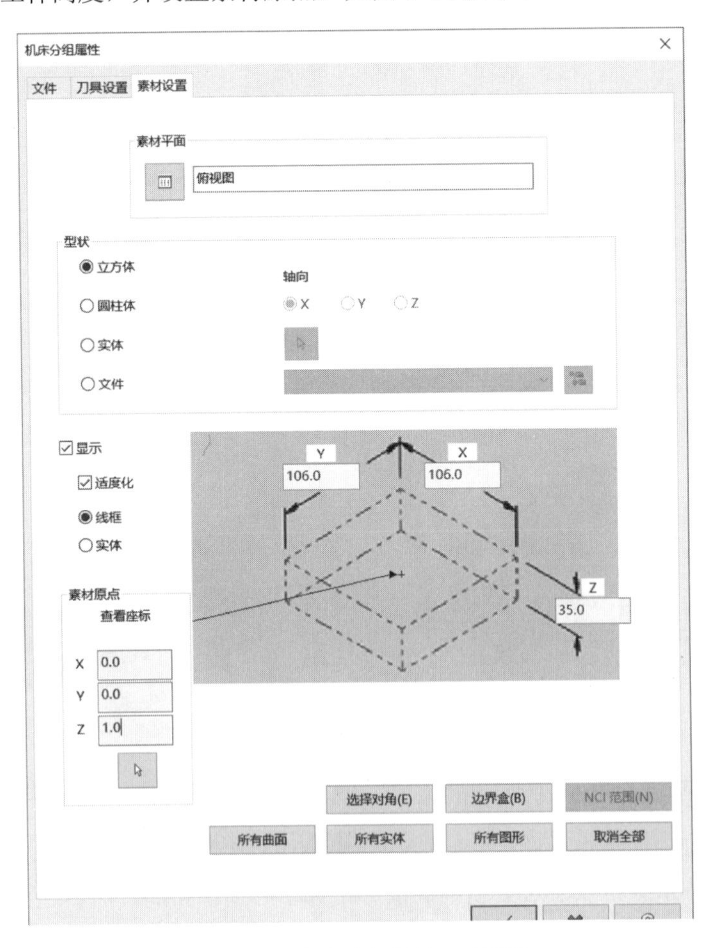

图6-30 “机床分组属性”对话框

4）单击“确定”按钮，完成工件毛坯设置后的图形效果如图6-31所示。

6.2.3 挖槽粗加工

1）在功能区“刀路”选项卡的“3D”面板中单击“粗切”组中的“挖槽”按钮。

2）系统提示选择加工曲面，使用鼠标框选所有的曲面，如图 6-32 所示，按〈Enter〉键确定。

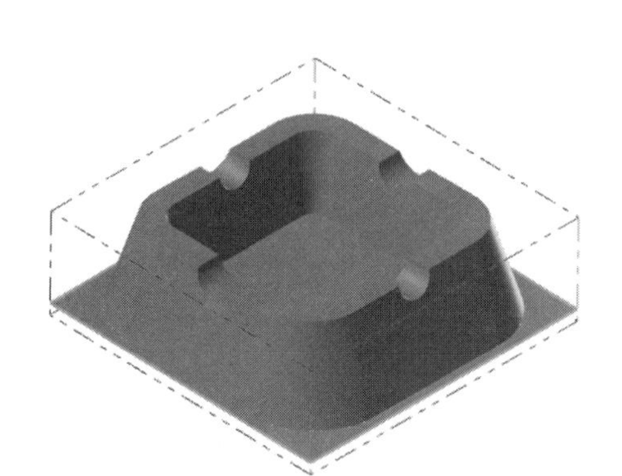

图 6-31 完成设置毛坯

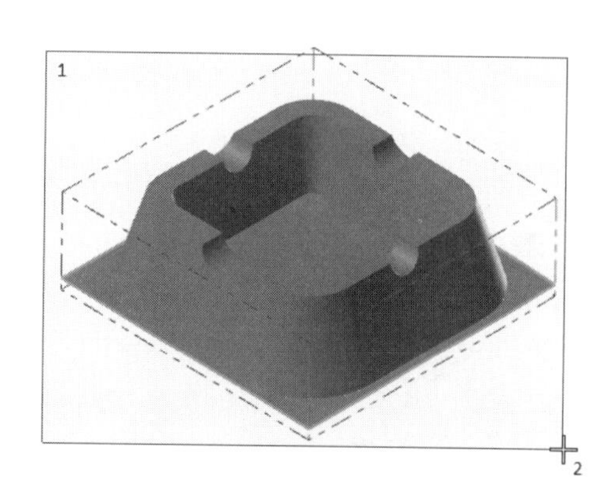

图 6-32 选择加工曲面

3）系统弹出“刀路曲面选择”对话框，如图 6-33 所示，在该对话框的“切削范围”选项组中单击“选择”按钮，以串连的方式选择图 6-34 所示的曲面边界线，按〈Enter〉键确定。

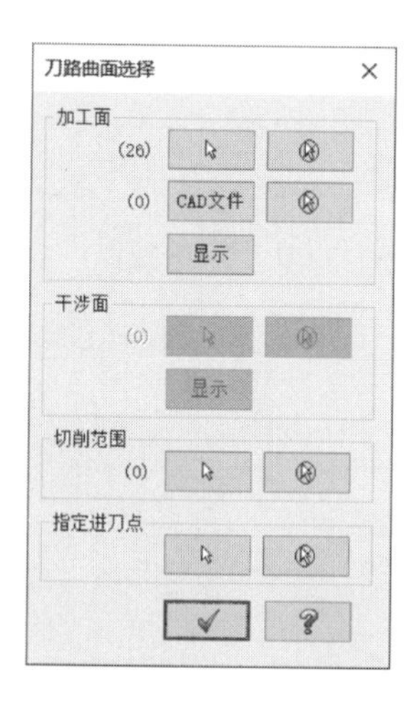

图 6-33 选择加工曲面

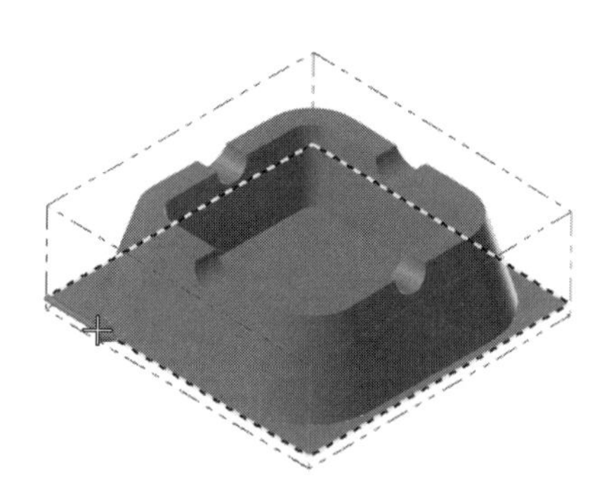

图 6-34 指定串连曲面边界线

4）在“刀路曲面选择”对话框中单击“确定”按钮。

5）系统弹出“曲面粗切挖槽”对话框。在“刀具参数”选项卡中单击“从刀库选择”按钮，系统弹出“选择刀具”对话框，从 Mill_mm.tooldb 刀具库的刀具列表中选择直径Φ8、刀角半径为 1 的圆鼻刀，然后单击“确定”按钮，返回到“曲面粗切挖槽”对话框。

6）在“刀具参数”选项卡中设置图 6-35 所示的刀具路径参数。

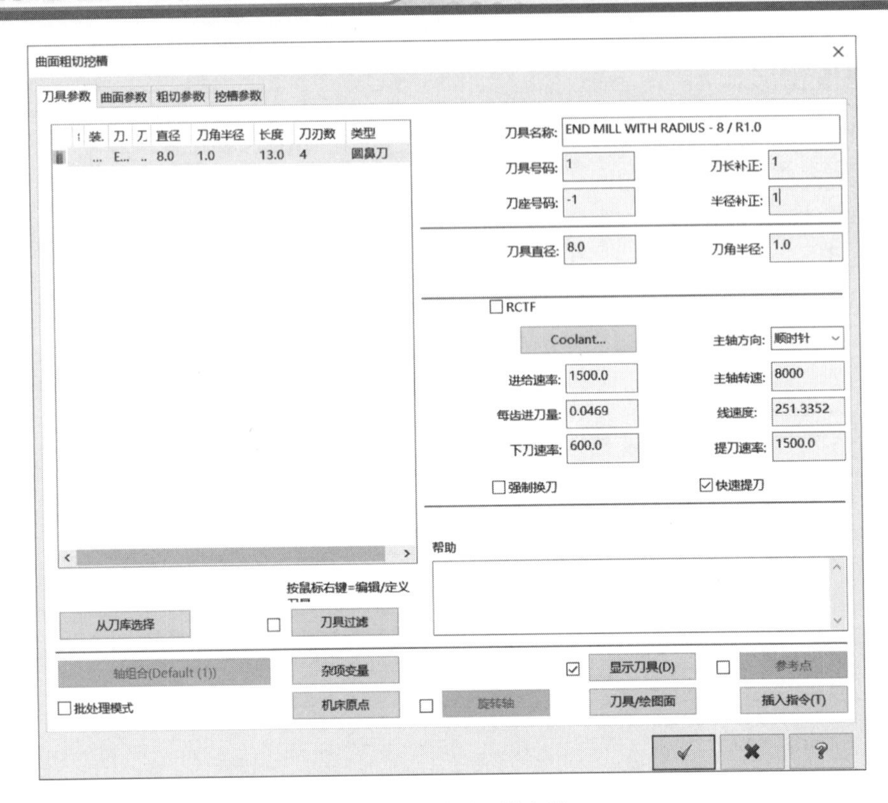

图 6-35　设置刀具参数

7）切换至“曲面参数”选项卡，设置图 6-36 所示的曲面加工参数。

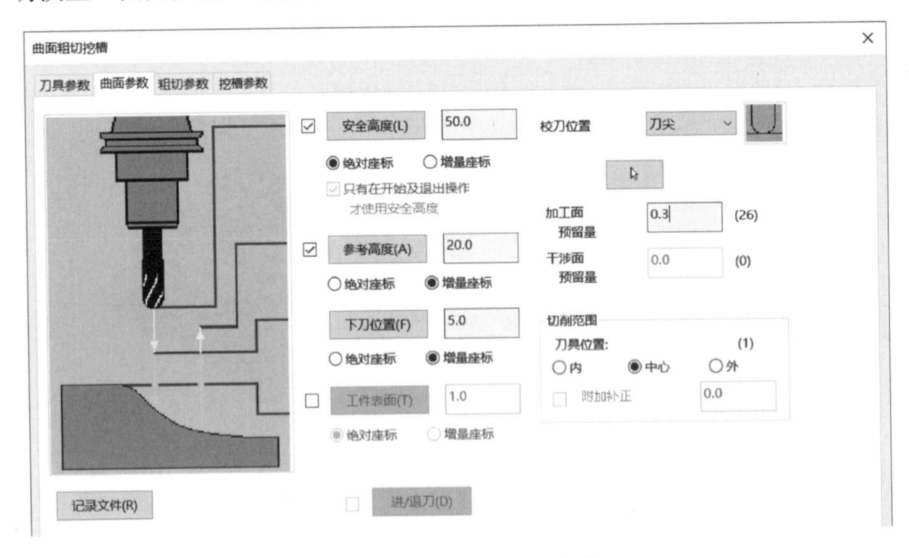

图 6-36　设置曲面加工参数

8）切换至“粗切参数”选项卡，设置图 6-37 所示的粗切参数。“切削深度”“间隙设置”“高级设置”，可自行进行设置，也可以采用系统默认设置。

9）在“粗切参数”选项卡的“进刀选项”选项组中单击“螺旋进刀”按钮，弹出“螺旋/斜插下刀设置”对话框，可以在此对话框中修改螺旋进刀的相关设置，如图 6-38 所示，然后单击“确定”按钮 关闭此对话框。

图 6-37 设置粗切参数

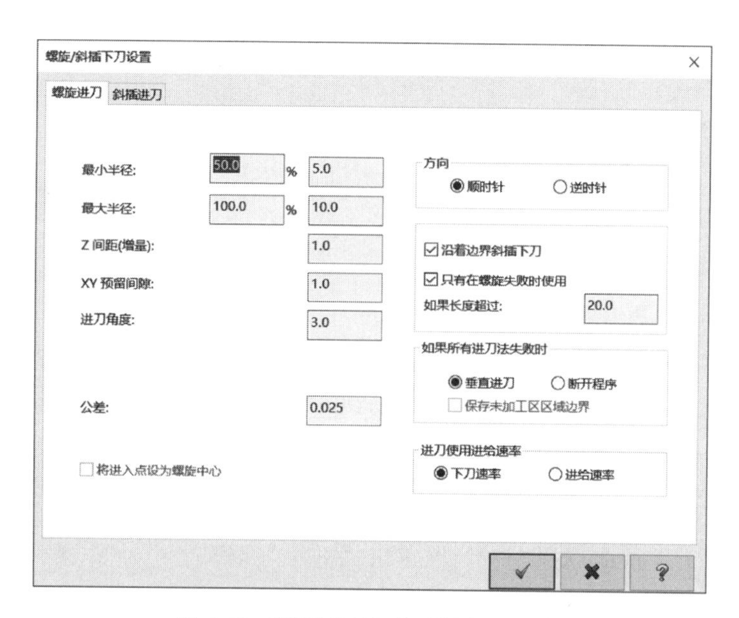

图 6-38 “螺旋/斜插下刀设置”对话框

10）切换至“挖槽参数”选项卡，设置图 6-39 所示的挖槽参数。

11）在“曲面粗切挖槽”对话框中单击“确定”按钮 ，创建的曲面粗切挖槽刀具路径如图 6-40 所示。

6.2.4 传统等高外形精加工

1）在功能区“刀路”选项卡的“3D”面板中单击“精切”组中的“传统等高”按钮 。

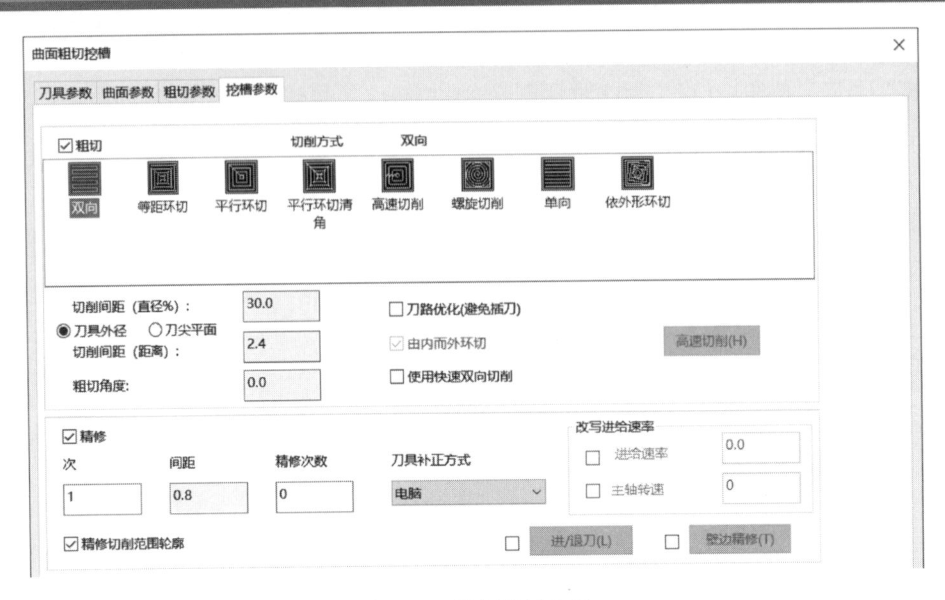

图 6-39　设置挖槽参数

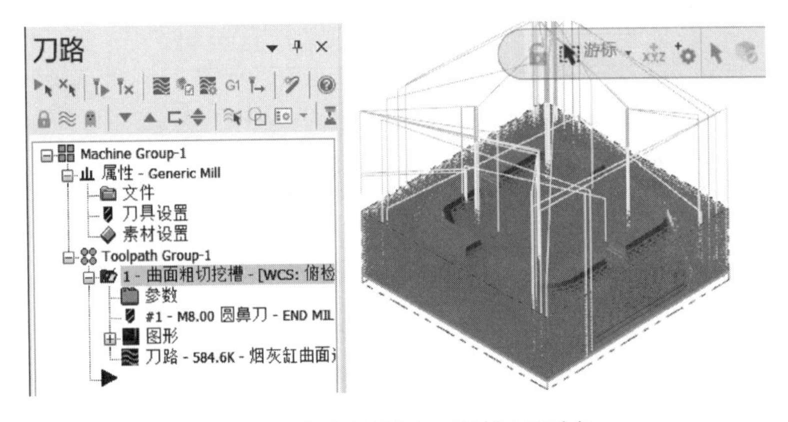

图 6-40　生成曲面粗加工挖槽刀具路径

2）使用鼠标框选所有的曲面，按〈Enter〉键确定，系统弹出“刀路曲面选择”对话框，如图 6-41 所示

3）直接在“刀路曲面选择”对话框单击“确定”按钮，系统弹出“曲面精修等高”对话框。

4）在“刀具参数”选项卡上，通过使用“从刀库选择”按钮，从 Mill_mm.tools 刀具库的刀具列表中选择Φ5 的球刀，并设置图 6-42 所示的参数。

5）在“曲面精修等高”对话框中单击“曲面参数”选项标签，以切换至“曲面参数”选项卡，从中设置图 6-43 所示的曲面加工参数。

6）在“曲面精修等高”对话框中单击“等高精修参数”选项标签，以切换至“等高精修参数”选项卡，设置图 6-44 所示的等高外形精加工参数。

7）在“曲面精修等高”对话框中单击“确定”按钮，生成曲面精加工等高外形刀具路径。

图 6-41 “刀路曲面选择”对话框

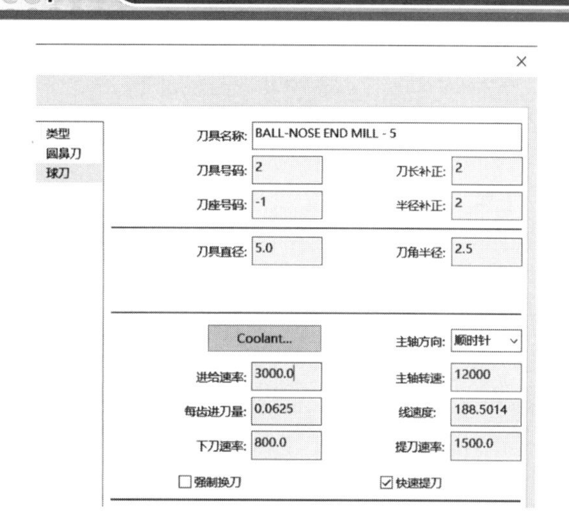

图 6-42 设置相关刀具参数

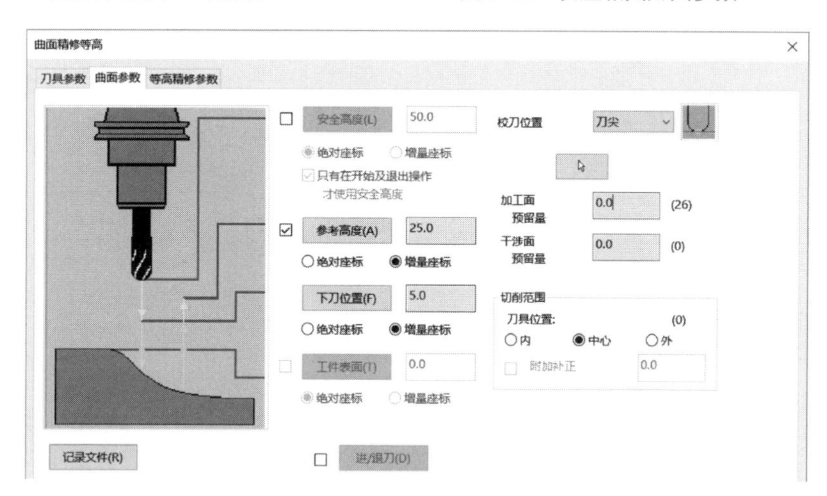

图 6-43 设置曲面加工参数

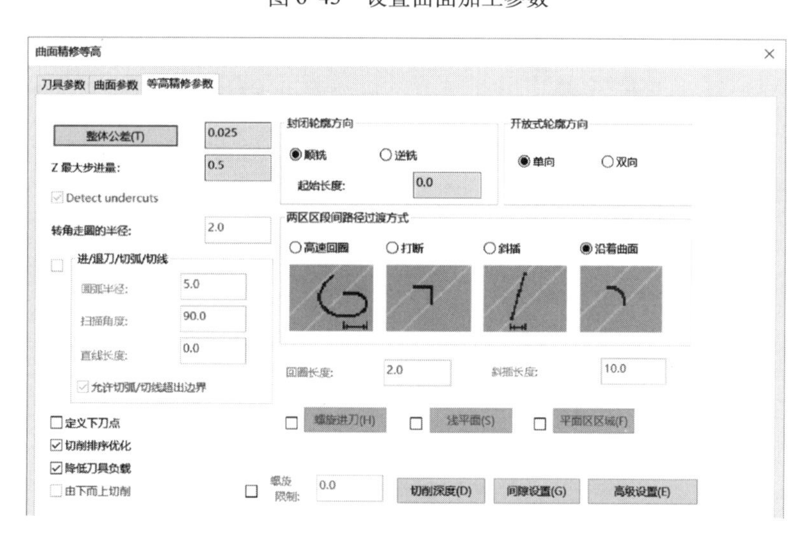

图 6-44 设置等高外形精加工参数

6.2.5 针对浅平面区域的平行精加工

1）在功能区“刀路”选项卡的“3D”面板中单击“精切”组中的“平行”按钮，系统弹出“高速曲面刀路-平行”对话框。

2）在“高速曲面刀路-平行”对话框的“模型几何图形”类别页中，从“素材预留量变化分组（加工图形）”列表中选择第一行，单击“选择图形”按钮，接着在图形窗口中使用鼠标窗选全部曲面，单击“结束选取”按钮以选择全部曲面作为加工面，接着将壁边余量（渐变）和底面余量均设置为0。

3）选择“刀具”类别，选择Φ5的球刀，并设置相应的参数，如图6-45所示。

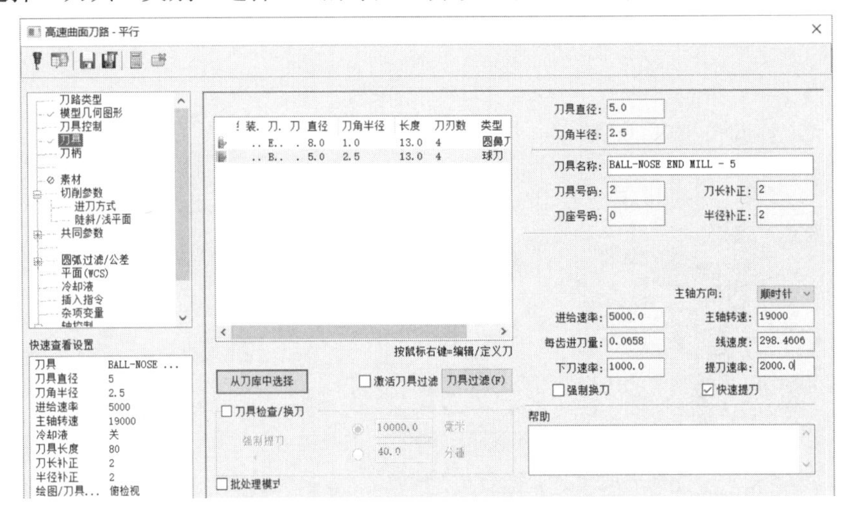

图6-45 选择球刀并设置刀具参数

4）选择“素材”类别，勾选“基于素材加工”复选框，设置图6-46所示的参数。

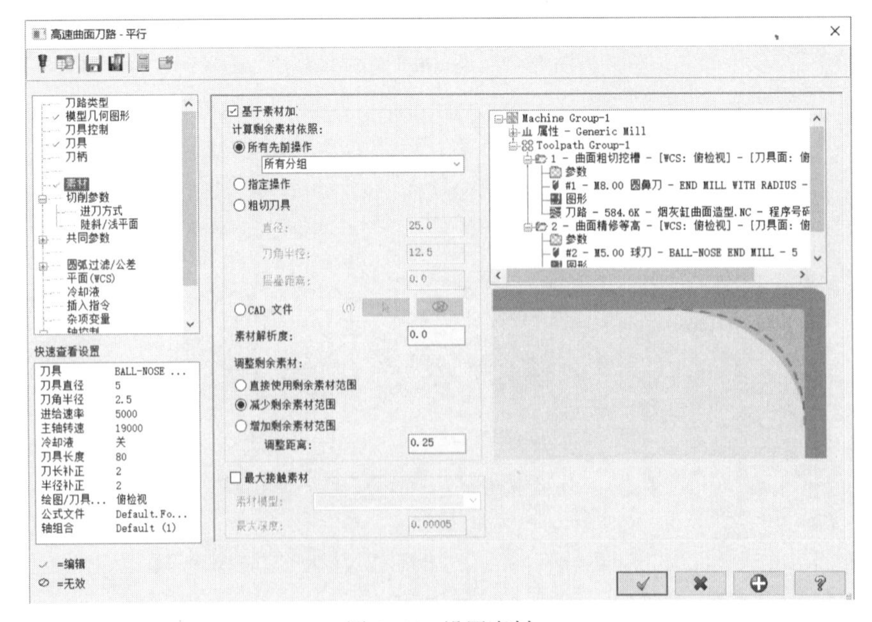

图6-46 设置素材

5）选择“切削参数”类别，设置图 6-47 所示的切削参数。

图 6-47　设置切削参数

6）选择“进刀方式”类别，设置图 6-48 所示的进刀方式。

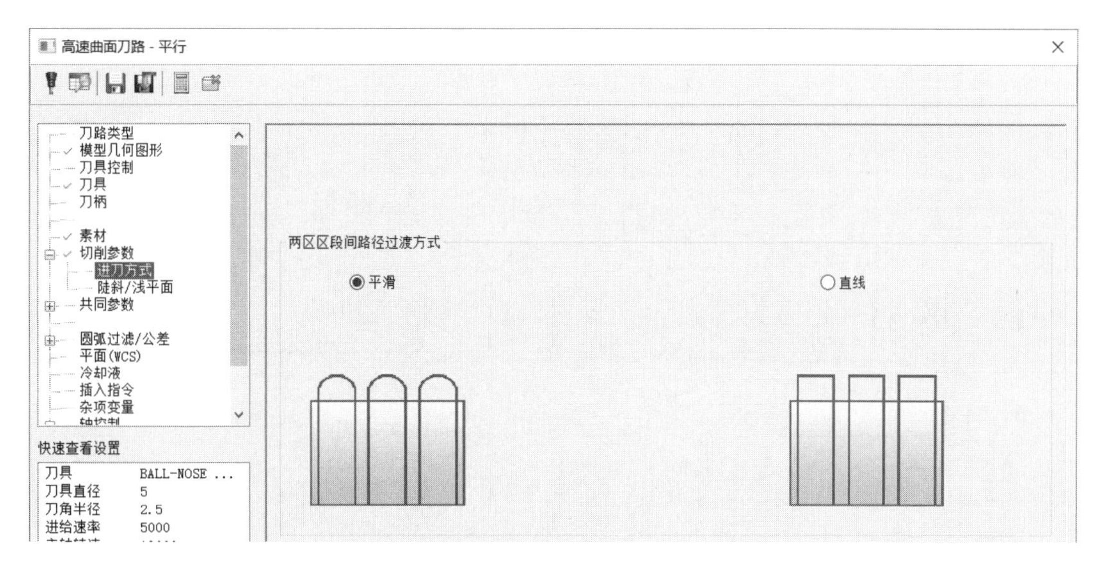

图 6-48　设置进刀方式

7）选择“陡斜/浅平面”类别，设置图 6-49 所示的进刀方式。

8）选择“共同参数”类别，设置图 6-50 所示的共同参数。

9）单击“高速曲面刀路-平行”对话框中的“确定”按钮，系统按照所设置的参数产生相应的平行精修刀路。

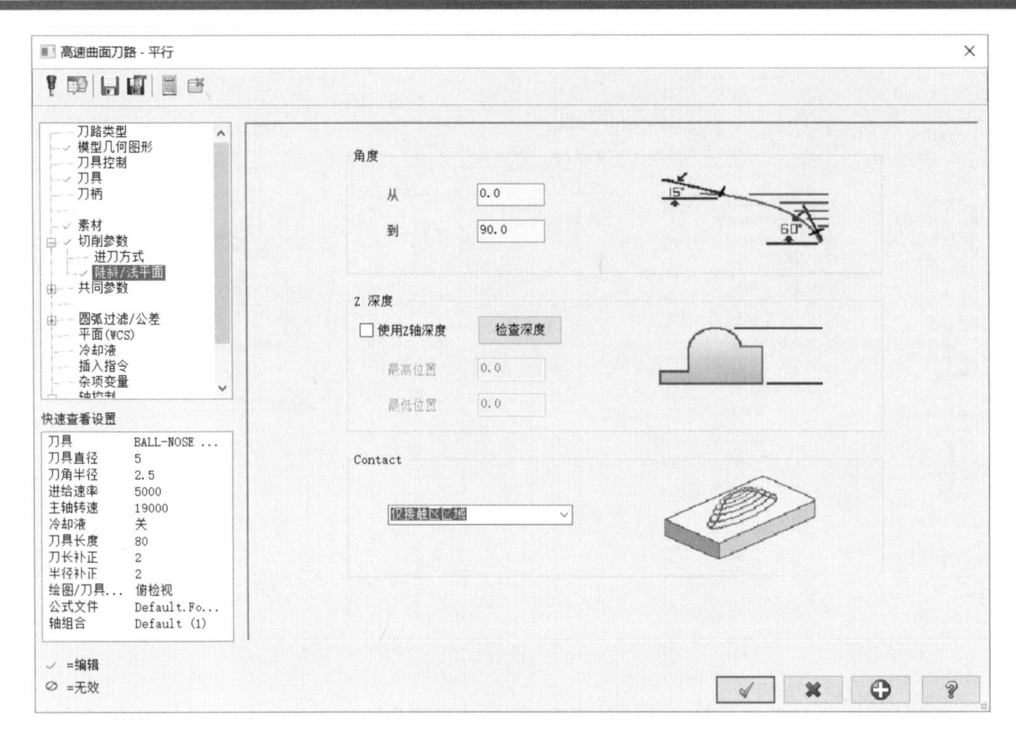

图 6-49 设置陡斜/浅平面参数

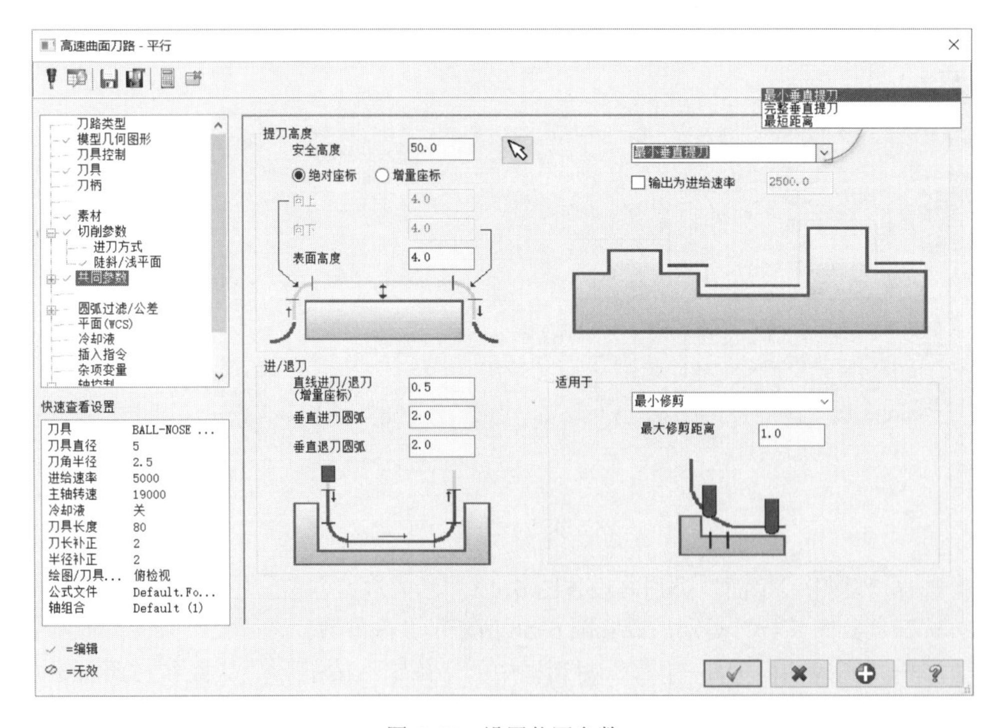

图 6-50 设置共同参数

6.2.6　实体加工模拟验证

1）在刀路管理器的工具栏中单击“选择全部操作”按钮，如图 6-51 所示。

2）在刀路管理器的工具栏中单击“验证已选择的操作”按钮，弹出“Mastercam 模拟”窗口，设置好相关的选项后，单击“播放”按钮，加工模拟的结果如图 6-52 所示。

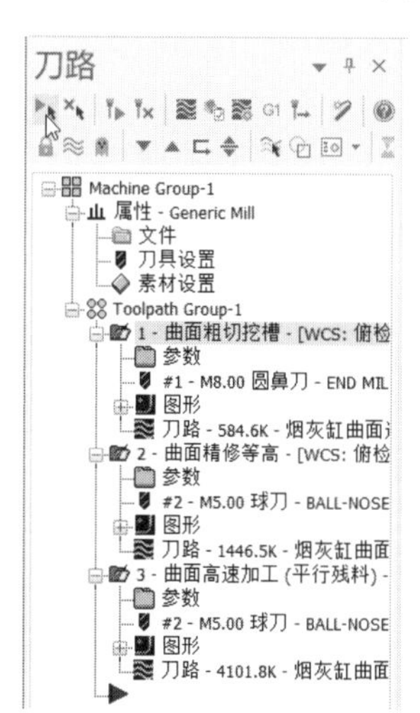

图 6-51　选中所有的操作

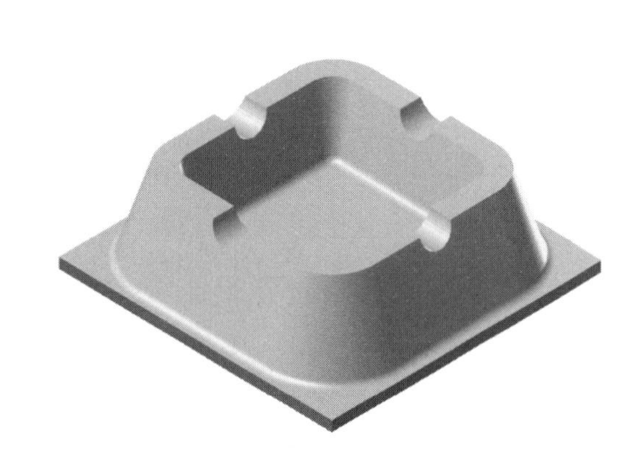

图 6-52　加工模拟的结果

3）关闭“Mastercam 模拟”窗口。

6.3　猴公仔综合加工范例

本节介绍一个关于猴公仔的综合加工范例。

扫码观看视频

6.3.1　范例加工说明

该范例所需的原始文件为“玩具猴公仔.mcam”，该文件可在随书附赠网盘资源的 CH6 文件夹目录下被找到。打开“玩具猴公仔.mcam”文件，则得到需要加工的曲面图形如图 6-53 所示（隐藏了工件线架），该文件中已经设置好的工件如图 6-54 所示（显示工件线架）。

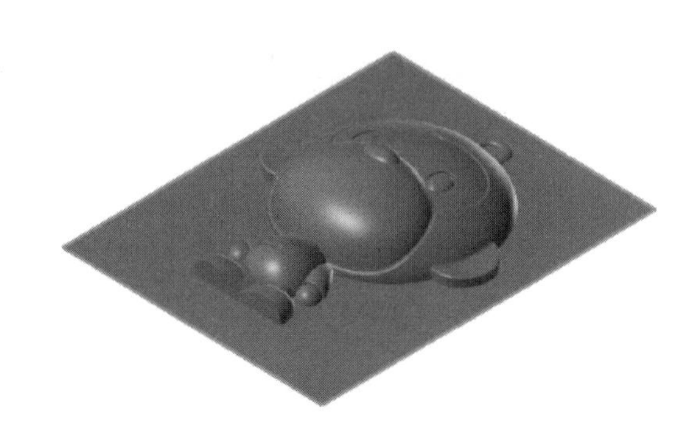

图 6-53　“玩具猴公仔.MCX”中的曲面

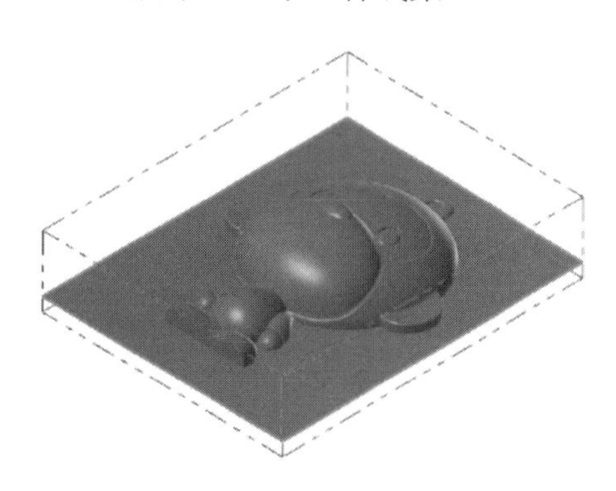

图 6-54　已经设置好工件毛坯

该综合加工范例最终完成加工模拟后的零件效果如图6-55所示。

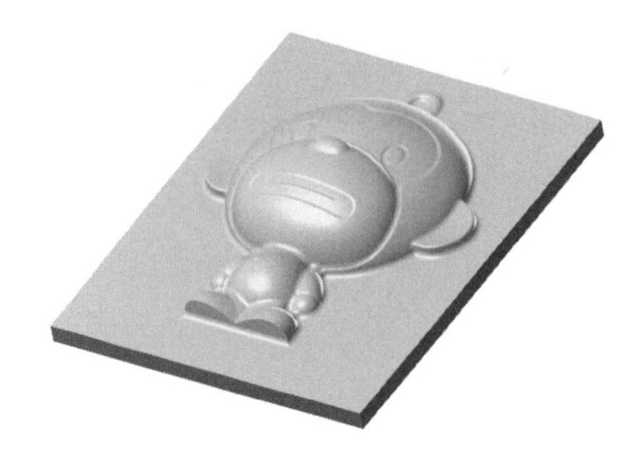

图6-55 猴公仔加工模拟后的效果

在该范例中，已经采用了默认的铣削加工系统，并且根据曲面形状和加工要求设置好所需的工件毛坯。本范例将使用到这些曲面加工方式：平行粗切、等高精切、清角精切、环绕等距精切和熔接精切。本范例应用到的加工刀具包括（仅供参考）Φ8圆鼻刀、Φ6圆鼻刀、Φ3球刀。

首先打开本范例所需的原始文件“玩具猴公仔.mcam”，接着按照以下具体方法和步骤进行范例操作。

6.3.2 平行铣削粗加工

1）在功能区“刀路”选项卡的“3D”面板中单击“粗切”组中的“平行”按钮。

2）系统弹出图6-56所示的“选择工件形状”对话框，选择“凸”单选按钮，然后单击“确定”按钮。

3）系统提示选择加工曲面。使用“窗选”方法框选所有的曲面，如图6-57所示，按〈Enter〉键确定。

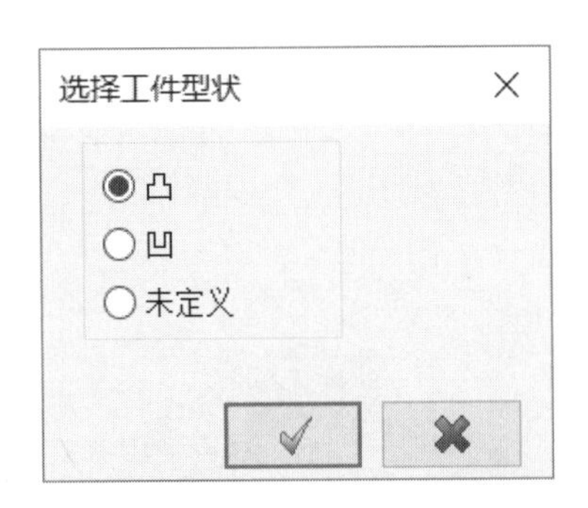

图6-56 “选择工件形状”对话框

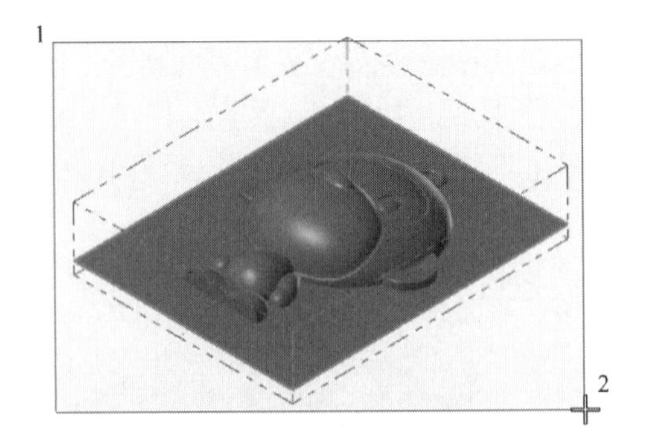

图6-57 选择加工曲面

4）系统弹出图6-58所示的“刀路曲面选择”对话框，单击“切削范围”选项组中的“选择”按钮，以串连的方式选择图6-59所示的边线定义切削范围，按〈Enter〉键确定，最后在“刀路曲面选择”对话框中单击“确定”按钮。

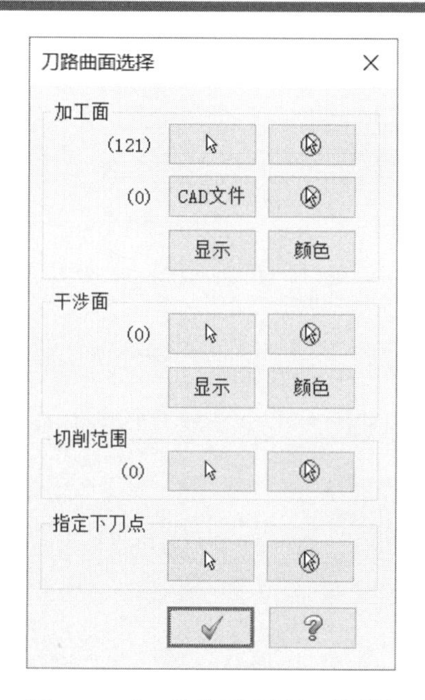

图 6-58 “刀路曲面选择”对话框

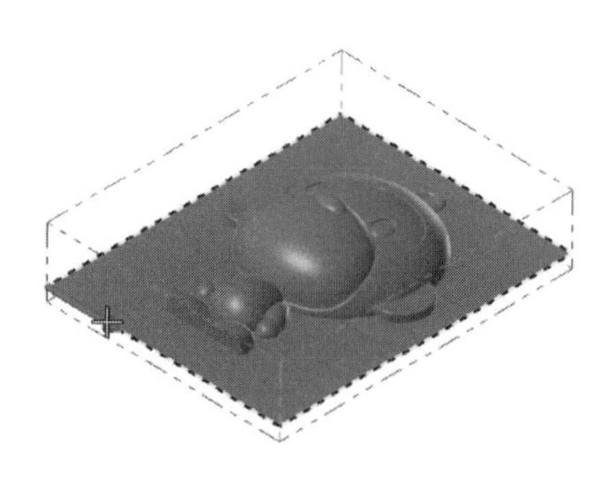

图 6-59 指定切削范围

5）系统弹出“曲面粗切平行”对话框。在“刀具参数”选项卡中，单击“从刀库选择”按钮，打开“选择刀具”对话框，接着从 Mill_mm.tooldb 刀具库的刀具列表中选择直径Φ8、刀角半径 R1 的圆鼻刀，然后单击“选择刀具”对话框中的“确定”按钮 ✓ 。

6）在“刀具参数”选项卡中，设置刀具号码为 1、刀长补正为 1、半径补正为 1、刀座号码为-1，设置进给速率为 2800，下刀速率为 1000，主轴转速为 12000，其他采用默认值，如图 6-60 所示。

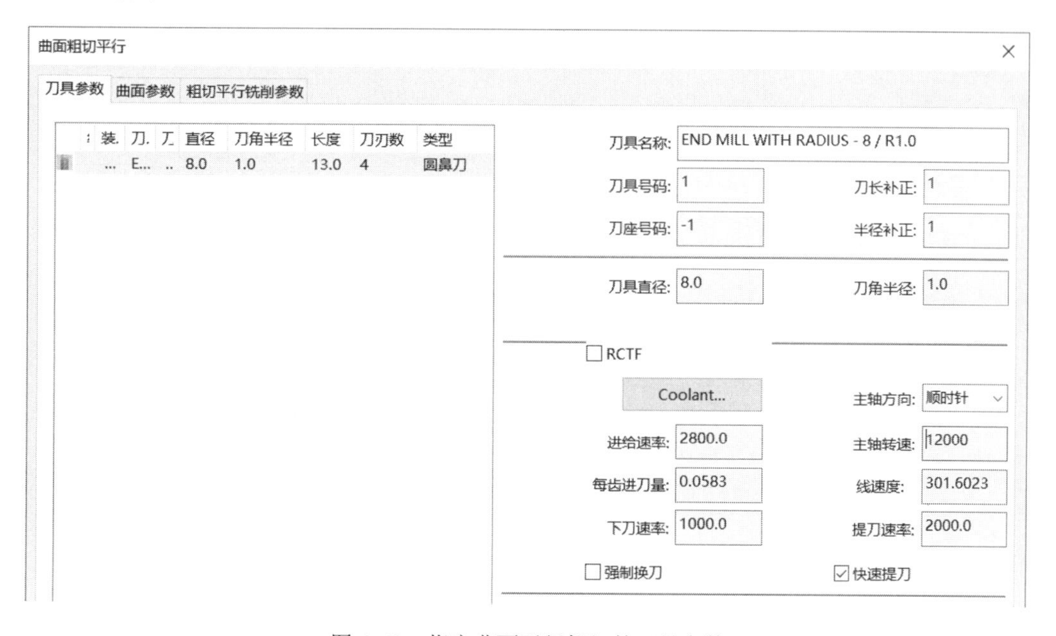

图 6-60 指定曲面平行粗切的刀具参数

7）切换至“曲面参数”选项卡，设置图 6-61 所示的曲面加工参数。

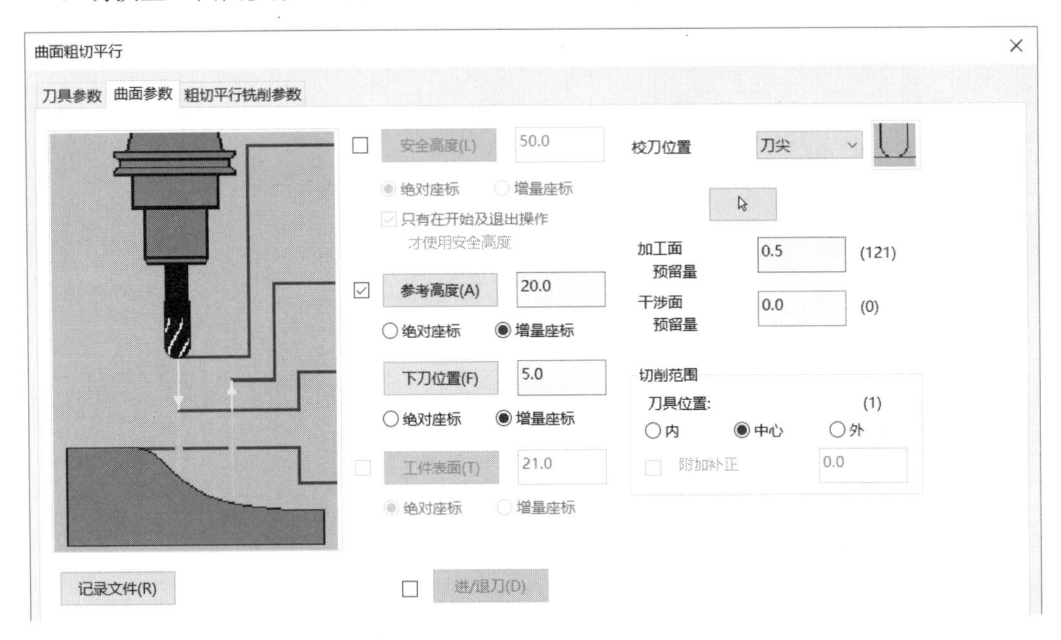

图 6-61　设置曲面加工参数

8）切换至“粗切平行铣削参数”选项卡，设置图 6-62 所示的粗切平行铣削加工参数。

图 6-62　设置粗切平行铣削参数

9）在“曲面粗切平行”对话框中单击“确定”按钮，从而生成图 6-63 所示的曲面平行粗切刀具路径。为了便于观察以后生成的曲面加工刀具路径，可以使用刀路管理器工具栏中的“切换显示已选择的刀路操作”按钮≋将该新生成的刀具路径隐藏起来。

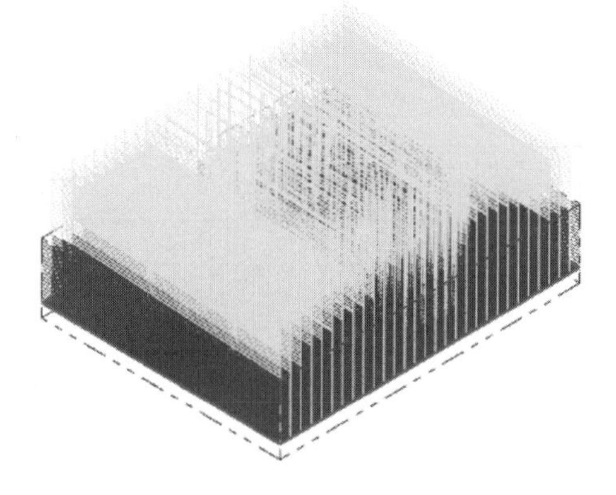

图 6-63 曲面平行粗切刀路

6.3.3 等高半精修

1）在功能区“刀路”选项卡的“3D”面板中单击“精切”组中的“等高”按钮，弹出“高速曲面刀路-等高”对话框。

2）在“高速曲面刀路-等高”对话框的“模型几何图形”类别页中，从“素材预留量变化分组”（加工图形）列表中选择第一行，单击“选择图形”按钮，接着在图形窗口中使用鼠标窗选全部曲面，单击“结束选取”按钮以选择全部曲面作为加工面，接着将壁边余量（渐变）和底面余量均设置为 0.2，如图 6-64 所示。

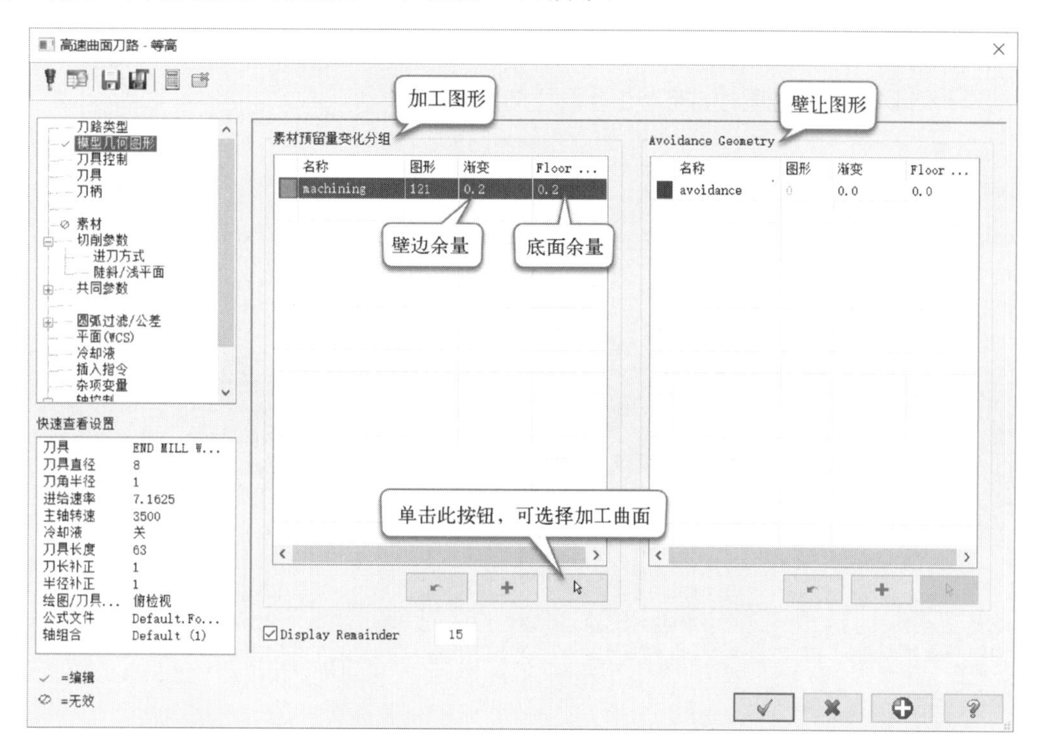

图 6-64 “高速曲面刀路-等高”对话框

3）选择“刀具”类别，单击“从刀库中选择”按钮，从 Mill_mm.tooldb 刀具库的刀具列表中选择直径为 Φ6、刀角半径为 R1 的圆鼻刀，确认后返回“高速曲面刀路-等高”对话框。设置图 6-65 所示的刀具参数。

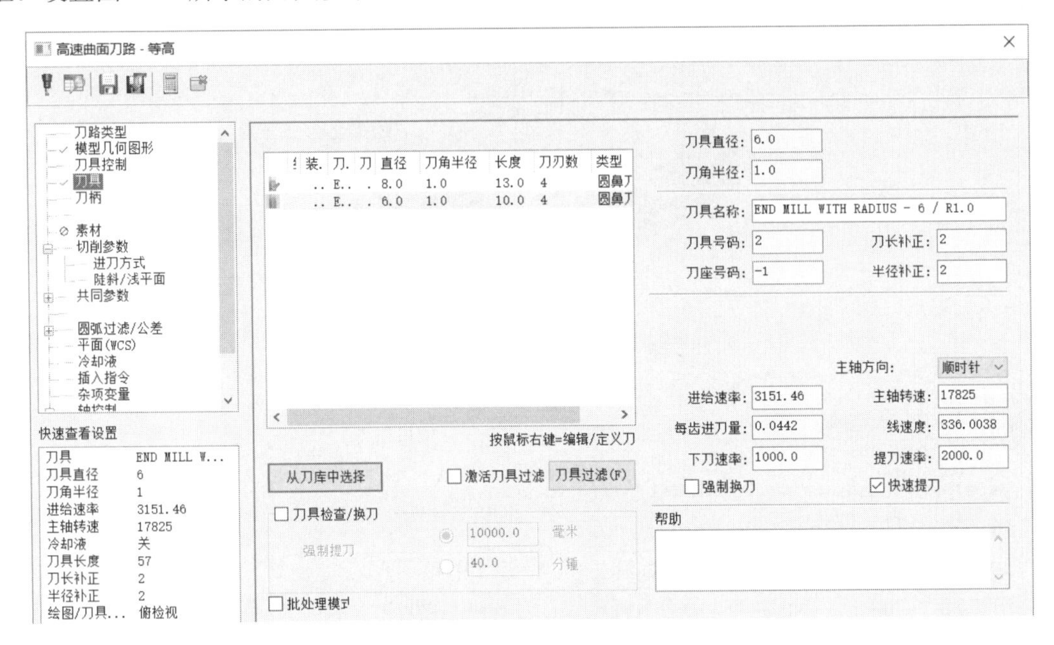

图 6-65 设置刀具参数

4）选择“切削参数”类别，设置图 6-66 所示的切削参数。切削排序可以先选择“由下而上”，待案例完成后可以通过编辑参数的方式将切削排序更改为“优化”或“依照深度”，并注意分析各切削排序选项对刀路产生什么样的影响效果。

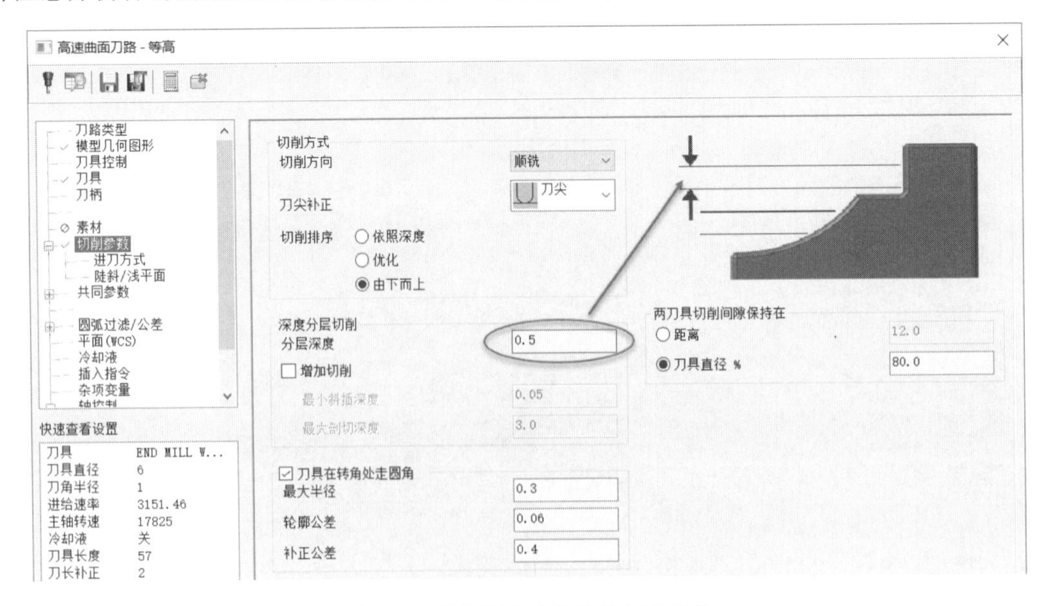

图 6-66 设置等高半精修的切削参数

5）选择“进刀方式”类别，接受默认的两区域间路径过渡方式为“切线斜插”，角度为10°；选择“陡斜/浅平面”类别，进行图 6-67 所示的陡斜/浅平面参数设置。可以根据情况修改一些参数以便后面观察刀路变化情况。

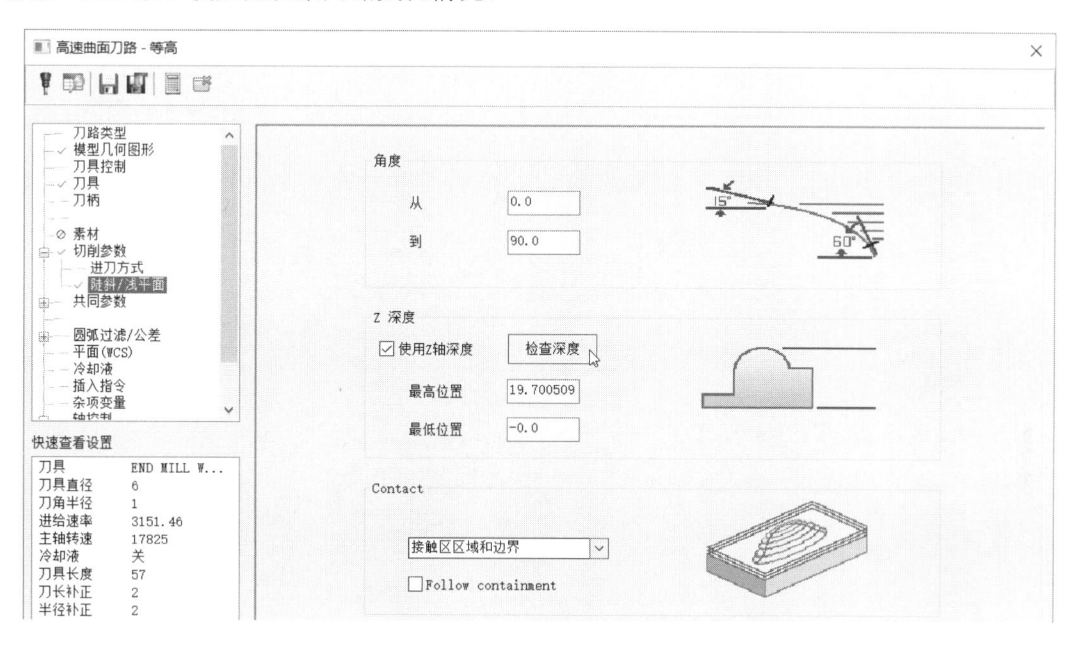

图 6-67 设置陡斜/浅平面参数

6）接受默认的共同参数设置，单击“确定”按钮，系统根据所设置的参数生成等高半精加工刀路，如图 6-68 所示。

7）确保只选中等高半精加工操作，在刀路管理器的工具栏中单击“切换显示已选择的刀路操作”按钮≋，将该半精加工刀路的显示状态切换为不显示。

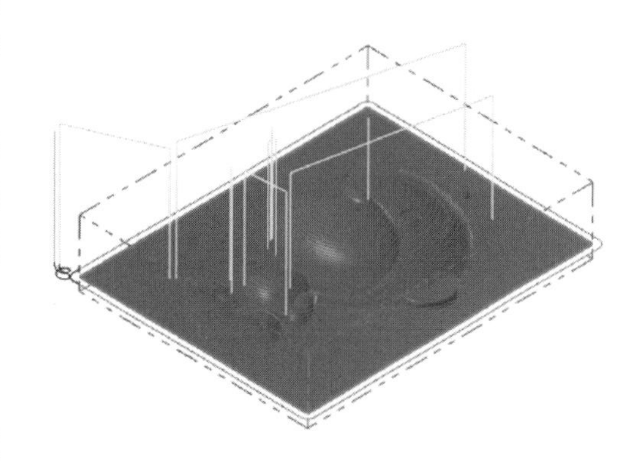

图 6-68 生成等高半精加工刀路

6.3.4 清角精加工

1）在功能区“刀路”选项卡的“3D”面板中单击“精切”组中的“清角”按钮，系统弹出“高速曲面刀路-清角”对话框。

2）在“高速曲面刀路-清角”对话框的“模型几何图形”类别页中，从“素材预留量变化分组（加工图形）”列表中选择第一行，单击“选择图形”按钮，接着在图形窗口中使用鼠标窗选全部曲面，按〈Enter〉键确定选择全部曲面作为加工面，接着将壁边余量（渐变）和底面余量均设置为 0。

3）选择“刀具”类别，单击“从刀库中选择”按钮，从 Mill_mm.tooldb 刀具库的刀具列表中选择直径为 Φ3 的球刀，确认后返回“高速曲面刀路-清角”对话框。设置图 6-69 所示的刀具参数。

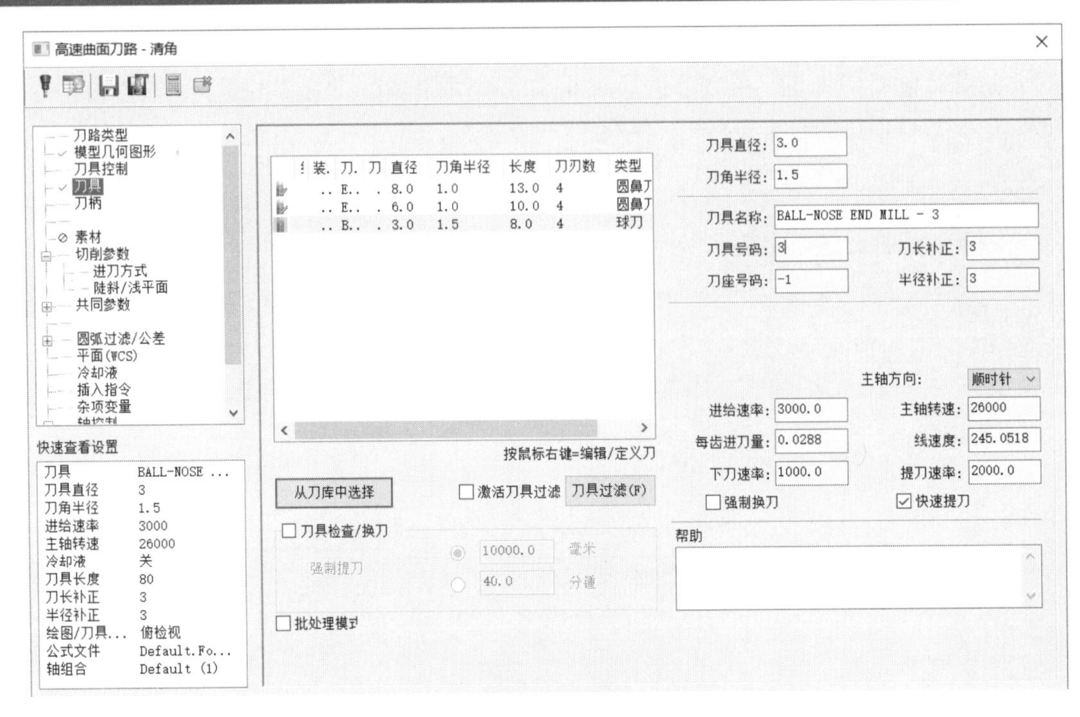

图 6-69 选择球刀并编辑其刀具参数

4）选择“切削参数”类别，设置清角的切削参数，如图 6-70 所示。

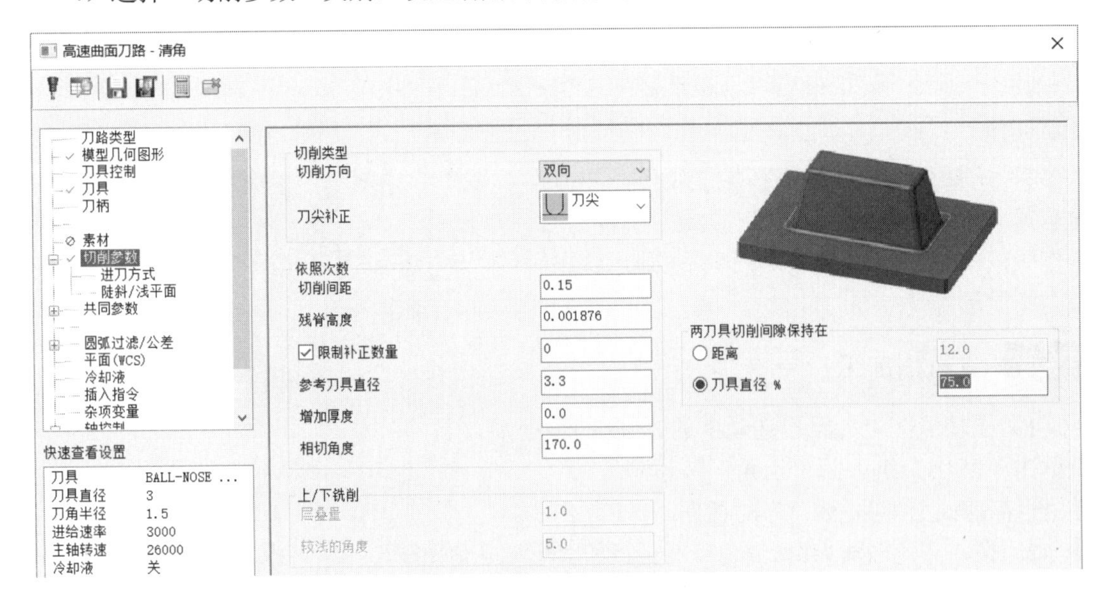

图 6-70 设置清角的切削参数

5）接受默认的陡斜/浅平面和共同参数设置，也可以自行进行相应修改设置。

6）单击“确定”按钮 ✓ ，生成图 6-71 所示的清角精修刀路。

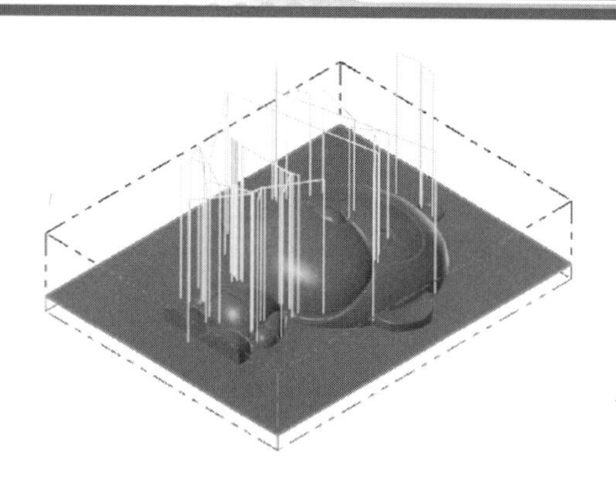

图 6-71　清角精修刀路

7）在刀路管理器的工具栏中单击“切换显示已选择的刀路操作”按钮≈，将该清角精修刀路的显示状态切换为不显示。

6.3.5 环绕等距铣削精加工

1）在功能区“刀路”选项卡的“3D”面板中单击“精切”组中的“环绕”按钮，系统弹出“高速曲面刀路-环绕”对话框。

2）在“高速曲面刀路-环绕”对话框的“模型几何图形”类别页中，从“素材预留量变化分组”（加工图形）列表中选择第一行，单击“选择图形”按钮，接着在图形窗口中使用鼠标窗选全部曲面，按〈Enter〉键确定选择全部曲面作为加工面，接着将壁边余量（渐变）和底面余量均设置为 0。

3）在“高速曲面刀路-环绕”对话框中选择“刀具”类别，从刀具列表中选择 Φ3 的球刀，可以通过在刀具列表中右击该球刀并从快捷菜单中选择一个选项来重新初始化进给速率及转速，设置的刀具参数如图 6-72 所示。

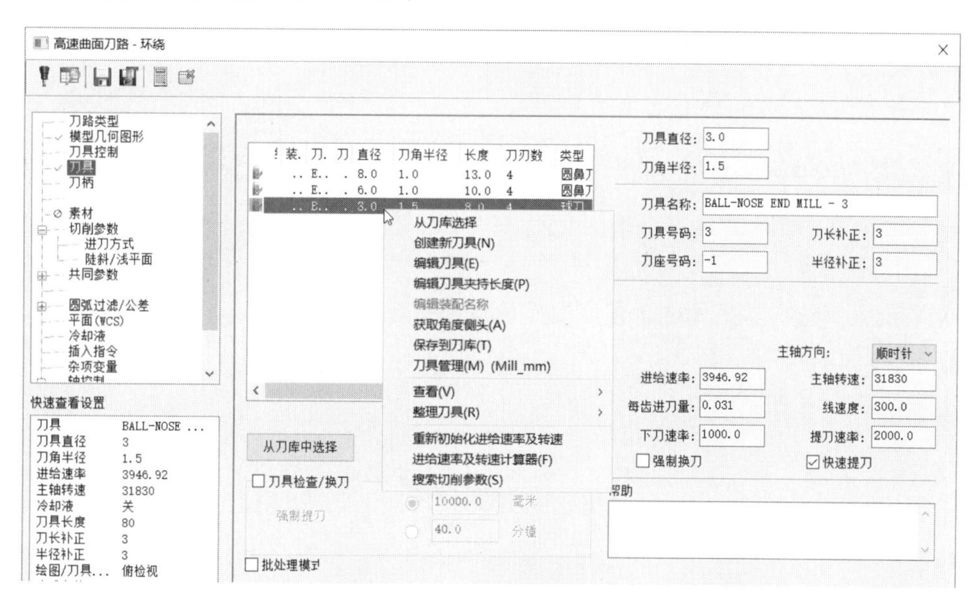

图 6-72　设置刀具参数

4）选择“切削参数”类别，设置环绕精修的切削参数如图 6-73 所示。

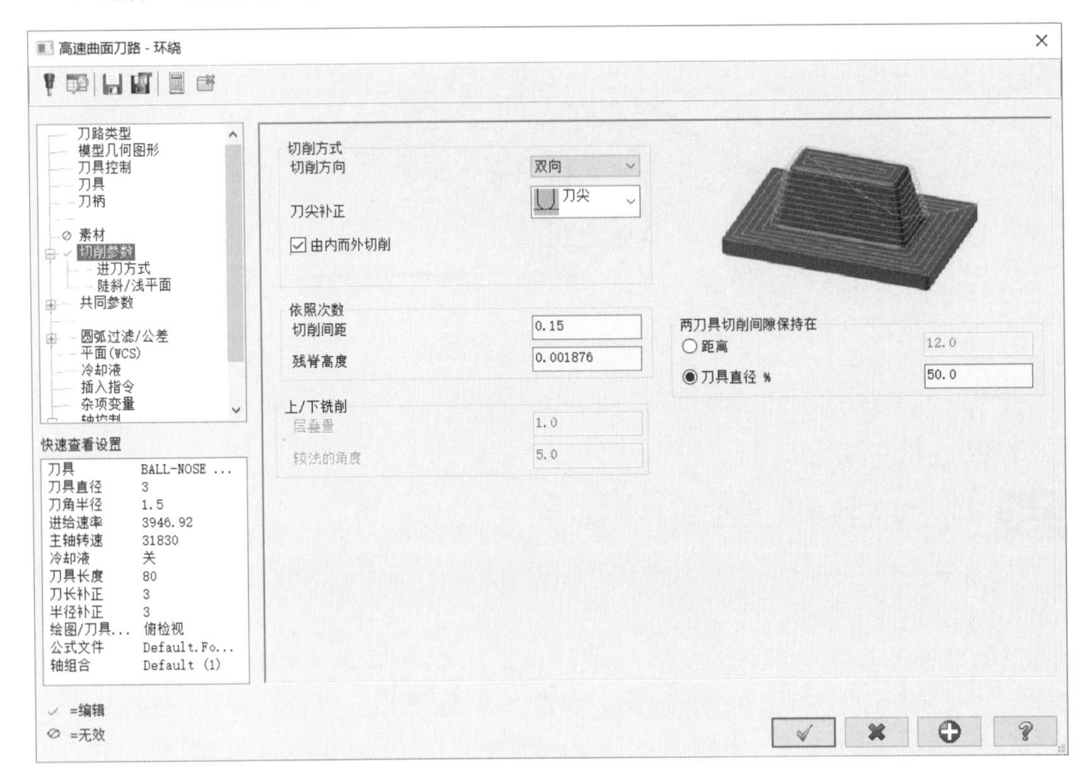

图 6-73 设置环绕精修的切削参数

5）有关进刀方式、陡斜/浅平面、共同参数等可接受默认设置。

6）单击“确定”按钮，生成图 6-74 所示的环绕等距精修刀路。

7）将该精修刀路的显示状态切换为隐藏。

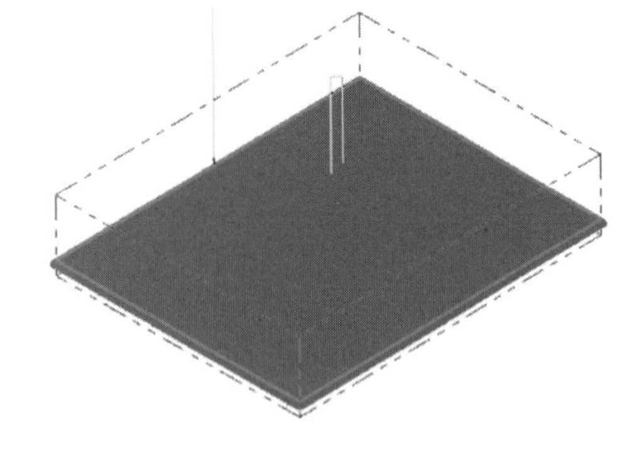

图 6-74 环绕等距精修刀路

6.3.6 熔接铣削精加工

1）在功能区“刀路”选项卡的“3D”面板中单击“精切”组中的“熔接”按钮。

2）系统提示选择加工曲面。使用鼠标框选所有的曲面作为加工曲面，按〈Enter〉键来确定。

3）系统弹出图 6-75 所示的“刀路曲面选择”对话框。在“选择熔接曲线”选项组中单击“选择”按钮，系统弹出“串连选项”对话框，单击“串连”按钮。在图形窗口左侧的窗格底部单击“层别”标签，打开“层别”对话框，在该对话框中单击层别 2 的“高亮（突显）”单元格，将其设置为显示（突显）状态。此时在图形窗口中分别指定串连 1 和串连 2，如图 6-76 所示，然后在“串连选项”对话框中单击“确定”按钮。

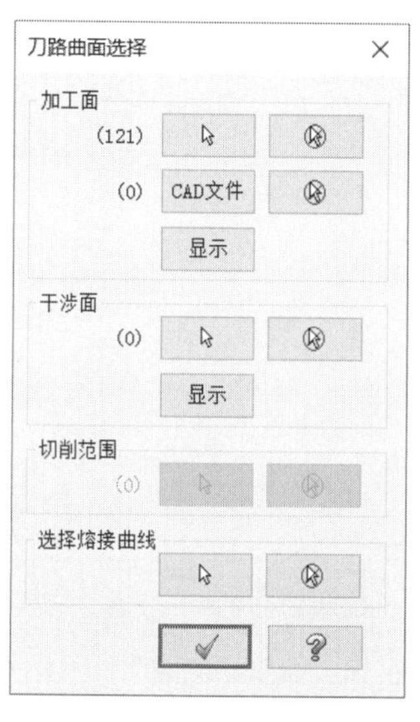

图 6-75 “刀路曲面选择”对话框

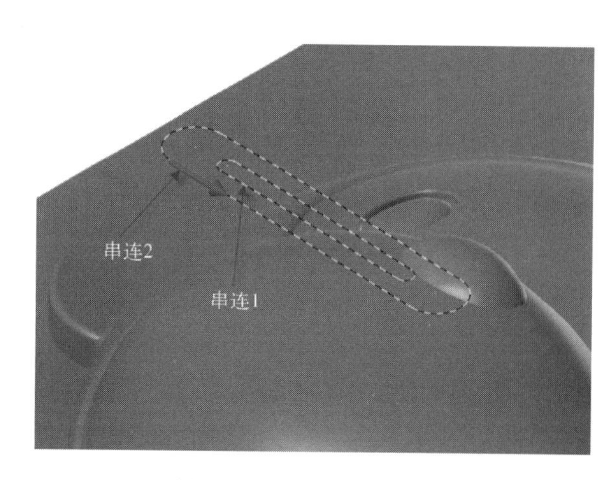

图 6-76 指定两串连图形

4）在“刀路曲面选择”对话框中单击“确定”按钮。

5）系统弹出“曲面精修熔接”对话框。在“刀具参数”选项卡中，从刀具列表中选择之前精修使用的Φ3 的球刀，并将刀座号码更改为-1。或者选择更小的球刀。

6）切换至“曲面参数”选项卡，设置图 6-77 所示的曲面加工参数。

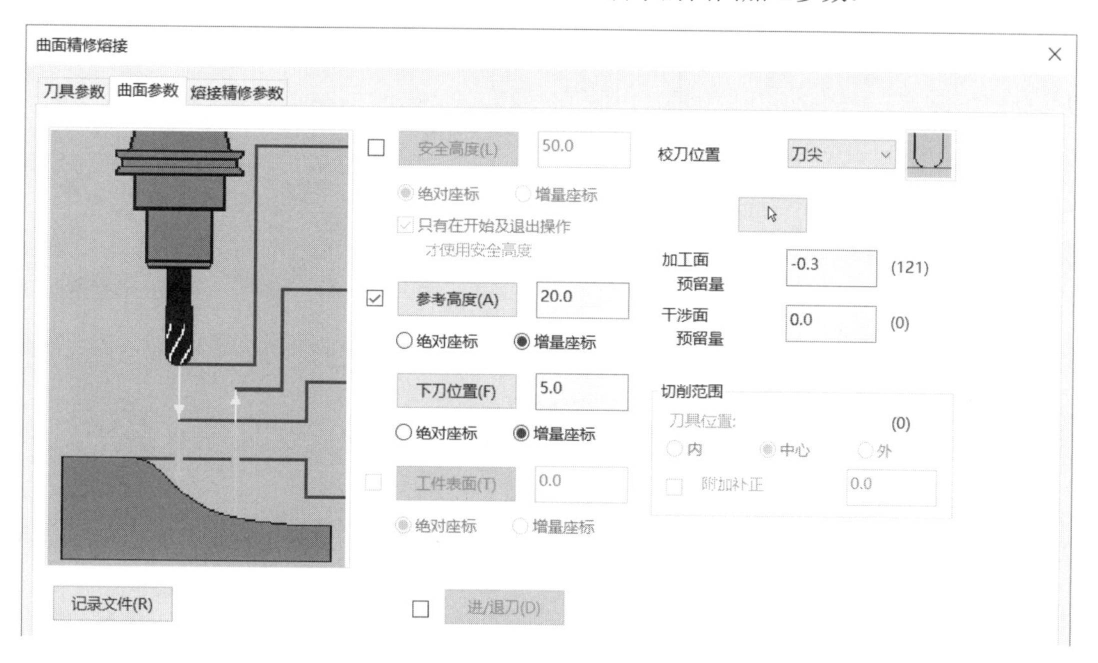

图 6-77 设置曲面熔接精加工的曲面加工参数

7）切换至“熔接精修参数”选项卡，设置图 6-78 所示的熔接精加工参数。

8）在“曲面精修熔接”对话框中单击“确定”按钮，从而生成曲面熔接精加工刀具路径。

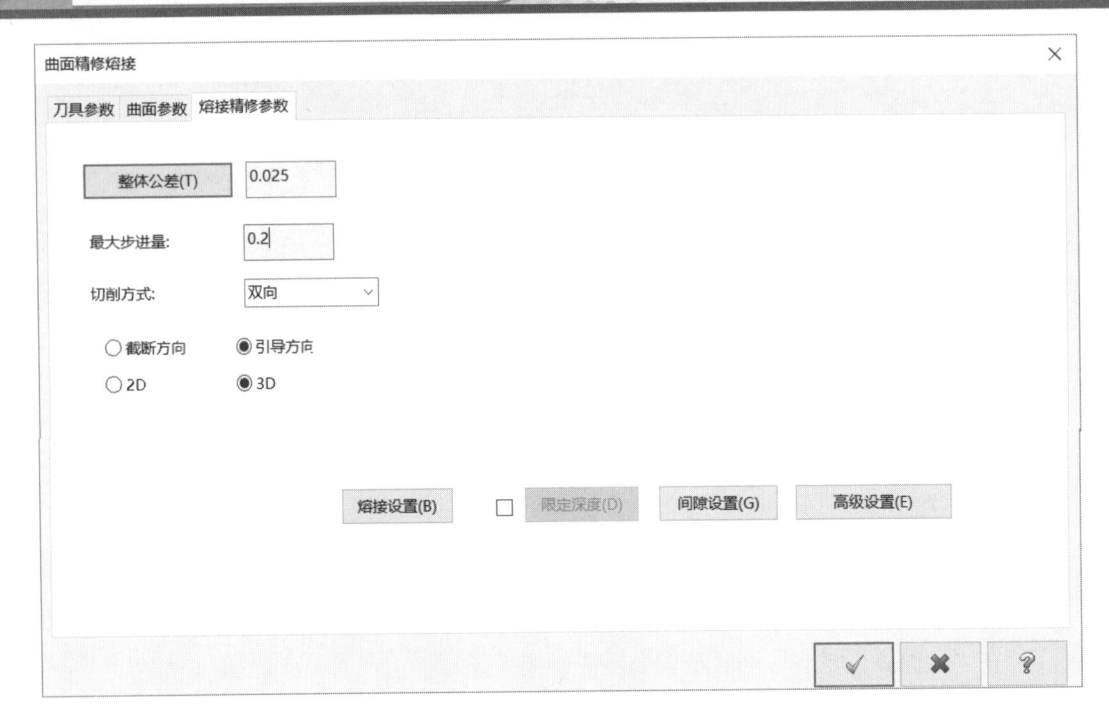

图 6-78 设置熔接精加工参数

6.3.7 实体加工模拟验证

1）打开刀路管理器，在其工具栏中单击“选择全部操作”按钮。

2）在刀路管理器的工具栏中单击“验证已选择的操作”按钮，弹出“Mastercam 模拟”对话框，设置好相关的选项后，单击“播放”按钮，加工模拟的结果如图 6-79 所示。

3）单击“关闭”按钮×，结束加工模拟操作。

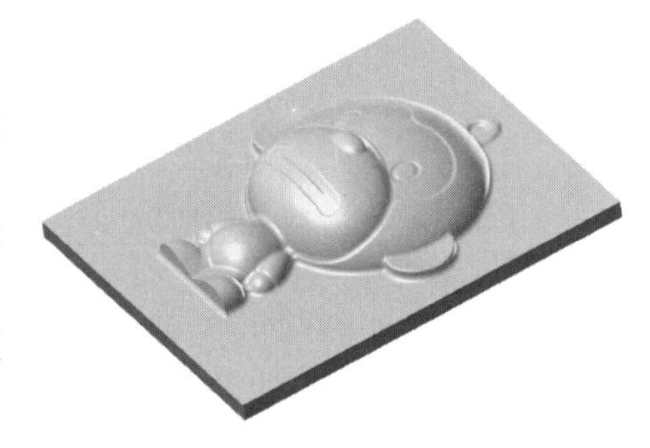

图 6-79 加工模拟的结果

6.4 车轮曲面综合加工范例

扫码观看视频

本节介绍一个关于车轮曲面的综合加工范例。

6.4.1 范例加工说明

该范例是对一个较为复杂的曲面模型进行加工，所需的原始文件为“车轮曲面.mcam”，该文件可在随书附赠网盘资源的 CH6 文件夹目录下被找到。打开“车轮曲面.mcam”文件，则得到需要加工的曲面图形和工件如图 6-80 所示。该范例最终完成加工模拟后的零件效果如图 6-81 所示。

图 6-80 “车轮曲面.MCX”文件

图 6-81 车轮曲面加工模拟后的效果

根据曲面模型的形状特点，拟在粗加工阶段采用平行铣削粗切的方式去去除大量的余量，加工的刀具可以采用直径大一些的圆鼻刀（如 Φ16 圆鼻刀），接着再采用 Φ8 圆鼻刀对工件进行等高精修加工或混合精修，以达到半精加工的初步效果，在精加工阶段，可以执行放射精修（刀具采用 Φ3 球刀），必要时还可以执行针对某些方位的环绕精修加工（可继续采用同样的 Φ3 球刀）。如果考虑经济性与加工效率等因素，则在整个加工过程中可只选用两到三种刀具。

6.4.2 平行铣削粗加工

1）在功能区“刀路”选项卡的“3D”面板中单击“粗切”组中的“平行”按钮。

2）系统弹出图 6-82 所示的“选择工件型状”对话框，接受默认的“未定义”单选按钮，单击“确定”按钮。

3）系统提示选择加工曲面。使用鼠标框选所有曲面，按〈Enter〉键来确定。

4）系统弹出“刀路曲面选择”对话框，如图 6-83 所示，然后单击“确定”按钮。

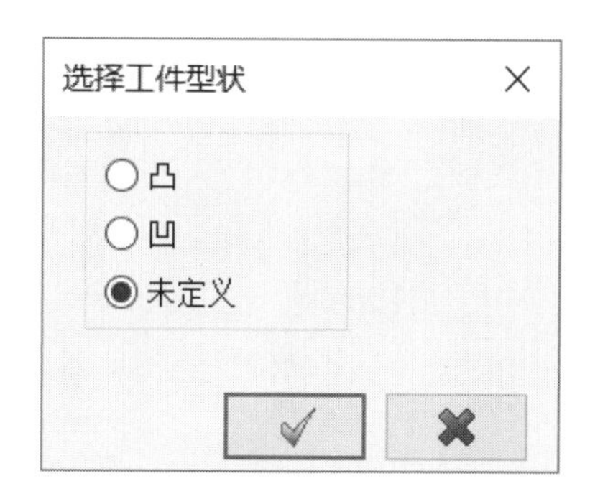

图 6-82 “选择工件形状”对话框

图 6-83 “刀路曲面选择”对话框

5）系统弹出“曲面粗切平行”对话框。在“刀具参数”选项卡中，从刀具列表或从 Mill_mm.tooldb 刀库中选择直径 Φ16、刀角半径为 R1 的圆鼻刀，并设置相应的刀具号码、刀长补正、刀座号码、半径补正、进给速率、下刀速率、主轴转速、主轴方向和提刀速率等，如图 6-84 所示。

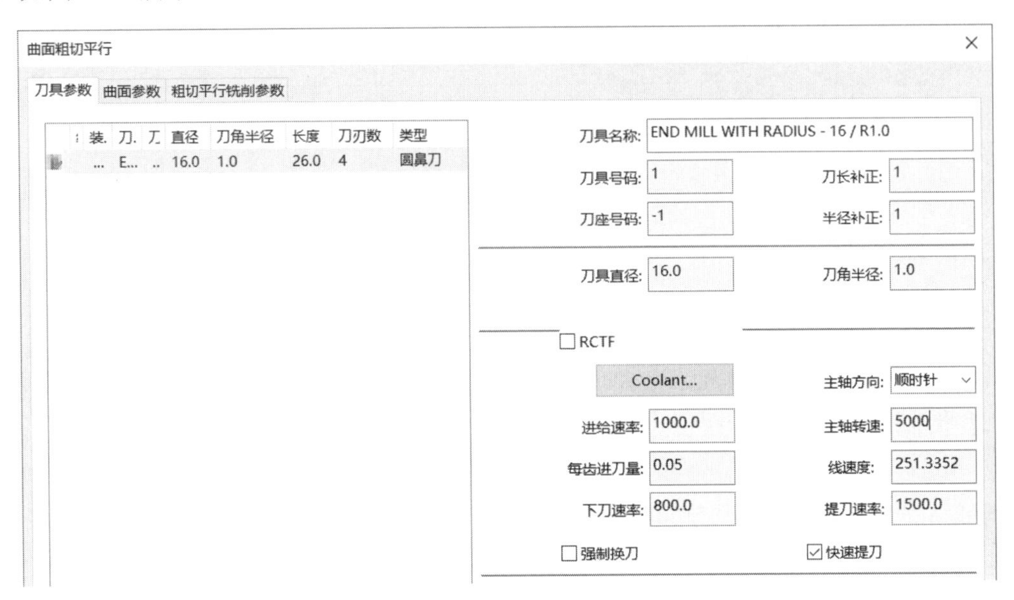

图 6-84　在“曲面粗切平行”对话框中设置刀具参数

6）在“曲面粗切平行”对话框中切换到“曲面参数”选项卡，设置图 6-85 所示的曲面加工参数。

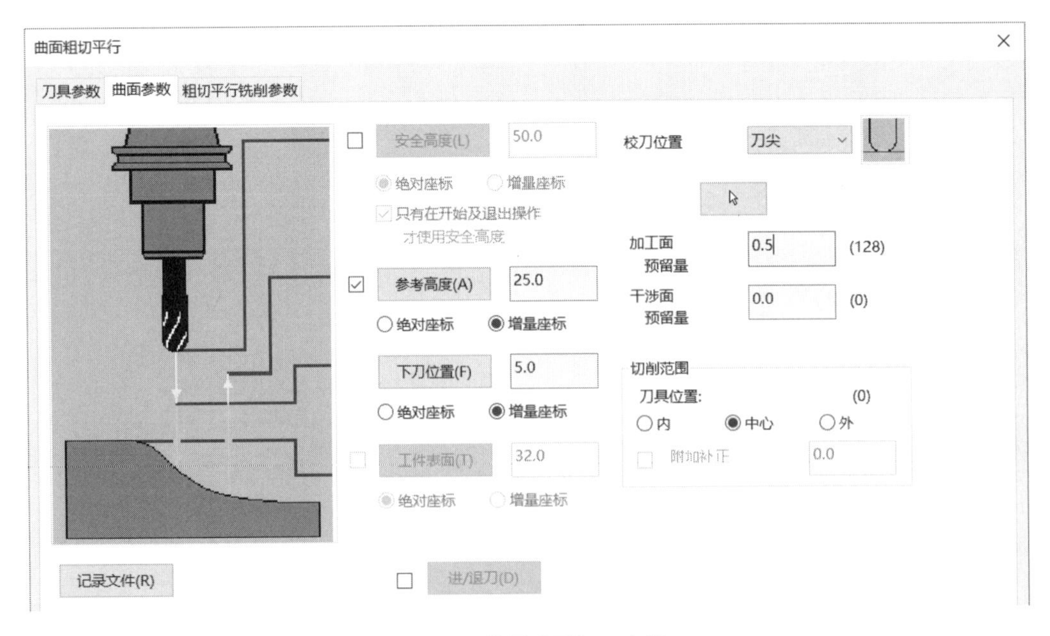

图 6-85　设置曲面加工参数

7）切换到“粗切平行铣削参数”选项卡，设置图 6-86 所示的粗加工平行铣削参数。

曲面粗切平行

刀具参数 曲面参数 粗切平行铣削参数

整体公差(T) 0.025 最大切削间距(M) 12.0

切削方向 单向 加工角度 0.0

Z 最大步进量: 2.0

下刀控制

◉ 切削路径允许连续下刀/提刀

○ 单侧切削

○ 双侧切削

☐ 定义下刀点

☑ 允许沿面下降切削（-Z）

☑ 允许沿面上升切削（+Z）

切削深度(D) 间隙设置(G) 高级设置(E)

图 6-86 设置粗加工平行铣削参数

8）在“曲面粗切平行铣削”对话框中单击“确定”按钮，从而生成粗加工平行铣削的刀具路径，如图 6-87 所示。将该加工刀具路径的显示状态切换为隐藏。

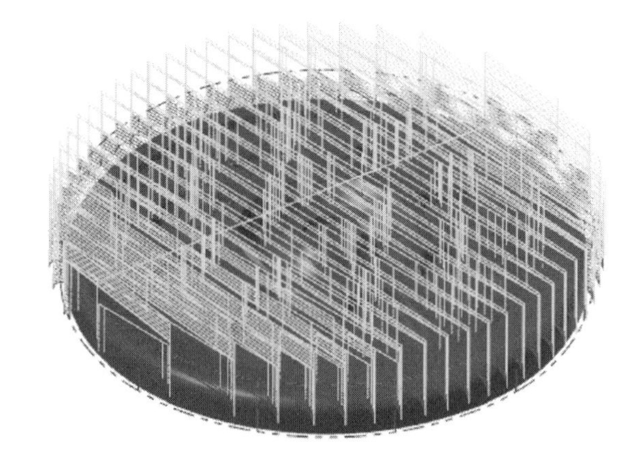

图 6-87 生成粗加工平行铣削的刀具路径

6.4.3 等高精修

1）在功能区“刀路”选项卡的“3D”面板中单击“精切”组中的“等高”按钮，弹出“高速曲面刀路-等高”对话框。

2）在“高速曲面刀路-等高”对话框的“模型几何图形”类别页中，从“素材预留量变化分组”（加工图形）列表中选择第一行，单击“选择图形”按钮，接着在图形窗口中使用鼠标窗选全部曲面，单击“结束选取”按钮以选择全部曲面作为加工面，接着将壁边余量（渐变）和底面余量均设置为0.1。

3）选择“刀具”类别，单击“从刀库中选择”按钮，从 Mill_mm.tooldb 刀具库的刀具列表中选择直径为 Φ8、刀角半径为 R1 的圆鼻刀，确认后返回“高速曲面刀路-等高”对话框。设置图6-88所示的刀具参数。

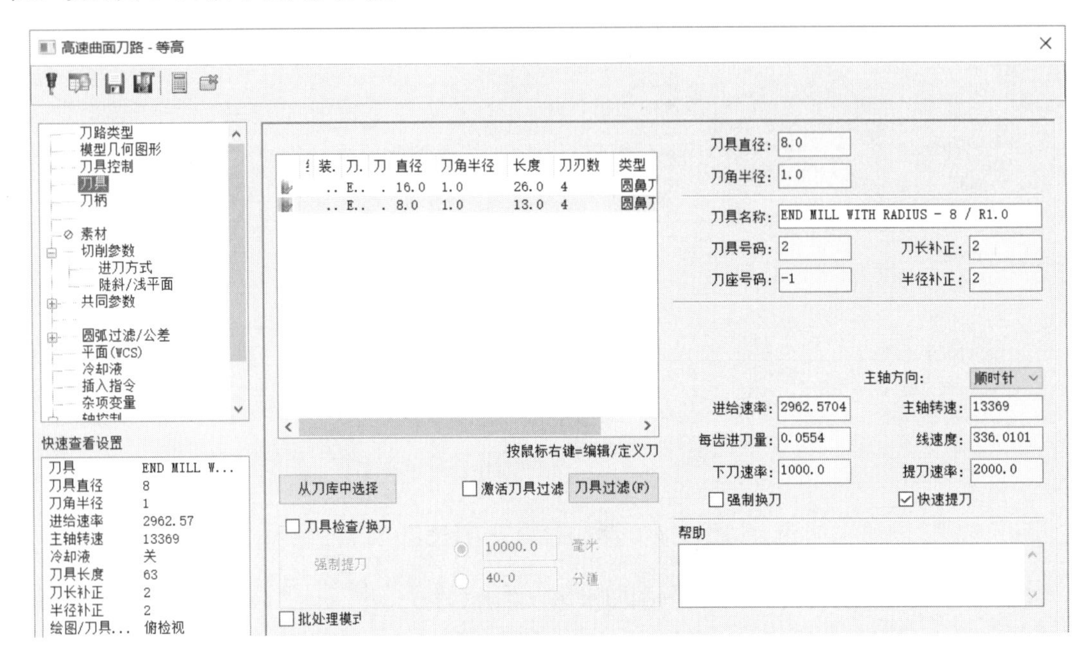

图6-88 设置等高精修的刀具参数

4）选择“切削参数”类别，设置图6-89所示的切削参数。

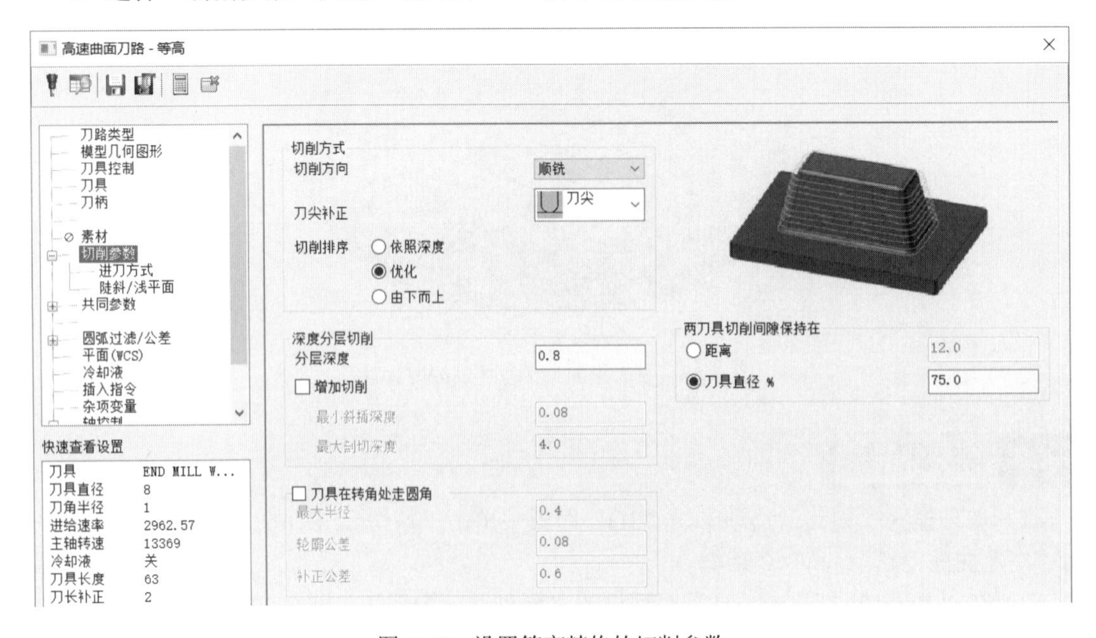

图6-89 设置等高精修的切削参数

5）选择“进刀方式”类别，设置两区段路径过渡方式为“切线斜插”，角度默认为 10°；选择“陡斜/浅平面”类别，角度从 0° 到 90°，取消勾选“使用 Z 轴深度”复选框，从一个下拉列表框中选择“接触区域和边界”选项。

6）接受默认的共同参数设置，单击“确定”按钮 ✓ ，系统根据所设置的参数生成等高精加工刀路，如图 6-90 所示。

7）确保只选中此等高精加工操作，在刀路管理器的工具栏中单击“切换显示已选择的刀路操作”按钮≋，将该半精加工刀路的显示状态切换为不显示。

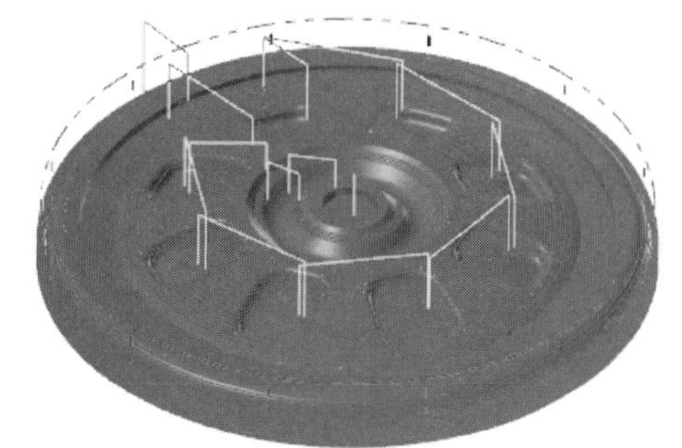

图 6-90 生成等高精加工刀路

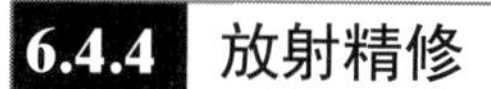

6.4.4 放射精修

1）在功能区“刀路”选项卡的“3D”面板中单击“精切”组中的“放射”按钮，弹出“高速曲面刀路-放射”对话框。

2）在“高速曲面刀路-放射”对话框的“模型几何图形”类别页中，从“素材预留量变化分组”（加工图形）列表中选择第一行，单击“选择图形”按钮 ，接着在图形窗口中使用鼠标窗选全部曲面，单击“结束选取”按钮以选择全部曲面作为加工面，接着将壁边余量（渐变）和底面余量均设置为 0。

3）在“高速曲面刀路-放射”对话框中选择“刀具”类别，单击“从刀库中选择”按钮，弹出“选择刀具”对话框，从 Mill_mm.tooldb 刀库中选择 Φ3 的球刀，单击“确定”按钮 ✓ ，返回到“高速曲面刀路-放射”对话框的“刀具”类别页，设置图 6-91 所示的刀具参数。

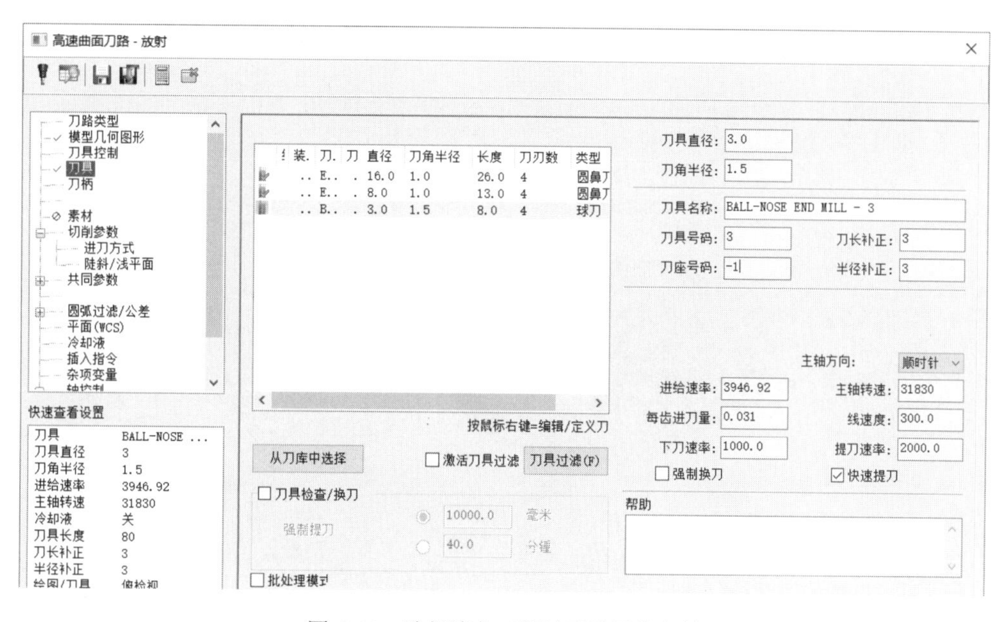

图 6-91 选择清角刀具以及设置其参数

4）选择“切削参数”类别，设置图 6-92 所示的切削参数。

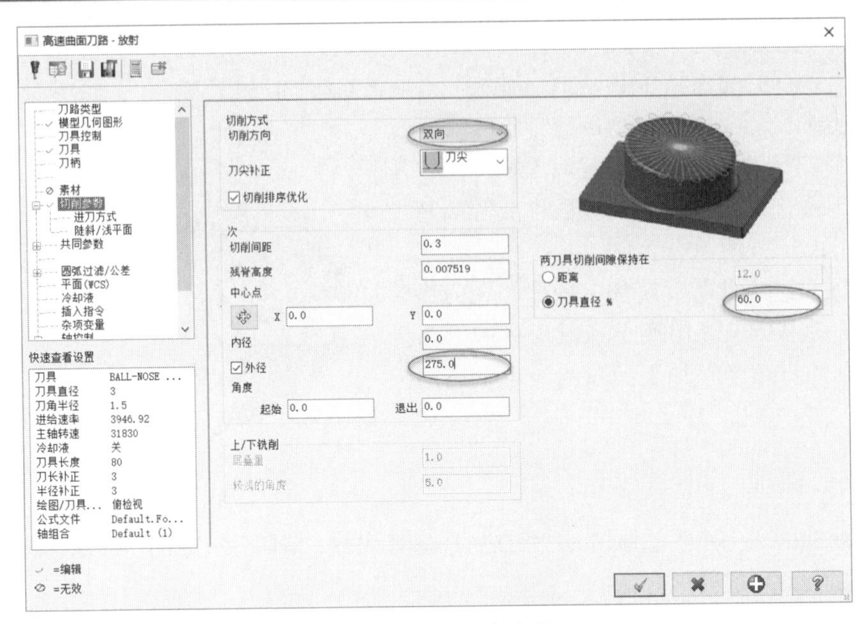

图 6-92　设置切削参数

5）自行设置进刀方式、陡斜/浅平面和共同参数这些类别（可接受默认设置），最后单击“确定”按钮，完成创建放射精切刀路。

6.4.5 实体加工模拟验证

1）在刀路管理器的工具栏中单击“选择全部操作”按钮。

2）在刀路管理器的工具栏中单击“验证已选择的操作”按钮，弹出“Matercam 模拟”窗口，在其功能区“首页”选项卡中设置图 6-93 所示的相关选项。

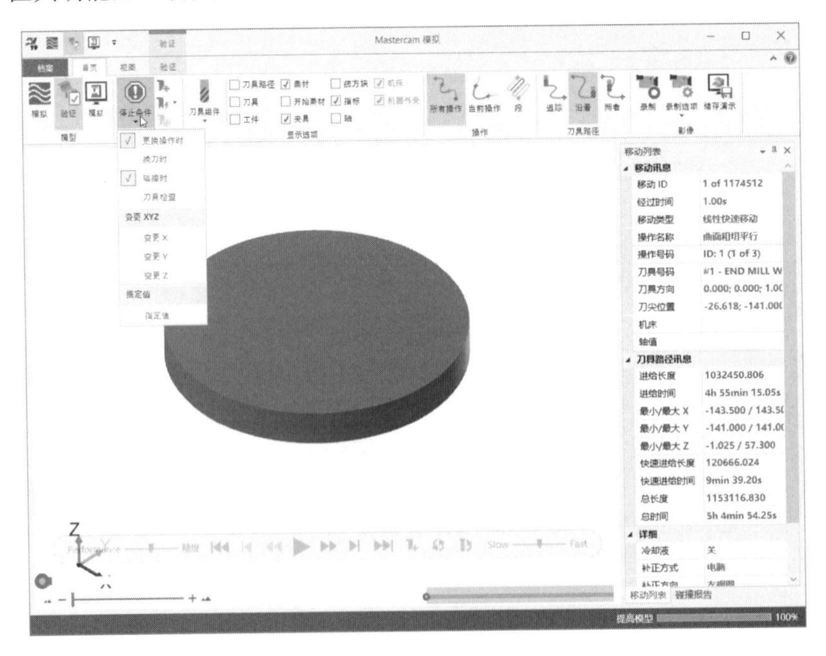

图 6-93　“Mastercam 模拟”窗口

3）在“Matercam 模拟”窗口中单击“播放”按钮▶，依次完成各加工操作的模拟效果如图 6-94 所示。如果设置停止条件为“更换操作时”，那么每完成模拟一个操作时，均可手动单击“播放”按钮▶继续模拟下一个加工操作。

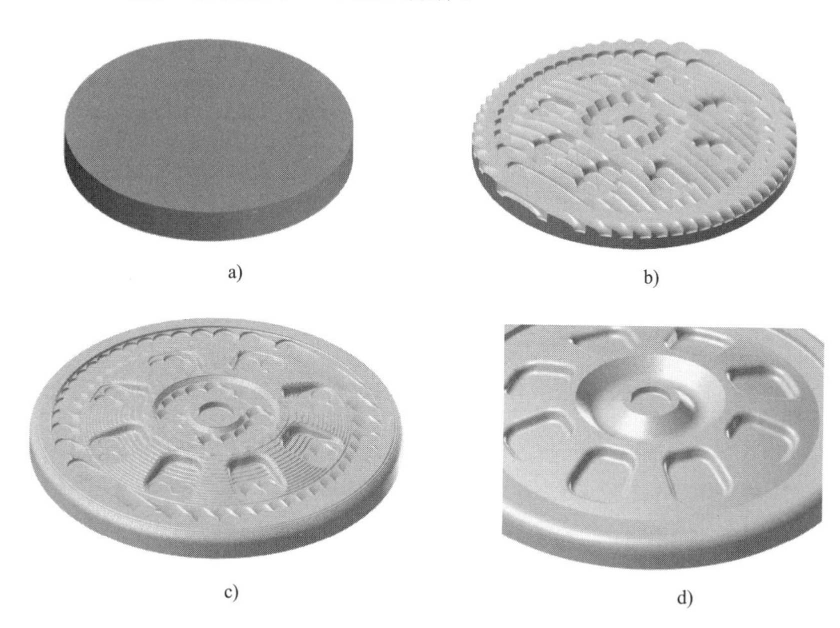

图 6-94　加工模拟的结果

a) 工件毛坯　b) 完成平行铣削粗加工　c) 完成等高精切（半精加工）　d) 完成放射精修

为了使读者更清晰地观察和体会最终的实体切削模拟效果，请看图 6-95 所示。

图 6-95　综合加工范例完成的加工效果

4）关闭“Matercam 模拟”窗口。

第7章 多 轴 刀 路

本章导读：

随着数控加工技术的快速发展，多轴加工数控设备也得到了普遍应用。多轴加工是指加工轴为三轴以上的加工，主要包括四轴加工和五轴加工。在现代制造中，常采用多轴加工方法来加工一些形状特别或具有复杂曲面的零件。

本章首先对多轴加工的主要知识进行简单概述，接着通过范例的形式分别介绍旋转四轴加工、曲线五轴加工、钻孔五轴加工、沿面五轴加工、多曲面五轴加工和沿边五轴加工。

7.1 多轴加工知识概述

在 Mastercam 2019 系统中，除了提供三轴或三轴以下的加工方法之外，还提供了四轴、五轴加工。通常习惯上将三轴以上的加工统称为多轴加工，如四轴加工和五轴加工。四轴加工是指在三轴的基础上增加一个回转轴，可以加工具有回转轴的零件或沿某一个轴四周需加工的零件；五轴加工相当于在三轴的基础上添加两个回转轴来加工，从原理上来讲，五轴加工可同时使五轴连续独立运动，可以加工特殊五面体和任意形状的曲面。

Mastercam 2019 系统中的多轴加工功能是很强大的，多轴加工的工具命令位于功能区“刀路”选项卡的“多轴加工”面板中，如图 7-1 所示。可以看到 Mastercam 2019 多轴刀路的类型分为“模型”和“扩展应用”两种，其中“模型”组包括“曲线”“侧铣”“平行”“钻孔”“沿曲线”“渐变”“沿面”“多曲面”“通道”“三角网格”，“扩展应用”组则包括“沿边”“旋转”“投影”“粗切”“清除毛边”“全圆铣削”“通道专家”“叶片专家”“进阶旋转”。

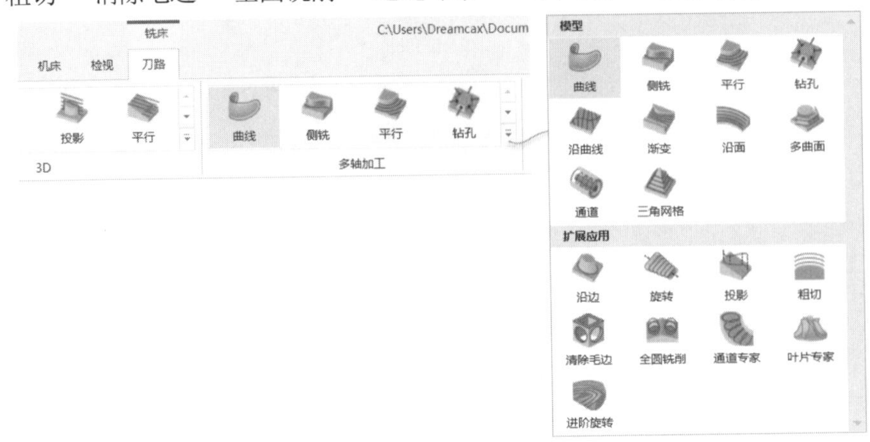

图 7-1 “多轴加工”面板

下面以范例的形式介绍几种常见的多轴刀路。

7.2 旋转四轴加工

旋转四轴加工适合于加工具有回转特点的零件或近似于回转体的工件。CNC 机床中的第四轴可以是绕 X、Y 或 Z 轴旋转的任意一个轴，这需要根据机床配置和加工客观情况来决定。下面通过范例的形式来介绍旋转四轴加工的操作过程及相关参数设置。

7.2.1 旋转四轴加工范例说明

本旋转四轴加工范例如图 7-2 所示。该范例的目的是让读者学习和掌握使用旋转四轴加工方法的思路与步骤，并掌握如何设置旋转四轴加工参数。

a)　　b)

图 7-2　旋转四轴加工范例

a) 曲面模型　b) 加工模拟结果

打开随书附赠网盘资源 CH7 文件夹中的“旋转四轴加工.mcam”文件，该文件提供了设计好的曲面模型。该曲面模型比较接近于圆柱体，适合采用旋转四轴的方式加工出该曲面效果。

扫码观看视频

7.2.2 旋转四轴加工范例过程

本范例旋转四轴加工范例的具体操作步骤如下。

1．选择机床加工系统

在功能区“机床”选项卡的“机床类型”面板中选择“铣床”|“默认”命令。

2．设置工件毛坯

1）在刀路管理器中展开“属性”标识，接着单击“属性”标识下的“素材设置”。

2）系统弹出“机床分组属性”对话框并自动切换至“素材设置”选项卡。单击“边界盒”按钮，以窗选方式选择整个曲面模型并按〈Enter〉键，在“边界盒选项”对话框中设置图 7-3 所示的边界盒选项，单击“确定”按钮。

3）在“机床分组属性”对话框的“素材设置”选项卡中，设置图 7-4 所示的内容。

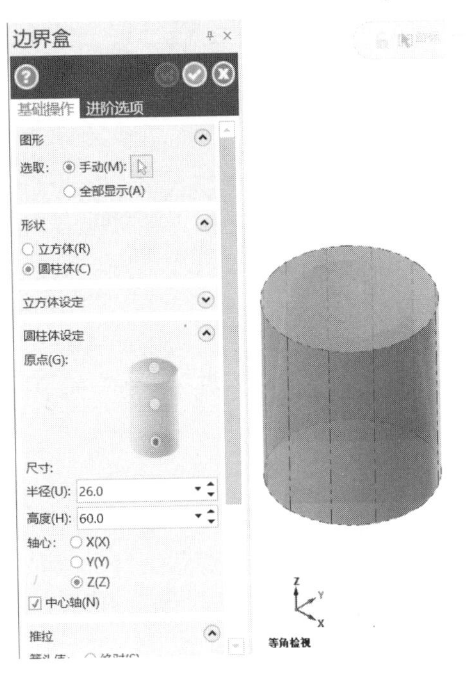

图 7-3 “边界盒”对话框

图 7-4 素材（毛坯）设置

4）单击“确定”按钮，完成设置的工件毛坯如图 7-5 所示。

图 7-5 工件毛坯

3. 创建旋转四轴加工刀具路径

1）在功能区“刀路”选项卡的“多轴加工”面板中单击“应用扩展”组的“旋转”按钮，弹出“多轴刀路-旋转”对话框

2）此时，若在“多轴刀路-旋转”对话框中选择“刀路类型”类别，则可以看到“扩展应用”单选按钮处于被选中的状态，并且“旋转”刀路类型图标也被选中，如图 7-6 所示。

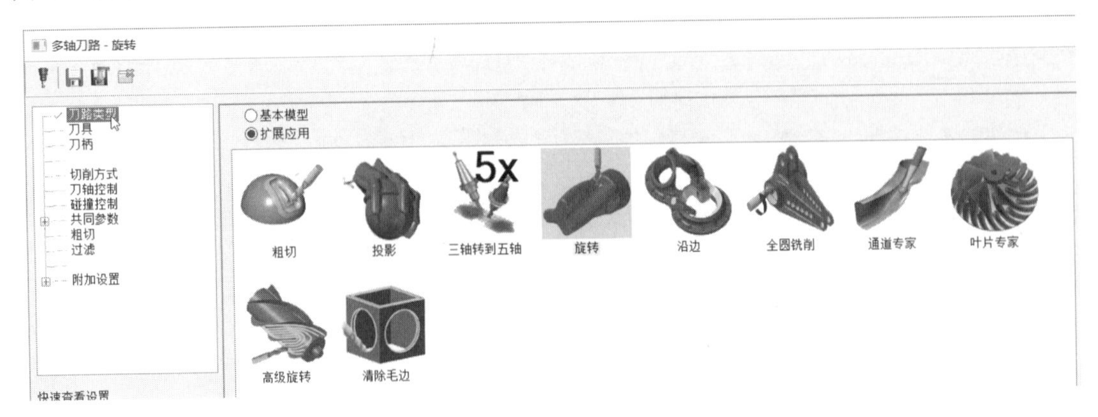

图 7-6 “多轴刀路-旋转”对话框的“刀路类型”类别选项页

3）切换到“刀具”类别选项页，单击“从刀库中选择”按钮，弹出“选择刀具”对话框，从“Mill_mm”刀库的刀具列表框中选择Φ10的球刀，单击“确定”按钮 ✓ ，返回到“多轴刀路-旋转”对话框的“刀具”类别选项页，设置图7-7所示的刀具参数。

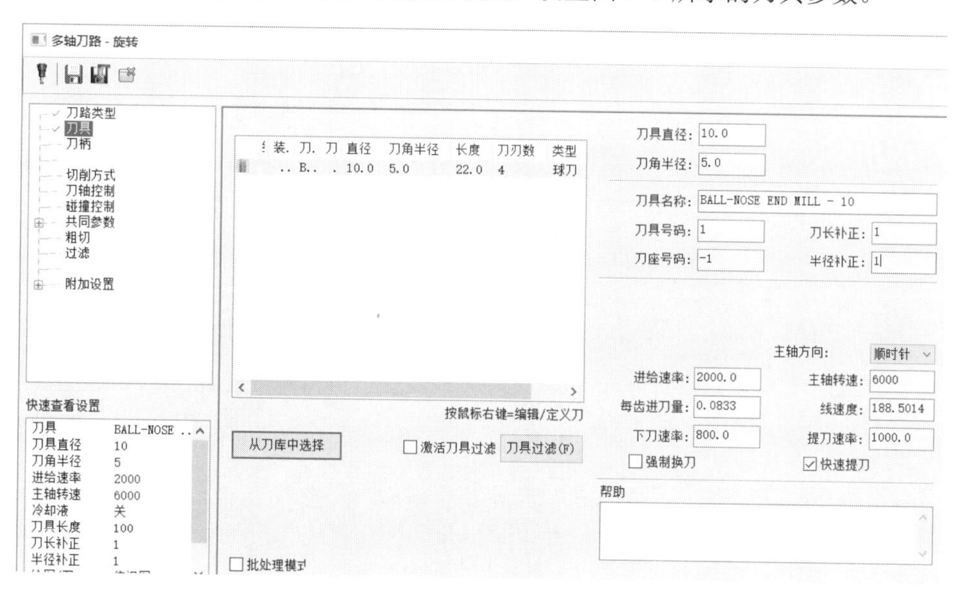

图7-7 设置刀具参数

4）切换至“共同参数”类别选项页，设置图7-8所示的共同参数。

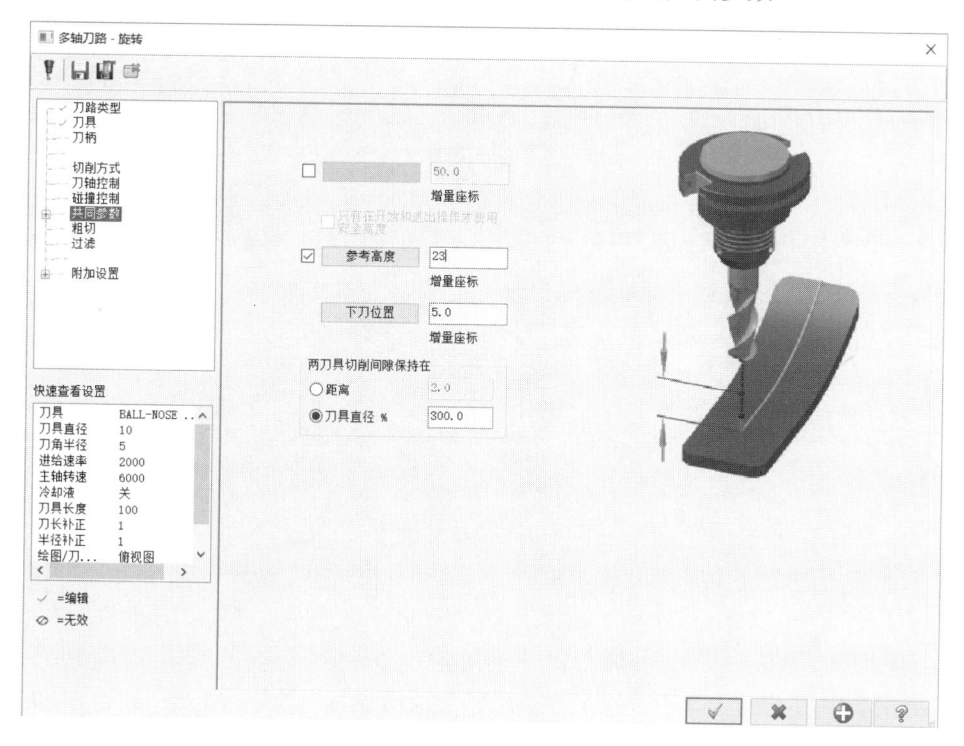

图7-8 设置共同参数

5）切换至“切削方式”类别选项页，单击“选择曲面”按钮，在图形窗口中选择所需曲面并按〈Enter〉键，接着设置图 7-9 所示的切削方式参数。

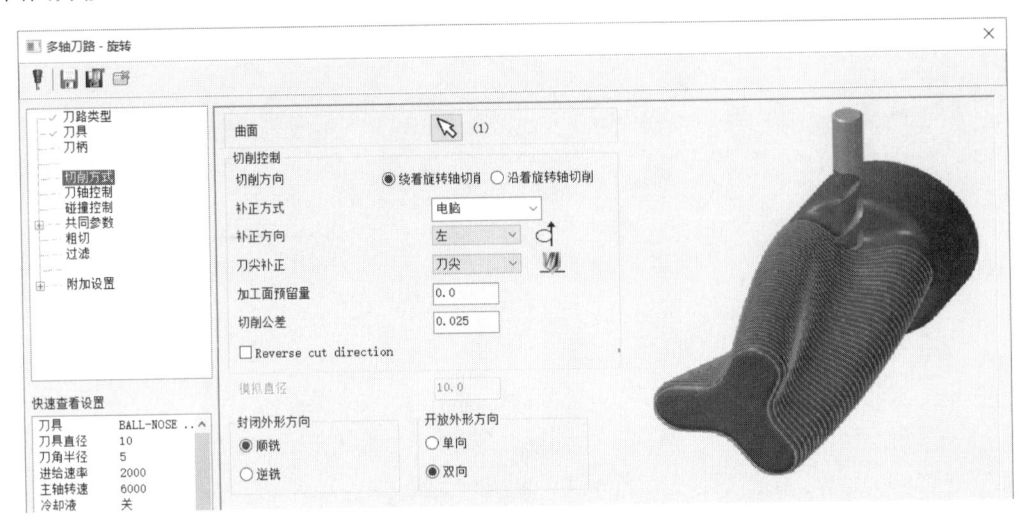

图 7-9 设置切削方式参数

6）切换至“刀轴控制”类别选项页，设置图 7-10 所示的刀轴控制参数和选项。

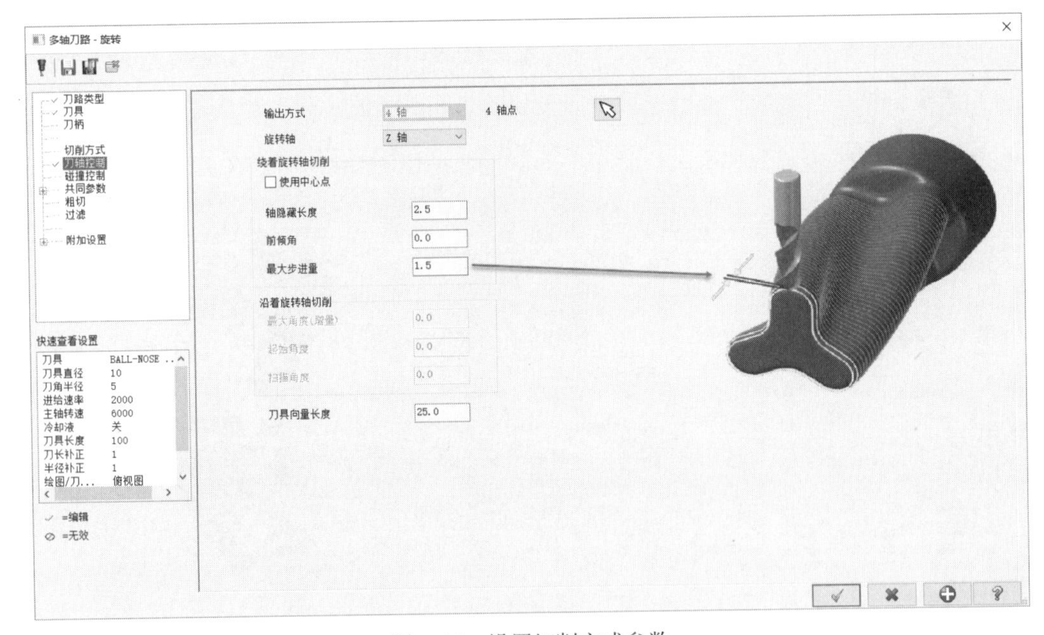

图 7-10 设置切削方式参数

7）在“多轴刀路-旋转”对话框中单“确定”按钮，生成图 7-11 所示的旋转四轴刀具路径。

4. 实体切削仿真

1）在刀路管理器的工具栏中单击“验证已选择的操作”按钮，打开“Mastercam 模拟”窗口。

2）在“Mastercam 模拟”窗口的功能区“主页”选项卡中设置相关的选项及参数。

3）在“Mastercam 模拟”窗口中单击“播放”按钮▶，从而进行实体切削加工仿真模拟，模拟的验证结果如图 7-12 所示。

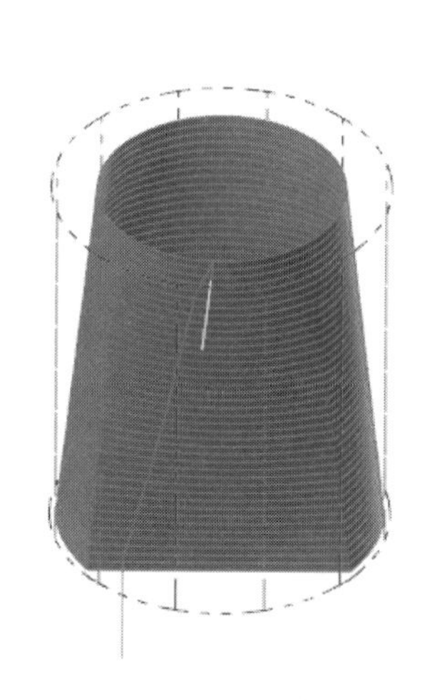

图 7-11　旋转四轴刀具路径

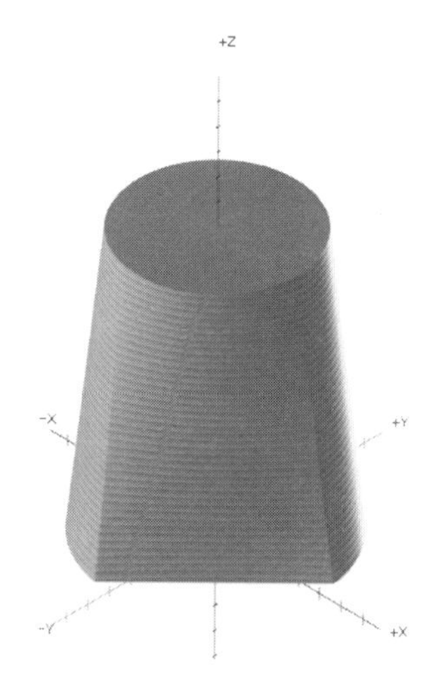

图 7-12　实体切削验证结果

4）在“Mastercam 模拟”窗口中单击“关闭”按钮✕。

7.3　曲线五轴加工

扫码观看视频

使用曲线五轴加工，可以对 2D、3D 曲线或曲面边界产生五轴加工刀具路径，当然根据刀具轴的不同控制，除了可以生成五轴加工刀具路径之外，还可以生成三轴或四轴加工刀具路径。

7.3.1　曲线五轴加工范例说明

采用曲线五轴加工，可以加工出漂亮的图案、文字和各种线条形结构。本范例以在曲面上加工文字“D”为例（见图 7-13），介绍曲线五轴加工的基本方法及步骤。在本例中，只要求生成曲线五轴加工刀具路径，并进行刀路模拟操作。

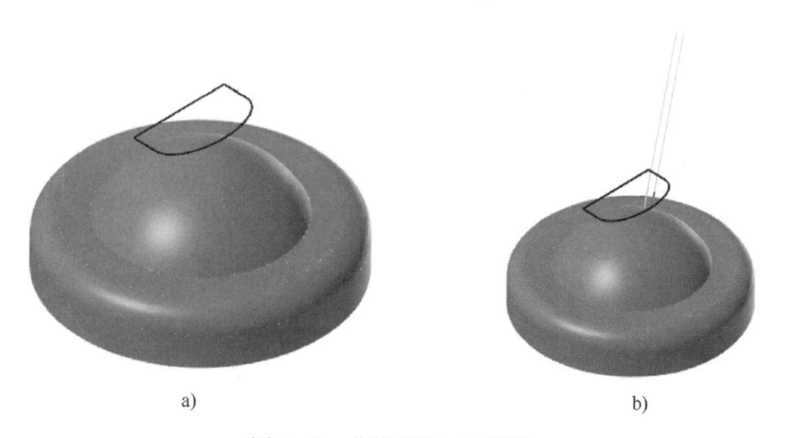

图 7-13　曲线五轴加工范例

a) 曲面及文字　b) 曲线五轴加工刀具路径

7.3.2 曲线五轴加工范例过程

本曲线五轴加工范例的具体操作步骤如下。

1）打开随书配套的“曲线五轴加工.mcam”文件（该文件位于随书附赠网盘资源的CH7文件夹中），该文件的曲面和曲线如图7-13a所示，已经采用默认的铣床机床类型系统。

2）在功能区“刀路”选项卡的“多轴加工”面板中单击“模型”组中的“曲线”按钮，弹出“多轴刀路-曲线”对话框。

3）在“多轴刀路-曲线”对话框的左上角窗格中选择“切削方式”类别以打开该类别选项页，接着在该类别选项页中从“曲线类型”下拉列表框中选择“3D 曲线”选项，单击“选择”按钮，弹出“串连选项”对话框。默认选中“串连”按钮，选择图7-14所示的串连文字曲线，按〈Enter〉键以确认，系统返回到“多轴刀路-曲线”对话框。

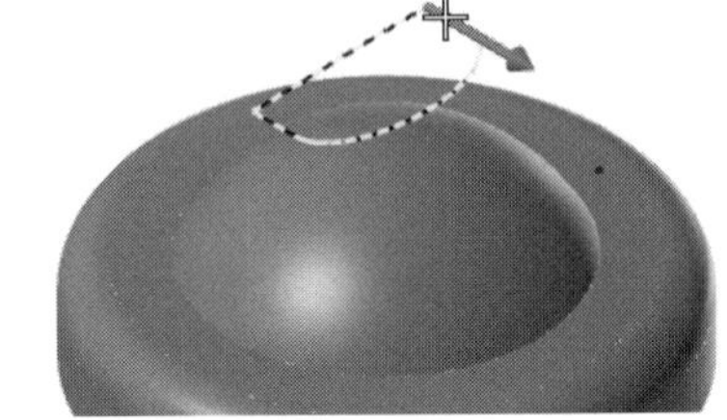

图7-14 选择串连曲线

4）在“切削方式”类别选项页，设置图7-15所示的切削方式参数。

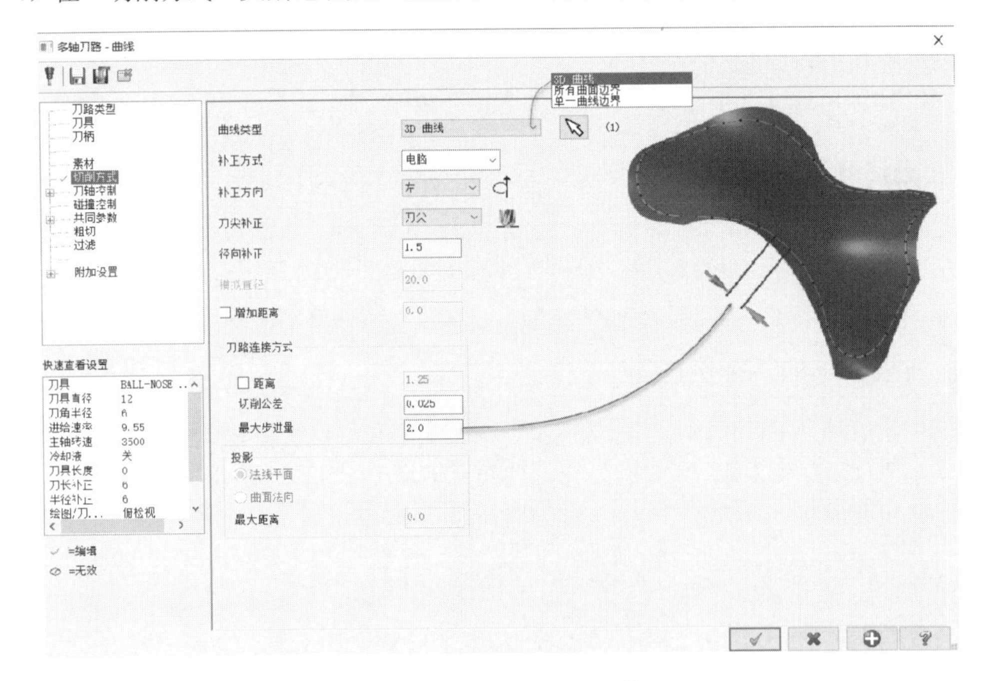

图7-15 设置切削方式参数

5）切换至“刀轴控制”类别选项页，从“刀轴控制”下拉列表框中选择“曲面”选项，单击“选择”按钮，接着使用鼠标选择图7-16所示的一个曲面作为刀轴曲面，然后按〈Enter〉键。

6）在“刀轴控制”类别选项页中设置图7-17所示的刀轴选项及其参数。

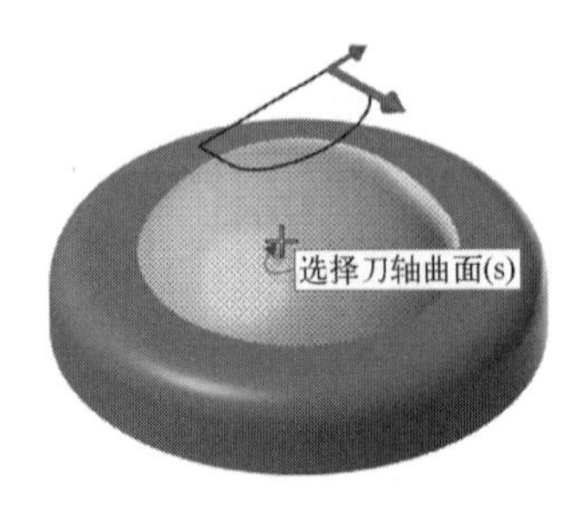

图7-16 选择刀轴曲面

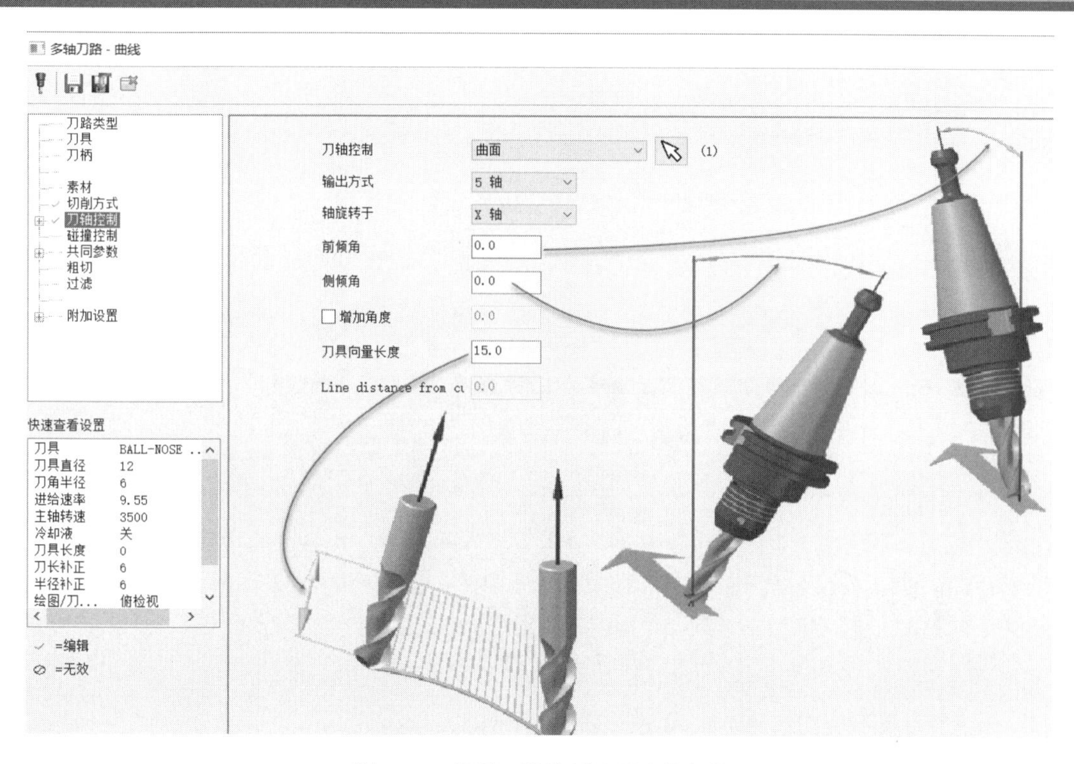

图 7-17 设置刀轴控制选项及其参数

7）切换至“碰撞控制”类别选项页，设置图 7-18 所示的刀尖控制和过切处理等参数。

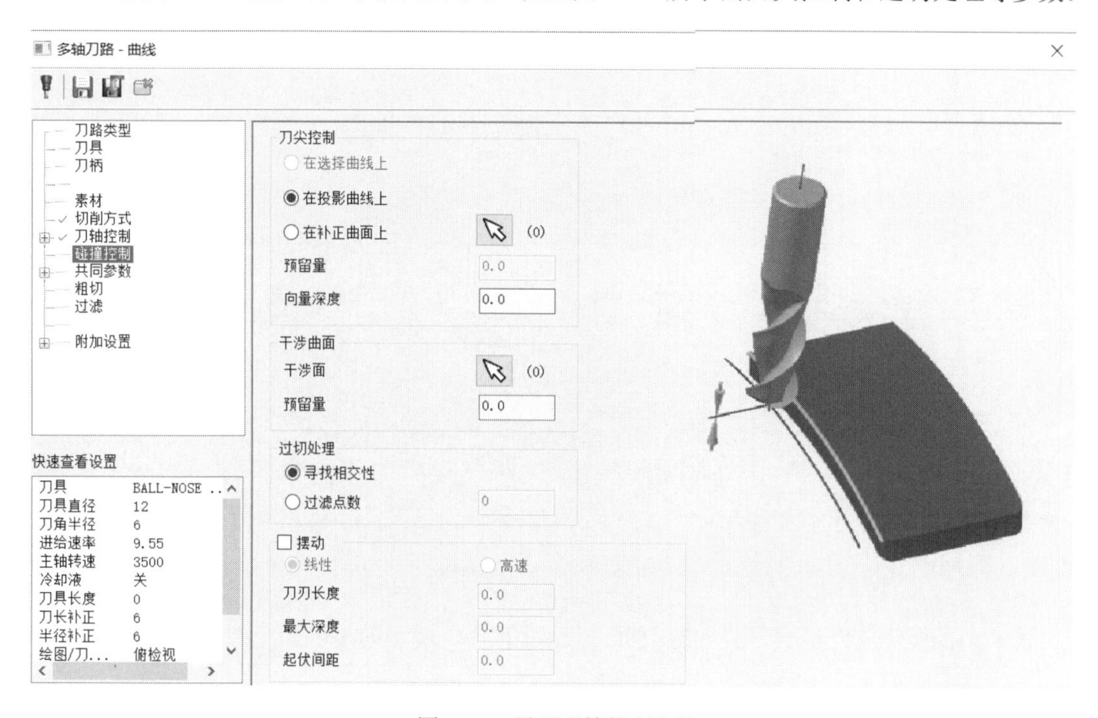

图 7-18 设置碰撞控制参数

8）切换至“刀具”类别选项页，单击“从刀库中选择”按钮，弹出“选择刀具”对话框，从 Mill_mm 刀库的刀具列表中选择 Φ3 的球刀，如图 7-19 所示，然后单击“确定”按钮 ✓ ，结束刀具选择。

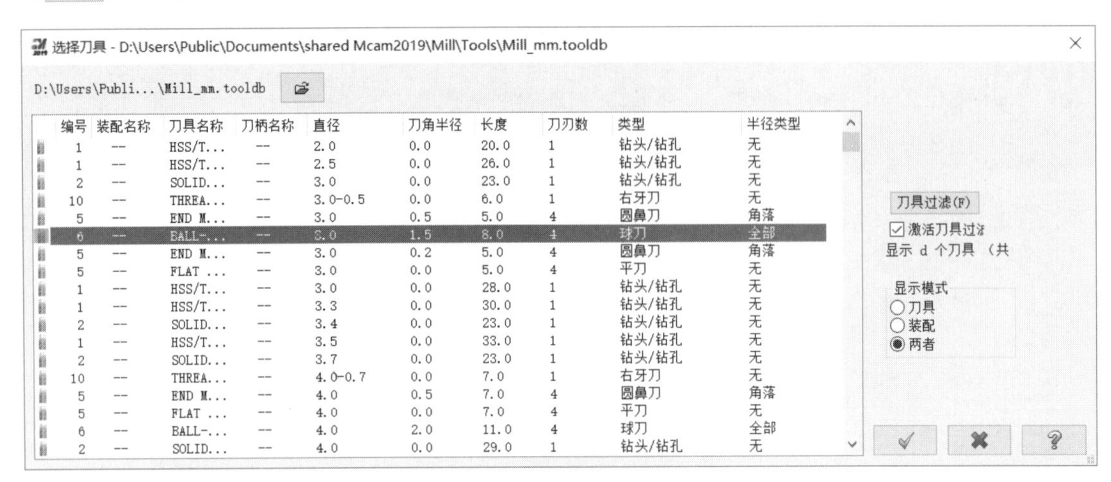

图 7-19 选择刀具

9）在“刀具”类别选项页中设置图 7-20 所示的刀具参数。

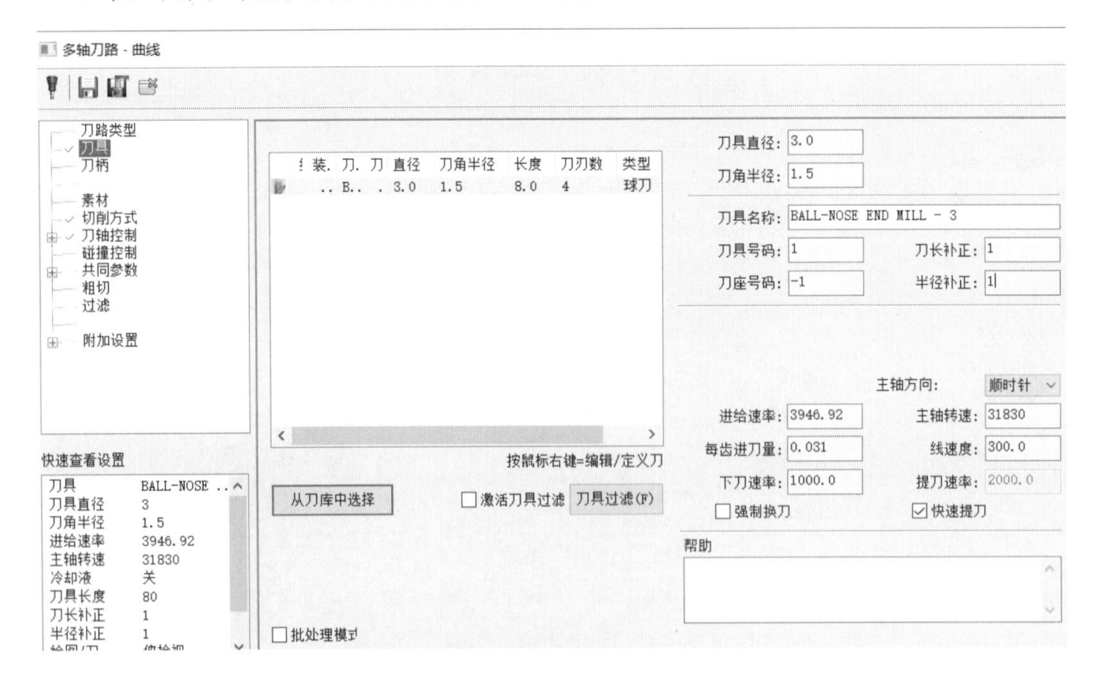

图 7-20 设置刀具参数

10）切换至“共同参数”类别选项页，设置图 7-21 所示的多轴加工共同参数。

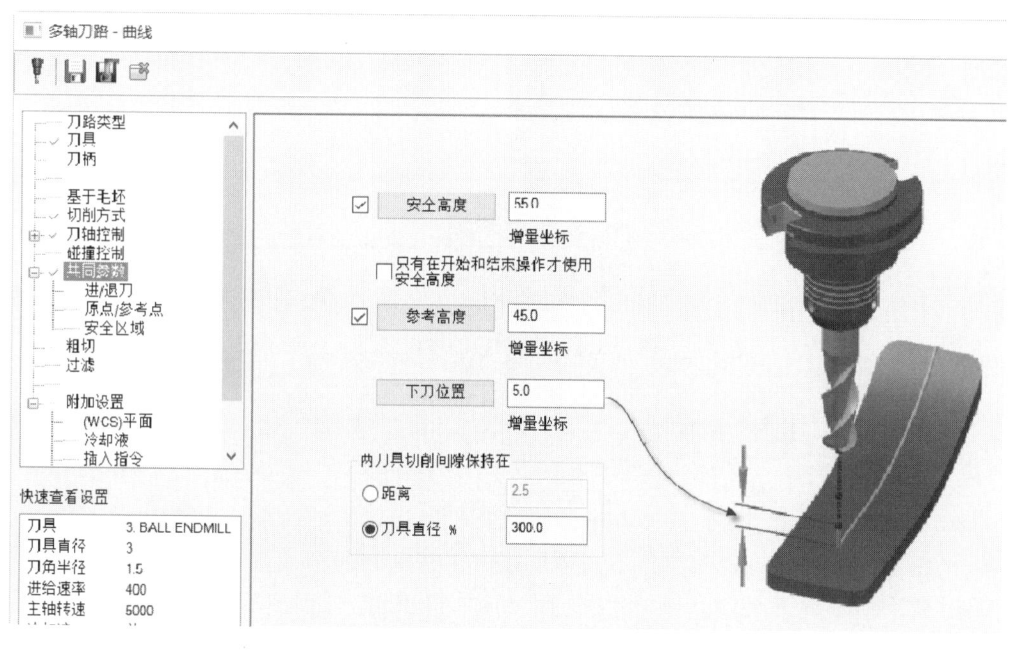

图 7-21 设置多轴加工的共同参数

11）单击“多轴刀路-曲线”对话框中的“确定”按钮。生成图 7-22 所示的曲线五轴加工刀路。

12）在刀路操作管理器中单击“模拟已选择的操作”按钮，打开图 7-23 所示的“路径模拟”对话框。

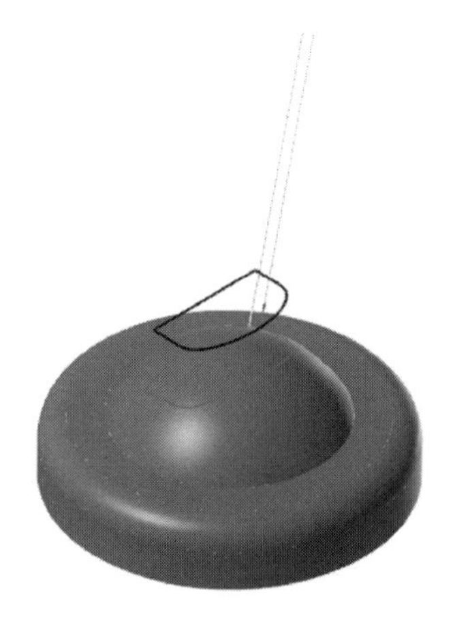

图 7-22 生成曲线五轴加工刀路

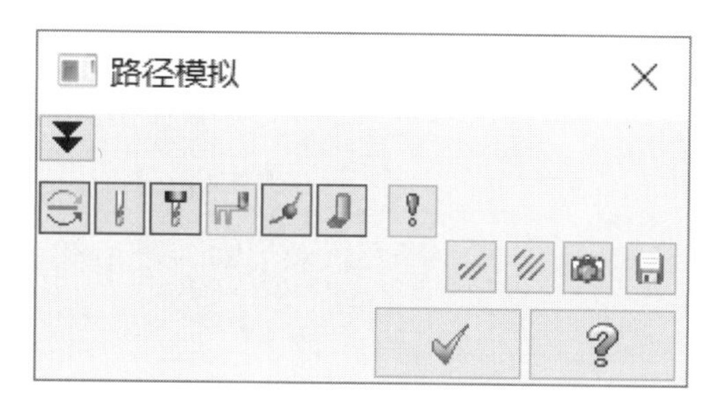

图 7-23 “路径模拟”对话框

13）在“路径模拟”对话框设置好相关选项，以及在其相应的播放操作栏中设置相关参数后，单击播放操作栏中的“开始”按钮，系统开始刀路模拟，图 7-24 所示为刀路模拟过程中的其中一个截图。在“路径模拟”对话框中单击“确定”按钮。

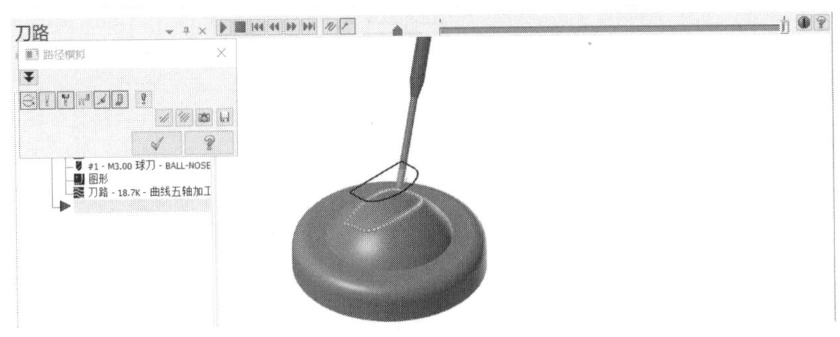

图 7-24 刀路模拟的过程截图

7.4 钻孔五轴加工

钻孔五轴加工很实用，它用于在曲面上进行钻孔加工，能够加工出方向不同的斜孔。根据刀具轴的控制不同，可以产生三轴、四轴或五轴的钻孔刀具路径。

扫码观看视频

7.4.1 钻孔五轴加工范例说明

本范例的目标是采用钻孔五轴方式对图 7-25a 所示的实体模型进行多个方位不同的孔的加工，孔的刀具轴方向为曲面在钻孔点的法向，加工孔的直径为 Φ10；完成该钻孔五轴加工模拟得到的零件效果如图 7-25b 所示。本范例所需的素材由随书配套的“钻孔五轴加工.mcam”文件（位于随书附赠网盘资源的 CH7 文件夹中）提供。根据范例要求及加工零件的特点等因素，拟采用 Φ10 的钻孔刀。通过该范例的学习，读者应该要掌握生成钻孔五轴加工刀具路径的一般方法及步骤。

a)

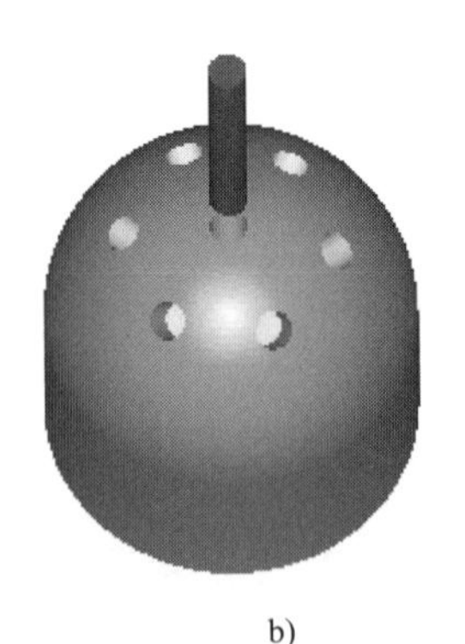

b)

图 7-25 钻孔五轴加工范例

a) 实体模型及点 b) 钻孔五轴加工模拟结果

7.4.2 钻孔五轴加工范例过程

1. 选择机床加工系统

在功能区“机床”选项卡的“机床类型”面板中选择“铣床”|“默认”命令。

2．设置工件毛坯

1）在刀路管理器中展开“属性”标识，接着单击“属性”标识下的“素材设置”。

2）系统弹出“机床分组属性”对话框并自动切换至“素材设置”选项卡。在“形状”选项组中选择“实体”单选按钮，如图 7-26 所示。

图 7-26　毛坯材料设置

3）在“形状”选项组中单击“选择”按钮，在绘图区单击已有实体，返回到“机床分组属性”对话框。

4）在“机床分组属性”对话框中单击“确定”按钮，完成毛坯工件设置。

3．生成钻孔五轴加工刀具路径

1）在功能区“刀路”选项卡的“多轴加工”面板中单击“模型”组中的“钻孔”按钮，系统弹出“多轴刀路-钻孔”对话框，如图 7-27 所示。

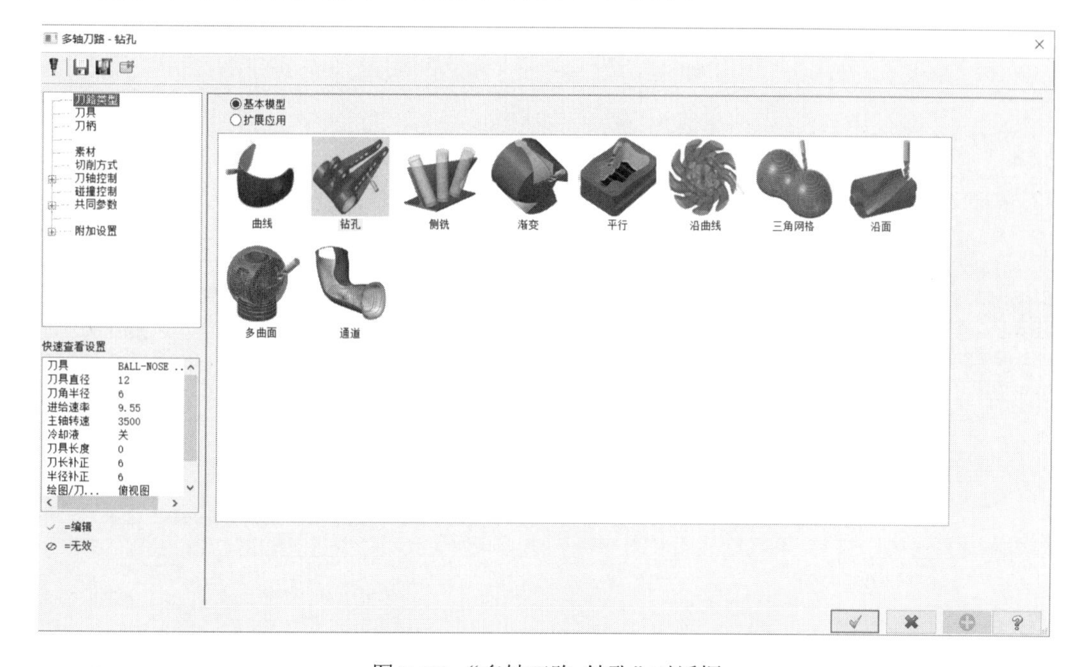

图 7-27　“多轴刀路-钻孔”对话框

2）在“多轴刀路-钻孔”对话框中切换到“刀具”类别选项页，在刀具列表框中右击，如图 7-28 所示，接着在该右键快捷菜单中选择“刀具管理”命令。

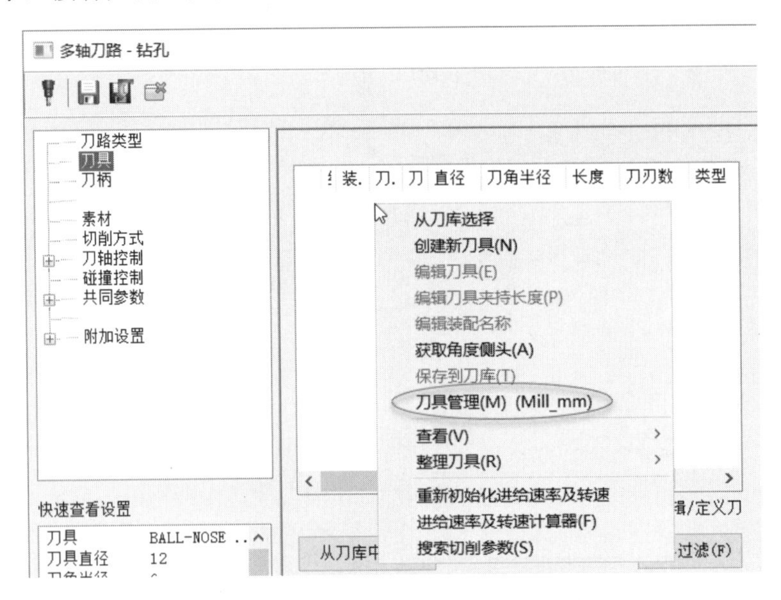

图 7-28　对刀具列表使用右键快捷命令

3）系统弹出“刀具管理”对话框。从 Mill_mm 刀库中选择一把 Φ10 的钻孔刀，单击“将选择的刀库刀具复制到机床群组”按钮，此时“刀具管理”对话框如图 7-29 所示，然后单击该对话框中的“确定”按钮。

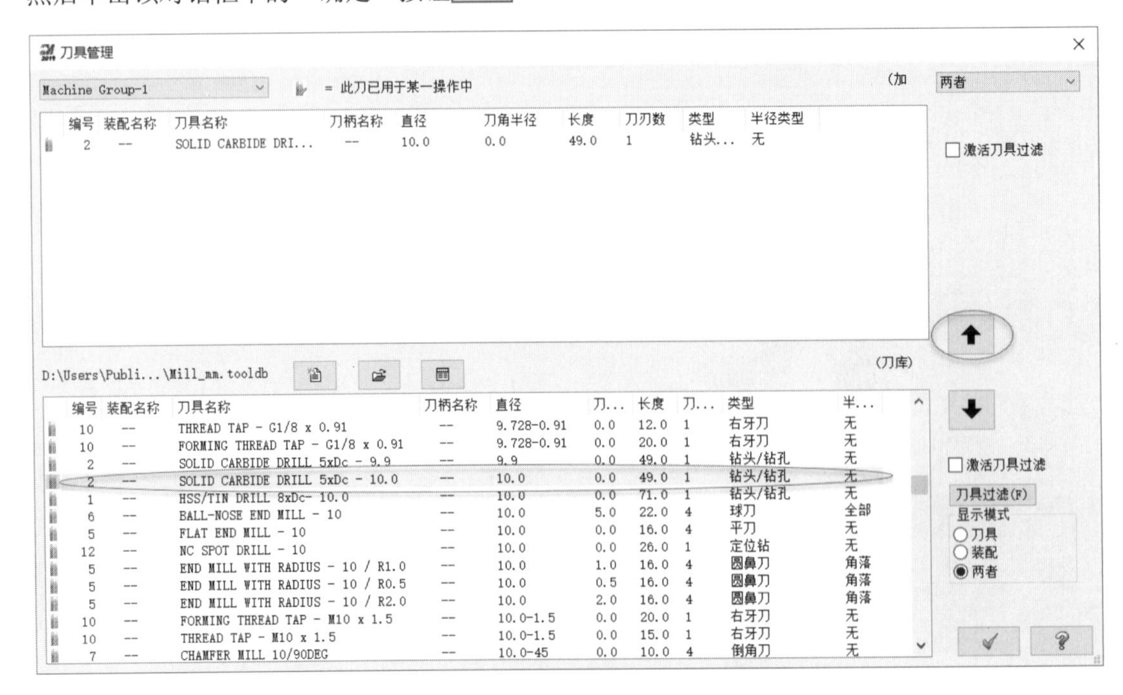

图 7-29　“刀具管理”对话框

4）在“多轴刀路-钻孔”对话框的“刀具”类别选项页中设置图 7-30 所示的刀具参数。

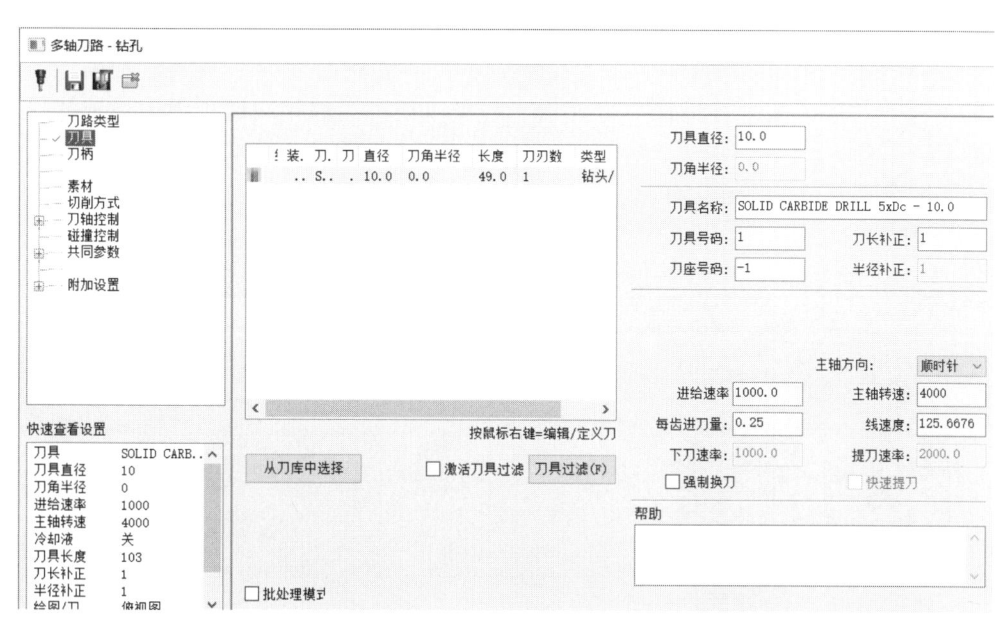

图 7-30 设置刀具参数

5）切换至“切削方式”类别选项页，从“图形类型”下拉列表框中选择“点”选项，单击“选择点”按钮，系统打开图 7-31 所示的“定义刀路孔”对话框，单击“窗选”按钮，以窗选的方式选择图 7-32 所示的窗口内的所有点。

图 7-31 “定义刀路孔”对话框

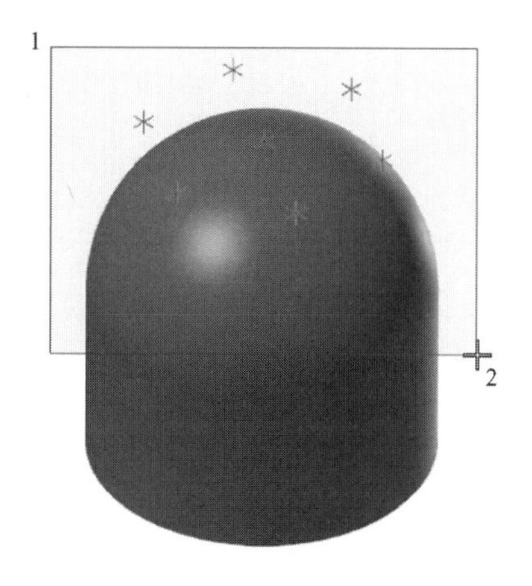

图 7-32 窗选钻孔点位置

默认的钻孔点排序如图 7-33 所示，本例采用默认的钻孔点排序方式。用户也可以更改钻孔点的排序方式，方法是在“定义刀路孔”对话框的“排序方式”选项组中单击“排序方式”按钮，如图 7-34 所示，从排序列表中选择一种排序方式，并根据要求指定中心点。排序方式一共分“2D 排序”“旋转排序”“交叉排序”3 大类，利用这些选项卡设置所需的排序方式。选择排序方式后，还可以在激活的相应选项组中设置该排序的参数。

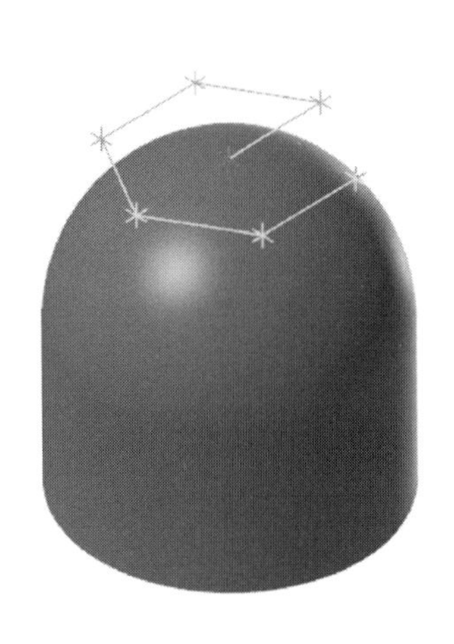

图 7-33 默认的钻孔点排序

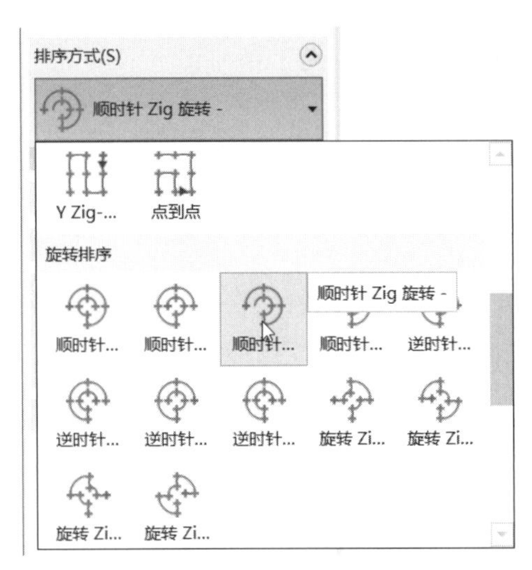

图 7-34 指定排序方式

6）在“定义刀路孔”对话框中单击“确定”按钮，返回到“多轴刀路-钻孔”对话框的“切削方式”类别选项页，从“循环方式”下拉列表框中选择“深孔啄钻（G83）”选项，如图 7-35 所示。

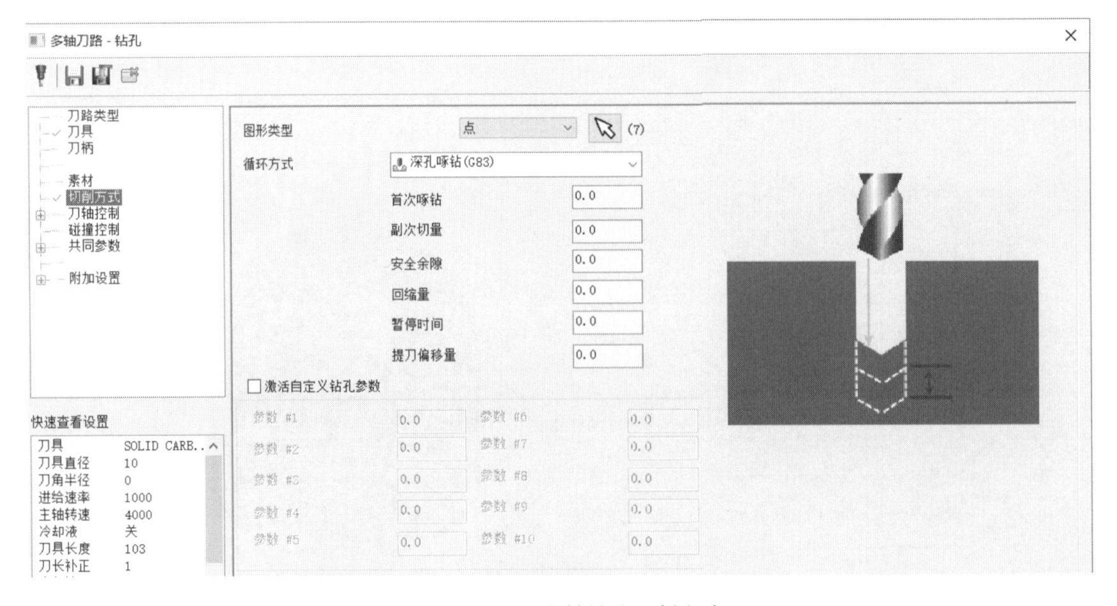

图 7-35 设置多轴钻孔切削方式

7）在“多轴刀路-钻孔”对话框中切换至“刀轴控制”类别选项页，从“刀轴控制”下拉列表框中选择“曲面”选项，接着单击“选择”按钮，选择图 7-36 所示的球面作为刀轴曲面，按〈Enter〉键确定，系统返回“多轴刀路-钻孔”对话框的“刀轴控制”类别选项页，然后从“输出方式”下拉列表框中选择“5 轴”选项，如图 7-37 所示。

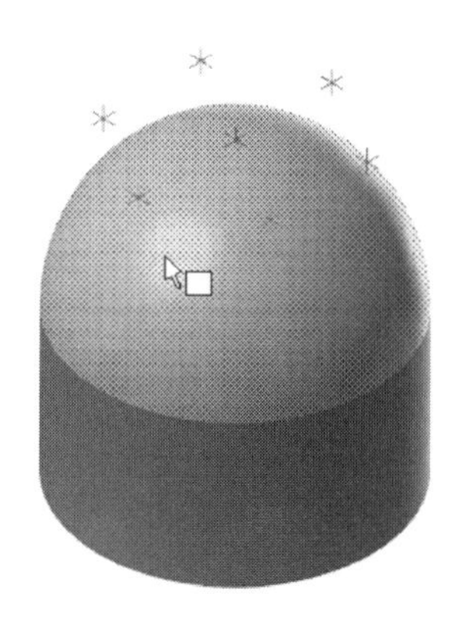

图 7-36 选择刀轴曲面

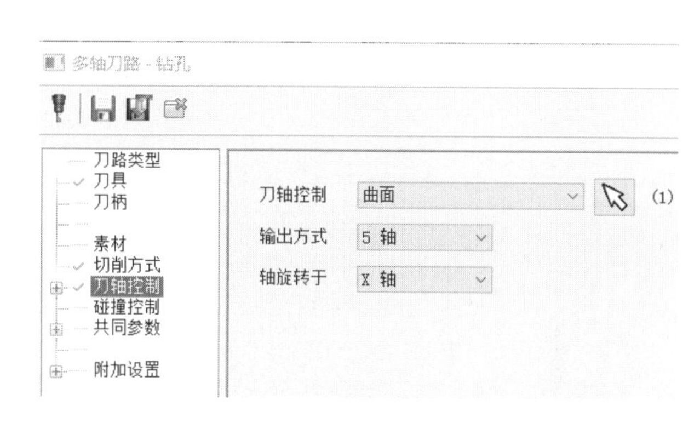

图 7-37 设置刀轴控制选项

8）切换至“碰撞控制”类别选项页，从“刀尖控制”选项组中选择“原始点”单选按钮，勾选“刀尖补正”复选框，并设置刀尖补正的相应参数，如图 7-38 所示。注意：在本例中，亦可以不启用刀尖补正功能。

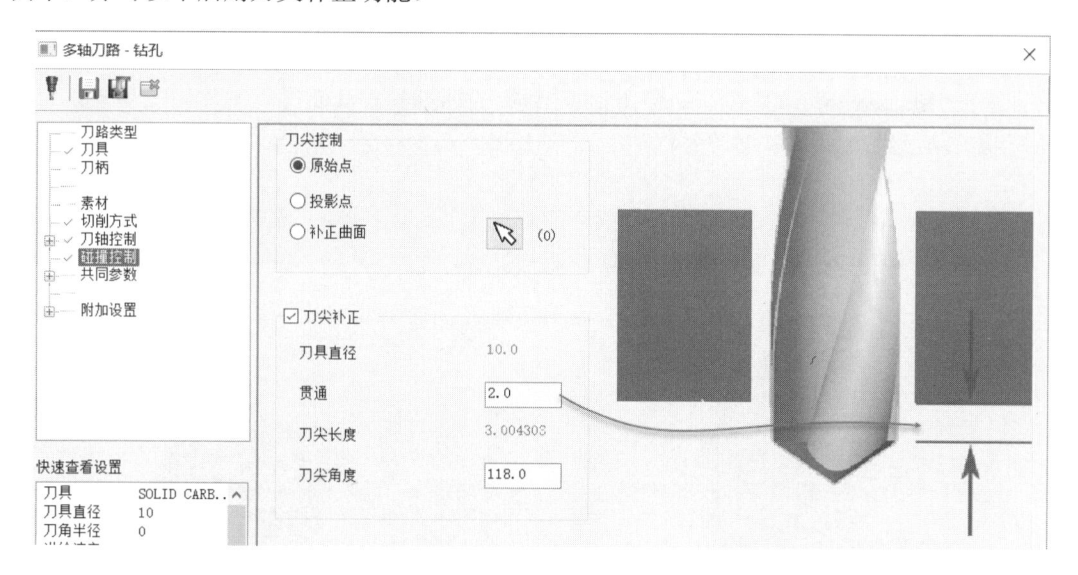

图 7-38 设置碰撞控制参数

9）切换至“共同参数”类别选项页，从中设置图 7-39 所示的共同参数，注意深度设置为-22。

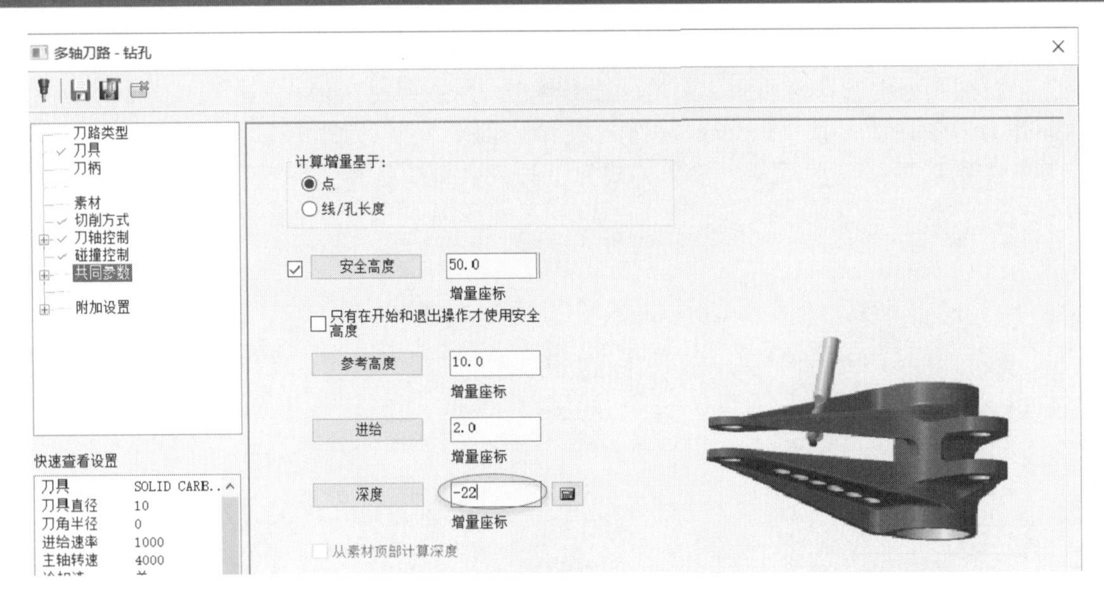

图 7-39 设置多轴钻孔共同参数

10）在“多轴刀路-钻孔”对话框中单击“确定”按钮，生成的钻孔五轴加工刀具路径如图 7-40 所示。

4．验证钻孔五轴加工刀具路径

1）在刀路管理器的工具栏中单击“验证已选择的操作”按钮，打开“Mastercam 模拟”窗口。

2）在“Mastercam 模拟”窗口的功能区“首页”选项卡中自行设置相关的选项。

3）在“Mastercam 模拟”窗口中单击“播放”按钮，从而进行实体切削加工仿真模拟，模拟的验证结果如图 7-41 所示。

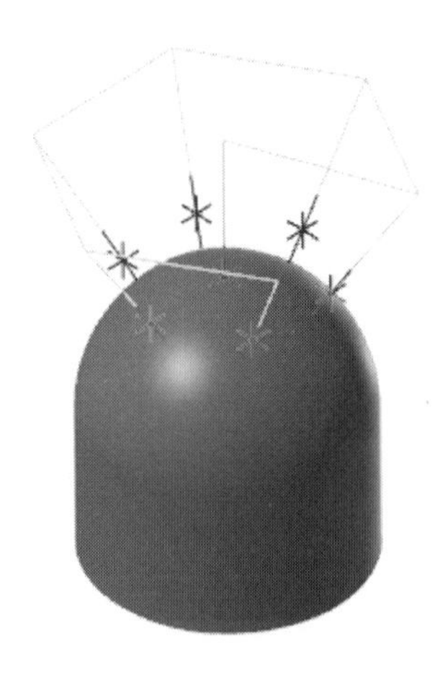

图 7-40 钻孔五轴加工刀具路径

图 7-41 钻孔五轴加工模拟

4）关闭“Mastercam 模拟”窗口。

7.5 沿面五轴加工

使用“沿面五轴加工”可以顺着曲面产生五轴加工刀具路径，加工出来的曲面质量较好，在实际生产中应用较为广泛。

7.5.1 沿面五轴加工范例说明

本范例以加工图 7-42a 所示的玩具轿车曲面模型中的前面视窗曲面为例，创建图 7-42b 所示的沿面五轴加工刀具路径（这里仅供参考）。

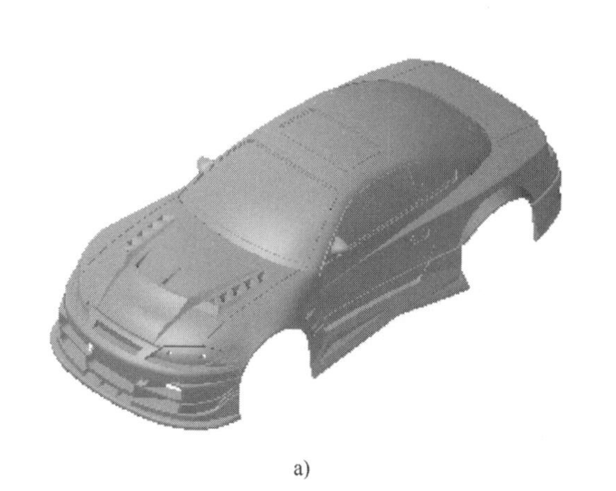

a)

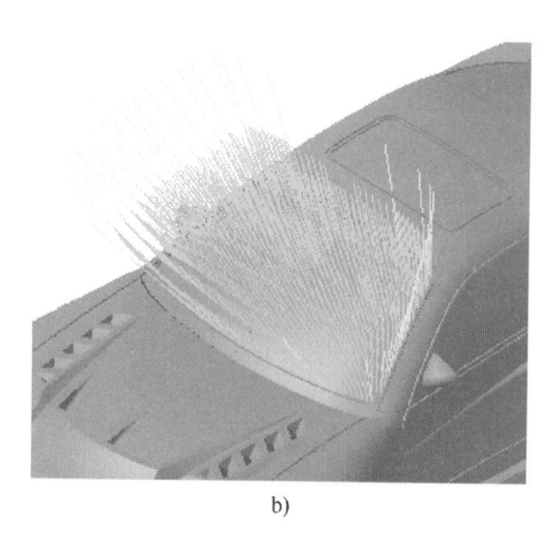

b)

图 7-42 沿面五轴加工范例

a) 玩具轿车曲面模型 b) 沿面五轴加工刀具路径（参考）

本范例采用 Φ10 的球刀，注意相关参数的设置含义。

7.5.2 沿面五轴加工范例过程

沿面五轴加工范例的具体操作步骤如下。

1）在“快速访问”工具栏中单击“打开”按钮，系统弹出“打开”对话框，选择附赠网盘资源中 CH7 文件夹目录下的“沿面五轴加工.mcam”，单击“打开”按钮。该文件中的已有曲面模型如图 7-43 所示。

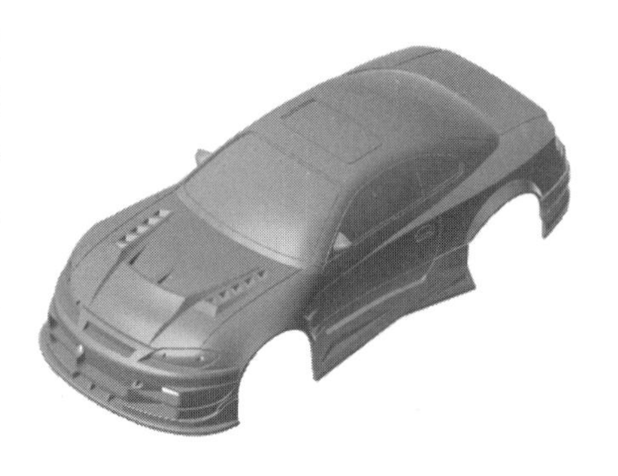

图 7-43 已有的玩具轿车车身曲面模型

2）在功能区“刀路”选项卡的“多轴加工”面板中单击“模型”组的“沿面”按钮，系统弹出“多轴刀路-沿面”对话框。

3）在“多轴刀路-沿面”对话框的“刀具”类别选项页中，单击“从刀库中选择”按钮，弹出“选择刀具”对话框，从 Mill_mm 刀库的刀具列表中选择一把 Φ10 的球刀，单击“确定”按钮返回到“多轴刀路-沿面”对话框的“刀具”类别选项页，并设置相应的刀具参数

(于设备实际情况设置)，如图 7-44 所示。

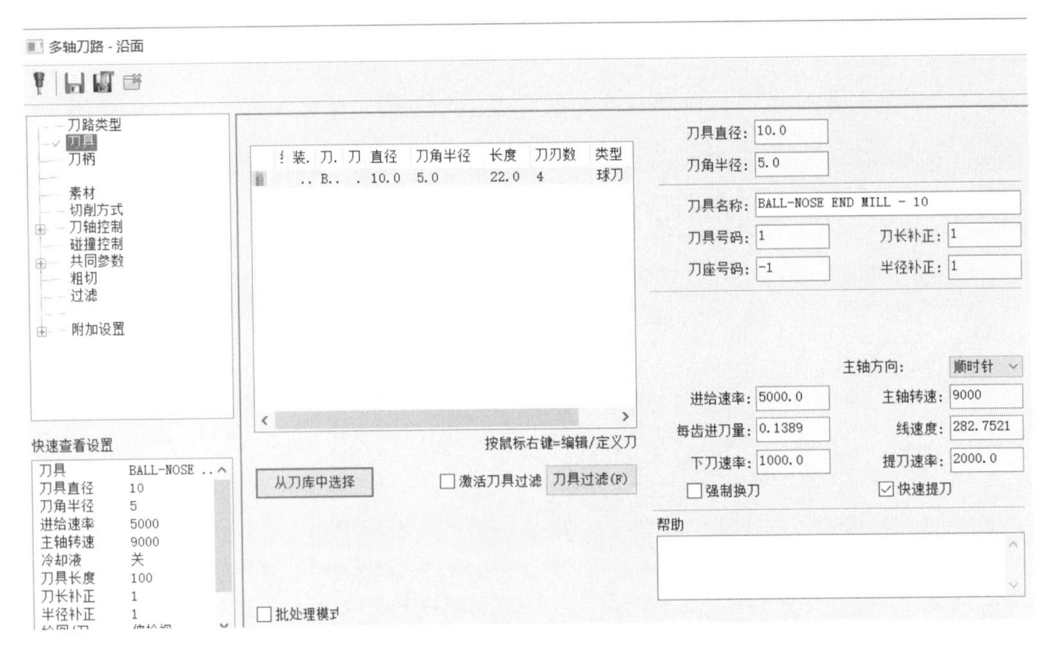

图 7-44 设置相应的刀具参数

4）切换至“切削方式”类别选项页，在“曲面”选项组中单击“选择”按钮，使用鼠标光标选择图 7-45 所示的两片曲面，按〈Enter〉键确定，系统弹出“曲面流线设置”对话框，并且在所选曲面上显示曲面流线，如图 7-46 所示。如果需要，可以利用“曲面流线设置”对话框中的方向切换按钮来重新进行曲面流线设置。满意后单击“曲面流线设置”对话框中的“确定”按钮。

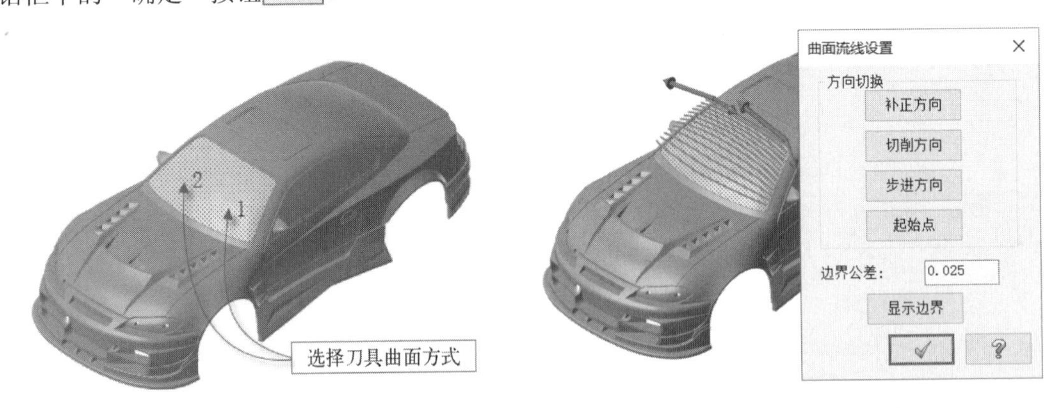

图 7-45 选择刀具曲面

图 7-46 曲面流线设置

5）在“多轴刀路-沿面”对话框的“切削方式”类别选项页中设置图 7-47 所示的参数。

6）切换至“刀轴控制”类别选项页，从“刀轴控制”下拉列表框中选择“曲面”选项，从“输出方式”下拉列表框中选择“5 轴”选项，并设置其他相应的选项和参数，如图 7-48 所示。

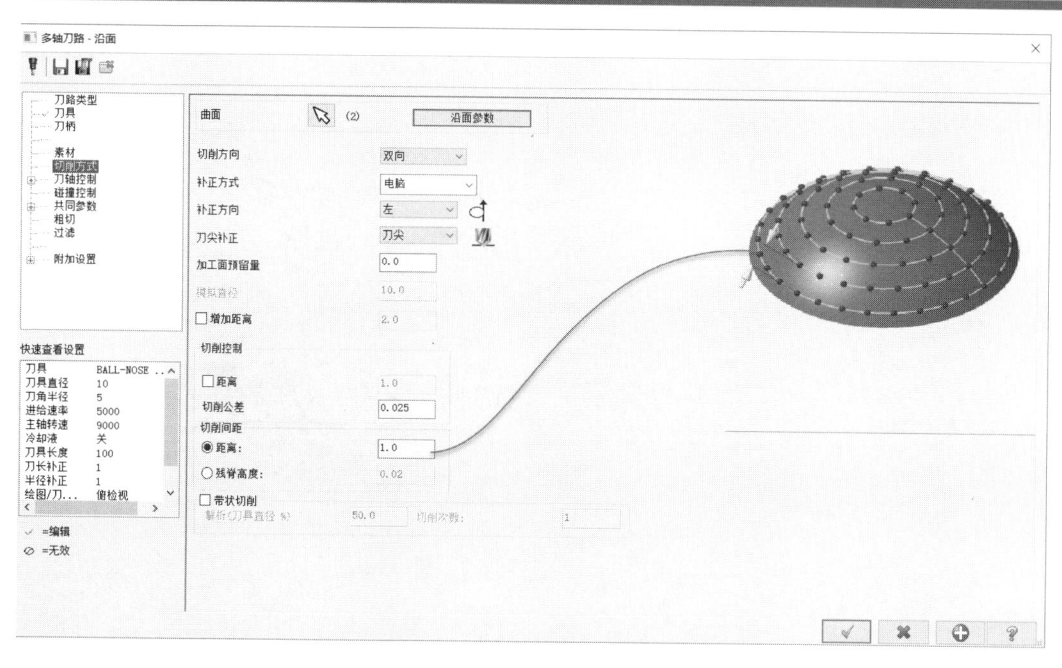

图 7-47 设置切削方式参数

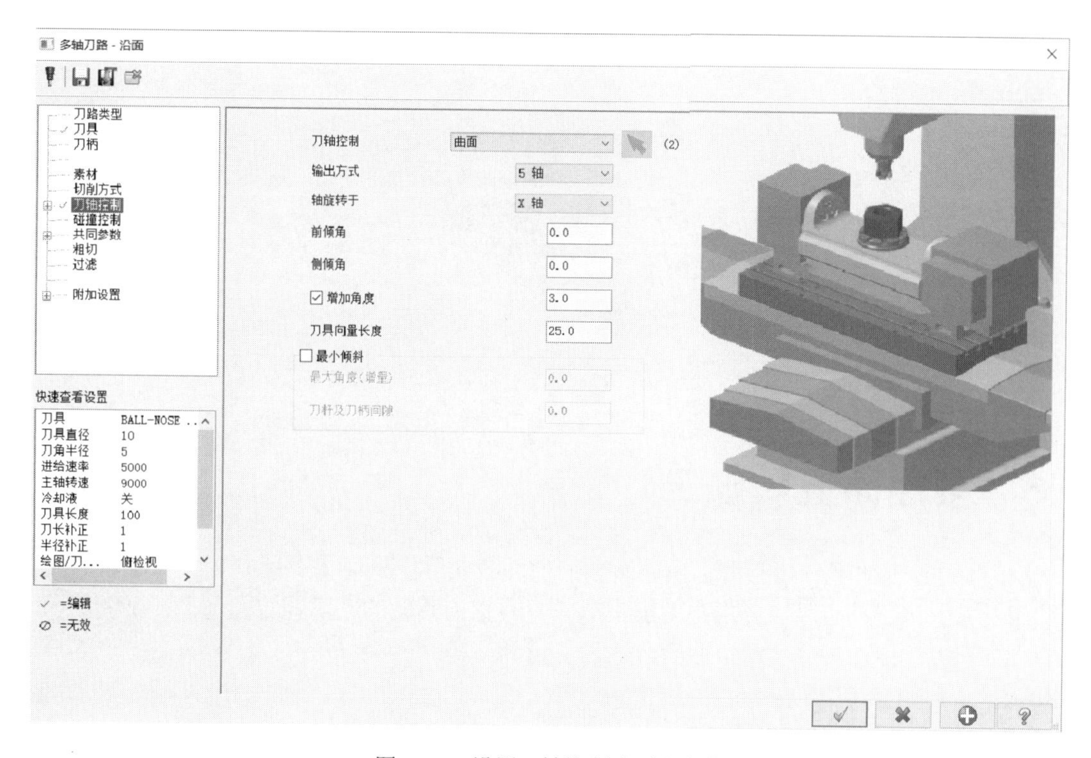

图 7-48 设置刀轴控制选项和参数

7）切换至“碰撞控制”类别选项页，接受默认的刀尖控制和干涉曲面设置。接着切换至“共同参数”类别选项页，设置图 7-49 所示的共同参数。另外，用户还可以尝试自行对“粗切”类别进行参数设置。

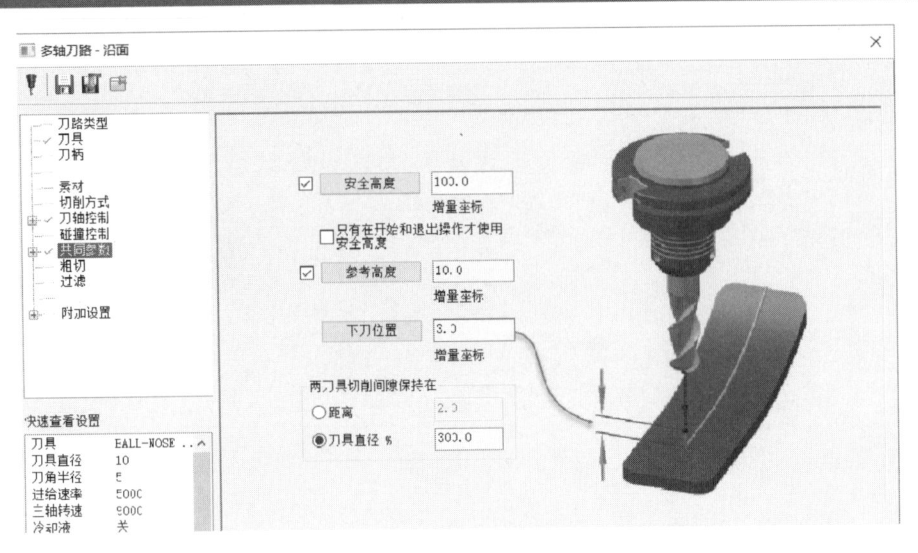

图 7-49 设置共同参数

8）在“多轴刀路-沿面”对话框中单击“确定”按钮，生成的沿面五轴刀具路径如图 7-50 所示（参考刀路）。

图 7-50 生成沿面五轴刀具路径

7.6 多曲面五轴加工

扫码观看视频

“多曲面五轴加工”功能用于在一系列的曲面或实体上产生刀具路径，适用于复杂、质量高且精度要求高的加工场合。根据刀具轴的不同控制，使用该功能可以生成四轴或五轴多曲面多轴加工刀具路径。

7.6.1 多曲面五轴加工范例说明

本范例要求对一个多曲面执行多曲面五轴加工，该多曲面如图 7-51a 所示，生成多曲面五轴加工刀具路径后的加工模拟效果（仅供参考）如图 7-51b 所示。

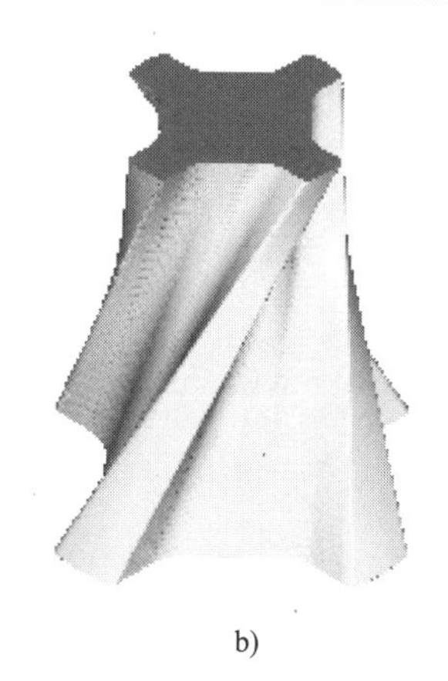

a)　　　　　　b)

图 7-51　多曲面五轴加工范例

a) 要加工的多曲面　b) 多曲面五轴加工模拟

首先在“快速访问”工具栏中单击“打开”按钮，系统弹出“打开”对话框，选择附赠网盘资源中 CH7 文件夹目录下的“多曲面五轴加工.mcam”，单击“打开”按钮。该文件中已经提供了加工所需的曲面模型，本例采用默认的铣床机床加工系统。

7.6.2 多曲面五轴加工范例过程

创建多曲面五轴加工刀路的范例步骤如下。

1）在功能区“刀路”选项卡的“多轴加工”面板中单击“模型”组中的“多曲面”按钮，系统弹出“多轴刀路-多曲面”对话框。

2）在“多轴刀路-多曲面”对话框的“刀具”类别选项页中，单击“从刀库中选择”按钮，打开“选择刀具”对话框，从 Mill_mm 刀库的列表中选择 Φ10 的球刀，单击“选择刀具”对话框中的“确定”按钮 。接着在“刀具”类别选项页中设置图 7-52 所示的刀具参数。

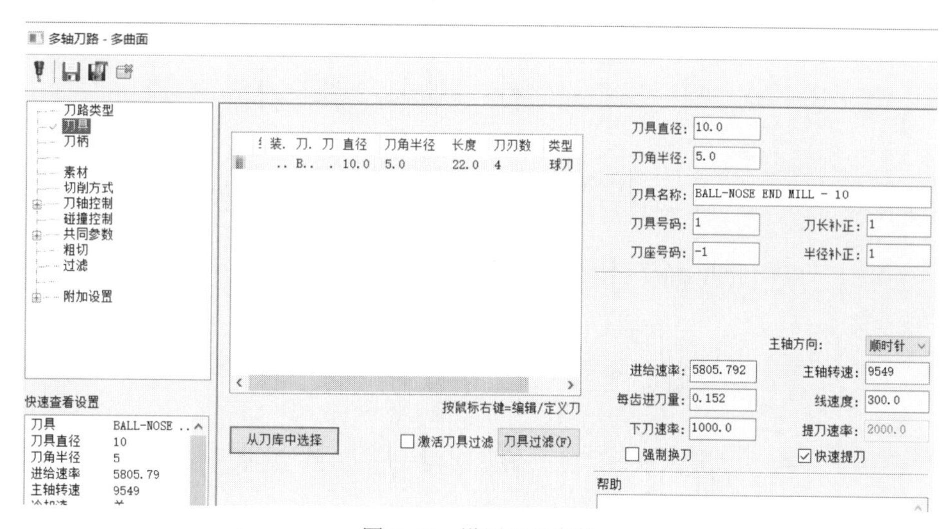

图 7-52　设置刀具参数

3）切换至“切削方式”类别选项页，从“模型选项”下拉列表框中选择“曲面”选项，接着单击“选择”按钮，选择图7-53所示的曲面，按〈Enter〉键。系统弹出“曲面流线设置”对话框，如图7-54所示，直接单击“确定”按钮。

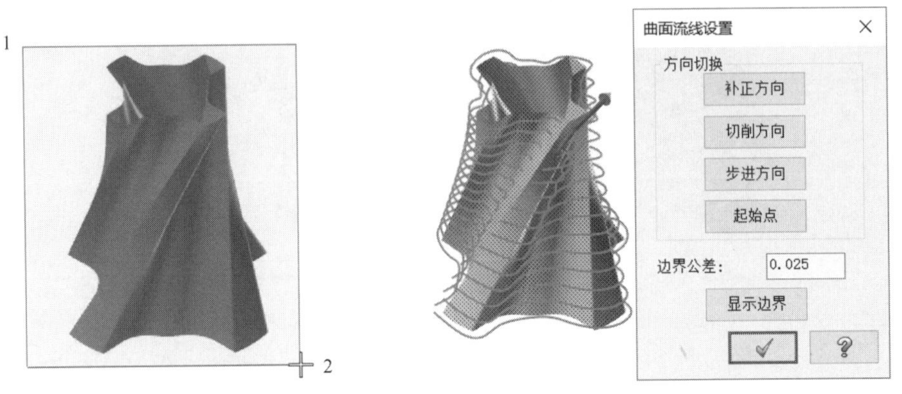

图7-53 选择曲面　　　　图7-54 曲面流线设置

4）在“切削方式”类别选项页继续设置切削方向、补正方式、补正方向、刀尖补正、加工面预留量、切削公差、截断方向步进量和引导方向步进量等，如图7-55所示。

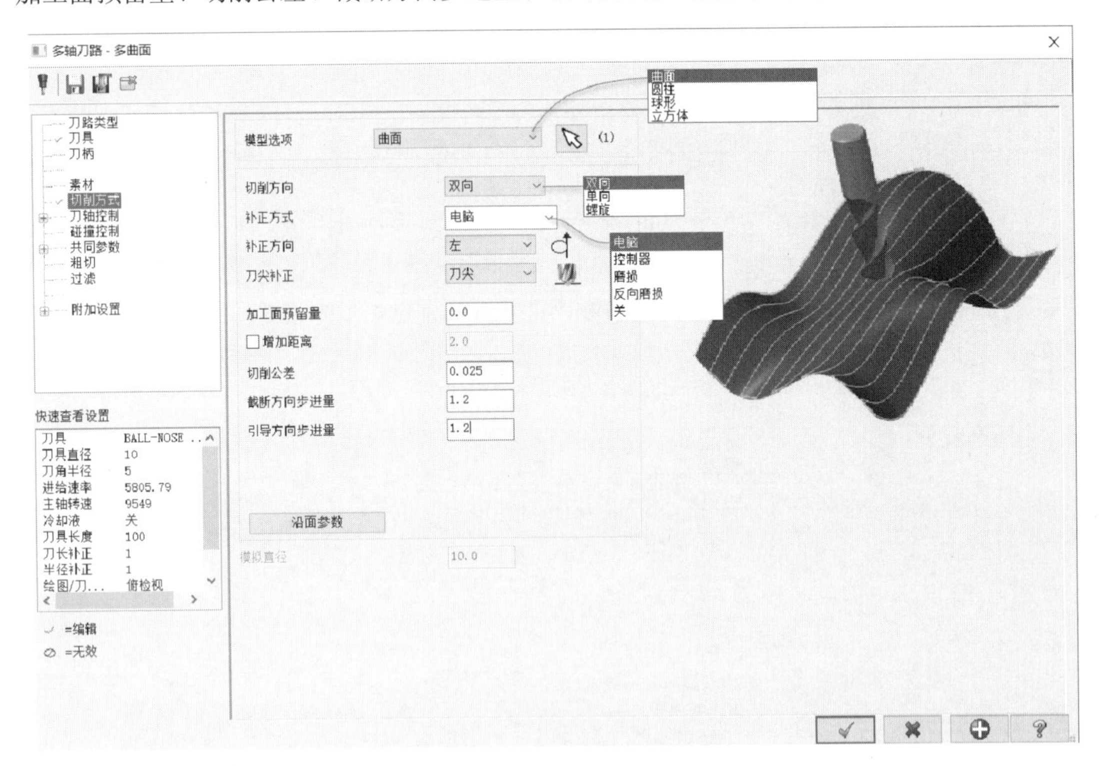

图7-55 设置切削方式参数

5）切换至“刀轴控制”类别选项页，从“刀轴控制”下拉列表框中选择“曲面”选项，从“输出方式”下拉列表框中选择“5 轴”选项，从“轴旋转于”下拉列表框中默认选择“Z轴”，以及设置其他参数，如图7-56所示，然后单击“应用”按钮。

图 7-56 设置刀轴控制参数

6）切换至“共同参数”类别选项页，设置图 7-57 所示的共同参数。

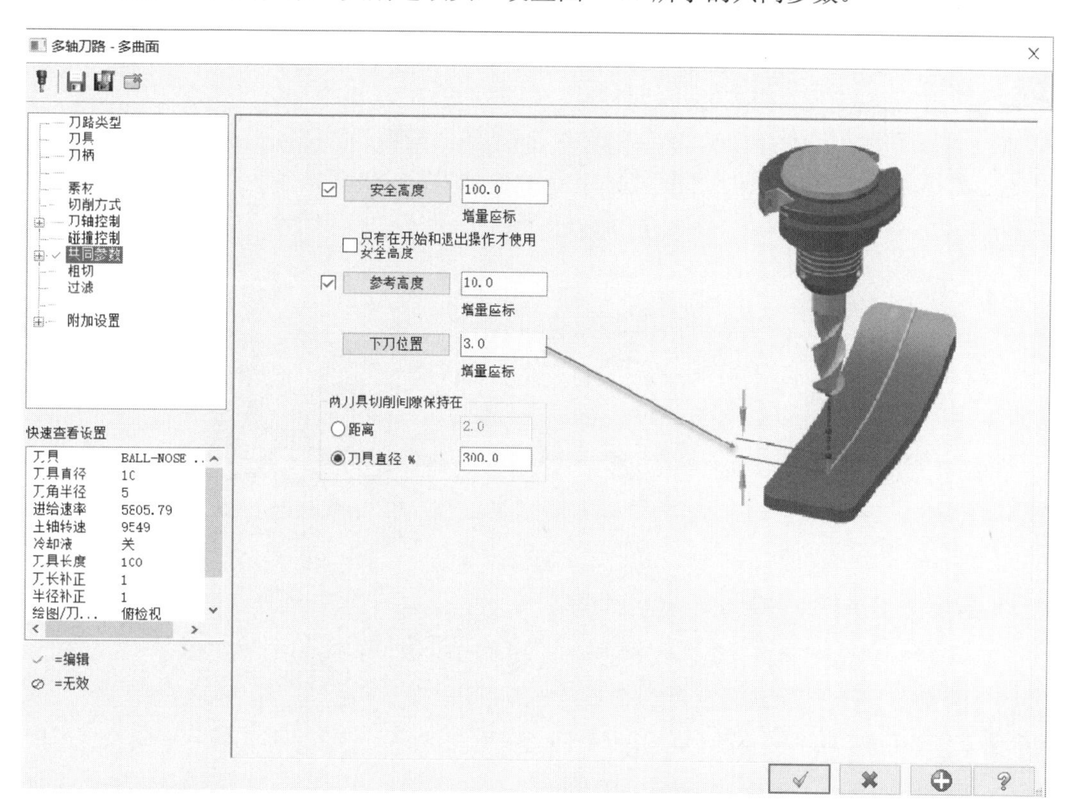

图 7-57 设置共同参数

7）切换至“粗切”类别选项页，取消勾选“深度分层切削”复选框。

8）单击“确定”按钮，产生的多曲面五轴加工刀具路径如图 7-58 所示。

图 7-58　多曲面五轴加工刀具路径

7.7　沿边五轴加工

使用“沿边五轴加工”，可以利用刀具的侧刃顺着工件侧壁来铣削。根据控制刀具轴的不同方式，使用该加工方法可以产生四轴或五轴侧壁铣削加工刀具路径。

扫码观看视频

7.7.1 沿边五轴加工范例说明

本范例采用沿边五轴加工方法对图 7-59a 所示的曲面模型的四周面进行加工，其最后产生的刀具路径如图 7-59b 所示。本范例采用 Φ10 的球刀，注意相关参数的设置含义。

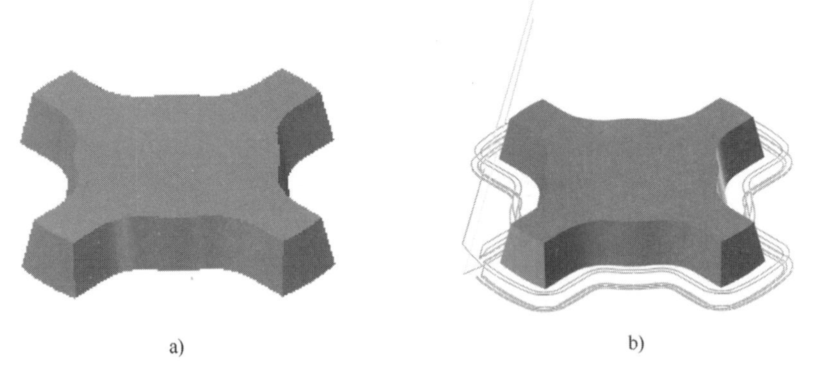

a)　　b)

图 7-59　沿边五轴加工范例

a) 曲面模型　b) 产生的刀具路径

7.7.2 沿边五轴加工范例过程

1）在“快速访问”工具栏中单击“打开”按钮，系统弹出“打开”对话框，选择随书附赠网盘资源 CH7 文件夹目录下的“沿边五轴加工.mcam”，单击“打开”按钮。

2）在功能区“刀路”选项卡的“多轴加工”面板中单击“扩展应用”组中的“沿边”按钮，打开“多轴刀路-沿边”对话框。

3）在“多轴刀路-沿边”对话框中切换至“切削方式”类别选项页，在“壁边”选项组中选择“曲面”单项按钮，单击“选择曲面”按钮，使用鼠标单击的方式依次选择图 7-60

所示的壁边曲面，直到选择所有的壁边曲面，按〈Enter〉键确定。选择图 7-61 所示的鼠标所指的一个曲面作为第一曲面。

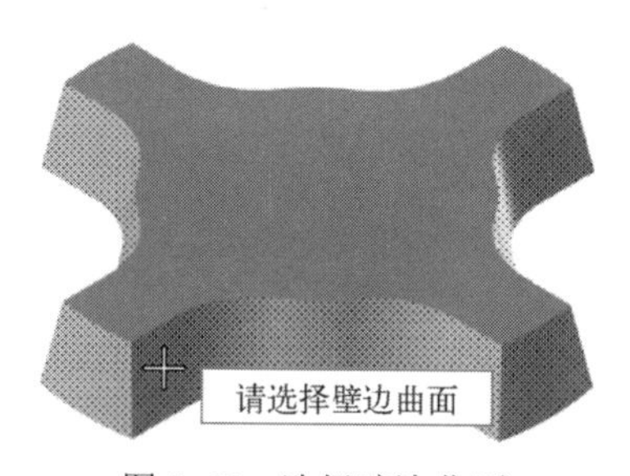

图 7-60 选择壁边曲面

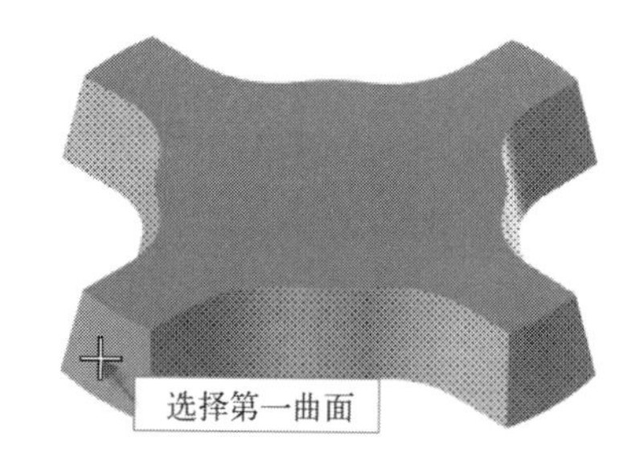

图 7-61 指定第一曲面

4）选择第一个低轨迹（侧壁下边线，注意选择位置），如图 7-62 所示。系统弹出“设置边界方向”对话框，如图 7-63 所示，单击“确定”按钮 。

5）返回到“多轴刀路-沿边”对话框的“切削方式”类别选项页，设置图 7-64 所示的参数。

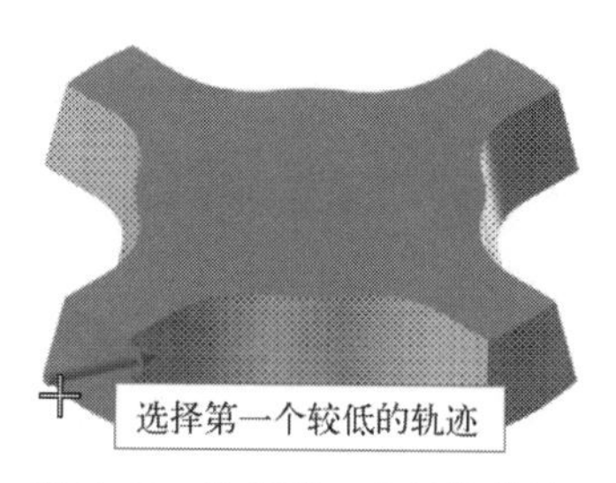

图 7-62 选择第一个低的轨迹

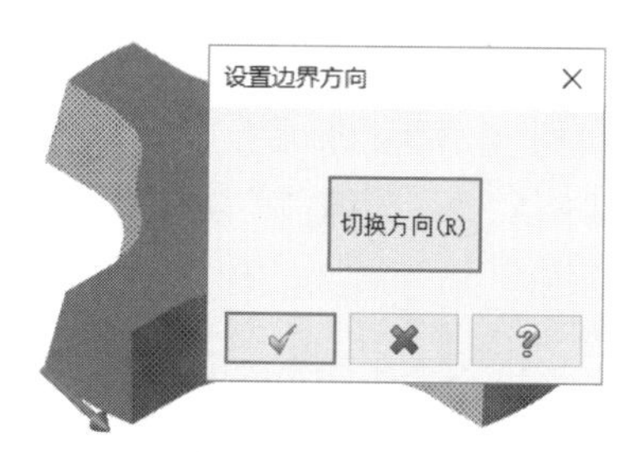

图 7-63 “设置边界方向”对话框

图 7-64 设置切削方式参数

6）切换至“刀轴控制”类别选项页，设置图 7-65 所示的刀轴控制参数。

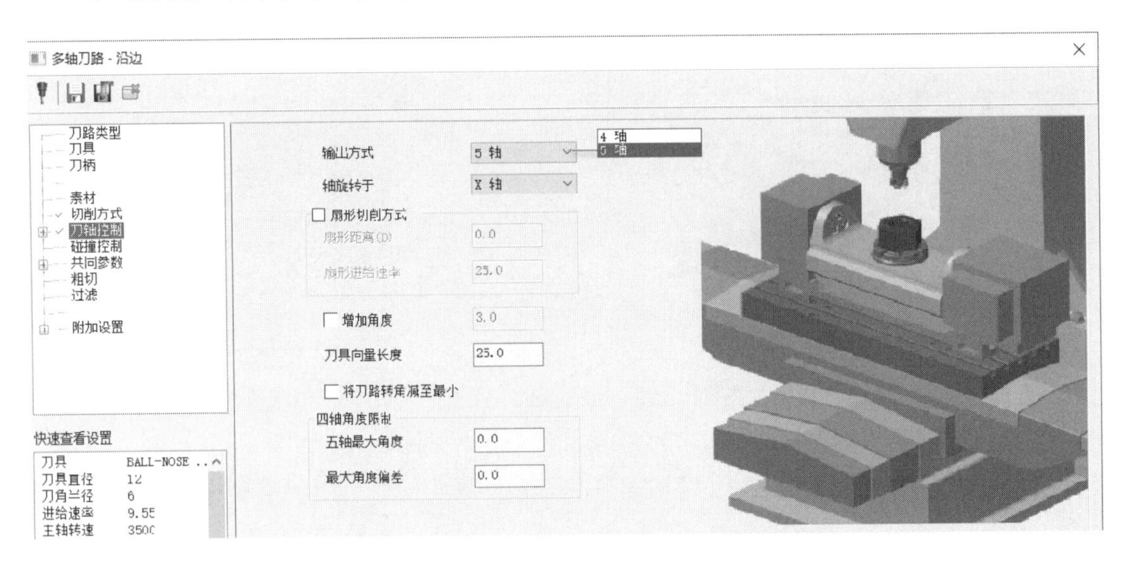

图 7-65　设置刀轴控制参数

7）切换至“碰撞控制”类别选项页，设置图 7-66 所示的碰撞控制参数。

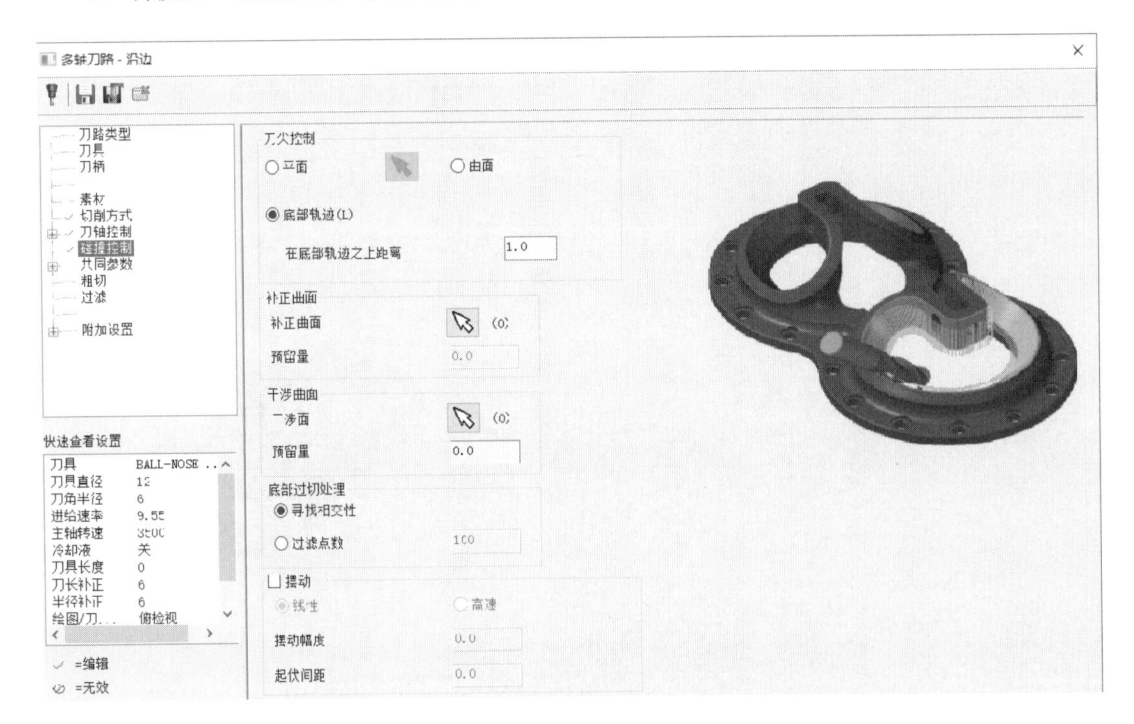

图 7-66　设置碰撞控制参数

8）切换至“共同参数”类别选项页，设置图 7-67 所示的共同参数。

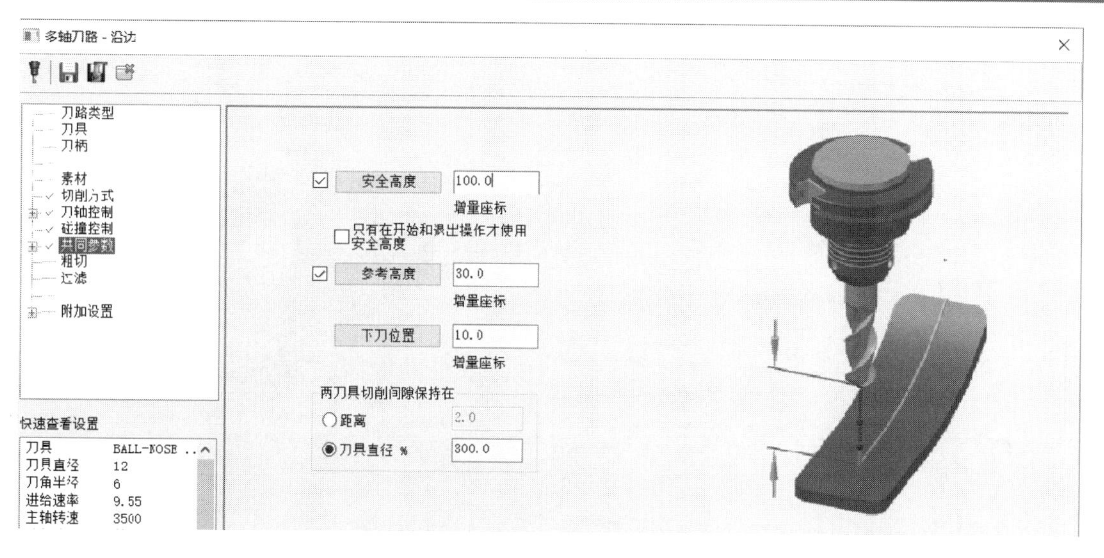

图 7-67　设置共同参数

9）切换至“刀具”类别选项页，单击“从刀库中选择”按钮，弹出“选择刀具”对话框，从 Mill_mm 刀库中选择 Φ10 的球刀，单击“确定”按钮，并设置图 7-68 所示的参数，可根据情况对刀具进行定义。然后单击“应用”按钮。

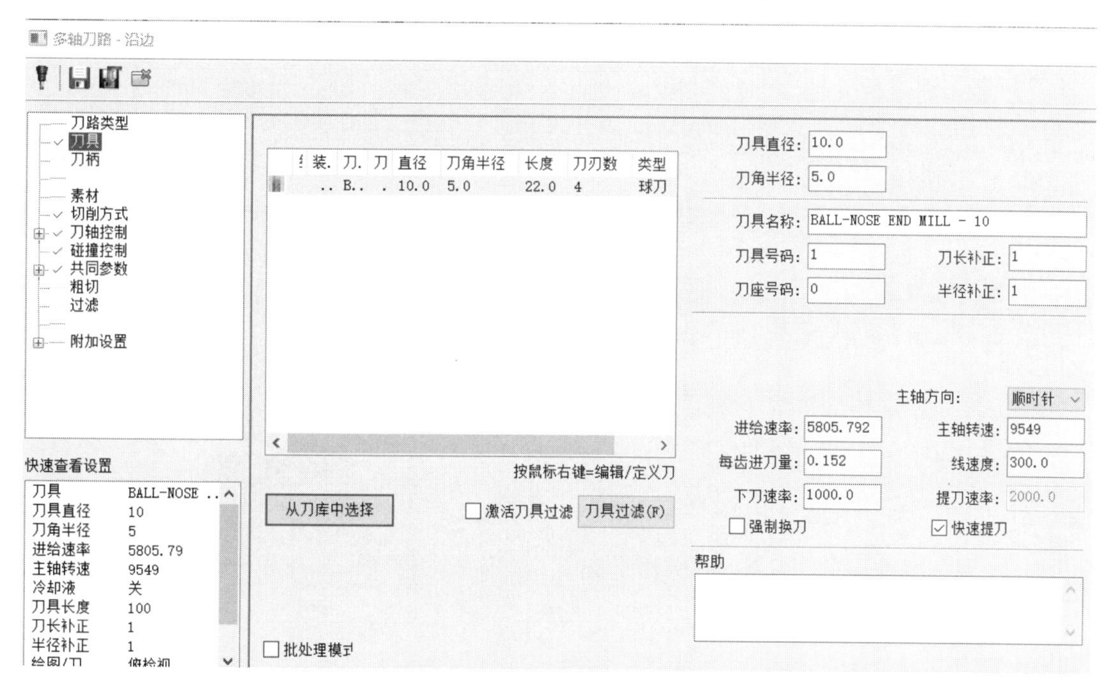

图 7-68　设置刀具参数

10）切换至“粗切”类别选项页，设置图 7-69 所示的粗切参数。

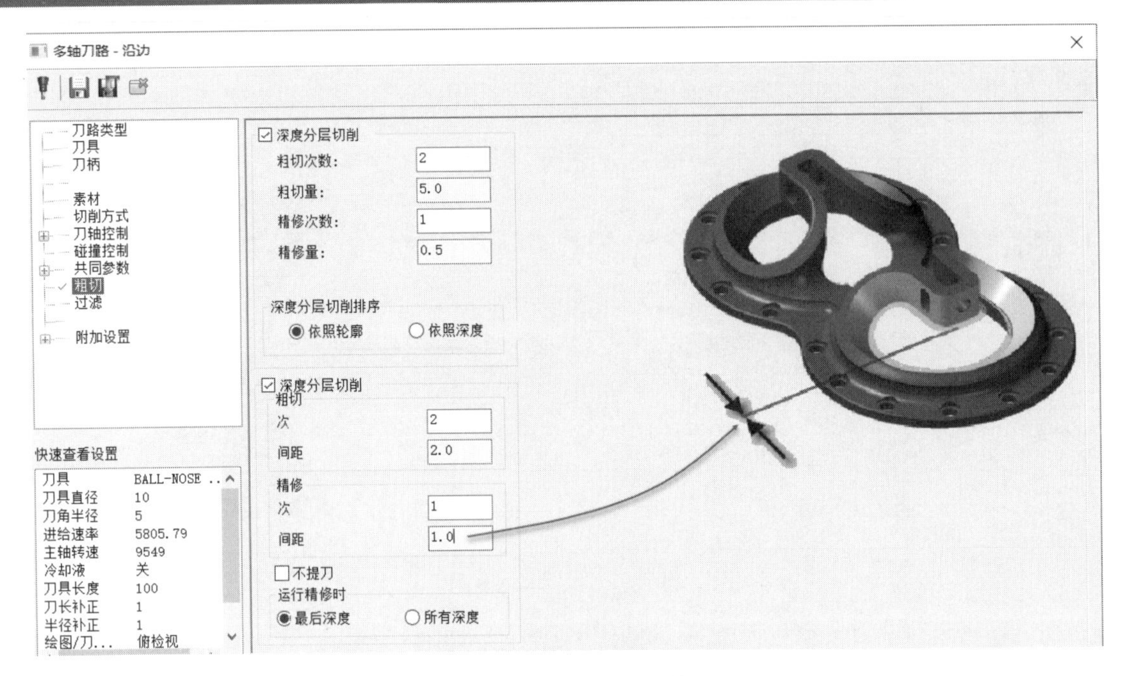

图 7-69　设置粗切参数

11）切换至“共同参数”|“进/退刀”类别选项页，设置图 7-70 所示的进/退刀参数。

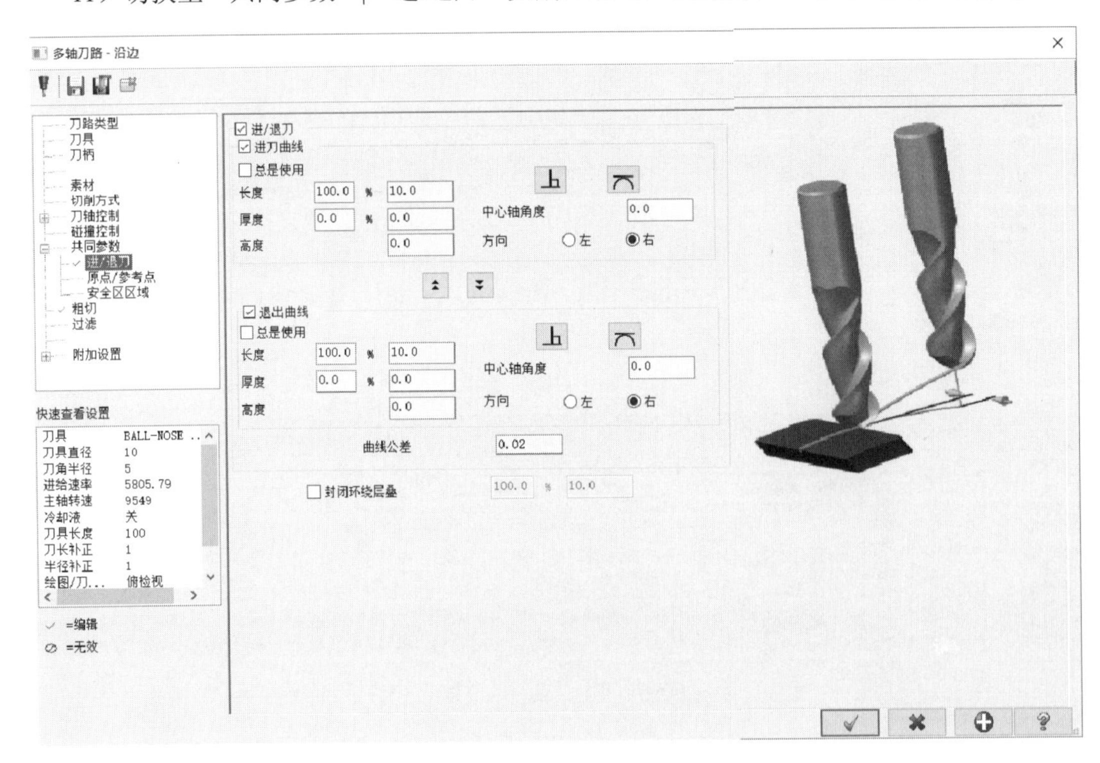

图 7-70　设置进/退刀参数

12）在“多轴刀路-沿边”对话框中单击“确定”按钮 ✓ ，生成图 7-71 所示的刀路。

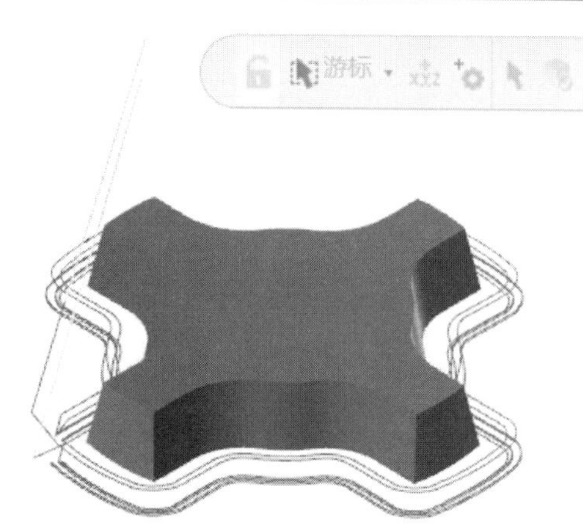

图 7-71　创建沿边五轴刀路

13）在刀路操作管理器中单击“模拟已选择的操作”按钮，打开图 7-72 所示的“路径模拟”对话框。在“刀路模拟”对话框设置好相关选项，以及在其相应的播放操作栏中设置相关参数后，单击播放操作栏中的“开始”按钮，系统开始刀路模拟，图 7-73 为刀路模拟过程中的一个截图。

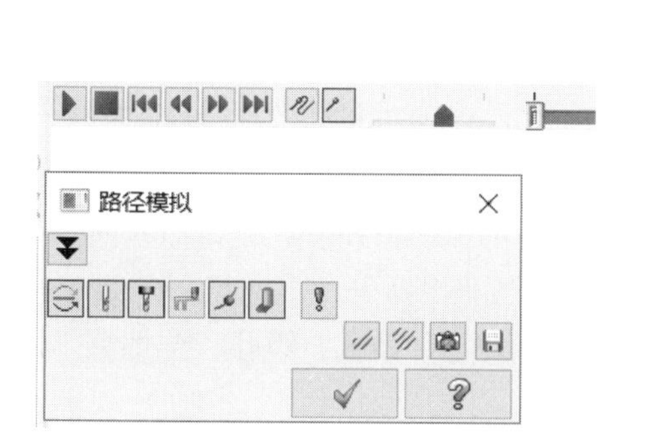

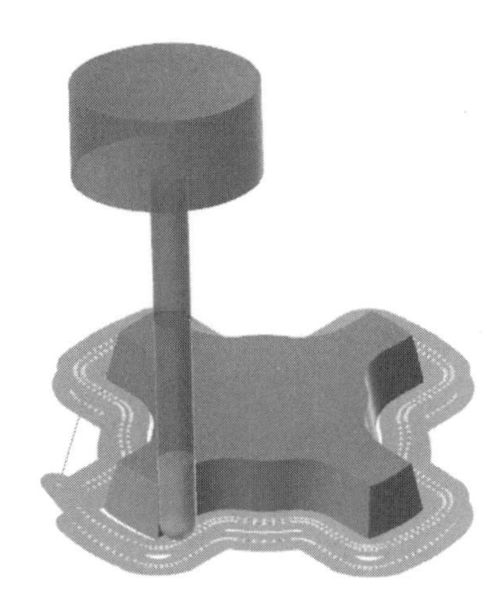

图 7-72 “路径模拟”对话框及播放操作栏

图 7-73　刀路模拟的一个截图

在本章的最后，有必要提醒一下初学者注意这样的操作经验：如果需要对某个多轴刀路参数进行修改，那么可以在刀路管理器中单击该多轴刀路下的“参数”节点以打开相应的“多轴刀路”对话框，从中进行相应的设置即可。修改刀路参数后，需要在刀路管理器中单击“重建全部已选择的操作”按钮以重建当前处于选择状态的刀路。

第8章　车 削 加 工

本章导读：

通常使用数控车床来加工轴类、盘类等回转体零件。在数控车床上可以进行多种典型的车削加工，如轮廓车削、端面车削、切槽、钻孔、镗孔、车螺纹、倒角、滚花、攻螺纹和切断工件等。

本章首先对车削加工知识进行概述，然后通过3个典型的综合范例来介绍相关车削加工的应用，这些范例兼顾了车削基础知识、应用知识和操作技巧等。

8.1　车削加工知识概述

数控车床在机械加工中应用广泛，它具有加工精度高、可自动变速等特点。数控车床的车削特点表现在：工件的旋转是主运动，刀架的移动是进给运动，工件与刀具之间产生的相对运动使刀具车削工件。因此，数控车床主要被用来加工回转体零件，包括表面粗糙度和尺寸精度要求较高的回转体零件和带特殊螺纹的回转体零件等。

典型的车削加工操作包括轮廓车削、端面车削、切槽、钻孔、镗孔、车螺纹、倒角、滚花、攻螺纹和切断工件等。

在 Mastercam 2019 系统中，从功能区“机床”选项卡的“机床类型”面板中选择“车床”|“默认”命令，可采用默认的车床加工系统。指定车床加工系统后，功能区出现“车削”选项卡，如图 8-1 所示。功能区“车削”选项卡上的相关工具命令需要用户认真掌握，本书将其中一些常用的车削刀路命令融入车削综合范例中介绍。

8.2　车削综合范例 1

本范例以图 8-2 所示的零件为例，介绍如何使用 Mastercam 2019 的车削功能来进行加工，使读者了解和掌握 Mastercam 2019 的工件毛坯设置、车端面、粗车、精车和钻孔等方法，在本例中注意特定构图面（绘图面）的设定。

扫码观看视频

本车削综合范例的具体操作步骤如下。

图 8-1 默认车床模块下的功能区“车削”选项卡

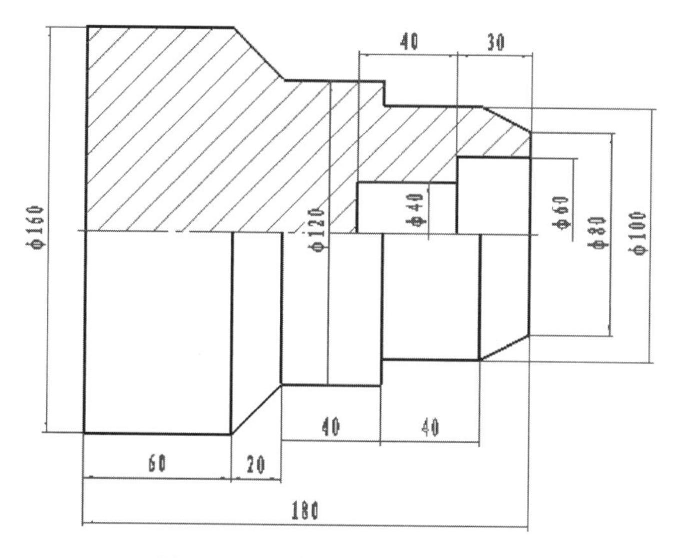

图 8-2 要通过车削加工得到的零件

8.2.1 绘制加工轮廓线

1）运行 Mastercam 2019 后，在新文档图形窗口左侧的窗格下方单击“平面”标签以打开“平面”小窗口，单击“车削平面”按钮，接着从“车削平面”下拉列表中选择“+X+Z”，接着在平面列表中单击“+X+Z”车削平面的“WCS”单元格，以启用该车削平面的 WCS 状态，并单击对应的“C”单元格，如图 8-3 所示。可以将颜色设置为 12 号红色。

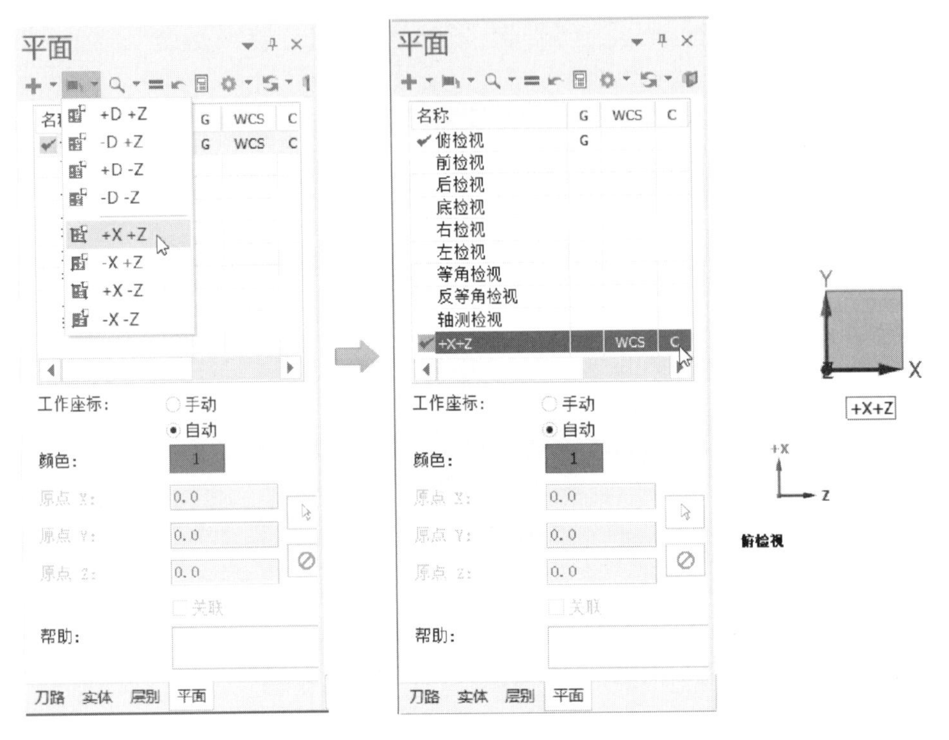

图 8-3　选择车削平面并使用 WCS 等（用于直径编程）

2）在状态栏中设置构图深度 Z 为 0，在功能区“首页”选项卡的“属性”面板中将线型设为中心线，线宽为细线，在“规划”面板中将图层（层别）设为 1。

3）绘制中心线。在功能区“线框”选项卡的“线”面板中单击“任意线”按钮，系统打开“任意线”对话框，从“类型”选项组中选择“任意线”单选按钮，从“方式”选项组中选择“两端点”单选按钮。

单击“输入坐标点”按钮，接着在坐标文本框中输入“0,-5”（即表示 X=0，Z=-5），如图 8-4 所示，按〈Enter〉键确认。

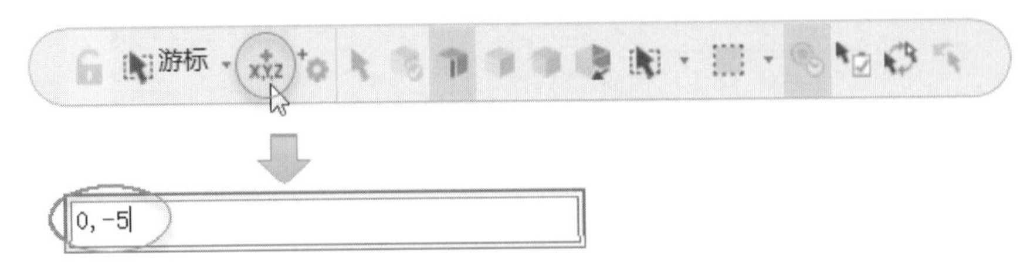

图 8-4　通过输入坐标快速绘点

在“任意线”对话框的“尺寸”选项组中设置直线段的长度和角度，如图 8-5 所示。然后单击“确定”按钮，绘制好该中心线，如图 8-6 所示。

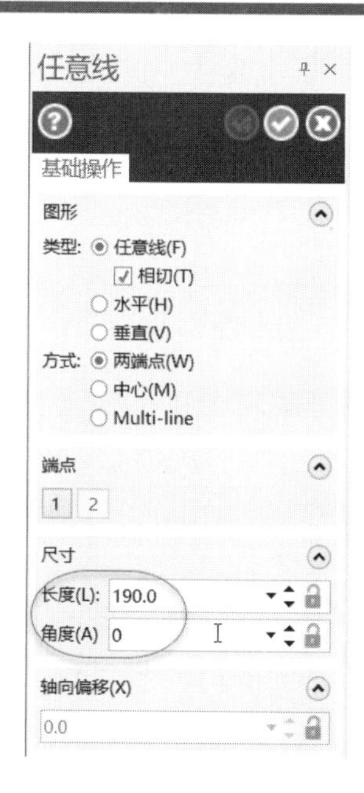

图 8-5 “任意线”对话框

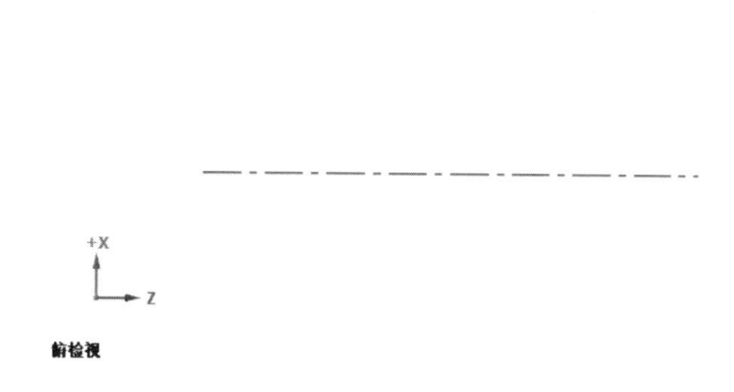

图 8-6 绘制中心线

4）在“快速访问”工具栏或“层别”对话框中将当前图层设置为 2，接着在功能区“首页”选项卡的“属性”面板中将线框颜色设置为黑色，线型为实线，线宽适当粗一些。

5）绘制用于车削的轮廓线。在功能区“线框”选项卡的“线”面板中单击“任意线”按钮，系统打开“任意线”对话框。在“任意线”对话框的“类型”选项组中选择“任意线”单选按钮，在“方式”选项组中选择“连续线（Multi-line）”单选按钮，单击“输入坐标点”按钮，或者直接按空格键，接着在坐标文本框中输入“0,0”并按〈Enter〉键确认。使用同样的坐标输入方式，依次指定其他点的坐标（X,Z）来绘制连续的直线，其他点的坐标依次为（80,0）、（80,60）、（60,80）、（60,120）、（50,120）、（50,160）、（40,180）和（0,180），绘制的连续轮廓线如图 8-7 所示。单击“任意线”对话框中的“确定”按钮。

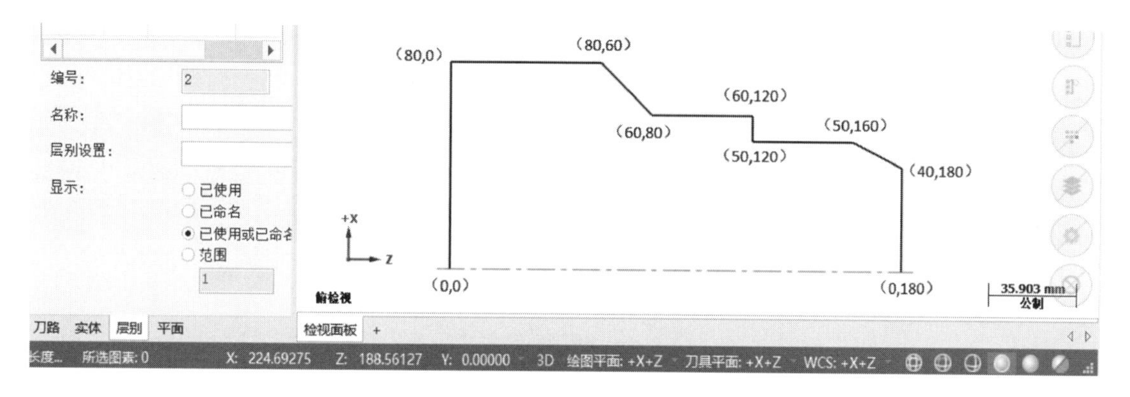

图 8-7 绘制外轮廓线

在功能区“线框”选项卡的“线”面板中单击“任意线”按钮，系统打开“任意线”对话框。绘制图 8-8 所示的内孔轮廓线。绘制好后，单击“确定”按钮。

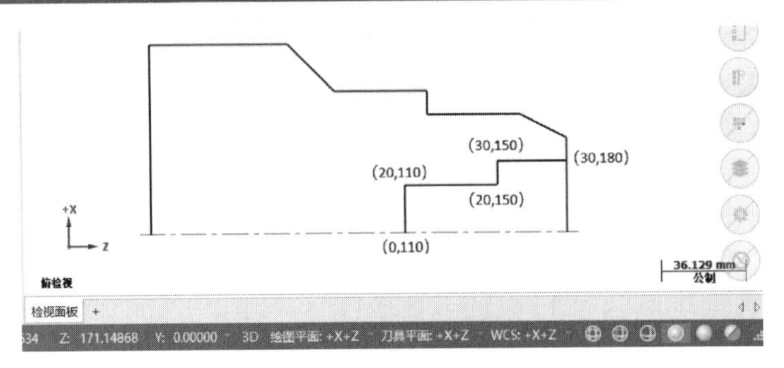

图 8-8 绘制内孔轮廓线

8.2.2 选择机床系统

在功能区“机床”选项卡的“机床类型”面板中选择“车床”| “默认”命令。此时，确保在“平面”管理器的平面列表中使“+X+Z”车削平面对应的“C”单元格标识有“C”。

8.2.3 设置工件素材

1）在图形窗口左侧的窗格下方单击“刀路”标签以打开刀路管理器，单击机器群组“属性”标识下的“素材设置”，系统弹出“机床分组属性”对话框并自动切换到“素材设置”选项卡，如图 8-9 所示。

图 8-9 “机床分组属性”对话框

2）在“素材”选项组中选择“左侧主轴”单选按钮，单击“参数”按钮，系统弹出图 8-10 所示的“机床组件管理-素材”对话框。

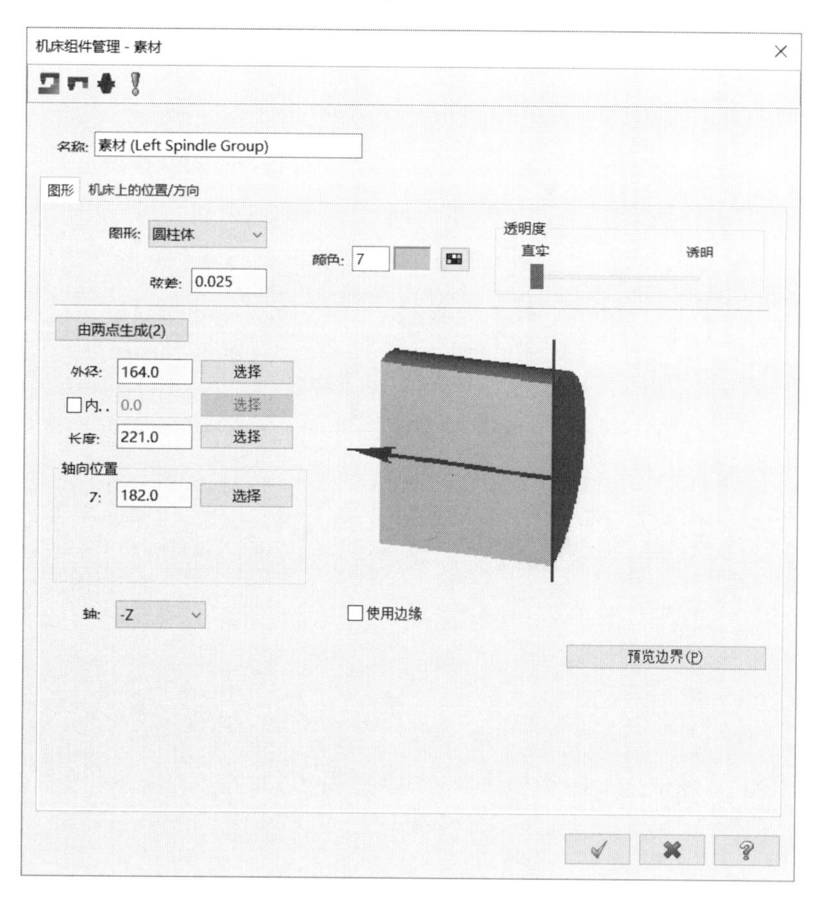

图 8-10 “机床组件管理-素材”对话框

3）从“图形”选项卡的“图形”下拉列表框中选择“圆柱体”，接着单击“由两点生成”按钮，在提示下依次指定点 A（X=82, Z=-39,Y=0）和点 B（X=0,Z=182,Y=0）来定义工件外形，然后在“机床组件管理-素材”对话框中单击“确定”按钮 ✓ 。

4）返回“机床群组属性”对话框，在“素材设置”选项卡的“卡爪设置”选项组中选择“左侧主轴”单选按钮，接着单击该选项组中的“参数”按钮，系统弹出“机床组件管理-卡爪”对话框。勾选“依照素材”复选框和“夹在最大直径处”复选框，设置的其他参数如图 8-11 所示。

5）在“机床组件管理-卡爪”对话框中单击“确定”按钮 ✓ 。在“机床群组属性”对话框的“素材设置”选项卡中设置图 8-12 所示的显示选项，然后单击该对话框中的“确定”按钮 ✓ 。完成设置的工件素材毛坯和卡爪（卡盘）显示如图 8-13 所示。

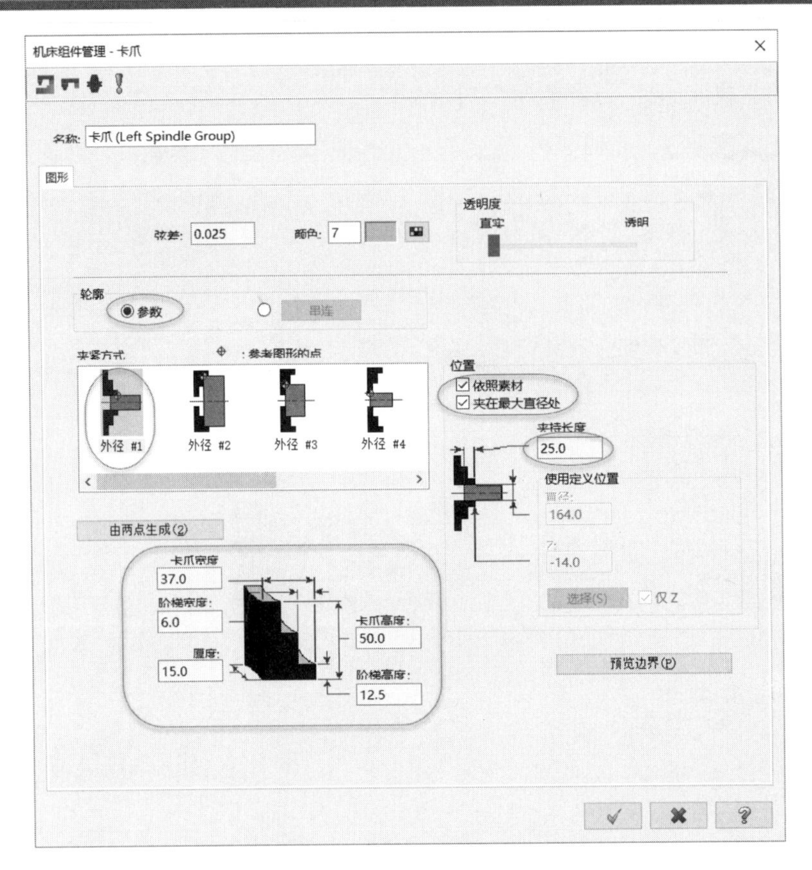

图 8-11　机床组件卡爪的设定

图 8-12　设置显示选项

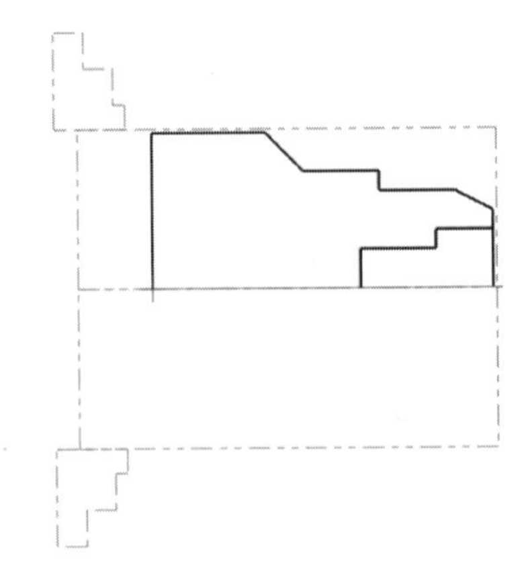

图 8-13　设置的工件毛坯与卡爪（卡盘）

8.2.4 车端面

1）在功能区“车削”选项卡的“一般”面板中单击“平面铣（车端面）”按钮。

2）系统弹出“车实体面”对话框。在“刀具参数”选项卡中选择 T0101 外圆车刀，并设置图 8-14 所示的参数。

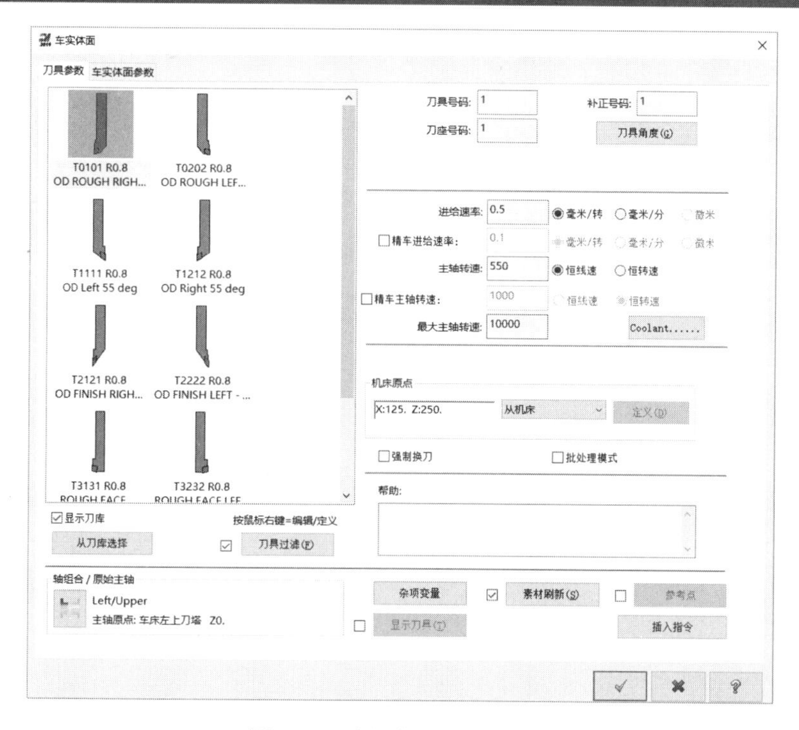

图 8-14 选择车刀和刀具参数

3）切换至“车实体面参数”选项卡，设置预留量为 0，并设置车端面的其他参数，并选择“选择点”单选按钮，如图 8-15 所示。

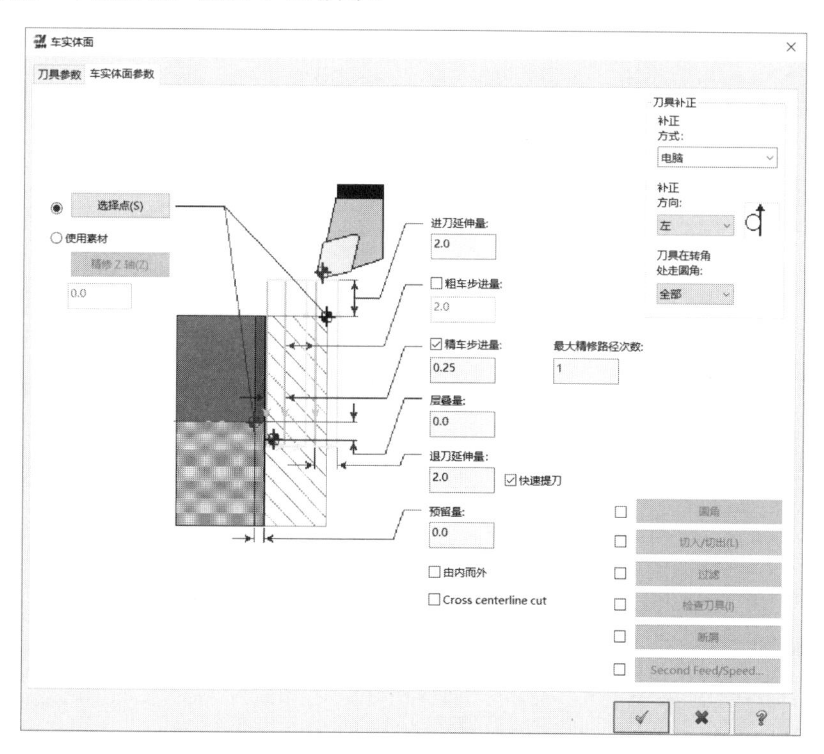

图 8-15 设置车端面参数

4）单击“选择点”按钮，在绘图区域分别选择图 8-16 所示的两点来定义车削端面区域。

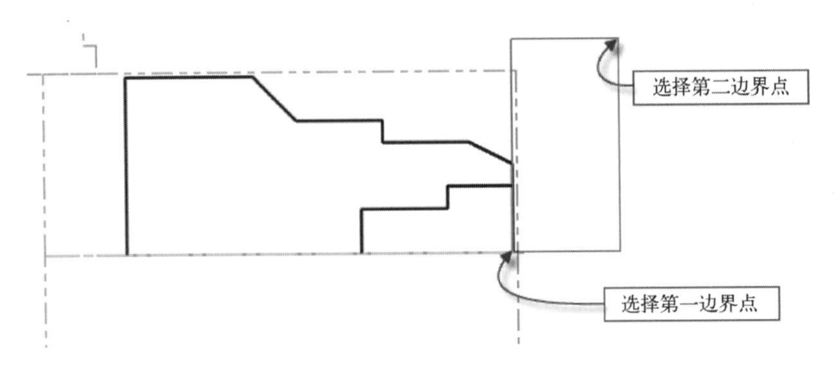

图 8-16 指定两点定义车端面区域

5）在“车实体面”对话框中单击“确定”按钮，完成生成车端面的刀具路径。

6）在刀路操作管理器中选择车端面操作，单击“切换显示已选择的刀路操作”按钮≋，从而隐藏车端面的刀具路径。

8.2.5 粗车

1）在功能区“车削”选项卡的“一般”面板中单击“粗车”按钮。

2）系统弹出“串连选项”对话框，选择“部分串连”按钮，并勾选“接续”复选框，按顺序指定加工轮廓，如图 8-17 所示。在“串连选项”对话框中单击“确定”按钮，完成粗车轮廓外形的选择。

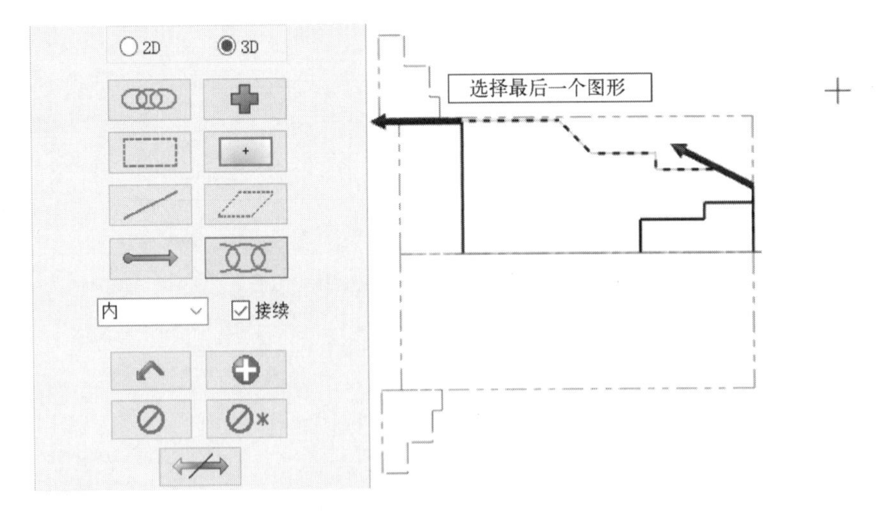

图 8-17 指定外形轮廓

3）系统弹出“粗车”对话框。在“刀具参数”选项卡中选择 T0101 外圆车刀，并自行设置相应的进给速率、主轴转速、最大主轴转速等。

4）切换至“粗车参数”选项卡，设置图 8-18 所示的粗车参数。

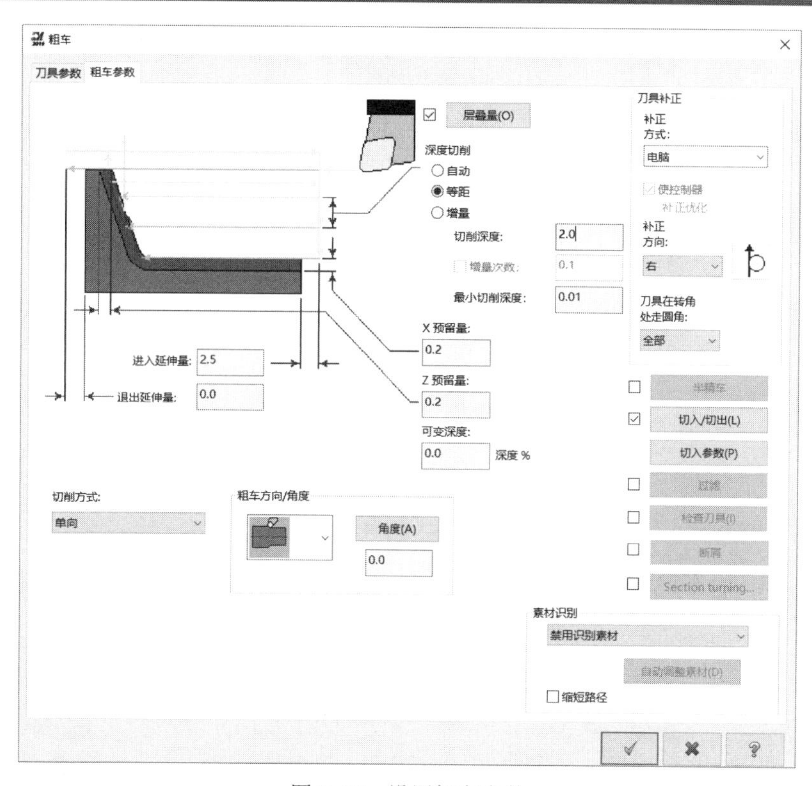

图 8-18　设置粗车参数

5）在“粗车”对话框中单击“确定”按钮，生成的粗车刀具路径如图 8-19 所示。

6）在刀路操作管理器中选择该粗车操作，单击“切换显示已选择的刀路操作”按钮≋，从而隐藏该粗车的刀具路径。

8.2.6 精车

1）在功能区“车削”选项卡的“一般”面板中单击“精车”按钮。

2）系统弹出“串连选项”对话框，选择“部分串连”按钮，并勾选“接续”复选框，按顺序指定加工轮廓，如图 8-20 所示。在“串连选项”对话框中单击“确定”按钮，完成精车轮廓外形的选取。

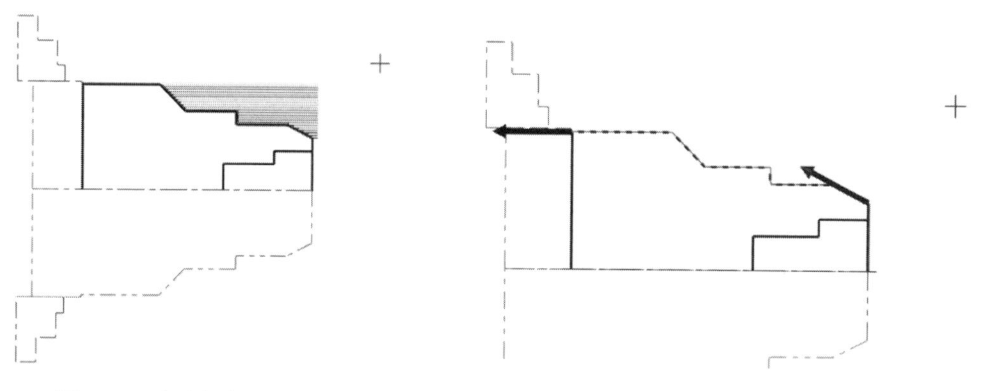

图 8-19　生成粗车刀具路径　　　图 8-20　选择外形轮廓

3）系统弹出“精车”对话框。在“刀具参数”选项卡中选择 T2121 精车车刀，并设置相应的进给速率、主轴转速、最大主轴转速等。

4）切换至“精车参数”选项卡，设置图 8-21 所示的精车参数。

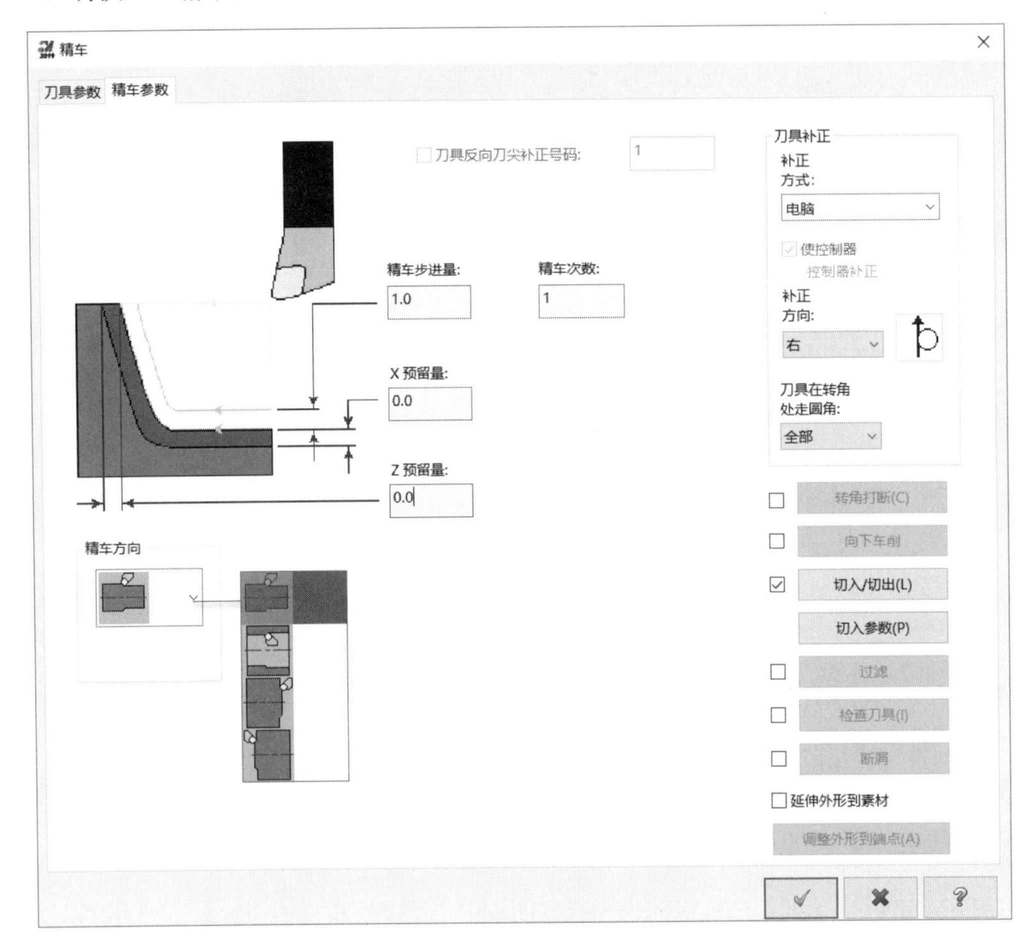

图 8-21　设置精车参数

5）在“精车”对话框中单击“确定”按钮，完成精车刀具路径创建。

6）在刀路操作管理器中选择该精车操作，单击“切换显示已选择的刀路操作”按钮≋，从而隐藏该精车的刀具路径。

8.2.7 钻孔与镗孔

1）在功能区“车削”选项卡的“一般”面板中单击“钻孔”按钮，系统弹出“车削钻孔”对话框。

2）在“刀具参数”选项卡中选择 T140140 钻孔车刀（钻孔直径为 Φ40），并设置相应的进给速率、主轴转速、最大主轴转速等，如图 8-22 所示。

3）切换至“深孔钻-无啄孔”选项卡，进行图 8-23 所示的参数设置。

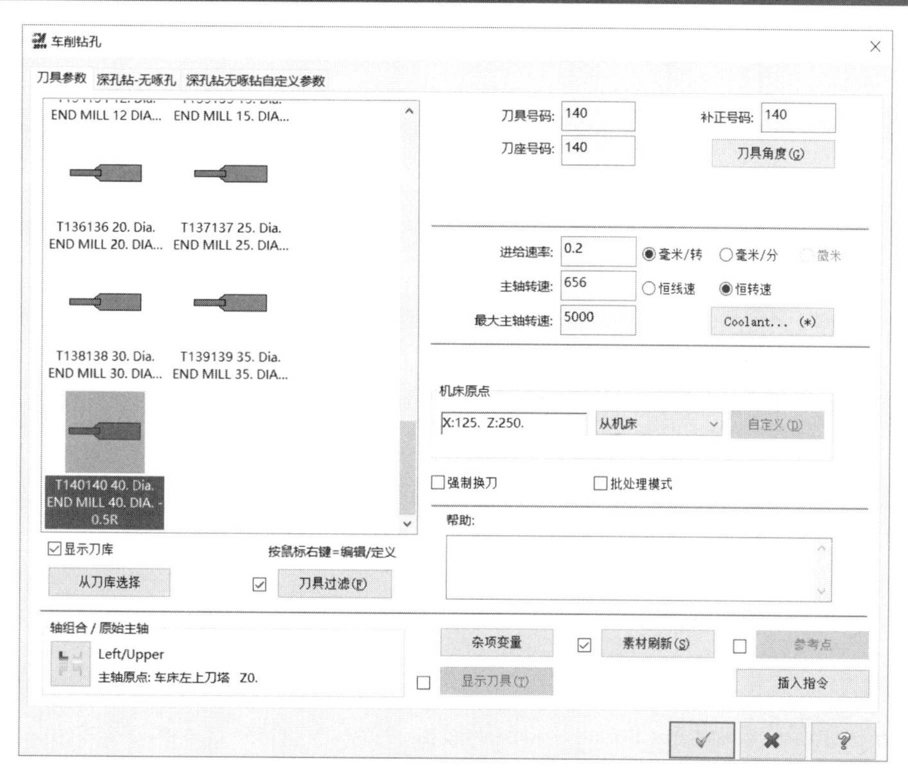

图 8-22　设置刀具参数

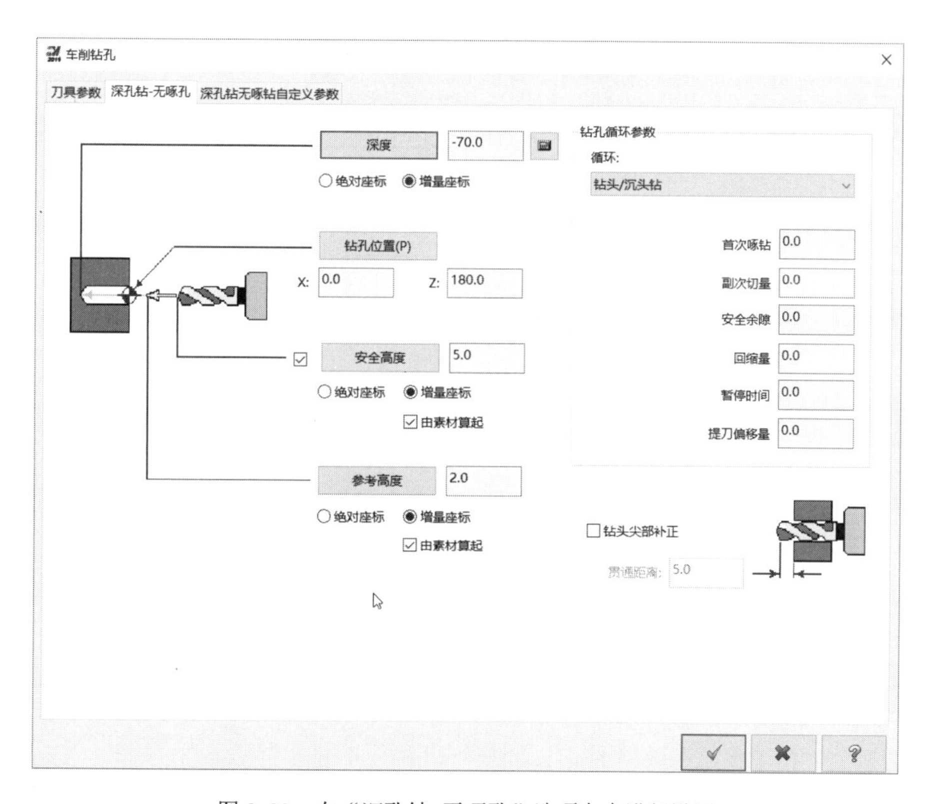

图 8-23　在“深孔钻-无啄孔”选项卡中进行设置

4）在“车削钻孔”对话框中单击“确定”按钮，创建的钻孔刀路如图 8-24 所示。

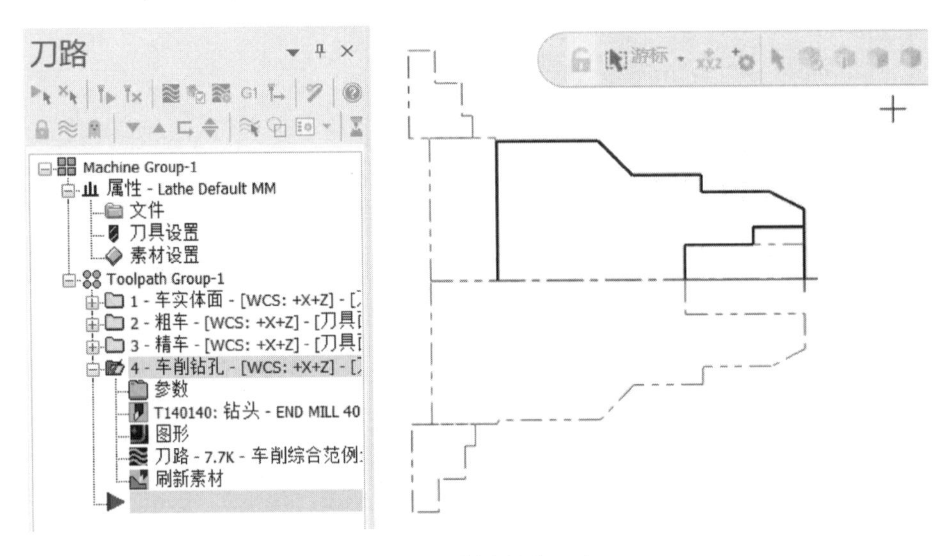

图 8-24　创建钻孔刀路

5）在功能区“车削”选项卡的“一般”面板中单击“精车”按钮，系统弹出“串连选项”对话框，选择“部分串连”按钮，且勾选“接续”复选框，按顺序指定加工轮廓，如图 8-25 所示。在“串连选项”对话框中单击“确定”按钮。

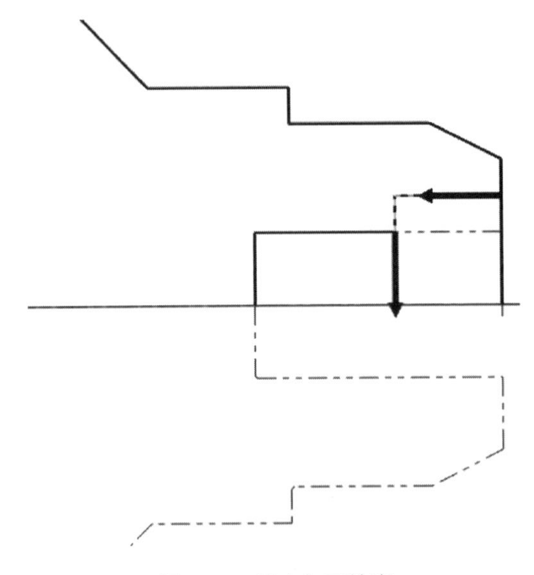

图 8-25　指定加工轮廓

6）系统弹出“精车”对话框，在“刀具参数”选项卡中选择 T8181 刀具，并设置相应的参数，如图 8-26 所示。

7）切换至“精车参数”选项卡，设置图 8-27 所示的精车参数。

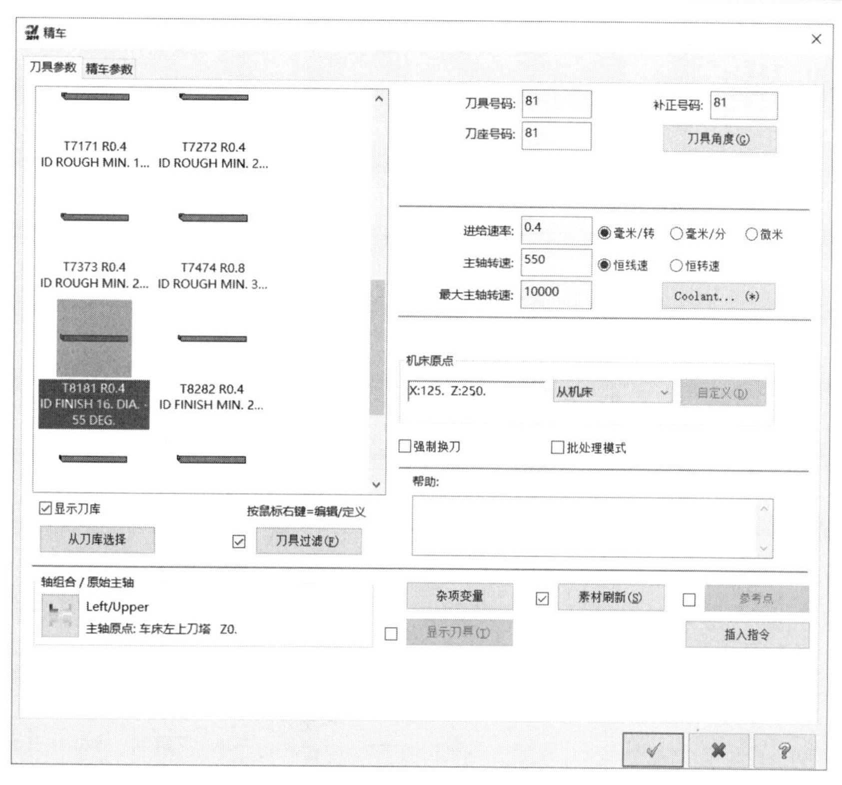

图 8-26 设置刀具参数

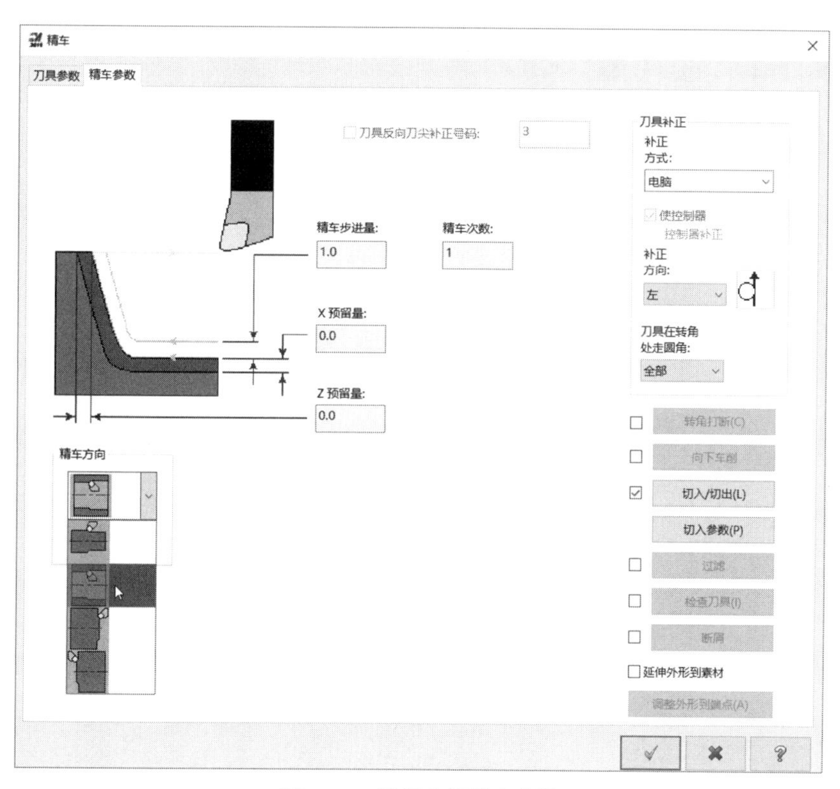

图 8-27 设置内径精车参数

8）在“精车”对话框中单击“确定”按钮 ✓ 。

8.2.8 车削加工验证模拟

1）在刀路操作管理器中单击“选择全部操作”按钮，从而选择所有的加工操作。

2）在刀路操作管理器中单击“验证已选择的操作”按钮，系统弹出“Mastercam 模拟”窗口，在功能区“首页”选项卡的“显示选项”面板中勾选“刀具”“夹具”“素材”复选框，在“操作”面板中选中“所有操作”按钮，并调整精度滑块和速度滑块的位置。还可以在“回放”面板单击“停止条件”图标选项旁的“下三角”按钮，并接着从弹出的下拉菜单中选择“碰撞时”选项。

3）单击“播放”按钮，系统开始加工模拟。这里只给出最后模拟结果，如图 8-28 所示。

图 8-28 车削加工验证的模拟结果

8.3 车削综合范例 2

扫码观看视频

本范例以图 8-29 所示的轴零件为例，介绍如何使用 Mastercam 2019 的车削功能来进行加工。所应用到的车削加工包括车端面、轮廓粗车、轮廓精车、切槽（径向车削）、车螺纹和车床钻孔等。范例整体思路是按照先主后次、先粗后精的加工原则，即先车端面、进行主轮廓粗加工和精加工，再在轴工件中径向车削出退刀槽，然后车螺纹和钻孔。该范例在默认的构图面上绘制轮廓而不是在+X+Z 面上绘制轮廓。

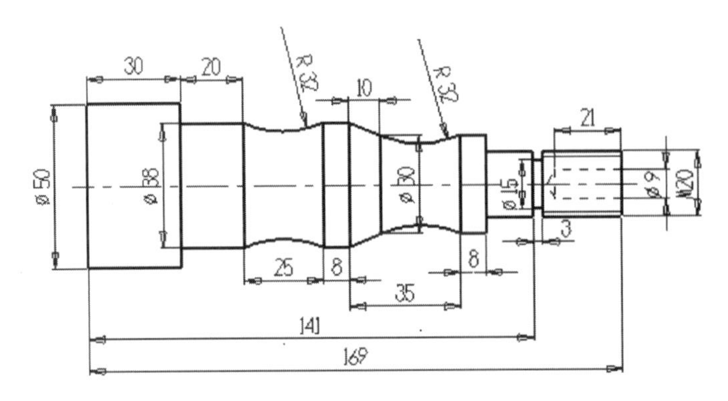

图 8-29 要车削加工而成的轴零件

8.3.1 设置机床类型与工件材料

1）在“快速访问”工具栏中单击“新建”按钮，新建一个Mastercam 2019文件。接着在默认的绘图面中按照已知尺寸绘制图 8-30 所示的二维图形。本书配套附赠网盘资源也提供已经绘制好该二维图形的素材文件“车削综合范例 2.mcx-9”。

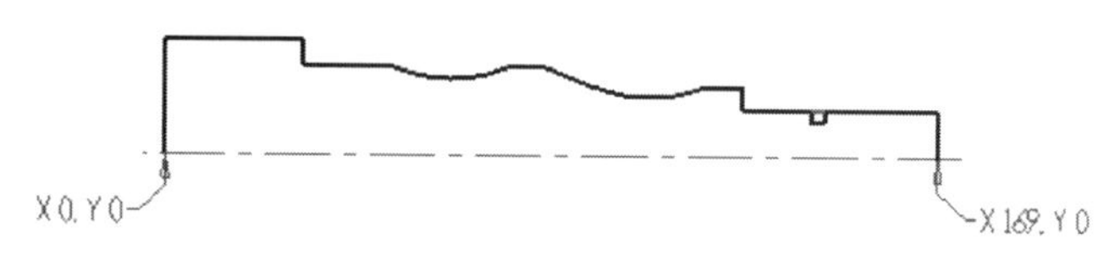

图 8-30 绘制二维图形

2）在功能区“机床”选项卡的“机床类型”面板中选择“车床”|“默认”命令。

3）在刀路操作管理器中单击当前机床群组“属性”标识下的“素材设置”，系统弹出“机床分组属性”对话框，并自动切换至“素材设置”选项卡。

4）在“素材（毛坯）”选项组中单击“参数”按钮，系统弹出“机床组件管理-素材”对话框。从“图形”下拉列表框中选择“圆柱体”选项，单击“由两点生成”按钮。

系统提示“选择定义圆柱体第一点”。按空格键，在出现的坐标输入文本框中输入“0,25”，并按〈Enter〉键确认。系统提示“选择定义圆柱体第二点”，按空格键，在出现的坐标输入文本框中输入“175,0”，并按〈Enter〉键确认。

此时，“机床组件管理-素材”对话框如图 8-31 所示。单击“确定”按钮。

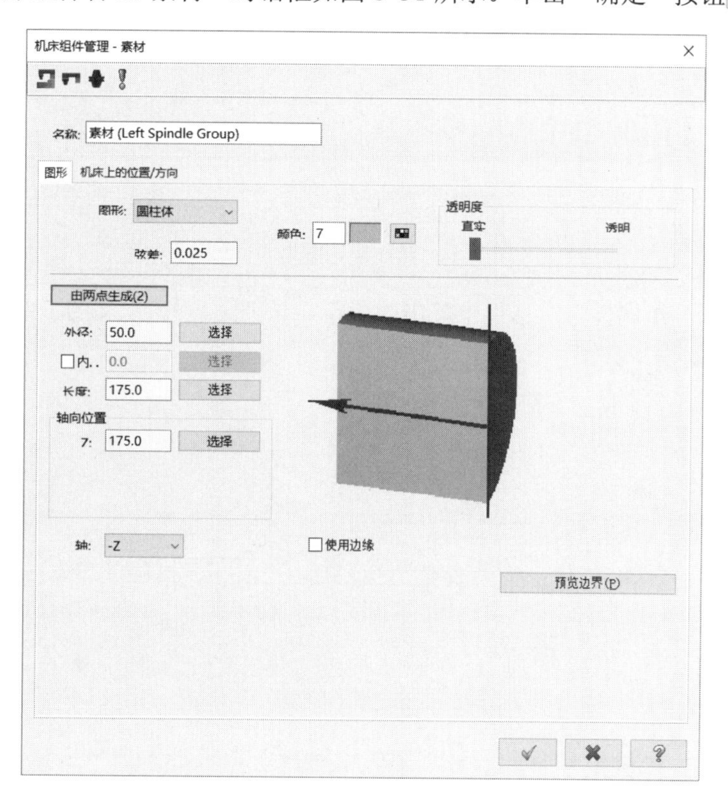

图 8-31 “机床组件管理-毛坯”对话框

5）在“卡爪设置”选项组中选择“左侧主轴”单选按钮，单击“参数”按钮，系统弹出“机床组件管理-卡爪”对话框，从中进行图 8-32 所示的机床组件卡爪参数设置，然后单击“机床组件管理-卡爪”对话框中的“确定”按钮 ✔ 。

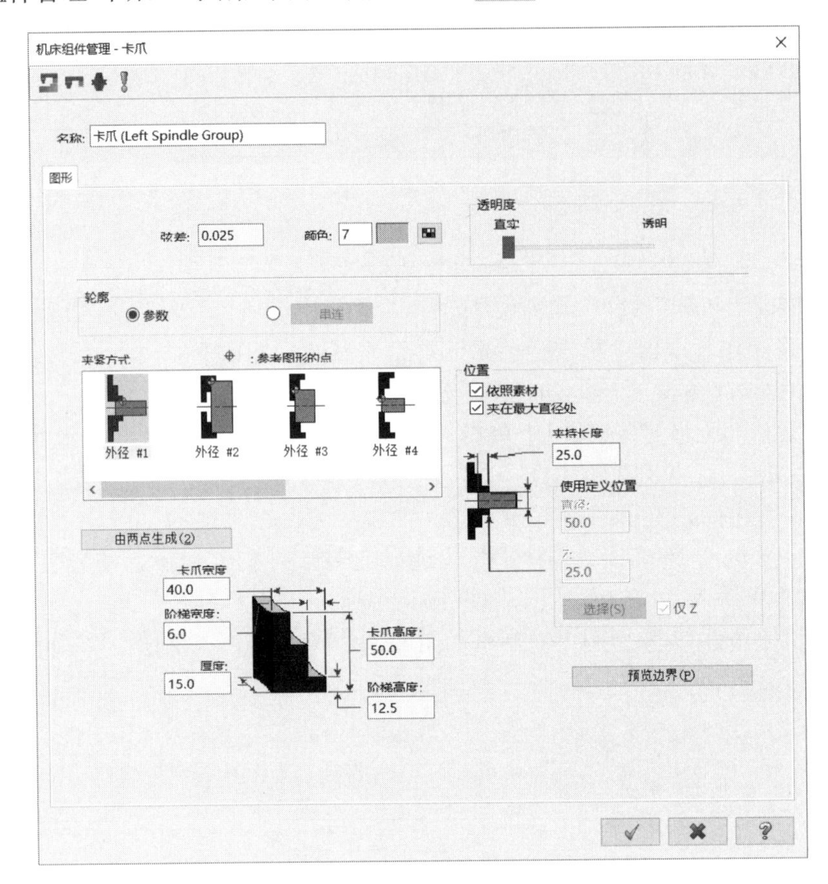

图 8-32　机床组件卡爪的设定

6）在“机床分组属性”对话框中单击“确定”按钮 ✔ 。定义的工件外形和卡爪（夹爪）如图 8-33 所示。

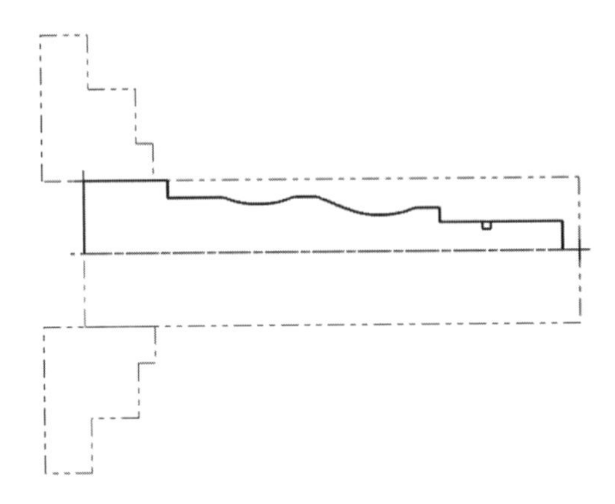

图 8-33　定义工件外形和夹爪

8.3.2 车端面

1）在功能区“车削”选项卡的“一般”面板中单击“平面铣（车端面）”按钮。

2）系统弹出“车实体面”对话框。在“刀具参数”选项卡中选择 T3131 号车刀，并设置图 8-34 所示的参数。

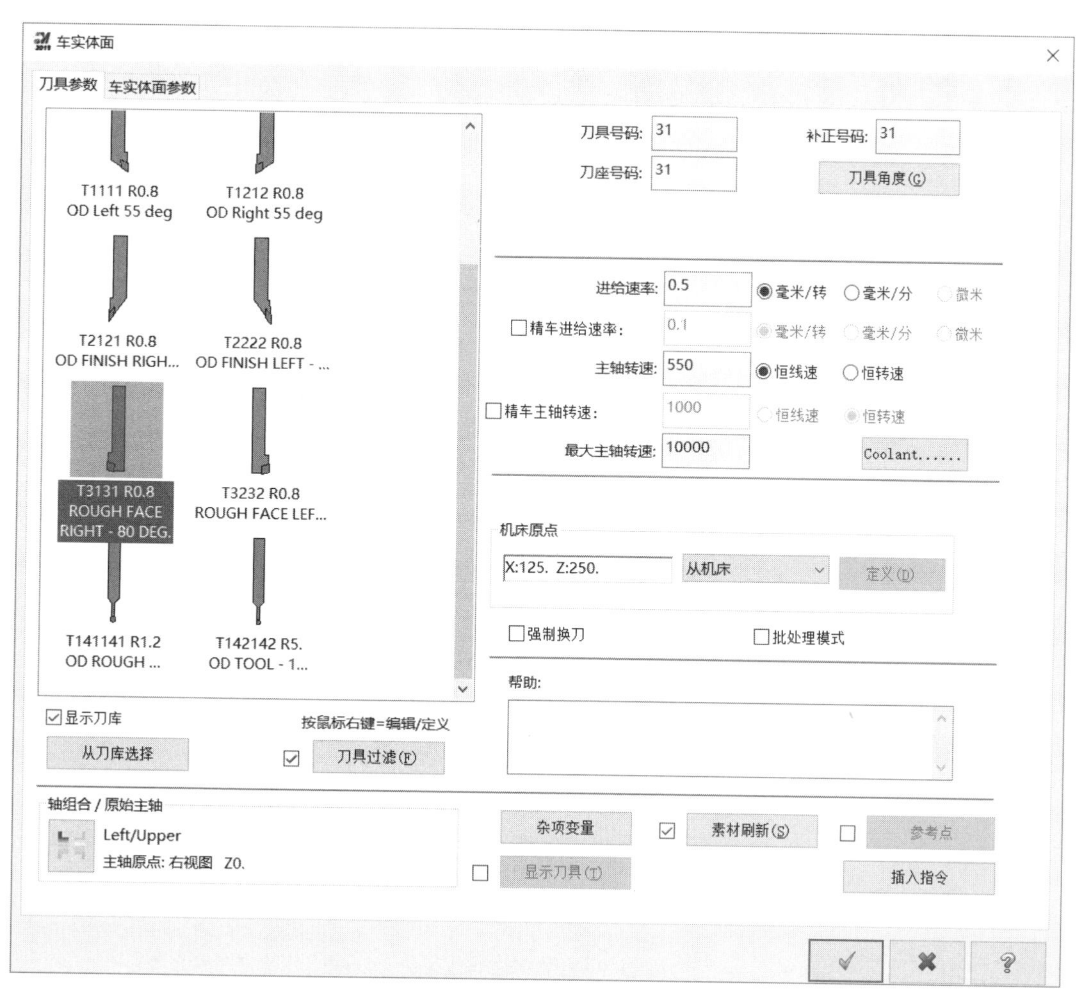

图 8-34 选择车刀与刀具参数

3）切换至“车实体面参数（车端面参数）”选项卡，设置预留量为 0，选择“选择点”单选按钮，如图 8-35 所示。

4）单击“选择点”按钮，在绘图区域分别选择图 8-36 所示的两个点来定义车削端面区域。

5）在“车实体面”对话框中单击“确定”按钮，生成车端面的刀具路径。

6）在刀路操作管理器中选择车端面操作，单击“切换显示已选择的刀路操作”按钮≋，从而隐藏车端面的刀具路径。

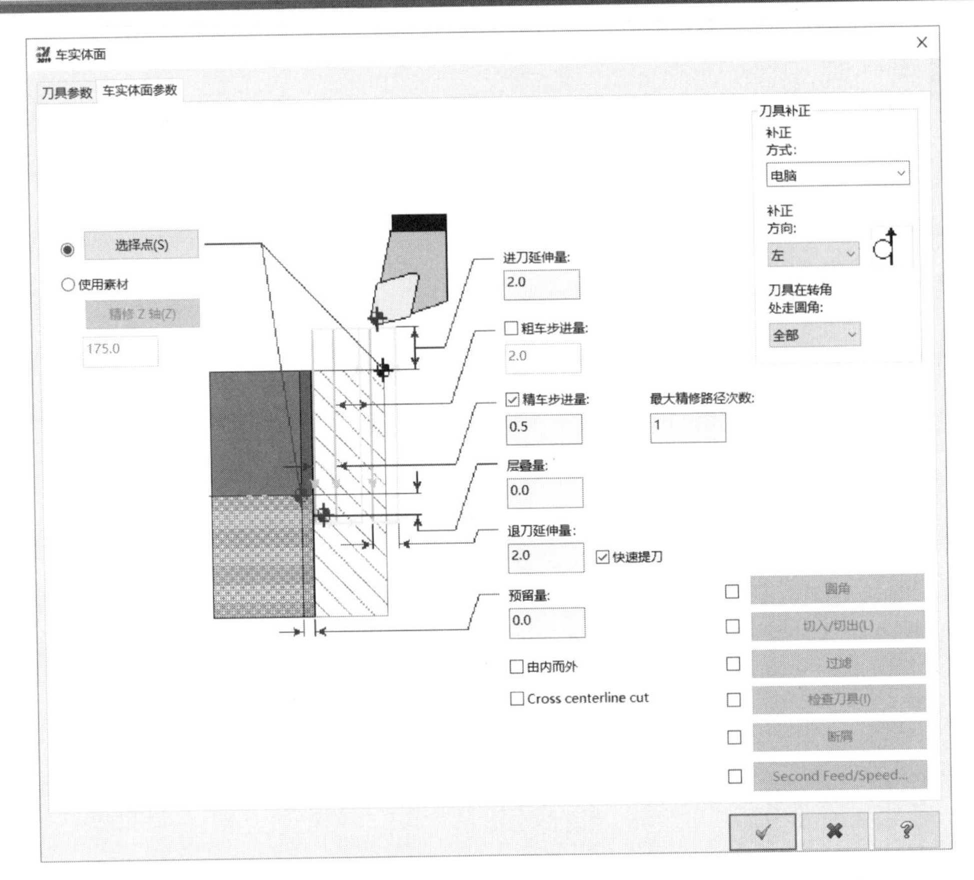

图 8-35　车端面参数设置

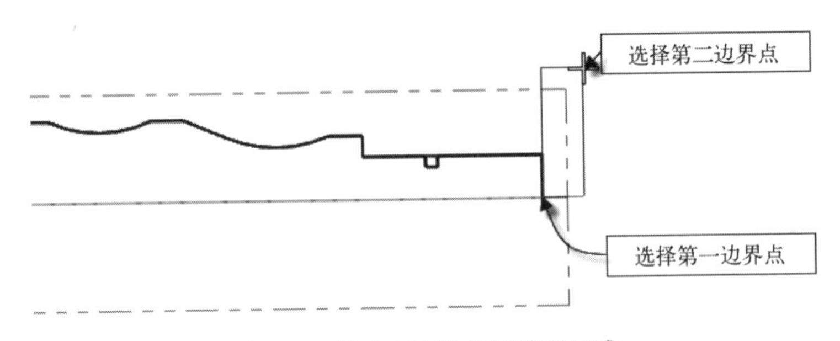

图 8-36　指定两点定义车端面区域

8.3.3 粗车主轮廓

1）在功能区“车削”选项卡的“一般”面板中单击“粗车”按钮。

2）系统弹出“串连选项”对话框，选中“部分串连”按钮，并勾选“接续”复选框，按顺序选择加工轮廓，结果如图 8-37 所示。在“串连选项”对话框中单击“确定”按钮，结束轮廓外形选取。

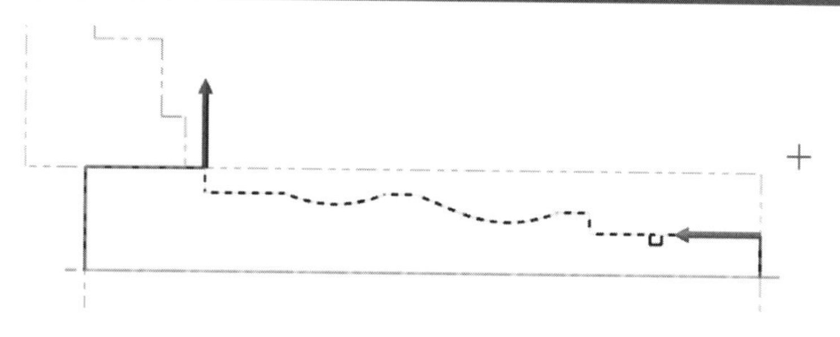

图 8-37 选择要粗车的轮廓外形

3）系统弹出“粗车”对话框。在“刀具参数”选项卡中，选择 T0101 外圆车刀，并自行设置进给速率、下刀速率、主轴转速和最大主轴转速等。

4）切换到“粗车参数”选项卡，进行图 8-38 所示的粗车参数设置。

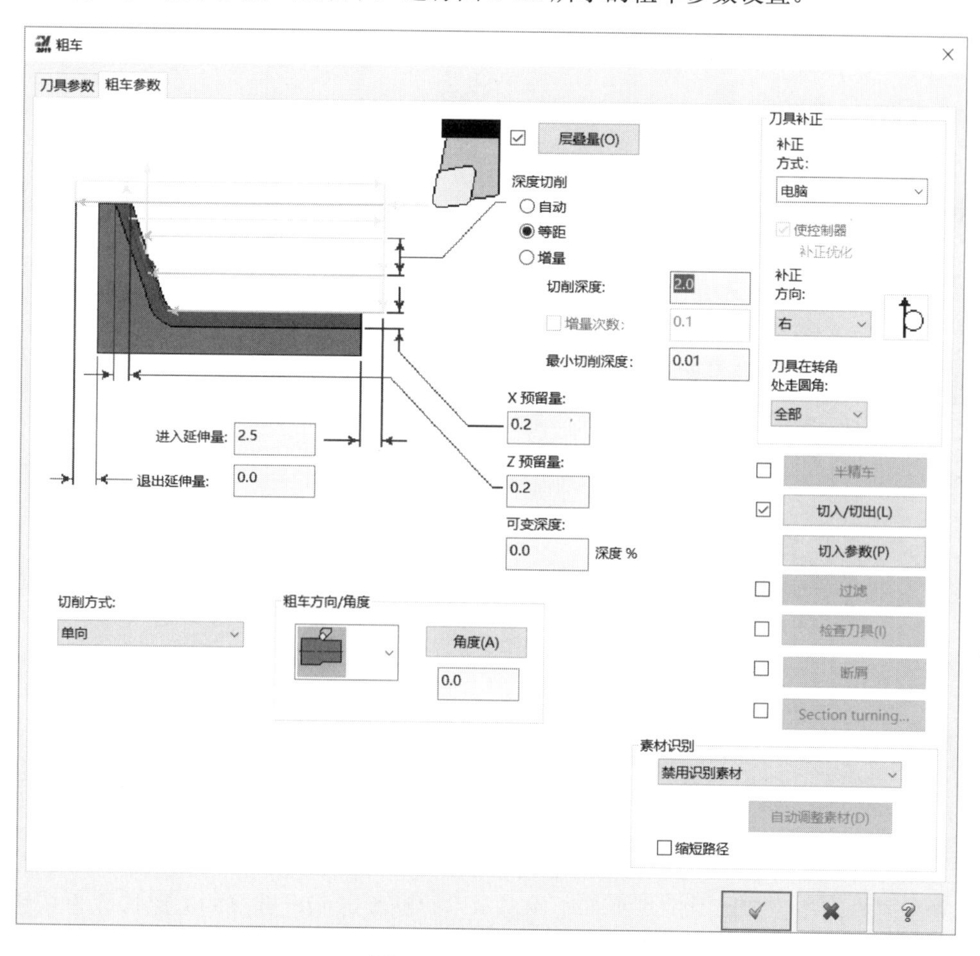

图 8-38 设置粗车参数

5）单击“切入/切出”按钮，系统弹出“切入/切出设置”对话框。在“切入”选项卡的“进入向量”选项组中，将“固定方向”选项设置为“垂直”，如图 8-39 所示，单击“确定”按钮 ✓ 。

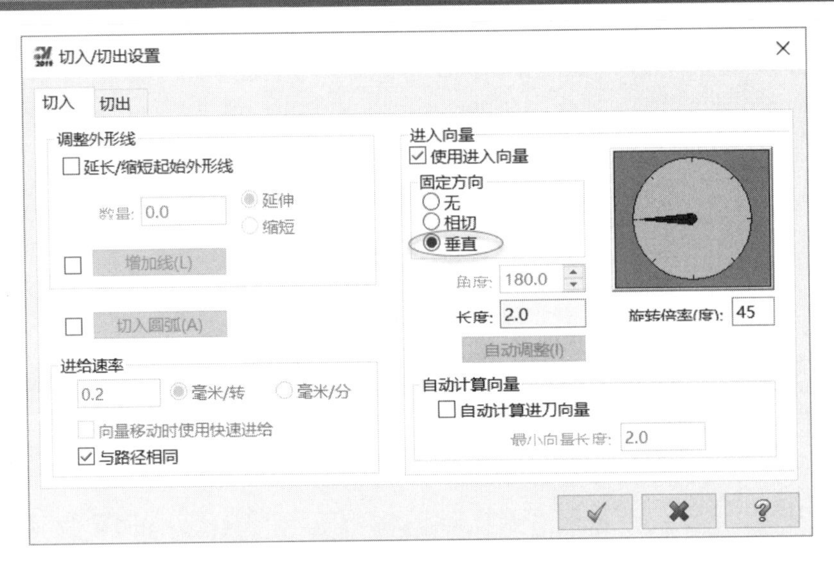

图 8-39　设置进刀向量

6）单击“切入参数（进刀参数）”按钮，系统弹出“车削切入参数”对话框，设置图 8-40 所示的参数，然后单击“确定”按钮 。

7）单击“粗车”对话框中的“确定”按钮，产生的粗车刀路如图 8-41 所示。

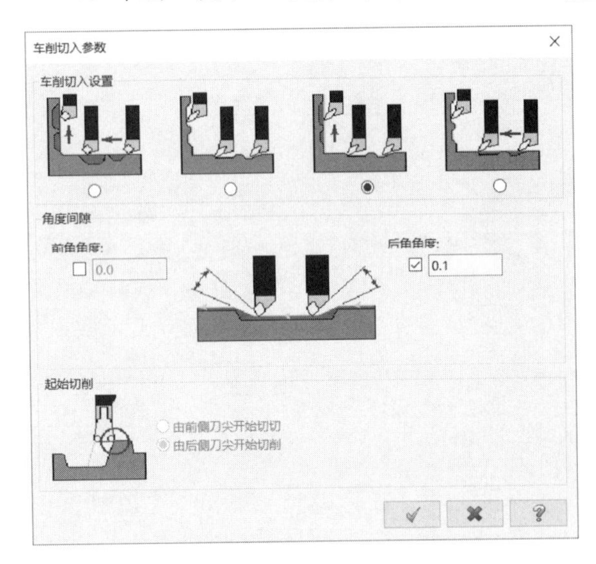

图 8-40 “车削切入参数”对话框

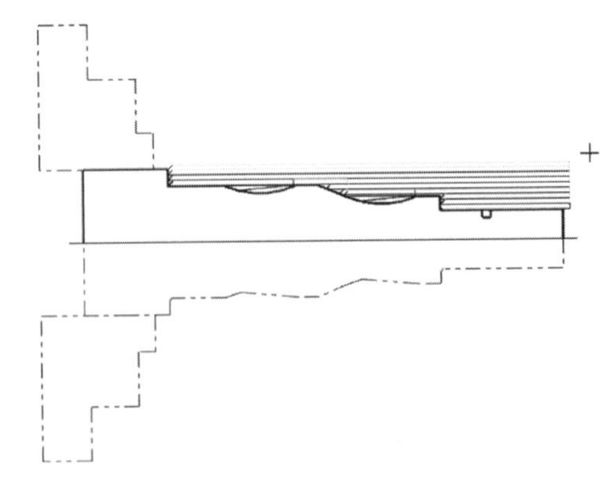

图 8-41　粗车刀路

8）在刀路操作管理器中选择粗车操作，单击“切换显示已选择的刀路操作”按钮，从而隐藏该粗车的刀具路径。

8.3.4 精车主轮廓

1）在功能区“车削”选项卡的“一般”面板中单击“精车”按钮。

2）系统弹出“串连选项”对话框。选中“部分串连”按钮，并勾选“接续”复选框，按顺序选择加工轮廓，选择结果如图 8-42 所示。在“串连选项”对话框中单击“确定”按钮 ✓ ，结束轮廓外形的选取。

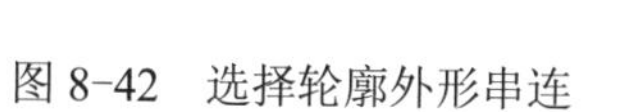

图 8-42 选择轮廓外形串连

3）系统弹出“精车”对话框。在“刀具参数”选项卡中选择 T2121 车刀，并自行设置相应的进给速率、主轴转速、最大主轴转速等。

4）切换至“精车参数”选项卡，进行图 8-43 所示的精车参数设置。

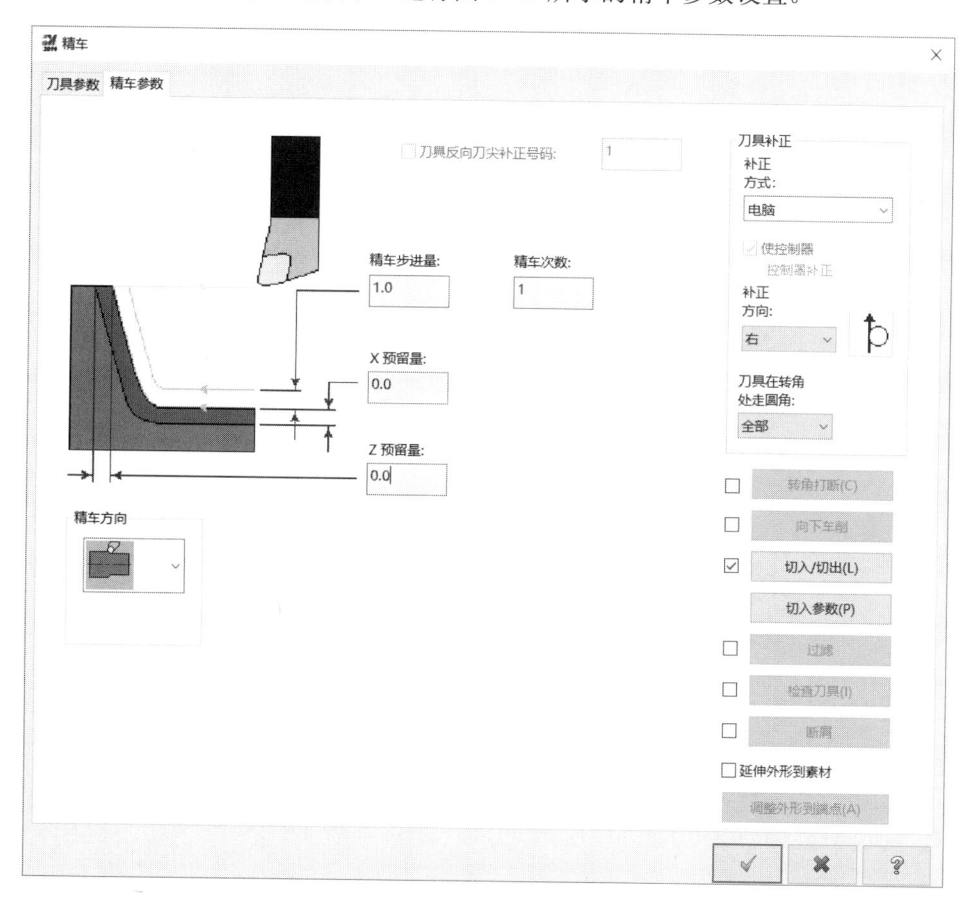

图 8-43 设置精车参数

5）单击“切入/切出”按钮，系统弹出“切入/切出设置”对话框。在“切入”选项卡的“进入向量”选项组中，将“固定方向”选项设置为“垂直”，如图 8-44 所示，然后单击“确定”按钮 ✓ 。

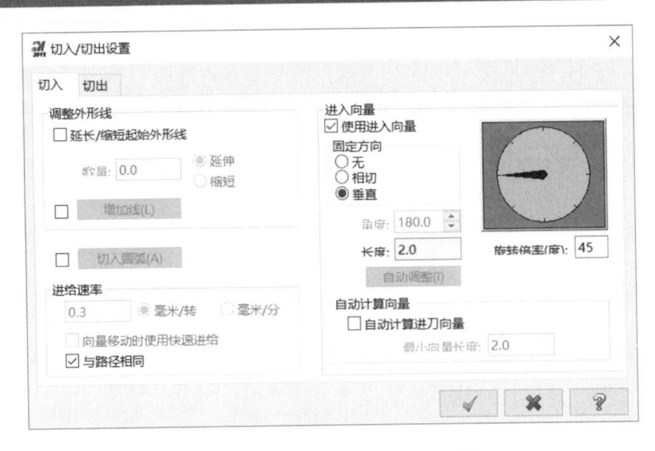

图 8-44 设置切入/切出向量

6）单击“切入参数”按钮，系统弹出“车削切入参数”对话框，按照图 8-45 所示的参数进行设置，然后单击该对话框中的“确定”按钮。

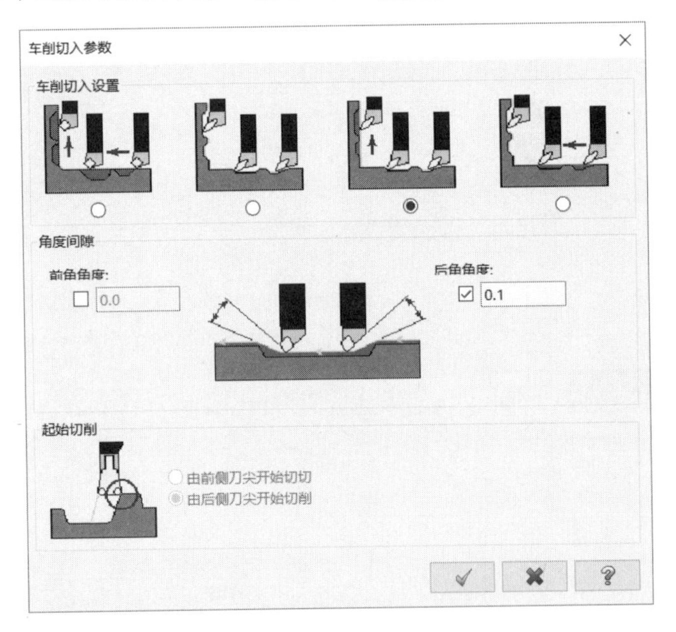

图 8-45 设置车削切入参数

7）在“精车”对话框中单击“确定”按钮，从而生成精车刀具路径。

8）在刀路操作管理器中选择刚建立的精车操作，单击“切换显示已选择的刀路操作”按钮，从而隐藏该精车的刀具路径。

8.3.5 车削退刀槽

1）在功能区“车削”选项卡的“一般”面板中单击“沟槽”按钮。

2）系统弹出“沟槽选项”对话框。在“定义沟槽方式”选项组中选择“3 直线”单选按钮，如图 8-46 所示。然后单击“确定”按钮。

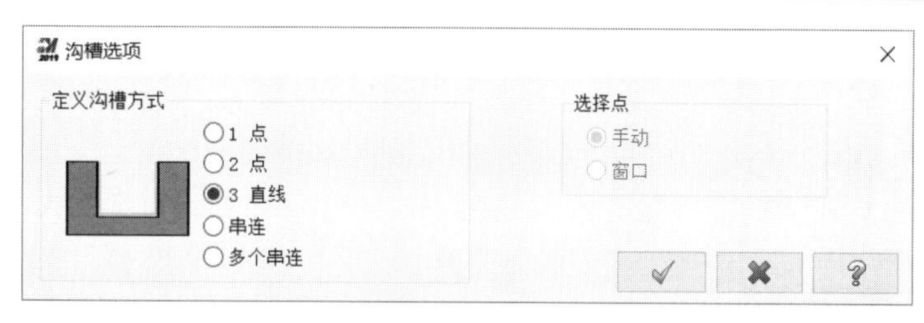

图 8-46 “沟槽选项”对话框

3）系统弹出“串连选项”对话框，选中“部分串连”按钮，勾选“接续”复选框，使用鼠标在绘图区指定图 8-47 所示的串连矩形沟槽（包含 3 条曲线），然后单击“串连选项”对话框中的“确定”按钮。

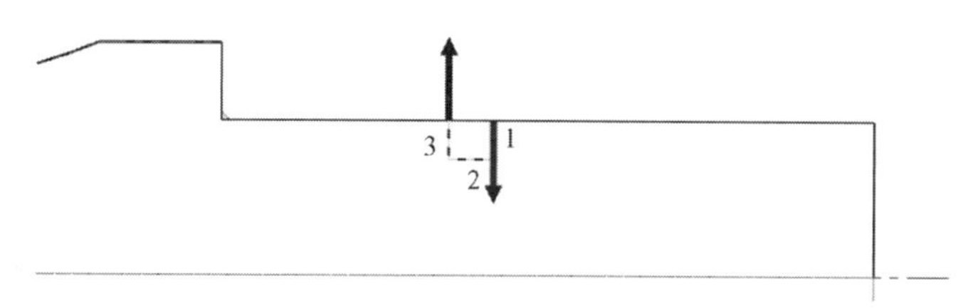

图 8-47 选择串连矩形沟槽

4）系统弹出“沟槽粗车”对话框。在“刀具参数”选项卡中选择 T4141 切槽车刀，并设置进给速率为 0.15 毫米/转，主轴转速为 400，精车主轴转速为 500，最大主轴转速数值为 5000，如图 8-48 所示。

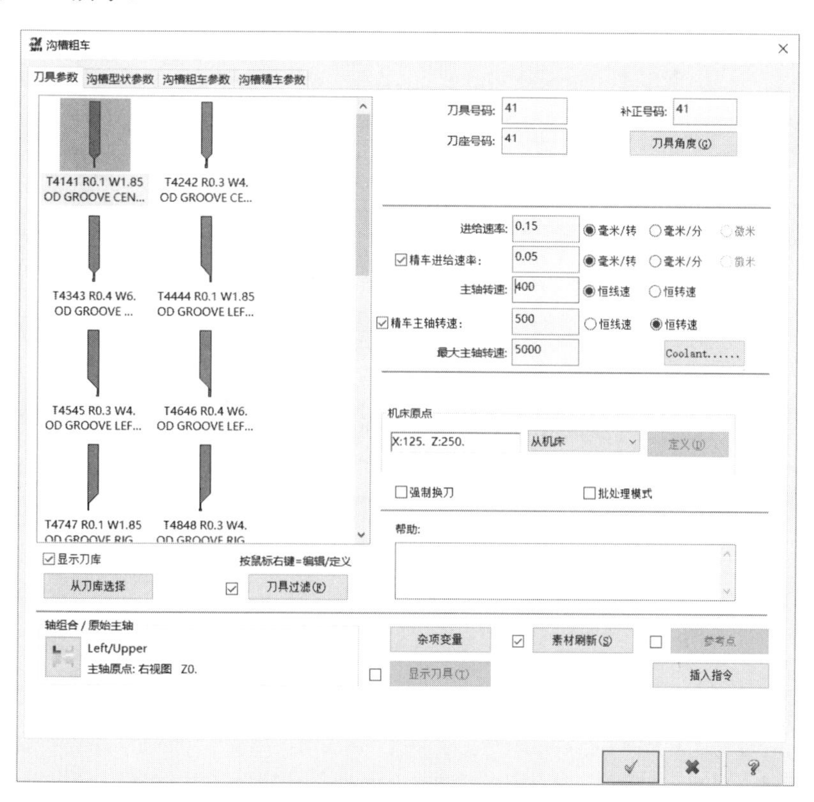

图 8-48 设置刀具参数

5）切换至“沟槽形状参数”选项卡，设置图 8-49 所示的沟槽形状参数和选项。

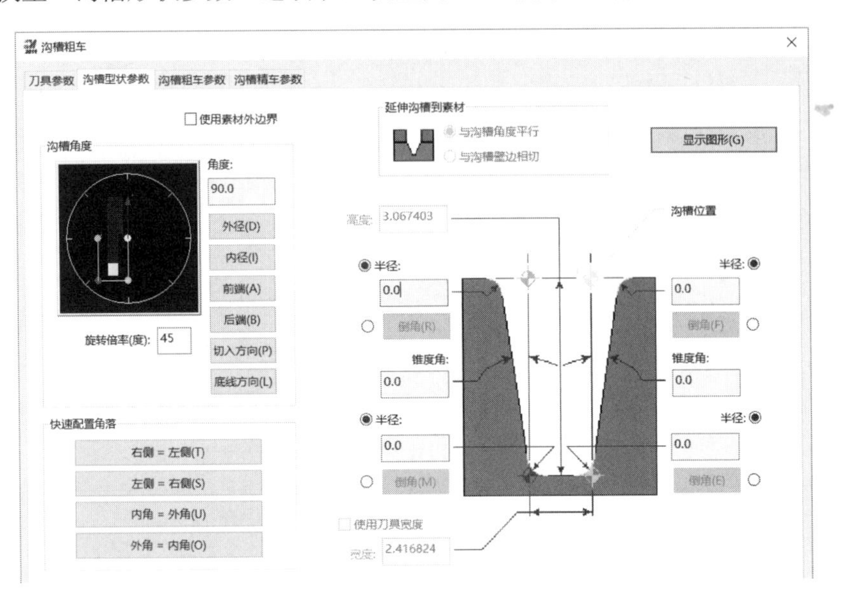

图 8-49 设置沟槽形状参数

6）切换至“沟槽粗车参数”选项卡，进行图 8-50 所示的沟槽粗车参数设置。

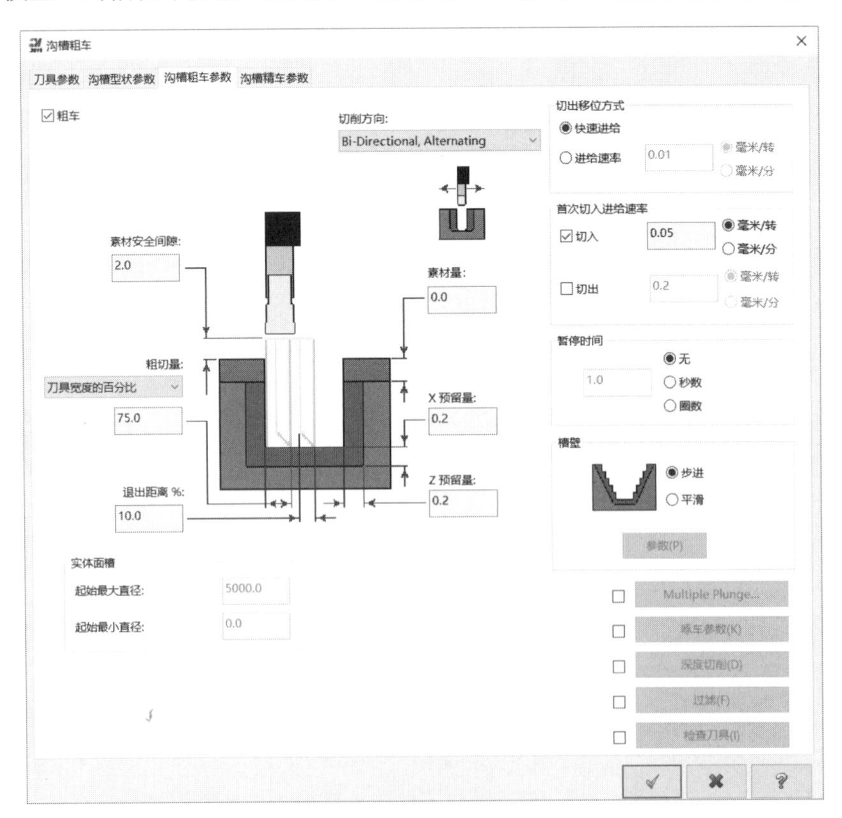

图 8-50 设置沟槽粗车参数

7）切换至“沟槽精车参数”选项卡，按照图 8-51 所示的径向精车参数进行设置。

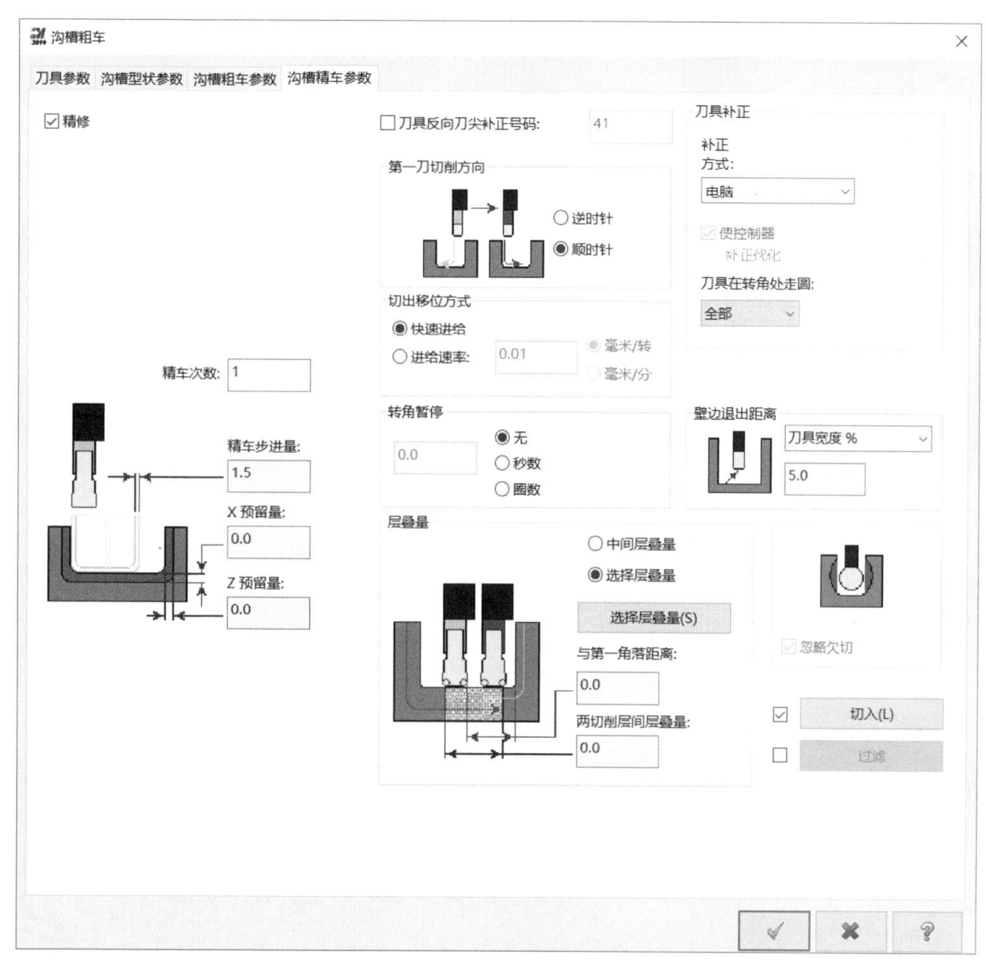

图 8-51　设置沟槽精车参数

8）在“沟槽”对话框中单击“确定”按钮，系统根据所进行的设置来生成沟槽（径向切槽）刀路。

9）在刀路操作管理器中选择刚建立的切槽操作，单击“切换显示已选择的刀路操作”按钮≋，从而隐藏该切槽操作的刀具路径。

8.3.6 车螺纹

1）在功能区“车削”选项卡的“一般”选择面板中单击“车螺纹”按钮。

2）系统弹出“车螺纹”对话框。在“刀具参数”选项卡中，选择刀号为 T9191 的螺纹车刀钻头（或其他合适的螺纹车刀钻头），并自行根据车床设备情况设置相应的主轴转速和最大主轴转速等。

3）切换至“螺纹外形参数”选项卡，在“螺纹型式”选项组中单击“由表单计算”按钮，系统弹出“螺纹表单”对话框。在该对话框的指定螺纹表单列表中选择图 8-52 所示的螺纹规格，然后单击“确定”按钮 ✓ 。

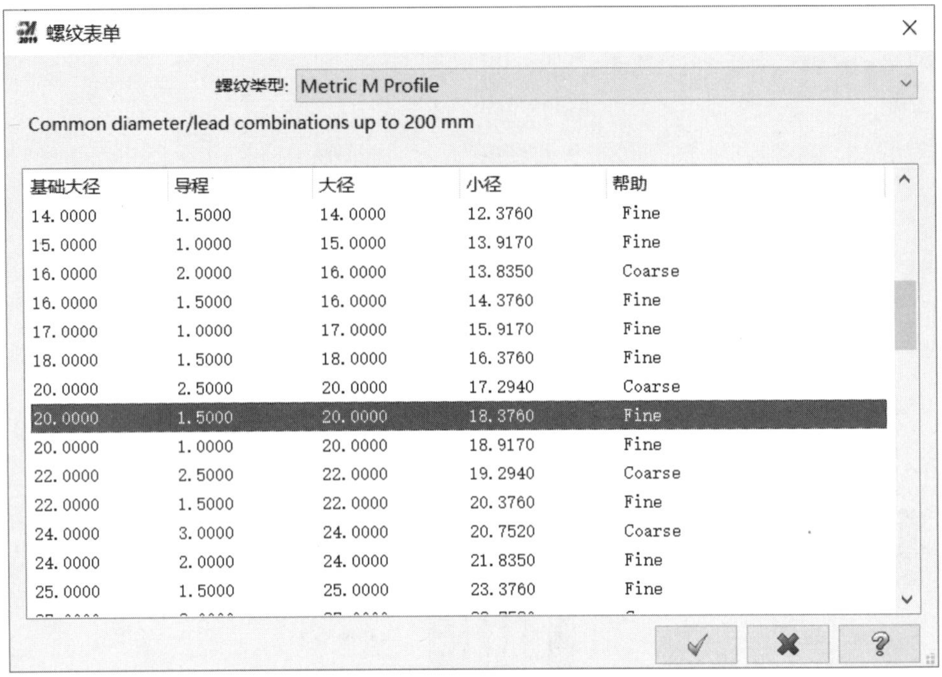

螺纹表单

螺纹类型: Metric M Profile

Common diameter/lead combinations up to 200 mm

基础大径	导程	大径	小径	帮助
14.0000	1.5000	14.0000	12.3760	Fine
15.0000	1.0000	15.0000	13.9170	Fine
16.0000	2.0000	16.0000	13.8350	Coarse
16.0000	1.5000	16.0000	14.3760	Fine
17.0000	1.0000	17.0000	15.9170	Fine
18.0000	1.5000	18.0000	16.3760	Fine
20.0000	2.5000	20.0000	17.2940	Coarse
20.0000	1.5000	20.0000	18.3760	Fine
20.0000	1.0000	20.0000	18.9170	Fine
22.0000	2.5000	22.0000	19.2940	Coarse
22.0000	1.5000	22.0000	20.3760	Fine
24.0000	3.0000	24.0000	20.7520	Coarse
24.0000	2.0000	24.0000	21.8350	Fine
25.0000	1.5000	25.0000	23.3760	Fine

图 8-52 “螺纹表单”对话框

4）在“螺纹外形参数”选项卡中单击“起始位置”按钮，选择图 8-53 所示的右端点，接着再单击“结束位置（退出位置）”按钮，选择图 8-53 所示的相应交点。

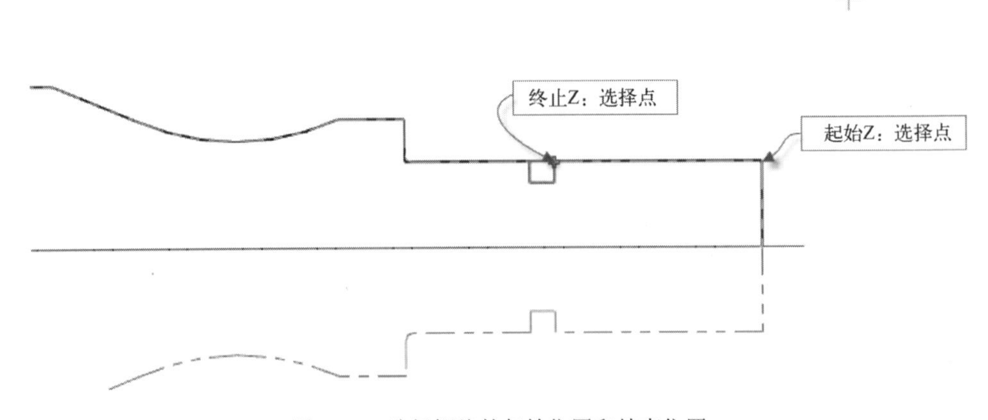

图 8-53 选择螺纹的起始位置和结束位置

5）切换至“螺纹切削参数”选项卡，按照图 8-54 所示的参数进行设置。

6）单击“车螺纹”对话框中的“确定”按钮 ✓ ，系统按照所设置的参数来产生图 8-55 所示的车螺纹刀具路径。

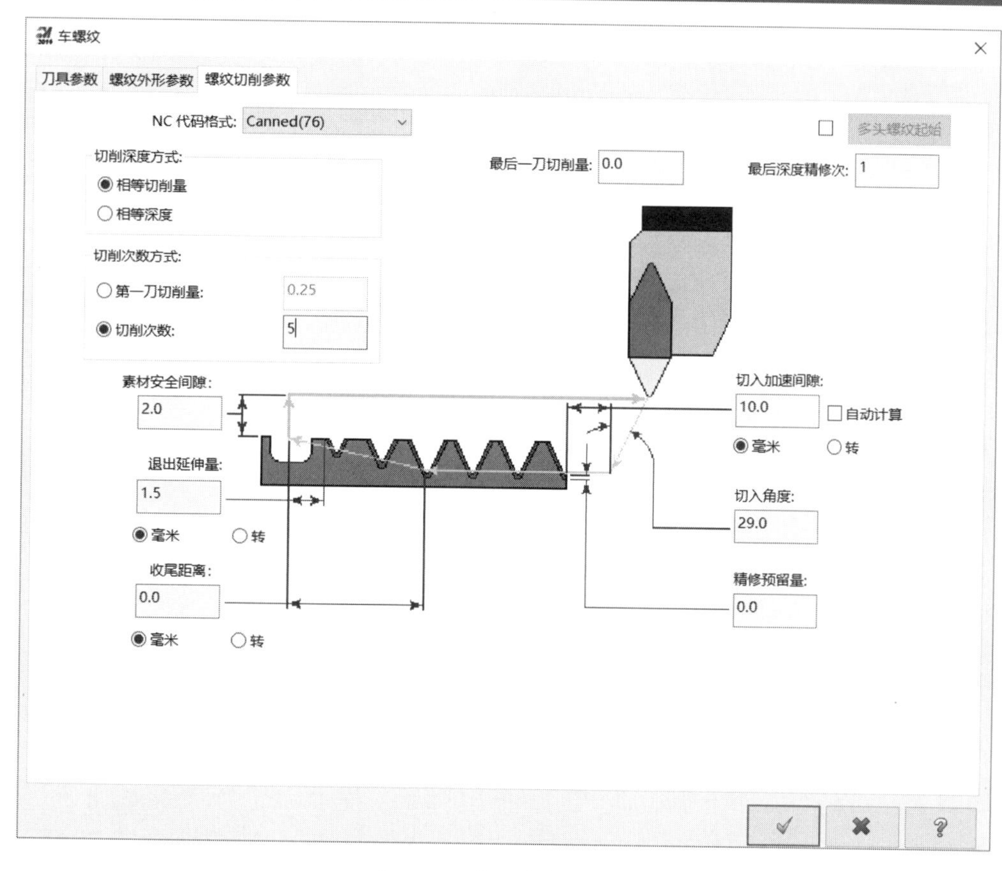

图 8-54 设置车螺纹参数

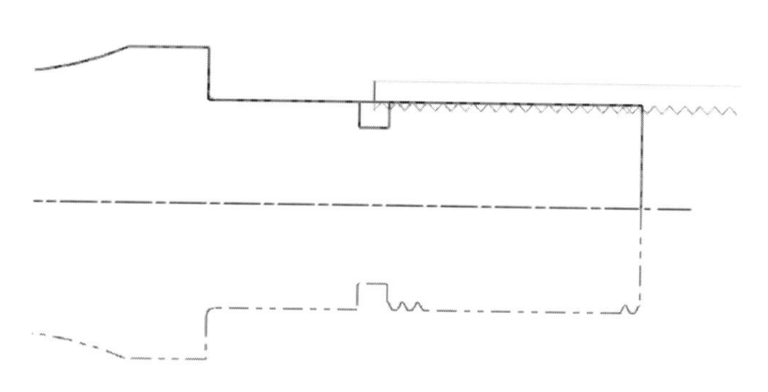

图 8-55 生成车螺纹刀具路径

7）在刀路操作管理器中确保选择刚建立的车螺纹操作，单击“切换显示已选择的刀路操作”按钮≋，从而隐藏该车螺纹刀具路径。

8.3.7 车床钻孔

1）在功能区“车削”选项卡的“一般”面板中单击“钻孔”按钮。

2）系统弹出“车削钻孔”对话框。在“刀具参数”选项卡中，选择刀号为 T123123 的钻头，并设置图 8-56 所示的刀具参数。

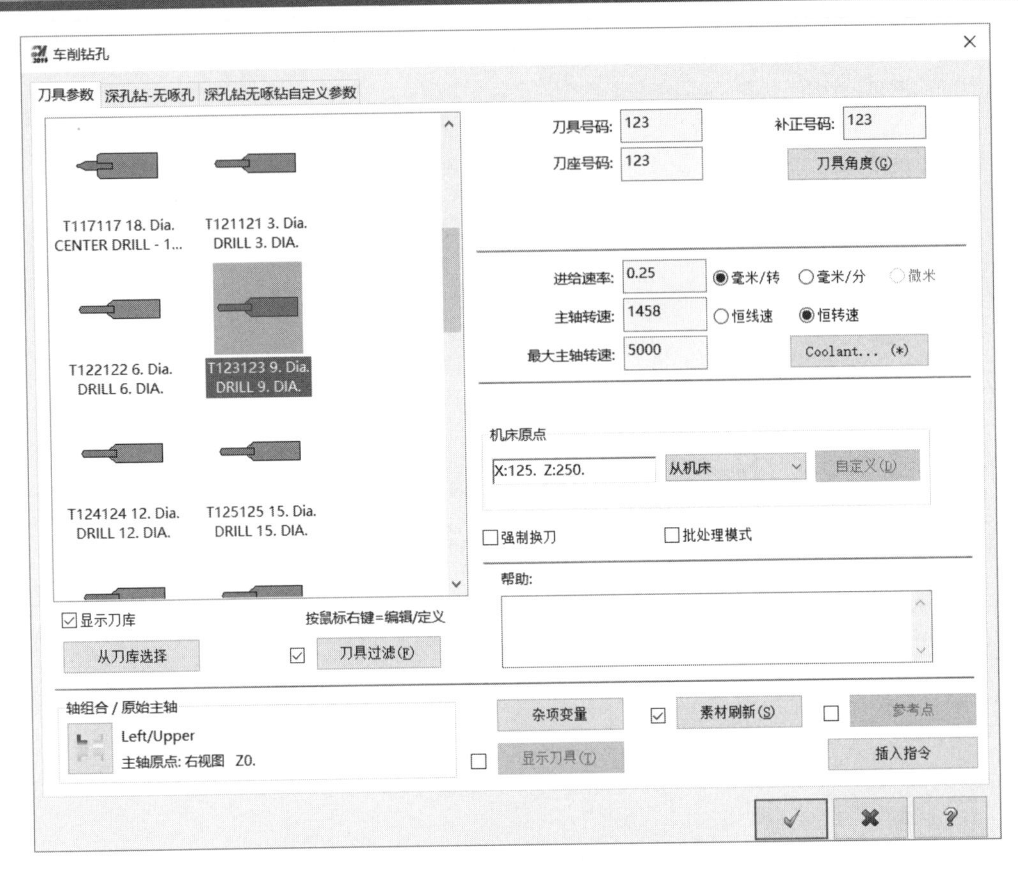

图 8-56　设置钻孔刀具参数

3）切换至“深孔钻-无啄孔”选项卡，设置图 8-57 所示的参数。

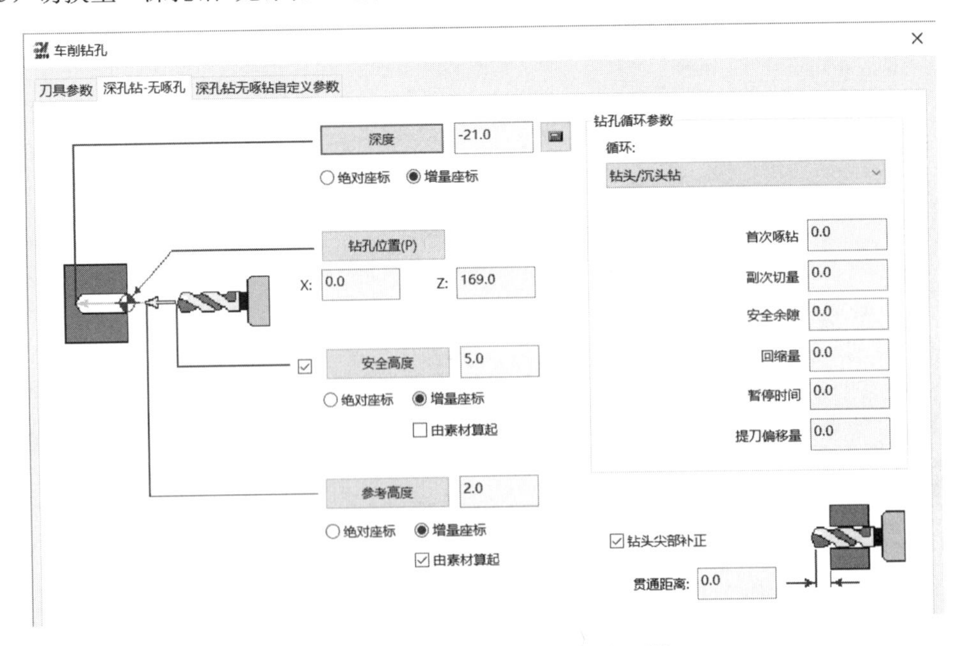

图 8-57　设置钻孔深度和钻孔位置等

4）单击“钻孔位置”按钮，在绘图区选取图 8-58 所示的一点作为钻孔位置点。

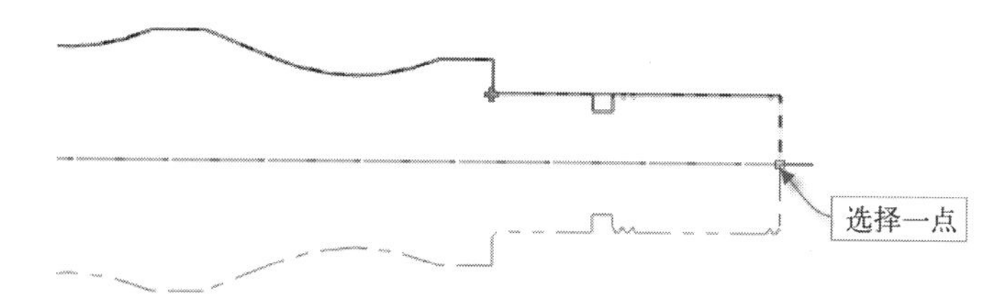

图 8-58 指定钻孔位置

5）在“车削钻孔”对话框中单击“确定”按钮 ✓ ，完成车削钻孔刀路创建。

8.3.8 车削加工模拟

1）在刀路操作管理器中单击“选择全部操作”按钮，从而选择所有的加工操作，如图 8-59 所示。

2）在刀路操作管理器中单击“验证已选择的操作”按钮，系统弹出“Mastercam 模拟”窗口，从中进行图 8-60 所示的相关设置。

3）单击“播放”按钮，系统开始加工模拟。最后得到的加工模拟结果如图 8-61 所示，然后单击“Mastercam 模拟”窗口中的“关闭”按钮 ✕ 。

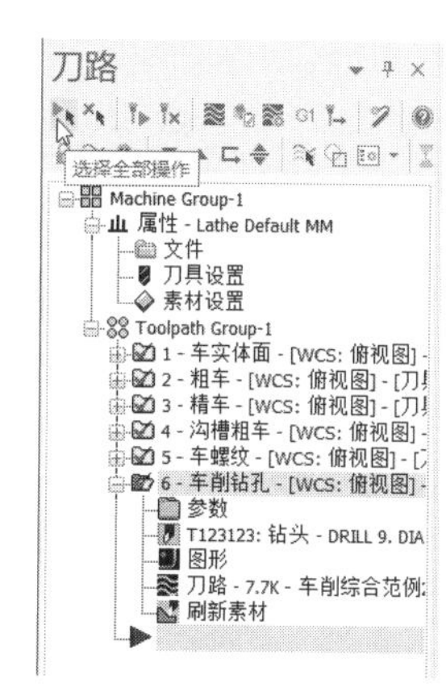

图 8-59 选中所有的车削加工操作

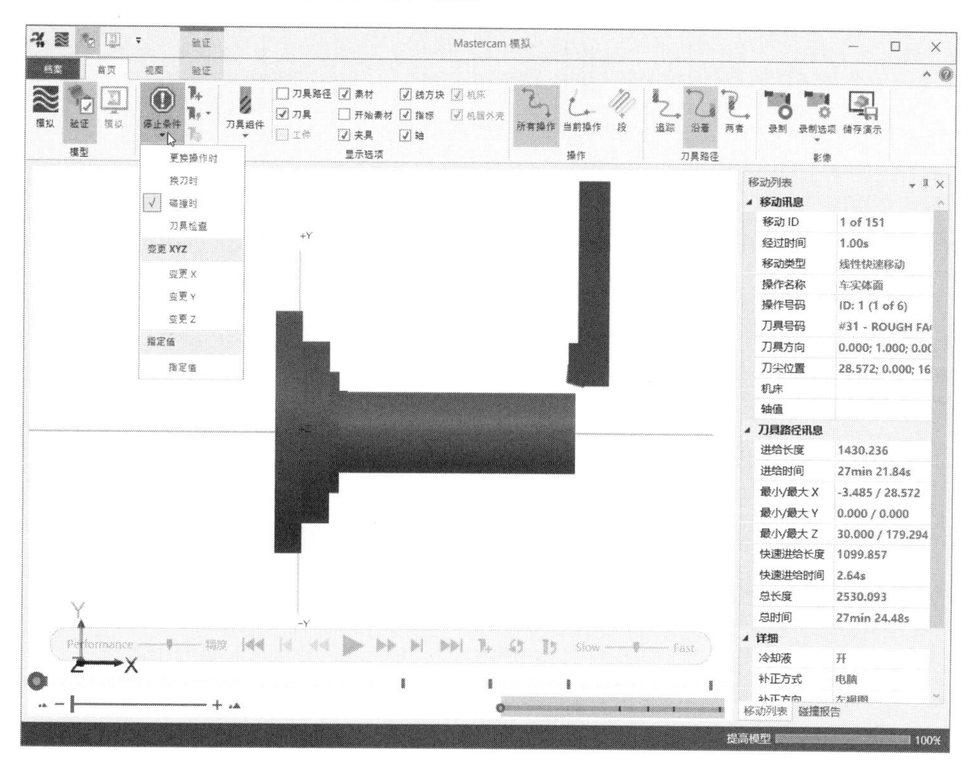

图 8-60 “Mastercam 模拟”窗口

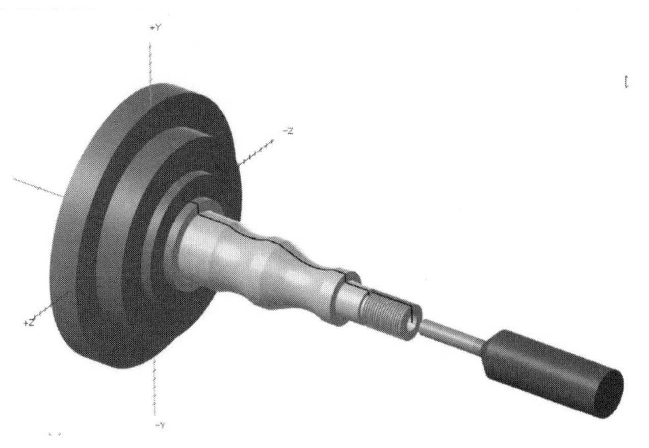

图 8-61 车削加工模拟的最后结果

8.4 车削综合范例 3

扫码观看视频

本范例以图 8-62 所示的零件为例，介绍如何使用 Mastercam 2019 的车削功能来进行加工。该范例涉及的主要知识包括粗车、精车、径向车削（切具有锥度角的槽）等。

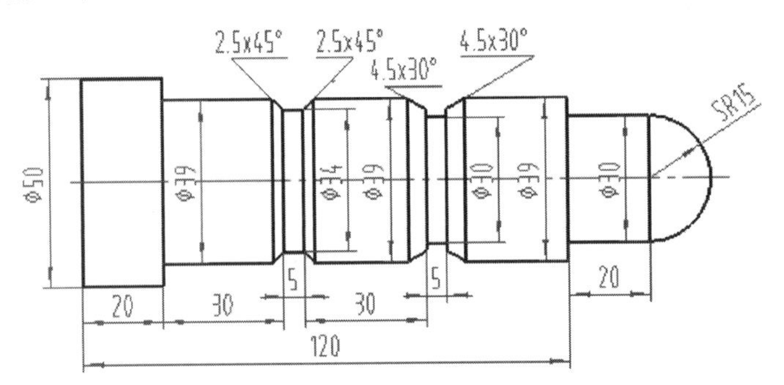

图 8-62 车削零件

本车削综合范例的具体操作步骤如下。

8.4.1 准备工作

在“快速访问”工具栏中单击“打开”按钮，系统弹出“打开”对话框，选择随书附赠网盘资源中 CH8 文件夹目录下的“车削加工综合范例 3.mcam”，单击“打开”按钮。该文件中已有的二维轮廓线（先不倒角）、工件毛坯和卡爪如图 8-63 所示。

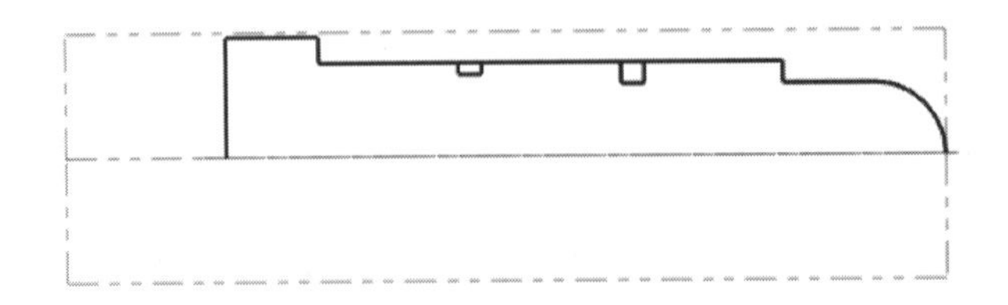

图 8-63 文件中已存在的轮廓

用户也可以在一个新建的 Mastercam 2019 文件中按照已知尺寸绘制好上述所需的二维轮廓线，采用“车床”|“默认”加工系统，并设置好工件毛坯，还可以设置夹爪等参数。

8.4.2 粗车

1）在功能区“车削”选项卡的“一般”面板中单击“粗车”按钮。

2）系统弹出“串连选项”对话框。选中“部分串连”按钮，并勾选“接续”复选框，按顺序选择加工轮廓，结果如图 8-64 所示。在“串连选项”对话框中单击“确定”按钮，结束轮廓外形选取。

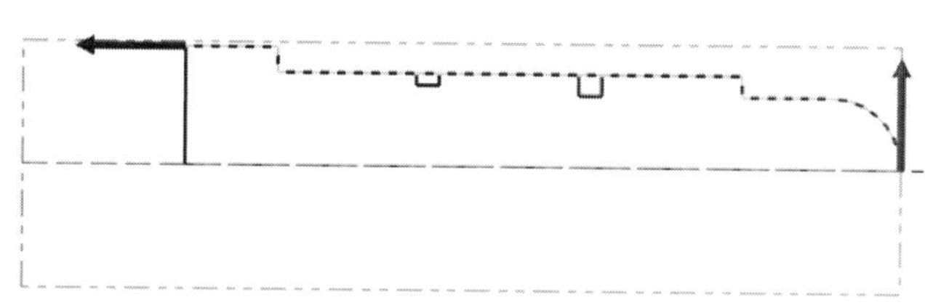

图 8-64 指定串连轮廓边界

3）系统弹出“粗车”对话框，在“刀具参数”选项卡中选择 T0101 外圆车刀，并设置其相应的参数，如图 8-65 所示。

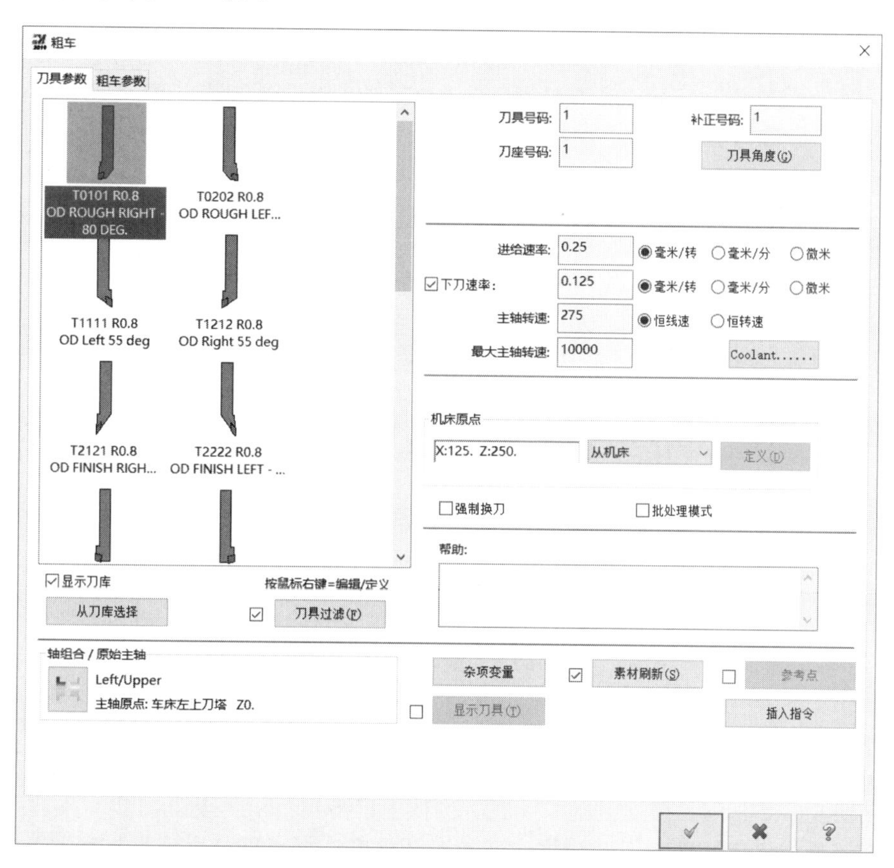

图 8-65 设置粗车刀具参数

4）在“粗车”对话框中单击“粗车参数”选项标签，打开“粗车参数”选项卡，设置图 8-66 所示的粗车参数。其中进/退刀向量和进刀参数可以由读者根据实际情况来设定。

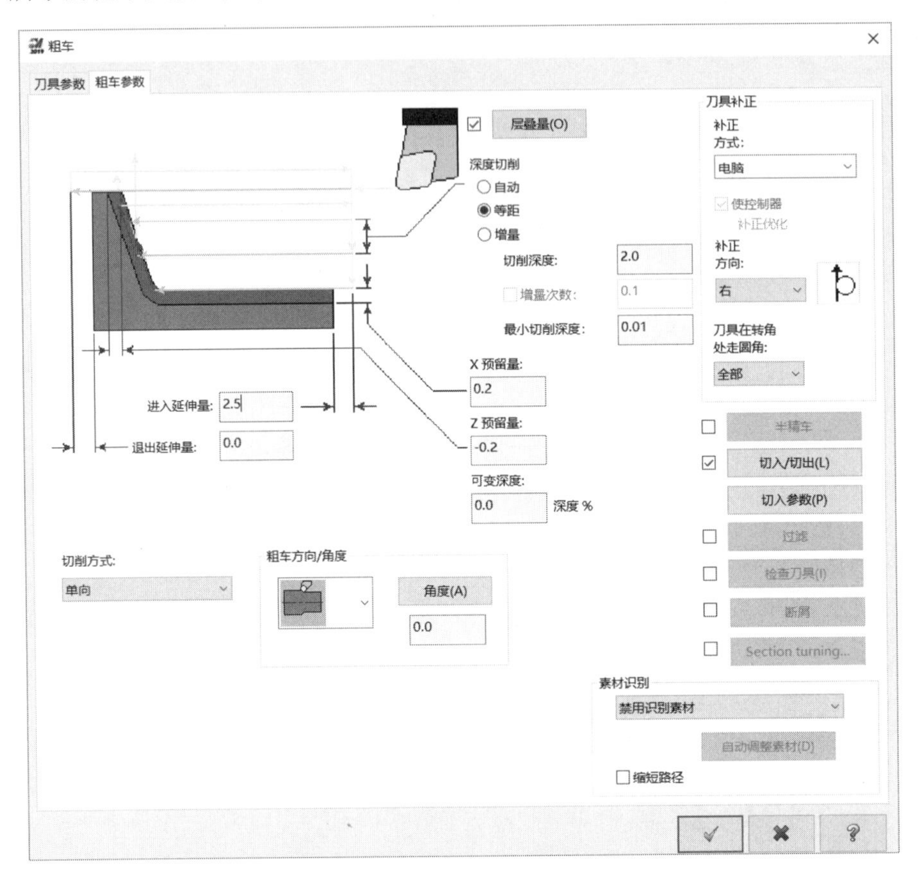

图 8-66　设置粗车参数

5）在“粗车”对话框中单击“确定”按钮，系统产生图 8-67 所示的粗车刀具路径（仅供参考）。

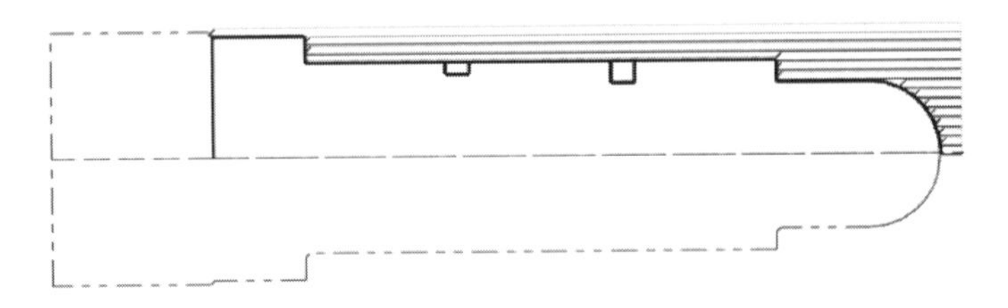

图 8-67　生成粗车刀具路径

8.4.3 精车

1）在功能区“车削”选项卡的“一般”面板中单击“精车”按钮。

2）系统弹出“串连选项”对话框。在该对话框中选择“部分串连”按钮，并勾选“接续”复选框，接着在绘图区按顺序选择加工轮廓，选择结果如图 8-68 所示。在“串连选项”对话框中单击“确定”按钮[✓]，结束轮廓外形的选取。

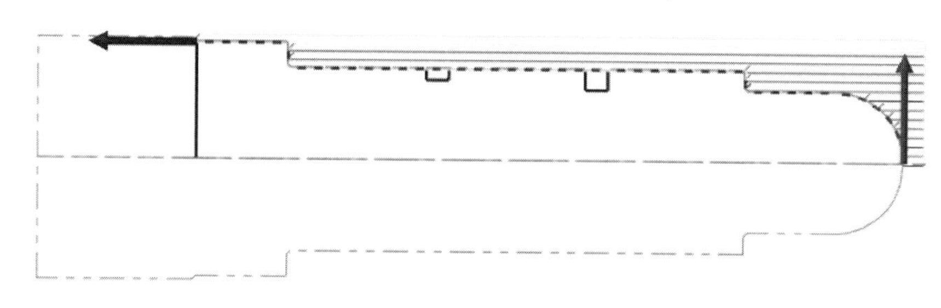

图 8-68 指定精车的串连外轮廓

3）系统弹出“精车”对话框。在“刀具参数”选项卡中选择 T2121 车刀，并自行设置相应的进给速率、主轴转速、最大主轴转速等，如图 8-69 所示。

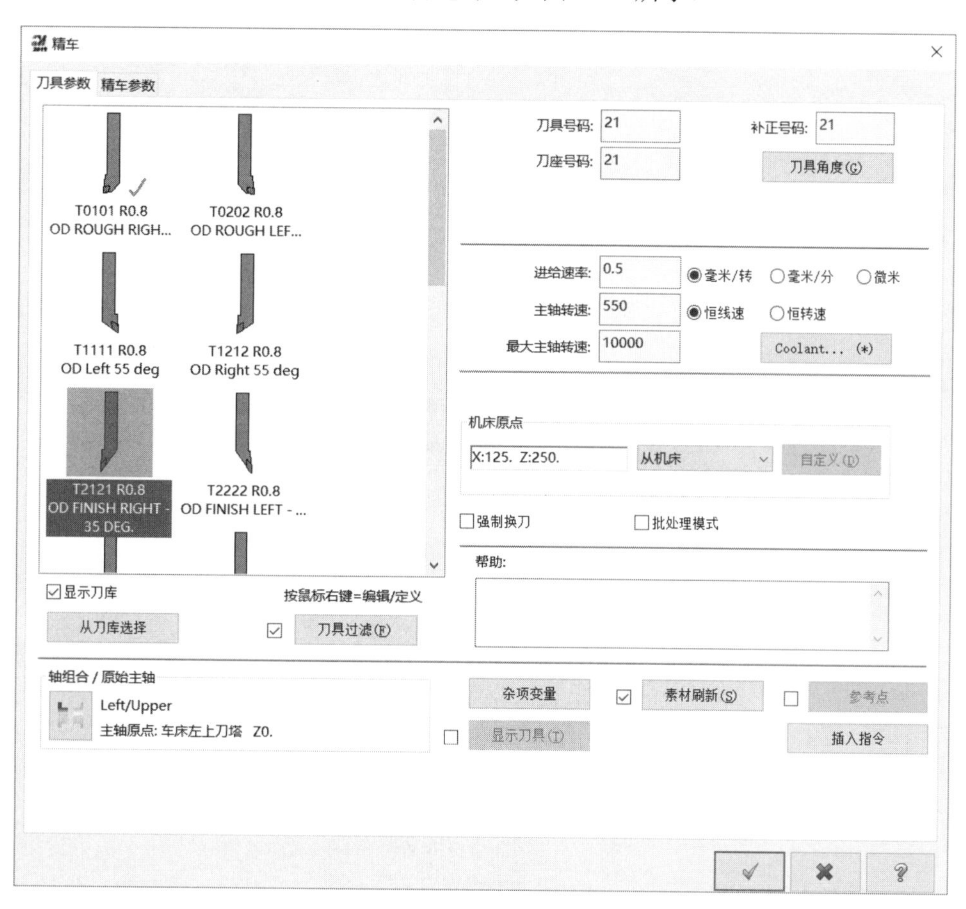

图 8-69 设置精车的刀具参数

4）切换至“精车参数”选项卡，设置图 8-70 所示的精车参数。

5）在“精车参数”选项卡上单击“切入参数”按钮，系统弹出“车削切入参数”对话框，设置图 8-71 所示的参数，然后单击“车削切入参数”对话框中的“确定”按钮[✓]。

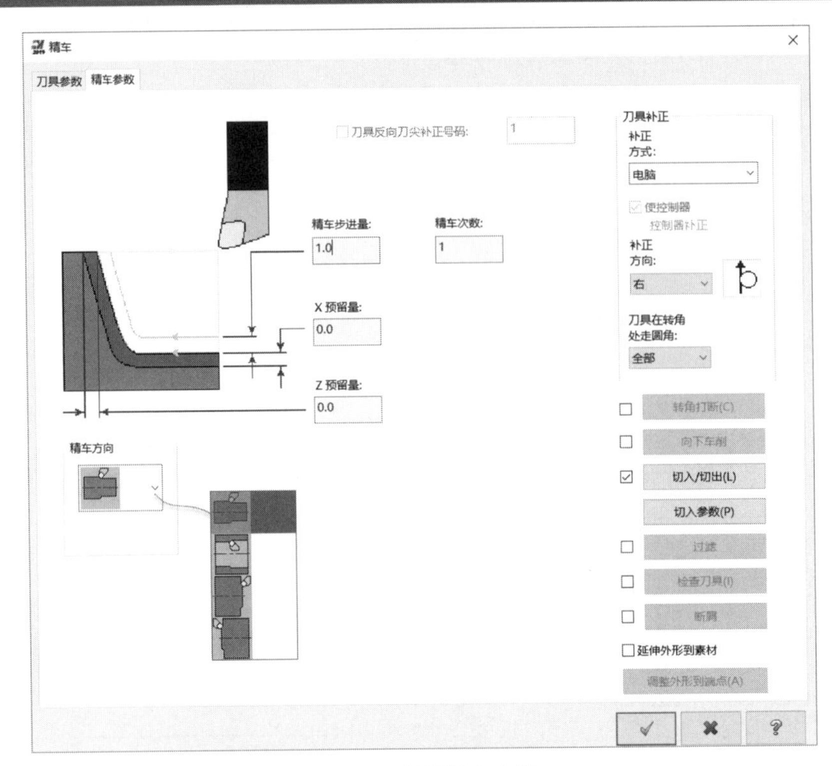

图 8-70 设置精车参数

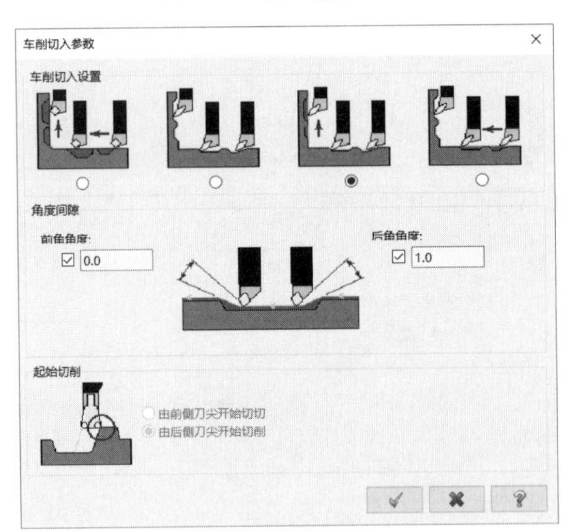

图 8-71 设置进刀的切削参数

6）在“精车”对话框中单击“确定”按钮 。

此时，可以在刀路操作管理器中单击“选择全部操作”按钮，从而选择之前的粗车和精车加工操作，再单击“切换显示已选择的刀路操作”按钮≋，隐藏两者的刀具路径。

8.4.4 径向切槽 1

1）在功能区“车削”选项卡的“一般”面板中单击“沟槽”按钮，系统弹出“沟槽选项”对话框。

2）在“定义沟槽方式”选项组中选择“2 点”单选按钮，如图 8-72 所示。然后单击“确定”按钮 ✔ 。

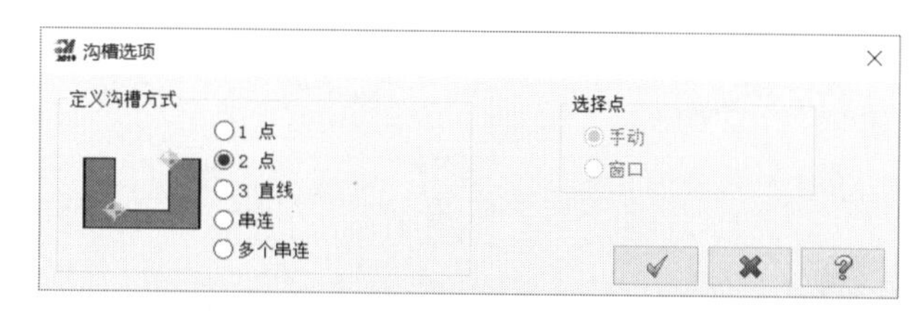

图 8-72　设置径向车削的沟槽选项

3）分别选择图 8-73 所示的第一点和第二点，按〈Enter〉键确定。

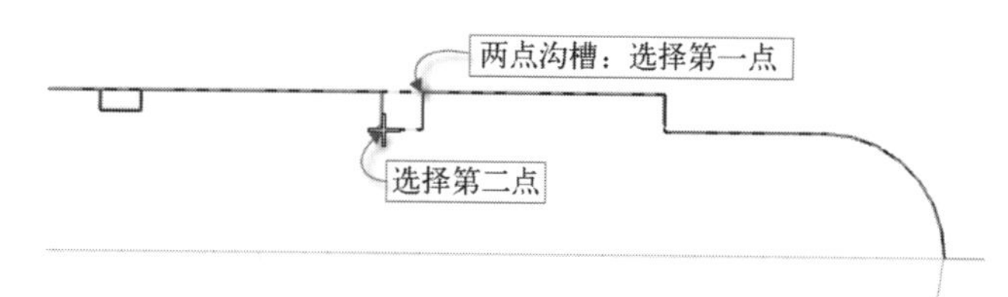

图 8-73　指定两点定义切槽区

4）系统弹出“沟槽粗车”对话框。在“刀具参数”选项卡中选择 T4141 切槽车刀，并设置进给速率为 0.1 毫米/转，主轴转速为 302css，最大主轴转速数值为 5000，如图 8-74 所示。

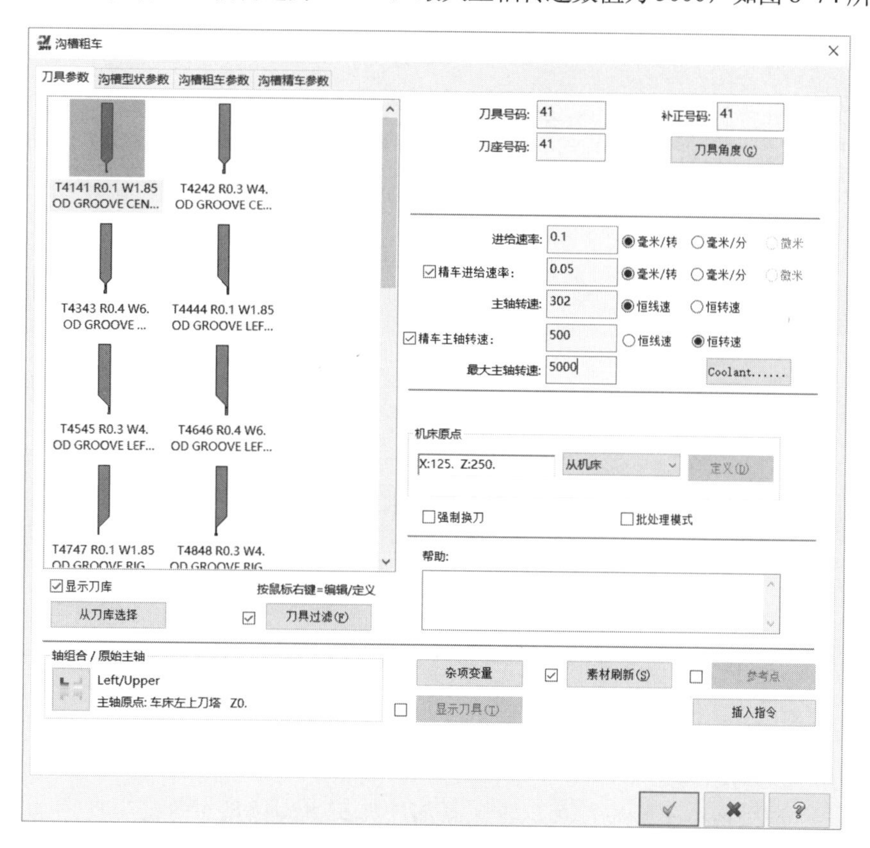

图 8-74　设定沟槽的刀具参数

5）单击“沟槽形状参数”选项标签，从而切换至“沟槽形状参数”选项卡，设置图 8-75 所示的沟槽形状参数。

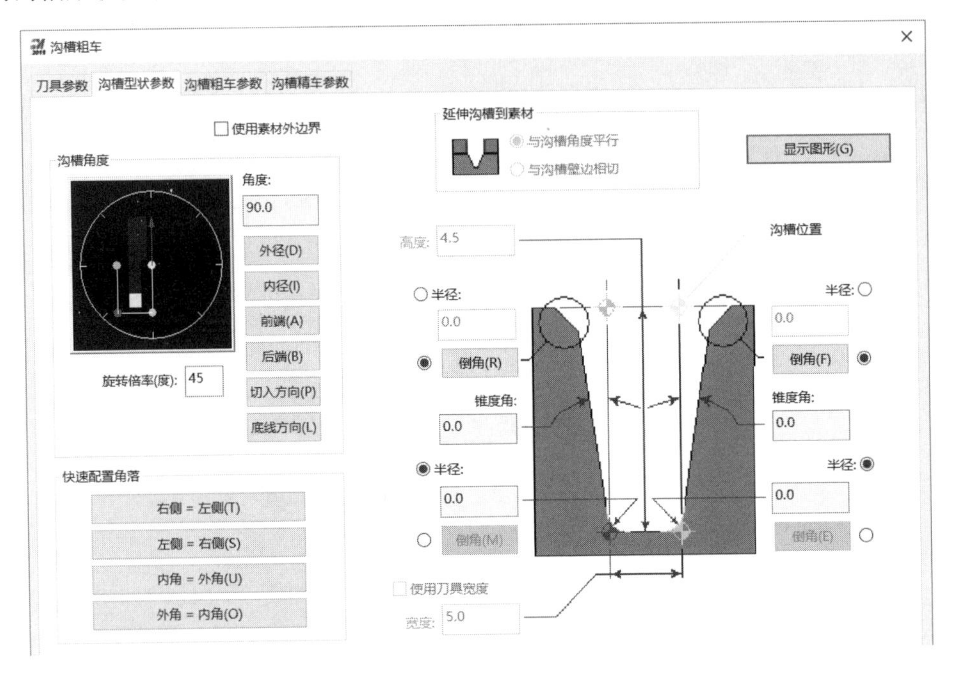

图 8-75 设置沟槽形状参数

6）单击左侧的“倒角”按钮，系统弹出“槽倒角”对话框，设置图 8-76 所示的切槽的左倒角参数，单击“确定”按钮 ✓ 。单击右侧的“倒角”按钮，系统弹出“槽倒角”对话框，设置图 8-77 所示的切槽的右倒角参数，然后单击“确定”按钮 ✓ 。

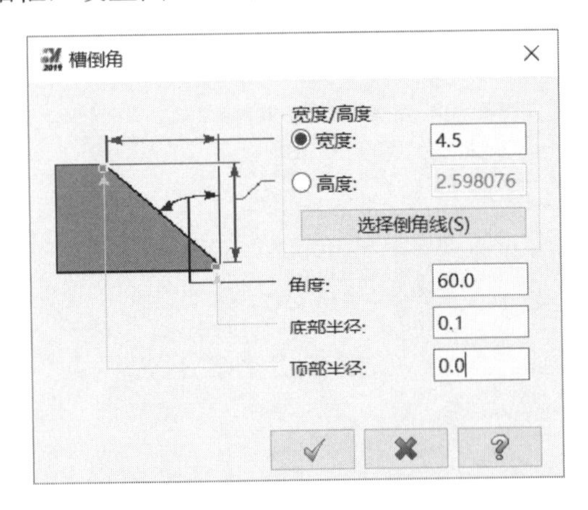

图 8-76 切槽的左倒角设定

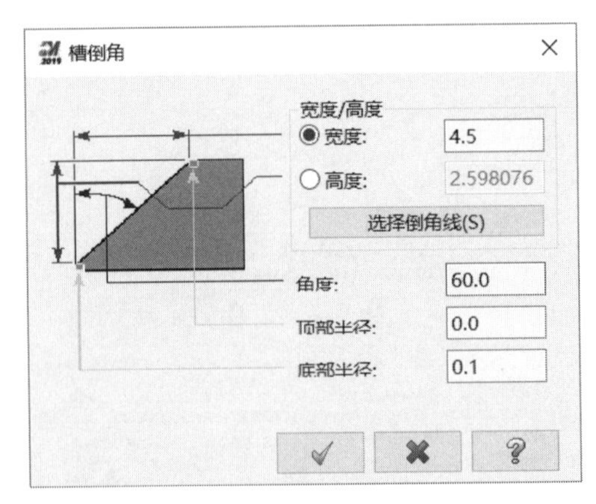

图 8-77 切槽的右倒角设定

7）单击“沟槽粗车参数”选项标签，从而切换至“沟槽粗车参数”选项卡，从中进行图 8-78 所示的参数设置。

8）单击“沟槽精车参数”选项标签，从而切换至“沟槽精车参数”选项卡，从中设置图 8-79 所示的参数。

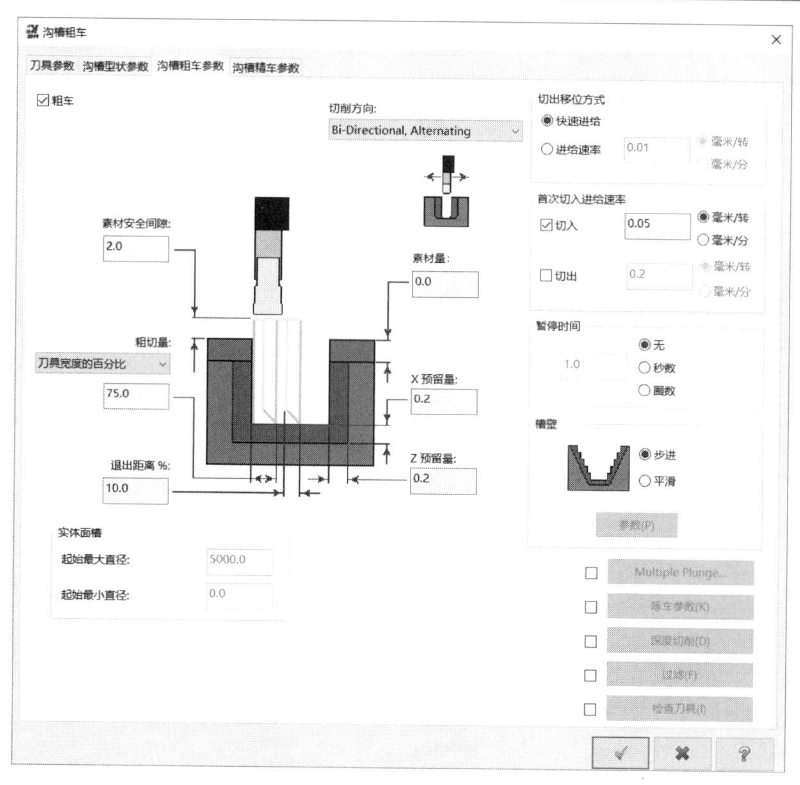

图 8-78 设置沟槽粗车参数

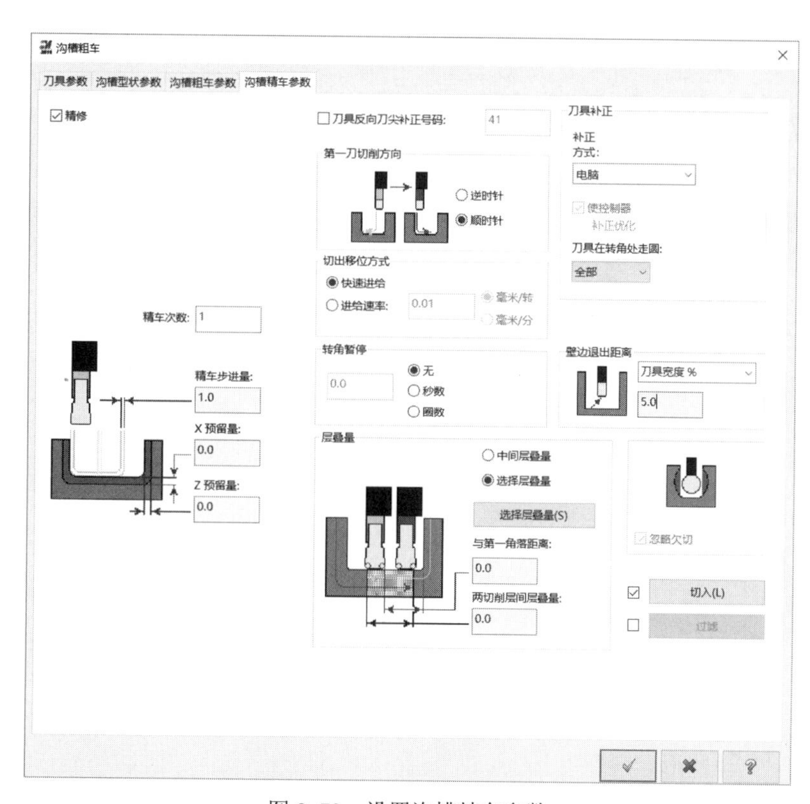

图 8-79 设置沟槽精车参数

9）在“沟槽”对话框中单击“确定”按钮 ，创建的该沟槽刀具路径如图 8-80 所示。

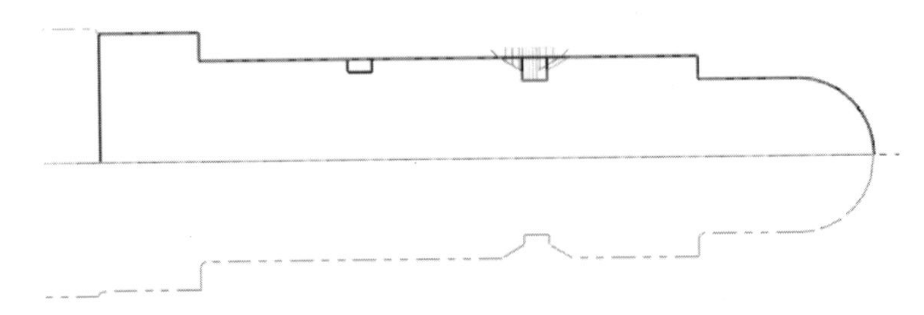

图 8-80　生成沟槽刀具路径

8.4.5 径向切槽 2

1）在功能区“车削”选项卡的“一般”面板中单击“沟槽”按钮 ，系统弹出“沟槽选项”对话框。

2）在“定义沟槽方式”选项组中选择“2 点”单选按钮，如图 8-81 所示。然后单击“确定”按钮 。

图 8-81　设置径向车削的沟槽选项

3）分别选择图 8-82 所示的第一点和第二点，按〈Enter〉键确定。

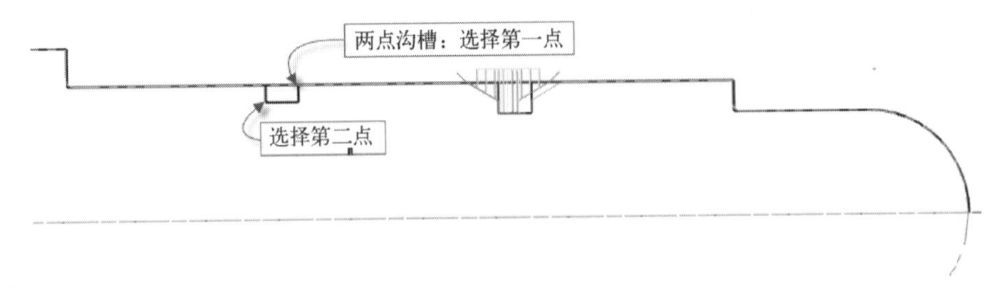

图 8-82　指定两点定义沟槽

4）系统弹出“沟槽粗车”对话框。在“刀具参数”选项卡中选择上一切槽操作所用的切槽车刀，并设置进给率为 0.15 毫米/转，主轴转速为 500css，最大主轴转速数值为 5000。

5）切换到“沟槽形状参数”选项卡，设置图 8-83 所示的沟槽形状参数。

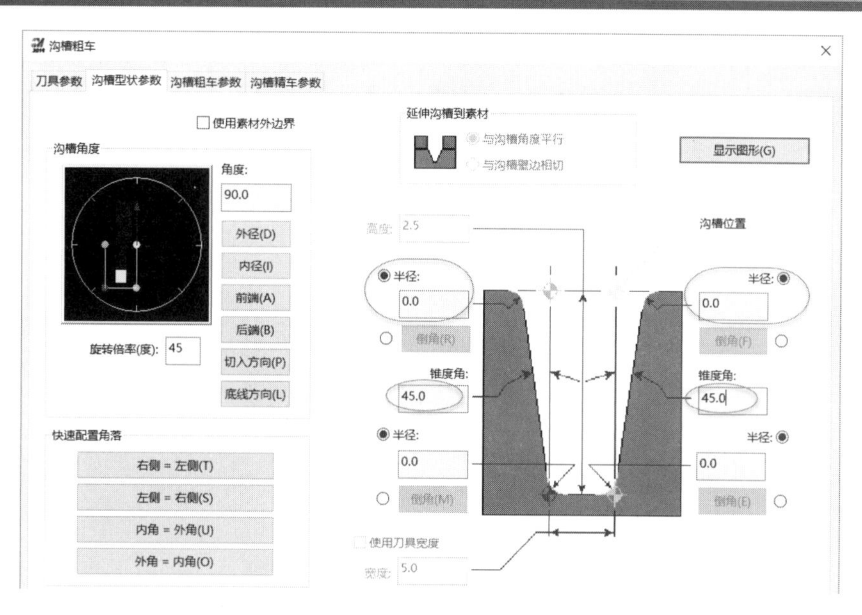

图 8-83 设置沟槽形状参数

6）切换至“沟槽粗车参数”选项卡，设置图 8-84 所示的沟槽粗车参数，注意在“槽壁”选项组中选择“平滑”单选按钮。

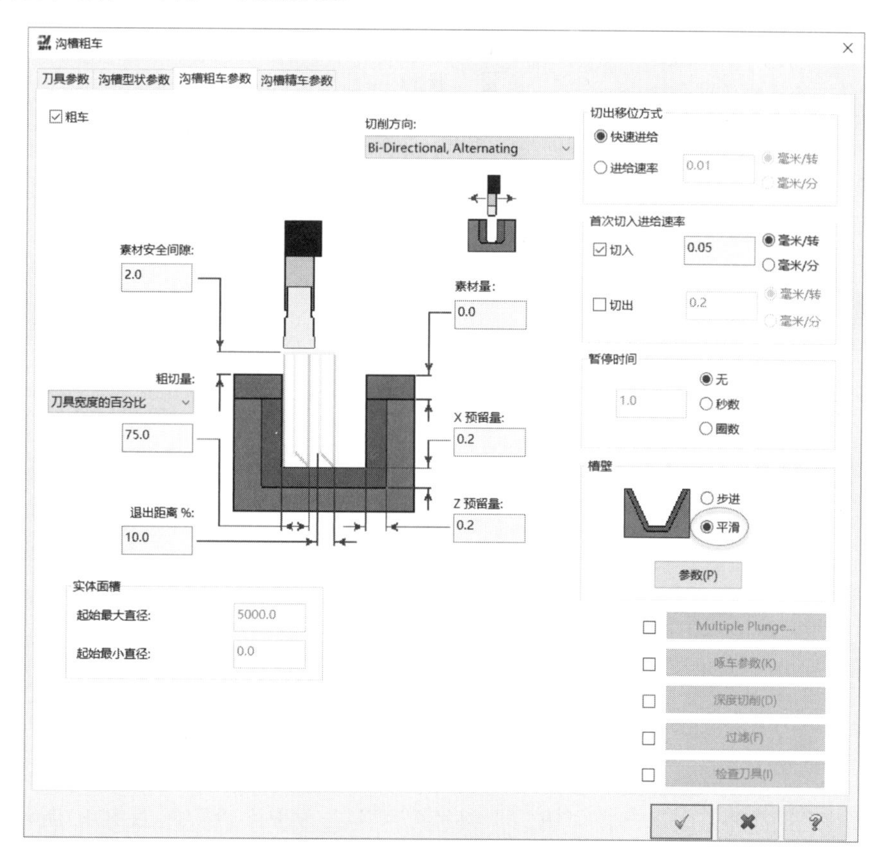

图 8-84 设置沟槽粗车参数

7）在“沟槽粗车参数”选项卡的“槽壁”选项组中，单击“参数”按钮，系统弹出“槽壁平滑配置”对话框，设置图 8-85 所示的壁槽平滑参数，单击“确定”按钮，完成壁槽平滑设定并返回到“沟槽”对话框。

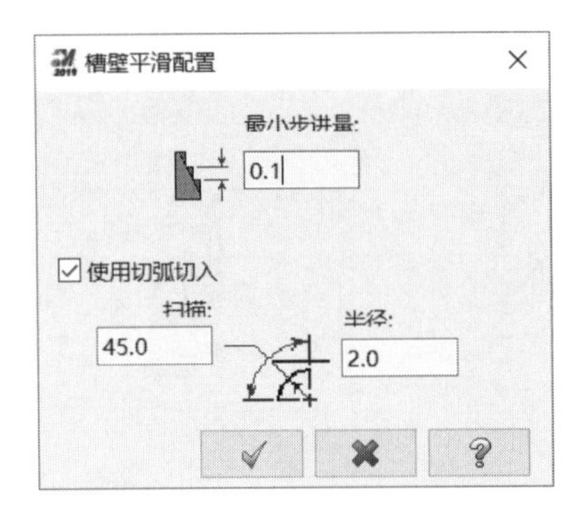

图 8-85　槽壁平滑设定

8）切换到“沟槽精车参数”选项卡，设置图 8-86 所示的沟槽精车参数。

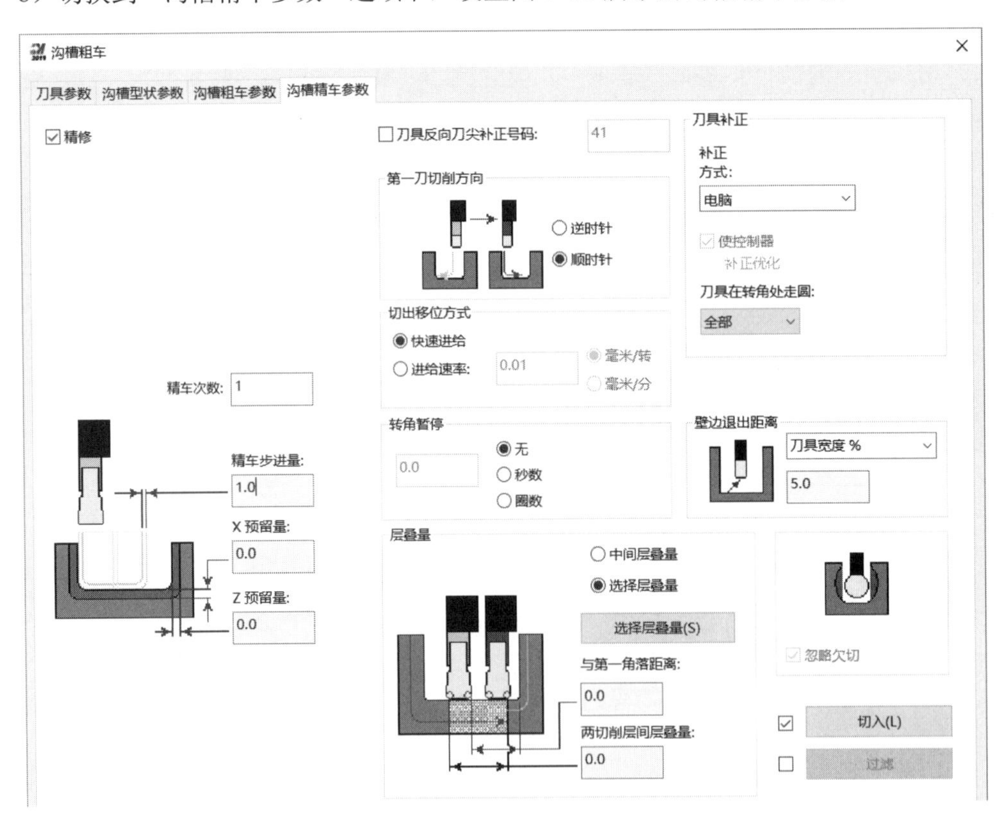

图 8-86　设置沟槽精车参数

9）单击“切入”按钮，系统弹出“切入”对话框，在“第一个路径引入”选项卡中设置图 8-87a 所示的进刀向量，在“第二个路径引入”选项卡中设置图 8-87b 所示的进刀向量。单击“确定”按钮。

a)

b)

图 8-87　在“切入”对话框中进行设置

a) 设置第一个路径引入的进刀向量　b) 设置第二个路径引入的进刀向量

10）在“沟槽粗车”对话框中单击“确定”按钮，从而生成该车床切槽加工路径。

8.4.6 车削加工模拟

1）设置以等角视图显示模型，接着在刀路操作管理器中单击“选择全部操作”按钮，从而选择所有的加工操作。

2）在刀路操作管理器中单击“验证已选择的操作”按钮，系统弹出“Mastercam 模拟”窗口，接着自行设置相关的选项。

3）在“Mastercam 模拟”窗口中单击“播放”按钮▶，系统开始加工模拟。这里只给出最后的模拟结果，如图 8-88 所示。

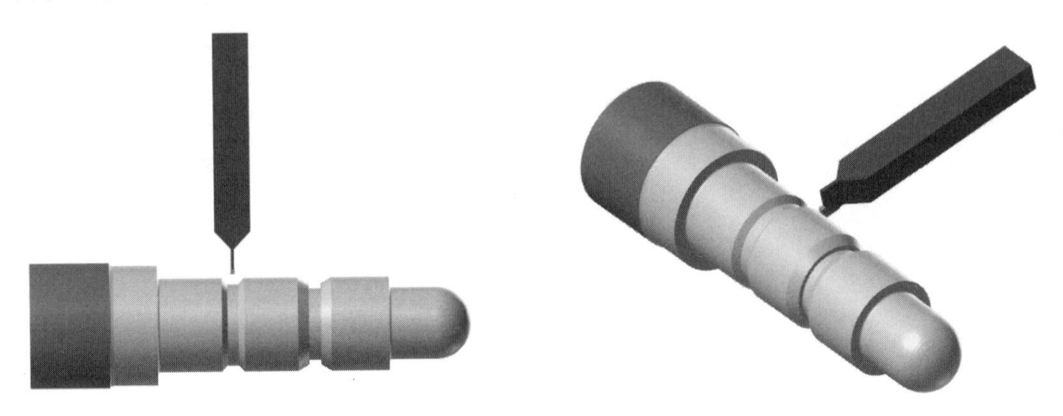

图 8-88　加工模拟的验证结果

知识点拨： 在生成刀具路径或实际验证的操作中，如果发现无法继续写入刀具路径或验证有碰撞等情况出现，可以返回去重新检查和选择合适的车刀，并在相应的选项卡中修改相关的参数，直到解决问题为止。本例可选择其他合适的槽刀。

第 9 章 线切割加工

本章导读：

在现代制造业中，线切割数控加工也得到广泛应用，所述的线切割加工是在电火花加工的基础上发展起来的，常用于加工硬质合金、淬火钢模具等零件，还用于加工形状复杂的细小零件和精密零件中的窄缝等。Mastercam 2019 提供了 4 种典型的线切割加工方法，包括外形线切割、自设循环切割、无屑线切割和四轴线切割。本章主要通过范例的形式来介绍外形线切割加工、无屑线切割加工和四轴线切割加工。

9.1 线切割加工知识概述

线切割数控加工在现代制造业中的应用较为广泛，它是线电极电火花加工（Wire Cut EDM，WEDM）的简称。

对于一些用一般切割方法难以加工或无法加工的形状复杂的工件，可以考虑采用线切割加工方法。线切割加工可以获得很好的尺寸精度和表面粗糙度，并且便于实现加工过程的自动化控制。采用线切割加工可以加工用一般切削方法不容易加工的金属材料和半导体材料（如硬质合金、淬火钢等），但要注意加工件的导电性。另外，由于线切割加工所采用的电极丝直径可以很细很细，故线切割加工特别适用于加工形状复杂的细小零件、窄缝等。

在 Mastercam 2019 中，系统为用户提供了一个专门的线切割模块，使用该加工模块，用户可以非常高效地编制出所需的线切割加工程序。在功能区“机床”选项卡的“机床类型”面板中选择“线切割”|“默认”命令（见图 9-1），即可启用默认的线切割模块。此时，在功能区“刀路”选项卡中提供了图 9-2 所示的线割刀路工具命令，其中包括了“外形”“循环加工”“无屑”“四轴”“点”这几种线切割加工刀具路径创建命令。

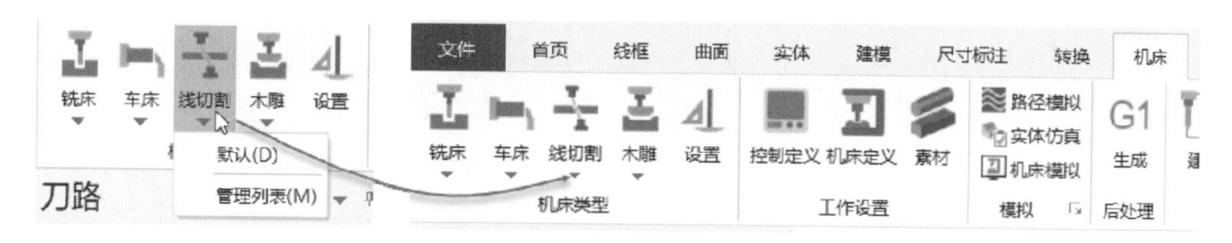

图 9-1 在功能区“机床”选项卡的“机床类型”面板中调用线切割

图 9-2　功能区“线割刀路”选项卡

- “外形”：用于外形线切割。外形线切割和之前介绍的外形铣削有些类似，都需要选择加工外形轮廓，并设置相应的加工参数。“外形切割”可以向外或向内切割锥形。
- “无屑”：用于无屑线切割加工，区域槽外不产生碎屑，无屑切割通常开始于一个预钻孔素材和 Z 字形或外直径螺旋素材，切割直到移除所有串连的图形。
- “四轴”：建立刀路图形。在 XY 平面（下轮廓）和 UV 平面（上轮廓），四轴切割路径可以在两个平面切割不同的图形形状，从而在 XY 和 UV 平面不同线运动。四轴线切割可以用来加工那些具有倾斜轮廓面或上下异形面的零件。
- “循环加工”：其操作方法较为简单，需要选择一系列图素点等，参数设置包括电极丝/电源设置、杂项变数和循环指令选定等，其参数设置方法和其他线切割的参数设置方法是一致的。
- “点”：建立快速移动，可用于避免线切割碰到夹具或机床上。

本书主要通过范例的方式，结合软件特定功能来介绍其中的外形线切割、无屑线切割和四轴线切割这 3 种典型的线切割加工方法。

9.2　外形线切割

扫码观看视频

本节重点介绍一个外形线切割的加工范例，通过范例介绍让读者深刻掌握外形线切割的设计思路和操作步骤，举一反三。

9.2.1　外形线切割加工范例说明

本范例为外形线切割加工范例，要求采用直径为 0.16 的电极丝（也称钼丝）进行线切割，单边放电间隙设置为 0.01，采用控制器补正方式，其他加工参数由读者自行设定，该外形线切割加工的效果如图 9-3 所示。

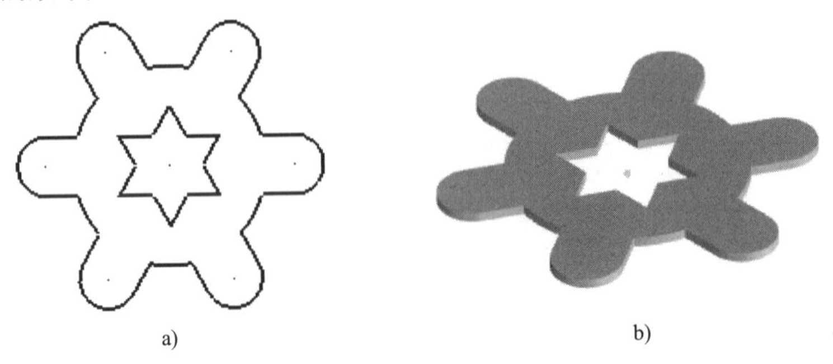

图 9-3　外形线切割实例

a) 加工轮廓　b) 线切割加工模拟结果

9.2.2 外形线切割加工范例过程

该外形线切割加工范例的具体操作过程如下。

1．打开文件

在“快速访问”工具栏中单击“打开”按钮，系统弹出“打开”对话框，选择附赠网盘资源中 CH9 文件夹目录下的“外形线切割.MCX”，单击“打开”按钮。该文件中的已有二维图形如图 9-4 所示。

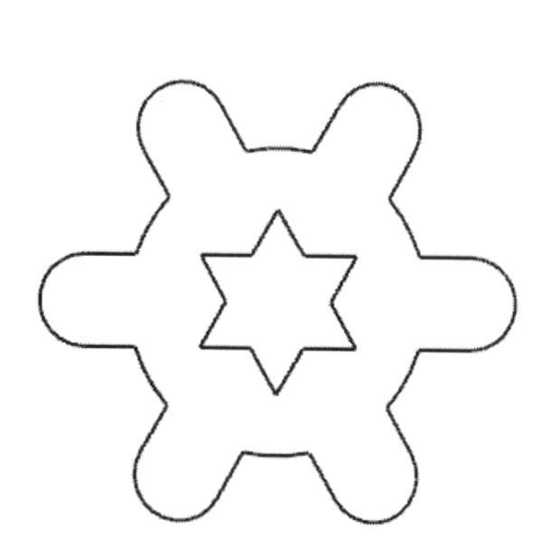

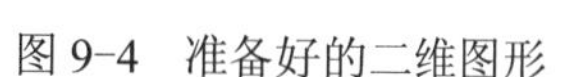

图 9-4　准备好的二维图形

2．选择机床类型

在功能区“机床”选项卡的“机床类型”面板中选择“线切割”|“默认”命令。

3．生成外形线切割刀具路径

1）在功能区“刀路”选项卡的“线割刀路”面板中单击“外形切割”按钮，系统弹出图 9-5 所示的“串连选项”对话框。

2）以串连的方式选择图 9-6 所示的加工轮廓线，然后单击“确定”按钮。系统弹出“线切割刀路-外形参数”对话框。

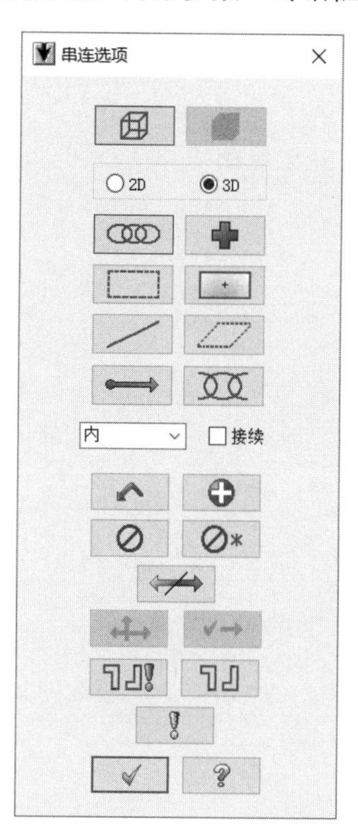

图 9-5　“串连选项”对话框

图 9-6　选择外形加工轮廓线

3）线切割路径类型为“外形参数”。选择“钼丝/电源”，接着在该参数类别下取消勾选“与数据库关联”复选框，并设置电极丝（钼丝）直径为 0.16，放电间隙为 0.01，预留量为 0，如图 9-7 所示。然后单击“应用”按钮。

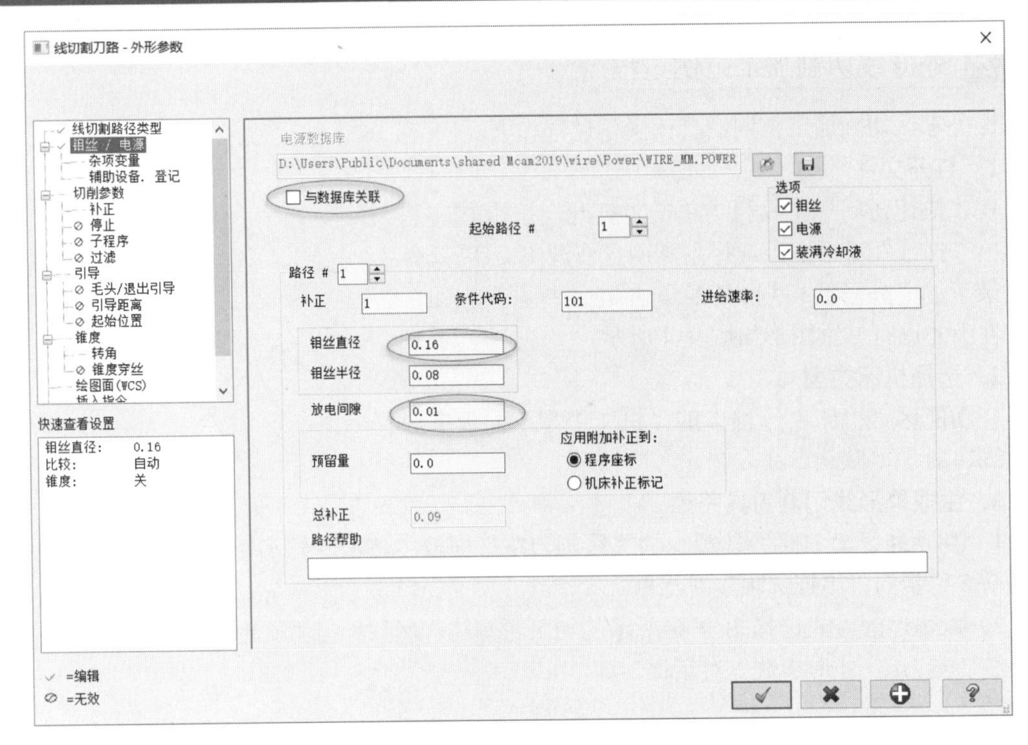

图 9-7　电极丝/电源设置

4）在左上角的参数类别列表框中选择“切削参数”，并按照图 9-8 所示的参数进行设置，然后单击“应用”按钮。

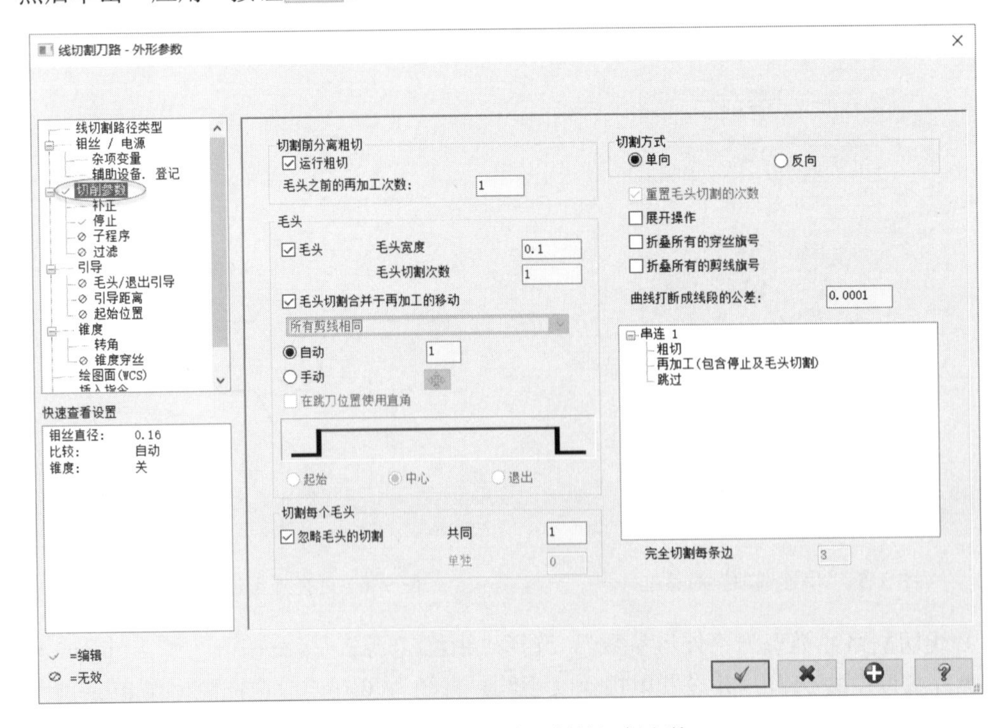

图 9-8　设置外形线切割的切削参数

5）在参数类别列表框中选择“补正”，接着设置补正类型和补正方向，并勾选“优化”复选框，如图 9-9 所示。

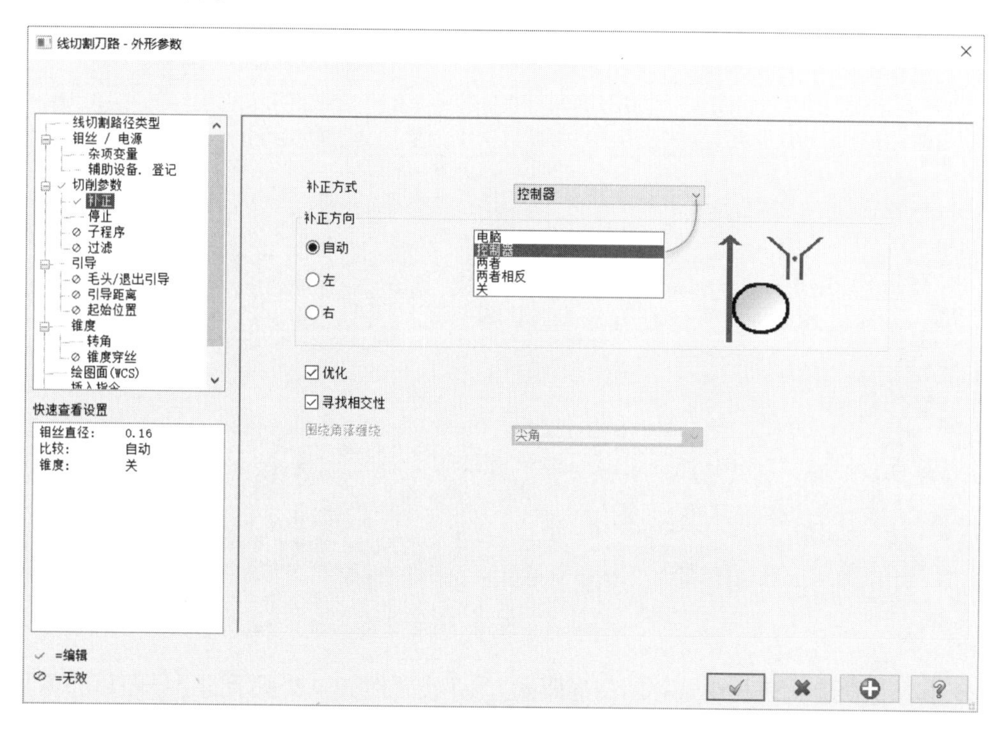

图 9-9　设置切削补正参数

6）在参数类别列表框中选择“停止”，设置图 9-10 所示的参数。然后单击“应用”按钮 ⊕ 。

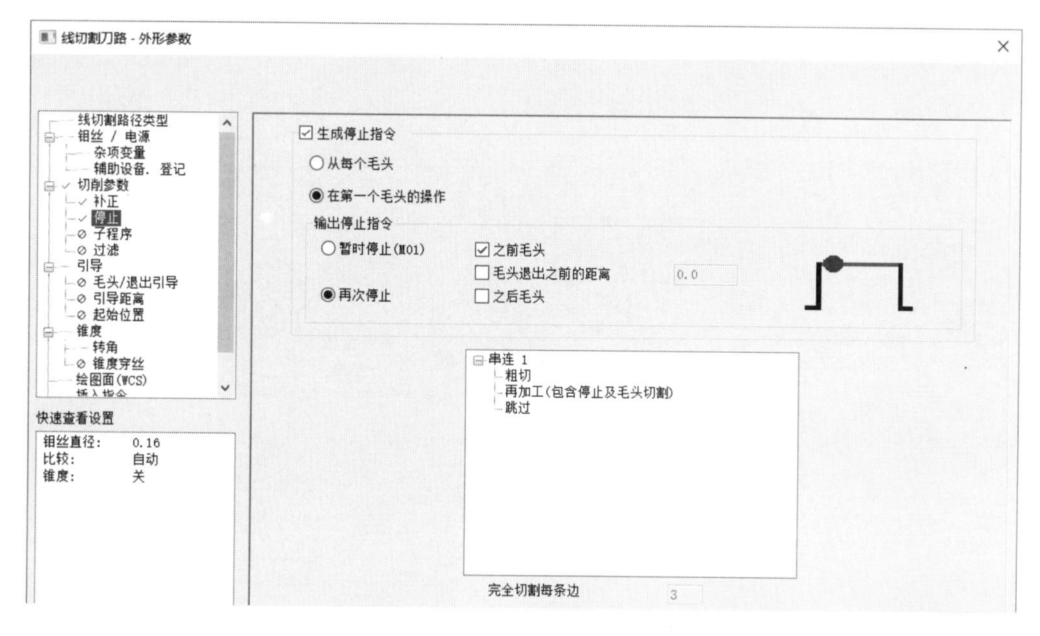

图 9-10　设置切削停止选项

7）在参数类别列表框中选择“引导”，设置图 9-11 所示的轮廓引导参数。

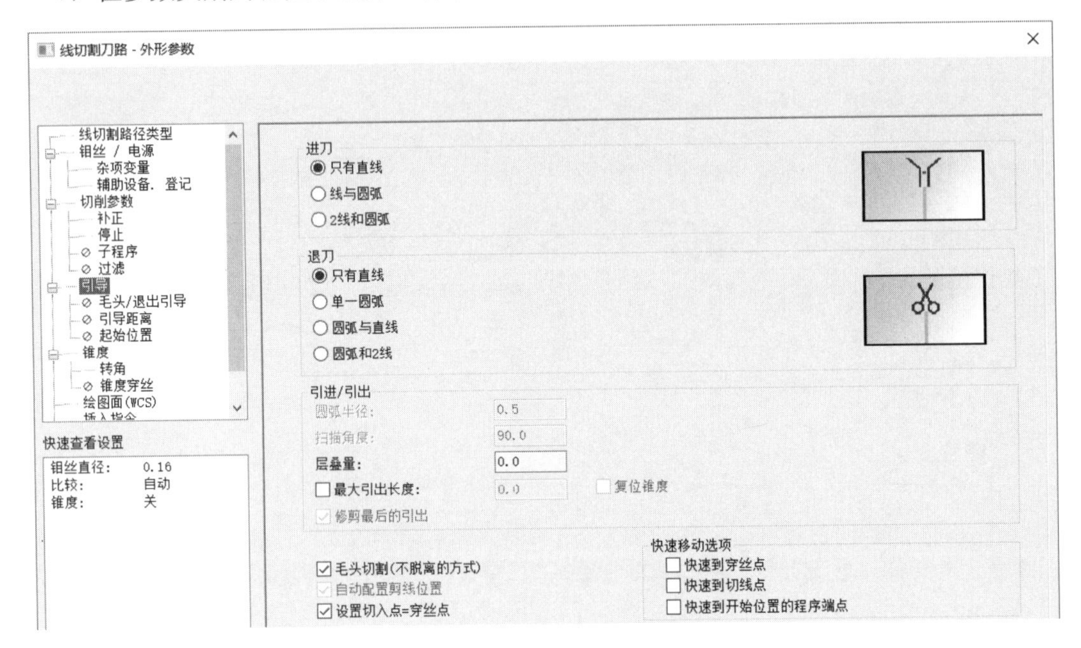

图 9-11 设置引导参数

8）在参数类别列表框中选择“引导距离”，并设置图 9-12 所示的引导距离选项及其参数。然后单击“应用”按钮 ⊕ 。

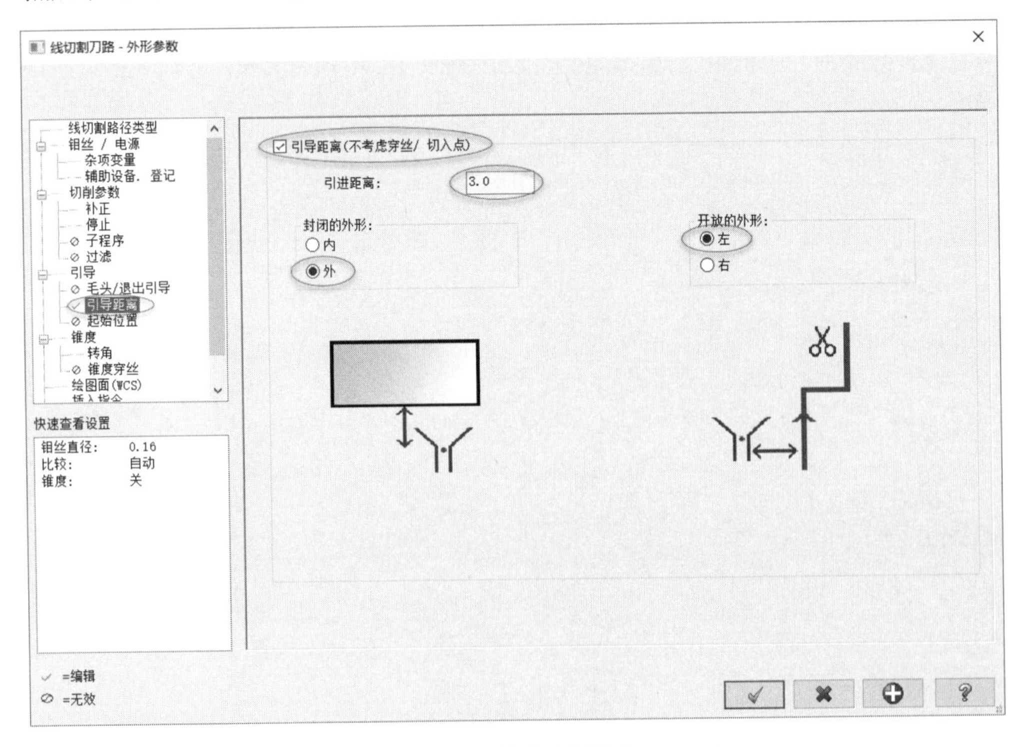

图 9-12 设置引导距离

9）在参数类别列表框中选择“锥度”，可以进行锥度设置，如图 9-13 所示。在本例中不勾选“锥度”复选框。

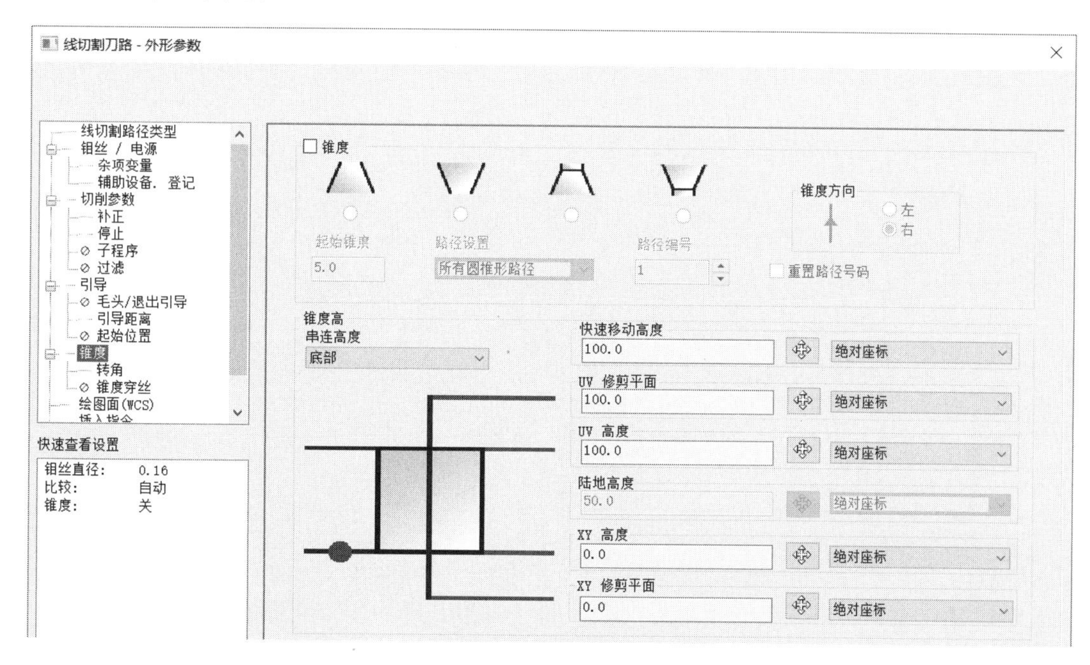

图 9-13 锥度设置

10）在参数类别列表框中选择“转角”以打开“转角”类别选项页，转角设置的相关内容如图 9-14 所示。

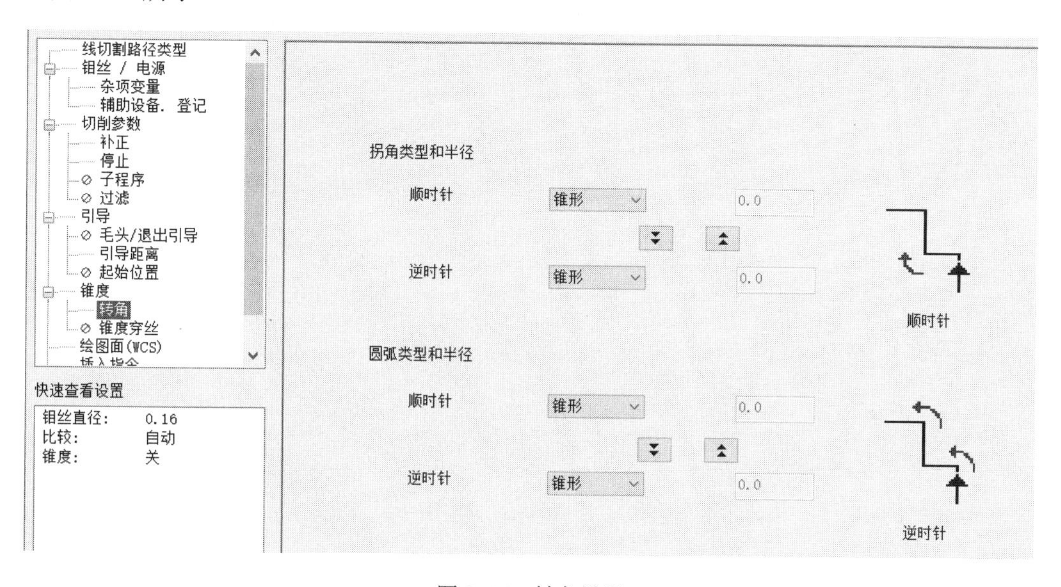

图 9-14 转角设置

11）在“线切割刀路-外形参数”对话框中单击“确定”按钮。系统弹出“串连管理”对话框，如图 9-15 所示，然后单击“确定”按钮，系统根据所设置的参数生成相

应的外形线切割刀具路径。

12）在功能区“刀路”选项卡的“线割刀路”面板中单击“外形切割”按钮，系统弹出“串连选项”对话框，以串连的方式选择图 9-16 所示的加工外形轮廓线，然后单击“串连选项”对话框中的“确定”按钮，系统弹出“线切割刀路-外形参数”对话框。

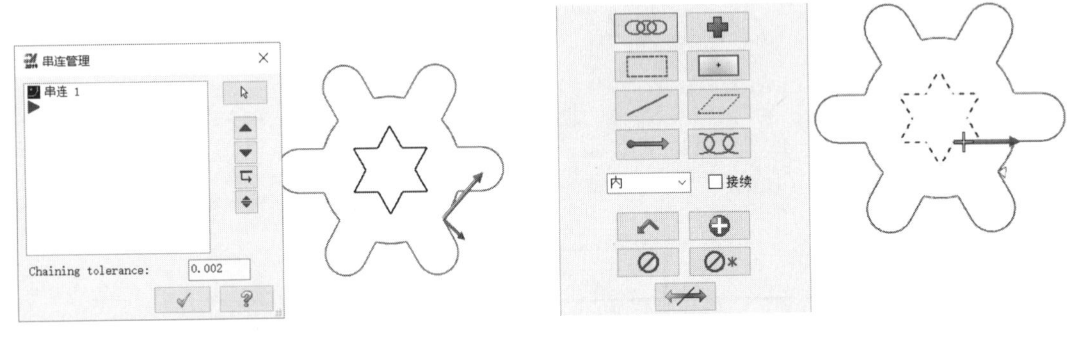

图 9-15 “串连管理”对话框　　图 9-16 选择加工轮廓线

13）在“线切割刀路-外形参数”对话框中进行相关参数设置，其中，设置的引导距离如图 9-17 所示，而其他参数设置和之前进行的外形线切割参数设置相同，在此不再赘述。

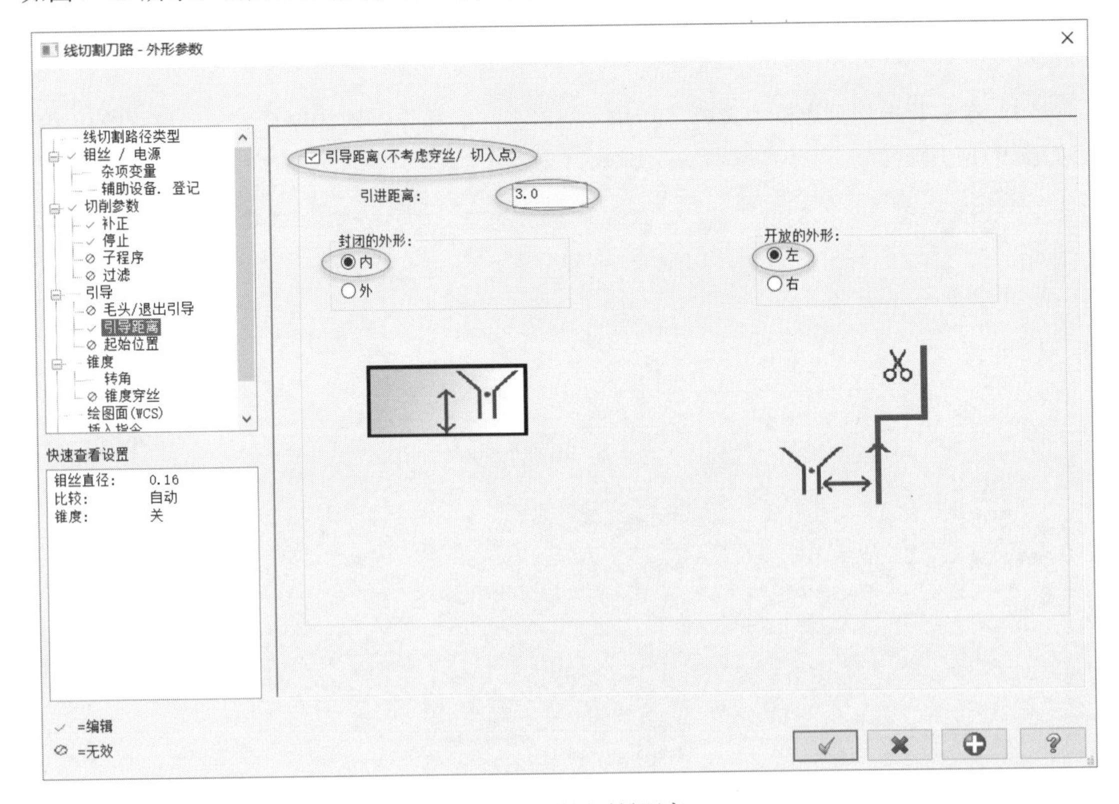

图 9-17 设置引导距离

14）在“线切割刀路-外形参数”对话框中设置好相关的参数后，单击“确定”按钮。然后在弹出的“串连管理”对话框中单击“确定”按钮，从而完成第二外形线切割刀具路径的生成。

4. 设置工件毛坯

1）在刀路管理器中展开当前机床群组的“属性”节点，如图 9-18 所示，单击“素材设置”，系统弹出“机床分组属性”对话框，并自动切换至“素材设置”选项卡。

2）在“素材设置”选项卡中单击“边界盒”按钮，系统打开“边界盒”对话框。按〈Ctrl+A〉快捷键以选择全部图形，并按〈Enter〉键或单击“结束选取”按钮。在“边界盒”对话框的“基础操作”选项卡中，选中“全部显示”单选按钮以选择全部图形，并设置图 9-19 所示的选项及参数。单击“边界盒”对话框中的“确定”按钮，返回“机床分组属性”对话框的“素材设置”选项卡。

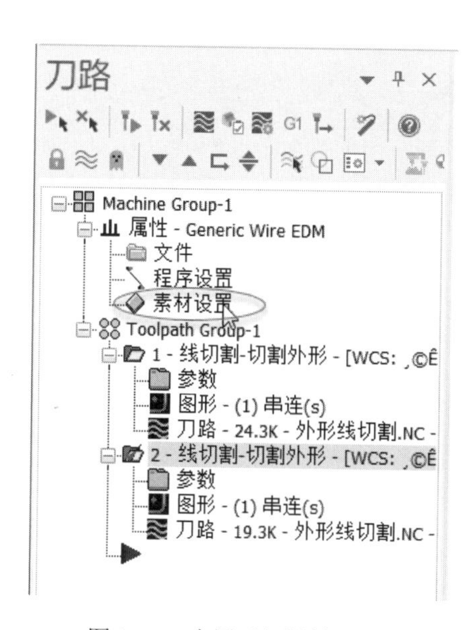

图 9-18 启用毛坯材料设置

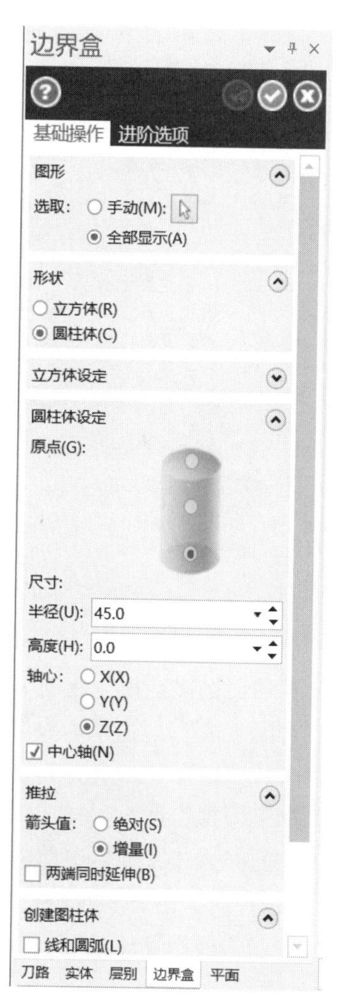

图 9-19 设置边界盒选项

3）在“机器分组属性”对话框的“素材设置”选项卡中设置图 9-20 所示的参数，然后单击“确定”按钮。

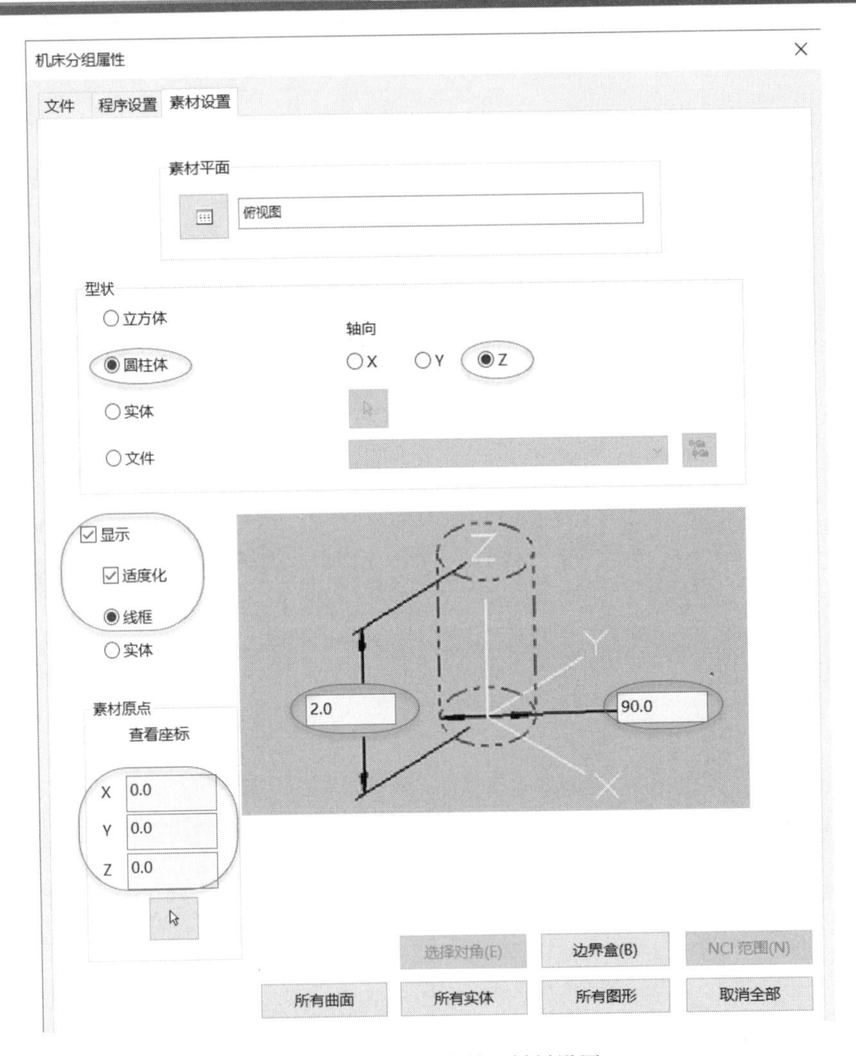

图 9-20　毛坯（素材）材料设置

4）在功能区“检视”选项卡的“图形检视”面板中单击“等角视图”按钮，设置的工件毛坯如图 9-21 所示。

图 9-21　设置的工件毛坯

5．加工模拟验证

1）在刀路操作管理器中单击“选择全部操作”按钮，从而选择两次的外形线切割操作。

2）在刀路操作管理器中单击“验证已选择的操作”按钮，系统弹出“Mastercam 模拟”窗口。接着在“Mastercam 模拟”窗口功能区的“首页”选项卡中，确保选中“模型”面板中的“验证”按钮，并设置可见性选项等，如图 9-22 所示。

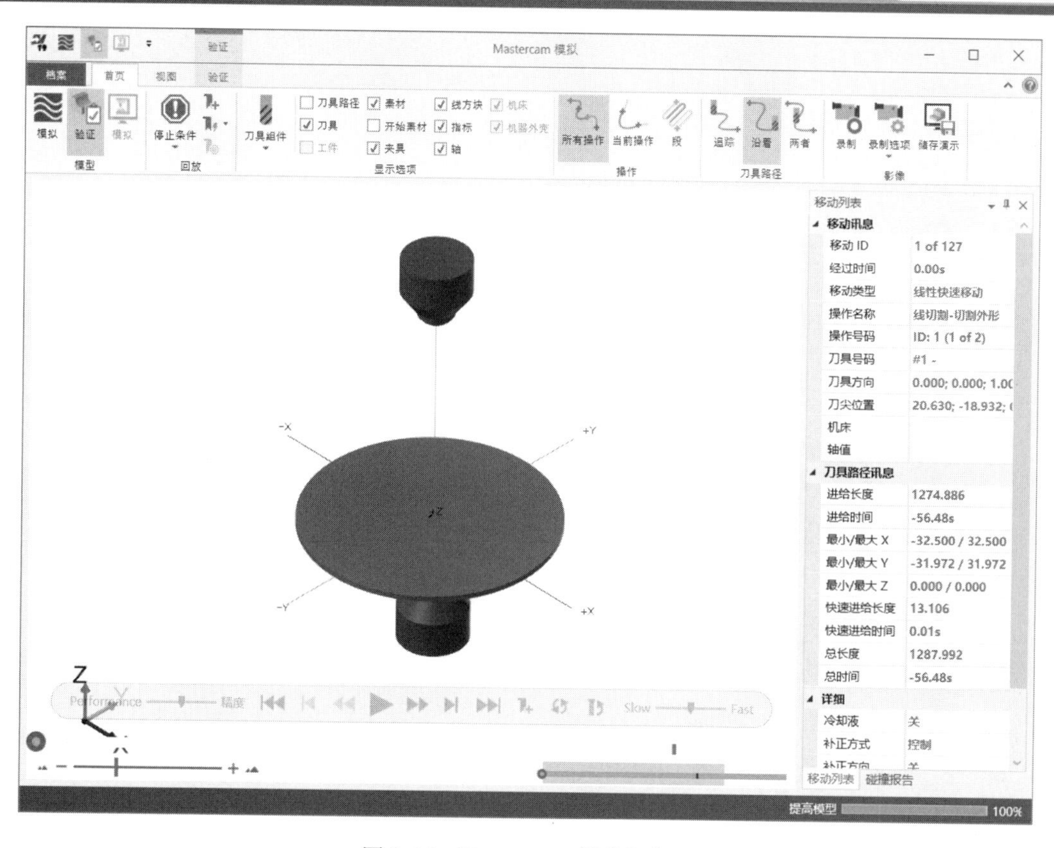

图 9-22　“Mastercam 模拟”窗口

3）在“Mastercam 模拟”窗口中单击“播放”按钮▶，验证模拟效果如图 9-23 所示。

4）切换至“验证”选项卡，在“分析”面板中单击“保留碎片”按钮，如图 9-24 所示。

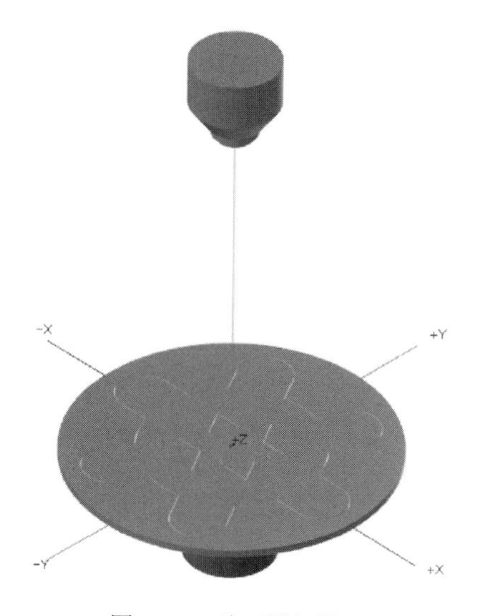

图 9-23　验证模拟效果

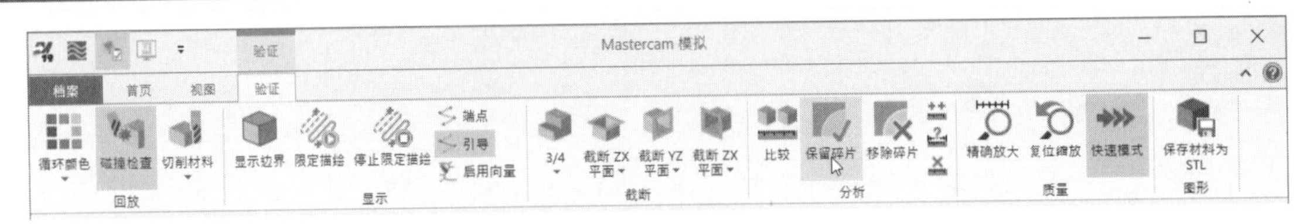

图 9-24　设置保留碎片等

5）使用鼠标在绘图区单击要保留的部分，如图 9-25 所示，保留结果如图 9-26 所示（可以返回到“首页”选项卡的“显示选项”面板中，取消勾选“刀具”“线框”复选框等，以观察显示效果）。

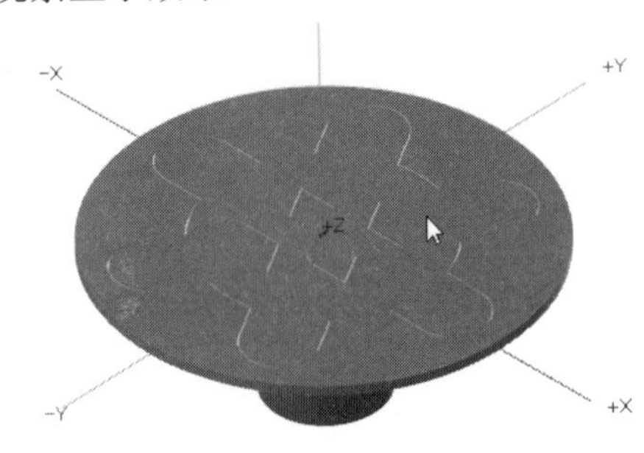

图 9-25　拾取要保留的部分

图 9-26　线切割后的零件

6）在“Mastercam 模拟”窗口中单击“关闭”按钮 ×，结束加工验证模拟操作。

9.3　无屑线切割

无屑线切割加工沿着已经封闭的串连几何图形产生相应的线切割刀具路径，以挖除封闭几何图形内的材料。从切割结果来看，无屑线切割加工与数控铣削挖槽比较类似，其区域槽外不产生碎屑。

扫码观看视频

9.3.1　无屑线切割加工范例说明

本范例为无屑线切割加工范例，在该范例中，要求采用直径为 0.3 的电极丝进行无屑线切割加工，其中单边放电间隙为 0.01，补正方式为控制器补正方式，穿丝点等参数自设。本范例的加工示意图如图 9-27 所示。

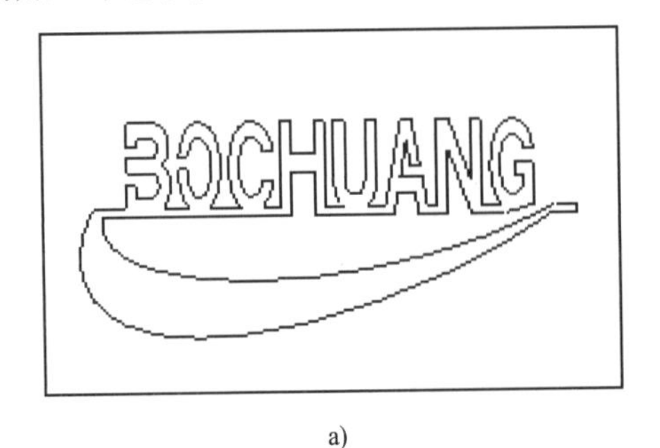

a)

b)

图 9-27　无屑线切割加工范例

a) 串连几何图形　b) 无屑线切割加工模拟结果

9.3.2 无屑线切割加工范例过程

该无屑线切割加工范例的具体操作过程如下。

1．打开文件

在“快速访问”工具栏中单击“打开”按钮，系统弹出“打开”对话框，选择附赠网盘资源中 CH9 文件夹目录下的“无屑线切割.MCX”，单击“打开”按钮。该文件中已有的二维图形如图 9-28 所示。

2．选择机床类型

在功能区“机床”选项卡的“机床类型”面板中选择“线切割”|“默认”命令。

3．生成无削线切割刀具路径

1）在功能区“刀路”选项卡的“线割刀路”面板中单击“无屑切割”按钮。系统弹出“串连选项”对话框，如图 9-29 所示。

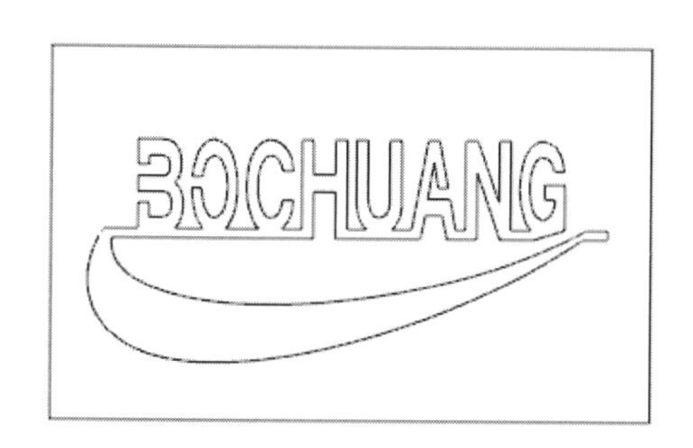

图 9-28　已有二维图形

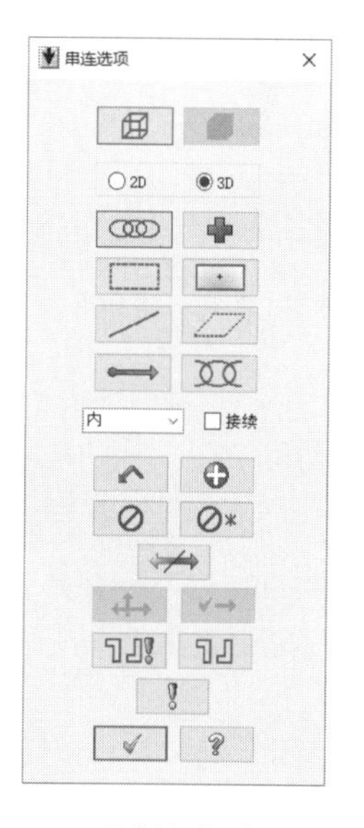

图 9-29　“串连选项”对话框

2）在“串连选项”对话框中单击“窗选”按钮，指定两个角点（点 1 和点 2）以窗口选择的方式选择图 9-30 所示的二维图形。接着在提示下单击图 9-31 所示的顶点作为搜寻起始点，然后单击“串连选项”对话框中的“确定”按钮。

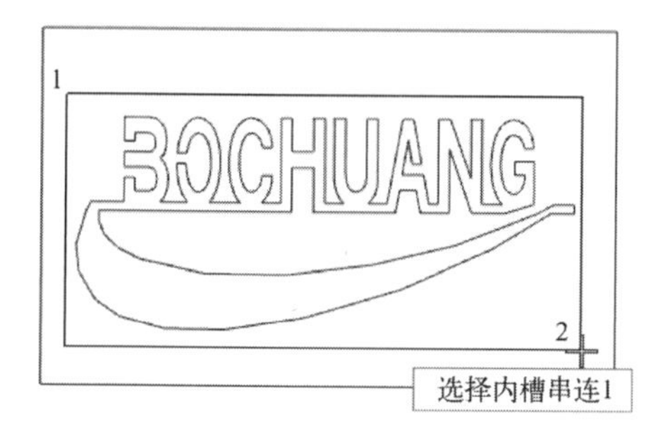

图 9-30　窗口选择所有二维图形

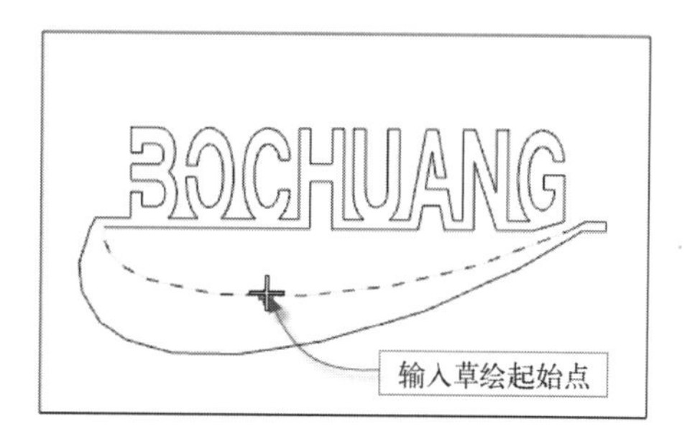

图 9-31　输入搜寻点

3）系统弹出“线切割刀路-无屑切割”对话框，选择“钼丝/电源”，接着在该参数类别下取消勾选“与数据库关联”复选框，并设置钼丝（电极丝）直径为 0.3，放电间隙为 0.01，预留量为 0，如图 9-32 所示。然后单击“应用”按钮。

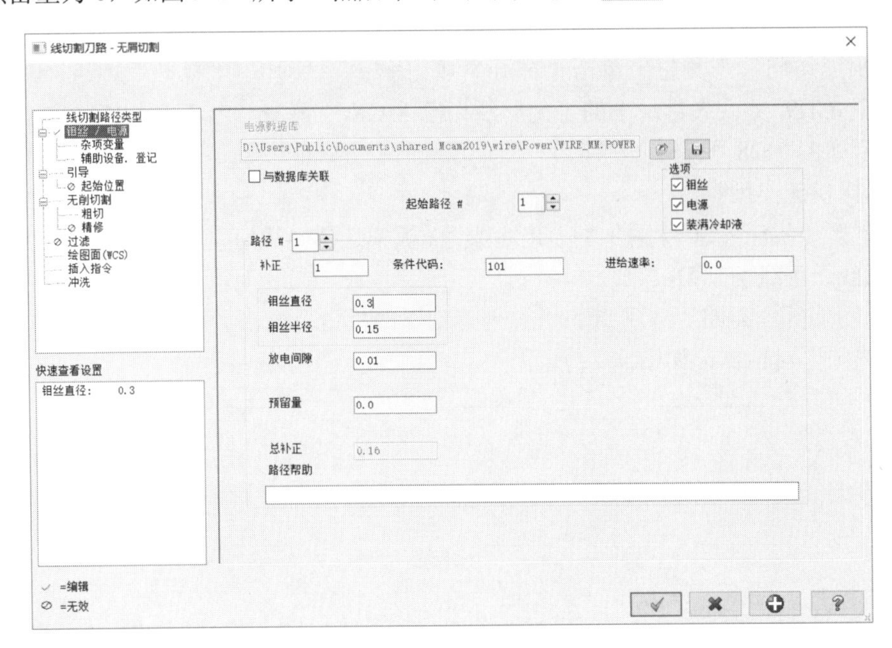

图 9-32 设置电极丝/电源

4）在参数类别列表框中选择“引导”，设置的引导参数如图 9-33 所示。然后单击“应用”按钮。

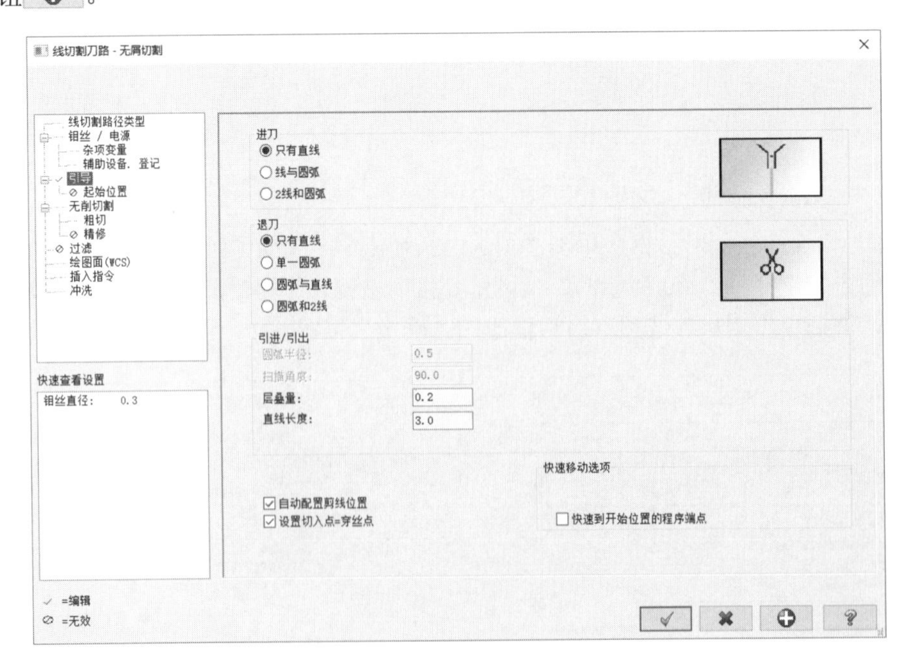

图 9-33 设置引导参数

5）在参数类别列表框中选择“无屑切割”，设置图 9-34 所示的无屑切削参数。然后单击“应用”按钮 。

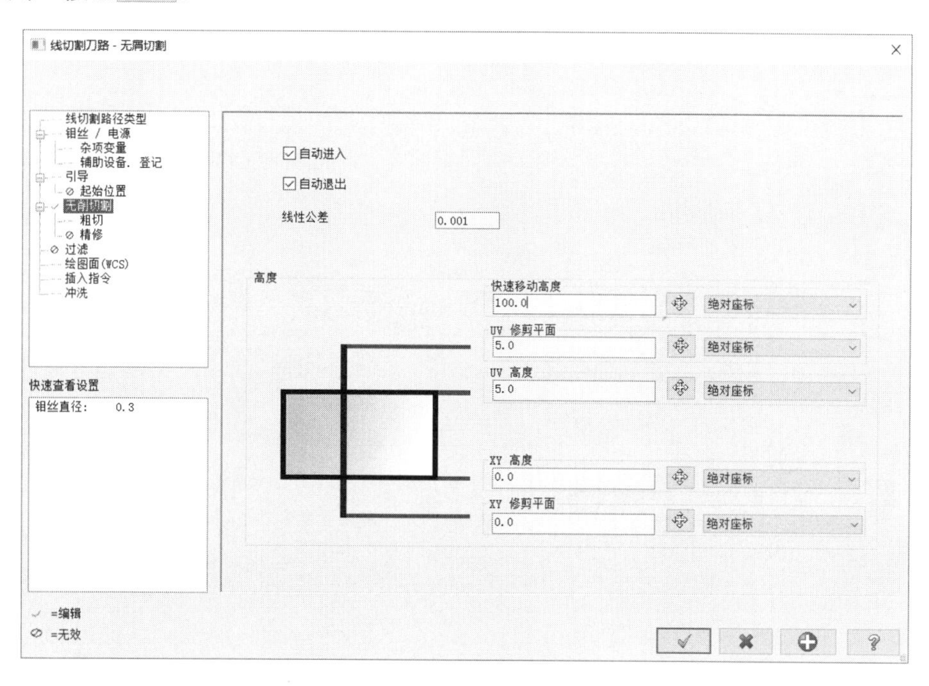

图 9-34 设置无屑切削参数

6）在参数类别列表框中选择“粗切”，设置图 9-35 所示的粗切参数，注意切削方式为“依外形环切”，然后单击“应用”按钮 。

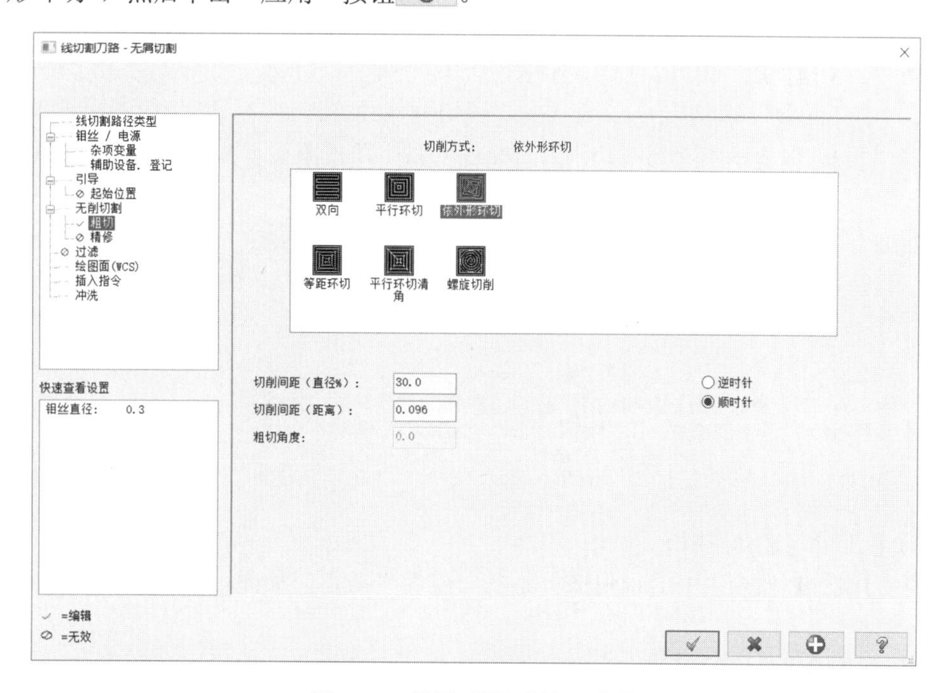

图 9-35 设置无屑切割粗切参数

7）在参数类别列表框中选择“精修”，设置图 9-36 所示的无屑切割精加工参数，然后单击“应用”按钮 。

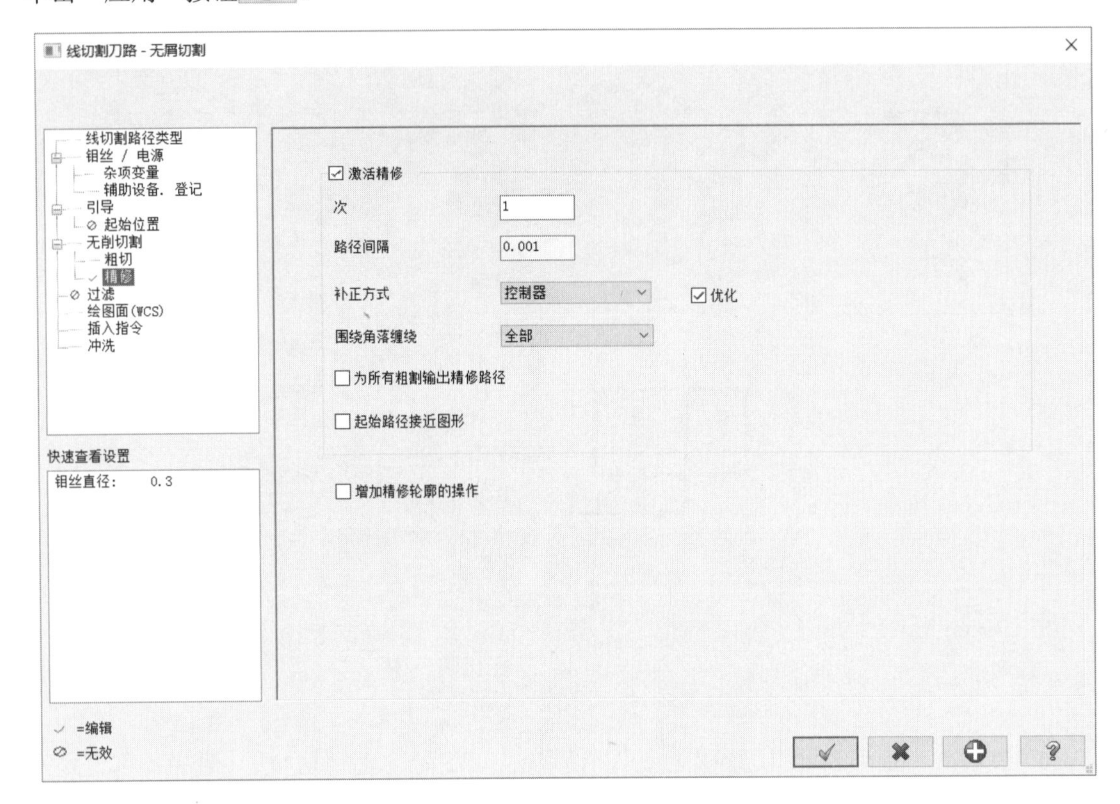

图 9-36　设置无屑切割精加工参数

8）在“线切割刀路-无屑切割”对话框中单击“确定”按钮 ，系统弹出图 9-37 所示的“线切割穿线警告！”对话框。直接在“线切割穿线警告！”对话框中单击“确定”按钮 ，产生图 9-38 所示的无屑线切割刀具路径（以等角视图显示）。

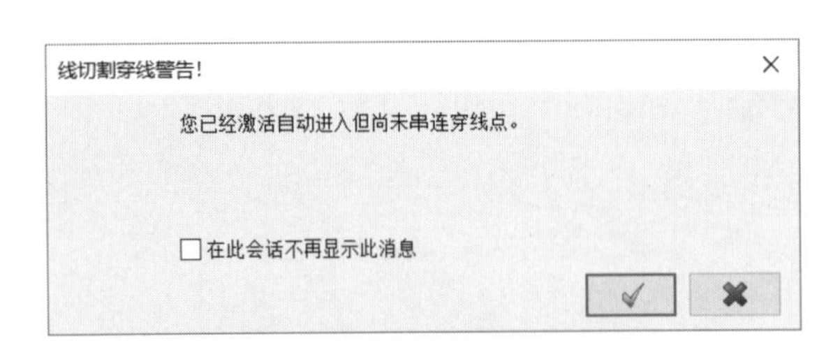

图 9-37　“线切割穿线警告”对话框

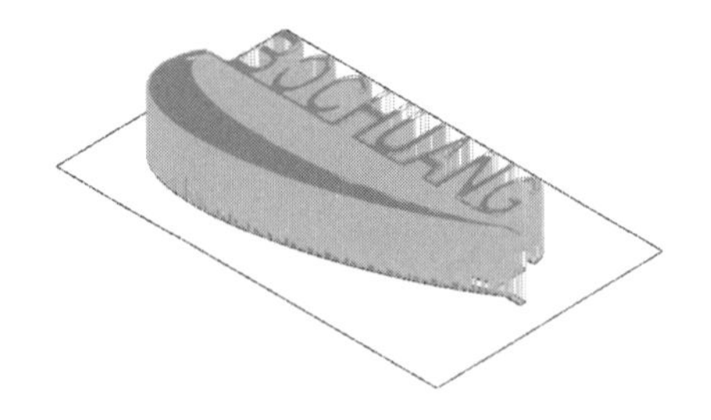

图 9-38　产生无屑线切割刀具路径

4．设置工件毛坯（素材）

1）在刀路管理器中展开当前机床群组的“属性”节点，如图 9-39 所示，单击“素材设置”。

2）系统弹出“机床分组属性”对话框，并自动切换至“素材设置”选项卡。单击“所有图形”按钮，接着修改系统计算出来的工件素材毛坯形状尺寸，如图 9-40 所示。

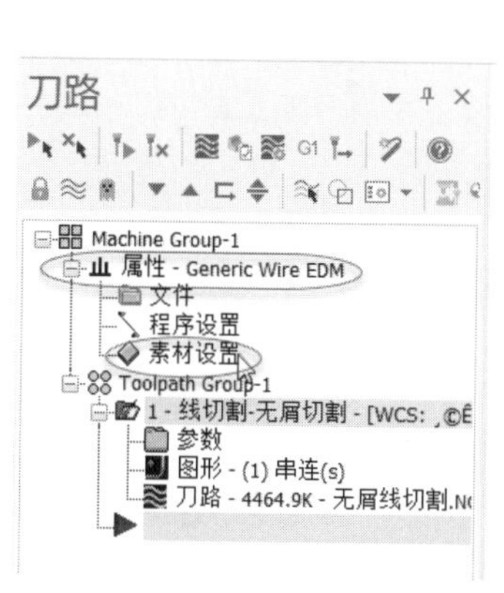

图 9-39 启用素材（毛坯）设置

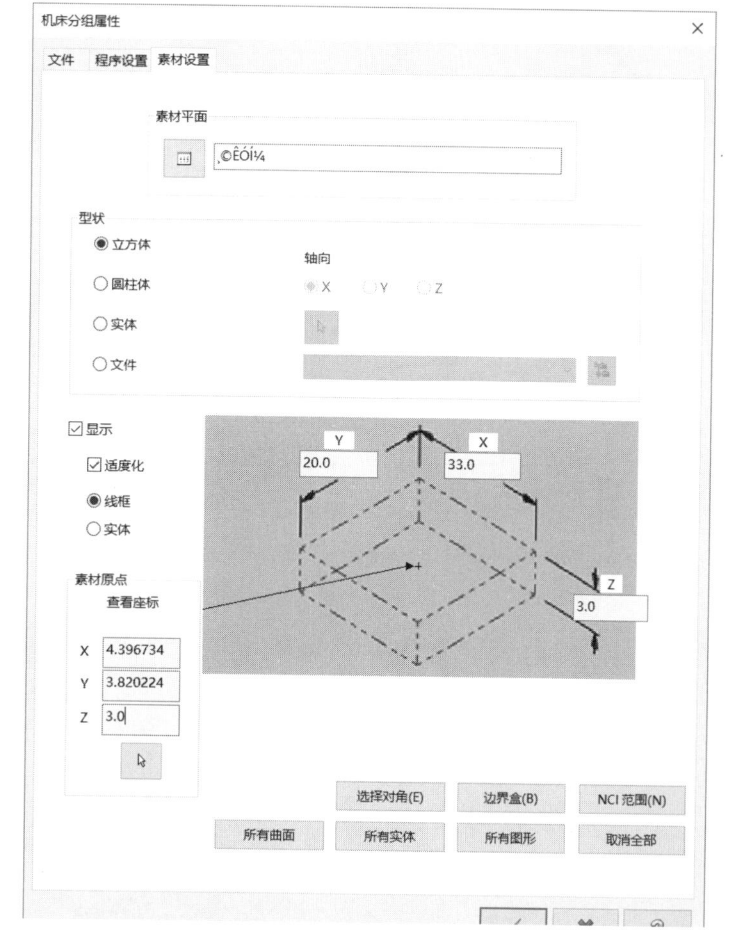

图 9-40 设置毛坯外形尺寸

3）在“机床分组属性”对话框中单击“确定”按钮，设置的工件素材毛坯如图 9-41 所示。

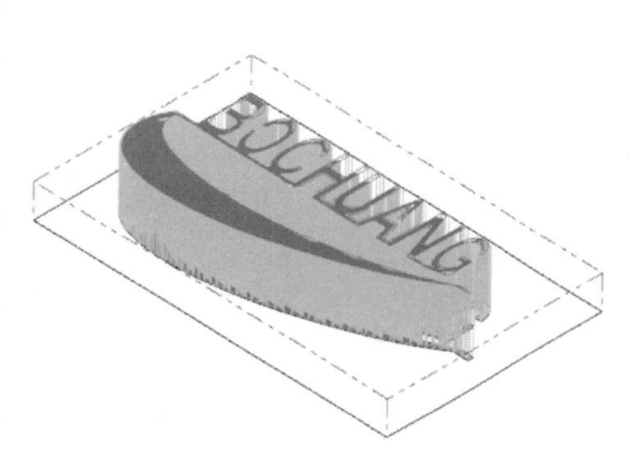

图 9-41 设置的工件素材毛坯

5. 加工模拟验证

1）在刀路操作管理器中单击“选择全部操作”按钮。

2）在刀路操作管理器中单击“验证已选择的操作”按钮，系统弹出“Mastercam 模拟”窗口。接着在“Mastercam 模拟”窗口功能区的“首页”选项卡中，确保选中“模型”面板中的“验证”按钮，并设置显示选项等，如图 9-42 所示。

3）在“Mastercam 模拟”窗口中单击“播放”按钮，按照先前设置的验证模拟结果如图 9-43 所示。

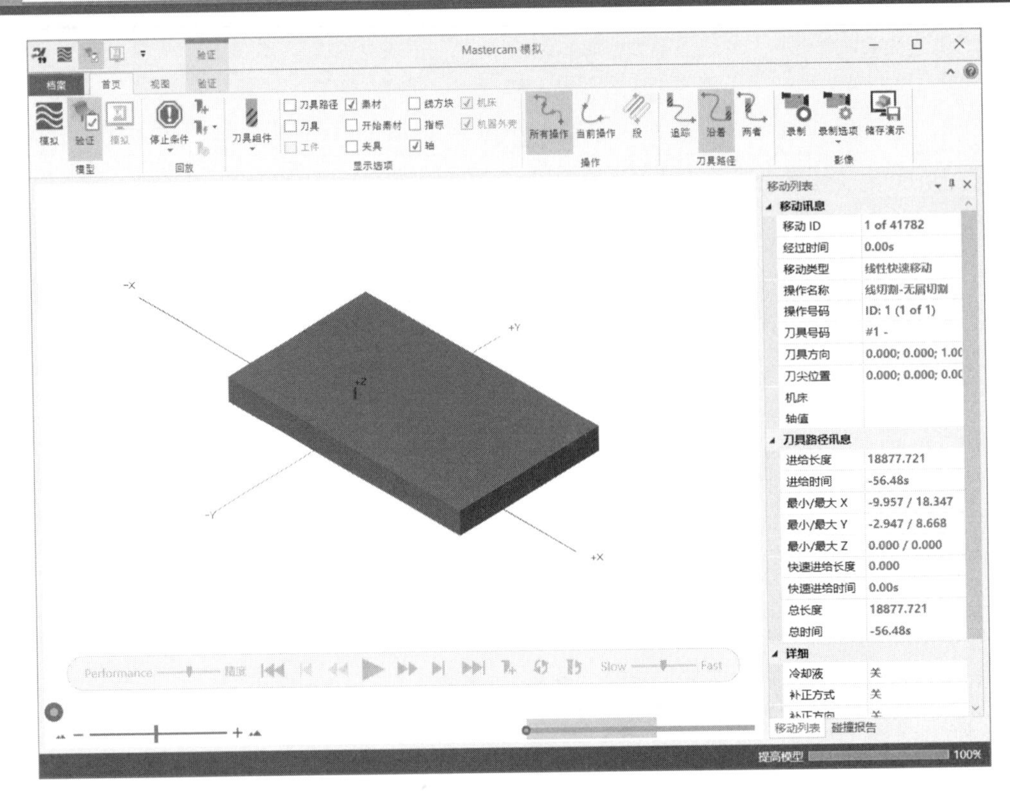

图 9-42　“Mastercam 模拟”窗口

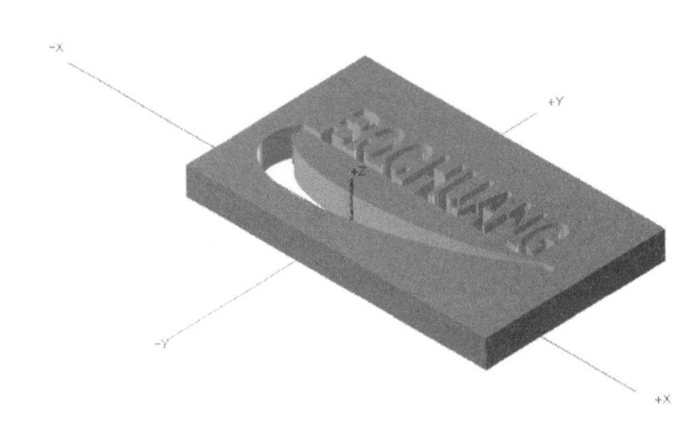

图 9-43　验证模拟结果 1

4）切换至“验证”选项卡，在“分析”面板中单击“保留碎片”按钮，如图 9-44 所示。

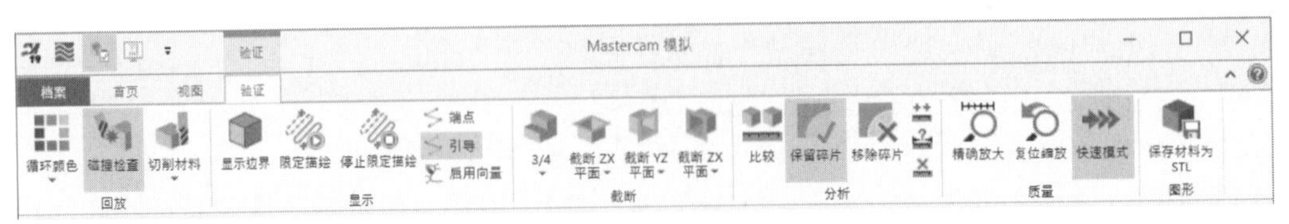

图 9-44　设置保留碎片

5）使用鼠标在绘图区单击要保留的部分，保留结果如图 9-45 所示。

图 9-45 保留结果

9.4 四轴线切割

扫码观看视频

四轴线切割可以用来加工那些具有倾斜轮廓面或上下异形面的零件。四轴线切割加工需要采用四轴（X、Y、U、V）控制的线切割机床。

9.4.1 四轴线切割加工范例说明

本范例为四轴线切割加工范例，在该范例中，要求采用直径为 0.305 的电极丝进行四轴线切割加工，其中单边放电间隙为 0.005，补正方式为控制器补正方式，穿丝点等参数自设。本范例的加工示意图如图 9-46 所示。

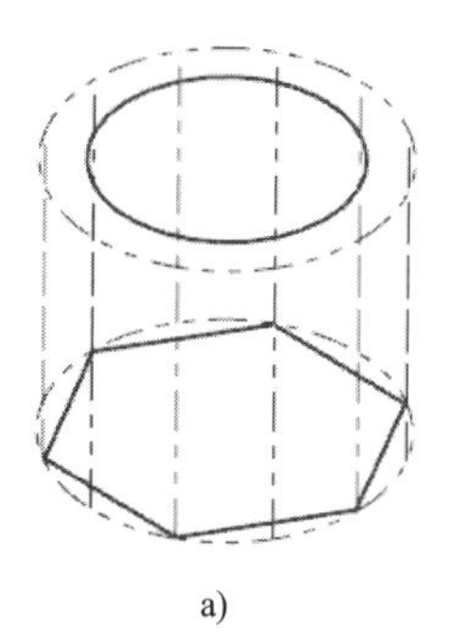

a)

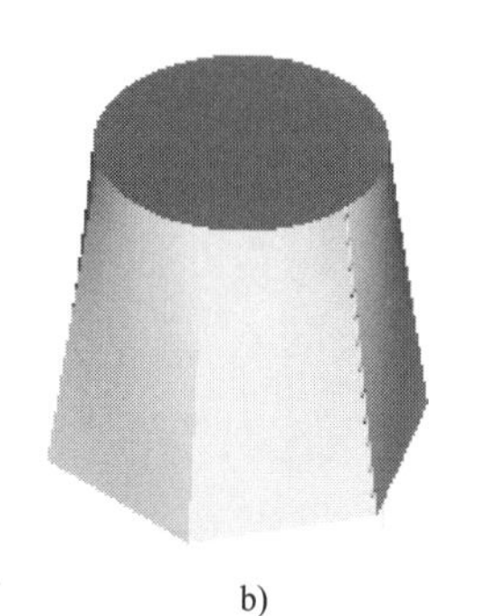

b)

图 9-46 四轴线切割加工范例

a) 串连线架及工件 b) 四轴线切割加工模拟结果

本范例采用默认的线切割机床系统，已经设置好工件毛坯。

9.4.2 四轴线切割加工范例过程

该四轴线切割加工范例的具体操作过程如下。

1. 打开文件

在“快速访问”工具栏中单击“打开”按钮，系统弹出“打开”对话框，选择附赠网盘资源中 CH9 文件夹目录下的“四轴线切割.MCX”，单击“打开”按钮。

2. 生成四轴线切割加工刀具路径

1）在功能区“刀路”选项卡的“线割刀路”面板中单击“四轴”按钮4|，系统弹出

“串连选项”对话框。

2）在“串连选项”对话框中选中“串连”按钮，系统提示“直纹加工：定义串连1”，在该提示下定义图 9-47a 所示的串连图形 1；系统提示“直纹加工：定义串连 2”，在该提示下定义图 9-47b 所示的串连图形 2，注意两串连图形的串连起始点及其方向要一致。然后在“串连选项”对话框中单击“确定”按钮。

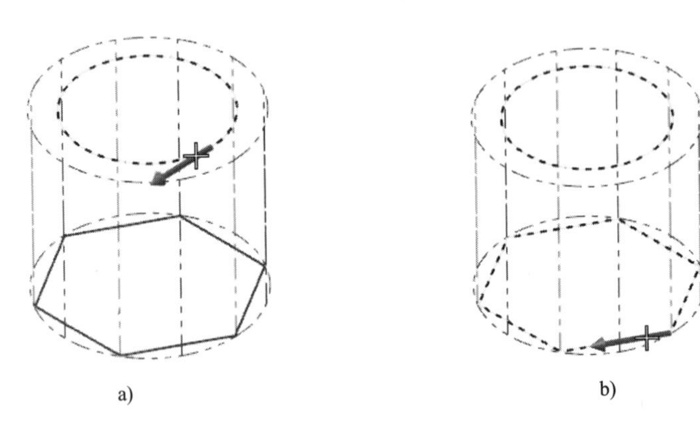

图 9-47　定义两个串连

a) 定义串连 1　b) 定义串连 2

3）系统弹出“线切割刀路-四轴”对话框。在参数类别列表框中选择“钼丝/电源设置”，确保取消勾选“与数据库关联”复选框，并设置钼丝（电极丝）直径为 0.305，放电间隙为 0.005，如图 9-48 所示。

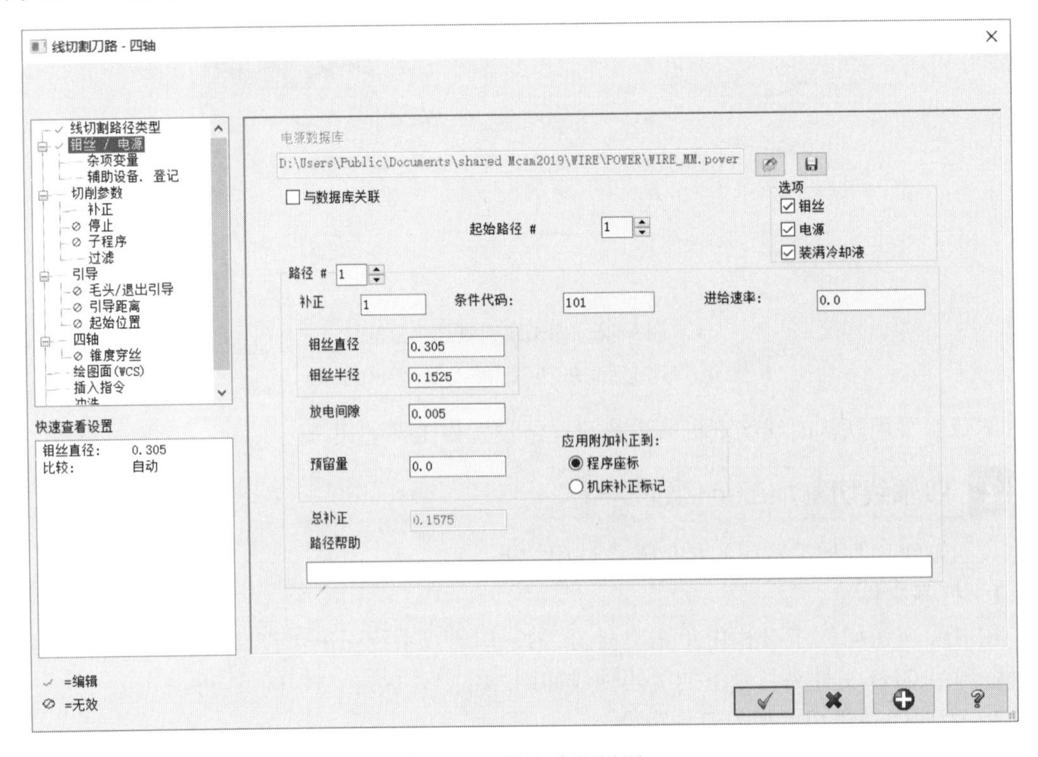

图 9-48　钼丝/电源设置

4）在参数类别列表框中选择“切削参数”，按照图 9-49 所示进行切削参数设置。

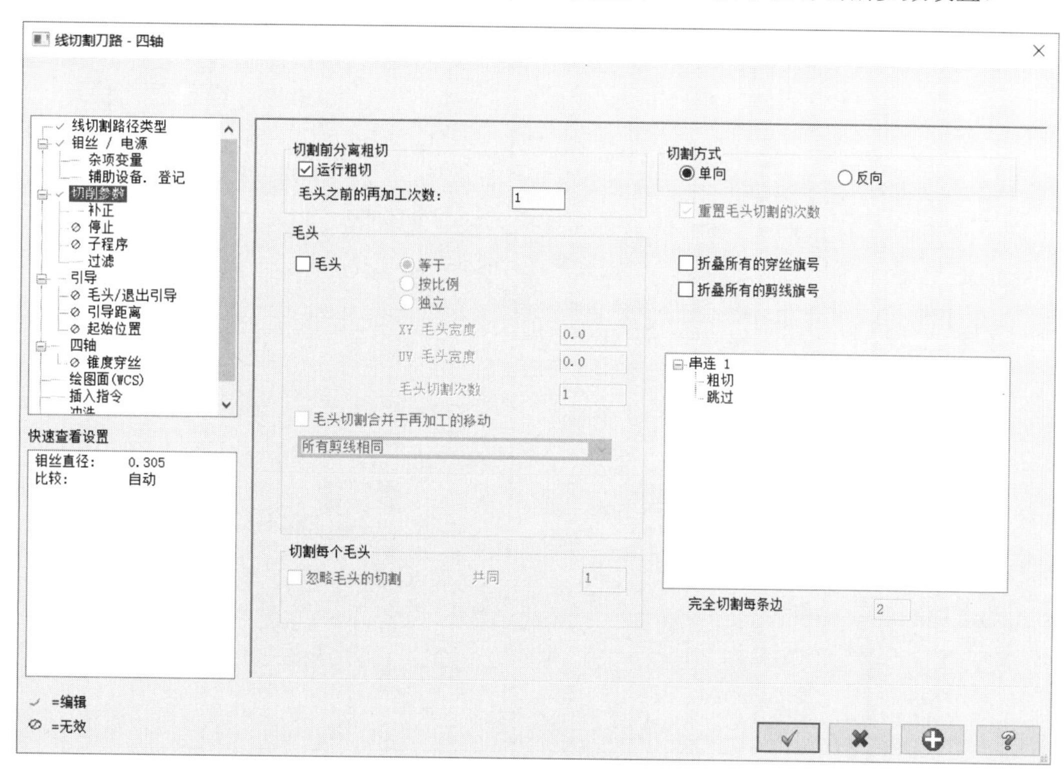

图 9-49 切削参数设置

5）在参数类别列表框中选择“补正”，按照图 9-50 所示进行补正参数设置。

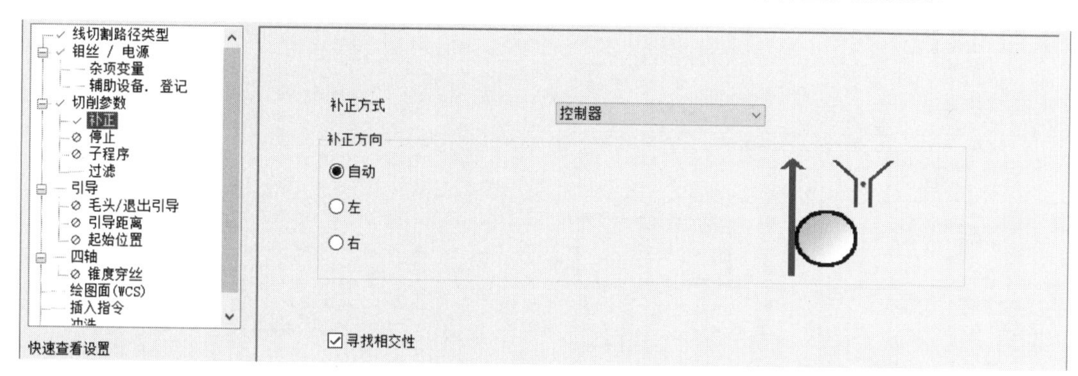

图 9-50 补正参数设置

6）在参数类别列表框中选择“引导”，设置图 9-51 所示的引入导线和引出导线参数。

7）在参数类别列表框中选择“引导距离”，按照图 9-52 所示的内容进行引导距离设置，即勾选“引导距离（不考虑穿线/切入点）”复选框，在“引导距离”文本框中输入距离值为“2”，在“封闭的外形”选项组中选择“外”单选按钮，在“开放的外形”选项组中选择“左”单选按钮。

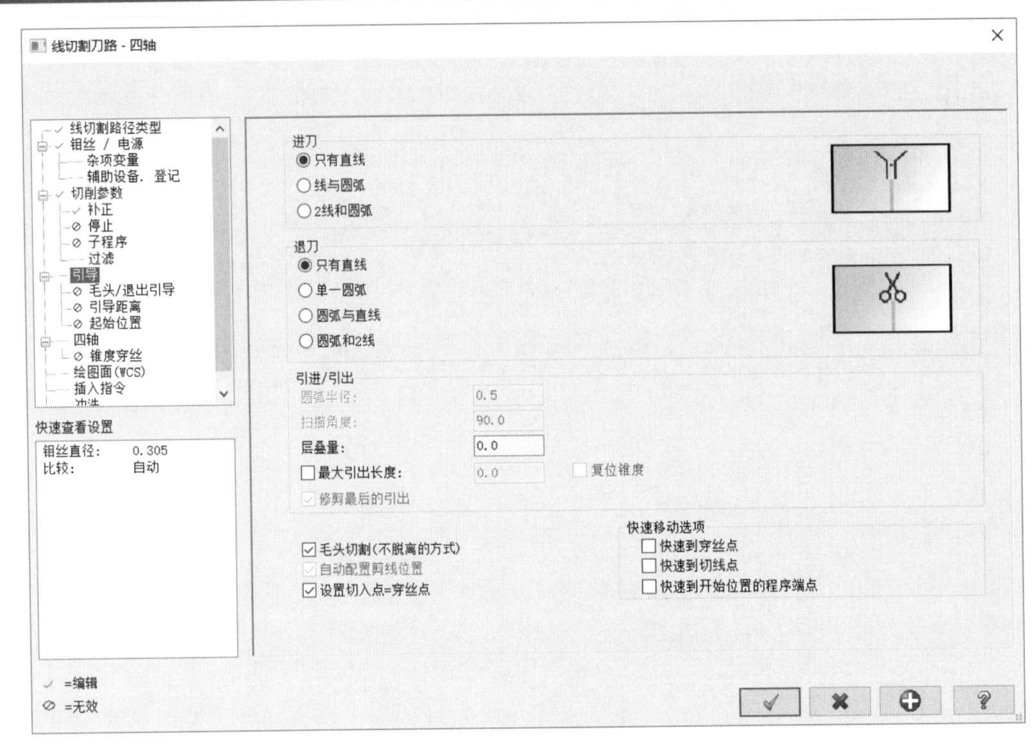

图 9-51　引导参数设置

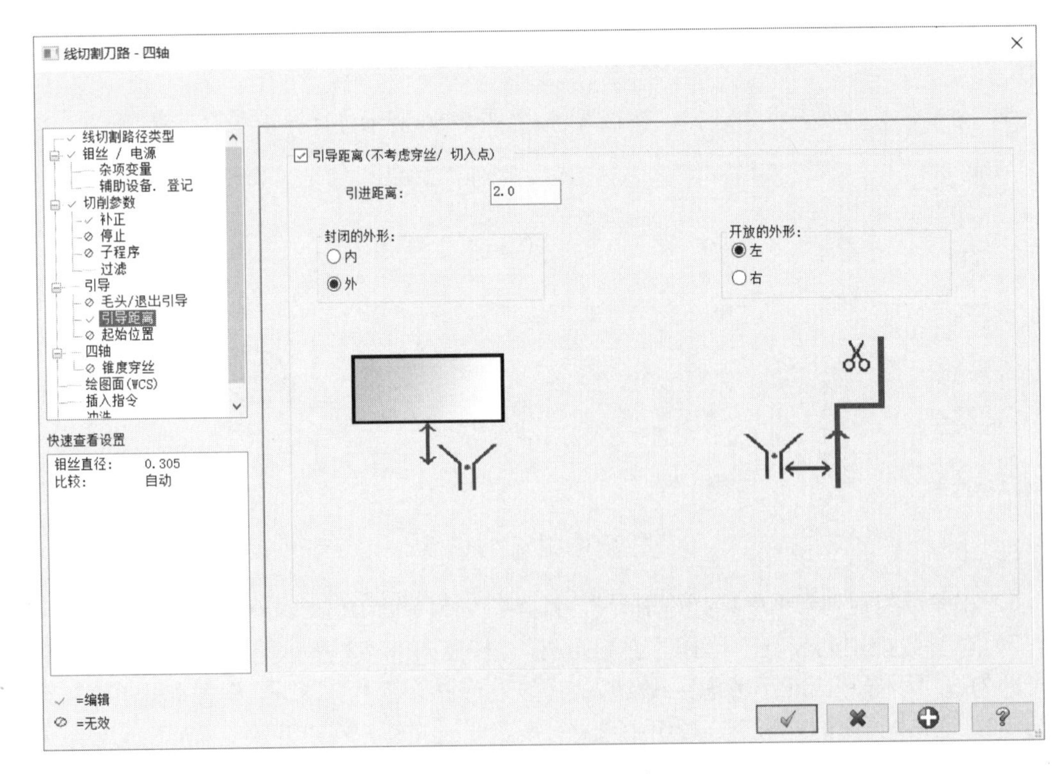

图 9-52　设置引导距离

8）在参数类别列表框中选择“四轴”，设置图 9-53 所示的参数。

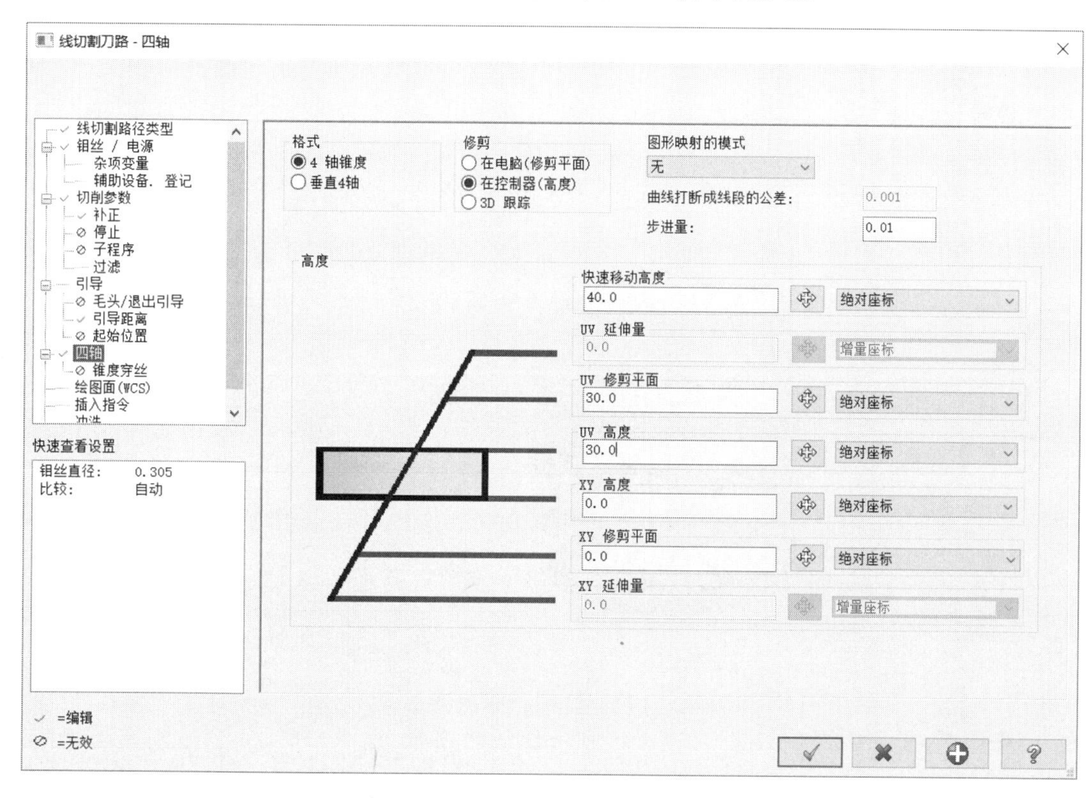

图 9-53 设置四轴加工参数

9）在“线切割刀路-四轴”对话框中单击“确定”按钮 。生成的四轴线切割刀具路径如图 9-54 所示（以等角视图显示）。

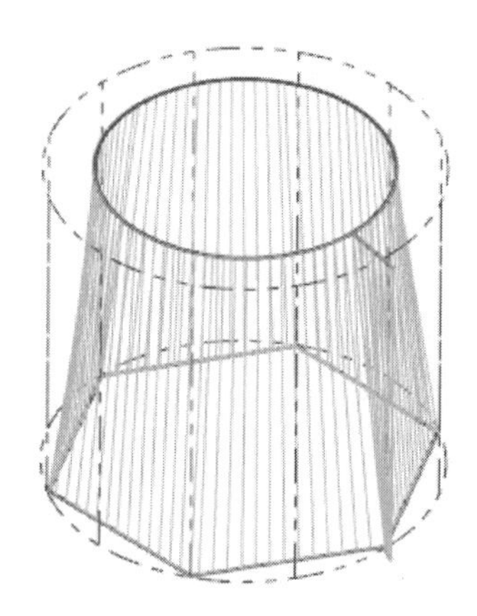

图 9-54 生成四轴线切割刀具路径

3．加工模拟

1）在刀路操作管理器中单击“验证已选择的操作”按钮，系统弹出“Mastercam 模拟”窗口。

2）在“Mastercam 模拟”窗口功能区的“首页”选项卡中，确保选中“模型”面板中的“验证”按钮，并设置显示选项等，如图 9-55 所示。

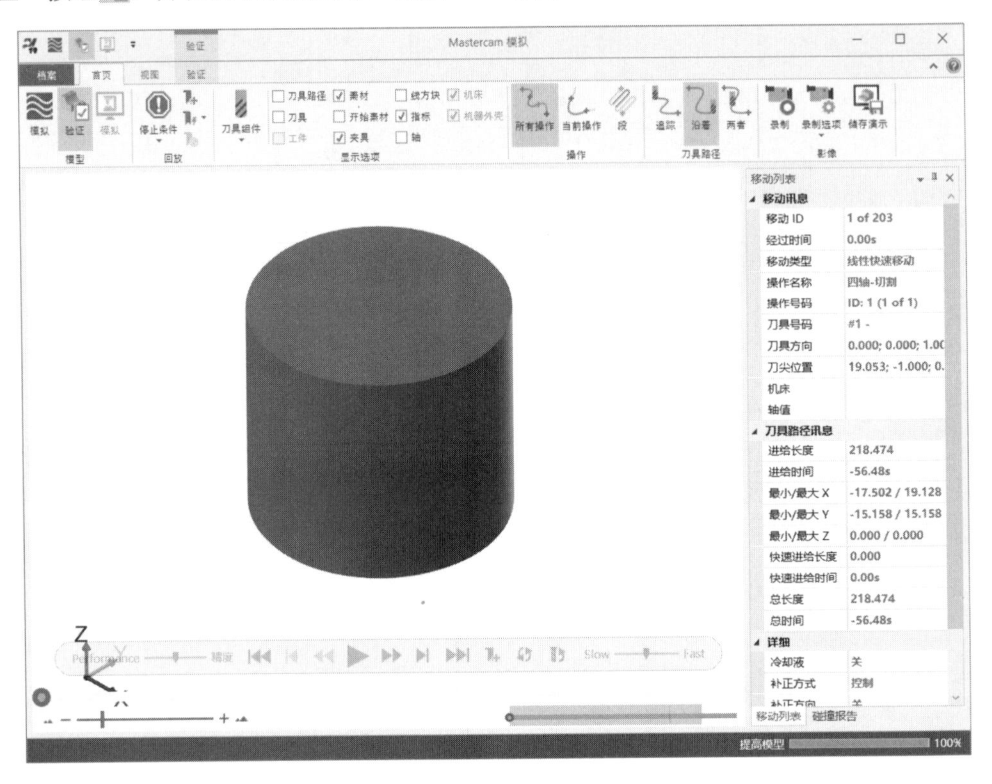

图 9-55 “Mastercam 模拟”窗口

3）在“Mastercam 模拟”窗口中单击“播放”按钮，验证模拟效果如图 9-56 所示。

4）切换至“验证”选项卡，在“分析”面板中单击“保留碎片”按钮。

5）使用鼠标在绘图区单击要保留的部分，保留结果如图 9-57 所示。

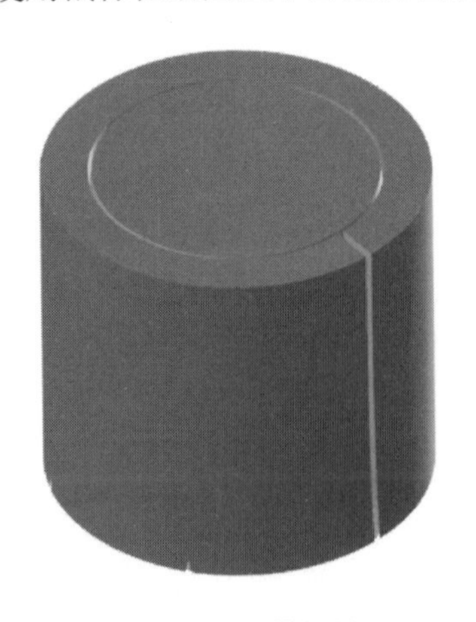

图 9-56 验证模拟效果

图 9-57 设置保留碎片

6）在“Mastercam 模拟”窗口中单击“关闭”按钮×。

第 10 章　特征铣削与特征钻孔

本章导读：

Mastercam 2019 提供基于特征的加工技术（FBM），使用这种强大的加工方法可以使系统实现自动铣削和钻孔等。通俗一点来理解，即 Mastercam 会自动根据零件特征给出最适合的加工策略，包括根据设定标准来检测实体加工特征并选择 FBM 类型，其创建的所有刀路是完全关联的，而且在创建后可以对其进行编辑。

本章通过典型范例的形式介绍 FBM 铣削（即基于特征铣削）和 FBM 钻孔（即基于特征钻孔）的应用方法及技巧等。本章的内容虽然不多，但是却可以扩展读者的加工思路，并可以使读者深刻认识到使用 Mastercam FBM 会在某种加工设计场合大大节省编程时间。

10.1　特征铣削

特征铣削（即 FBM 铣削）的整个操作过程会比较简单，只需使用鼠标单击若干下，从而执行命令并进行相关选项及参数设置即可。本节以一个典型范例来介绍 FBM 铣削加工的一般方法及步骤。

扫码观看视频

10.1.1　特征铣削加工范例说明

本范例首先要准备好图 10-1 所示的实体零件，该实体零件可以由随书配套的“FBM 铣削.MCX”文件来提供（此文件位于随书附赠网盘资源的 CH10 文件中）。根据实体零件的形状特点，拟采用的工件毛坯为长方体，Z 方向稍微增加一点余量。要使用 FBM 铣削功能将工件毛坯加工成所要的实体零件效果，免不了要指定所需的机床加工系统，如指定默认的铣床加工系统，并且要设置相关的 FBM 铣削参数。

10.1.2　特征铣削加工范例过程

本特征铣削加工范例的具体操作步骤如下。

1．打开文件

在“快速访问”工具栏中单击“打开”按钮，系统弹出“打开”对话框，选择附赠网盘资源中 CH10 文件夹目录下的“FBM 铣削.MCX”文件，单击“打开”按钮。该文件已经准备好要加工成的实体零件作为检测对象。

2．选择机床类型

在功能区“机床”选项卡的“机床类型”面板中选择“铣床”|“默认”命令。

3．设置工件毛坯（素材）

1）在操作管理的“刀路管理器”选项卡中，展开当前机床群组“属性”标识，如图 10-2 所示。

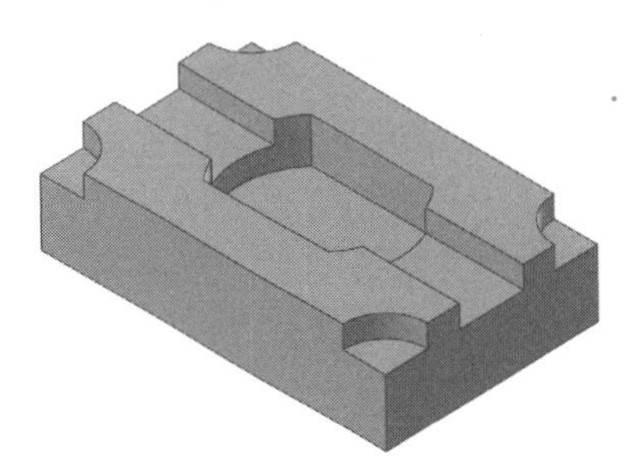

图 10-1 实体零件效果

图 10-2 刀路管理器

2）单击当前机床群组“属性”标识下的“素材设置”标识，打开“机床分组属性”对话框。

3）在“机床分组属性”对话框的“素材设置”选项卡中，从“型状”选项组中选择“立方体”单选按钮，接着单击“所有实体”按钮。

4）分别修改高度 Z 和素材原点相应的坐标值，如图 10-3 所示。

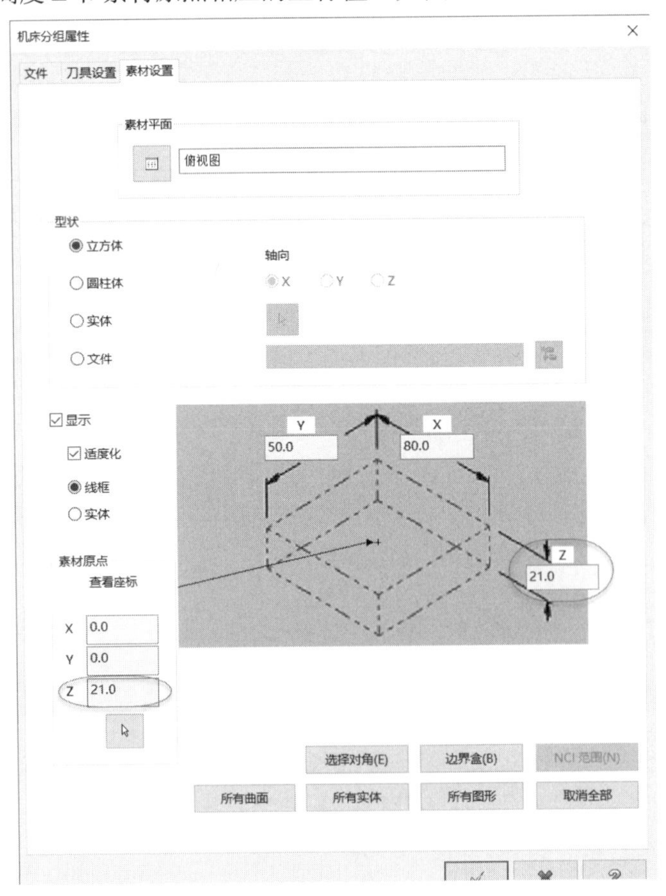

图 10-3 设定毛坯工件形状外形尺寸和素材原点

5）单击“确定”按钮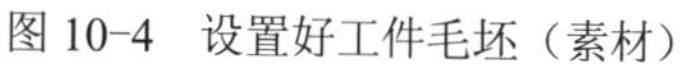，完成工件毛坯（素材）设置的效果如图 10-4 所示。

4. 使用特征铣削（即 FBM 铣削）功能

1）在功能区“刀路”选项卡的“2D”面板中单击“特征铣削”按钮，系统弹出“特征刀路-铣床”对话框。

2）在“设置”类别选项页下设置图 10-5 所示的参数。

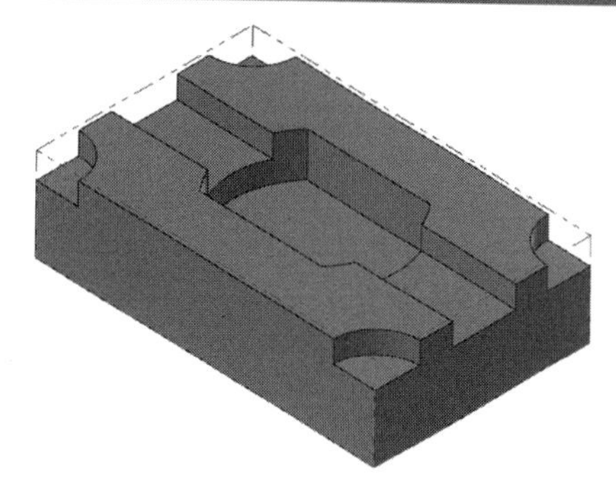

图 10-4 设置好工件毛坯（素材）

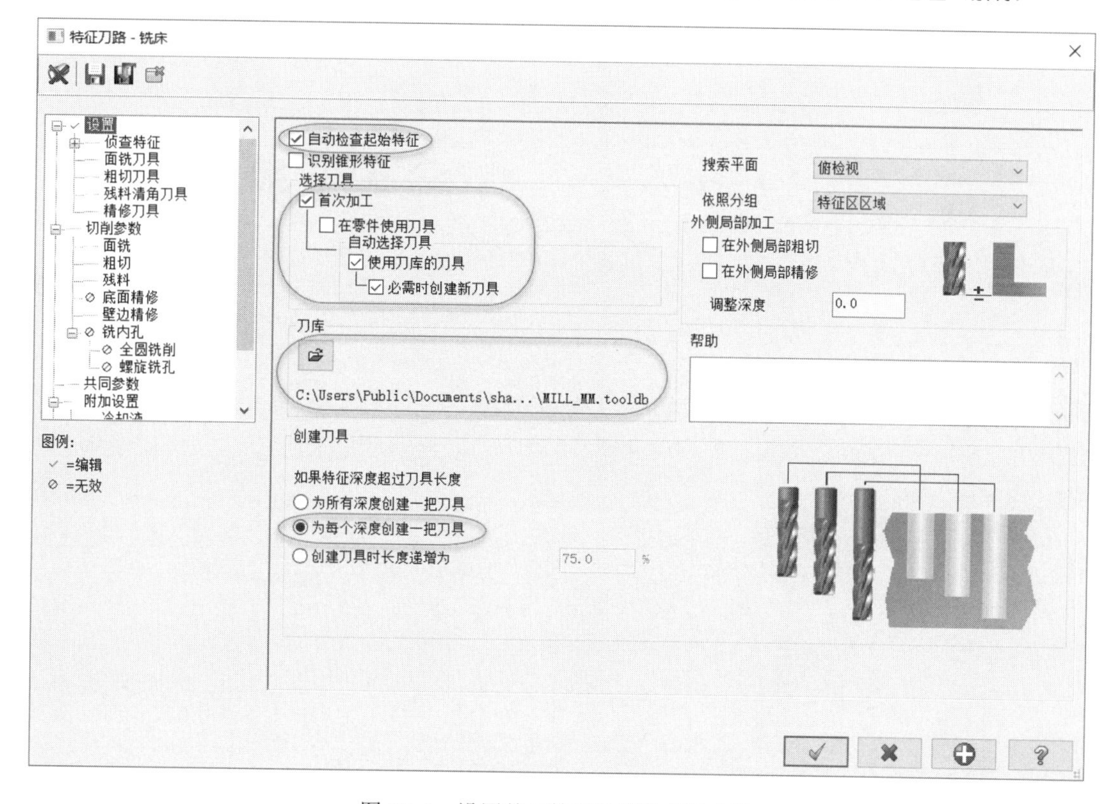

图 10-5 设置基于特征铣削的相关参数

注意： 如果特征深度超过刀具长度，可以有 3 种处理方式供选择：“为所有深度创建一把刀具”“为每个深度创建一把刀具”“创建刀具时长度递增为（%）”。

3）选择“侦查特征”类别，接着在“侦查特征”类别选项页中设置图 10-6 所示的侦查特征参数。

4）选择“面铣刀具”类别，接着在“面铣刀具”类别选项页中设置图 10-7 所示的面铣刀具参数。

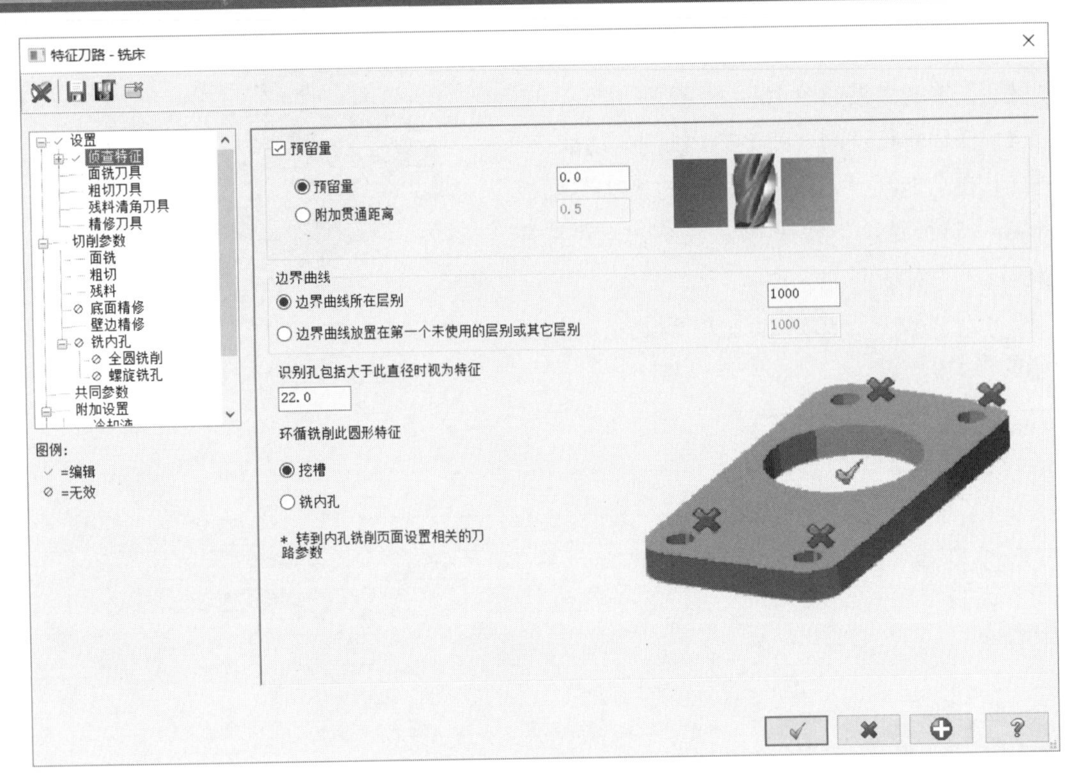

图 10-6　设置侦查特征参数

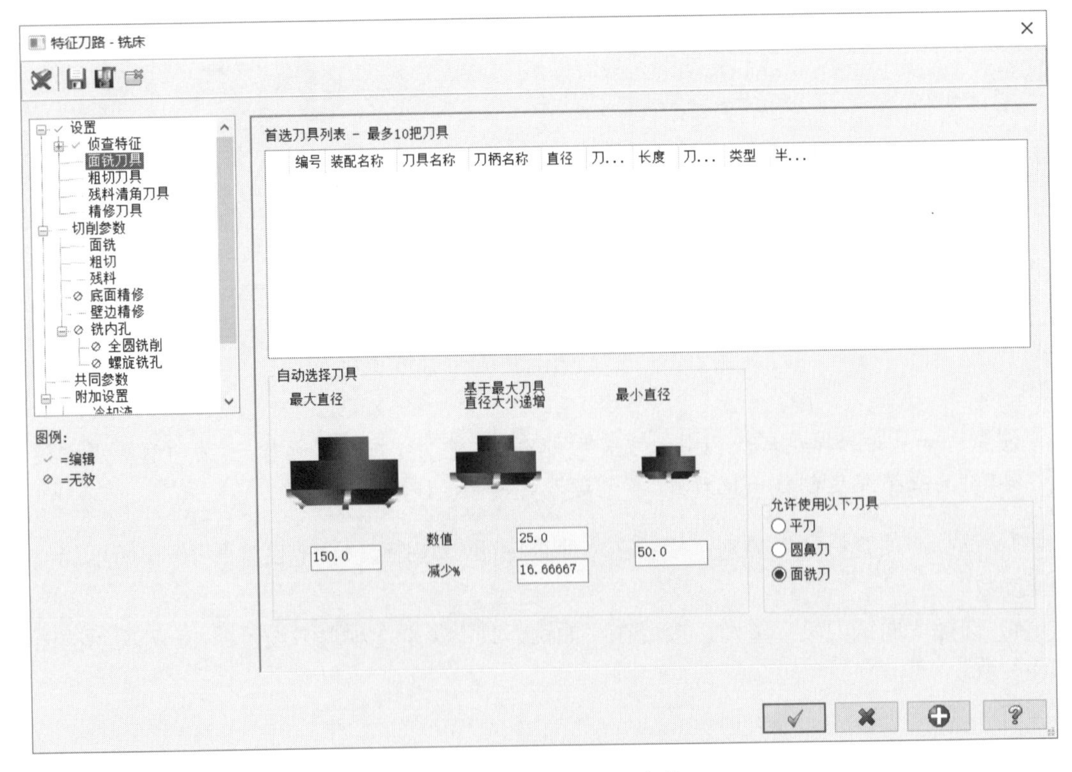

图 10-7　设置面铣刀具参数

5）选择“粗切刀具”类别选项，接着在“粗切刀具”类别选项页中设置图 10-8 所示的粗切刀具参数。

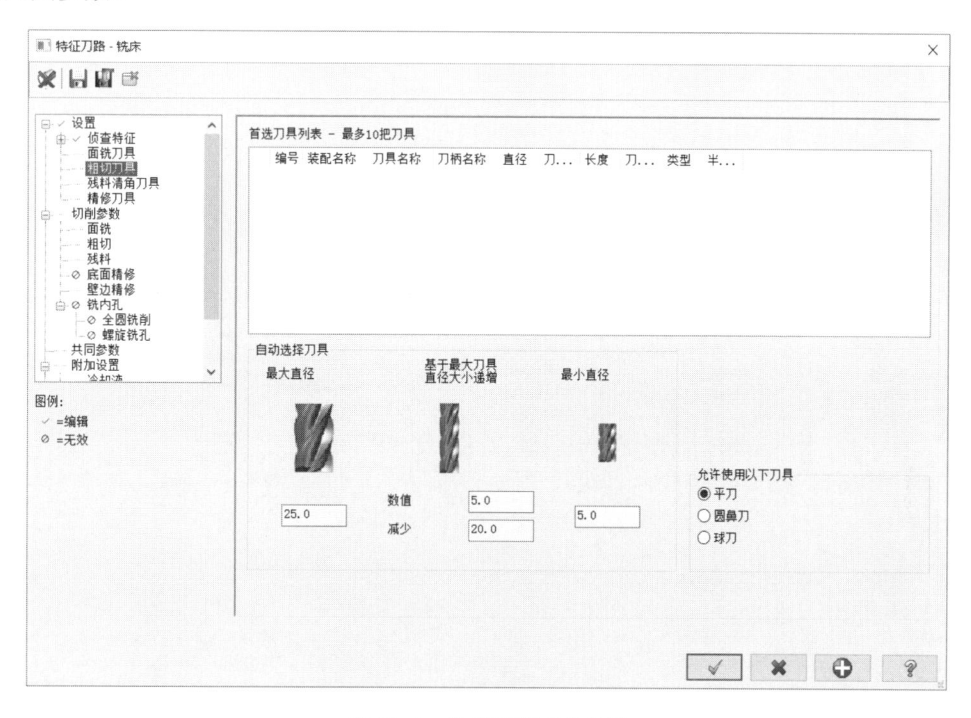

图 10-8　设置粗切刀具参数

6）选择“残料清角刀具”类别选项，接受图 10-9 所示的残料清角刀具参数。

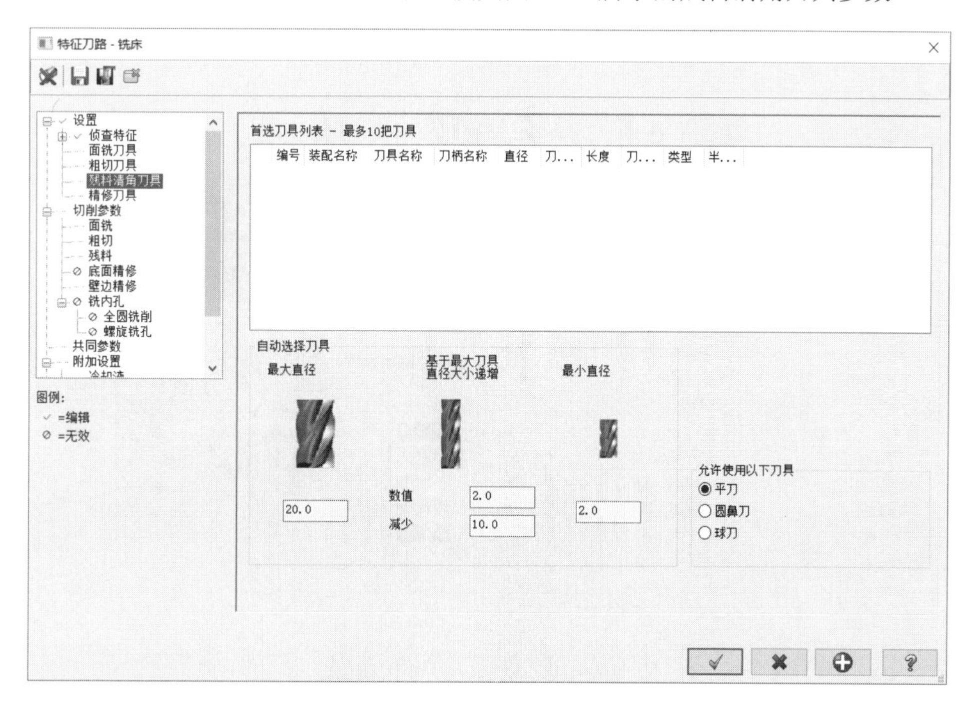

图 10-9　设置残料清角刀具参数

7）选择“精修刀具”类别选项，接着在“精修刀具”类别选项页中设置图 10-10 所示的精修刀具参数。

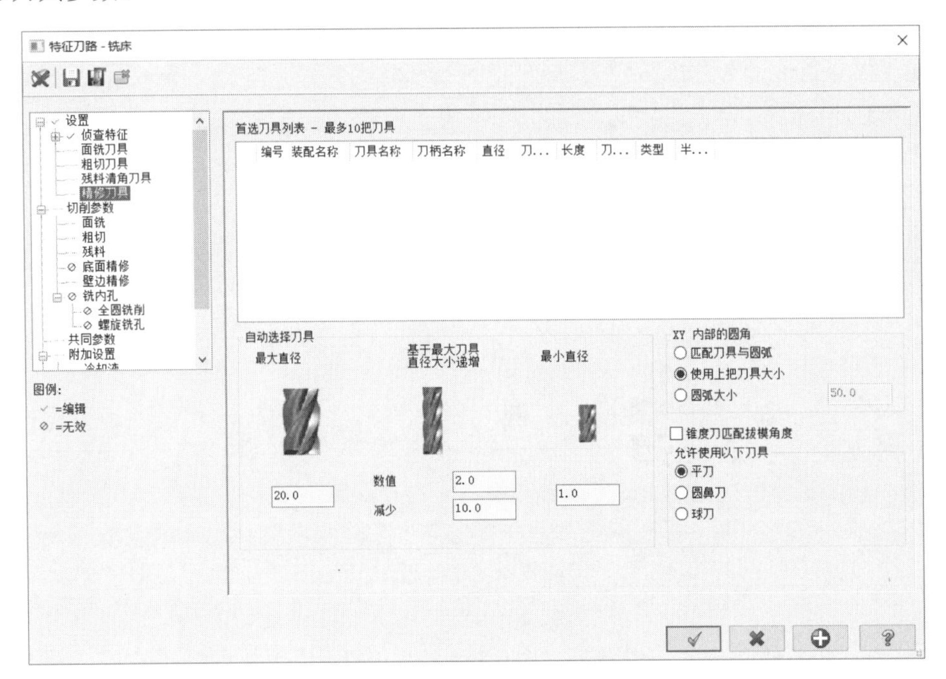

图 10-10 设置精修刀具参数

8）选择“切削参数”下的“面铣”类别，接着设置图 10-11 所示的面铣（平面加工）参数。

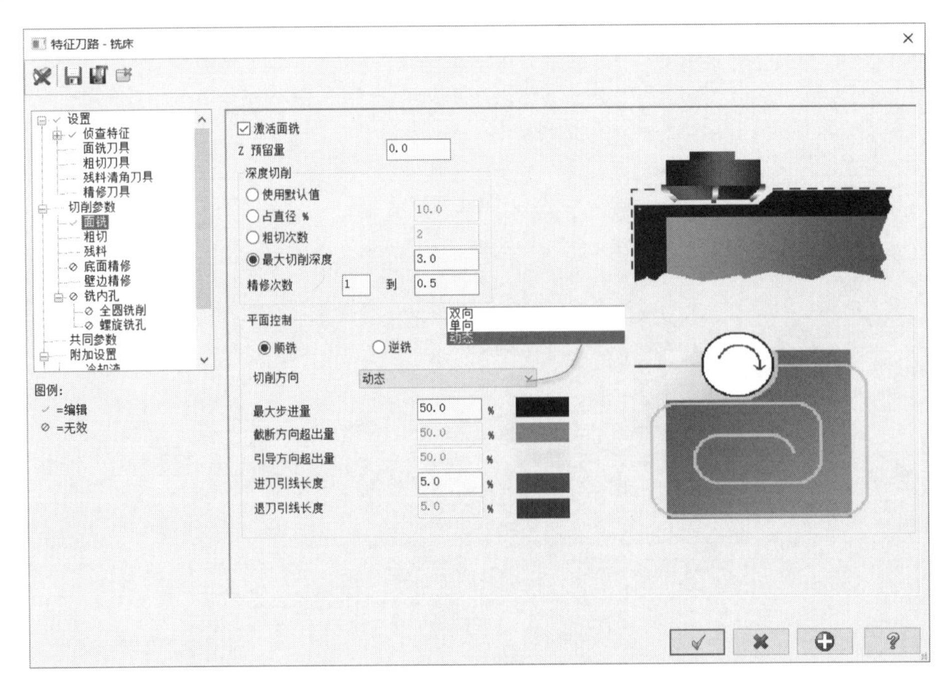

图 10-11 设置面铣参数

9）选择“切削参数”下的“粗切”类别，在该类别选项页中设置图 10-12 所示的粗加工参数。

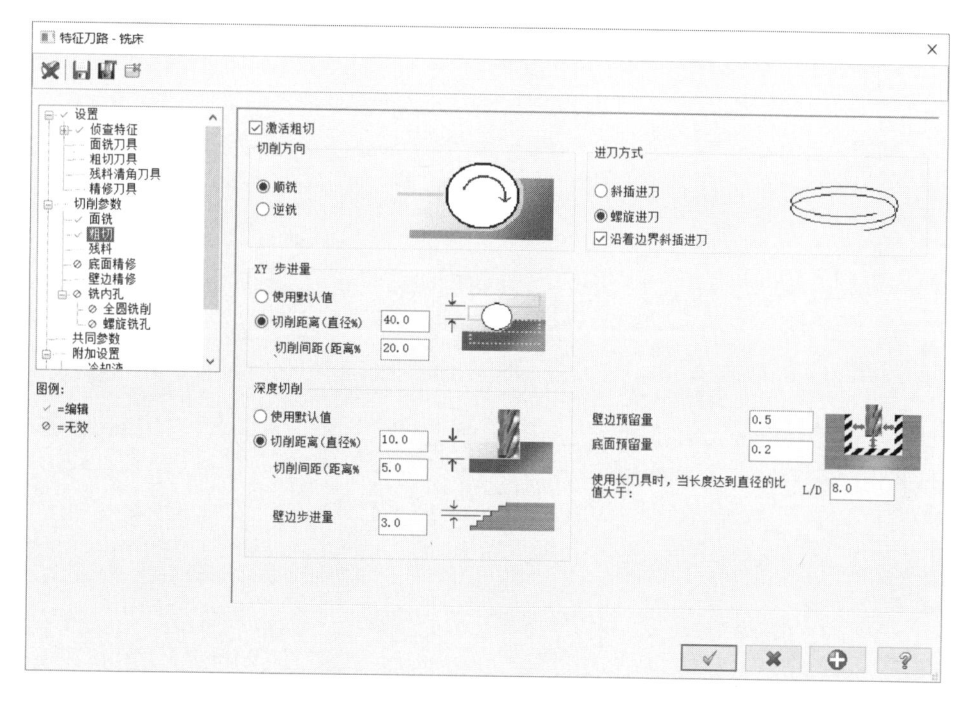

图 10-12　设置粗切参数

10）使用同样的方法，设置残料加工参数，如图 10-13 所示。

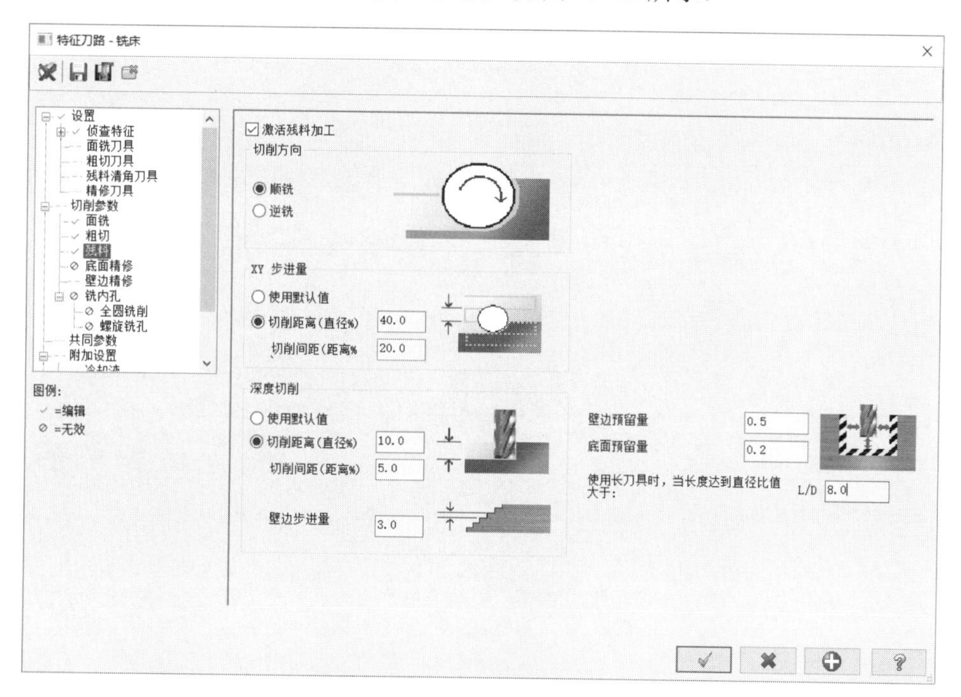

图 10-13　设置残料加工参数

11）使用同样的方法，设置底面精修参数，即选择“底面精修”类别选项，在该类别选项页中设置图 10-14 所示的底面精修参数。

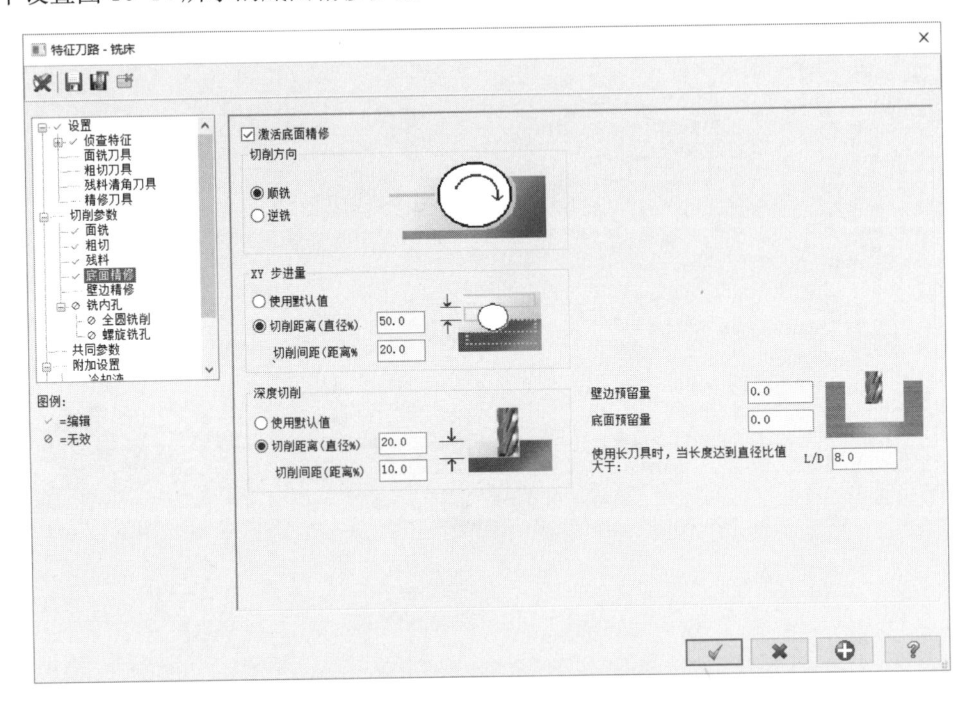

图 10-14　设置底面精修参数

12）使用同样的方法，设置壁边精修参数，如图 10-15 所示。

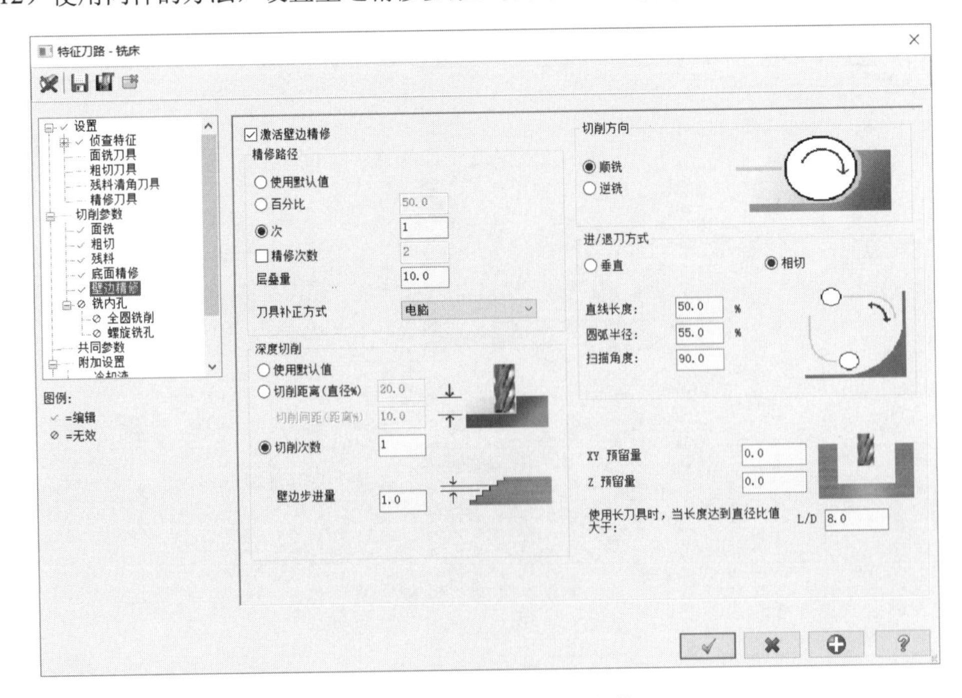

图 10-15　设置壁边精修参数

13）选择“共同参数”类别选项，接着在“共同参数”类别选项页中设置图 10-16 所示的共同参数。

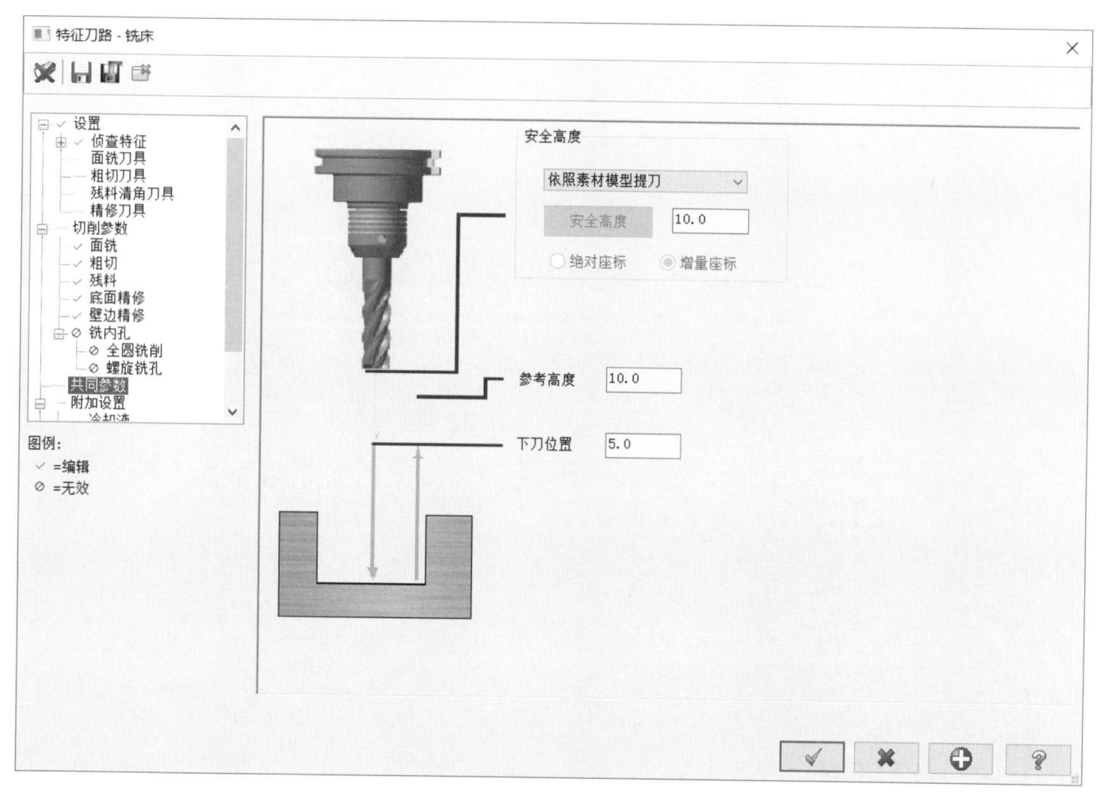

图 10-16 设置共同参数

14）可以根据需要继续设置其他类别的参数，满意后单击“特征刀路-铣床”对话框中的“确定”按钮 。系统通过侦查实体特征，根据设置的参数自动计算并生成图 10-17 所示的 FBM 铣削加工刀具路径（仅供参考），而此时刀路管理器如图 10-18 所示。

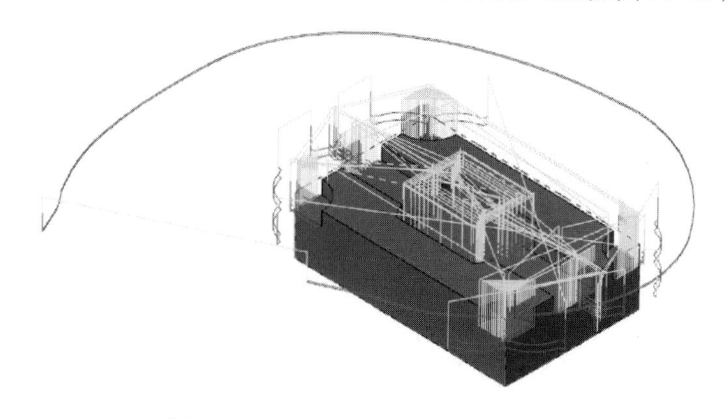

图 10-17 FBM 铣削刀路（仅供参考）

5. 实体切削加工模拟

1）在刀路管理器的工具栏中单击“选择全部操作”按钮，如图 10-19 所示。

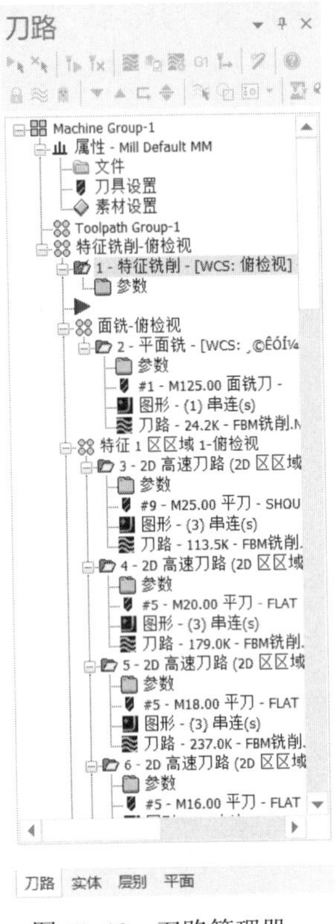

图 10-18 刀路管理器

图 10-19 选中所有的加工操作

2）在刀路管理器的工具栏中单击“验证已选择的操作”按钮，弹出“Mastercam 模拟”窗口，接着在该窗口功能区的“主页”选项卡的“模型”面板中单击“验证”按钮，并在“显示选项”面板中设置相关复选框的状态，如图 10-20 所示。

3）在“Mastercam 模拟”窗口中单击“播放”按钮，系统开始加工模拟验证，最后的结果如图 10-21 所示。

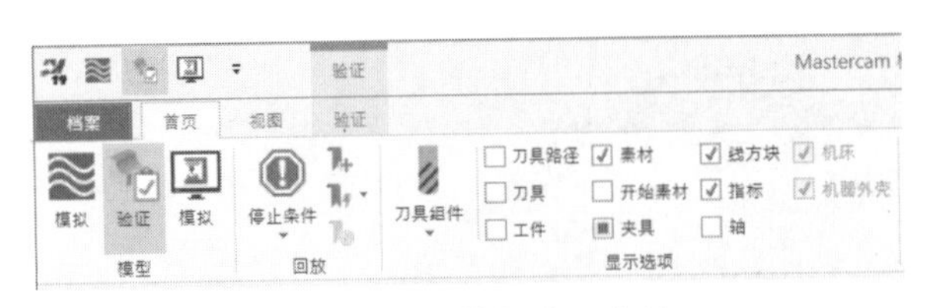

图 10-20 设置模拟验证选项

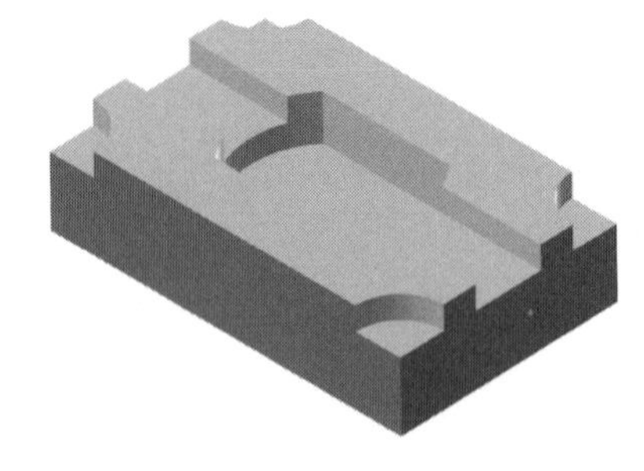

图 10-21 验证结果

4）在“Mastercam 模拟”窗口中单击“关闭”按钮 ×。

10.2 特征钻孔

扫码观看视频

特征钻孔（即 FBM 钻孔）是指根据用户设定的条件在实体上自动检测

孔，并生成相应钻孔的相关操作。特征钻孔的整个操作过程同样比较简单，只需使用鼠标单击若干下，执行命令并进行相关选项及参数设置即可。本节以一个典型范例来介绍特征钻孔加工的一般方法及步骤。

10.2.1 特征钻孔加工范例说明

本范例首先要准备好一个实体零件，该实体零件的一个平面视图（俯视图）如图 10-22 所示，其厚度为 25，要求加工的孔均为通孔。读者可以根据相关尺寸创建该零件的三维实体模型，也可以打开随书配套的“FBM 钻孔.MCX”文件（此文件位于随书附赠网盘资源的 CH10 文件中）来获得所需的实体零件。根据实体零件的形状特点，拟采用的工件毛坯为圆柱体。

在执行特征钻孔的操作过程中，可以设置钻孔点的排序方式等参数。对于实体中哪些孔需要钻削，可由系统根据设定标准来自动判断。

图 10-22 实体零件的俯视图

10.2.2 特征钻孔加工范例过程

本特征钻孔加工范例的具体操作步骤如下。

1. 打开文件

在“快速访问”工具栏中单击“打开”按钮，系统弹出“打开”对话框，选择附赠网盘资源中 CH10 文件夹目录下的“FBM 钻孔.MCX”文件，单击“打开”按钮。该文件已经准备好要加工成的实体零件作为检测对象，如图 10-23 所示。

2. 选择机床类型

在功能区“机床”选项卡的“机床类型”面板中选择“铣床”|“默认”命令。

3. 设置工件毛坯

1）在操作管理的“刀路管理器”选项卡中，展开当前机器群组“属性”标识，如图 10-24 所示。

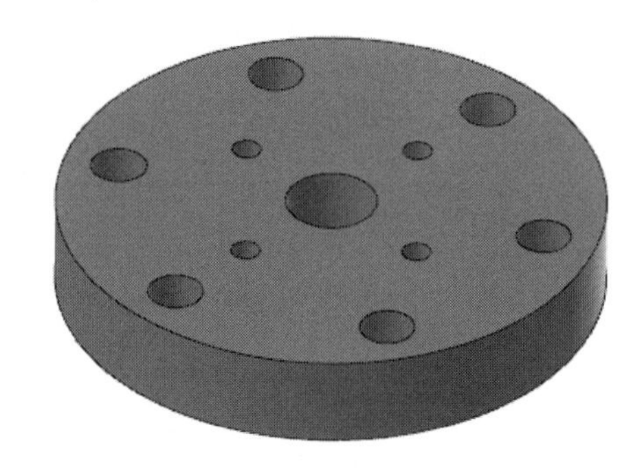

图 10-23 “FBM 钻孔.MCX”文件中的实体

图 10-24 刀路管理器

2）单击当前机器群组“属性”标识下的“素材设置”标识，打开“机床分组属性”对话框。

3）在“机床分组属性”对话框的“素材设置”选项卡中，从“型状”选项组中选择“圆柱体”单选按钮，并选择“Z”单选按钮，然后单击“所有实体”按钮，如图10-25所示。

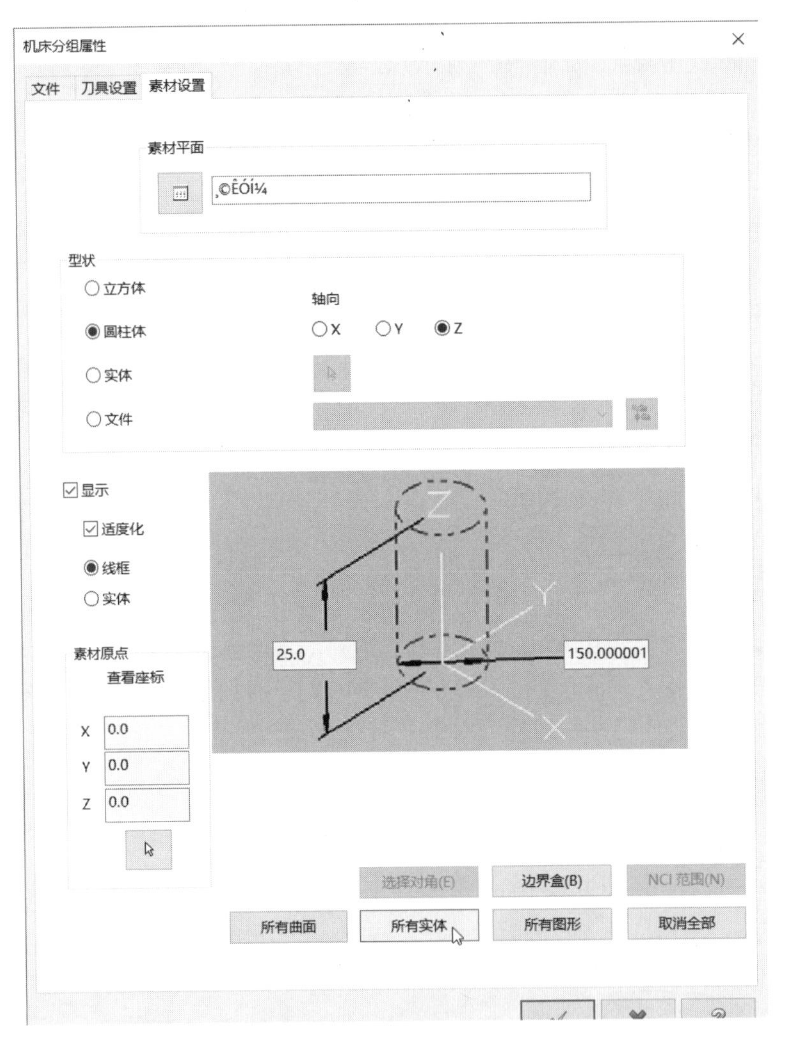

图10-25 材料设置

4）单击“确定”按钮，完成工件毛坯（素材）的设置。

4．使用基于特征钻孔（即FBM钻孔）功能

1）在功能区“刀路”选项卡的“2D”面板中选择单击“孔加工”下的“特征钻孔”按钮，系统弹出“特征刀路-钻孔”对话框。

2）选择“设置”类别选项，接着在该类别选项页中勾选“自动检测起始孔”复选框，从“分类”下拉列表框中选择“无”选项，如图10-26所示。

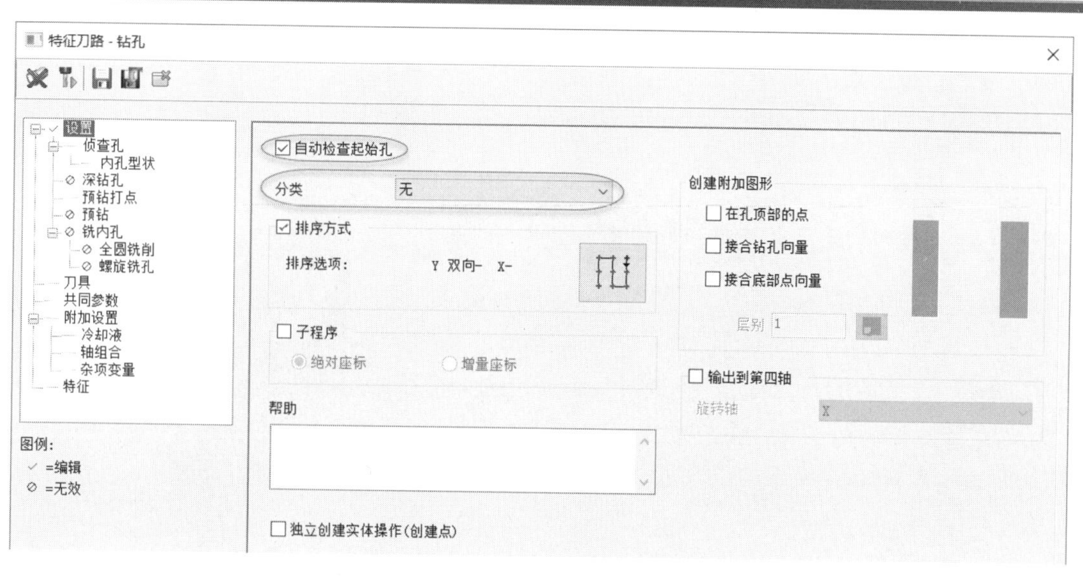

图 10-26 启动自动检测起始孔功能

3）在“设置”类别选项页的“排序方式”选项组中，单击“2D 排序”图标按钮，系统弹出“2D 排序”对话框，选择图 10-27 所示的排序方式，然后单击“确定”按钮 。

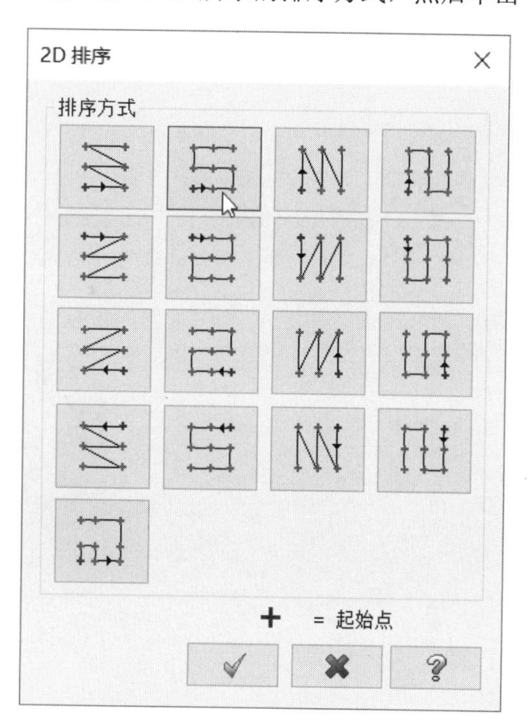

图 10-27 设置 2D 排序

4）选择“侦查孔”类别选项，接着在“侦查孔”类别选项页中设置图 10-28 所示的选项及参数。

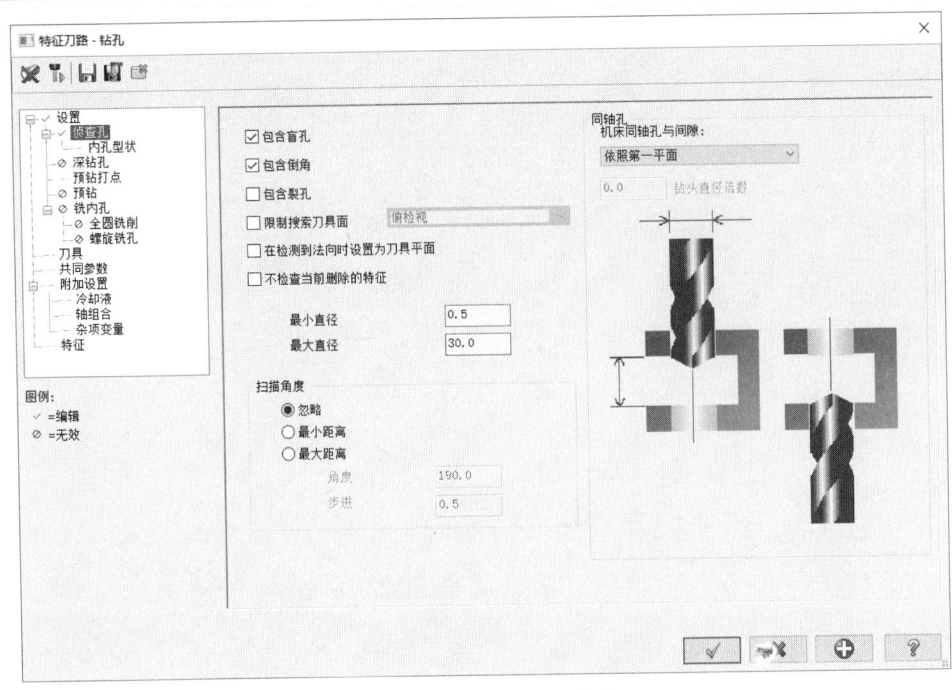

图 10-28 设置侦查孔参数

5）选择“深钻孔”类别选项，在该类别选项页中设置图 10-29 所示的深钻孔选项及参数。

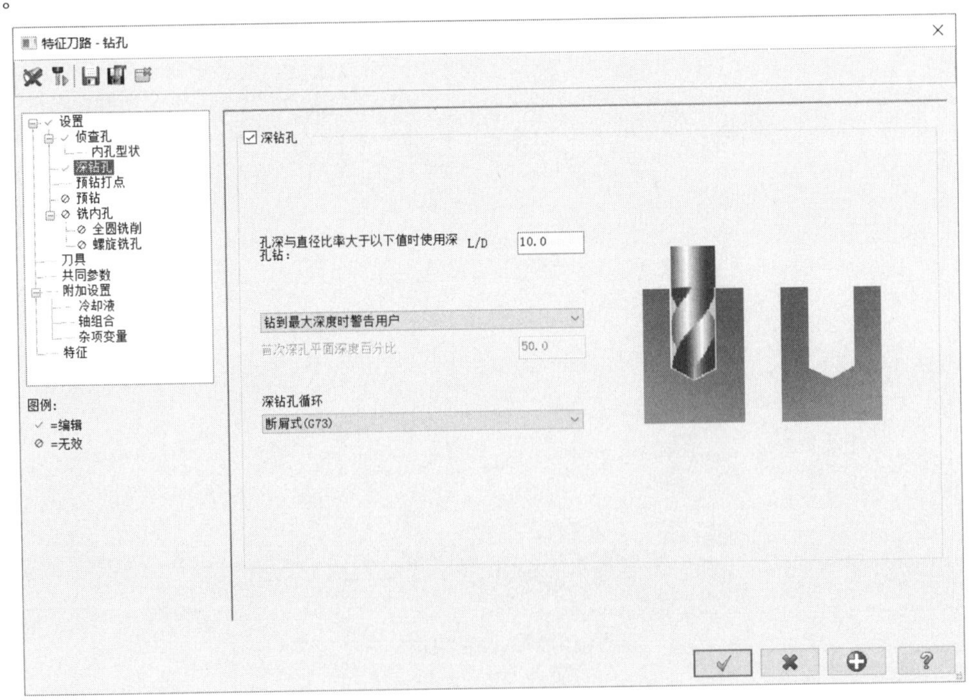

图 10-29 设置深钻孔参数

6）选择“预钻打点”类别选项，接着在该类别选项页中设置图 10-30 所示的预钻打点参数。

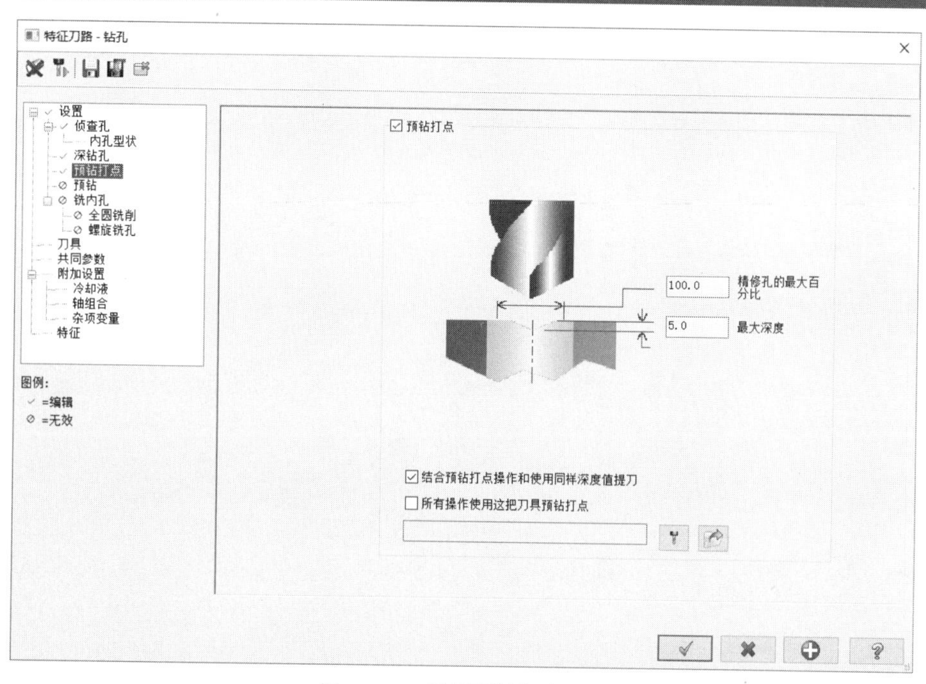

图 10-30 设置预钻打点参数

7）选择“刀具”类别选项，接着在“刀具”类别选项页中设置图 10-31 所示的选项及参数。

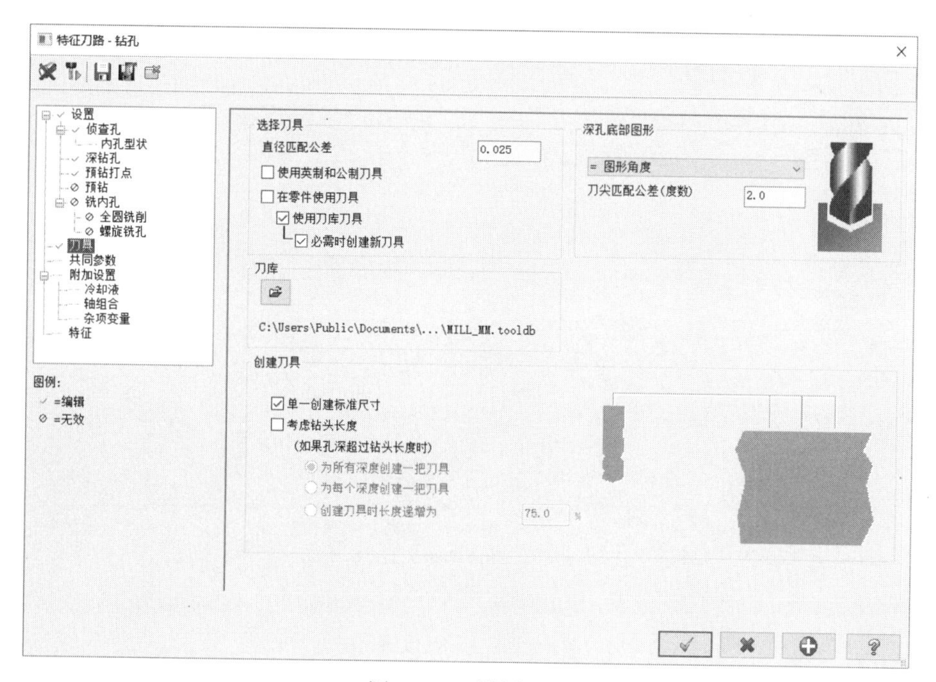

图 10-31 设置刀具

8）选择“共同参数”类别选项，接着在“共同参数”类别选项页中设置图 10-32 所示的参数。

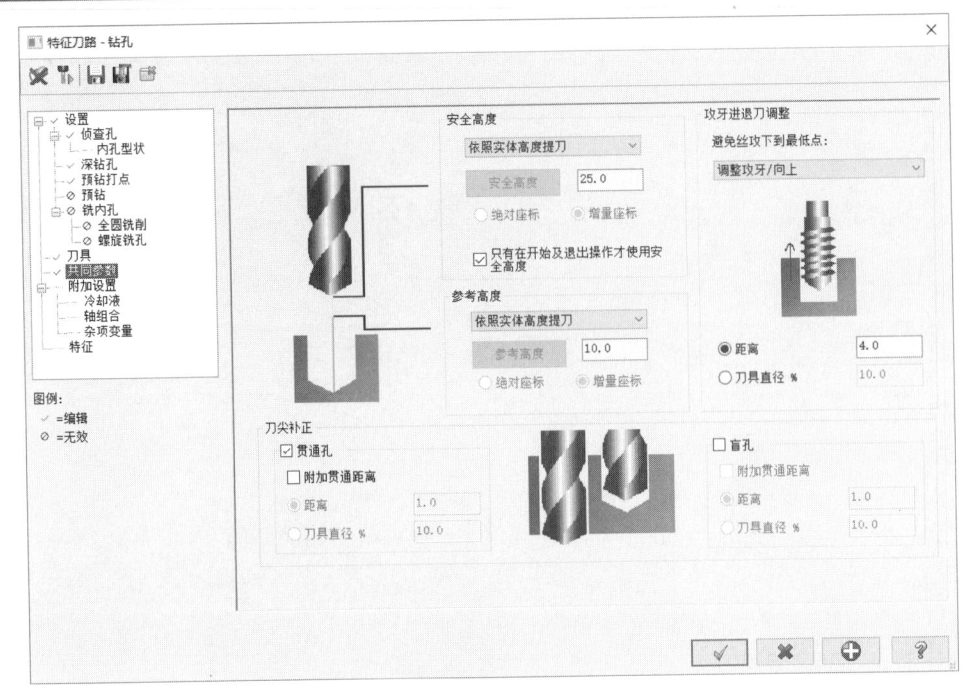

图 10-32 设置共同参数

知识点拨：在一些情况下，可以选择“铣内孔”类别选项，如图 10-33 所示，根据实际情况设置沉头孔、贯通孔或平底盲孔的相关参数，并设定使用全圆铣削还是螺旋铣削。还可以对“全圆铣削”或“螺旋铣削”类别进行专门的属性设置。

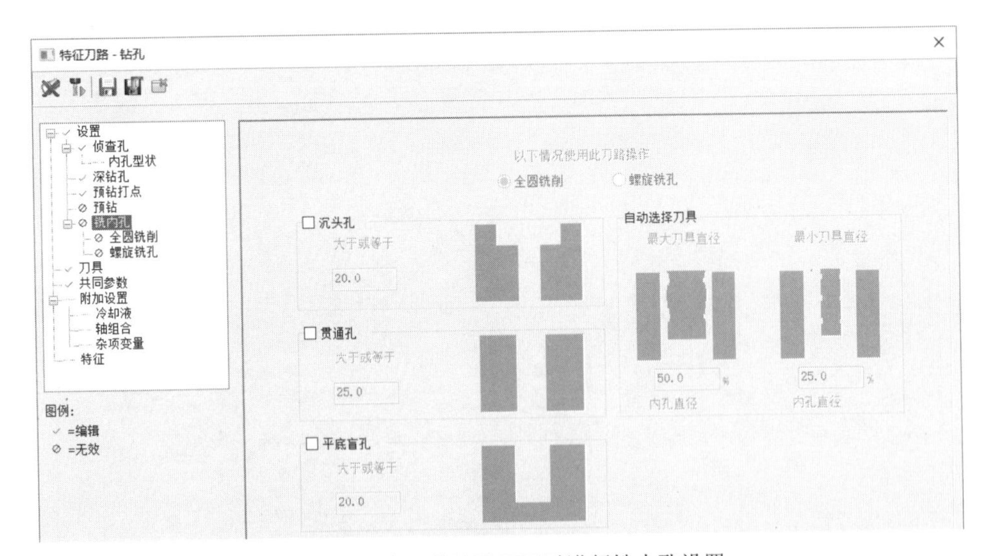

图 10-33 在一些情况下可以进行铣内孔设置

9）可以根据情况设置其他类别参数，满足设计要求后单击“确定”按钮。系统产生的特征钻孔刀具路径如图 10-34 所示。

5. 实体切削加工模拟

1）在刀路管理器的工具栏中单击“选择全部操作”按钮，如图 10-35 所示。

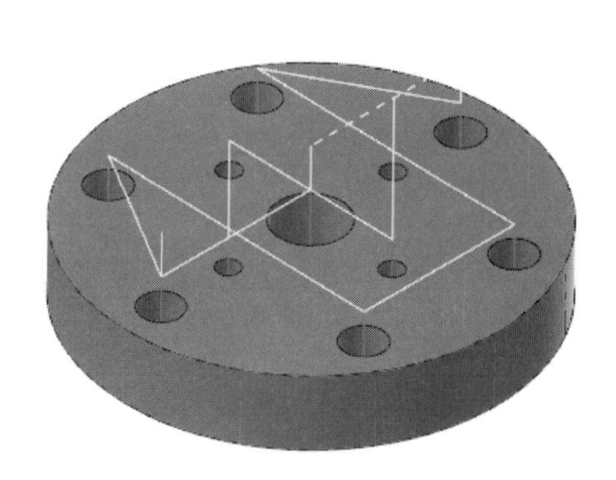

图 10-34 FBM 钻孔刀具路径

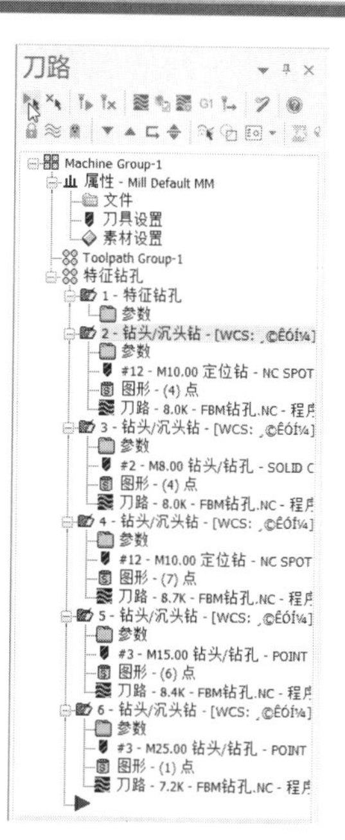

图 10-35 选中所有的加工操作

2）在刀路管理器的工具栏中单击“验证已选择的操作”按钮，弹出“Mastercam 模拟”窗口，在功能区的“首页”选项卡设置图 10-36 所示的相关选项。

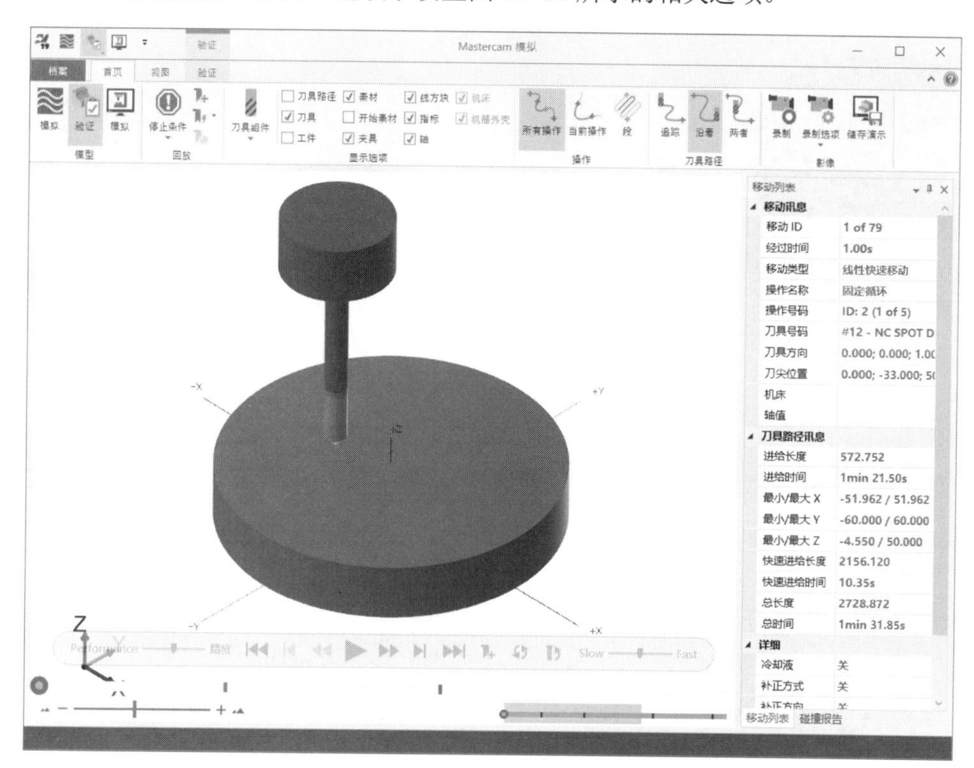

图 10-36 “Mastercam 模拟”窗口

3）在“Mastercam 模拟”窗口中单击“播放”按钮，系统开始加工模拟验证，最后

的模拟验证结果如图 10-37 所示。

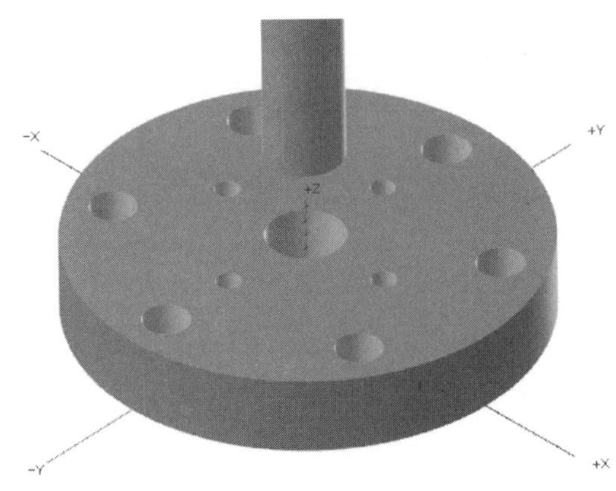

图 10-37 验证结果

4）在“Mastercam 模拟”窗口中单击“关闭”按钮 ✕。

10.3 特征加工综合范例

扫码观看视频

本节介绍一个特征加工综合范例，该范例应用了特征铣削和特征钻孔。本特征加工综合范例的示意过程如图 10-38 所示。

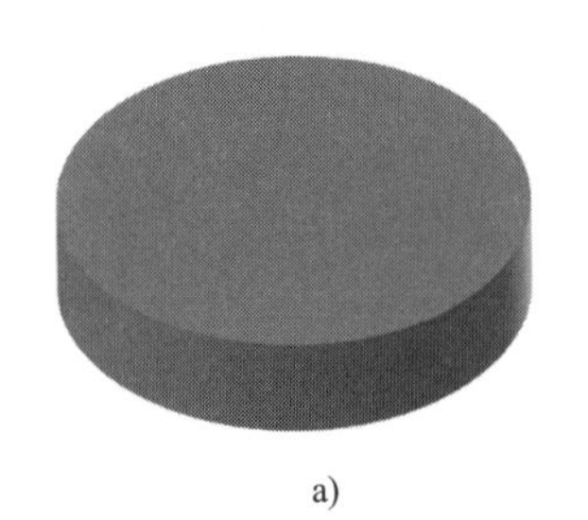
a)

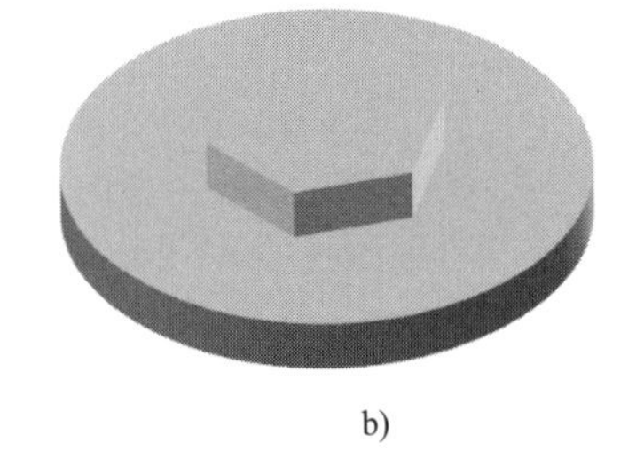
b)

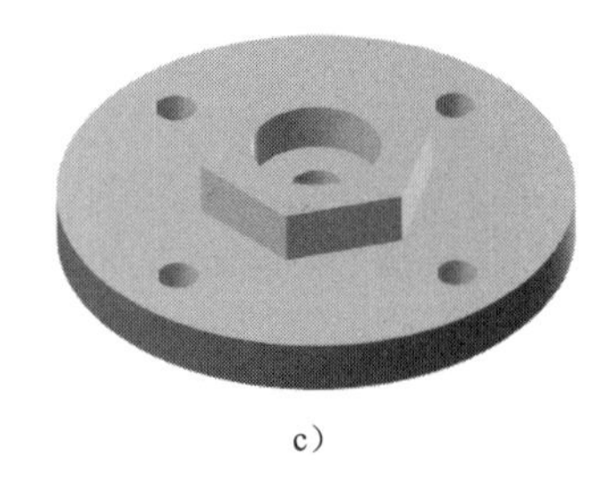
c）

图 10-38 特征加工综合范例加工过程示意

a) 工件毛坯 b) 特征铣削效果 c）特征钻孔效果

本范例所使用的素材文件为“FBM 加工综合范例.MCX”，该文件位于随书附赠网盘资源的 CH10 文件夹中。打开该素材文件，如图 10-39 所示，最大孔的直径为 25。

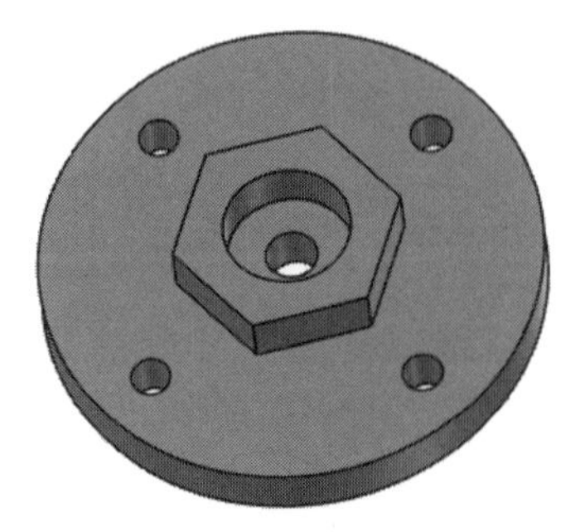

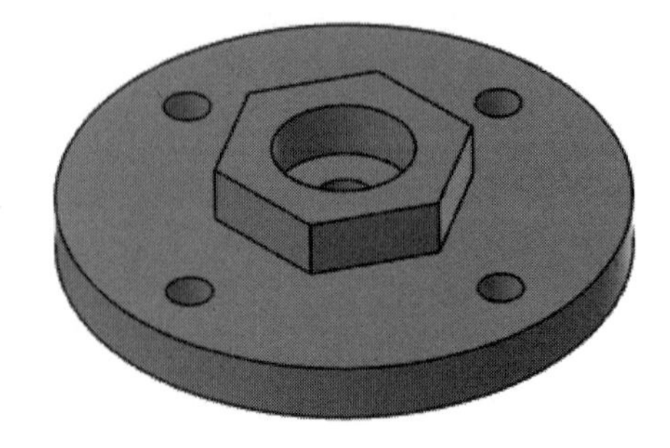

图 10-39 已设计好的三维实体模型

10.3.1 选择机床加工系统

在功能区“机床”选项卡的“机床类型”面板中选择“铣床”|“默认”命令。

10.3.2 设置工件毛坯

1）在操作管理器的“刀路”选项卡（即刀路管理器）中，展开当前机床群组的“属性”标识。

2）单击当前机床群组“属性”标识下的“素材设置”标识，打开“机床分组属性”对话框。

3）在“机床分组属性”对话框的“素材设置”选项卡中，从“型状”选项组中选择“圆柱体”单选按钮，并选择“Z”单选按钮，然后单击“所有实体”按钮，接着修改圆柱体高度为21，如图10-40所示。

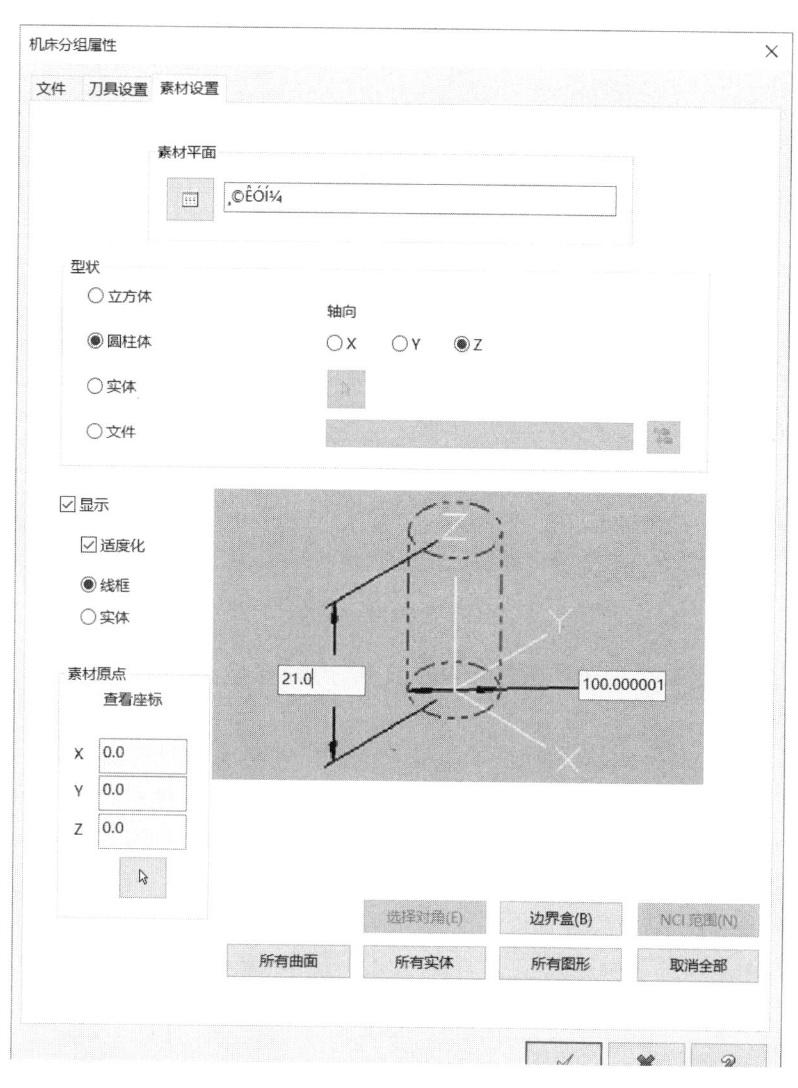

图10-40　素材设置

4）单击“机床分组属性”对话框中的“确定”按钮，完成工件毛坯的设置。

10.3.3 生成特征铣削刀具路径

1）在功能区“刀路”选项卡的“2D”面板中单击“特征铣削”按钮，系统弹出“特征刀路-铣床”对话框。

2）在“特征刀路-铣床”对话框中选择“设置”类别选项，在该类别选项页中设置图 10-41 所示的参数。

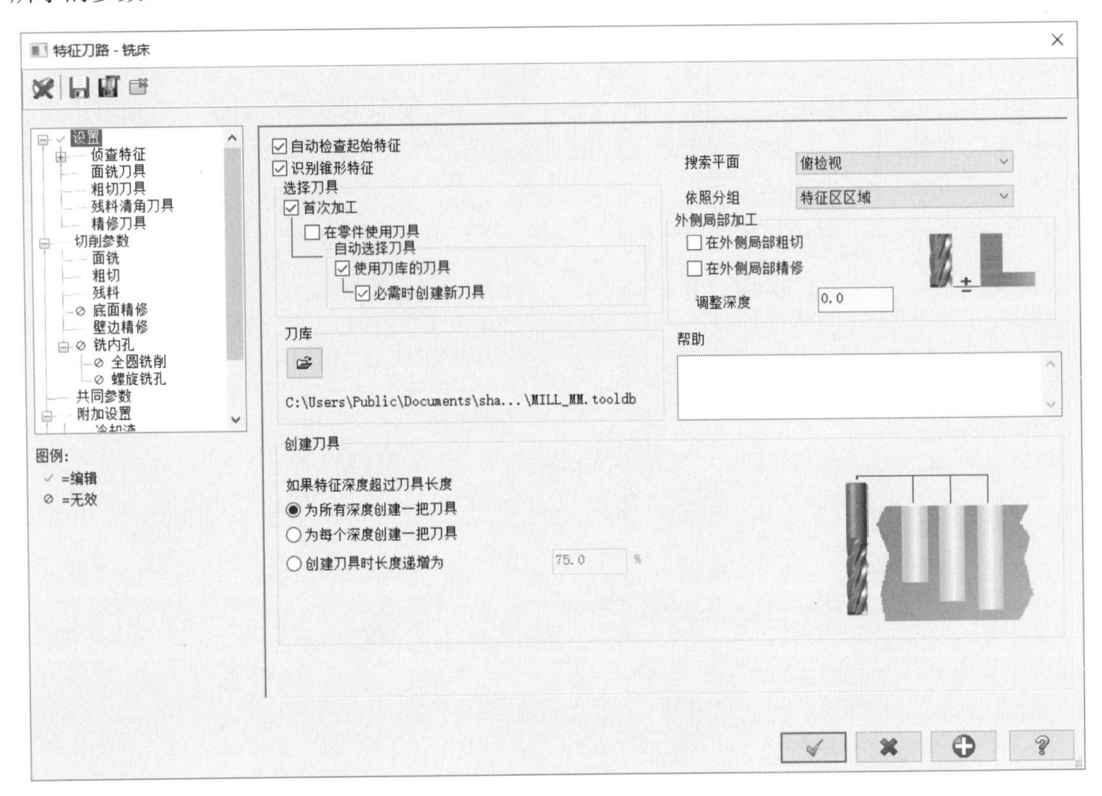

图 10-41　设置基于特征铣削的相关参数

3）选择“侦查特征”类别选项，接着在该类别选项页中设置图 10-42 所示的侦查特征参数。

4）根据设计要求继续设置面铣刀具、粗铣刀具、残料清角刀具、精修刀具、面铣、粗切、残料加工、底面精修、壁边精修和共同参数等。其中粗切的壁边预留量为 0.5，底面预留量为 0.2；残料加工的壁边预留量为 0.5，底面预留量为 0.2；启动底面精修，其壁边预留量和底面预留量均为 0；启用壁边精修，相应的预留量为 0。

5）在“特征刀路-铣床”对话框中单击“确定”按钮。

系统经过检测并生成的特征铣削刀具路径如图 10-43 所示（此刀路仅供参考，因为相关参数设置都会影响到刀路的生成）。

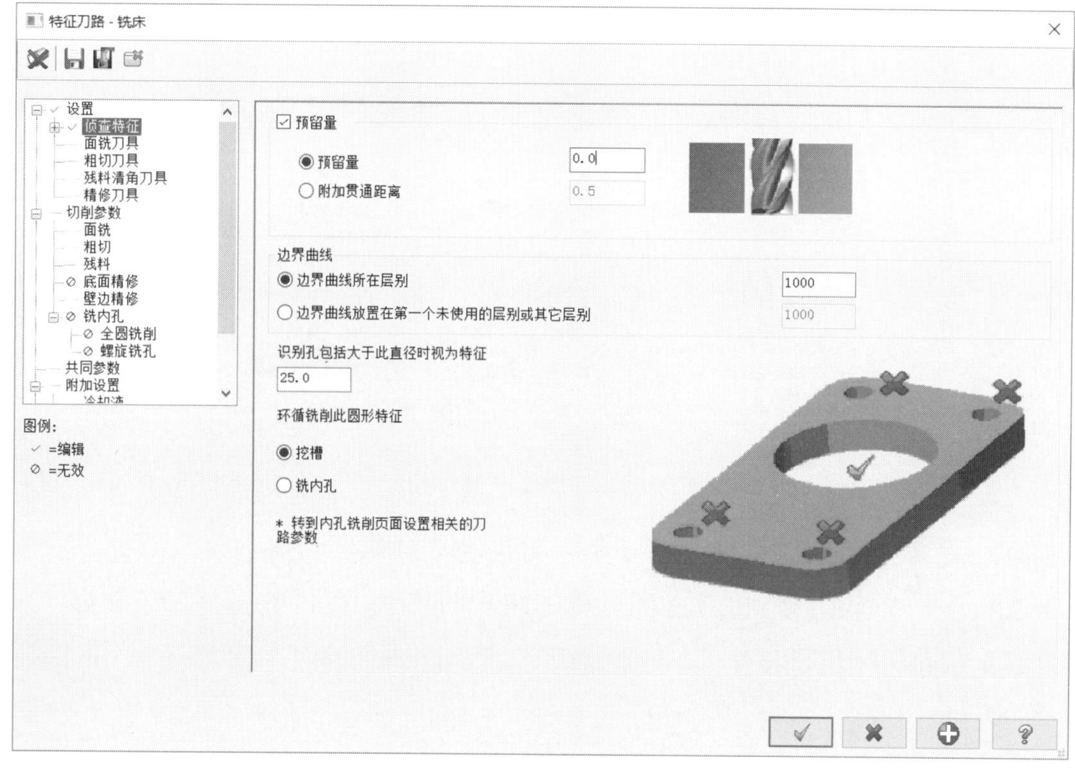

图 10-42　设置侦查特征参数

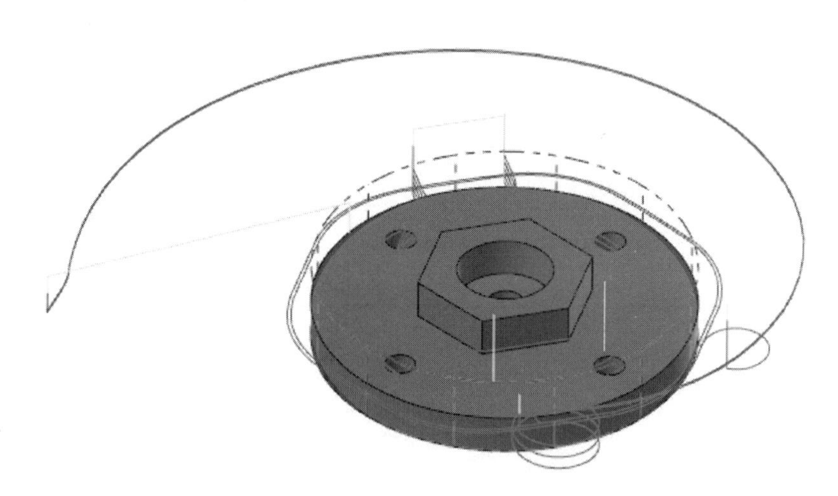

图 10-43　特征铣削刀具路径

10.3.4 生成特征钻孔刀具路径

1）在功能区“刀路”选项卡的“2D”面板中单击“特征钻孔”按钮，系统弹出“特征刀路-钻孔”对话框。

2）在“特征刀路-钻孔”对话框中选择“设置”类别选项，在该类别选项页中设置图 10-44 所示的参数。

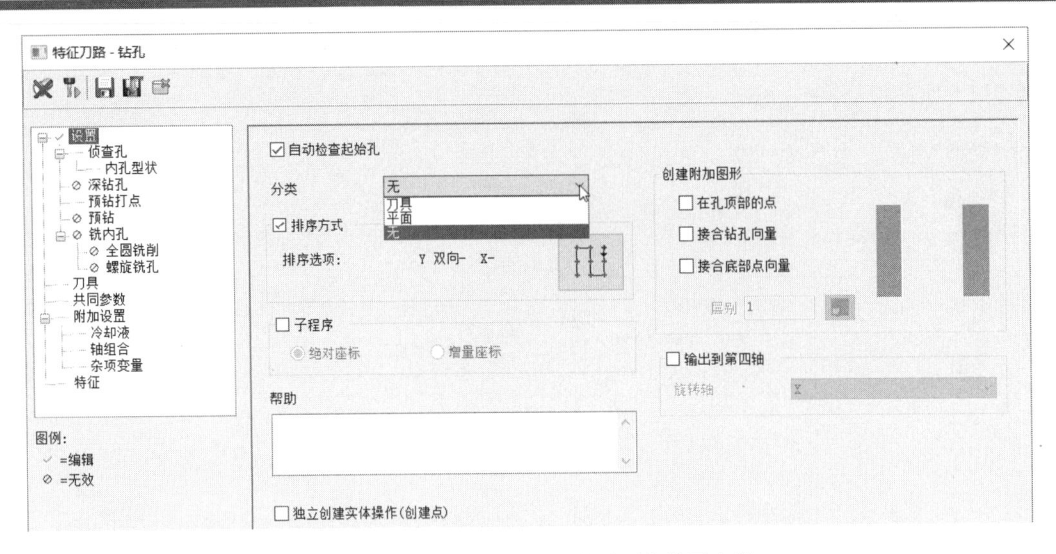

图 10-44　在“设置”类别选项页上设置参数

3）选择“侦查孔”类别选项，在该类别选项卡中设置图 10-45 所示的侦查孔参数。

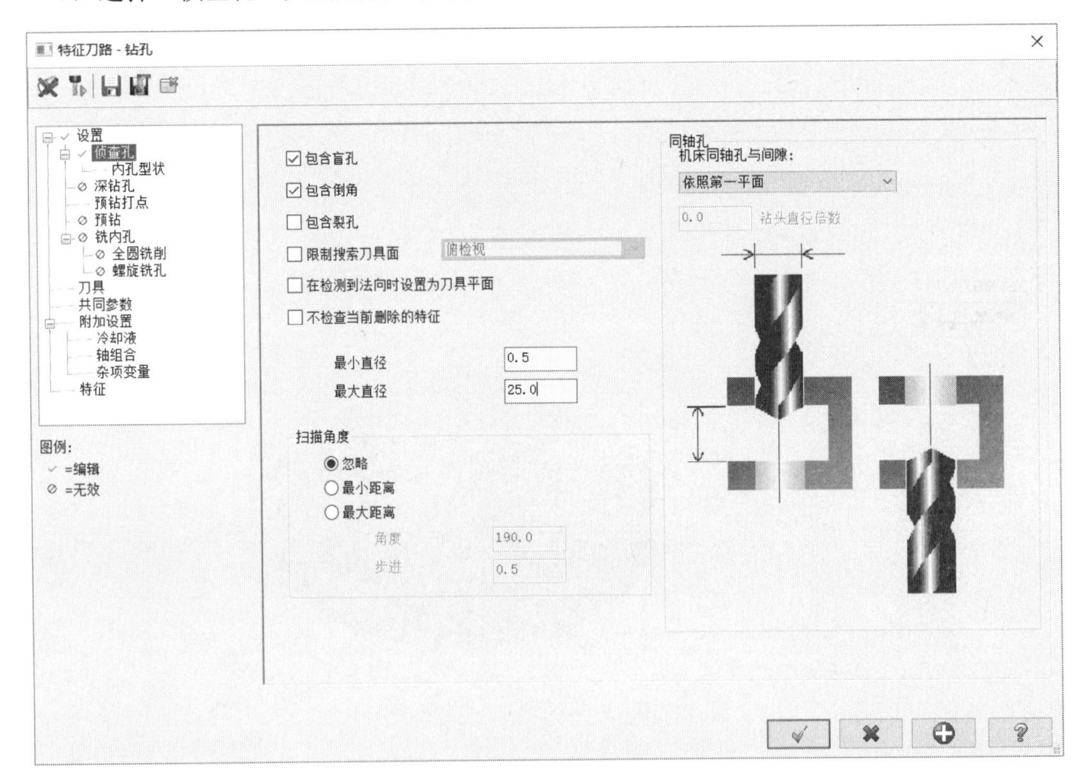

图 10-45　设置侦查孔参数

4）选择“预钻打点”类别选项，在该类别选项页中设置图 10-46 所示的预钻打点参数。

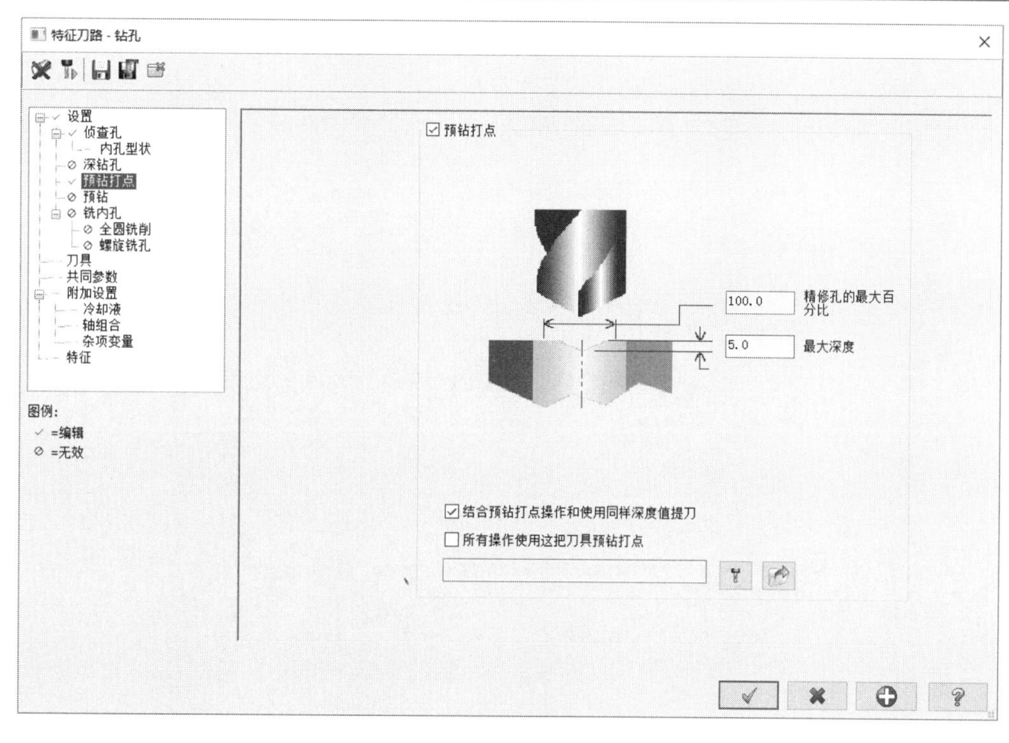

图 10-46　设置预钻打点参数

5）选择“刀具”类别选项，接着在“刀具”类别选项页中设置图 10-47 所示的相关选项及其参数。

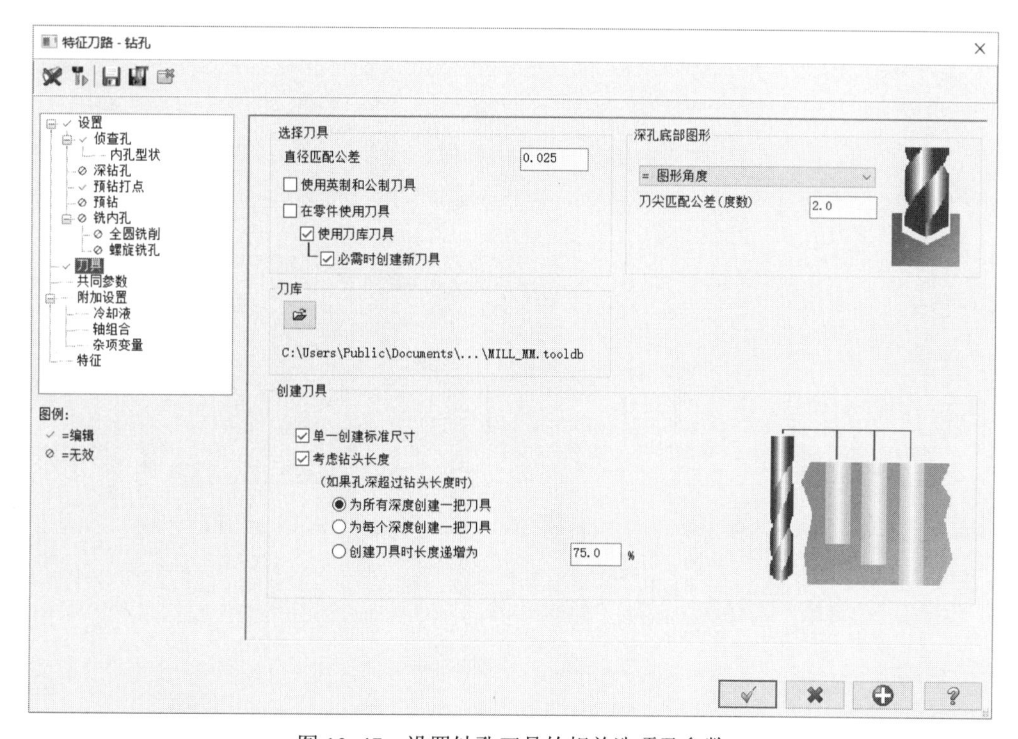

图 10-47　设置钻孔刀具的相关选项及参数

6）选择“共同参数”类别选项，接着在该类别选项页中设置图 10-48 所示的钻孔共同参数，包括安全高度、退出点、攻牙进退刀调整和刀尖补正等。

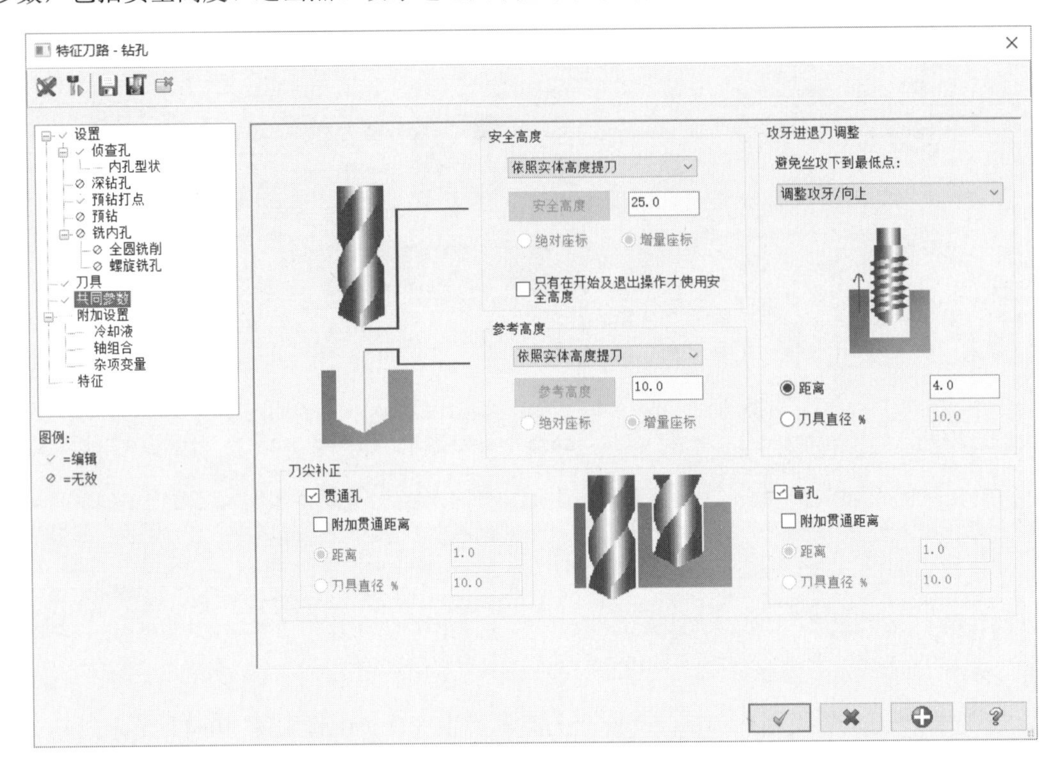

图 10-48 设置钻孔共同参数

7）选择“铣内孔”类别选项，接着勾选“沉头孔”复选框并设置相应的参数和选项，如图 10-49 所示。

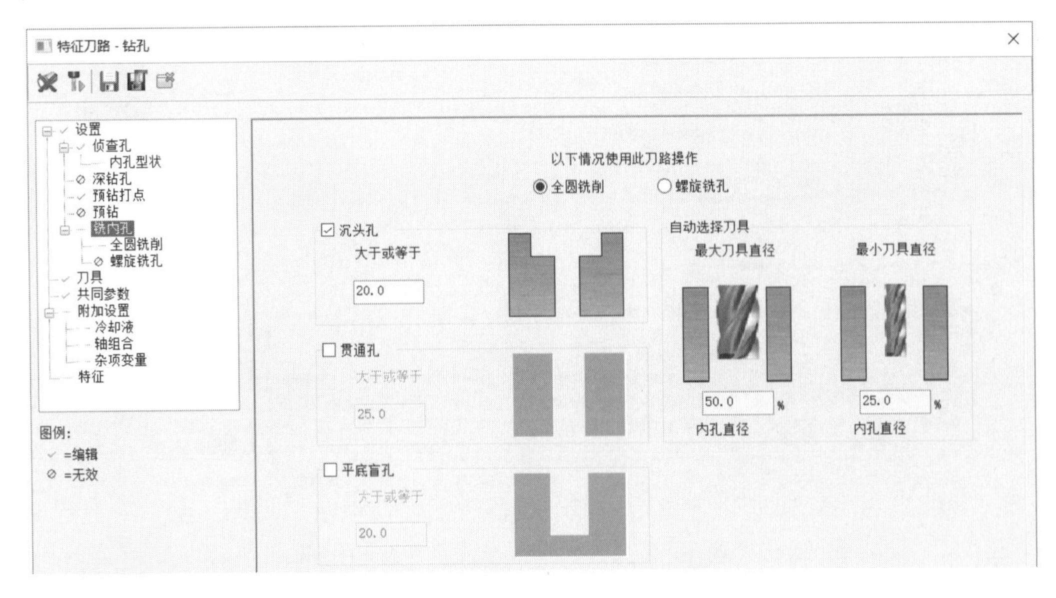

图 10-49 设置铣内孔参数

8）其他相关参数可以由读者根据情况自行设定。单击“确定”按钮 ，系统产生特征钻孔刀具路径，如图 10-50 所示（图中已经将之前的铣削刀具路径隐藏）。

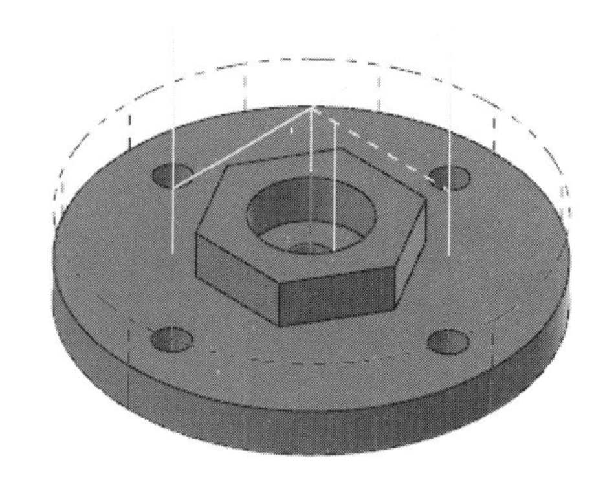

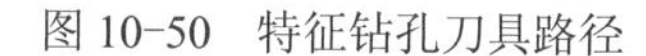

图 10-50　特征钻孔刀具路径

10.3.5 加工模拟验证

1）在刀路管理器的工具栏中单击“选择全部操作”按钮 。

2）在刀路管理器的工具栏中单击“验证已选择的操作”按钮 ，弹出“Mastercam 模拟”窗口，设置相关的验证选项。

3）在“Mastercam 模拟”窗口中单击“播放”按钮 ，系统开始加工模拟验证，最后的模拟验证结果如图 10-51 所示。

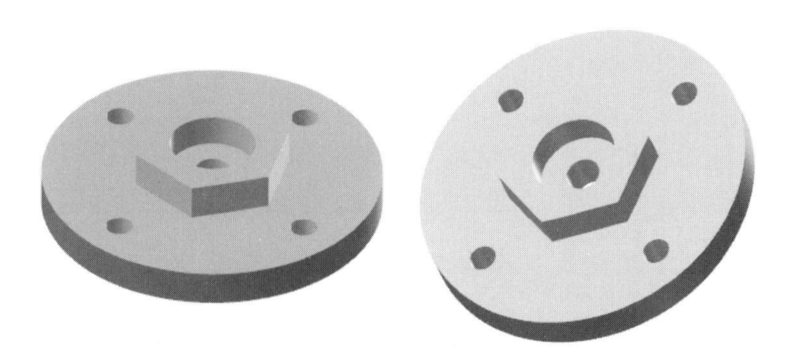

图 10-51　验证结果

4）关闭“Mastercam 模拟”窗口。